미국인 나트륨 섭취를 줄이는 전략

Strategies to Reduce Sodium Intake in the United States

미국인 나트륨 섭취를 줄이는 전략

미국의학한림원 합의보고서

서울대학교 신장연구소 김성권 옮김

대한민국의학한림원
National Academy of Medicine of Korea

미국인 나트륨 섭취를 줄이는 전략

1판 1쇄 발행 | 2012년 9월 28일
1판 2쇄 발행 | 2013년 2월 5일
발 행 처 | 사단법인 대한민국의학한림원
발 행 인 | 조승열
번 역 | 김성권(서울대학교 신장연구소)
표지디자인 | 인권앤파트너스
본문디자인 | 최정숙

발행처 주소 | 140-721 서울시 용산구 이촌1동 302-75
전 화 | 02-795-4030 팩스 | 0502-795-4030
http://www.namok.or.kr

인쇄 · 판매 | 도서출판 아카데미아
주 소 | 경기도 안양시 동안구 관양2동 224-5 대륭테크노타운 15차 2003호
전 화 | 031-389-8811-6 팩스 | 031-389-8817

후 원 단 체 | 대한의학회, 대한의사협회, 대한병원협회

정 가 | 32,000원
ISBN 978-89-967257-2-5
NAMOK-P12

서문

1969년 미국 백악관에서 열린 "식품영양건강회의"에서는 다른 어떤 영양 관련 문제보다도 고혈압을 일으키는 데 나트륨의 역할이 크다고 하면서, 미국 국민의 나트륨 섭취량이 많다는 것을 부각시키는 것으로부터 "공중 보건계획"은 출발하여야 한다고 선언하였다. 40년이 지난 2009년 1월, 미국의학한림원 IOM 에서는 "나트륨 섭취를 줄이기 위한 전략 Strategies to Reduce Sodium Intake "에 관한 첫 번째 위원회를 소집하였다. 지난 수십 년간 우리의 음식 문화는 많이 변화하였다. 음식을 먹는 장소도 변화하였고 조리하는 사람도 달라졌다. 그러나 공중보건 기관이나 식품제조업의 노력에도 불구하고 소금의 형태로 먹는 나트륨의 섭취량은 줄지 않았다. 나트륨의 다량 섭취는 남녀노소와 인종에 관계없이 모든 사람에게 고혈압과 그로 인한 심혈관계 합병증(심부전 및 뇌졸중)의 위험을 높인다.

고혈압은 매우 흔하여, 미국성인의 32%가 고혈압을 안고 살며, 성인 약 1/3은 고혈압 전 단계이다. 고혈압으로 인해 지출되는 의료비는 엄청나서 2009년 한 해 동안 고혈압으로 인해 직접 및 간접 의료 비용으로 734억달러를 지불하였다.

본 위원회의 임무는 "미국인 식생활 지침"에서 제시한 권고량 수준까지 미국인 나트륨 섭취량을 줄이도록 하는 전략을 추천하는 것이었다. 수많은 노력에도 불구하고 성공하지 못했던 그동안의 경험에서 볼 수 있듯이 나트륨 섭취를 줄이는 것은 쉬운 일이 아니다. 그러나 본 위원회가 목적으로 하는 일이 완수되었을 때 얻을 잠재적 건강상 이득을 생각하면 이 노력은 가치 있는 일이다. 간단히 말하면 우리 위원회의 임무는 광범위하고, 복잡하며 성공하기 힘든 것이다. 나는 이 위원회가 각 분야 전문가와 경험을 공유함과 동시에, 국민의 건강을 수호하고자 하는 결집된 생각, 중요 임무를 완수하기 위한 도전, 이를 받아들이고자 하는 의지 등을 갖게 된 것을 자랑스럽게 생각한다. 그리고 이러한 노력의 일부를 감당하게 된 것이 매우 기쁘다.

업무를 진행하면서 우리는 많은 정보를 찾고 자문을 구하였다. 우리 위원회의 첫 번째 회의에서는 자문위원의 조언을 듣고 전반적인 흐름을 설계할 수 있었다. 이후에 가졌던 공청회에서는 다양한 요구 사항을 들었고 위원회 업무를 계획하는 데 도움이 되었다. 초청 강연자와 토론자로는 Paul Breslin, Cindy Beeren, Ed Roccella, Susan Borra, Michael R. Taylor, Fred Degnan, Philip Derfler, Cliff Johnson, Alanna Moshfegh, Eric Hentges, Corinne Vaughan, Vanessa Hattersley, Ed Fern, Chor San Khoo, Todd Abraham, Douglas Balentine, Deanne Brandsetetter, Stephanie Rohm Quirantes, Elizabeth Johnson을 초청하였다. 토론회에 참여한 사람들은 토론 당일 각자의 관점과 경험을 나누었고 이후 위원회 웹사이트에 자신의 의견을 올려 주었다. 요즈음 사람들의 습관과 레스토랑과 외식산업에 대한 좀 더 나은 이해와 조절 가능한 범위에 대해 구체적 조언과 분석을 부탁하였고, 각각에 대한 답변은 우리의 업무 진행에 크게 도움이 되었다.

위원회를 대신하여 나는 다음 미국의학한림원 과제담당자에게 감사를 표한다: Christine Taylor, study director; Caitlin Boon, program officer; Heather Del Valle, associate program officer; Emily Ann Miller, research associate; Marianne J. Datiles, senior program assistant; Saundra Lee, senior program assistant. 이분들은 모두 재능과 시간을 아낌없이 투자하였으며 위원회는 위에 나열한 분들이 일을 계획하고 심사숙고하여 많은 도움을 받았다. 또한 위원회는 중요한 순간마다 결정에 도움을 주었던 식품영양부(Food and Nutrition Board)의 다음 구성원들에게도 감사한다: Linda Meyers, director; Sheila Moats, associate program officer; Alice Vorosmarti, research associate; Julia Hogland, research assistant; Heather Breiner, program associate; Anton Bandy, financial officer; Geraldine Kennedo, administrative assistant. 또 본 위원회를 대표하여 나는 2008년 10월부터 2009년 5월까지 위원회 위원으로 일해 준 David Vladeck에게 감사한다.

또한 위원회는 데이터 분석에 도움을 준 Mathematica Policy Research, Inc.에 감사를 표하는 바이다.

위원회의 입장에서 보면, 이 보고서에 나오는 권고 사항을 따르면 미국인 전체의 나트륨 섭취량을 줄일 수 있을 것으로 생각한다. 마지막으로, 우리는 많은 사람이 노력하여 시도할 이 중요한 숙원사업에 동참하였다는 것에 심심한 감사를 표한다.

제인 헤니 Jane E. Henney, 위원장

나트륨 섭취 감소 전략 위원회 Committee on Strategies to Reduce Sodium Intake

목차

부록 목차

요약

지난 40년간 미국인의 나트륨 섭취량을 줄이기 위하여 계속 노력하였다. 그러나 성공하지 못하였다. 돌이켜보면, 노력은 하였지만 이 건강 문제의 본질을 충분히 이해하지 못한 것이 실패원인이라고 할 수 있다. 즉, 식품공급 부분의 나트륨 함량을 줄이려는 노력은 하지 않고 소비자에게만 저염식을 하라고 하거나 저염 식품을 구매하라고 하는 것으로는 지침에서 제시한 나트륨 섭취량에 도달할 수 없었다. 나아가 식품가공 산업이나 레스토랑/외식업, 그리고 급식 업체에서는 자발적으로 나트륨 함유량을 낮추려는 노력을 하지 않았으며 노력하더라도 지속적으로 하지 않아 전체적으로 나트륨 섭취량을 줄이는 데에 성공하지 못하였다. 나트륨을 많이 섭취하면 고혈압을 일으키며 심장질환, 뇌졸중, 울혈성 심부전, 신장질환 등 심각한 건강 문제를 일으킬 수 있다는 점을 생각할 때 이 정책 실패는 큰 문제가 아닐 수 없다.

도전

미국인은 나트륨을 매일 평균 3,400 mg (소금 8.5 g 또는 1.5티스푼)씩 섭취한다. 이 섭취량은 2005년 "미국인 식생활 지침"에서 제시한 나트륨 하루 최대 섭취량 2,300 mg (5.8 g 또는 소금 1티스푼)을 훨씬 초과하는 것이다. 조사에 따르면 먹는 나트륨의 대부분은 가공식품이나 외식업체 음식에서 유래하며, 우리가 생각하지도 않았던 음식에도 많이 포함되어 있다. 또 조사자료에 따르면 나트륨을 과량 섭취하는 이유가 가정에서 소금을 음식에 많이 넣기 때문이라는 인식은 잘못된 것이었다. 우리가 가정에서 음식을 먹을 때 첨가하는 소금은 나트륨 섭취량의 약 5%에 불과하다. 전에는 음식에 함유된 소금을 줄이고 사람들에게 식탁 소금통(솔트셰이커 salt shaker)을 사용하도록 하면 나트륨 섭취량을 줄일 수 있을 것이라고 하였다. 한 연구에서는 소금통을 무제한으로 사용하도록 하여도 사람들은 전체 섭취 나트륨의 최대 20%만 음식에 넣는다는 것을 증명하였다.

나트륨 섭취량을 줄이려는 노력이 성공하지 못한 제일 중요한 이유는 나트륨 주 공급원인 염화나트륨(소금)이 음식을 조리하는 데 매력적인 특성을 가지고 있기 때문이다. 소금은 식품의 감각 특성을 향상시키고, 가격이 저렴하다. 미국인은 가공식품을 많이 먹고 외식을 많이 하기 때문에 이들 식품으로 나트륨을 섭취하는 비율이 높다. 분명한 것은 공중보건을 향상시키기 위해서는 식품에 들어가는 나트륨 함량을 줄이는 노력이 필요하다는 것이다. 그러나 식품업계 대표들은 나트륨이 많이 들어간 경쟁업체의 식품과 비교했을 때 맛이 덜한 식품을 팔 수는 없다고 한다. 맛은 식품을 고르는 데 가장 중요한 요소이며, 다른 무엇보다도 식품선택에 영향을 미친다. 현재 우리에게 부족한 점은 식품제조업자와 레스토랑/외식업 전반에 걸쳐 식품에 첨가된 소금의 양을 일정하게 함께 줄여 나갈 것이냐 하는 '공평한 경쟁의 장'이다. 소비자를 실망시키지 않고 이러한 '공평한 경쟁의 장'을 어떻게 이루어 내느냐 하는 것이 가장 중요하다.

음식에 첨가하는 소금 양에 대한 취향은 변하기 쉽다. 소금에 대한 감각 취향은 감소할 수 있다. 이 취향은 단순한 생리적 요구를 넘어서서 소금 맛을 좋아하게 한 진화의 결과일 수도 있고, 또 어릴 때부터 소금 섭취를 많이 하게 한 결과일 수도 있다. 실제로, 소금이 많이 들어간 음식을 계속 먹으면 짠 음식에 대한 취향이 높아진다. 소금을 많이 함유한 식품을 공급하는 미국 식품업계는 소비자의 음식 맛 취향을 바꾸고 저염식을 하는 데 큰 장애가 될 수 있다. 이런 경험에 비추어 보았을 때 모든 식품에 첨가된 소금 함량을 단계적이며 체계적으로 서서히 줄여서 음식에 대한 감각 취향을 차츰 감소시키는 것이 효과적이라고 생각한다.

따라서, 미국에서 나트륨 섭취량을 줄이기 위한 전략이 성공하기 위해서는 식품업계 전체를 대상으로 하여야 하며, 나트륨 섭취가 국가적인 문제임을 강조하여야 한다. 이 보고서는 체계적인 연구, 조직, 사고, 감시 과정을 거쳐 모든 식품에 들어 있는 첨가물 양을 줄이기 위해 창조적으로 규제 방법을 사용할 것을 권고한다. 현재 식품생산업 관계자, 레스토랑/외식업계에서 식품에 첨가하는 나트륨 양은 만성질환 위험을 고려하였을 때 너무 많다. 그러나 새로운 방법이 성공하기 위해서는 나트륨 섭취 감소 정책을 연방정부가 전면적으로 지원하여야 한다. 이해 당사자인 소비자와 식품업계가 조화를 이루도록 여러 기관과 단체가 협조하게끔 미국보건부가 지도하여야 한다. 이 과제의 목적은 소비자가 식품에 대하여 거부감을 일으키지 않으면서도 나트륨 섭취량을 공중보건 분야가 권고하는 수준으로 시간을 두고 천천히 달성하는 것이다. 이 과제를 실행하는 것은 하나의 도전이다. 이 변화를 현실화하려면 많은 자원이 필요하고, 또한 지속적으로 노력할 필요가 있다. 여기 해당하는 사항은 나트륨 섭취량을 줄이는 것이 얼마나 중요한지를 소비자에게 효과적으로 부각시키는 방법과 건강한 식생활 습관을 선택하는 방식을 찾는 것 등이다.

임무에 대한 접근법

이 보고서는 미국인의 나트륨 섭취량을 감소시키기 위한 전략에 초점을 맞췄다. 2008년 가을 14명이 미국 의회의 요청과 미국보건부 산하 여러 기관의 도움으로 회의를 소집하였다. 나트륨 섭취량 감소는 중요한 문제이고 모든 미국인이 나트륨 섭취량을 낮추는 것이 중요한 공중보건 과제라는 점 때문에 본 위원회는 임무를 부여받았다. 나트륨 섭취는 "소금 민감성 salt sensitive"이 있는 인구 집단이나 고령자에서만 중요한 문제라고 흔히 생각하는 것과는 달리 소금은 모든 사람의 건강에 나쁜 영향을 미친다. 전체 인구의 나트륨 섭취량 감소가 건강에 주는 이득에 대해 여러 권위 있는 전문가 단체가 합의하고 도출한 결론이 있었기 때문에 우리는 위원회를 구성하였다.

본 위원회는 나트륨을 하루 2,300 mg 미만으로 섭취하도록 권고하라는

"미국인 식생활 지침"에 근거하여 나트륨 섭취량을 줄이기 위해 수행할 수 있는 다양한 방법에 대한 권고안을 만들도록 요청받았다(표 1-1, 임무의 규정). 이 위원회가 권고하는 전략에는 식품제조업자가 해야 할 행위와, 정부가 규제 및 입법을 통해 해야 할 행위, 그리고 일반인과 전문가를 대상으로 하는 지원 활동 및 교육이 포함된다. 그림 S-1은 임무에 대한 본 위원회의 접근 방식이다.

본 위원회는 나트륨 섭취량 감소를 위하여 시행하였던 과거와 현재 활동을 평가하는 것으로부터 업무를 시작하였다. 본 위원회는 나트륨 섭취량을 감소시키기 위한 필수적인 요소로, 우선 우리의 소금에 대한 감각적 취향, 그리고 소금이 음식의 맛을 조절하는 데 미치는 역할에 대해 탐구하였다. 식품에 들어 있는 나트륨의 방부제 역할과 기타 물리적 성질에 대해 검토하였고, 식품의 가공과정, 외식, 유통 과정, 그리고 소비자 식품 선택 및 소비 행위에 대해 배경지식을 습득하였다. 또한 앞으로 규제 방안을 세워야 하는 데 대비하여 현행 규제의 틀을 파악하였다. 더 나아가 본 위원회는 정부가 대량 식품 조달을 통해 특정 식품의 구매를 조절한다든지, 소금 세금을 부과하여 인센티브제를 도입하는 방법에 대해 검토하거나 다른 나라에서 시행되고 있는 나트륨 섭취량 감소 활동에 초점을 두고 검토하였다. 또한 소금 대체물질이나 향신료를 사용하거나 조리법을 개발하는 방법에 대해서도 논의하였다. 마지막으로 본 위원회는 이 모든 정보를 하나의 토론 시리즈로 구성하여 권장 전략 및 실천 방안, 그리고 정보의 차이에 대해 결론을 내렸다.

권고안이 나오게 된 배경

이 연구는 현존하는 어떤 전략도 나트륨 섭취량을 줄이지 못하였다는 명백한 사실을 바탕으로 시작하였다. 나트륨 섭취량을 줄이려는 노력은 1969년 미국 백악관에서 열린 "식품영양건강회의"에서 시작되었으며, 많은 기관과 단체가 이 활동에 관여하였다. 그러나 전반적으로 나트륨 추정 섭취량은 줄지

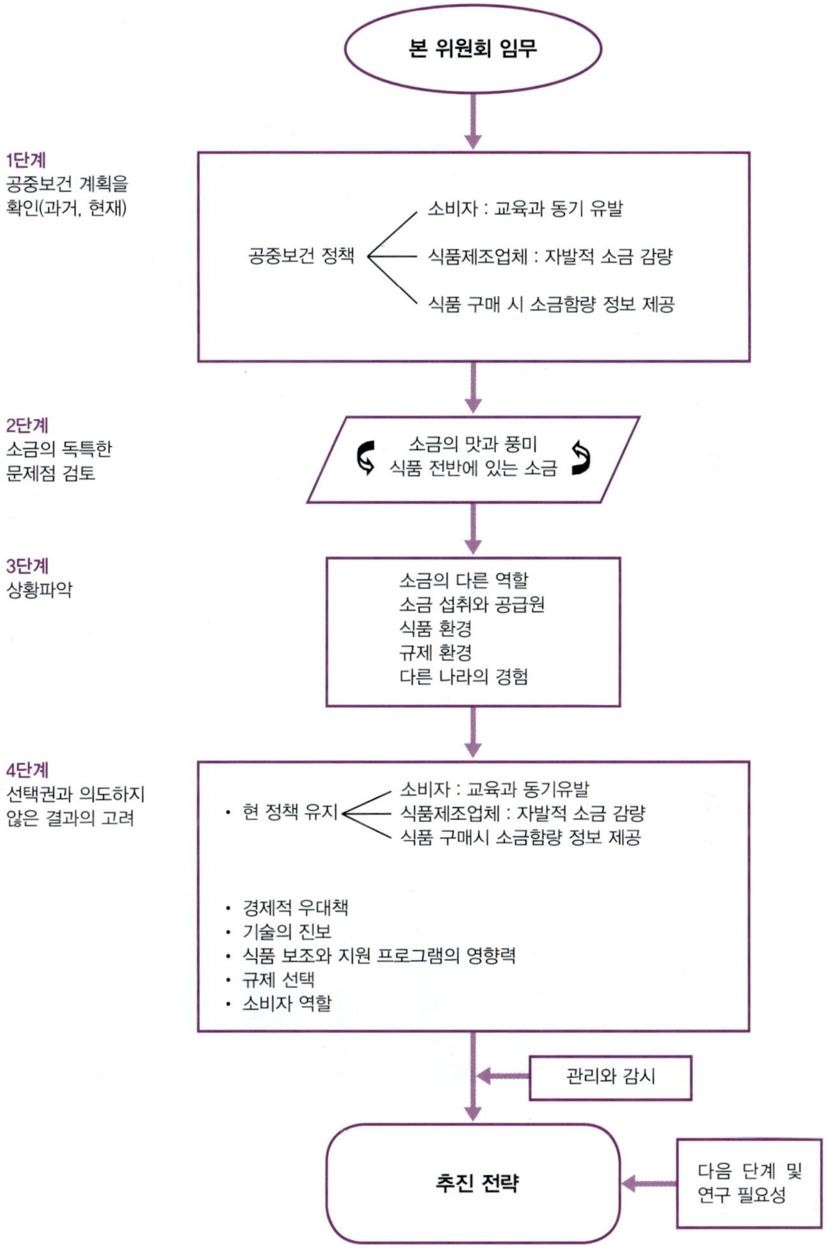

그림 S-1. 미국인 전체 인구에서 나트륨 섭취를 줄이기 위한 추천 전략을 확립하기 위한 본 위원회의 접근 방식.

않았다. 그림 S-2에서 보듯 1970년대 초부터 나트륨 추정 섭취량은 오히려 증가하고 있다. 상승하는 추정치의 일부는 조사 방법의 차이 때문이겠지만 그래도 나트륨 추정 섭취량의 증가 추세는 명확하다. 첫 10년간 여성의 경우를 제외하고는 모든 조사 기간 동안 남녀노소에 관계없이 2005년 "미국인 식생활 지침"에서 권장하는 나트륨 섭취량을 초과하였다.

전체 나트륨 섭취량을 섭취한 음식의 칼로리로 나누어 계산한 나트륨 섭취 밀도(mg/1,000 칼로리)라는 개념을 사용하였을 때에는 예상대로 소아와 성인 사이의 나트륨 섭취량은 차이가 없었다. 이러한 결과는 나트륨 섭취량이 칼로리 섭취량과 밀접하게 관련되어 있다는 것을 보여준다(그림 S-3). 하루 2,000칼로리를 섭취한다고 하였을 때, 나트륨 섭취밀도 '1,150 mg/d per 1,000 calories'는 "미국인 식생활 지침"이 제시한 '2,300 mg/d sodium'과 같은 수치가 되며, 비록 몇 십 년 전에는 현재보다 적은 양의 나트륨을 섭취하고 있었으나, 사람들 대부분은 식생활 지침에서 제시하는 나트륨 양보다 많은 양을 섭취하였다.

그리고 고혈압 발생 빈도는 1980년대부터 점차 상승하는 추세이다(그림

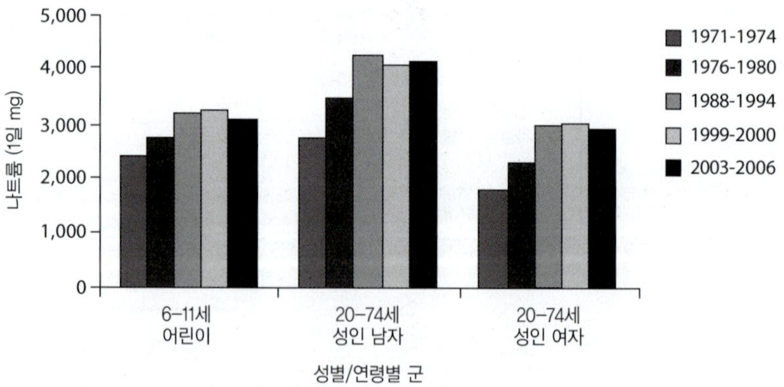

그림 S–2. 소금 하루 평균 섭취량(1971–1974년에서 2003–2006년까지).

주 : 조리 및 식품가공에 사용된 소금의 양을 기준으로 하였으며, 식탁에서 추가로 넣는 소금의 양은 계산에서 제외하였음.

출처 : Briefel and Johnson (2004) for 1971-2000 data; NHANES for 2003-2006 data.

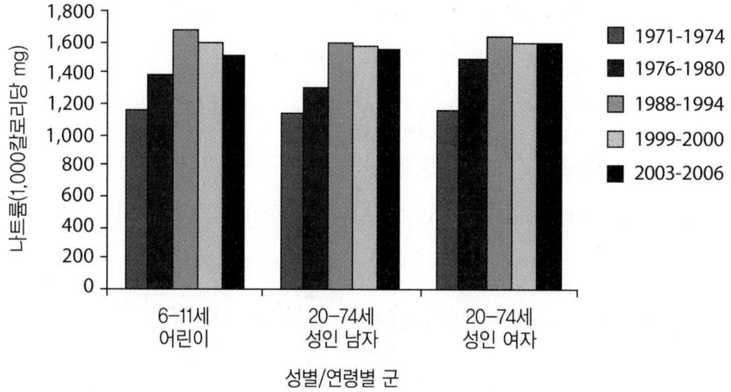

그림 S-3. 평균 나트륨 섭취밀도의 변화 경향(1971–1974에서 2003–2006까지).

주 : 조리 및 식품가공에 사용된 소금의 양을 기준으로 하였으며, 식탁에서 추가로 넣는 소금의 양은 계산에서 제외하였음.

출처 : Briefel and Johnson (2004) for 1971-2000 data; NHANES for 2003-2006 data

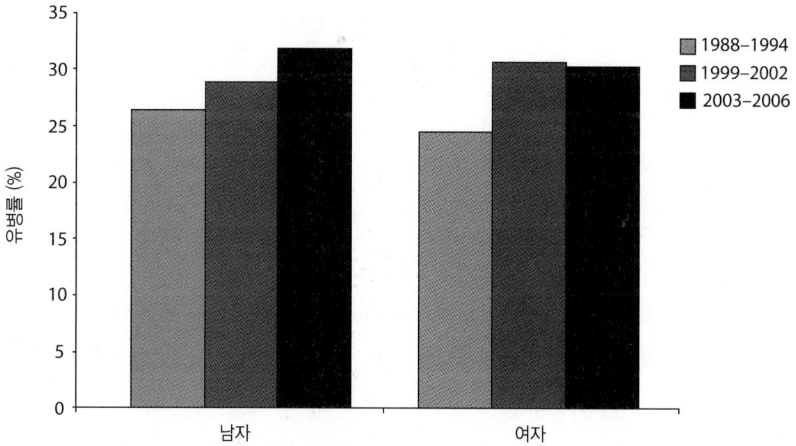

그림 S-4. 20세 이상 인구의 혈압 상승 경향(NHANES 연구군).

주 : 고혈압의 정의: 수축기 혈압≥140 mmHg 또는 이완기 혈압≥90 mmHg, 또는 혈압강하제 복용; 2000년도 인구에 맞춰 표준화한 자료임.

출처 : NCHS, 2009.

S-4). 남성에서는 비만 증가가 고혈압 증가에 기여하였다고 하더라도 여성의 고혈압 증가 추이는 설명하기 어렵다.

나트륨 섭취량을 줄이기 위해서 과거에는 소비자 행동 변화에 중점을 두고 시행하였다. 여러 가지 교육 캠페인, 의식 고취 캠페인, 소비자에게 동기를 부여하기 위한 여러 가지 노력, 그리고 식품업계가 자발적으로 판매 제품의 나트륨 함량을 줄이고 저염 식품을 판매하도록 하는 방법 등이 이에 해당한다. 전반적으로 보아 이러한 방법으로는 나트륨 섭취량을 감소시키지 못하였다. 그림 S-2가 보여주듯, 나트륨 섭취량은 여전히 높았다. 이유 중 한 가지는, 우리의 감각이 짠 맛을 선호하고 상대적으로 덜 짠 음식은 맛이 덜하다고 생각하기 때문이다. 또 나트륨에 대한 정보는 지방, 설탕, 콜레스테롤에 대한 정보에 가려 사람들에게 잊혀졌다. 나트륨 섭취에 대하여 대대적인 캠페인을 시행하던 1982년부터 1990년까지 미국식품의약품안전청이 시행한 전국적인 설문조사에서 나트륨 섭취 감소를 위해 노력한 사람은 30%에 미치지 못하였다. 또 식품에 함유되어 있는 나트륨 함량을 자발적으로 감량하려는 계획은 거의 성공하지 못하였다. 보고에 따르면 지난 20여 년간 일부 식품 회사에서 일부 식품의 나트륨 함량을 약 10-20% 감량시켰고, 식품회사 중 극소수에서만 기존 나트륨 함량의 40-50%까지 낮췄다. 이는 분명 고무적인 일이었지만 전반적으로 보았을 때 식품회사가 자발적으로 나트륨 함량을 줄이게 하는 계획은 거의 성공하지 못하였다는 것이 본 위원회의 판단이다. 본 위원회에서 개최한 공개 워크숍에서 식품생산자 패널 토의자들은 그들의 노력과 성공담을 이야기하면서 기업의 '공평한 경쟁의 장'이 필요하다고 하였다. 패널 토의에서는 나트륨을 더 첨가한 식품을 소비자가 더 선호하는 환경에서 저염 식품 판매하기는 어렵다고 강조하였다. 이러한 상황은 지방 함량이나 칼로리에 비해 극소수의 식품 그리고 더 적은 수의 신제품에서만 나트륨 함량을 표시하여 판매한다는 점에서 명백해진다. 몇몇 보고에 따르면 나트륨 함량을 식품영양표시 label claim 에 표시한 경우 그 식품이 맛이 없을 것으로 생각하고 그 식품을 더 이상 구매하지 않는다고 한다. 게다가 소금을 대체하는 향신료는 아직 사용이 제한적이다.

미국인의 식사에서 나트륨을 상당량 제공하는 레스토랑/외식업체는 메뉴 음식에 들어가는 나트륨 양을 줄이려는 노력을 거의 하지 않았다. 그 이유는 나트륨 함량을 줄이려는 동기 부여가 확실하지 않고 조리 과정이 다양하기 때문으로 생각된다.

권고안

본 위원회는 먼저 광범위한 권고안을 파악한 뒤 나트륨 섭취량을 줄이기 위한 전략을 조직화하였다. 권고안은 1차 전략 Primary strategies 및 중간 전략 Interim strategies, 그리고 지지 전략 Supporting strategies 으로 구성되어 있다. 이들 전략을 BOX S-1에 나열하였다.

1차 전략 Primary Strategies

제1권고안은 1차 전략으로 구성되어 있으며, 모든 식품 회사가 생산하는 식품에 함유된 소금은 미국식품의약품안전청 FDA 의 관리를 받는다는 사실과 관련된다. 미국 "연방식품의약품화장품법 Federal Food, Drug and Cosmetic Act "에 따라 생산자가 식품에 첨가하는 모든 물질은 그 물질이 "안전인정물질 Generally recognized as safe, GRAS "에 속하여 일반적으로 안정성이 있다고 인정되는 물질이 아닌 한 시장에 판매하기 전에 FDA의 허가를 받아야 한다. 어떤 물질이 안전인정물질 GRAS 의 조건에 맞는지는 안전한 사용을 보장하기 위해 미국식품의약품안전청 FDA 이 지정한다. 현재 소금을 식품에 첨가하는 것은 안전인정물질로 하고 있으나, 소금 함량 얼마가 안전한지에 대한 기준은 없다.

본 위원회는 식품에 들어가는 소금 함량의 기준을 설정하여 소금의 안전인정물질 자격을 조정하는 것이 강력하면서도 상대적으로 적용 가능한 규제 도구라고 생각하였다. 식품에 들어가는 나트륨 함량을 줄이기 위한 기존의 자발적인 시도가 모두 실패한 것을 볼 때 안전인정물질 자격 수정안은 매우 유망하다고 생각된다. 간단히 말하면, 1차 전략은 다음과 같은 내용으로 구성되어 있다.

- 과량의 소금 섭취는 중요한 공중보건 문제이다.
- 소금 섭취량을 줄이기 위한 지난 40년간의 자발적 노력은 실패로 돌아갔다.
- 음식으로 섭취하는 소금의 대부분은 소비자가 구매하는 식품에 첨가된 형태로 존재한다.
- 국민의 건강을 보호하기 위한 가장 좋은 전략은 가공식품이나 레스토랑/외식업체에서 판매하는 식품에 들어가는 소금 함량에 대한 기준을 세우는 것이다.

이 전략의 목표는 소금을 못 먹게 하거나 소비자에게 맛이 없는 음식을 주려는 것이 아니라 가공식품이나 레스토랑/외식업체에서 판매하는 식품에 들어가는 소금을 지나치지 않도록 하며 함량을 줄이도록 하는 것이다. 신중하게 사전조사를 한 다음 시행한다면 식품에 들어가는 소금 기준량을 정하는 것으로 나트륨 섭취량을 줄일 수 있을 것이다. 이러한 규제 조항을 수년에 걸쳐 단계적으로 시행하면 소비자들은 계속 음식을 즐기고 음식 맛이 없다고 불평하는 부정적인 면도 최소화되리라고 생각한다.

식품에 첨가하는 소금이 아무런 해가 없는 물질이 아니라는 의견이 1979년 처음으로 나왔다. 이 생각이 소금을 규제하도록 하고 규제하는 조항을 마련하는 출발점이 되었다. 그러나 본 위원회는 소금이 안전인정물질이 아니라고 정하기보다는 소금을 안전인정물질로 판단하는 조건을 수정할 것을 권한다. 그렇게 함으로써 식품에 들어가는 전체 나트륨 함량을 줄일 있다고 생각한다. 즉, 소금 소비에 대한 현행 지침을 고려할 때, 소금은 식품에 들어가는 양의 안전 범위를 정할 수 있는 물질이라는 것이다. 이런 방식으로 접근하면 소금의 안전인정물질 자격을 철회하는 것보다 바람직하다. 첫째로, 소금은 일정한 범위에서는 안전인정물질에 속한다. 둘째로, 소금의 안전인정물질 자격을 철회하면 이러한 규제 방안에 대한 소비자 지지율이 떨어지며, 미국식품의약품안전청과 식품산업이 감당해야 할 규제에 대한 부담을 가중시킴으로써 식품공급에 차질을 빚게 될 것이다. 더 나아가 소금의 안전인정물질 자격을 철회하는 것은 나트륨이 필수 영양소라는 사실과 상반되는 행위이다.

본 위원회는 소금의 안전인정물질GRAS 자격을 수정하는 것이야말로 나트륨 섭취량을 효과적으로 줄이기 위한 새로운 전략이라고 생각한다. 이는 음식물로 섭취하는 나트륨 대부분은 소비자가 직접 조절할 수 있는 범위 밖인 것을 밝힐 것이다. 소비자 자신이 환경과 행동을 변화시키는 것보다는 소비자를 수동적으로 변화한 환경에 노출시키는 것이 소비자의 건강과 복지를 위해 더 효율적이라는 증거가 있다.

기존의 규제 조항은 식품 첨가물질 사용 조건에 대한 기준을 정할 때 그 기준을 정할 당시의 몇 가지 상황을 고려하면서 정한다. 이것을 참고할 때, 미국식품의약품안전청은 현재의 식품 판매 시장이나 현재와 미래 기술이 적용되는 조건에 적합하게 의무 기준을 정해야 한다. 그렇게 기준을 만들면 새로운 기술 또는 대체물질 개발을 촉진할 것이다.

식품에 첨가하는 나트륨 양 줄이기는 신중한 감시 과정을 통해 아주 조금씩 천천히 이루어져야 한다. 또 실제의 조사 자료와 결과를 바탕으로 적절히 조정하여야 한다. 전체적으로 식품에 첨가하는 소금 함량이 줄면 동시에 소금에 대한 감각적 취향도 감소할 것이다. 그렇게 됨으로써 나트륨 섭취량은 더욱 감소할 것이다.

소금의 안전인정물질 자격을 수정하는 것은 미국식품의약품안전청의 입장에서는 복잡하고 도전적인 일이다. 이를 위해서는 수많은 정보를 수집해야 하고, 이해관계자들로부터 끊임없이 의견을 수렴해야 하며, 공급되는 식품에 대한 분석, 식품에 들어가는 나트륨 함량의 차이에 대한 시뮬레이션 분석, 소비자의 식습관 분석, 안정성에 대한 조정, 그리고 경제적 효과 및 부작용에 대해 고려해야 한다. 이를 위해서는 자원과 시간이 필요하며, 정기적인 감시와 피드백을 통해 단계적으로 감량함으로써 이러한 노력이 현실에서 적용되고 있고 다음 과정으로 넘어갈 시기가 되었는지를 분명히 정해

BOX S-1

권고 전략 Recommended Strategies

일차전략 Primary Strategies

권고 1 : 미국식품의약품안전청 FDA 은 식품의 나트륨 함량에 대한 의무적 국가 표준을 제정하는 절차를 빨리 시작해야 한다.

전략 1.1 미국식품의약품안전청은 단계적으로 식품 소금 함량을 줄이기 위해 가공식품에 첨가하는 소금에 대한 "안전인정물질 GRAS " 자격을 개정해야 한다.

전략 1.2 미국식품의약품안전청은 소금의 안전인정물질 개정안을 표준화된 레스토랑/외식업체가 실행할 수 있도록 메뉴에, 필요하면 조정을 거쳐, 단계적으로 확대 적용시켜야 한다.

전략 1.3 미국식품의약품안전청은 여러 가지 나트륨 화합물뿐만 아니라 식품 첨가물에 대해서도 "안전인정물질" 자격 조항을 재검토하고, 가공식품이나 레스토랑/외식업체 메뉴 항목에 포함된 소금에 대하여 개정한 변화와 맞게 적절히 조정해야 한다.

중간전략 Interim Strategies

권고 2 : 식품업계는 의무 규제 규정을 시행하기 전, 자발적으로 식품의 나트륨 함량을 줄이는 조치를 해야 한다.

전략 2.1 식품산업과 레스토랑/외식업체 운영자는 자발적으로 가공식품과 메뉴 항목 식품에 첨가하는 나트륨 함량을 줄이기 위해 자발적으로 노력해야 한다.

전략 2.2 식품산업, 정부, 전문가 기구, 그리고 공중보건 사업관계자는 식품의 나트륨 함량을 줄이기 위해 자발적으로 협력해야 한다.

지지전략 Supporting Strategies

권고 3 : 정부기관, 공중보건 단체와 소비자 단체, 그리고 식품산업계는 식품의 나트륨 감량 활동을 지원하여야 한다.

전략 3.1 미국식품의약품안전청과 미국농무부 USDA 는 나트륨의 하루 적정 섭취량 개정을 포함하여, 나트륨과 관련된 영양성분표시, 식품의 나트륨 함량에 관한 기준 관련조항을 개정하고 갱신해야 한다.

전략 3.2 미국식품의약품안전청은 나트륨 함량과 건강식품 표시에 관한 조항을 레스토랑/외식업 메뉴 항목에 확대 적용하고, 각 분야 sector 에서 사용할 수 있도록 조항을 조정해야 한다.

전략 3.3 미국 의회는 레스토랑/외식업체에만 적용되는 식품 영양성분 표시 면제조항을 없애야 한다.

전략 3.4 식품 유통업체, 정부, 기업, 기관, 그리고 식품을 구입하거나 분배하는 모든 대규모 기관은 구입하는 식품에 나트륨에 대한 자세한 규격을 명시해야 하고 감독하는 식품 업체에 나트륨에 대한 규격을 제시하도록 해야 한다.

전략 3.5 레스토랑/외식업체 대표는 연방, 주, 지역 보건 관계자 등과 협조하여, 메뉴 항목에서 나트륨 감량을 촉진하고, 지속적으로 하게 하기 위해, 레스토랑/외식업체를 대상으로 혁신적인 방안을 개발 시험하고 실행하여야 한다.

권고 4 : 식품공급부문이 나트륨 함량을 줄이라고 권장하면서 이에 뒤따라 정부 기관, 공중보건 단체 및 소비자 단체, 건강문제 전문가, 보험회사, 식품 산업과 정부/민간 협력 관계자 모두 소비자가 나트륨 섭취를 줄이도록 지원하는 활동을 늘려야 한다.

전략 4.1 미국보건부장관 Secretary of Health and Human Services, HHS 은 나트륨 섭취를 줄이기 위해서는 다른 정부 기관이나 비정부 기구와 협조하여, 포괄적이고 전국적인 캠페인을 계획하고 실행해야 한다. 그리고 "미국인 식생활 지침"에서 규정한 나트륨 섭취량 목표에 도달할 시기를 결정해야 한다.

전략 4.2 정부 기관, 공중보건 단체와 소비자 단체, 보건 전문가, 식품산업, 그리고 공공–민간 협력자는 "미국인 식생활 지침 Dietary Guidelines for Americans "에 일치하도록 소비자가 나트륨 섭취를 줄이는 행동변화를 가져오게 소비자를 지원하는 노력을 계속하고, 확대해야 한다.

권고 5 : 연방정부 기관은 나트륨 섭취량 측정, 소금 맛 취향과 식품의 나트륨 함량을 감시하고 조사하는 체계를 강화해야 한다. 그리고 관련 자료를 알아보기 쉽게 일정한 간격으로 지속적으로 공개해야 한다.

감시체계의 보장

전략 5.1 미국의회, 미국보건부 HHS /미국질병관리본부 CDC 와 미국농무부 USDA 관계자는, 관련 데이터베이스나, 조사사업을 포함하여 미국국민건강영양조사 National Healthy Nutrition Examination Survey, NHANES 에 비용을 적절하게 제공해야 한다.

전략 5.2 미국질병관리본부 CDC 는 국민을 대표하는 표본조사 활동인 미국국민건강영양조사 NHANES 의 일부로 또는 별도로 24시간 소변을 모아 조사하여야 한다.

전략 5.3 미국질병관리본부 CDC 는 미국국민건강영양조사의 한 부분으로서, 미국 국립보건연구원 NIH 과 함께 소금 맛 취향 조사, 기초 측정치 조사와 시간에 따른 소금 맛 취향 변화를 추적할 수 있는 평가 도구 개발을 즉시 시작해야 한다.

전략 5.4 미국질병관리본부는 미국보건부의 관련 기관, 미국농무부 USDA 와 미국연방통상위원회 Federal Trade Commision 와 협조하여, 소비자의 나트륨에 대한 전 국민 지식, 태도, 행동을 측정하는 활동을 강화하고, 확장해야 한다.

전략 5.5 미국식품의약품안전청은 포장식품과 조리 음식의 나트륨 함량과 나트륨 관련 정보를 더 잘 제공하기 위해 기존의 "전체식이연구 Total Diet Study "와 "식품정보표시와 포장조사 Food Labels and Package Survey "를 수정하고 확대하여야 한다.

전략 5.6 미국농무부는 식품조성표에 나오는 나트륨 함량 정보의 질과 포괄성을 더 향상시켜야 한다.

전략 5.7 미국농무부는 미국보건부와 협력하여, 전체 식품의 나트륨 함량을 감시하기 위해 현재 사용하는 방법 또는 새로운 방법으로 데이터베이스를 활용하는 방법을 개발해야 한다.

야 한다. 또한 미국식품의약품안전청은 미국농무부 USDA 와 연락하여 미국농무부가 관장하는 식품에 대해서도 기준을 세우도록 하기 위해 조치를 취해야 한다. 소비자의 나트륨 섭취량을 감소시키는 영향력, 기존의 자발적인 방법으로도 식료품 회사에 제공하지 못했던 '공평한 경쟁의 장'을 제공한다는 점, 그리고 지속성 유지 측면 등 모든 점을 감안할 때, 소금의 안전인정물질 GRAS 자격 조정 권고안은 설득력이 있다.

레스토랑/외식업의 메뉴 음식이 나트륨 섭취량의 많은 부분을 차지한다는 점에서 안전인정물질 기준을 메뉴 음식 부문에도 연장하여 적용하려는 것이 전략1.2이다. 이 전략은 연방식품의약품화장품법을 식품에도 적용하는 것에 근거하는데, 이 연방법은 주 state 와 주 사이를 이동하는 유통 물품에 적용한다. 전국적으로 유통되는 가공식품을 사용하는 외식업 식품에 이 기준을 적용하도록 한다. 이 기준은 대형 체인형 레스토랑/외식업계에만 적용이 가능하다. 이것이 큰 회사에만 적용가능할 것 같지만, 시간이 지나면 이 적용방법을 통해 작은 업체와 협력할 수 있는 방법도 명확하게 될 것이다. 외식업 하나하나에 맞춰 접근하는 방법은 극히 어색하고 어렵다는 점을 고려할 때, 나트륨 섭취량 감량은 경험을 바탕으로 서서히 이루어져야 한다.

중간 전략과 지지 전략

중간 전략은 권고 2에 반영하였다. 1차 전략은 당장 시작되어야 하지만 실질적 규제가 이루어지려면 시간이 어느 정도 필요하다. 따라서 의무적으로 식품 생산자나 레스토랑/외식업계가 사용하는 소금의 양을 제한하는 1차 전략이 실행되기 전 중간 단계에서는 자발적 전략으로 나트륨 섭취량을 상당히 줄일 수 있다. 본 위원회는 자발적인 전략이 중간 전략에 매우 중요하다는 것을 인정하면서도 과거의 경험에 비추어 볼 때 자발성에만 의존하여 나트륨 섭취량을 줄이는 것은 지속성 측면에서 불충분하며, 식품에 첨가되는 나트륨 함량을 의미 있게 줄이기 위해서 필요한 '공평한 경쟁의 장'을 충분히 보장하지 못하는 점을 강조하였다.

지지 전략은 단순히 나트륨 섭취량을 원만하게 줄이려는 제안이 아니라 목표를 이루기 위한 필수적 전략이다. 이를 위해서는 다수의 정부기관과 이해관계자 사이에서 일어나는 업무를 미국보건부 HHS 가 지도자 역할을 하면서 통합시킬 필요가 있다. 지지 전략은 여러 이해관계자를 위해 만들었다. 지지 전략의 주된 관점은 국가적이면서 포괄적이며 조화롭게 접근하고 식품산업을 개입시키고, 소비자에게 다가가는 창의적인 방법을 익히는 것이다.

권고하는 전략의 주된 관심은 나트륨 섭취량 감소에 있어서 소비자에게 과다한 짐을 지우지 않는 것이지만, 소비자는 여전히 나트륨 섭취량 감소에 있어 핵심적 부분이다. 식품 공급에 있어 첨가되는 전체 나트륨 양을 줄이려는 활동은 매우 많지만, 어느 것 하나 충분하지 않다. 소비자는 권고 나트륨 섭취량으로 변화하기 위해서 개인적으로 책임을 다해야 한다. 소비자의 나트륨 섭취량 감량을 돕기 위해 행하였던 기존의 계획은 아마도 잘 계획하지 못하였거나 소비자에게 다가가는 방법이 효과적이지 못했을 것이다. 이제 이러한 한계를 밝히고 극복해야 한다. 검토해야 하는 관련 과제는 저염식품, 1인 제공량 조절, 건강을 유지하기 위한 식품의 선택을 통한 지속적인 식습관 변화이며 수행방법은 다음과 같다. (1) 소비자에게 혈압 상승이 국민적인 건강 문제이며, 가능한 한 어린 나이에 나트륨 섭취량을 줄이고 평생적게 먹도록 하는 것이 건강에 얼마나 중요하고 가치 있는 일인지 이해하도록 돕는다. (2) 소비자가 식품에 들어 있는 나트륨의 여러 가지 속성에 대해 이해하도록 도와주고 정부와 기업이 식품에 들어 있는 나트륨을 줄이려는 활동의 중요성을 알게 해 준다. (3) 소비자의 저염 식품에 대한 태도 및 인식을 변화시킨다. (4) 식품을 건강하게 섭취하는 데 있어 나트륨 섭취량 감소가 차지하는 역할에 대해 소비자의 이해를 높인다. 적절한 메시지를 만드는 데에는 집중력이 필요하다. 그리고 식품 섭취와 건강이라는 광범위한 메시지에 나트륨 감량이라는 메시지를 어떻게 접목시킬 것인지를 포함하는 획기적인 소비자 조사가 필요하다.

이에 더하여, 나트륨 섭취에 대해 끊임없이 감시하고 감독하도록 관리할 필요가 있으며, 나트륨 섭취에 대해 기초 정보 조사를 빨리 시작할 필요가 있다. 기존의 조사 활동 중 소변 내 나트륨 측정과 같은 좋은 방법은 계속 하도록 하고, 소비자의 소금에 대한 감각적인 취향을 조사할 수 있는 새로운 측정 방법을 추가하여 보완하여야 한다. 본 위원회는 또한 범국가적인 나트륨 감량 정책을 시행할 경우 의도하지 않은 결과가 나올 가능성에 대해서도 고려하였다. 소금의 양을 줄이면 나타날 수 있는 부작용으로는 요오드 섭취량 감소와 식품 안전성 문제 등 두 가지가 비교적 중요하다. 이 부작용은 실제로 일어날 것 같지는 않지만 감시가 필요하다. 초기 정보 수집 및 연구, 실행, 그리고 감시에 대해서는 적극적인 지원이 필요하며, 아직 세부적인 지원 정도에 대해서는 정해지지 않았으나 전략을 성공시키기 위해서는 이러한 세부적인 부분에 대한 고려가 필수적이다.

권고안의 실행 및 정보의 틈새

본 위원회는 실행 방안을 열거하였지만, 전체적인 전략이 실제 행동으로 나타나게 하기 위해 필요한 세부 사항은 아직 준비되지 않았으며, 이에 대한 정보나 연구가 더 필요하다고 생각한다. 따라서 실행 위원들은 이러한 실행 방안 및 선택 가능한 방법이 나올 경우 그 정보를 수집하고 새로운 방안의 효과를 모델링해 보아야 한다.

- 본 위원회는 식품에 들어 있는 소금의 안전인정물질 GRAS 자격 수정은 미국식품의약품안전청 FDA 이 다음 사항을 시행하였을 때 이루어질 수 있다고 생각한다. (1) 소금의 안전인정물질 자격은 소비자가 식품에 소금을 넣었을 때 "미국인 식생활 지침"에서 제시하는 하루 총 나트륨 섭취량에 해당하는 만큼의 나트륨을 정상적인 식이에서 섭취하는 정도의 소금 양이라고 명시한다; (2) 각 식품에 포함된 소금의 양을 영양성분표시에 명시하는 것이 효과적이라는 연구결과를 제시함으로써 영양성분표시를 안전인정물질 자격 수정의 단계별 과정에 포함시킨다; (3) 나트륨

안전인정물질 조항에서 예외적으로 면제받는 식품을 적절히 정한다; (4) 신청서(법원에 법률적 처리를 요청하는) 선택을 고려한다. 소요되는 비용과 구체적인 지원 방안은 본 위원회에서 결정할 일은 아니지만, 이러한 재정 문제와 초기 연구 결과를 위해서는 많은 자원과 함께 나트륨에 대한 국가적인 안목의 쇄신이 필요하다.

다른 실행 방안은 가공식품과 외식업체 메뉴 음식의 나트륨 함량을 감량하도록 언급하고 있으며, 또 한편 소비자를 대상으로 하는 국가적인 캠페인에 있어 중요하다는 점을 언급하고 있다. 공공부문과 민간부문 두 분야 모두 공공과 민간 협력관계 목표를 위해서는 적절하다고 생각된다.

마지막으로 이 연구는 다음의 4가지 영역에서 다양한 연구를 빨리 시작해야 할 필요가 있다고 하였다. (1) 소금 맛을 감지하는 감각에 대한 이해와 일생을 통해 미각이 발달하는 단계에 대한 이해; (2) 맛, 물리적 특성, 안전성을 해치지 않으면서 나트륨 양을 줄이는 획기적 방법 개발; (3) 나트륨 섭취량 감소에 대한 소비자 인식과 행동에 영향을 미치는 요소에 대한 이해도 향상; (4) 나트륨 섭취량 및 소금 맛 취향에 대한 추적 감시.

맺음말

여기에서 권고한 전략은 나트륨 섭취량을 감소시키기 위해 신중하게 마련하였다. 목표를 달성하기 위해서는 많은 기술적 문제와 비기술적인 문제를 해결함과 동시에 주의깊게 실행하여야 하며 나트륨 섭취량을 줄여야 한다는 다짐을 하여야 한다. 이 크고도 중요한 임무는 모두가 협력하여야 조속히 이루어질 수 있을 것이다. 궁극적인 목표는 국민의 건강을 향상시키는 것이다.

1
서론

미국인의 나트륨 섭취량을 줄이기는 그간 중요 문제였지만, 달성하기는 어려웠다. 미국인은 나트륨을 권고량보다 훨씬 많이 섭취하고 있고, 그래서 많은 사람이 고혈압과 관련된 질병의 위험에 노출되어 있다. 1969년 이래로 나트륨 섭취를 줄이기 위해 공중보건에서 개입하거나 국가 식생활 안내 권고안을 내놓는 등 다수의 계획을 추진하였다. 지금까지의 활동은 목표 달성에 실패했다. 미국인의 나트륨 섭취는 좋게 평가해도 변화가 없었거나, 1970년대 초반 이후 오히려 증가하는 추세이다. 반면, 고혈압의 발생률은 낮아지지 않았다.

주요 영양정책 권고안인 "미국인 식생활 지침 Dietary Guidelines for Americans "에서는 2005년 처음으로 나트륨 최대 섭취량을 정하였다. 즉, 지침에서는 2세 이상 일반인에게 하루 나트륨 2,300 mg 미만을 섭취하도록 권고하였다. 또 "미국인 식생활 지침"에서는 일반인 중에서 질병 위험도가 높은 하위집단 subgroup 을 지정하였는데, 고혈압이 있는 사람, 아프리카계 미국인 African American, 중년 및 노인 등이며, 이 하위집단에서는 나트륨을 하루 1,500 mg 이하로 섭취할 것을 권고하였다. "미국국민건강영양조사 National Health and Nutrition Examination Survey, NHANES "에서는 미국 성인의 69%가 지침에서 제시한 나트륨 섭취량 지침을 따를 필요가 있는 것으로 분석하였다(CDC, 2009). "미국인 식생활 지침"에서는 식사 때나 조리하는 동안 사용하는 소금 양은 매우 작아 다른 나트륨 공급원에 비하여 상대적으로 소량이라고 밝혔다. 다시 말하면, 나트륨 섭취를 줄이려면 가공식품의 소금 함량을 줄이거나, 식생활 방식을 변화시키는 데 집중하여야 성공할 수 있음을 시사한다.

"미국인 식생활 지침"의 권고량(하루 2,300 mg 이하)은 "물, 칼륨, 나트륨, 염소, 황의 영양 섭취 기준 Dietary Reference Intakes for Water, Potassium, Sodium, Chloride, and Sulfate (IOM, 2005)" 보고서에서 미국의학한림원 The Institute of Medicine, IOM 이 허용 가능 최대 나트륨 섭취량으로 정한 양과도 일치한다. 나아가 미국의학한림원 보고서는 식품의 나트륨 함량 감소를 위한 대체물질 기술 개발의 필요성뿐 아니라, 나트륨 섭취 감소를 위한 공중보건 전략의 필요성도 제기하였다. 이 보고서에서는 맛과 풍미, 질감, 소비자의 수용 가능성, 적은 비용을 유지하는데 특별한 관심을 두어야 한다고 제안하였다.

"2008년도 통합 세출법 Consolidated Appropriation Act of 2008 "은 미국노동부 Department of Labor, 미국보건부 Department of Health and Human Service, HHS, 미국교육부 Department of Education 와 연관 부서를 주 대상으로 하고 있다. 이 법은 미국질병관리본부 The Center for Disease Control and Prevention, CDC 가 미국국가아카데미 National Academies 의 미국의학한림원으로 하여금 "미국인 식생활 지침" 수준으로 나트륨 섭취량을 줄이기 위한 여러 가지 방법을 검토하고, 권고안을 마련하는 연구를 수행하도록 하고 있다. 이 연구를 지원하기 위하여 미국식품의약품안전청 Food and Drug Administration, FDA, 국립심폐혈액연구소 The National Heart, Lung and Blood Institute, NHLBI, 질병예방건강증진실 The Office of Disease Prevention and Health Promotion 을 포함한 연방정부 기관이 질병관리본부와 협력하고 있다.

임무

이 연구를 책임지고 수행하는 위원회의 임무는 Box 1-1에 기술하였다. 일반 업무의 부분으로서, 위원회는 다음 사항을 기술하도록 요청받았다.

- 전체 미국인의 나트륨 섭취와 나트륨의 중요 공급원;
- 맛과 감각의 생리학적 이해와 소비자의 행동과 맛 취향 상호작용 영역의 이해;

BOX 1-1

임무 기술 Statement of task

본 위원회는 "미국인 식생활 지침"이 추천하는 수준으로 나트륨 섭취를 줄이기 위해 도입할 방법에 대한 권고안을 검토, 제정한다. 위원회는 여러 가지 방법을 놓고 그 중 어느 것을 선택할지를 고려한다. 방법에는 정부정책 접근 Government approaches (규정 제정/입법 활동 regulatory and legislative action), 식품 공급 측면 접근 food supply approaches (신제품과 신제형 개발 new product development, food reformulation), 그리고 일반시민과 전문가를 대상으로 한 정보제공 및 교육을 포함하지만 위 세 가지 접근으로만 제한하지는 않는다. 이 분야의 혁신을 촉진하기 위해 보건전문가 의견을 받아들이고, 정부 및 산업협력에 관심을 둔다. 본 위원회는 다음 항목의 합의보고서 consensus report 를 준비한다. (1) 나트륨 섭취를 줄이기 위한 조치 내용과 위원회가 모은 자료 검토 중 나트륨 섭취 감량 전략을 위한 고려요소 등을 기술하고, (2) 일반인과 민간 이해당사자에게 "미국인 식생활 지침"에 부합하는 나트륨 섭취량을 달성하기 위해서 필요한 행동을 근거를 제시하면서 권고한다. 보고서는 장기간 감시를 위한 방법을 권고하고, 연구 필요 분야를 찾는다.

- 나트륨의 식품에서의 역할과 그 역할이 제품 개발, 소비자 기호 및 건강과의 연관관계;
- 나트륨 섭취를 줄이는 전략에 영향을 주는 요인;
- 맛, 소비자 행동과 취향의 생리학적 이해를 고려하여, 식품가공에서 나트륨 대체물질을 개발하기 위한 식품 기술 food technology 가능성;
- 예상치 못한 결과의 가능성;
- 다른 나라의 나트륨 섭취를 줄이기 위한 노력;
- 정책수단-규정(라벨 포함), 공적 자금 투입, 교육, 유인책, 보건전문가의 역할, 실행을 위한 산업관련 법령, 연구, 진행 감시(책임), 그리고 리더십;
- 기초연구 및 소비자 연구에서부터, 다양한 인구집단에서의 나트륨

섭취 감소 계획/실행에 이르는 창의적이고 혁신적인 접근/프로그램을 촉진하기 위해 공공/민간 부문의 협력을 위한 선택사항들.

이 위원회에 부과된 임무 중에는 나트륨 섭취가 건강에 미치는 영향에 대한 과학적 근거를 검토하는 것은 포함되지 않았으며, 섭취해야 하는 나트륨 양에 대한 "미국인 식생활 지침" 재평가도 포함되지 않았다. 그 대신, 본 위원회는 나트륨 섭취 감소가 건강에 이롭다고 한 권위 있는 의학 단체의 결론을 바탕으로 활동하였다.

접근 방법

전략 결정의 과학적 원리

나트륨 과량 섭취와 혈압 상승 사이의 관계를 논하는 것은 본 위원회 임무가 아니어서 구체적으로 검토하거나 언급하지 않았다. 본 위원회 임무는 "미국인 식생활 지침 Dietary Guidelines for Americans" 수준의 나트륨 식이섭취 감소 전략에 대한 권고안을 작성하는 것이다. 본 위원회의 임무는 1970년대 초반부터 시작하여 지금도 계속하는(제2장에서 논의하는) 공중보건 정책에서 얻은 결론을 반영한다. 전체적으로, 전문가 자문위원회 expert advisory committees for scientific expertise 의 조언을 기반으로 나트륨 섭취 감소와 혈압 사이에는 직접적이고도, 강력한 과학적 연관성이 있음을 확인하였다. 미국 성인의 고혈압과 연관된 심혈관 질환(뇌졸중, 관상동맥질환) 발생 빈도가 높고 미국 일반시민이 계속 나트륨을 많이 섭취하는 데 대해 우려를 표시하였다.

나트륨 섭취와 질병위험 사이의 관계를 명확히 하기 위하여 중요 과학 문헌을 고찰하는 것은 본 위원회의 의무가 아니다. 그러나 본 위원회의 전략 내용이 적절성을 유지하려면 두 가지 중요한 질문과 연관된 과학 지식을 잘 이해하여야 했다. 그 첫 번째 질문은 공중보건 문제의 특성과 심각성과 관련되어 있다. 본 위원회 권고안의 전략은 문제의 범위 그리고 그 심각성과 상응해야 한다. 두 번째 질문은 대상 인구의 성격, 특히 권고안 전략이 일반인 전체에 초점을 맞추어야 하는지, 혹은 특정한 하위집단에 제한적으로 적용되는지와 연관되어 있다.

이 두 문제에 대해 전문가들 간의 과학적 합의 특성을 이해하기 위해서는 가장 최근의 중요 권위 집단인 미국의학한림원 -2005년도 식생활 지침 자문위원회 Dietary Guidelines Advisory Committee (DGAC, 2005), the IOM (2005)"와 "미국국립심폐혈액연구소-고혈압 예방, 진단, 평가, 치료를 위한 합동위원회 the Joint National Committee on Prevention, Detection, Evaluation, and Treatment of High Blood Pressure (NHLBI, 2004)"을 포함하여 과학적으로 결론을 검토하는 것이 유용하다고 판단하였다. 또한 필요하다면 다른 관련 증거를 가지고 이 보고서를 업데이트 하는 것이 도움이 된다고 생각하였다.

공중보건 문제의 심각성

고혈압은 미국 성인에서 많이 발생하며 그 빈도는 증가하고 있다. 고혈압은 비만, 유전, 음식 및 신체 활동 등 몇 가지 요인과 연관되어 있으며 이 중 일부는 문화와 인종과 관련이 있을 것이다. 시간이 지남에 따라 고혈압의 정의는 변화하였으나, 고혈압의 유병률은 여전히 높은 상태이다. 고혈압의 연령 표준화 유병률 age-standardized prevalence rate 은 미국국민건강영양조사 III (1988-1994) (Cutler et al., 2008)에서 24%였고 1999년부터 2006년의 NHANES (Ostchega et al., 2008)에서는 28-30%로 증가하였다. 60-69세 인구의 절반 이상, 그리고 70세 이상 인구의 약 3/4이 고혈압이다(NHLBI, 2004). 1988년부터 1994년까지 고혈압 성인의 수는 약 5천만 명이었고, 1999년부터 2000년에는 6천 5백만 명으로 추산하였다(Cutler et al., 2008). 1988년부터 2000년 사이 어린이와 청소년의 혈압도 높아졌다(Muntner et al., 2004).

성인과 소아에서 모두 고혈압 유병률이 증가하는 현상은 관찰 기간 동안 체질량지수 body mass index, BMI 가 높아진 것으로 설명하였지만, 체질량지수를 보정하더라도 유병률 상승 전체를 설명할 수는 없었다(Cutler et al., 2008;

Muntner et al., 2004). 이것은 비만과는 별도로, 칼로리 과소비(동시에 나트륨 과소비)가 문제임을 암시한다. 그리고 고혈압의 단기 절대 위험은 발생률로 측정하지만, 고혈압 장기 위험은 생애위험통계 lifetime risk statistics 를 이용하여 남은 여생 동안 고혈압이 발생할 확률로 정의한다(NHLBI, 2004). 고혈압의 생애 위험 lifetime risk 은 고혈압 이외의 이유로 사망하는 것을 보정하면 여자에서 약 86-90%, 남자에서 81-83%이다(Vasan et al., 2002).

혈압 상승과 관련된 공중보건 문제의 특성을 평가할 때, 심장질환, 뇌졸중, 신장질환 등 고혈압이 일으키는 중요한 질환을 고려하는 것이 중요하다. 심장질환은 미국에서 가장 중요한 사망 원인이고(2006년 전체 사망의 26%), 뇌졸중은 세 번째로 많은 사망 원인이다(Xu et al., 2009) (2006년 사망의 5.7%). 이에 더하여, 고혈압 환자에 대한 단면적 연구로 얻은 자료는 나트륨 섭취와 좌심실 근량 left ventricular mass (뇌졸중이나 다른 심혈관질환의 강력한 예측인자) 사이에서 지속적으로 직접 연관성이 있었다. 나트륨은 혈압을 매개로 한 간접적인 영향 이외에 직접적 영향도 있다(IOM, 2005). 한 임상시험 controlled trial (Jula and Karanko, 1994)은 나트륨 섭취와 좌심실 근량 사이에 인과관계가 있었음을 암시하였지만, 추가 연구가 필요하다고 하였다(IOM, 2005).

나트륨 섭취, 혈압, 그리고 연관된 심혈관질환 사이의 직접적 인과관계를 고려한 비용효과 분석에서는 미국인이 나트륨 섭취량을 줄이는 데 따른 비용 및 건강 효과를 평가하였다. Danaei 등(2009)은 흡연과 고혈압이 미국에서 사망자 수에 영향을 가장 많이 미치는 위험 요인이라고 결론지으면서, 고혈압은 연간 사망자 395,000명의 원인이라고 하였다. 이 저자들은 나트륨 섭취를 줄이면 매년 100,000명의 사망을 예방할 수 있을 것이라고 추산하였다(Danaei et al., 2009). 나트륨의 과량 섭취는 기타 식이 위험요인(낮은 오메가3 지방산, 높은 트랜스지방산, 알코올, 야채/과일의 낮은 섭취, 높은 포화지방산 섭취의 지표로서 낮은 불포화지방산)과 비교하여도 다른 어떤 요인보다 사망과 연관성이 높다.

전체 인구 수준에서 나트륨 섭취를 줄이면 고혈압과 심혈관질환이 줄어

사회적으로나 의학적으로 큰 이득이 있을 수 있다는 것을 최근 연구에서 증명하였다(Bibbons-Domingo et al., 2010; Palar and Sturm, 2009; Smith-Spangler et al., 2010). 인구 전체에서 평균 나트륨 섭취량을 현재 수준으로부터 하루 2,300 mg까지 줄이면, 고혈압 환자 수는 1천 1백만 명이 줄고, 의료비용은 320억 달러 줄며, 320억 달러에 상당하는 31만 2천 년의 삶의 질이 개선된 생존 연수 quality-adjusted life-years 를 얻을 것으로 추산하였다(Palar and Sturm, 2009). Bibbons-Domingo 등(2010)은 하루 소금 섭취량을 3 g (나트륨 1,200 mg에 해당)씩 줄였을 때 전체 인구에 돌아오는 이득을 예측하는 모델을 개발했다. 소금 섭취를 이 정도로 줄이면 매년 심혈관질환 신규환자 6만 명, 뇌졸중 신규환자 3만 2천 명, 그리고 심근경색 신규환자 5만 4천 명을 줄이는 것으로 예측하였다. Smith-Spangler 등(2010)은 전체 인구에서 나트륨 섭취를 평균 9.5% 줄이면 현재 40-85세 성인에서 뇌졸중 환자 51만 3천 885명, 심근경색 환자 48만 358명을 예방할 수 있고, 321억 달러의 의료비용을 절약할 수 있는 것으로 추산하였다.

요약하면, 나트륨을 과도하게 섭취하여 일어나는 공중보건 문제는 심각하다. 많은 사람이 직접 영향을 받으며, 높은 의료비용과 삶의 질 관련 비용으로 연결된다. 그러므로 강력한 해결책이 요구된다. 나트륨 섭취는 심혈관질환의 확실한 위험요소인 고혈압과 인과관계가 있기 때문에, 나트륨 섭취 감소는 과거 수십년 동안 국가적인 공중보건 정책의 중요 요소였다(Loria et al., 2001; USDA/HHS, 2005). 새로운 자료도 나트륨 섭취를 줄이는 데 지속적이고도 우선적인 관심이 필요하다고 확인하고 있다. 또 미국의학한림원의 "미국인 고혈압의 조절 및 감소를 위한 공중보건 우선순위 위원회"는 미국인 전체의 혈압 상황을 변화시키는 방법으로서 식이 나트륨 섭취 감소가 확실하다는 것을 확인하였다(IOM, 2010).

나트륨 섭취 감소 목표 대상 인구 Target Population for Sodium Intake Reduction

나트륨 섭취 감소 지침의 초기 대상자는 고혈압 환자, 노인 등 고위험군의 개인이었고 그들에게 초점을 맞추었다. 과학 지식이 발전하면서, 공중보건 정책은 고위험군뿐 아니라, 일반인 전체로 확장되었기 때문에 이 보고서에서 위원회는 권고안을 만들 때 일반인 전체를 대상으로 하였다(Loria et al., 2001). 성인이 고혈압을 갖게 되는 생애위험은 80% (다른 사망 원인을 보정한 후)를 넘는다(Vasan et al., 2002). 그리고 현 상황에서는 누가 고혈압 없이 살게 되는 20%에 속하는지를 알 수 있는 방법이 없다. 또 나트륨을 과도하게 섭취하면 개인에게 임상적으로 증상이 있는 고혈압이 되기 전에도, 점진적으로 일생에 걸쳐 혈압이 높아지며, 짠 음식에 대한 취향은 고혈압 위험을 알기 전인 어린 나이에 결정될 수 있기 때문에, 특정 고위험 하위집단에 지침의 초점을 맞추면 나트륨 섭취 감소를 통해 이득을 보아야 하는 사람은 막상 대상이 되지 못할 가능성이 있다.

고위험군에서 일반인 전체까지 지침 대상을 확장시키는 것은 논란의 소지가 있지만(Alderman, 2010; Cohen et al., 2006; Loria et al., 2001; McCarron, 2000, 2008; McCarron et al., 2009), 미국의학한림원의 "식생활 지침 자문위원회 Dietary Guidelines Advisory Committee"(DGAC, 2005)와 같은 전문가 패널(부록 B 참조)은 과학적 증거와 이해 당사자의 우려를 주의 깊게 평가한 다음, 공중보건에 대한 심각성과 관련 증거로 볼 때 나트륨 섭취 감소 지침은 일반인 전체로 대상을 확장시키는 것은 타당하다고 일관되게 그리고 반복적으로 강조하였다. 심혈관 질환과 관련하여 나트륨 섭취 감소의 장기적 이득에 관한 최근의 임상연구 결과(Cook et al., 2007)는 일반인 전체에서 나트륨 섭취를 감소시켜야 한다는 논리의 과학적 근거를 뒷받침하였다(Bibbons-Domingo et al., 2010).

미국과 같은 선진국에서 고혈압으로 인한 임상적인 문제는 노인 또는 중년에 흔히 나타나지만, 혈압은 나이와 함께 일생 동안 점진적으로 높아진다. 즉, 전 생애에 걸친 과정이다. 소금 섭취량과 혈압 상승 사이에는 용량 반응 관계가 있으며 얼마만큼 이상을 먹으면 혈압 상승이 시작된다는 역치 threshold 는 없다(DGAC, 2005). 발표 논문에 따르면, 고혈압은 어린이 시기에 시작되고, 혈압관련 혈관질환은 이른 나이에 벌써 뚜렷하다고 알려져 있다(Cutler and Rocella, 2006). 특히, 소아나 청년기의 성인 부검 연구에서 소아의 혈압 상승은 대동맥과 관상동맥의 지방 띠 fatty streaks 와 섬유성 플라크 fibrous plaques 등 병리학적 변화와 직접 연관이 있는 것으로 알려졌다(Berenson et al., 1998). 청년기 성인에서는 혈압과 관상동맥의 칼슘 스코어가 직접 연관되어 있다(Loria et al., 2007; Mahoney et al., 1996).

성인에서와 마찬가지로 소아에서도 나트륨 섭취를 줄이면 혈압은 낮아진다. 그러므로 소아나 청소년 시기에 나트륨 섭취를 줄이면 나이가 들면서 혈압이 높아지는 것을 늦추는데 도움이 되어, 고혈압으로 인한 질병을 예방하거나, 발생 시점을 늦출 것으로 생각된다(Cutler and Rocella, 2006; Ellison et al., 1989; He and MacGregor, 2006).

혈압 상승은 진행형이고, 일생을 통하여 심혈관질환의 위험과 관련이 있다. 나트륨 섭취 감소 대상에 2세 어린이부터 포함시키는 이유는 짠 음식을 좋아하는 습관이 어려서 시작한다는 우려에 근거를 두고 있다고 최근 식이지침 자문위원회(DGAC, 2005)가 밝혔다. 제3장에서 논의하겠지만 소금, 짠맛에 대한 취향은 생후 4개월 정도에 시작되고, 음식을 먹는 경험에 따라 형성된다. 그리고 점진적으로 진행시킨다면 나트륨 함량이 낮은 음식에 대한 적응은 어느 나이에서도 가능하다.

나트륨 섭취 감소 대상을 전체 인구로 확장시키는 것에 대해 추가로 논의해야 할 사항은 소금 민감도 문제이다. 소금 민감도란 섭취하는 소금이 혈압에 미치는 반응 양식에 개인차가 있다는 개념이다(Strazzullo, 2009). 일부에서는 소금에 대한 민감도 개념을 식이 지침에 포함하면, 지침 실행 대상을 굳이 전체 인구로 확장시킬 필요가 없을 것이라고 주장하지만, 주요 국가 권위 단체들 national authoritative consensus bodies 은 소금 민감도 개념이 전체 인구 접근 방식에 대한 우려를 줄일 것이라는 주장에 찬성하지 않았다(DGAC, 2005; IOM, 2005). 소금 섭취를 바꾸는 데 대한 반응은 다양하다(IOM, 2005). 반응 방식은 역치 효과 threshold effect 양상이 없고 오히려 연속적 분포를 한다

(DGAC, 2005). 표준화된 진단기준 또는 검사방법도 없으며, 의미 있는 결정치 cut-point 를 정할 생물학적 근거도 없다(Cutler et al., 2003; DGAC, 2005). 거기에 소금 섭취 변화에 대한 인체 반응은 칼륨 등 다른 식이 요인에 의해 달라질 수 있다. 이 때문에 어떤 사람이 소금에 민감하다거나 민감하지 않다고 판단할 수 있는 과학적 근거는 없다. 그 때문에 소금 민감도 개념은 나트륨 섭취 감소 대상 인구를 전체 인구가 아닌 하위집단으로 하여야 한다는 근거가 되지 못한다(IOM, 2005). 전문가 자문위원회의 합의보고서와 관련 문헌에 기초하여 소금 섭취 감소전략은 일반인 전체를 대상으로 할 것이며 본 위원회의 임무 기술 내용과 일치한다. 목표는 전체 인구에서 "미국인 식생활 지침"이 권고하는 수준으로 나트륨을 섭취하도록 하는 것이다.

권고 전략의 개발 Development of Recommended Strategies

나트륨 섭취를 줄이기 위한 전략을 권고하는 방안을 마련하는 접근 방식을 그림 1-1에 표시하였다. 이 부분에서 사용하는 용어를 명확히 정의하는 것이 중요하다. "소금 salt (NaCl)"은 "나트륨 sodium "과 서로 바꿔 쓸 수 없는 용어이지만, 많은 경우 소금과 나트륨을 같은 뜻으로 사용한다. 식이 나트륨 섭취에 가장 중요한 것은 소금이기 때문이다. 이 보고서에서는 염화나트륨(NaCl)을 언급할 때 의도적으로 "소금 salt "이라는 용어를 사용하고, 나트륨(Na)을 의도적으로 언급할 때 "나트륨(Na)"이라는 용어를 사용한다. "식품산업 food industry "이란 가공식품 생산과 레스토랑/외식업 산업을 포함하는 의미로 사용하였다. "소금 맛 취향 salt taste preference "은 부록 A 소금을 첨가한 식품을 선호하는 의미로 사용하였다. 이 보고서에서 사용한 용어는 용어해설 Glossary (부록 A)에서 정의하였다.

본 위원회는 나트륨 섭취 감소를 목표로 하는 국가공중보건계획 national public health initiatives 의 과거와 현재의 시책과 각국의 방법(부록 C 참조)을 검토하는 것으로 일을 시작하였다. 그리고 전체적인 상황을 파악하면서 현재의 상황에 초점을 맞추기 위해 중요 자료와 연구 결과를 통합하였다. 그 과정은 제2장

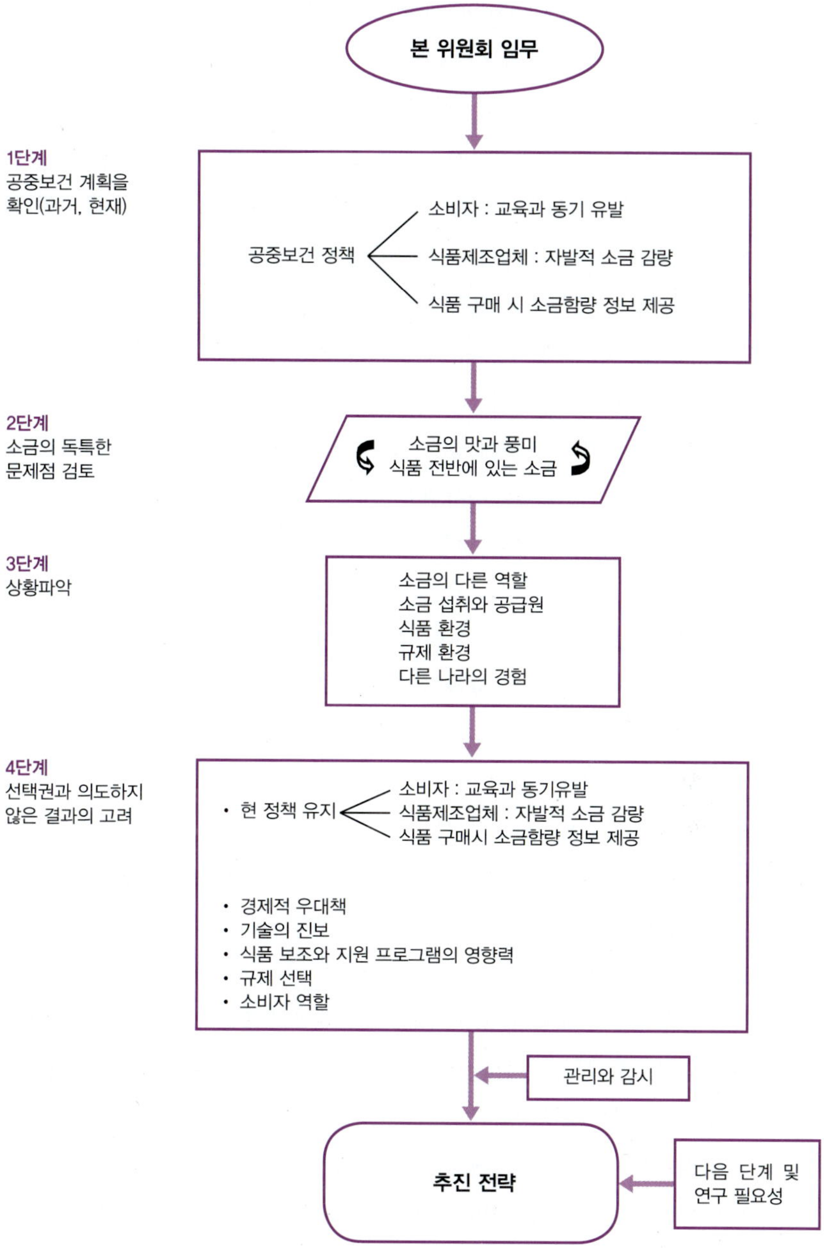

그림 1-1. 미국인 전체 인구에서 나트륨 섭취를 줄이기 위한 추천 전략을 확립하기 위한 본 위원회의 접근 방식.

에서 기술한다. 이와 함께 맛과 풍미라는 소금의 특별한 성질(제3장)에 대하여 고려한 다음 나트륨 섭취를 줄이는 전략을 권고하는 데 중요한 여러 가지 요인을 심도 있게 검토하는 과정을 단계로 나누어 정하였다.

중요하였던 점은 과거 장기간 실시한 공중보건 시책은 주로 소비자 교육을 통하여 소비자 행동에 영향을 미치거나, 식생활을 변화시키는 쪽이었다. 이러한 정책 initiatives 에서는 (1) 식품산업이 자발적으로 식품의 나트륨 함량을 줄이는 방식과, (2) 소비자가 식품을 구매할 때 식품의 나트륨 함량 정보를 제공받는 방식을 포함하였다. 과거와 현행 정책에 대하여 검토한 다음 본 위원회는 소금이나 소금이 첨가된 식품에 대한 취향이 나트륨 섭취를 감소시키기 위한 전략의 성공에 영향을 주는지를 알기 위해 소금 자체의 맛과 소금이 첨가된 식품에 대한 취향의 특성뿐만 아니라, 소금이 맛과 풍미에 주는 효과를 검토하였다. 제2장과 제3장에서 위원회가 단계별로 수행한 활동을 제시한다.

그 다음으로 본 위원회는 아래의 주제에 대한 배경 지식 그리고 결론과 관련된 자료를 심도 있게 고찰하였다. 식품의 맛과 풍미 이외에 나트륨이 식품에서 하는 역할(제4장); 현재 나트륨 섭취 추정치와 나트륨의 식이 근원 dietary source 의 특성(제5장); 가공식품 및 레스토랑/외식 산업 그리고 소비자와 연관된 식품환경 food environment (제6장); 식품에 소금을 첨가하는 데 대한 규제 환경과 정보 표기와 관련된 규제 환경 regulatory environment 및 법 조항 legal provision (제7장). 본 위원회는 나트륨 섭취 감소와 관련된 다른 나라의 경험을 고찰하여 부록 C에 제시하였다.

이상의 정보를 바탕으로 본 위원회는 숙고하였고, 적절한 전략을 생각하였다(제8장). 본 위원회는 먼저 현황에 초점을 맞추고 그 다음 경제적인 인센티브, 기술적 진보, 그리고 대규모 정부 조달 및 지원 프로그램 procurement and assistance program 의 가능성에 초점을 맞추기 위해 통합적으로 논의하였다. 규제 옵션은 소비자를 위하여 역할을 할 수 있는지를 바탕으로 고려하였다. 추천하는 전략(제9장)과 권고 전략 실행을 위한 활동과 연구 필요 분야(제10장)도 제시하였다.

참고문헌

Alderman, M. H. 2010. Reducing dietary sodium: The case for caution. *Journal of the American Medical Association* 303(5):448-449.

Berenson, G. S., S. R. Srinivasan, W. Bao, W. P. Newman Iii , R. E. Tracy, and W. A. Wattigney. 1998. Association between multiple cardiovascular risk factors and atherosclerosis in children and young adults. *New England Journal of Medicine* 338(23):1650-1656.

Bibbins-Domingo, K., G. M. Chertow, P. G. Coxson, A. Moran, J. M. Lightwood, M. J. Pletcher, and L. Goldman. 2010. Projected effect of dietary salt reductions on future cardiovascular disease. *New England Journal of Medicine* 362(7):590-599.

CDC (Centers for Disease Control and Prevention). 2009. Application of lower sodium intake recommendations to adults—.United States, 1999–2006. *Morbidity and Mortality Weekly Report* 58(11):281-283.

Cohen, H. W., S. M. Hailpern, J. Fang, and M. H. Alderman. 2006. Sodium intake and mortality in the NHANES II follow-up study. *The American Journal of Medicine* 119(3):275.e7-275.e214.

Cook, N. R., J. A. Cutler, E. Obarzanek, J. E. Buring, K. M. Rexrode, S. K. Kumanyika, L.J. Appel, and P. K. Whelton. 2007. Long term effects of dietary sodium reduction on cardiovascular disease outcomes: Observational follow-up of the trials of hypertension prevention (TOHP). *British Medical Journal* 34(7599):885-888.

Cutler, J. A., and E. J. Roccella. 2006. Salt reduction for preventing hypertension and cardiovascular disease: A population approach should include children. *Hypertension* 48(5):818-819.

Cutler, J., E. Obarzanek, and E. Roccella. 2003. Dietary salt reduction. In *Lifestyle modification for the prevention and treatment of hypertension,* edited by P. K. Whelton, J. He, and G. T. Louis. New York: Marcel Dekker. Pp. 139-159.

Cutler, J. A., P. D. Sorlie, M. Wolz, T. Thom, L. E. Fields, and E. J. Roccella. 2008. Trends in hypertension prevalence, awareness, treatment, and control rates in United States adults between 1988–1994 and 1999–2004. *Hypertension* 52(5):818-827.

Danaei, G., E. L. Ding, D. Mozaffarian, B. Taylor, J. Rehm, C. J. L. Murray, and M. Ezzati. 2009. The preventable causes of death in the United States: Comparative risk assessment of dietary, lifestyle, and metabolic risk factors. *PLoS Medicine* 6(4).

DGAC (Dietary Guidelines Advisory Committee). 2005. *Report of the Dietary*

Guidelines Advisory Committee on the Dietary Guidelines for Americans, 2005. A Report to the Secretary of Health and Human Services and the Secretary of Agriculture. Washington, DC: U.S. Department of Agriculture and U.S. Department of Health and Human Services.

Ellison, R. C., A. L. Capper, W. P. Stephenson, R. J. Goldberg, D. W. Hosmer Jr., K. F. Humphrey, J. K. Ockene, W. J. Gamble, J. C. Witschi, and F. J. Stare. 1989. Effects on blood pressure of a decrease in sodium use in institutional food preparation: The Exeter-Andover project. *Journal of Clinical Epidemiology* 42(3):201-208.

He, F. J., and G. A. MacGregor. 2006. Importance of salt in determining blood pressure in children: Meta-analysis of controlled trials. *Hypertension* 48(5):861-869.

IOM (Institute of Medicine). 2005. *Dietary Reference Intakes for water, potassium, sodium, chloride, and sulfate.* Washington, DC: The National Academies Press. Pp. 269-423.

IOM. 2010. *A population-based policy and systems change approach to prevent and control hypertension.* Washington, DC: The National Academies Press.

Jula, A. M., and H. M. Karanko. 1994. Effects on left ventricular hypertrophy of long-term nonpharmacological treatment with sodium restriction in mild-to-moderate essential hypertension. *Circulation* 89(3):1023-1031.

Loria, C. M., K. Liu, C. E. Lewis, S. B. Hulley, S. Sidney, P. J. Schreiner, O. D. Williams, D.E. Bild, and R. Detrano. 2007. Early adult risk factor levels and subsequent coronary artery calcification: The CARDIA study. *Journal of the American College of Cardiology* 49(20):2013-2020.

Loria, C. M., E. Obarzanek, and N. D. Ernst. 2001. Choose and prepare foods with less salt: Dietary advice for all Americans. *Journal of Nutrition* 131(2, Supplement 1):536S-551S.

Mahoney, L. T., T. L. Burns, W. Stanford, B. H. Thompson, J. D. Witt, C. A. Rost, and R. M. Lauer. 1996. Coronary risk factors measured in childhood and young adult life are associated with coronary artery calcification in young adults: The Muscatine study. *Journal of the American College of Cardiology* 27(2):277-284.

McCarron, D. A. 2000. The dietary guideline for sodium: Should we shake it up? Yes! *American Journal of Clinical Nutrition* 71(5):1013-1019.

McCarron, D. A. 2008. Dietary sodium and cardiovascular and renal disease risk factors: Dark horse or phantom entry? *Nephrology Dialysis Transplantation* 23(7):2133-2137.

McCarron, D. A., J. C. Geerling, A. Kazaks, and J. S. Stern. 2009. Can dietary sodium intake be modified by public policy? *Clinical Journal of the American Society of Nephrology* 4(1):1878-1882.

Muntner, P., J. He, J. A. Cutler, R. P. Wildman, and P. K. Whelton. 2004. Trends in blood pressure among children and adolescents. *Journal of the American Medical Association* 291(17):2107-2113.

NHLBI (National Heart, Lung, and Blood Institute). 2004. *The seventh report of the Joint National Committee on Prevention, Detection, Evaluation, and the Treatment of High Blood Pressure.* NIH Publication No. 04-5230. Bethesda, MD: National Heart, Lung, and Blood Institute.

Ostchega, Y., S. S. Yoon, J. Hughes, and T. Louis. 2008. *Hypertension awareness, treatment, and control—Continued disparities in adults: United States, 2005–2006.* NCHS Data Brief No. 3. Hyattsville, MD: National Center for Health Statistics.

Palar, K., and R. Sturm. 2009. Potential societal savings from reduced sodium consumption in the U.S. adult population. *American Journal of Health Promotion* 24(1):49-57.

Smith-Spangler, C. M., J. L. Juusola, E. A. Enns, D. K. Owens, and A. M. Garber. 2010. Population strategies to decrease sodium intake and the burden of cardiovascular disease. *Annals of Internal Medicine* 152(8):481-487.

Strazzullo, P. 2009. Compelling evidence for salt-dependence of blood pressure from GENSALT. *Journal of Hypertension* 27:22-23.

USDA/HHS (U.S. Department of Agriculture/U.S. Department of Health and Human Services). 2005. *Dietary Guidelines for Americans.* 6th ed., *Home and Garden Bulletin* No. 232. Washington, DC: U.S. Government Printing Office.

Vasan, R. S., A. Beiser, S. Seshadri, M. G. Larson, W. B. Kannel, R. B. D'Agostino, and D. Levy. 2002. Residual lifetime risk for developing hypertension in middle-aged women and men: The Framingham Heart Study. *Journal of the American Medical Association* 287(8):1003-1010.

Xu, J., K. D. Kochanek, and B. Tejada-Vera. 2009. Deaths: Preliminary data for 2007. *National Vital Statistics Reports* 58(1).

2

나트륨 섭취 줄이기:
중요하지만 성취하기 어려운 공중보건의 목표

지난 40년 동안 미국인의 나트륨 섭취를 줄이기 위한 여러 가지 공중보건 정책은 모두 소비자 교육과 행동 변화에 초점을 모았다. 정책 내용 중에는, 식품산업(식품제조업체, 레스토랑/외식업)으로 하여금, 대체 가능한 저나트륨 식품을 판매하게 하고, 자발적으로 식품의 나트륨 양을 줄이도록 하며, 매장에서 각 식품의 나트륨 정보를 제공하여 소비자를 돕게 하는 것이었다. 식품구매 시점에서 나트륨 정보를 제공하는 정책은 소비자를 고려하는 전략과 식품 공급에서 자발적인 변화를 유도하는 전략과 관련이 있다. 나트륨 함량 정보가 포함된 영양성분표시 제도는 구매시점에서 소비자를 돕도록 한 것인데, 한편으로, 역사적으로 봤을 때 식품 영양성분표시제는 식품제조업자에게 자발적으로 식품 성분을 재조정하도록 하여 인센티브를 주는 것이기도 했다.

이 장 chapter 에서는 미국의 과거와 현재 정책을 조명하고 미국인 나트륨 섭취 감량이 의도한 바와 같이 달성되었는지를 고찰한다. 이 장에서 제시한 자료보다 더 많은 정보와 나트륨을 줄이는 데 중요한 다른 요소들에 대해서는 다음 장에서 다루겠다. 부록 C에서는 식품 나트륨을 줄이기 위해 과거와 현재 국제적으로 어떠한 노력을 기울였는지 요약하였다.

과거의 권고 사항 및 중요 정책

정책 구상

1969년 "식품, 영양, 건강에 관한 미국 백악관 회의"는 나트륨 섭취를 줄이기 위한 국가 정책의 시발점이라고 할 수 있다. 1969년 이후 지금까지 행정부의 수많은 공공 의료기관(미국식품의약품안전청 FDA, 1975-2007; 미국보건부 HHS, 1979-2000; 미국국립심폐혈액연구소 NHLBI, 1972-2006; 미국 상원 Senate, 1977; 미국 각 주 및 지방 기관 State and local agencies, 2008-2009; 미국농무부 USDA, 1993-2008; 미국농무부와 보건부 USDA/HHS, 1980-2005; 미국 백악관 White House, 1969)과 독립적인 미국과 국제 전문가 과학 집단(미국국가연구위원회, 의학한림원 NRC/IOM, 1970-2009; 세계보건기구 WHO, 1990-2003), 의학 전문가 집단(미국치의학협회 ADA, 2007; 미국심장협회 AHA, 1973-2008; 미국의학협회 AMA, 1979-2006; 미국공중보건협회 APHA, 2002)이 참여하여 의견을 제시하였다. 정책구상 의견의 범위는 "미국인 식생활 지침" 사항으로부터 소비자와 의료전문가를 위한 자료, 그리고 나트륨 섭취를 줄이는 정책을 수립 또는 수정하면서 식품제조업자에 요구하는 것에 이르기까지 넓게 걸쳐 있었다. 이렇게 다양한 정책 구상은 미국인의 나트륨 섭취를 줄이는 데 일조했다.

그 내용을 자세하게 기술하기에는 양이 많아 표 2-1에 나열하고 부록 B에 요약하였다. 과학자, 소비자, 식품제조업자가 참여한 의견은 공공개발과정을 거쳐 일부가 정책으로 발전하였다. 나트륨 섭취를 줄이기 위한 노력의 내용과 수준을 알 수 있다. 활동내용은 소비자뿐만 아니라 식품제조업자, 의료전문가나 대중매체에 널리 퍼지게 되었다. 나트륨에 대한 메시지는 만성 질환, 식이와 관련된 위험 인자(심장, 혈관질환, 비만, 과체중, 암, 당뇨, 골다공증 등), 식이요소(과일이나 야채 소비를 증가시키고 포화지방산을 줄이려는 노력) 등 다른 공공의료 정보나 캠페인과 연계되었다. 식품산업과 소비자보호단체 또한 소비자에게 나트륨에 대한 정보를 제공하였다.

미국국립보건원 National Institute of Health, NIH 산하 국립심폐혈액연구소가 나트륨 섭취를 변화시킬 수 있는 몇 가지 괄목할 만한 수단을 내놓아 지도자적 임무를 수행하였다. 초기에는 국가고혈압교육프로그램 National High Blood Pressure Education Program, NHBPEP 의 후원도 있었다. 이 프로그램은 전문가, 보건관련 시민단체, 미국 주정부 보건담당 부서와 지역사회 그룹이 협력하고 노력하여 마련하였으며 전문적 교육, 환자 교육과 공공 교육 프로그램을 통해 고혈압 관련 사망과 장애 발생을 줄이는 것이 목표였다. 국가고혈압교육프로그램은 1972년, 1993년, 1995년 과학 종설 논문과 권고 지침을 출판하였고 연방정부 기관과 함께 1994년 큰 규모의 국가 공개 정보 수집 워크숍을 후원하였다 NHLBI, 1996. 국가고혈압교육프로그램은 부수적으로, 생활습관 개선에 관한 정보지, 팸플릿, 브로슈어를 제작하거나, 포스터 광고물, 라디오 메시지와 실무자 그룹 보고서를 만들었다. 최근에는 "고혈압예방발견평가치료에 관한 합동 국가위원회 Joint National Committee on Prevention, Detection, Evaluation, and Treatment of High Blood Pressure, JNC "가 과학 종설 논문과 함께 나트륨 섭취를 줄이기 위한 지침과 부수 활동을 1997년과 2003년에 수행하였다. 미국 주정부, 지역단체와 협조하여 교육 자료를 제작하여 배포하고 식생활 습관을 바꾸면 고혈압을 막을 수 있다는 내용을 방송으로 알리는 기반을 마련하였다.

1980년 미국 의회의 위임으로 시작한 "미국인 식생활 지침"은 식생활과 신체활동으로 중요 만성 질환의 위험을 줄이고 건강을 증진할 수 있다는 내용을 담고 있다. 미국농무부와 미국보건부는 합동으로 "미국인 식생활 지침" 개발을 후원하고 전문자문위원회 개최를 주선했다. "미국인 식생활 지침"은 5년마다 개정 보완하여 최근에는 제6판을 출판하였다. 현재, 전문가 자문위원회는 제7판을 준비하면서 내용에 포함할 과학 발전 지식을 검토하고 있다. 1980년의 초판 이후, 2005년 판까지의 지침에는 섭취량을 수치로 정하지는 않았다. "미국인 식생활 지침" 내용에 따라 식품을 선택하게 하기 위하여, 미국농무부는 "나의 피라미드 프로그램 My Pyramid " (online: http://www.mypyramid.gov)을 만들어 식품에 대한 정보를 소비자에게 제공하고 있다. 이 프로그램은 식습관을 개선하도록 하는 중요 소비자 정책 중 하나이다. 나트륨 권고 사항을 중점 사항으로 하는 것이 특별히 어려운 점이었다. 소비

표 2-1. 미국에서 1969년부터 현재까지 나트륨 섭취를 언급한 공중보건 권고, 정책 및 실행 내용의 요약

	1969–1970	1971–1972	1973–1974	1975–1976	1977–1978	1979–1980	1981–1982	1983–1984	1985–1986	1987–1988
White House	R									
U.S. Senate		R								
HHS (Surgeon General)						R				R
HHS (Public Health)						I				
HHS (NHLBI)		A								
USDA/HHS						R			R	
FDA				A		R	I/A	A		
USDA										
CDC										
State/Local Gov't-Non-Gov't Organization Partnership										
NRC/IOM	R					R (*m*)				
WHO										
AHA			R						R	R
AMA						R				
ADA										
APHA										
AICR/WCRF										
WASH										
WHL/WASH										

주 : 이 표는 1969년 이후 활동을 간단히 요약한 것이다. 자세한 내용은 부록 B를 볼 것; 공중보건 권고, 정책, 실행 내용을 참고문헌과 함께 나열하였음. A, 실행 내용; ADA, 미국영양학회; AHA, 미국심장협회; AICR/WCRF, 미국종양연구소/세계암연구기금; AMA, 미국의학협회; APHA, 미국공중보건협회; CDC, 미국질병관리본부; FDA, 미국식품의약품안전청; Gov't, 정부; HHS, 미국 보건부; I, 정책구상; (*m*). 해당 연도에 여러 가지 활동을 하였음을 표시; NHLBI, 미국국립심폐혈액연구소; NRC/IOM, 미국국가연구위원회/미국의학한림원; R, 권고; USDA, 미국농무부; WASH, 소금과 건강 관련 전 세계 활동(World Action on Salt and Health), WHL, 세계고혈압연맹; WHO, 세계보건기구.

1989–1990	1991–1992	1993–1994	1995–1996	1997–1998	1999–2000	2001–2002	2003–2004	2005–2006	2007–2008	2009–2010
					I	I				
		R	R/I	R		R	R	A (*m*)		
R			R					R		
		A[a] —→							I/A	
		A	A				I		A/I	
										I[b]
									A	A(*m*)
										A
R (*m*)								R		R
R							R			
			R (*m*)	R	R			R	R	
								R		
									R	
						R				
				R					R	
									A[c] —→	
								A[d] —→		

[a] 영양표시 및 교육법(1990)상의 최종 규칙은 1993년 발효하여 2005년까지 계속함. 최근의 규칙은 이해관계자가 미국식품의약품안전청(FDA)에게 건강식품에 대한 나트륨 요구사항이 너무 지나치다며 재고를 요청한 결과 2005년에 발효

[b] 전체의회조정법(Congressional Omnibus Appropriation Act [2009])에는 미국질병관리본부(CDC)가 식품제조업이나 체인레스토랑에게 나트륨 함량을 줄이는 활동을 하게 하는 항목이 있음; 미국질병관리본부는 이 법이 과한 의무를 이행하는 작업을 하는 중임

[c] 세계소금인식주간(World Salt Awareness Week)은 매년 개최

[d] 세계고혈압의 날(World Hypertension Day)는 매년 개최

자가 "미국인 식생활 지침"에 따르게 하기 위해 미국농무부는 웹사이트에 메뉴(식단) 계획 프로그램을 올렸는데, 누구나 들어가 자신이 먹는 음식에 대하여 열람할 수 있고 "미국인 식생활 지침"의 권고 사항과 자신이 섭취하는 음식을 비교할 수 있다(online: http://www.mypyramidtracker.gov/planner/). 그러나 "나의 피라미드"에서는 나트륨이 중점분야가 아니었으며, 나트륨은 "나의 피라미드 계획" 또는 "나의 피라미드 메뉴 계획자 My Pyramid Menu Planner "의 한 요소로 자리잡지 않았다. "나의 피라미드 메뉴 계획자"의 각주 脚註, footnote 에는 한 가지 식품에 들어 있는 나트륨 함량이 다양하여 식품의 나트륨 함량을 계산하기 어려워 섭취하는 나트륨을 정확히 계산하기 어렵다고 설명하였다.

나아가 미국농무부는 1995년 학교 급식을 주요 목표로 한 "생활용품 분배 프로그램 Commodity Distribution Program "에서 식품 10개 분야의 나트륨 표준을 설정하였다. 2004년 이후 미국농무부는 "건강한 미국 학교 만들기 Healthier US School Challenge (online: http://www.fns.usda.gov/TN/HealthierUS/all_chart/pdf)"와 "여성, 유아, 어린이를 위한 특별영양보충프로그램"에 나트륨 섭취를 줄이는 항목을 도입하였다(USDA/FNS, 2007).

나트륨 섭취를 줄이는 전략에 목표를 둔 연방정부의 노력과 함께 전문가 협회와 보건관련 협회들이 힘을 합쳐 목표와 지침을 만들고 배포하여 국민이 더 많이 알도록 하였다. 나트륨 섭취 줄이기의 초기 정책 구상은 1973년 미국심장협회, 1979년 미국의학협회가 시작하였고 지금까지 계속하고 있다. 두 기관 권고의 내용은 국민이 나트륨 섭취를 줄이도록 하는 것이다(Havas et al., 2007; Lichtenstein et al., 2006). "미국공중보건협회"나 "미국영양학회" 등 조직 또한 나트륨 섭취를 줄이는 메시지를 널리 알리도록 노력하였다.

정부의 여러 부서에서는 기업과 이해관계자가 소비자의 나트륨 섭취를 줄이는 데 협조할 것을 요청하였다. "공익과학단체 Center for Science In the Public Interest, CSPI " 등의 소비자보호단체는 식이의 소금 함량을 줄이는 것이 얼마나 중요한지를 알렸다. 인터넷 사이트도 미국인을 위한 건강정보의 원천이라고 할 수 있다. 식품산업은 자체 웹사이트에 나트륨과 건강에 관한 정보를 제공하고 있다. 예를 들어 "캠벨"(online: http://www.campbellwellness.com/subcategory.aspx?subcatid=3)과 "켈로그"의 웹사이트(online: http://www.kellogg-nutrition.com/know-nutrition/sodium.html)에는 나트륨 섭취에 관한 정보를 소개하고 "제너럴 밀"은 "Eat Better America" 웹사이트를 공동으로 후원하고 있는데, 이곳에도 나트륨과 건강 정보를 게재하고 있다.

소비자에 대한 핵심메시지

혈압을 높이는 나트륨의 역할에 대한 기본적인 메시지는 과거 40년간 변한 내용이 없었다. 그러나 감소 정책의 대상과 나트륨을 줄이는 방법도 과학 발전과 함께 진화하였다. 초기 영양표시 정책의 대상은 고혈압으로 진단받았거나 고혈압 위험이 높은 사람과 고령인구였다(Loria et al., 2001).

새로운 과학 지식이 대두되면서 대상 범위를 확대시켜 성인 전체와 어린이까지 대상에 포함하였다. 성인 전체로 범위를 확대한 것은 나트륨 섭취를 줄이면 나이에 따른 혈압 상승을 최소로 억제하고 고혈압 예방이 가능하다는 과학적 증거에 기초하고 있다. 2세 이상의 어린이를 대상에 포함시킨 것은 어린 나이에 소금 맛을 좋아하게 되면, 청소년이나 성인에서 고혈압이 일찍 발생할 수 있다는 자료에 기초하고 있다(DGAC, 2005).

일반인 중 고위험 하위집단(고혈압 환자, 아프리카계 미국인, 중년 또는 노년 인구)은 나트륨을 과도하게 섭취하는 비율이 높고 그로 인하여 나쁜 결과가 더 많이 발생하므로 이 사실을 계속 알리고 있다(DGAC, 2005). 하위집단별로 알리는 내용이 다른 이유는 일반인을 위한 지침보다 더 강력히 나트륨을 제한하면 고위험 집단에서 효과가 더 크기 때문이다.

제1장에서 말했듯이 지침 적용 대상을 일반인으로 확대한 것에 대하여 여러 이해관계 집단이 반대의견을 내놓았으나(Alderman, 2010; Cohen et al., 2006; Loria et al., 2001; McCarron, 2000, 2008; McCarron et al., 2009), 정부 기관과 민간단체가 모여 "나트륨 섭취를 줄이기 위한 지침" 마련에 참여한 전문가 자문 패널은 꾸준히 그리고 반복적으로 다음과 같은 결론을

내리고 있다. 즉, 과학적 증거와 이익 집단의 입장을 고려한 다음 내린 결론은, 권고 지침을 일반인과 전 연령층으로 확대한 것은 정당하다는 것이었다.

세월이 지나면서 알리는 내용도 변하였는데, 소비자가 식탁에서 또는 음식을 조리할 때, 소금을 적게 첨가하라고 하던 것에서 고염식품을 선택할 때 주의하며, 식품 구매 시 영양성분정보를 활용하여 나트륨이 적은 식품을 선택하라고 하는 것으로 변화하였다(Loria et al., 2001). 이러한 변화는 미국인에서 소금 섭취의 중요한 원천은 식탁이나 가정에서 음식을 조리할 때 더하는 소금이 아니고, 가공식품이나 레스토랑이나 외식업에서 오는 것이라는 증거에 기초하고 있다.

식품산업 활동과 구매 시점의 정보에 대한 과거 권고안

표 2-1에 제시된 여러 가지 지침에는 식품제조 회사가 자발적으로 식품의 나트륨을 줄이고, 저염 상품을 만들어 판매하고, 구매 시점에서 바로 알아 볼 수 있는 나트륨 정보를 제공한다는 내용이 있다. 최근에는 외식업체에서도 같은 내용으로 나트륨을 줄이도록 하고 있다.

식품 제조회사에게 요구한 내용은 1991년에 출판된 이후 많이 인용된 한 짧은 논문(Mattes and Donnelly, 1991)의 내용이 뒷받침하였다. 그 논문은 식품가공 과정에서 첨가한 나트륨이 섭취하는 총 나트륨의 75% 이상임을 밝혔다. 섭취하는 나트륨의 5%는 소비자가 요리를 하는 과정에서 첨가하였고 6%는 소비자가 식탁에서 넣은 것이었다. 조사 대상자에게 조리과정에서 첨가하는 소금의 양을 제한하도록 하였으며 7일 동안 외식은 3회 미만으로 제한하고 집에서 식사를 준비하도록 하였다. 그 결과, 개인이 직접 통제할 수 있는 소금의 양은 비교적 적었고, 섭취하는 나트륨의 대부분은 소비자가 통제할 수 없는 데에서 온 것이라는 것을 보여주었다. Engstrom 등의 1997년 보고도 같은 내용이었으며 개인이 노력하여 소금을 65%까지 줄여도(1980-1982년의 하루 나트륨 1,376 mg 섭취를 1990-1992년 476 mg으로), 하루 평균 나트륨 섭취는 3,000 mg 이상인데 이는 "미국인 식생활 지침"에서 제시한 최대 2,300 mg이라는 목표를 초과한 양이다.

위의 자료를 바탕으로 소비자가 식탁에서 넣는 소금을 줄이도록 하는 것에서 식품가공업자가 생산하는 식품에서 나트륨을 줄이도록 하는 것으로 강조 사항이 바뀌게 되었다. 소비자가 구매 시점에서 나트륨 정보를 알 수 있게 하라는 요청도 늘었다. 1990년 "영양표시 및 교육법 Nutrition Labeling and Education Act, NLEA "의 법안을 의회에 발의할 때, 미국식품의약품안전청은 나트륨을 가공식품 영양성분 표시에 반드시 표시하여야 하는 성분의 하나로 확실하게 하였다.

식품산업 회사가 생산하는 제품의 나트륨 함량을 자발적으로 줄여 소비자가 나트륨 섭취를 줄일 수 있도록 하는 시기에 생산자가 첨가하는 소금 함량에 대하여 관심이 높아졌다. 1979년 이 문제를 평가한 한 전문가 패널은 미국식품의약품안전청이 가공식품의 소금 사용에 대한 가이드라인을 제정하도록 권고하였다(SCOGS, 1979). 제7장에서 자세히 언급하겠지만, 미국식품의약품안전청은 이 규제의 제정을 미루었다. 자발적으로 영양성분을 표시하는 1975년도 법이 1982년의 새로운 법안과 연관되고, 그것은 식품의 나트륨 정보가 중심이 된 것으로, 소비자는 나트륨 섭취를 줄이고, 생산자는 영양성분표시가 있는 식품의 나트륨을 자발적으로 줄일 것이라는 이유(HHS/FDA, 1982)를 들었다.

그 이후, 1993년 영양성분표시에 대한 규제가 시행되면서, 식품의 나트륨 함량 표기 요구(제7장에서 설명할 것임)와 관련된 의무 규제 조항으로 소비자가 저염 식품을 선택하는 데에는 물론 생산자가 식품 나트륨 함량을 줄이는 데 도움이 될 것이라고 미국식품의약품안전청이 예상하였다. 그러나, 영양성분표시 제품이 많아졌음에도 불구하고, 나트륨 섭취는 그대로 높게 유지되었다. 미국식품의약품안전청이 식품에 첨가되는 나트륨을 조사하고 관여할 필요가 있다는 점은 2005년의 시민 탄원서(CSPI, 2005a) 때문에 다시 표면화되었다.

또 미국 의회 상정 법안에 명시된 문구에도 미국식품의약품안전청은 식품에 첨가하는 소금에 대한 규제 조항을 다시 살펴볼 것을 요구하고 있다. 미국

식품의약품안전청은 2007년 공청회를 열어 소금과 관련된 규제 상태를 점검하는 데 필요한 정보를 수집하였다(HHS/FDA, 2007).

결과

과거 40년간 공중보건 정책으로 변화가 올바르게 일어났는지를 평가하기 위해 네 가지 중요 영역을 검토하였다: (1) 소비자 인식과 행동, (2) 공급되는 식품의 나트륨 함량, (3) 나트륨 섭취, (4) 고혈압 유병률. 이러한 정보를 조사하기 위해 사용한 정보는 이미 출판된 국가 영양 모니터 시스템에 의한 조사결과 보고서이다. 이 보고서의 다른 단원에서는 일부 영역에 대하여 좀 더 자세히 기술하겠다.

소비자 인식과 행동

표 2-1과 부록 B에 나열한 수많은 정책과 프로그램을 관통하는 공통 주제는 나트륨을 많이 섭취하여 건강 위험 정도가 높은 소비자에게 권고 정보를 제공하면 소비자 인식이 높아지고 나트륨 섭취를 줄이는 동기가 생겨 그 권고 내용에 따라 행동하는지 여부에 관한 것이다. 또한, 소비자 구매 시점 식품 또는 레스토랑/외식업체 음식의 나트륨 함량 정보를 제공하면 저 나트륨 식품을 섭취하고, 총 섭취량을 줄일 것이라고 예상하였다. 그런데 의문이 생긴다. 지난 40년간 수행한 수많은 정책은 목표를 얼마나 달성하였는가? 이용 가능한 증거가 많지는 않지만, 여하튼 소비자 교육과 정보 제공 정책의 성공 여부를 다시 생각하게 한다.

이 단락에서는, 과거 나트륨과 건강에 대한 소비자의 인식과 행동에 관한 정보를 검토한다. 소비자에 대한 다음 주제를 다룬다.

- 소금/나트륨의 섭취와 건강과의 상관관계에 대한 인식;
- 나트륨-질병의 연관관계가 자신과 행동에 중요하다는 소비자의 믿음;
- 소비자의 나트륨 섭취 지식의 정확성;
- 영양성분표시 정보의 이용;
- 식탁 소금통의 사용;

소금/나트륨의 섭취와 건강과의 상관관계에 대한 인식

식이와 건강의 관계에 대한 인식은 소비자에게 식습관 변화를 유도하기 위한 첫 단계이다(Derby and Fein, 1995). 그림 2-1에서처럼, 미국식품의약품안전청의 1979년 조사에서는 미국인 중 12%만 소금이 고혈압의 원인일 수 있다고 답하였고 1982년 추적조사에서는 34%로 상승했다(Heimbach, 1985). 1984년에서 1994년 사이에는 43%와 48% 범위였고(Teisl et al., 1999) 이후 2002년에는 39%로 떨어졌다(FDA, 2007).

Teisl 등(1999)은 인식의 문제라는 것을 특정 식이/건강 관계의 단순한

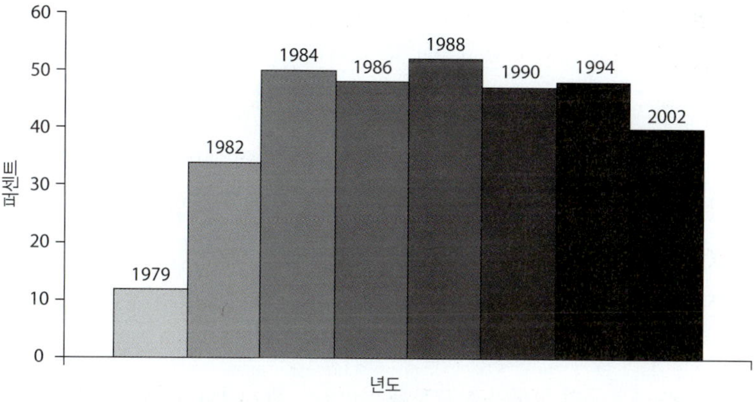

그림 2-1. 소금/나트륨 섭취와 고혈압의 관계에 대한 소비자 인식, 1979-2002.

주 : Teisl et al. (1999)은 성인 남자와 성인 여자의 평균 반응률로 결과를 표시하였다. 2002년도 전체 인구의 반응은 식이가 고혈압과 관계가 있다는 것을 들은 바 있다고 대답한 반응자 백분율(75%)에 식이 내용 중 소금/짠 음식/나트륨이 고혈압과 관련된 것이라고 답한 비율 0.526을 곱하여 계산하였다.

출처 : 1979, 1982: Heimbach, 1985; 1984-1994: Teisl et al., 1999; 2002: FDA, 2007.

지식이 아니라, 반응의 체계 내 반응의 상대적 위치라고 개념화했다. 즉, 인식 수준의 저하란 "경쟁하는 메시지나 믿음에 관한 문제, 습관화 등을 나타내는 것이지, 지식이나 이해가 줄어든 것은 아니다"고 하였다. 종합적으로 보았을 때, 소금/나트륨 섭취와 건강과의 관계를 소비자가 인식하는 수준은, 표 2-1에서 보듯 큰 규모의 교육 프로그램을 실행한 후에는 상승하였다고 할 수 있으나 미국인에서 인식 수준을 50% 이상까지 높이기는 어려울지 모른다. 또 이 결과는 나트륨과 고혈압과 같은 주제에 대하여 비교적 높은 수준으로 유지하는 것은 장기적으로 어렵다는 것을 말한다.

1984년과 1994년 사이 10년간 미국 소비자의 약 반수가 소금/나트륨과 고혈압의 관련성을 알고 있었던 반면, 소금/나트륨 섭취와 심장질환과의 관계는 잘 알지 못했다. 미국농무부의 1989-1991년 "식이와 건강 지식 조사 Diet and Health Knowledge Survey "에서는 식단 기획자 meal planner (영양사)의 57%가 고혈압의 위험성을 알고 있었지만, 심장질환의 위험성을 알고 있는 사람은 26%였다(Cypel et al., 1996). 비슷한 질문에 대한 1994-1996년 조사에서도 소금/나트륨과 혈압과의 관계에 대한 인식은 높았지만 심장질환에 대한 인식은 여전히 낮았다(고혈압 51%, 심장질환 24%) (Tippett and Cleveland, 2001).

미국식품의약품안전청의 2002년 "건강과 식이 조사"에서도 심장질환보다 혈압과 고혈압에 대한 인식이 더 높게 보고되었다(고혈압 39%, 심장질환이나 심장 발작 7%) (FDA, 2007). 최근 조사(각각 39%, 7%)가 과거 조사(각각 51%, 24%) 결과보다 소금/나트륨과 질병의 관계에 대하여 인식수준이 더 낮았다. 미국농무부와 미국식품의약품안전청이 지원한 소금/나트륨과 고혈압, 심장질환과의 관계 인식 조사의 차이는 시간이 지나면서 인식의 수준이 감소한 것인지, 조사 사이의 표본 추출 sampling 과정의 차이나 방법론적인 차이에서 비롯된 것인지는 결론내리기 어렵다. 그러나 결과적으로, 소비자가 나트륨의 섭취와 심장질환 위험과의 관계보다 고혈압과의 관계를 더 많이 알고 있다고 말할 수 있다.

나트륨-질병의 연관관계가 자신과 행동에 중요하다는 소비자의 믿음

나트륨을 과도하게 섭취하면 건강에 나쁘다는 것을 안다고 해서 반드시 한 개인이 섭취를 줄이려는 데 관심을 갖거나 줄이는 행동을 한다는 것을 의미하지는 않는다. 표 2-2에서 보듯 미국농무부의 "식이와 건강 지식조사" 결과 영양사가 소금과 나트륨을 잘 조절해서 쓰는 것이 개인적으로 중요하다고 하는 비율이 1989-1991년에는 비교적 높았으나(62%), 1994-1996년 사이에는 52%로 감소했다(Cypel et al., 1996; Tippett and Cleveland, 2001). 두 조사기간 사이에 소금 조절이 중요하지 않다거나 중요성이 낮다는 비율은 13%에서 19%로 상승하였다. 결과적으로 소비자가 소금을 피하거나 적게 사용하는 것이 중요하다는 개인적 인식은 두 조사 사이 5년 동안 저하하였다. 최근 2002년 미국식품의약품안전청 "건강과 식이 조사"에서 응답자의 46%는 개인적으로 소금 소비에 관하여 걱정할 필요가 없다고 답했다(FDA, 2007).

행동 측면에서 보았을 때 2002년 미국식품의약품안전청의 "건강과 식이 조사(FDA, 2007)"에서는 응답자의 28%가 나트륨 섭취를 줄이려는 시도를 했다고 밝혔다(22%는 나트륨 섭취를 이미 상당히 많이 줄였으며, 6%는 소금 소비를 줄이려고 했지만 성공적이지 않았다고 응답했다). 또 다른 23%는 나트륨 섭취를 줄여야 한다고 느끼지만, 시도한 적은 없다고 하였다. 최근 "국제 식품 정보 협의회 International Food Information Council, IFIC "가 2006년부터 2008년까지 실시한 소비자 조사에서는 7-9%만 조사 수개월 전부터 식품에 포함된

표 2-2. 소금을 안 먹거나 적게 먹으려는 생각의 개인별 중요도

1989-1991		1994-1996	
중요도 수준	응답자 백분율	중요도 수준	응답자 백분율
높음	62.2	매우 중요함	51.8
중간	24.2	약간 중요	29.1
낮음	13.1	매우 중요하지는 않음 /전혀 중요하지 않음	18.8

출처 : 미국농무부 "식이와 건강 지식 조사, 1989-1991과 1994-1996 (Cypel et al., 1996과 Tippet and Cleveland, 2001 보고).

나트륨/소금을 피하거나 줄이려고 한 것으로 나타났다(IFIC, 2006, 2007, 2008).

소비자가 질병 위험을 줄이려면 음식이 중요하다는 것을 알면 관련된 식재료나 영양소 섭취를 변화시키려는 노력을 시작한다는 보고가 있다(Derby and Fein, 1995). 예를 들어, 1982년에는 미국인 약 25%가 나트륨 섭취를 줄이려고 시도한다고 보고하였고, 1986년에는 33%로 상승하였으며, 1988년까지 그 수준으로 유지되었다. 그러나 1990년 그 수준은 25%까지 낮아졌다. 자기 주도적 식습관 변화 양상이 증가, 유지, 감소를 보인 것은 같은 시기의 콜레스테롤과 관련된 관찰에서도 나타났다.

나트륨 섭취에 대한 소비자 지식의 정확성

Derby와 Fein (1995)이 지적한 것처럼, 소비자가 섭취에 대한 관심을 행동으로 적절히 연결하려면 자신이 섭취하는 나트륨에 대하여 정확히 알아야 한다. 그러나 나트륨/소금 섭취량이 적절한지에 대한 소비자의 결론은 부정확한 것 같다. 1989-1991년과 1994-1996년 미국농무부가 시행한 "식이와 건강 지식 조사" 결과를 보면, 자신의 나트륨 섭취가 "아주 높다"고 생각한 사람의 평균 나트륨 섭취량과 "거의 알맞다"라고 생각하는 사람들의 평균 섭취량은 비슷했다(Cypel et al., 1996; Tippett and Cleveland 2001). 더욱이 1994-1996년 조사에서 권고량보다 초과해서 섭취하는 사람의 비율은 "거의 알맞다"라고 답한 사람의 71%, "아주 높다"라고 답한 사람의 76%였다. 따라서 나트륨 섭취가 알맞거나 아주 높다고 생각하는 사람들 모두 나트륨을 비슷하게 섭취하고 있으며 또한 "미국인 식생활 지침"의 권고보다 많이 섭취하고 있었다. 패스트푸드 체인점 식사를 하는 사람을 대상으로 한 실험에서, 참가자들은 나트륨이 평균 820 mg 포함되어 있다고 생각했지만, 실제 포함된 나트륨양은 평균 1,831 mg에 달하였다(Burton et al., 2009).

요약하면, 소비자들은 자신이 섭취하는 나트륨의 양을 정확히 평가할 수 없는 것으로 보인다.

영양표시정보의 이용

과거에 마련한 정책의 대부분에서는, 식품구매 시점에 제공하는 나트륨 정보가 소비자의 나트륨 섭취를 감소시키고 건강에 더 좋은 식품을 선택하는 데 유용하다고 하였다. 미국식품의약품안전청이 가공식품 구매 시에 소비자에게 영양 내용 정보를 제공하도록 요청한 것에 응하여, 1973년 나트륨과 기타 성분을 자발적으로 표기하는 것을 허가하는 규정을 시행하였다(HHS/FDA, 1973) (제7장 참조). 1990년 "영양성분표시와 교육법 NLEA "이 미국 의회를 통과하는 이론적 근거가 되었는데, 이 법에서는 식품 라벨에 영양성분 정보를 포함하도록 의무화하였다.

그림 2-2에서 보는 바와 같이 1978년 보고에 의하면 몇 가지 허용된 영양성분표시를 1970년대 이후 자발적으로 따른 경우는 생산품의 약 40%가 되었다. 1991년에는 약 61%까지 증가하였으나 이 61%라는 자료는 단순히 내용물을 서술해 놓은 것 simple content declaration 과 영양 정보 표시 claim 를 구분 없이

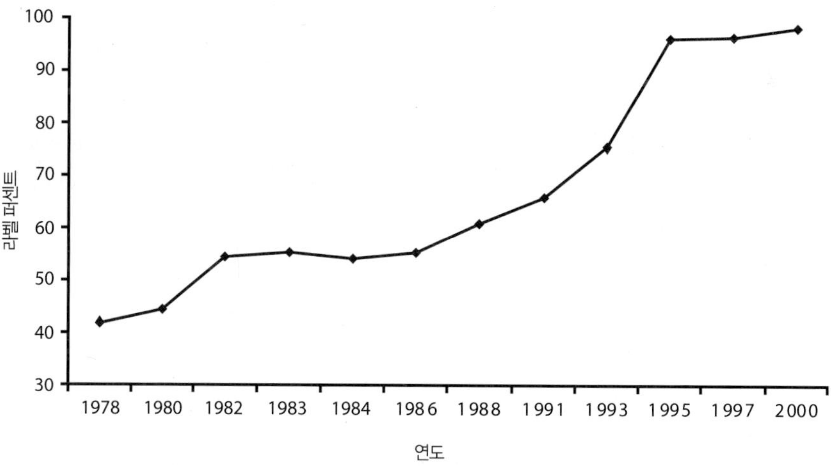

그림 2-2. 영양성분표시를 한 식품의 비율.

출처 : Journal of the American Dietetic Association 104(6),952-958, LeGault et al., 2000-2001 Food and Package Survey: An update on prevalence of nutrition labeling and claims on process, packaged foods. 판권소유자 Elsevier, 허가받고 게재함.

계산한 것이다. 1993년 영양성분표시가 의무화되면서, 현재 거의 모든 가공 식품에는 나트륨을 포함한 영양성분 내용 정보를 명시하고 있다(LeGault et al., 2004).

식품 포장지 겉면에 나트륨 정보를 제공하게 되면서, 이제 문제는 그 정보를 소비자가 어떻게 사용하는지에 집중되고 있다. 미국농무부의 "식이와 건강 지식 조사"에서 1995-1996년, 2005-2006년 조사 기간 동안, 소비자가 영양성분표시를 얼마나 자주 이용하는가를 조사한 일이 있다(Todd and Variyam, 2008). 정보 이용에 대한 빈도가 표 2-3에 나와 있다.

영양성분표시를 '항상/자주' 이용한다는 소비자의 비율은 1995-1996년보다 2005-2006년에 4% 상승하였으나 성분표시 항목 중 소금/나트륨에 대한 항목은 2% 가량 하락하였다. "한 번도 사용하지 않았다"는 항목은 영양성분표시에서 5% 증가한 반면, 소금/나트륨 정보에 대해서는 10% 증가하였다. 따라서 두 조사 사이의 10년 기간 동안 소금/나트륨 정보 이용은 다른 영양성분표시 이용에 비해 상당한 수준으로 하락한 셈이다. 나트륨 정보 이용의 하락은 칼로리, 총 지방/포화지방, 콜레스테롤 정보 이용 하락과 평행선을

표 2-3. 영양성분표시와 소금/나트륨 라벨을 이용한다는 빈도

	사용 빈도 (%)		변화폭(백분율)
	1995-1996	2005-2006	
영양성분 표			
전혀	22	27	+5
드물게	13	10	-3
가끔	30	23	-7
항상/자주	35	39	+4
소금/나트륨 정보			
전혀	12	22	+10
드물게	22	19	-3
가끔	30	25	-5
항상/자주	36	34	-2

출처 : Todd and Variam, 2008.

그렸다. 반면, 같은 기간 섬유소와 당성분에 대한 정보의 이용은 증가하였다고 보고되었다.

오늘날 소비자는 식이와 건강에 관한 정보에 많이 노출되는데 정보 중에는 상호 모순인 것도 있고 이해하기 어려워 혼란스러운 것도 있을 것이다(Derby and Fein, 1995). 먹는 음식의 내용물에 관심이 있는 소비자는 다른 영양소와 비교해서 나트륨에 대한 관심은 순위가 어느 정도일까? 그림 2-3에서 보는 것처럼, 다른 영양소와 비교하여 나트륨은 소비자의 마음속에서 높은 관심거리가 아니다(Food Marketing Institute, 2004). 1997년부터 2004년까지 중요 관심사는 지방이었고 나트륨과 다른 영양소에 대하여 관심은 비교적 낮았다.

또한 이 자료는 소금과 나트륨 섭취에 대한 소비자의 관심이 1998년 24%에서 2004년 14%로 감소하였음을 보여주고 있다. 반대로 이 기간 동안 당분에 대한 관심은 응답자 중 6%, 칼로리에 대한 관심은 5% 상승한 것으로 보고하였다(Food Marketing Institute, 2004). 미국식품의약품안전청의 2005년 "건강과 식이 조사(FDA/ODPHP, 2008)"에서도 다른 관심 성분과 비교했을 때 나트륨은 높은 관심을 받지 못한 것으로 나타났다. 이들 결과가 보여주는

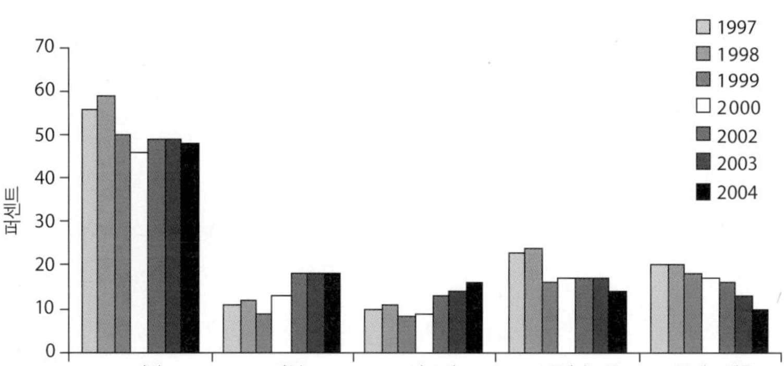

그림 2-3. 식품의 영양성분 중 소비자가 관심을 갖는 영양소의 비율.
출처 : Food Marketing Institute, 2004. 허가받은 후 게재.

것은 미국인이 나트륨 섭취를 제한하려는 노력에 비해 당분이나 포화지방, 콜레스테롤, 트랜스지방의 섭취를 줄이기 위해 더 노력한다는 것이다. 따라서 시간이 지날수록 나트륨에 대한 관심은 그 수준을 유지하지 못 할뿐만 아니라 지방에 대한 관심 수준에 도달하지도 못했다.

표시 정보를 이용하는 소비자와 그렇지 않은 소비자 사이에서 나트륨 섭취에 차이가 있는지를 평가하기 위하여, Variyam (2008)은 집 밖에서 소비하는 식품이 아닌, 집에서 소비하는 식품에 대해서는 "영양성분표시"에 있는 나트륨 함량 정보를 언제든지 사용할 것이라고 가정하였다. 미국농무부의 1994-1996년 "식이와 건강 지식 조사"에서 대상 개인을 "표시" 사용자와 비사용자로 구분하였는데 이는 식품을 살 때 식품 내용정보를 사용하느냐의 질문에 대한 응답을 기준으로 하였다. 보고에 따르면 "영양성분표시"의 사용자와 비사용자 사이에서 집안의 나트륨 섭취에는 차이가 없었다고 한다. 또 집 밖에서 소비하는 식품을 기준으로 했을 때에도 나트륨 섭취양은 비슷하였다. 그러나 Variyam (2008)은 "표시"의 이용이 다른 영양소(예: 섬유소, 철분)의 섭취에서는 크지는 않지만 득이 되는 영향을 미쳤지만 총지방과 포화지방, 콜레스테롤의 섭취에는 영향이 없다는 것을 발견하였다.

조리할 때의 소금 사용과 식탁 소금통의 사용

1991년 발표된 자료에 따르면 조리 과정과 식탁에서 첨가하는 소금의 양은 각각 총 나트륨 섭취의 6%와 5%를 차지한다고 한다(Mattes and Donnelly, 1991). 이 자료는 조리와 식탁에서 소금을 첨가하는 것이 나트륨 섭취 전체에서 차지하는 비중이 비교적 작기 때문에, 나트륨 섭취 행동 변화를 목표로 추구할 부분은 가정의 소금 소비가 아니라는 것을 보여준다. 식탁에서 사용하는 소금은 전체 소금 섭취에서 비교적 작은 부분이라는 보고는 계속되었다. 최근 보고에서는 식탁의 소금 소비는 총 나트륨 섭취의 4.5%에 해당한다고 밝혔다(제5장 참고). 미국국민건강영양조사[NHANES] III (1988-1994)의 자료에 따르면 성인의 50%-72%가 식탁에서 소금을 '절대로 사용하지 않거나' '드물게' 사용하는 것으로 보고하였다(Loria et al., 2001). 2005-2006년 미국국민건강영양조사에서도 조사 대상자의 68%가 식탁에서 소금을 첨가하지 않거나 드물게 첨가하는 것으로 나타났다(Moshfegh, 2009). 또한 조사대상자에게 집에서 음식을 조리하거나 준비할 때 평소 얼마나 자주 소금을 첨가하는지도 물었다. 설문에 대한 응답 비율은 '절대 안/드물게' 24%, '가끔씩' 37%, '매우 자주' 40%였다. 이 자료는 조리법 알고리즘과 조리 시 흡수되는 나트륨에 관한 알고리즘에 응용되었다(Moshfegh, 2009).

판매하는 식품의 나트륨 수준

과거 40년간, 판매 식품의 나트륨의 함량을 줄이도록 하는 정책을 실천하였다. 식품가공업자에게 직접 권하거나 영양성분표시 라벨을 붙이게 하면서 저염 식품을 생산하면 인센티브를 추가로 제공하겠다는 방식을 이용하였다. 이 단락에서는 다음과 같은 항목들에 대해 알아보겠다.

- 식품에 포함된 나트륨의 양;
- 총 나트륨 섭취량에 미치는 다른 요소의 상대적 기여도;
- 나트륨 관련 표시 요구 및 광고;
- 저염 식품의 이용도.

식품에 포함된 나트륨의 양

시판되는 식품은 두 가지 방식으로 소비자의 나트륨 섭취에 영향을 준다. 식품의 나트륨 함량을 통한 것과 식품의 소비량을 통한 것이다. 이번 단락에서는 먼저 여러 가지 식품 경로 food channel 를 통해서 오는 식품의 나트륨 함량에 초점을 맞춘다. 식품 경로란 소비자가 구매하는 식품의 여러 가지 구매처를 말한다. 다음 단락에서는 제공량과 에너지 섭취 변화가 총 나트륨에 대하여 다른 식품경로의 상대적인 기여도에 어떻게 영향을 미치는지에 대하여 초점을 맞출 것이다.

소비자가 식품을 여러 가지 용도로 사용함에 따른 교란효과를 없애고 각기 다른 식품의 나트륨 함량을 직접 비교할 수 있는 방법은 나트륨 섭취 밀도 sodium intake density 를 이용하는 것이다. 나트륨 섭취 밀도란 1000칼로리당 식품에 포함된 나트륨의 양을 mg으로 나타낸 것이다. 그림 2-4의 패널 A에서 보듯, 1987년과 1995년에 각각 수집한 국가대표자료에서 가정 내에서나 가정 밖에서 소비한 식품의 나트륨 섭취 밀도는 비슷하였다(Lin et al., 1999). 패널 B는 패스트푸드 음식점과 학교식당에서 얻은 식품의 나트륨 밀도 또한 가정 내 소비 식품의 경우와 큰 차이가 없었다. 외식업 음식에서 나트륨 밀도가

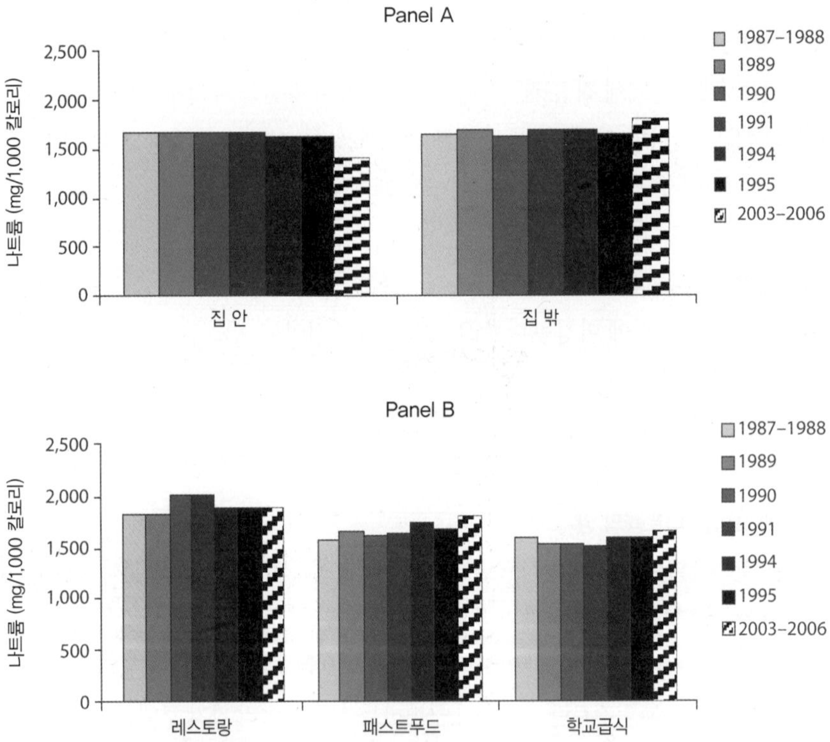

그림 2-4. 가정 안이나 가정 밖에서 섭취하는 식품의 시기별 평균 나트륨 밀도(2세 이상 인구 대상).

주 : 레스토랑 음식점, 패스트푸드, 학교급식은 집 밖에서 먹는 음식을 다시 분석한 것임. 레스토랑은 종업원이 음식을 날라 주는 곳, 패스트푸드는 셀프서비스 음식점과 포장 판매 음식점 포함, 학교급식에는 어린이집과 여름캠프를 포함함. 미국국민건강영양조사(NHANES, 2003-2006) 자료에서 하루 섭취량 평균을 분석하였음.

출처 : Lin et al., 1999; NHANES 2003-2006.

약간 높게 보고되었고 학교식당 음식에서는 조금 낮게 나타났지만 식품 나트륨은 유사한 수준으로 첨가하였음을 알 수 있다.

그림 2-4에서 2003-2006년 미국국민건강영양조사에서 나온 최근 자료에서는 이전 조사에서 보인 것보다 가정에서 소비한 식품과 가정 밖에서 소비한 식품의 나트륨 밀도의 차이가 더 커졌음을 보이고 있다. 자료에 따르면 가정 내 식품이 1,000칼로리당 나트륨 밀도가 1,422 mg인 반면, 가정 밖의 식품은 1,000칼로리당 1,825 mg으로 나타났다. 그림 2-4에 나오는 나트륨 섭취 밀도를 하루에 2,000칼로리를 섭취한다고 가정하고 해석하면, "미국인 식생활 지침"에서 제시한 하루 2,300 mg인 나트륨의 양은 나트륨 섭취 밀도로는 1,150 mg에 해당된다. 집 밖에서 먹는 음식 중에는 레스토랑 음식이 지속적으로 가장 높은 순위였고, 학교식당 식사의 순위가 가장 낮았다.

Crepinsek 등(2009)은 "제3차 학교 영양 식이 평가 연구"에서 메뉴와 조리법을 기초로 미국을 대표하는 학교 아침식사와 점심식사의 영양소를 계산하였다. 칼로리와 나트륨을 이용하여 나트륨 섭취 밀도를 계산하였는데, 학생들에게 제공하는 점심식사의 평균 나트륨 밀도는 1,000칼로리당 1,901 mg이었다. 학교 점심식사 모두 2005년 "미국인 식생활 지침"에서 제시한 최대 나트륨 섭취량의 3분의 1(세 끼 중 한 끼)보다 많았다. 그러나 아침식사는 약 반수에서, "미국인 식생활 지침"에서 제시한 최대 나트륨 섭취량의 4분의 1에 해당하였다.

위에서 언급한 자료뿐만 아니라 기타 얻을 수 있었던 자료에서는 "미국인 식생활 지침"의 목표치보다 평균 나트륨 섭취량은 상당히 높았다. 종합해 보면, 식품 소비자와 식단을 마련하는 영양사가 사용하는 식품으로는 나트륨 섭취 지침을 지키기 어렵다는 것이다. 이 점은, 식품의 염도에 대한 소비자의 미각적 취향 때문에 나트륨 섭취량은 식품구입처와 관련이 없다는 개념과 일치한다. 결국, 이 자료는 나트륨 섭취를 의미 있게 줄이는 활동을 하려면 모든 식품에서 나트륨 함량을 줄여야 하며 나트륨을 줄이기 위한 전략에서는 모든 식품이 대상이 되어야 효과적이라는 점을 말한다.

나트륨 섭취 총량에 영향을 주는 다른 요소

나트륨 밀도라는 개념을 사용하면 서로 다른 식품 종류의 성분을 비교할 수 있다. 그러나 나트륨 총 섭취량은 소비한 식품 총량에 의해 결정된다. 소비한 음식의 양은 제공량 portion size 을 포함한 여러 요인에 의해 영향을 받는다.

최근, 제공량이 크기 때문에 비만이 유행한다고 알려져 상당한 주목을 받았다. 제공량이 커지면 나트륨과 같은 영양소도 소비자에게 많이 돌아갈 가능성이 있다. 제공량은 가공식품의 포장 크기, 식당의 배식량, 개인 소비자 행동에 의해 영향을 받을 수 있다.

그림 2-5에서 알 수 있듯이, 표본조사 음식의 제공량은 1977년과 1996년 사이 전반적으로 증가하였다(Nielsen and Popkin, 2003). 시간경과에 따라 제공량이 커지는 양상은 가정 음식, 식당이나 패스트푸드 음식점에서 제공하는 음식에도 나타나 제공량 증가는 모든 식품 종류에서 나타나는 공통된 현상이라고 할 수 있다.

더욱이 제공량 증가는 그림 2-5에 있는 표본 식품에 한정되지 않는다. Smiciklas-Wright 등(2003)은 제공량 증가가 여러 가지 식품에 두루 나타난 것을 발견하였다. "개인 식품 섭취에 관한 지속적 조사 Continuing Survey of Food Intakes

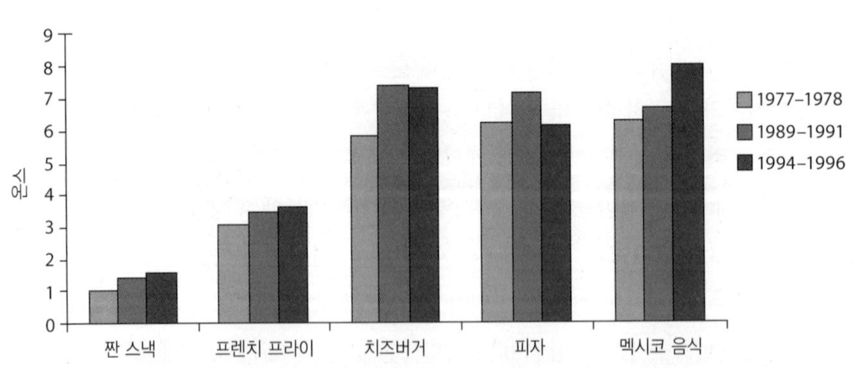

그림 2-5. 1977–1978년부터 1994–1996년까지 중요 식품의 제공량의 변화(2세 이상을 대상으로 조사).
출처 : Nielsen and Popkin, 2003, Journal of the American Medical Association 289(4), pp450-453. 판권소유: 미국의학협회.

by Individuals, CSFII "의 1989-1991년과 1994-1996년 자료에 따르면, 107개 식품군 중 거의 3분의 1에서 이와 같은 양상이 나타났다고 한다. 제공량을 크게 하여 음식을 제공하면 나트륨 밀도가 줄지 않는 한 나트륨은 소비자에게 많이 전달된다.

식품 종류 전반에 대한 제공량 정보가 많지 않은 상황에서, 영양소 출처 변화를 평가하는 방법은 열량 섭취 요소가 변화하는 양상을 보는 것이다. 그림 2-6에서 보듯이 1977년과 1996년 사이, 열량 섭취는 전반적으로 증가하였다(Nielsen and Popkin, 2003). 이렇게 전체적으로 열량 섭취가 상승한 것은 가정 내 음식소비는 줄어든 반면, 외식이 증가한 것과 연관이 있었다. 이러한 자료가 시사하는 바는 이 시기에 나트륨 밀도가 "집 안"과 "집 밖"의 식품 종류가 비슷하다 하더라도(그림 2-4, 패널 A를 참조) 각각이 총 섭취에 기여하는 바의 상대적 크기는 변했다는 것이다.

전국 조사에서 수집한 "집 안"과 "집 밖" 섭취 식품 열량과 나트륨에 관한

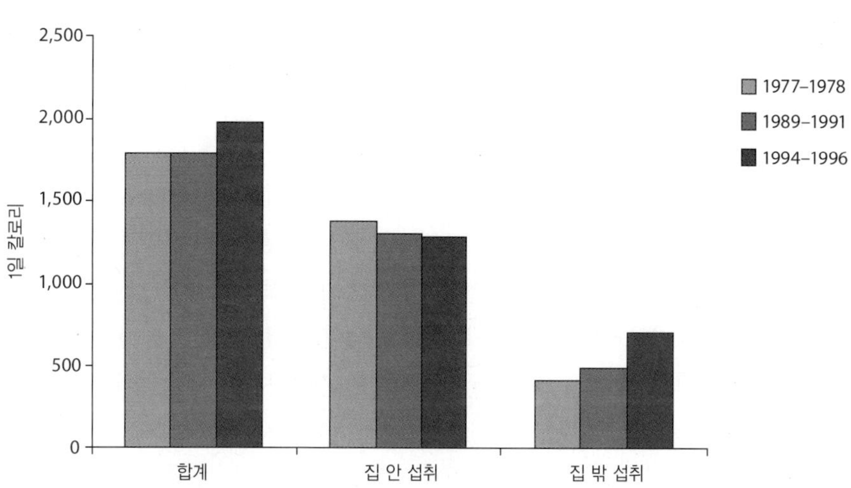

그림 2-6. 1977–1978년부터 1994–1996년까지 "집 안 "와 "집 밖"에서의 평균 에너지 섭취량과 전체 섭취량(2세 이상을 조사 대상으로 함).

주 : d=1일, kcal=킬로칼로리

출처 : Nielsen and Popkin, 2003.

최근 자료를 이번 연구를 위해 분석하였다(제5장과 부록 F 참조). 2003년과 2006년 사이 실시된 미국국민건강영양조사 자료에서는, 집 안에서 섭취한 소금의 비율이 63%이며, 집 밖에서 섭취된 소금의 비율은 37%라고 밝혔다. 따라서 두 가지 채널이 총 섭취에 기여하는 바는 상당하다. 그러나 가정 내 식품의 종류가 가공식품(예: 스프), 가공 냉동식품, 그리고 식품점이나 식당에서 구매한 완성 식품을 포함한 것이라는 사실이 중요하다. 그러므로 "집 밖" 식품의 상대적인 기여도는 저평가되었고 "집 안" 섭취 식품의 상대적 기여도가 고평가된 것이라고 할 수 있다.

종합적으로, 이상의 자료에서 내릴 수 있는 결론은 모든 식품 유통 구조를 관통하는 소금 섭취를 줄이는 포괄적인 접근을 해야 한다는 것이다. 또한 나트륨 섭취를 효과적으로 감소시키려면 열량 섭취량과 제공량이 나트륨 밀도와 나트륨 섭취에 영향을 주는 것을 감안하면서, 제공량과 열량 통제를 하는 다른 건강 프로그램과 연계하는 것을 고려하여야 한다.

나트륨 관련 성분 표시 요구 및 홍보

지난 40년간 식품제조업자와 레스토랑/외식업 종사자에게 식품 제조법을 재구성하고, 저염 식품을 도입하도록 하여 식품 나트륨을 줄이도록 일관되게 메시지를 전달하였다. 그 정책을 실현하는 방법으로 제조 식품에 영양성분 표시를 하게 하면 영양성분표시 때문에 식품의 나트륨 함량을 건강 수준으로 맞추는 제품을 생산하는 동기가 생산자에게 생길 것이라고 생각하였다. 모든 가공식품의 포장단위마다 들어 있는 나트륨 함량을 표시하는 것은 1993년 영양표시법 시행으로 의무화되었다. 그러나 생산자가 나트륨 함량에 관한 서술적 지침(예: 영양소 내용 표시)을 사용하거나, 고혈압 위험을 줄이는 저염 식품의 유용성에 대한 내용(건강식품 표시)은 생산자가 자발적으로 표시하는 것이다.

그림 2-7에서 보듯이, 1990년대 초 "영양표시 및 교육법[NLEA]"을 시작하던 시기에는 나트륨에 관한 영양성분표시는 유행하였다. 이후, 2000-2001년에는 일시적으로 증가하였지만, 그 비율은 급격히 하락하였다. 2006-2007년의

나트륨 내용 표시는 1991-1993년에 표시한 것의 반 정도였다. 지방 성분 표시는 가장 잘 이루어져서, 표시한 식품 비율은 1997년에 22.5%, 2000-2001년에는 17.2%였다. 가장 적게 표시한 것은 섬유소로 1997년과 2000-2001년 각각 2.5%, 2.0%였다.

미국 시장에서 나트륨 내용 표시를 한 제품 분야에 대한 정보는 미국식품의약품안전청의 "식품 표시 및 포장 조사 Food labeling and Package Survey "를 통해 정기적으로 수집하고 있다. 표 2-4는 두 기간에 나트륨 내용 표시를 잘한 식품 분야에 대하여 판매량을 기초로 퍼센트를 비교한 것이다.

1997년 식품 분야 중 나트륨 내용 표시가 높았던 분야는 탄산 음료수로 소금 함량 표시율이 47.3%였다(Brecher et al., 2000). 2000-2001년에는 음료는 두 종류로서 "음료수, 물 beverages, water "의 종류는 83.7%, "음료수, 탄산음료수 beverages, carbonated soft drinks " 종류는 62%였다(LeGault et al., 2004). 표 2-4에 의하면, 1997년 건강식품의 분야에서 나트륨 내용 표시를 한 비율이 24.6%였으나 2000-2001년 조사에서는 건강식품은 상위 식품분야에서 빠졌다. 따라서

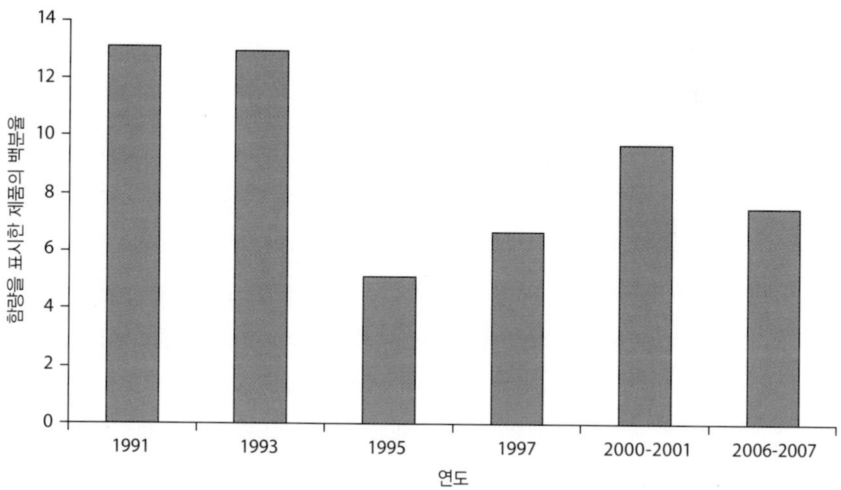

그림 2-7. 나트륨 함량 표시를 한 가공 포장 식품의 연도별 비율.
출처 : 미국식품의약품안전청의 M. Brandt와의 개인 교신(2008년 12월 17일).

표 2-4. 나트륨 함량 표시를 한 상품의 판매량 기준 비율

1997년	백분율	2000-2001년	백분율
탄산소다 음료와 물	47.3	탄산소다 음료와 물	83.7
액체 우유	26.7	액체 우유	62.0
식이와 건강보조 식품	24.6	설탕과 설탕대체물	44.9
이유식	15.0	견과류	34.8
소다음료와 음료수 혼합물	11.1	음료수, 쥬스, 냉장제품	32.8

출처 : Journal of American Dietetic Association 100(9), Breccher et al, Status of Nutrition labeling, health claims, and nutrient content claims for process foods: 1997 Food Label and Package Survey, p.1057-1062에서 복사. 판권 소유자 Elsevier의 사용허가를 받았음; Journal of American Dietetic Association 104(6). LeGault et al., food label and package survey: An update on prevalence of nutrition labeling and claims on processed, packaged foods, p.952-958에서 복사. 판권 소유자 Elsevier의 사용허가를 받았음.

2000-2001년 나트륨 함량을 잘 표시한 식품은 원래 나트륨 함량이 낮은 음료나 설탕대체식품 등이며 나트륨 함량을 낮추기 위해 다시 만든 식품(예: 다이어트식품과 건강보조식품)에서는 적게 표시하였다. 단 한 가지 예외는 2000-2001년 조사에서 짜지 않은 땅콩이었다.

연방통상위원회 Federal Trade Commission 가 관할하는 식품 광고에 대하여 간략하게 검토할 필요가 있다. 식품 라벨과는 달리, 영양성분표시와 건강식품 표시를 광고하는 것은, 그 메시지가 믿을 만하고, 오도할 소지만 없다면, 제조업자나 소매상은 자유롭게 활용할 수 있다. 어떤 식품이 건강에 좋다고 광고하는 것은 1990년 "영양 표시 및 교육법"을 적용하기 전부터 이용되던 방법으로 그 이후에도 계속하고 있다. 제조업자에게 있어 "긍정적인 영양소", 이를 테면, 비타민, 무기질 또는 체중조절에 좋은 식품들에 관한 표시를 하는 것이 "부정적인 영양소" 이를 테면, 나트륨, 포화지방 등에 관한 표시보다 더 유용할 것 같지만, 그림 2-8과 2-9에서 보는 바와 같이 연구 진행 기간 동안 부정적인 영양소에 관한 표시를 잡지 광고에 더 많이 사용하였다(Ippolito and Pappalardo, 2002).

일반적으로, 특정 영양소의 함량표시의 이용은 상승곡선을 그린 다음 하강곡선을 그리는 것 같다. 내용표시는 시간적으로 영양소 개별적으로 변화

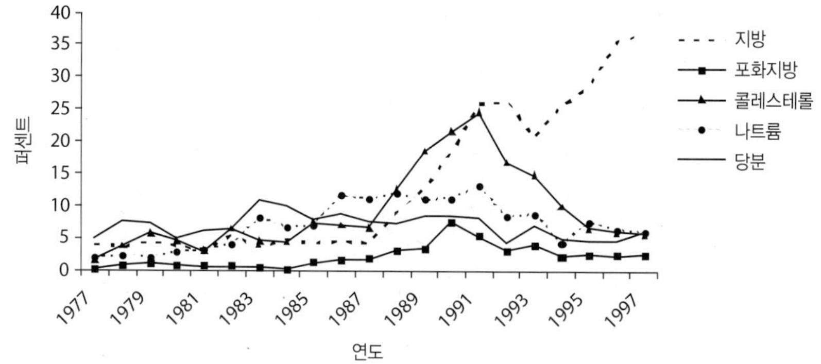

그림 2-8. "부정적인" 영양소 표시를 한 잡지 광고의 비율, 1977–1997.
출처 : Ippolito and Pappalardo, 2002.

하는 것과 같다(시간이 지나면 다른 영양소가 나타나 최고점을 보이는 것과 같이). 2002년 자료에 따르면, 가공 포장식품에서 나트륨 함량 표시를 이용하는 비율이 1991년 13.3%로부터 1997년 6.0%까지 떨어졌다(Ippolito and Pappalardo, 2002). 나트륨 함량 표시가 지방이나 콜레스테롤처럼 많이 표시된 적은 없지만, 잡지 광고에서는 포화지방보다 많이 사용되었다.

이 연구에서는 광고에서의 건강관련 표시(질병 관련 표시라고도 부른다)의 사용도 추적하였다. 심장질환 관련 표시는 1989년에 최고에 달해 광고의 2.9%를 점유하였고, 암은 1997년에 2.2%, 고혈압은 1995년에 1.2%, 골다공증은 1997년에 0.5%였다. 따라서 잡지 광고에서는 영양소 함량 표시가 질병 위험도를 낮추는 식품과 연계된 표시보다 더 많이 이용되었고, 나트륨이나 고혈압 관련 표시는 다른 영양소나 다른 질환에 관한 표시 광고보다 적게 사용되었다.

저염 식품의 이용도

저염 표시가 있는 식품의 매출이 지난 40년간 증가했는지 궁금하다. 이 의문점을 알아보기 위하여, 1989년과 2004년 사이에 출시된 저염 식품(표시 형태로는 무염, 저염, 또는 염분제한이라는 형식) 종류의 수를 그림 2-10에

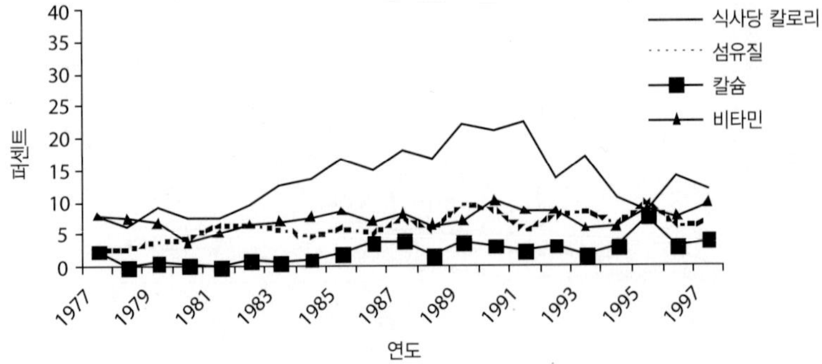

그림 2-9. "긍정적인" 영양소 표시를 한 잡지 광고의 비율, 1977-1997.
출처 : Ippolito and Pappalardo, 2002.

표시하였다.

시장에 나온 저염 식품 종류의 수는 1990년 이후 현격히 줄어 2004년 출시한 새로운 저염 식품 수는 1990년의 절반 정도였다(CSPI, 2005b). 2007년에 출시한 저염 포장 식품은 209종이었는데, 이 수는 2002년의 102개에 비하면 증가했다고 할 수 있다(Packaged Facts, 2008).

새롭게 출시된 식품(음료수 제외) 중 무염, 저염, 염분제한 식품은 2000-2006년, 2.5-3.5% 범위에서 변동곡선을 그렸는데, 2007년에 4.3%, 2008년에 4.1%, 2009년에는 3.8%였다. 나트륨 함량 표시를 한 새로운 식품 비율은 지난 10년간 변화가 적었지만, 제조업자는 생산품에서 나트륨 함량을 줄였다고 보고는 하였지만 줄였다는 광고는 하지 않았다. 그렇게 하는 이유는, 소비자 일부가 저염식은 맛이 없다고 생각하는 경향이 있기 때문일 것이다(Heidolph, 2008; IFIC, 2009). 이것은 본 위원회가 주제한 공청회에 참가한 사람들이 말한 바와 같다(2009년 3월 30일). 영양소 함량을 표시하는 새로운 제품을 소개할 때, 나트륨 함량표시에 대한 관심을 다른 영양소 유형과 비교하여 그림 2-11에 나타내었다. 이 자료는 나트륨 함량 관련 표시가 지방 함량이나 칼로리 표시에 비해 신제품에서 적게 사용함을 알 수 있다(Weimer, 1999). 또한, 영양소 함량 표시 사용에 관하여 위에서 기술한 바와 같이 새로운

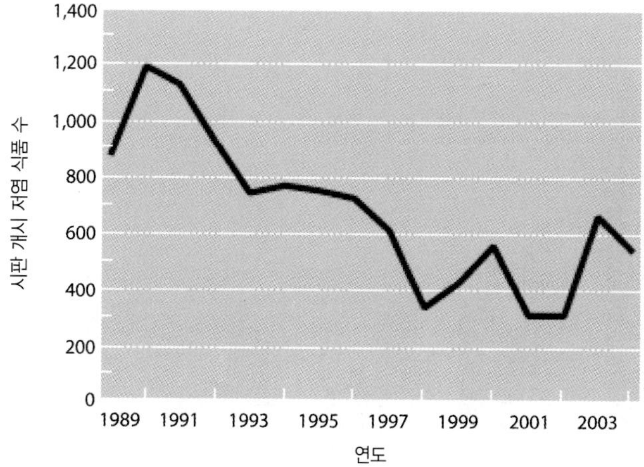

그림 2-10. 1989-2004년 사이 연도별 저염 식품(무염, 저염, 또는 염분 제한)의 출시율.
출처 : CSPI, 2005b. "Salt: The forgotten killer", 허가받고 게재 함.

상품을 소개할 때 소금이나 다른 영양소 표시는 사용 빈도가 증가하여 최고점에 이르렀다가 하강의 곡선을 그리고 있었다.

보통 저염 식품, 또는 염분제한 식품이라고 표시한 신제품은 수도 많지 않고 그마저 시간이 지나면서 줄고 있다. 생산자 동기와 소비자 수요는 연관된다는 것을 생각할 때, 이 단원에서 이미 기술한 바와 같이, 소비자의 소금에 대한 관심에도 비교 순위가 있는 것 같고 소비자 관심이 줄면 제품업자가 저염 식품이라고 표시한 신제품도 줄어든다.

나트륨 섭취

나트륨과 같은 영양소의 섭취량을 측정하는 방법에는 세 가지가 있다. (1) 특정한 영양소가 미국 식품 분야로 공급하여 소모된 양의 인구당 평균치, (2) 개인 섭취 기록과 인터뷰로 계산한 섭취, (3) 먹은 물질에 반응하는 생물지표를 측정하는 방법 등이다. 각 방법에는 강점과 약점이 있다. 한 가지 방법으로만

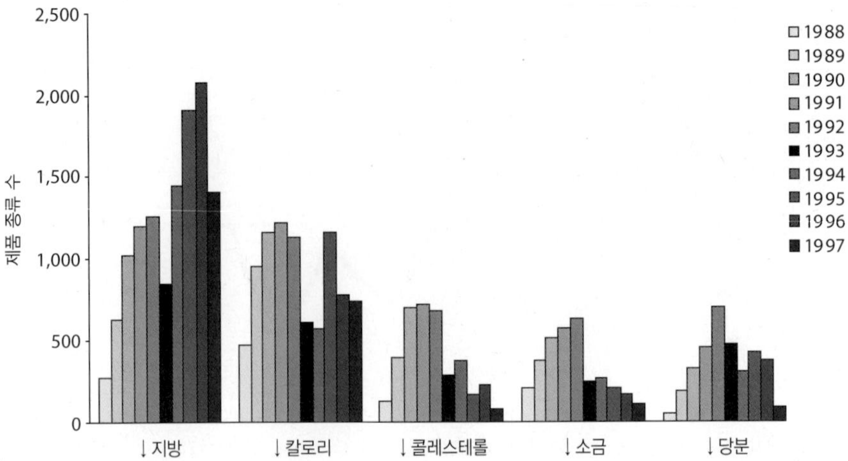

그림 2-11. 영양소 함량 표시를 한 새로운 식품 종류의 수(1988-1997).

주 : 아래로 향한 화살표는 지방, 칼로리, 소금과 당분에 대하여는 "감량" 또는 "낮은 함량"을 표시한 것이고 콜레스테롤에 대하여는 "낮은 함량" 또는 "없음"을 표시한다.

출처 : Weimer, 1999.

측정하면 상당히 불확실하게 나타날 수 있지만 각 방법으로 측정한 자료가 시간 경과에 따라 보이는 양상의 일치성 그리고 공중보건 목표와 비교하여 높다거나 낮다고 하는 평가 자료 등은 얻은 결론을 믿을 만하게 한다. 이 단락은 나트륨 섭취의 시기별 추세를 길게 관찰함으로써 공중보건 정책이 어떤 결과를 나타내었는지를 기술하도록 한다. 이번 연구를 위해 고안한 나트륨 섭취에 대한 현재의 추정 방법에 대해서는 제5장에서 더욱 자세히 다룬다.

소금 소모 자료

소모 자료로부터 나트륨 섭취를 추적하는 방법은 시간 경과에 따라 자료를 수집하는 보편적인 방법이기 때문에 상당히 정확하게 평가할 수 있다는 이점이 있다. 단점은 식품의 유통과정에서 손실이나 변질로 버려지는 양(예: 조리, 손질 과정)을 잡아내기 어려워 섭취량을 과대평가한다는 점이다.

소금 소모 자료는 사람이 소비하는 나트륨 양을 시간경과 양상으로 평가할 수 있는 방법이다. 미국소금연구소 The Salt Institute 는 미국에서 판매하는 식용 소금에 관한 정보를 웹사이트에 올린다. 이 자료는 소금의 무게(톤)를 나트륨의 밀리그램 단위로 바꾼다면 가장 유용한 정보이다. 시간 경과에 따라 인구가 변하기 때문에, 연간 자료를 1인당 값으로 바꾸면 이 또한 유용하다. 1978년에서 2008년까지의 연간 1인당 소금 소모 값을 그림 2-12에 나타내었다.

소금 소모 자료는 1983년부터 1998년 사이 1인당 사용 가능 양이 꾸준히 증가했다는 것을 보여준다. 최근에는 그 수치가 계속 유지되거나 약간 감소되는 것 같다. 1998년의 최고치는 하루 1인당 소비 가능한 나트륨의 양이 약 5,700 mg에 해당한다. 소모 자료에서 얻은 수치가 실제 섭취한 양을 얼마나 과대평가했는지 알 수 없지만, 그 수치로 봤을 때, "미국인 식생활 지침"에서 권장하는 하루 2,300 mg 이하의 나트륨의 두 배에 달하고 공중보건 목표에

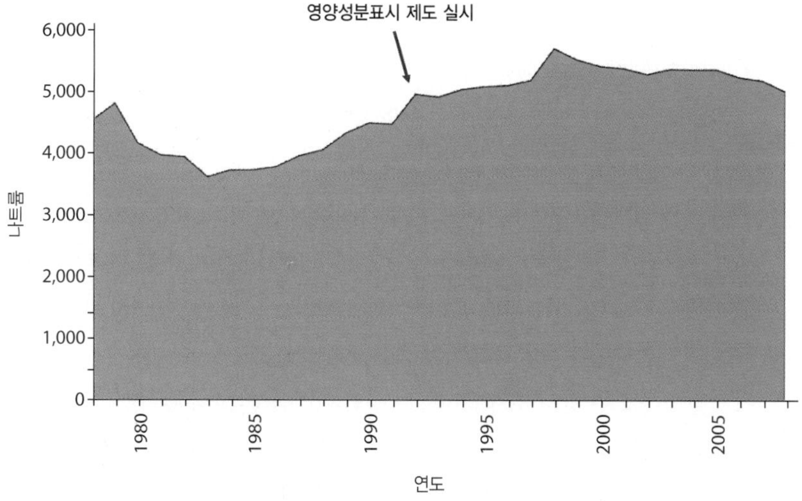

그림 2-12. 1978–2008년의 소금 소모 자료를 바탕으로 한 1인당 나트륨 소모량.

주 : 계산: 미국농무부(USDA) 산하 경제 연구소(Economic Research Service)가 영양소 자료(1978-2008)를 개발하면서 사용하는 1인당 추산치로 나눈 것임. 소금=연간 인구 1,000명당 1,000톤(연간 1,000명당 4톤이며 하루 1인당 10 g 이하에 해당); 소금 1 mg을 나트륨 밀리그램으로 환산(소금 1 g당 나트륨 2,350 mg으로 환산; 23/58.5=39.3%)

출처 : 미국소금연구소의 소금 소모 자료(연간 식용 소금의 톤수), 미국농무부(USDA) 인구조사 자료.

초과해서 소금을 섭취하였을 가능성이 있음을 보이고 있다. 더욱이, 소모 자료의 이점이 시간 추이에 따른 경향을 알려주는 것인데 나트륨 관련 공중 보건 정책에 따라 표 2-1에서 표 2-3에 나타난 바와 같은 섭취 감소 양상이 그림 2-12의 소모자료에서는 나타나지 않았다. 이러한 양상은 1980년대에 실행된 초기 교육 및 프로그램 정책이 소금 소비 감소와 연관되어 있지만 그 이후 1993년 나트륨 함량 의무 표시 시행과 1969년 이후 시행한 식품가공업자에게 식품의 소금을 줄이도록 요청하는 정책이 미국인 소금 사용 가능 총량에는 거의 영향을 주지 않았음을 보여준다.

개인의 섭취

1971년 이래, 미국국민건강영양조사에서는 미국 전체 인구를 대표하는 표본에서 개인의 영양소 섭취 추정치 정보를 제공하였다. 이 정보는 24시간 회상법 Recall 으로 추정한 것이다. 그림 2-13은 1971-1974년과 2005-2006년의 나트륨 섭취 경향을 세 개의 인간 발달 단계로 나눈 군 life stage group 에서 모은 자료로 나타내었다. 비슷한 양상이 세 연령 군에서 나타남을 알 수 있다 (Briefel and Johnson, 2004; 제5장 참조).

그림 2-13에서 1971-1974년과 1988-1994년 사이에서는 섭취가 증가하였으나, 1988-1994년과 2005-2006년 사이에서는 유지되었음을 보인다. 초기의 증가가 실제 증가인지, 방법론적 오류 때문인지 알 수 없다. 그 기간 사이에 인터뷰 방법이 향상되었으며 섭취량을 더 완벽하게 조사한 자료를 얻을 수 있었다(Loria et al., 2001). 그러나 초기 조사에서 개인이 섭취를 낮게 보고하는 데 대하여 경고하였고 조사 방법상 낮게 조사되는 데 대하여 조심하였음에도 불구하고 두 번의 초기 조사에서 성인 여성을 제외하고는 평균 섭취량이 "미국인 식생활 지침"에서 권고하는 것보다 모두 초과 상태인 것을 알 수 있다.

조사에서 섭취량을 적게 말하여 소금 섭취량 추정치의 시기별 경향에 오차가 발생하였는지를 대략적으로 평가하는 방법은 섭취 조사 결과를 나트륨 밀도로 표시하여 소집단별 시간에 따른 소금 섭취의 변화가 없어지거나 최소화되었는지를 평가하는 것이다. 그림 2-13과 같은 데이터베이스를 사용하여 나트륨 밀도로 전환한 자료를 그림 2-14가 보인다. 그림 2-14에서 보듯 어린이, 성인 남자, 성인 여자 사이의 나트륨 섭취는 나트륨 밀도로 표현하면 거의 차이가 없다. 각 발달 단계별 나트륨 섭취에 차이가 나는 것은 섭취하는 식품의 나트륨 밀도에 의한 것이 아니라 섭취하는 열량의 차이 때문에 주로 발생한 것이다. 1970년대와 1980년대에 나트륨 밀도가 증가한 것으로 나트륨 섭취량이 이 두 시기 사이에 차이가 크다는 것을 알 수 있는데, 1990년대 초부터는 나트륨 밀도가 안정화된 것으로 나타났다. 시기에 따른 식품 내 나트륨 함량이 미친 영향과 시기에 따라 열량 섭취가 증가한 영향을 구별할만한 자료는 없지만 이 자료로는 시기에 따라 나트륨 섭취가 일부 증가한 것은 식품 나트륨 함량이 증가한 때문임을 암시하고 있다. 시기에 따른 섭취 변화는 조심스럽게 해석하여야 하는데 그 이유는 자료에 제한점이 있기 때문이며 특히 오래된 자료는 사용한 방법이 다르다는 문제가 있었다. 그러나 지침에서 제시한 나트륨 하루 2,300 mg을 기준으로 했을 때 2,000 킬로칼로리를 섭취

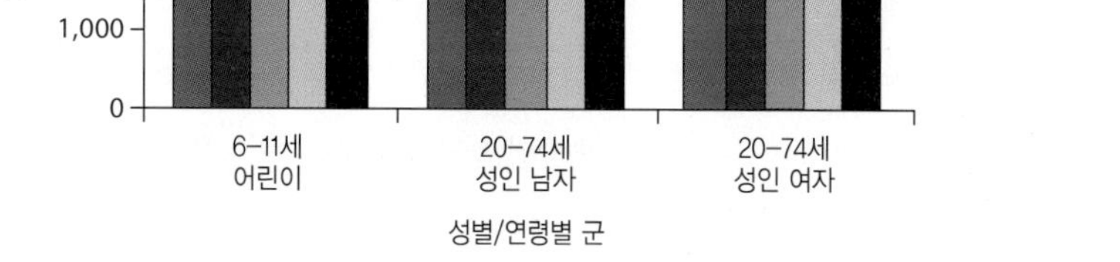

그림 2–13. 미국인 세 가지 성별/연령군의 1971–1974년에서 2003–2006년까지의 평균 나트륨 섭취 경향.

주 : 미국국민건강영양조사(NHANES) 2003-2006의 1일 평균 섭취량 자료(이전 분석과 동일하게 분석하고 2000년도 인구조사의 연령에 맞춰 조정)를 사용하여 분석; 조리하면서 넣은 나트륨 포함(식탁에서 넣은 양을 추가하지 않음); 미국인 식생활 지침의 권고량은 하루 2,300 mg. mg=밀리그램

출처 : 1971-2000년 자료는 Briefel and Johnson (2004); 2003-2006년 자료는 미국국민건강영양조사(NHANES) (제5장).

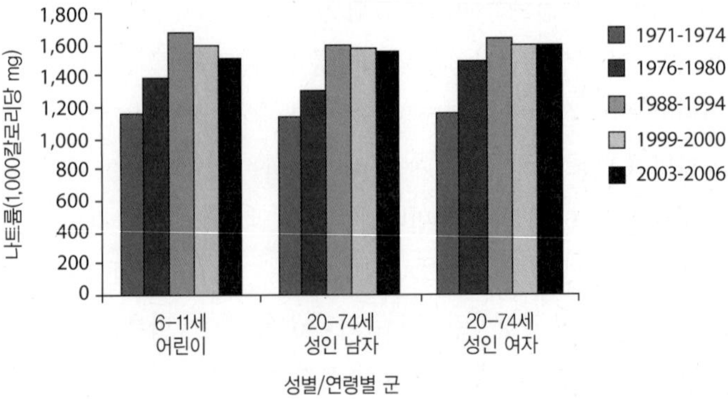

그림 2-14. 미국인 세 가지 성별/연령군의 1971-1974년에서 2003-2006년까지의 평균 나트륨 섭취 밀도의 경향.

주 : 미국국민건강영양조사(NHANES) 2003-2006의 1일 평균 섭취량 자료(이전 분석과 동일하게 분석하고 2000년도 인구조사의 연령에 맞춰 조정)를 사용하여 분석; 조리하면서 넣은 나트륨 포함(식탁에서 넣은 양을 추가하지 않음); 1일 평균 섭취량은 모집단비율법(population proportion method)으로 계산. mg=밀리그램.

출처 : 1971-2000년 자료는 Briefel and Johnson (2004); 2003-2006년 자료는 미국국민건강영양조사(NHANES) (제5장).

한다고 가정하면 1,150 mg/1,000 킬로칼로리의 하루 나트륨 밀도를 계산할 수 있으나 모든 집단에서 이 지침의 수준을 웃도는 것을 알 수 있으며 나트륨 밀도가 지금보다 낮았을 초기에도 나트륨 밀도는 높았다.

소변 내 나트륨 배설

제5장에서 언급하겠지만, 24시간 소변 내 나트륨 배설 평균치는 개인의 나트륨 섭취를 평가하는 가장 좋은 표준방법이다. 그러나 미국인을 대표하는 표본에서 시행한 대표적 조사에는 이 자료가 없어, 미국인의 소변 내 나트륨 배설에 대한 정보는 잘 계획하여 관찰한 연구 논문에서 얻을 수 있다. 1980년과 1990년대 후반에 실시한 관찰 연구 2건과 임상 연구 4건에 참여한 성인에서의 결과는 평균 나트륨 배설이 남자의 경우 하루 3,700 mg, 여자의 경우 하루 3,000 mg이었다(Loria et al., 2001). 평균 나트륨 배설량은 한 집단을 제외하고는 2,300 mg 이상이라고 모든 연구에서 보고하였다. 12개 남자 집단

중 11개집단에서 평균 배설량은 3,000 mg 이상이었고, 그 중 4개 집단은 4,000 mg 이상이었다. 여자 12개 집단 중 6개 집단에서 2,500-3,000 mg이었고, 나머지 6개 집단의 평균치는 3,000-3,612 mg이었다. 따라서 연구에 참가한 미국 성인의 소변 내 나트륨 배설량은 거의 모든 집단에서 "미국인 식생활 지침"에서 제시한 2,300 mg 이상이었다.

고혈압 유병률

나트륨 섭취가 많을수록 혈압이 상승한다는 것은 여러 가지 증거가 강력하게 뒷받침하고 있다. 어린이, 정상혈압 성인, 고혈압 성인을 대상으로 한 연구에서 나트륨 섭취를 줄이면 혈압은 내려간다고 보고하고 있다. 고혈압은 여러 가지 위험인자와 연관되지만 매일 섭취하는 나트륨 양을 줄이면 인구 전체의 혈압이나 뇌졸중으로 인한 사망은 의미 있게 감소한다(DGAC, 2005).

미국 성인의 고혈압 유병률은 지난 수십년간 시간적으로 어떤 양상을 나타냈을까? 그림 2-15는 각기 다른 세 시기에 20세 이상 미국인 남녀의 고혈압 유병률 추이를 보인다.

미국국민건강영양조사 의학 검사 센터 Medical Examination Center 는 고혈압을 수축기 혈압 140 mmHg 이상, 이완기 혈압 90 mmHg 이상으로 상승한 혈압 또는 검사 당시 항고혈압제를 먹고 있는 경우로 정의하였다(NCHS, 2009). 결과를 2000년도 미국인구센서스 연령군의 수로 보정 adjust 하였다.

1988-1994년에서 2003-2006년 기간 동안 남성과 여성의 혈압은 상승하였다(NCHS, 2009). 인종 집단 전체, 그리고 수입이 다른 집단 모두에서 같은 경향을 나타냈다. 1999-1994년과 1999-2004년의 미국국민건강영양조사 NHANES 자료를 연령별 인구로 보정한 자료를 보면, 고혈압의 유병률은 그 기간에 24.4%에서 28.9%로 18%가 상승하였다(Cutler et al., 2008). 그 분석에서 나이/성별, 인종/민족에 따라 유병률이 낮아진 경우는 없었다. 두 조사 결과를 체질량지수 body mass index, BMI 로 보정하였을 때 고혈압 유병률이 여성에서 지속적으로 상승하는 것으로 나타났다. 이 결과는 여성의 고혈압 유병률

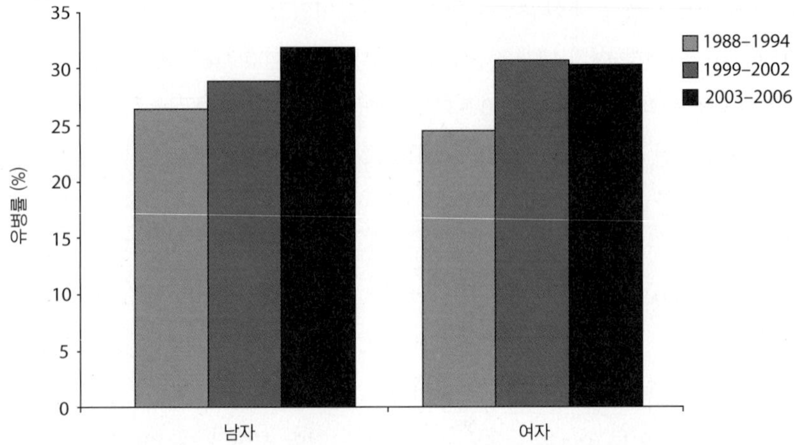

그림 2–15. 미국국민건강영양조사에서 나타난 20세 이상 인구의 혈압상승/고혈압 경향.

주 : 고혈압은 수축기 혈압 140 mmHg 이상, 이완기 혈압 90 mmHg 이상이거나 항고혈압제의 복용으로 정의: 자료는 2000년도 인구센서스 인구로 보정함.

출처 : NCHS, 2009.

상승은 체질량지수가 아닌 다른 원인과 관련 있다는 것을 말해 주고 있다. 다른 인자로서는 나트륨 섭취 증가, 알코올과 칼륨의 섭취 변화, 신체 활동의 저하, 건강 지식 부족, 의료 서비스 부재 등이 포함된다. 남성에게 있어 체질량지수의 상승은 두 차례 조사에 걸쳐 고혈압 유병률 상승의 가장 큰 원인이었다. 따라서 체질량지수를 보정하면 1988-1994년과 1999-2004년 사이의 고혈압 유병률은 남성에서는 비교적 안정적이지만, 여성에서는 상승하였다.

요약하면, 미국인 고혈압 유병률은 상승하였다. 같은 시기, 체중을 증가시키는 교란인자를 보정하면, 남성에서는 유병률이 안정적이지만 비만을 보정하여도 여성에서는 계속 유병률이 상승하였다. 그러나 이와 같은 남성과 여성에서 보인 고혈압의 유병률 추이는 전체 인구에서 보았을 때 나트륨 섭취를 줄이면 고혈압 유병률이 저하한다는 패턴과는 연관된 것 같지 않다.

소견

이 단원에서 언급했듯이, 1969년 이래 지금까지 나트륨 섭취를 줄이기 위하여 수많은 정부 기관, 보건 전문가 기구, 식품산업에서 수많은 전략, 프로그램과 정책을 고안하고 수행하였다. 이러한 프로그램은 나트륨 섭취와 고혈압 사이의 관련성이라는 공통의 주제와 동일한 메시지를 갖고, 소비자를 교육하고 구매하는 식품에 나트륨 함량을 표시하도록 하며, 식품제조업자에게 신제형 제품 개발을 독려하였으며, 최근에는 레스토랑/외식업체 운영자로 대상을 확대하였다. 프로그램과 정책의 대상은 소비자, 건강 전문가, 대중매체, 식품산업 등이다.

초기 전략과 프로그램, 정책을 시작한 이래 지난 40년간 국민과 기업에서 변화가 적절하게 일어났는지를 평가하기 위하여 여러 분야의 자료를 검토하였다. 소비자의 인식, 지식과 행동; 식품 산업; 나트륨 섭취; 고혈압 유병률을 평가하였다. 시간에 따른 변화를 평가하기 위하여 국민 영양 감시 제도 National Nutrition Monitoring system 자료와 함께 일부 과학문헌과 통상관련 문헌도 이용하였다. 공적으로 사용 가능했던 각 분야 자료가 완벽한 것은 아니었지만, 얻은 증거는 유용하고 여러 분야의 소견은 진실성이 있었고 내용은 서로 일치하였다.

자료에 따르면, 과거의 정책과 지침으로 나트륨 섭취 감소라는 궁극적 목표에 도달하지 못했고 나트륨과 관련된 건강문제에 관심을 유도하는 데 성공적이지 못했다. 초기에는 소비자 메시지를 고위험군(예: 아프리카계 미국인, 고령자)에게 나트륨 섭취를 줄이도록 하였고 식탁에서나 조리할 때에 소금을 적게 사용하도록 강조하였다. 나트륨은 전 생애에 걸쳐 주의해야 하는 것이어야 한다는 증거가 강해지고, 나트륨을 많이 섭취하게 하는 근원에 대한 자료가 새로이 나타나면서 나트륨 섭취 감소 대상을 전 국민으로 확대하였고, 소비자는 나트륨이 적게 들어간 가공식품 혹은 레스토랑/외식업 음식을 먹도록 메시지를 수정하였다. 나트륨 노출을 평가하는 세 가지 유형(소금 소모, 식사 내용 조사, 소변 배설)의 결과는 모두 일관성 있게 나타났으며 광범위하고도 장기간에 걸친 노력에도 불구하고 소금 소비와 소금 섭취 자료 중 어떤 것도 과거 40년간 수행하였던 정책으로도 나트륨 섭취를 줄이지 못하였다. 오늘날에도 미국인의 나트륨 섭취는 권고안인 하루 2,300 mg보다 많고 고혈압 발생과 뇌졸중 사망률도 줄어들지 않았다.

나트륨 섭취를 줄이기 위한 지침의 궁극적 목표에 도달한 적은 없지만, 중간 목표에는 어느 정도 성공한 부분도 있었다. 1980년 초의 공공 교육 캠페인은 나트륨과 고혈압 관계에 대한 소비자 인식을 크게 높였다(12%에서 48%로). 많은 소비자는 나트륨 섭취를 줄이는 것이 개인적으로 중요한 일이라고 믿고 있으며, 음식을 조리하는 사람의 62%는 개인적으로 나트륨의 중요성을 인식하고 있다고 말하고 있다. 인구의 3분의 1가량이 항상 또는 자주 "영양성분 표 Nutrition Facts panel"에서 나트륨 항목을 참고하는 것으로 나타났다. 과거 정책으로 식품산업이 나트륨을 일부 제품에서 줄이도록 하는 데 성공하였고, 나트륨 함량 표시로 소비자에게 나트륨 섭취를 낮추는 기회를 제공하는 데에도 일부 성공하였다. 이런 변화에도 불구하고 국민이 나트륨 섭취를 계속 줄이도록 하려면 앞으로 무엇을 할 것인가 하는 점이 의문이다.

이 보고서의 다른 부분에서 논의하겠지만, 특히 제6장에서 언급하겠지만, 소비자는 음식을 섭취하고 소비하는데 사회, 조직 등 큰 영향을 주는 식품 환경에서 살고 있고 나트륨 섭취도 이러한 환경의 영향을 받고 있다. 이런 식품환경이 40년간의 나트륨 섭취 감소 정책의 효과를 거두지 못하게 한 측면이 있다. 식품공급 자체가 소비자에게는 중요한 장애물이다. 시장이나 레스토랑/외식업 종사자들이 제공하는 음식의 나트륨 밀도는 소비자가 식생활 지침에 맞출 수 없도록 하는 부분이다. 또한, 소비자가 지속적으로 관심을 갖지 않는 것도 명백한 문제점이다. 이 점은 저염 식품을 생산하고 나트륨 함량 표시를 이행하고 광고하는 식품제조업자의 관심과 복합적으로 얽혀 있다. 그렇기 때문에 나트륨 함량이 낮은 식품(예: 과일과 채소)을 더 많이 섭취하게 하고 이미 커진 제공량을 줄이는 등의 다른 공중보건 정책의 역할이 더욱 중요성을 갖는다. 중요한 것은 "미국인 식생활 지침"이 권고하는 평균 나트륨 밀도를 초과하는 식품공급 상황이 만연하여 집 밖에서 소비자 또는 식단 기획자 meal planner 가 나트륨을 권고안대로 섭취할 수 없게 하고 있다.

전체적으로 보았을 때, 지금까지와 같이 교육을 광범위하게 하는 노력으로는 미국인의 나트륨 섭취를 줄일 수 없었다. 아쉽게도, 이러한 노력이 왜 성공할 수 없었는지에 대하여 확실한 결론을 내리는 데 필요한 평가 자료나 기타 자료도 부족했다. 지금도 나트륨 섭취량은 "미국인 식생활 지침"의 목표를 상당히 초과한 상태이다. 소비자와 식품제조업자를 위한 광범위한 교육이 필수적이기는 하지만, 그 자체만으로 미국인을 위한 목표인 나트륨 섭취 하루 2,300 mg 이하라는 공중보건 목표를 달성하기에는 불충분하다는 것은 자명하다. 식품공급 측면을 변화시켜 소비자가 보다 더 나트륨 섭취를 줄일 수 있게 한다면 앞으로 좋은 성과를 보일 것이다. 나트륨 섭취를 줄이려는 노력과 꼭 같지는 않지만, 엽산 folic acid 에서의 경험은 공중보건 목표를 달성하기 위하여 식품 공급의 변화가 중요하다는 것을 보여준다. 여러 해에 걸친 교육으로도 가임 여성 등 고위험군의 엽산 섭취에 큰 영향을 주지 못했었다. 그러나 식품에 엽산을 추가할 것을 법제화하면서 소비자의 행동 변화 없이도 엽산 섭취는 증가하였다(Johnston and Staples, 1995; Pfeiffer et al., 2007). 동시에 소비자도 한 가지 역할을 해야 한다. 식품은 소비자 선택으로 향상될 수 있다. 따라서 소비자가 역할을 확실히 하면 전보다 더 연구하여 효과적인 실행방안이 나와 도움을 받게 될 것이다.

참고문헌

Alderman, M. H. 2010. Reducing dietary sodium: The case for caution. *Journal of the American Medical Association* 303(5):448-449.

Brecher, S. J., M. M. Bender, V. L. Wilkening, N. M. McCabe, and E. M. Anderson. 2000. Status of nutrition labeling, health claims, and nutrient content claims for processed foods: 1997 Food Label and Package Survey. *Journal of the American Dietetic Association* 100(9):1057-1062.

Briefel, R. R., and C. L. Johnson. 2004. Secular trends in dietary intake in the United States. *Annual Review of Nutrition* 24:401-431.

Burton, S., E. Howlett, and A. H. Tangari. 2009. Food for thought: How will the nutrition labeling of quick service restaurant menu items influence consumers' product evaluations, purchase intentions, and choices? *Journal of Retailing* 85(3):258-273.

Cohen, H. W., S. M. Hailpern, J. Fang, and M. H. Alderman. 2006. Sodium intake and mortality in the NHANES II follow-up study. *The American Journal of Medicine* 119(3):275.e7-275.e14.

Crepinsek, M. K., A. R. Gordon, P. M. McKinney, E. M. Condon, and A. Wilson. 2009. Meals offered and served in U.S. public schools: Do they meet nutrient standards? *Journal of the American Dietetic Association* 109(2):S31-S43.

CSPI (Center for Science in the Public Interest). 2005a. *Petition to revoke the GRAS status of salt, to set ceilings on the amount of sodium in processed foods, to require a health warning on packaged salt, and to reduce the Daily Value for sodium.* http://www.cspinet.org/salt/fda_salt_petition.pdf (accessed September 19, 2009).

CSPI. 2005b. *Salt: The forgotten killer.* Washington, DC: Center for Science in the Public Interest.

Cutler, J. A., P. D. Sorlie, M. Wolz, T. Thom, L. E. Fields, and E. J. Roccella. 2008. Trends in hypertension prevalence, awareness, treatment, and control rates in United States adults between 1988–1994 and 1999–2004. *Hypertension* 52(5):818-827.

Cypel, Y. S., J. A. Tamaki, C. W. Enns, A. B. Nowverl, L. E. Cleveland, and K. S. Tippett. 1996. *Nutrition attitudes and dietary status of main meal planners/preparers, 1989–1991 .Results from the 1989–998 Diet and Health Knowledge Survey and the 1989–1991 Continuing Survey of Food Intakes by Individuals.* Nationwide Food Survey Report No. 91-1. USDA Agricultural Research Service.

Derby, B. M., and S. B. Fein. 1995. Meeting the NLEA education challenge: A consumer research perspective. In *Nutrition Labeling Handbook*, edited by R. Shapiro. New York: M. Dekker. Pp. 315-353.

DGAC (Dietary Guidelines Advisory Committee). 2005. *Report of the Dietary Guidelines Advisory Committee on the Dietary Guidelines for Americans, 2005. A Report to the Secretary of Health and Human Services and the Secretary of Agriculture.* Washington, DC: U.S. Department of Agriculture and U.S. Department of Health and Human Services.

Engstrom, A., R. C. Tobelmann, and A. M. Albertson. 1997. Sodium intake trends and food choices. *American Journal of Clinical Nutrition* 65(2,Supplement): 704S-707S.

FDA (Food and Drug Administration). 2007. *FDA 2002 Health and Diet Survey topline frequency report.* College Park, MD: Food and Drug Administration Center for Food Safety and Applied Nutrition.

FDA/ODPHP (Office of Disease Prevention and Health Promotion). 2008. *Health and Diet Survey: Dietary Guidelines supplement—Report of findings (2004 & 2005).* Washington, DC: U.S. Department of Health and Human Services.

Food Marketing Institute. 2004. *Trends in the United States: Consumer attitudes & the Supermarket, 2004.* Washington, DC: Food Marketing Institute.

Havas, S., B. D. Dickinson, and M. Wilson. 2007. The urgent need to reduce sodium consumption. *Journal of the American Medical Association* 298(12):1439-1441.

Heidolph, B. B. 2008. Is sodium reduction the next target in the "better-for-you" formulation trend? *Cereal Foods World* 53(1):21-27.

Heimbach, J. T. 1985. Cardiovascular disease and diet: The public view. *Public Health Reports* 100(1):5-12.

HHS (U.S. Department of Health and Human Services)/FDA. 1973. Food label information panel. *Federal Register* 38(13):2126.

HHS/FDA. 1982. GRAS safety review of sodium chloride; policy notice; solicitation of views. *Federal Register* 47(118):26590-26595.

HHS/FDA. 2007. Salt and sodium; petition to revise the regulatory status of salt and etablish food labeling requirements regarding salt and sodium; public hearing; request for comments. *Federal Register* 72(204):59973-59979.

IFIC (International Food Information Council). 2006. *Food biotechnology: A summary of U.S. consumer attitudinal trends.* Washington, DC: International Food Information Council.

IFIC. 2007. *Food biotechnology: A summary of U.S. consumer attitudinal trends.* Washington, DC: International Food Information Council.

IFIC. 2008. *Food biotechnology: A summary of U.S. consumer trends.* Washington, DC: International Food Information Council.

IFIC. 2009. *2009 Food and Health Survey: Consumer attitudes toward food, nutrition & health.* Washington, DC: International Food Information Council.

Ippolito, P. M., and J. K. Pappalardo. 2002. *Advertising nutrition & health: Evidence from food advertising 1977–1997.* Washington, DC: Federal Trade Commission Bureau of Economics Staff Report.

Johnston Jr., R. B., and D. A. Staples. 1995. Knowledge and use of folic acid by women of childbearing age—United States, 1995. *Journal of the American Medical Association* 274(15):1190.

LeGault, L., M. B. Brandt, N. McCabe, C. Adler, A. M. Brown, and S. Brecher. 2004. 2000–2001 Food Label and Package Survey: An update on prevalence of nutrition labeling and claims on processed, packaged foods. *Journal of the American Dietetic Association* 104(6):952-958.

Lichtenstein, A. H., L. J. Appel, M. Brands, M. Carnethon, S. Daniels, H. A. Franch, B. Franklin, P. Kris-Etherton, W. S. Harris, B. Howard, N. Karanja, M. Lefevre, L. Rudel, F. Sacks, L. Van Horn, M. Winston, and J. Wylie-Rosett. 2006. Diet and lifestyle recommendations revision 2006: A scientific statement from the American Heart Association nutrition committee. *Circulation* 114(1):82-96.

Lin, B.-H., J. Guthrie, and E. Frazao. 1999. Nutrient contribution of food away from home. In *America's eating habits: Changes and consequences,* edited by E. Frazao. Agriculture Information Bulletin No. 750. Washington, DC: U.S. Department of Agriculture, Economic Research Service, Food and Rural Economics Division. Pp. 213-242.

Loria, C. M., E. Obarzanek, and N. D. Ernst. 2001. Choose and prepare foods with less salt: Dietary advice for all Americans. *Journal of Nutrition* 131(2, Supplement 1):536S-551S.

Mattes, R. D., and D. Donnelly. 1991. Relative contributions of dietary sodium sources. *Journal of the American College of Nutrition* 10(4):383-393.

McCarron, D. A. 2000. The dietary guideline for sodium: Should we shake it up? Yes! *American Journal of Clinical Nutrition* 71(5):1013-1019.

McCarron, D. A. 2008. Dietary sodium and cardiovascular and renal disease risk factors: Dark horse or phantom entry? *Nephrology Dialysis Transplantation* 23(7):2133-2137.

McCarron, D. A., J. C. Geerling, A. Kazaks, and J. S. Stern. 2009. Can dietary sodium intake be modified by public policy? *Clinical Journal of the American Society of Nephrology* 4(1):1878-1882.

Moshfegh, A. 2009. *Surveillance and monitoring sodium intakes.* Presented at the

Institute of Medicine Committee on Strategies to Reduce Sodium Intake's Public Information-Gathering Workshop, March 30, Washington, DC.

NCHS (National Center for Health Statistics). 2009. *Health, United States, 2008 with special feature on the health of young adults.* HHS Publication No. 2009-1232. Hyattsville, MD: National Center for Health Statistics.

NHLBI (National Heart, Lung, and Blood Institute). 1996. *Implementing recommendations for dietary salt reduction: Where are we? Where are we going? How do we get there?: Summary of an NHLBI workshop.* NIH Publication No. 55-728N. Bethesda, MD: National Institutes of Health.

Nielsen, S. J., and B. M. Popkin. 2003. Patterns and trends in food portion sizes, 1977–1998. *Journal of the American Medical Association* 289(4):450-453.

Packaged Facts. 2008. *Market trend: Low, reduced and no sodium or salt foods and beverages in the U.S.* Rockville, MD: Packaged Facts.

Pfeiffer, C. M., C. L. Johnson, R. B. Jain, E. A. Yetley, M. F. Picciano, J. I. Rader, K. D. Fisher, J. Mulinare, and J. D. Osterloh. 2007. Trends in blood folate and vitamin B-12 concentrations in the United States, 1988–2004. *American Journal of Clinical Nutrition* 86(3):718-727.

SCOGS (Select Committee on GRAS Substances). 1979. *Evaluation of the health aspects of sodium chloride and potassium chloride as food ingredients.* Bethesda, MD: Federation of American Societies for Experimental Biology, Life Sciences Research Office.

Smiciklas-Wright, H., D. C. Mitchell, S. J. Mickle, J. D. Goldman, and A. Cook. 2003. Foods commonly eaten in the United States, 1989–1991 and 1994–1996: Are portion sizes changing? *Journal of the American Dietetic Association* 103(1):41-47.

Teisl, M. F., A. S. Levy, and B. M. Derby. 1999. The effects of education and information source on consumer awareness of diet-disease relationships. *Journal of Public Policy and Marketing* 18(2):197-207.

Tippett, K. S., and L. E. Cleveland. 2001. *Results from USDA's 1994 –996 Diet Health and Knowledge Survey.* Nationwide Food Survey Report No. 96-4. Beltsville, MD: USDA Agricultural Research Service.

Todd, J. E., and J. N. Variyam. 2008. *Decline in consumer use of food nutrition labels, 1995–2006.* Economic Research Report No. 63. Washington, DC: Economic Research Service.

USDA (U.S. Department of Agriculture). 1995. *Improving USDA commodities: Tri-agency commodity specification review report.* Washington, DC: U.S. Department of Agriculture.

USDA/FNS (Food and Nutrition Service). 2007. Special Supplemental Nutrition Program for Women, Infants and Children (WIC): Revisions in the WIC food packages; interim rule. *Federal Register* 72(234):68966-69032.

Variyam, J. N. 2008. Do nutrition labels improve dietary outcomes? *Health Economics* 17(6):695-708.

Weimer, J. 1999. Accelerating the trend toward healthy eating. Public and private efforts. In *America's eating habits: Changes and consequences,* edited by E. Frazao. Agricultural Information Bulletin No. 750. Washington, DC: U.S. Department of Agriculture, Food and Rural Economics Division, Economic Research Service. Pp. 385-401.

3

맛과 풍미: 나트륨 섭취를 줄이는 데 있어서의 독특한 문제

요리사 입장에서 보면 소금은 유혹적인 특성이 많다. 소금을 넣으면 거의 모든 음식의 미각적 특성이 향상된다. 그러면서도 싸다. 식품에 소금을 첨가하는 이유는 여러 가지이다. 많은 경우 첨가한 소금은 음식의 미각적 성질을 향상시키는데, 입맛이 당기지 않는 음식에서도 효과가 있다. 음식 맛을 좋게 하는 것이다. 소금이 많이 들어간 음식에 적응된 사람들에게 소금기가 갑자기 없어지면 음식 맛은 형편없다고 느낀다. 우리가 국민 전반의 소금 소비를 줄이는 데 성공하려면 소금이 미각을 향상시키는 특성에 주의 깊게 관심을 가지면서 소금 함량을 줄여 나갈 필요가 있다. 식품에 있는 소금의 효과에 대해 알려진 것, 풍미 flavor 의 지각, 왜 사람들이 소금이 첨가된 식품을 좋아하는지를 고려하여야 소금 함량을 효과적으로 줄일 수 있다. 뿐만 아니라 소금이 감각 수용체에 어떻게 감지되는지를 알면, 소금대체물질 substitute 이나 소금개선제 enhancer 를 개발할 수 있어 식품에서 전반적으로 소금을 줄이는 데 이바지할 수 있을 것이다.

고대 이래의 소금

우선 역사적 맥락에서 소금 소비를 알아보는 것이 중요하다. 음식에 소금을 첨가하는 것은 인간 특유의 특성이다(Kawai [1965]는 일본 짧은꼬리원숭이가 감자를 맹물 대신 소금물에 담갔다가 먹는 학습된 행동에 대해 기록하였는데, 감자의 풍미를 높이는 행동으로 해석할 수 있다). 현재 거의 모든 사회에서 소금을 비교적 많이 사용하게 된 것은 5,000년 전에서 10,000년 전 사이에 시작된 것으로 추정하고 있다(He and MacGregor, 2007; MacGregor and de Wardener, 1998; Man, 2007). 처음 소금은 식품보존을 위해 사용하였다(MacGregor and de Wardener, 1998; Multhauf, 1978). 이것이 오늘날의 소금 과량 소비의 기원이다. 4,000년 전 중국에서는 소금을 대규모로 채굴하고 운송 방법도 개선되면서(Adshead, 1992) 소금에 절인 음식 맛이 널리 퍼지고 또 사람들이 좋아하게 되었다(Multhauf, 1978). 사실 인간 사회와 문화가 시작하는 단계에서 소금에 대한 수요와 소금 무역이 변혁의 촉진제 역할을 하였다는 학설은 계속 논쟁거리가 되었다(Beauchamp, 1987; Bloch, 1963; Fregley, 1980).

인간이 과거에 소금을 얼마나 소비했는지를 알기는 어렵다. 왜냐하면 섭취를 평가할 수 있는 확실한 방법은 24시간 소변에서 배설량을 측정하는 것이기 때문이다(과잉 섭취한 소금 대부분은 인체에 저장되지 않으므로 정상 상태에서 소금은 섭취량과 배출량이 같아 균형을 이룬다고 본다). 과거의 소비량을 역사 기록에서 추정한 일이 있었다. 기원전 300년 중국 한 지역 주민의 하루 평균 나트륨 섭취량은 여성의 경우 대략 3,000 mg, 남성의 경우 5,000 mg이었다고 추정한 보고가 있다(Adshead, 1992). Multhauf(1978)는 1850년 프랑스와 영국에서 하루에 요리로 섭취하는 나트륨 양이 4,000-5,000 mg이었다고 추정하였다. 이 수치가 믿을 만하다면, 오늘날 많은 사회의 소비량 범위에 해당한다(INTERSALT Cooperative Research Group, 1988). 따라서 오늘날 인간이 소금을 많이 섭취하는 것은 20세기 식품산업에서 뿌리내린 것이 아니라 식품가공 과정 중 특히 식품보존 과정에서 시작된 것으로 수천년 전에 그 기원을 두고 있는 것이다. 시간이 지나면서 서로 다른 많은 인종이 소금을 비슷한 양으로 섭취한다는 사실은 아직 알지 못하는 생리학적, 영양학적 요인이 존재하여 인간이 소금을 많이 섭취하도록 유도한다는 추론이 가능하며 실제로 그런 추론이 나오고 있다(Fessler, 2003; Kaunitz, 1956; McCarron et al., 2009; Michell, 1978). 그러나 이 가설을 설명할 만한 실험적 증거는 드물다(Luft, 2009). 그리고 제한된 자료이기는 하지만 일부 자료는 위의 추론과 일치하지 않는다(Beauchamp et al., 1987). 생리학적 필요량보다 훨씬 많은 나트륨을 섭취하면 대사 조절하에 놓일 것인지 여부에 대한 실험은 앞으로 흥미 있는 분야일 것이다.

맛과 풍미

맛과 풍미는 혼용하는 경우가 많은 용어이다. "맛"이라는 단어는 두 가지 의미를 가지고 있는데, 하나는 전문적인 용어이고 다른 하나는 보통 영어에서 사용되는, 풍미의 뜻을 포함하는 의미이다. 이번 단원에서, 맛이라는 단어는 전문적인 뜻으로 사용하고, 다른 단원에서는 보다 일반적인 의미로 사용한다.

전문 용어로서의 맛

인간의 중요 감각 다섯 가지 중 하나인 맛감각은 해부학을 기초로 정의된다. 포유동물에서 맛감각은 구강에 있는 맛봉오리에 주로 분포하는 맛수용체 세포에 의해 생긴 감각이다. 제7, 제9, 제10번 뇌신경의 분지가 맛수용체에 와 있으며, 이들 신경은 우선 뇌간에서 신경세포에 연접(시냅스)하고 이후 뇌의 다른 부분으로 신호를 보낸다(Breslin and Spector, 2008).

많은 과학자들이, 맛감각은 보통 단맛, 신맛, 짠맛, 쓴맛, 감칠맛으로 이루어진 기본적인 맛의 특질 중 일부로 구성된다고 하고 있다(Bachmanov and Beauchamp, 2007). 맛이라는 특수한 감각이 진화함으로써 동물의 중요한 문제 중 두 가지를 해결하는 데 도움이 되었다고 생각하는데, 그것은 영양물질을 알아내어 섭취하는 것, 그리고 독을 피하는 것의 두 가지이다. 이러한 중요한 기능의 결과는, 맛과 관련된 화합물(맛 요소)에 긍정적 또는 부정적으로 반응하는 것이고 반응양상은 흔히 유전적으로 미리 결정되어 있는 것이다. 예를 들어, 단맛을 지닌 맛 요소는 식물을 먹는 동물(초식, 잡식 동물)에게 일반적으로 그리고 태생적으로 좋아한다(일부 육식 동물, 예를 들어 고양이는 단맛을 내는 화합물을 지각할 수 없다) (Li et al., 2005). 반대로, 쓴맛 요소는 대부분 독성이 있기 때문에, 좋아하지 않고 피해야 하는 것으로 느낀다(Breslin and Spector, 2008).

풍미와 동의어로서의 맛이란 단어의 일반적 사용

실제 모든 식품과 음료는 맛 이외의 감각을 자극한다. 예를 들어, 스프와 같은 복합 식품은 단지 맛의 특성(예: 짜고 시고 단맛)을 가지고 있을 뿐만 아니라 휘발성 화합물이 있어 스프의 독특한 정체성(예: 토마토 스프와 비교되는 콩 스프)을 갖는다. 또 고추에 의한 매운 맛도 있다. 이러한 감각 특성은 후각(제1뇌신경)으로 전달되는데, 코 뒤쪽(목구멍 위부분에서 비강의 통로까지의 범위로, 비강 윗부분에 위치한 후각 수용체 부위를 의미한다)에서 이루어지며, 일종의 화학인지 chemesthesis 혹은 자극 irritation (제5 뇌신경) 감각이다 (Green et al., 1990). 일반적인 용어로서, 어떤 음식으로 생긴 전반적인 감각을 음식의 "맛"이라고 부른다. 그러나 많은 과학자들은 이런 감각을 "맛" 대신 "풍미"라는 용어로 표현한다. 여기서도 풍미를 사용할 것이다. 식품의 질감 texture 도 풍미의 한 요소로 포함시키는 사람이 많다. 소금과 같은 맛 분자는 여러 가지 방식으로 풍미에 영향을 주는데, 그에 대해서는 다음에 기술할 것이다.

음식 먹을 때 풍미의 중요성

이 단원에서 중심적으로 다루는 것은 음식 맛에 소금이 어떻게 영향을 미치는지에 대한 것이다. 그러나 전반적인 풍미에 영향을 주는 다른 화학적 감각(냄새, 화학인지)이 음식을 맛있게 먹는 데 중요한 역할을 하며 이 점이 나트륨 섭취를 전반적으로 감소시키는 전략을 만들때 고려하여야 할 유용한 요소임을 강조할 필요가 있다(Koza et al., 2005). 예를 들어, 어떤 휘발성 물질이 냄새 수용체에 감지되어 "달콤한 것"으로 인지된다면, 맛이 전체적으로 달콤하고 좋다고 판단하는데 큰 영향을 줄 수 있다(Schifferstein and Verlegh, 1996). 같은 현상이 짠맛에서도 일어날 수 있다(Manabe et al., 2009). 사람의 뇌 영상을 이용한 최근 연구(예: fMRI)에 따르면, 각기 독립적인 감각기관에서 입력된 풍미 정보는 뇌의 여러 부위에서 합쳐지는데, 특히 안와 전두 피질 orbitofrontal cortex 에 주로 모인다고 한다(Rolls, 2010). 풍미는 해부학적으로 독립적인 여러 감각기관을 통하여 들어오지만 결국 한 가지로 인지하며 식품의 기호를 판단하는 데에는 전반적인 풍미 인식이 중요하다는 것을 강조한다.

더 넓게 봤을 때, 조리할 때나 식품제조 과정에서 강한 풍미를 지닌 특정 성분을 첨가하면 소금을 추가로 넣을 필요가 없을 것이다. 예를 들어, 싱싱한 허브나 향료, 귤, 겨자, 식초를 첨가하면 독특한 맛을 낼 수 있어 소금을 대체할 수 있다. 이는 음식에서 나트륨을 줄이기 위한 전략에 대한 책을 쓴 작가들이 많이 제안했던 바이다(예: Beard, 2004; MacGregor and De Wardener, 1998; Ram, 2008). 예를 들어, 강한 불에 재빨리 굽기 searing 와 같은 몇 가지 요리방법은 새로운 풍미를 만들기 때문에 음식점 요리나 가정 요리과정에서 소금을 줄이는 데 도움을 준다(Ram, 2008). 이 방법을 식품제조업이나 대형 외식업체에서도 적용할 수 있을지에 대해서는 연구가 필요하다. 식품제조업자와 대형 외식업체 운영자가 생산하는 식품은 반드시 가공과정을 거친다. 그 식품은 비교적 긴 시간 고온으로 처리하며 오랜 기간 동안 품질을 유지하여야만 한다. 이러한 특징이 있어서 다른 성분이나 맛내기 조리법으로는 소금을 줄이기 어렵다. 대안을 찾을 필요가 있다.

생산된 식품 한 가지에서 적정 나트륨 양을 고려하는 것을 넘어서, 복합 요리나 전체 식사, 전체 식이에서 나트륨 양에 따라 맛이 어떤지 평가하는 것도 고려할 필요가 있다. 식품 공급 측면에서 보면 상업적으로 성공한 제품과 성분은 대단히 다양하며 신선제품(가공하지 않은), 조리제품(본 조리를 거의 끝내고 재가열 시 간단한 처리 또는 그대로 식탁에 올릴 수 있도록 조제한 가공식품), 공장 생산 제품의 나트륨 함량도 매우 높은 것에서 아주 낮은 것까지 다양하다. 예를 들어, 한 개인이 나트륨의 함량이 크게 다른 두 가지 음식(예: 싱싱한 사과 한 개와 소금이 한 움큼 들어간 프리첼 pretzel)에 모두 만족할 수 있다는 사실은 우리가 나트륨 맛 관련 쟁점이 더 넓은 맥락에서 풍미에 의존하고 있다는 것을 일깨워 준다. 고 나트륨 식품을 자연적 저 나트륨 식품(예: 신선한 과일과 야채)과 같이 맛있게 먹을 수 있게 하면서 소비자가 요구하는 맛에 맞출 수 있도록 하기 위해서는 풍미에 관한 문제를 해결해야 하지만 아직 연구가 부족하다. 그러나 적어도 음식점이나 가정의 조리, 약간 범위를 넓히면 식품제조 분야에서 소금 맛을 바꾸기란, 조리법 recipe 이나 메뉴 개발(예: 한 가지 요리에 나트륨 함량이 높은 재료를 함께 모아놓지 않는 것)에서 풍미의 문제를 어떻게 재구성하는가 하는 문제이며, 기술적 한계를 극복하기 위해서는 소금대체물질이 필요하다.

소금의 맛: 인간의 지각과 취향

맛이라는 감각은 여러 가지를 감별한다(Breslin and Spector, 2008). 맛 감각으로 인지하는 각 화학 분자는 짠맛, 달콤한 맛, 쓴맛 등으로 감지된다. 염화나트륨(NaCl) 은 짠맛을 일으키는 원형 prototype 이고 대표 분자이며 거의 순수한 짠맛만을 내는 반면, 염화 칼륨(KCl) 은 맛이 짜면서도 동시에 쓰다(저염식용으로 쓰지만 쓴맛 때문에 소금을 대체하지는 못한다).

맛을 일으키는 물질의 분자는 정성적 작용뿐만 아니라 정량적으로도 작용한다. 농도가 높을수록 짠맛은 증가하며 더 이상 짠맛이 느껴지지 않을 정도까지 간다. 맛은 시간적 경과 혹은 지속성이라는 성질도 있다. 소금 맛의 강도는 수백 밀리 초 동안 높아지다가 급속히 떨어진다. 이와 같이 아주 짧고도 예민한 경과를 소비자가 좋아한다. 또한 맛은 구강에만 한정될 수 있다. 혀의 앞과 옆 부분이 짠맛에 더 민감하다(Collings, 1974)는 증거가 있지만 소금 맛은 구강 전체에 분포한 감각 수용체가 식별한다.

소금 맛은 중독 또는 쾌락 차원의 특징도 있다. 음식에 소금을 첨가하면 어느 수준까지는 음식에 대한 호감을 증가시키지만 거기서 더 많이 첨가하면 음식 맛을 줄인다. 이렇게 소금 첨가 효과는 뒤집힌 'U'자 모양을 나타내므로 이 특성을 식품 제조에 이용할 수 있어 소비자에게 각기 다른 소금 농도를 테스트해서 최적 범위를 알아낸다. 각각의 식품에는 각각 최적점("지복점" [bliss point, 경제학 용어])이라고 함; 사람들이 설탕, 지방 혹은 소금에서 최대한의 즐거움을 얻는 지점)이 본질적으로 다를 수 있다(McBride, 1994). 이렇게 차이가 나는 이유는 한 음식과 다른 음식에 포함된 소금에 관한 경험이 다르기 때문이다. 즉, 최적 수준은 한 개인의 소금 노출을 변화시킴에 따라 바뀔 수 있다. 이 단원의 뒷부분에서 언급하겠지만, 이 이론은 여러 위원회에서 만든 권고안의 학문적 기초이다. 더욱이, 첨가한 소금 농도를 받아들이는 범위가 아주 넓지만 "지복점"이라는 용어는 최적 수준이 정확한 포인트라는 것을 의미하는 것 같다. 이와 같은 이유로, 비슷한 여러 가지 식품에서도 나트륨 함량 범위는 넓을 수 있다(그림 3-1). 이러한 현상은 음식을 먹으면서 지각하는 쾌감을 줄이지 않고 식품의 소금을 근본적으로 줄일 수 있는 상황을 쉽게 설명하는 이유일지 모른다.

소금의 풍미 효과

소금은 전체적으로 짠맛 이상의 풍미를 준다. 스프, 쌀, 계란, 감자칩과 같은 여러 가지 식품으로 이루어진 요리를 만들 때, 소금은 깊은 맛을 주고, 단맛

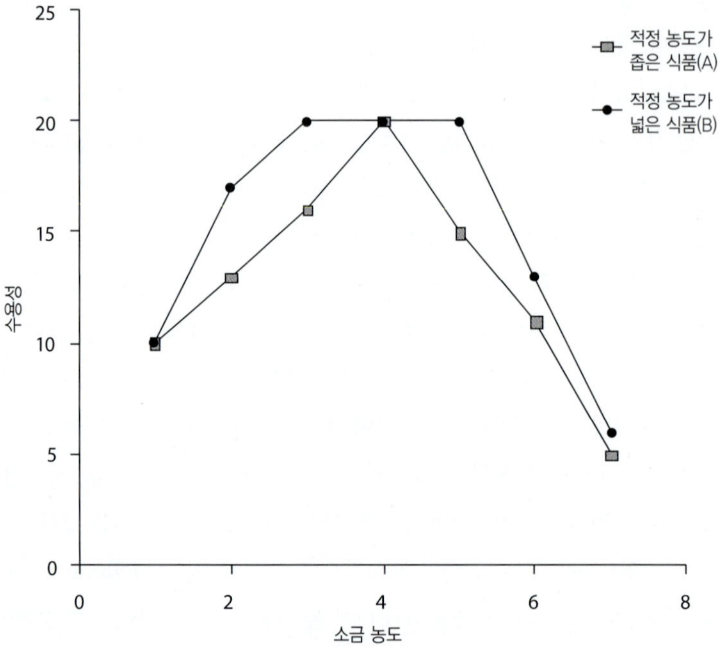

그림 3-1. 두 가지 식품에서 적정 소금 수준을 분석한 예를 가정으로 하여 보인 것.
(A) 식품은 적정농도 범위가 좁아 소금 농도 4 수준에서 제조하거나 제공하여 왔다면 염도를 빠른 시간에 낮추기 어렵겠지만, (B) 식품의 경우 수용 농도가 넓어 농도 수준 3으로 줄일 수 있다.

을 높이고 금속이나 화합물 등의 시원치 않은 맛을 감추며, 전반적인 풍미를 아우르지만 풍미의 강도는 높인다(Gillette, 1985). 이런 효과를 스프를 예로 그림 3-2에 묘사하였다. 이 그림에서, 중심으로부터 각 점들(예: 맛의 풍부함, 짠맛)과의 거리는 각 특정 효과의 강도를 의미한다. 이 그림이 보여주는 것은 스프에 소금을 첨가했을 때(짠맛에 대한 닫힌 원[●]으로 연결된 선을 열린 삼각형[△], 열린 원[○]으로 연결된 선이 그리는 것과 비교해 보라) 짠맛도 증가하지만 다른 긍정적인 요소인 맛이 짙어짐 thickness, 맛의 풍부함 fullness, 전반적 균형과 같은 것을 동시에 증가시킨다.

소금이 이러한 다양한 감각 효과를 어떻게 내는지는 잘 설명할 수 없다. 특히 소금이 스프와 같은 액상 음식의 풍미와 깊이를 증가시키는 이유는 미스터리이다. 소금은 짠맛 관련 수용체에 작용하는 것 외에도 촉감과 같은 체성감각 somatosensory (눈, 귀 등의 감각기 이외의 감각)신경계를 활성화할 수 있다. 나트륨을 포함한 여러 가지 물질이 풍미를 전반적으로 증가시키는 메커니즘은 쓴맛을 억제하는 것이라고 이해하고 있다. 퀴닌, 염화수소, 카페인, 황화마그네슘, 염화칼륨을 포함하는 식품의 쓴맛을 소금이 포함된 성분이 줄이는 것으로 알려져 있다(Breslin and Beauchamp, 1995). 더욱이 쓴맛 성분을 억제하여 다른 식품 성분이 내는 맛을 향상시킬 수 있다. 예를 들어, 아세트산나트륨(그것 자체는 짠맛이 약간 있다)을 설탕과 요소 화합물(쓴맛)

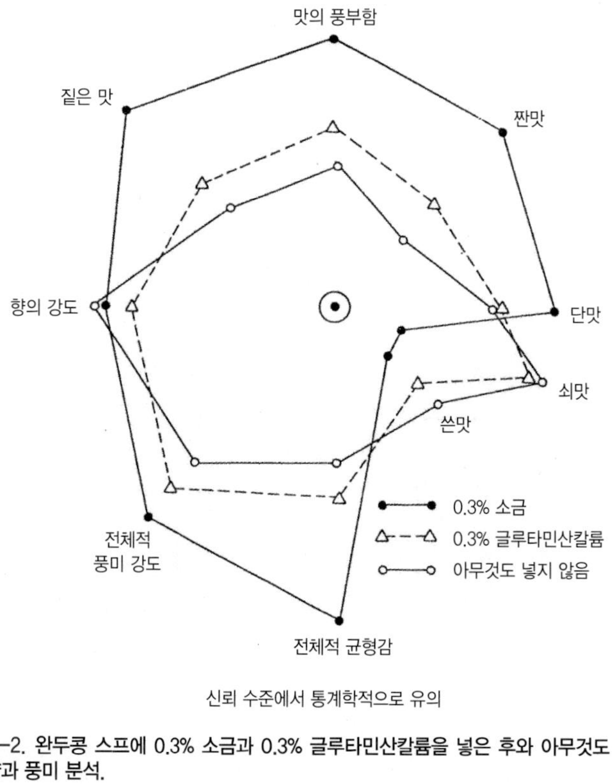

그림 3-2. 완두콩 스프에 0.3% 소금과 0.3% 글루타민산칼륨을 넣은 후와 아무것도 넣지 않은 때의 향과 풍미 분석.

출처: Gillette, 1985. (허가를 받고 게재).

에 섞으면 나트륨이 쓴맛을 억제하고 단맛은 느끼게 하는 것을 그림 3-3이 보이고 있다. 요소를 넣지 않은 설탕이 들어간 액체에 아세트산나트륨을 첨가하면 단맛의 변화가 없는데, 이는 아세트산나트륨이 쓴맛을 억제해서 맛을 향상시켰다는 것을 의미한다(Breslin and Beauchamp, 1997).

소금이 식품의 풍미를 향상시키는 것은 소금이 수분 활성 water activity (결합되지 않은 물의 양)에 영향을 주기 때문이라고 설명하고 있다. 소금은 수분 활성을 줄이고, 풍미의 농도를 효과적으로 증가시키고 풍미 성분의 휘발성을 증가시킨다(Delahunty and Piggott, 1995; Hutton, 2002). 풍미 성분은 휘발성이 높아 식품의 향을 증가시켜 풍미를 크게 한다.

요약하면, 소금은 짠맛을 내는 것을 넘어 식품의 풍미가 가진 맛깔스러움을 증가시키는 데 중요한 역할을 한다. 이러한 짠맛 이외의 역할은, 저지방

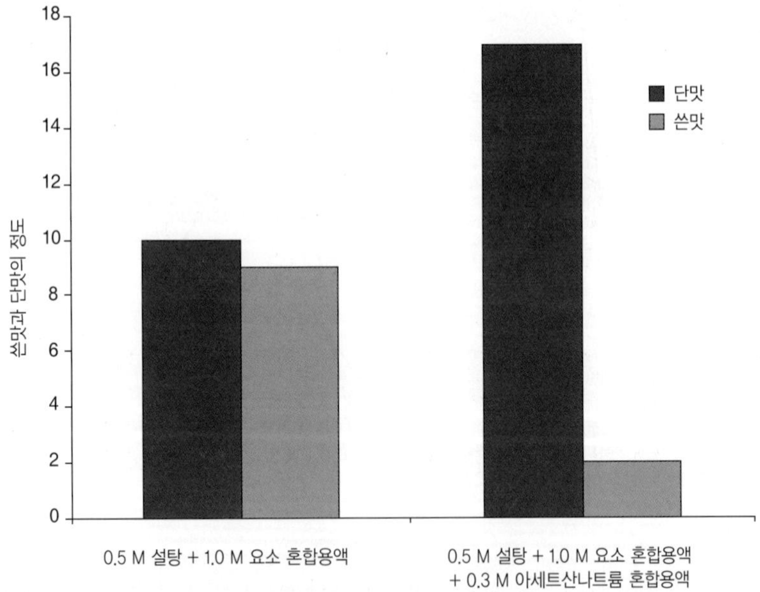

그림 3-3. 여러 가지 용액을 섞은 경우의 쓴맛과 단맛의 정도. 아세트산나트륨을 설탕과 쓴맛이 나는 요소 화합물 용액에 섞으면 나트륨이 쓴맛을 억제하고 단맛을 높인다.

출처: Breslin and Beauchamp, 1997. Nature 387(6633)563. 1997. 맥밀란 출판사의 게재허가를 받음.

식품과 같이 감미 요소가 적은 식품에서 더욱 두드러지고, 맛이 쓴 항산화제를 넣은 식품에서도 효과적이었다. 결과적으로, 가공 식품에서 소금을 줄이기 위해서는 소금이 가진 풍미 증강 효과를 대체할 만한 물질을 알아내는 것이 필수적이다. 복합 식품에서 소금을 줄이는 데 성공함과 동시에 음식을 맛있게 할 수 있는 기술적 문제의 핵심이 여기에 있다. 앞으로 식품 내 소금의 감각적 요소 모두를 파악하는 연구를 할 필요가 있다.

소금 맛의 메커니즘

염화나트륨이 전하 electrical charge 를 갖는 이온상태 원자로 녹으면 소금 맛이 생겨난다. 나트륨 이온(Na^+) 이 주로 짠맛을 담당하고, 염소 이온(Cl^-) 은 조정자 역할을 한다고 현재 널리 받아들여지고 있다(Bartoshuk, 1980). 예를 들어, 음전하 이온(음이온: anion)의 크기가 커지면(예: 염소에서 아세트염, 글루콘산염) 짠맛은 적어진다. 많은 나트륨 화합물은 짠맛뿐만 아니라 쓴 맛도 있다; 어느 음이온과 결합하면 짠맛은 모두 사라지고 쓴맛만 남는다(Murphy et al., 1981).

구강 내, 특히 혀에는 소금 맛을 알게 하는 수용체가 두 가지 이상 있다(Bachmanov and Beauchamp, 2007). 그러나 수용체가 소금 맛을 수용하는 작용은 아직 잘 이해하지 못한다. 가장 중요한 가설은 마우스와 흰쥐에서 했던 연구로서 소금 맛 지각을 담당하는 수용체 한 세트는 이온채널 혹은 포어 pore (Epithelial sodium [Na] Channels: ENaCs)로 구성되어 있다는 것이다. 이 특수 채널은 미각 수용체 세포 밖 침에 녹아 있는 나트륨(혹은 리튬)을 미각세포 안으로 들어 갈 수 있도록 해준다. 미각세포 내에 나트륨 이온 농도가 증가하면 신경전달물질이 분비되면서 결과적으로 소금 맛의 신호가 뇌로 전달된다(Chandrashekar et al., 2010; McCaughey, 2007; McCaughey and Scott, 1998) (그림 3-4). 나트륨과 리튬만이 순수한 소금 맛을 낼 수 있다고 알려져 있기 때문에 이런 나트륨과 리튬(Li)에 특이하게 반응하는 채널 수용체가 소금 맛을 느끼게 하는 데 중요하다고 믿는다(Beauchamp and Stein, 2008; McCaughey, 2007).

나트륨 채널 수용체가 소금 맛 수용체의 일종이라는 증거는 설치류를 이용한 동물모델 실험에 근거를 두고 있다. 나트륨 채널을 막는 아밀로라이드 amiloride 라는 분자가 실험 동물에서 소금 맛 감지 感知 를 감소시켜 그 역할이 더 확실하게 되었다. 그러나 사람에서는 아밀로라이드가 소금 맛을 줄이는 데 그리 효과적이지 않다(Halpern, 1998). 그럼에도 불구하고, 사람의 소금 맛에 대한 기전이 설치류의 소금 맛에 대한 기전과 본질적으로 크게 다르지 않기 때문에 연구자 대부분은 ENaC가 사람에서도 제일 가능성이 있는 수용체라고 믿고 있다. 만약 이 이론이 옳다면, 소금대체물질을 찾는 데 아주 중요한 의미가 있다. 이 채널이 나트륨에 대해 특이적으로 작동한다면 어떤 다른 물질도 나트륨을 완전히 대체할 수 있을 것 같지 않다(리튬은 예외이지만 리튬은 독성이 매우 높다).

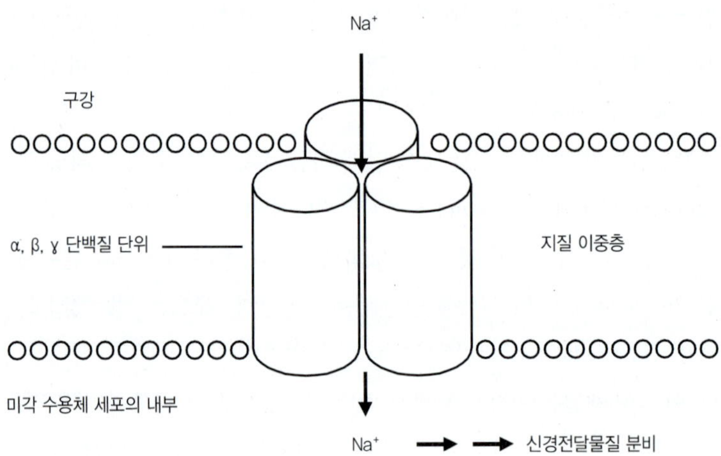

그림 3-4. 상피세포 나트륨통로(Epithelial sodium channel [ENaC]). 상피세포에 지질 이중층으로 된 세포막이 있다(원으로 표시). 구강의 위쪽은 미각 수용체 바깥을 나타낸다. 지질 이중층의 아래쪽은 미각세포의 내부이다. 통로(채널)는 3개의 단백질 단위 (alpha, beta, gamma)로 구성되고, 실린더 모양이다. 이 채널은 나트륨 이온이 세포 밖에서 세포 안으로 통과하는 통로이며 나트륨 이온만 통과시킨다. 일단 나트륨이 미각 수용체 안으로 들어오면 생화학적 연쇄 반응이 일어나 신경전달물질이 분비되고 결과적으로 소금 맛의 신호가 뇌로 전달된다.

염화나트륨이나 다른 염류other salts를 인지하는 미각 수용체가 적어도 하나 이상 존재하는 것으로 생각하고 있다. 두 번째 수용체에 대한 가설은 나트륨, 리튬이 아니면서 ENaC에도 작용하지 않으며 칼륨, 칼슘, 암모늄 등 양이온에서도 소금 맛이 어느 정도는 감지된다는 연구결과에 근거를 두고 있다. 더욱이, 동물 실험에서 아밀로라이드로 ENaC을 막아도 작은 정도이지만 소금 맛을 유발한다(DeSimone and Lyall, 2006; McCaughey, 2007). 아직은 아니지만 소금 맛이 인간에서 어떻게 인식되는지를 앞으로 완벽히 이해하게 된다면, 이를 바탕으로 효과적이고 경제적인 맛 향상물질을 찾는 데 이용할 수 있을 것이다.

소금 맛 감지와 취향의 진화

나트륨 적당량을 확실히 섭취하기 위해 초식동물은 소금을 알아낼 수 있는 능력이 필요하였고 그 때문에 소금 맛 감각이 생겨났다고 많은 과학자가 생각하고 있다(Denton, 1982; Geerling and Loewy, 2008). 나트륨은 여러 가지 생리적 과정에서 필수적인 요소이지만 신체에 많은 양을 저장할 수 없다. 게다가, 바닷물 밖에서 소금은 찾아내기가 쉽지 않을 뿐 아니라 찾아낸다고 해도 그 양이 적다(Bloch, 1963).

인간과 동물은 두 가지 상황에서 소금을 먹는다. 첫째는 소금이 적은 환경에서 사는 초식동물이 경험하는 상황으로서 정말로 소금이 필요한 경우이다. 이 경우는 또 실험동물 연구에서도 밝혀진 것이며 이를 소금 요구salt need라고 부른다(Denton, 1982; Geerling and Loewy, 2008). 동물은 소금이 정말 모자라면 내분비계, 중추신경계, 행동 체계 등 여러 체계가 개입하여 소금 맛 감각을 바탕으로 나트륨 염을 찾도록 동기화하고 소금을 충분히 섭취하도록 하여 나트륨 균형이 회복되도록 한다(Morris et al., 2008). 소금이 모자라는 상태에 있는 동물은 소금의 독특한 맛에 반응하여, 필요한 영양성분인 소금을 찾아내는 선천적 능력이 있다. 인간도 진정한 의미의 소금 요구를 어떤 상황이나 실험 조건에서 경험할 수는 있지만(Beauchamp et al., 1990; McCance, 1936) 실제 일어나는 일은 대단히 드물다. 따라서 인간이 소금을 소비하는 양상은 설명하기 힘들다(Beauchamp and Stein, 2008; Leshem, 2009). 다른 광물질(미네랄)이 약간 결핍되면, 특히 칼슘이 결핍되면 인간은 소금을 섭취하도록 자극받는다(Tordoff, 1992). 앞으로의 연구에서 칼슘 결핍과 소금 섭취의 관련성이 확실해진다면 소금을 선호하고 섭취하는 것을 억제할 수 있는 전략으로 칼슘 소비를 증가시키는 방법을 채택할 수 있으며 이 같은 전략은 뼈의 건강을 위해서 권하는 것이기도 하다(HHS, 2000).

소금 섭취를 유발하는 두 번째 상황은 인간을 포함하여 여러 종에서 일어나는데 겉으로 봤을 때 소금이 필요하지 않은 상황, 즉 몸이 필요로 하는 소금은 이미 충분히 섭취한 상황에서도 일어난다. 이것을 소금 취향salt preference이라고 한다(Denton, 1982). 소금 섭취 욕망이 의식적으로 선호하는 것이 아닐 때에도 소금 취향이라고 한다. 필요하지 않은 상태에서 소금 맛을 찾는 현상은 여러 동물에서도 발견할 수 있다. 인간은 일반적으로 실제 필요한 양보다 훨씬 많은 양의 소금을 섭취하며 또 생리적으로 필요한 양이 충족되더라도 짠 음식을 계속 즐긴다. 즉, 인간은 실제 생리적 요구가 아니고 소금 취향 때문에 소금을 섭취하는 것 같다. 사람이 왜 필요 이상으로 소금을 소비하는지는 잘 이해되지 않는 현상이며 설명이 필요하다.

생리적 필요량 이상으로 소금을 좋아하는 이유는 일차적으로 학습에 의한 것, 특히 초기 학습에 의한 것으로서 일종의 중독이라는 주장이 있다(Dahl, 1972; MacGregor and de Wardener, 1998; Multhauf, 1978). 반대로 과학자 일부는 초기 학습이 일부 역할을 하지만, 소금을 섭취하라는 진화 압력이 인간과 다른 동물에게 나트륨이 모자라지 않은 상황에서도 선천적으로 소금을 좋아하도록 만들었다고 주장한다(Beauchamp, 1991; Denton, 1982). Denton(1982)은 종족의 수를 늘릴 목적 없이도 성행위를 하는 것에 비유하면서 선천적인 경향 때문에 일어나는 소금 취향에 저항할 수 없어 필요 이상으로 소금을 소비하는 것 그 자체 때문이라고 언급했다. 소금 섭취가 학습에 의해 강력하게 유발된다는 첫 번째 가설에서조차 필요 이상 소금을 소비함으로써 필연적으로 그리고 틀림없이 보상이 있을 것이라고 생각한다. 일반적으로 사람은 어떤 물질이 강력하고 긍정적인 생리 효과가 없다면 그 물질에 끌리지 않는다. 소금 취향을 더 잘 이해한다면 선호하지 않도록 하는 데 도움이 될 것이다. 따라서 인간 발달 과정에서 소금 취향 기원에 대한 기존의 지식을 검토할 필요가 있다.

소금 맛에 대한 인간의 초기 발달 과정

영아(1세미만 어린이)는 소금을 적당량 필요로 하지만(IOM, 2005), 태어난 직후에는 소금에 무관심하거나 거부한다. 특히 혈액보다 높은 농도(고장성) 용액에 대하여 그렇다. 대략 4-5개월이 되면 영아는 인간의 혈액 농도와 비슷한(등장성) 생리식염수 혹은 더 높은 농도의 물을 순수한 물보다 더 좋아하게 된다(Cowart et al., 2004). 연령과 관련된 소금 취향의 이와 같은 변화는 아마 소금 맛 수용체 세포 성숙과 관계가 있을 것이다. 몇 가지 설치류 연구에서는 출산 직후부터 소금 맛을 알아내는 능력이 차츰 성숙하는 것으로 나타났으며(Hill and Mistretta, 1990) 인간에서도 마찬가지일 것이다.

영아가 섭취하는 소금 양이 영아의 소금 취향에 영향을 미칠 수 있다(Harris and Booth, 1985). Geleijnse 등(1997)의 연구는 생후 6개월 동안 저염식 혹은 정상 나트륨 식이 중 하나에 무작위로 배치하고 아이들을 15년간 관찰한 결과, 저염식을 한 어린이에서 혈압이 더 낮았다고 보고하였다. 이러한 결과는 영아 때 소금에 적게 노출될수록 이후 생애에서 소금 취향의 정도가 낮고 소금 섭취도 적을 것이라는 가설과 일치한다. 그러나 아쉽게도 이 자료는 위의 가설을 증명하기 위해서 수집한 것이 아니었다.

태아 후기 혹은 신생아 초기에 발생한 다량의 나트륨 소실 상태(성인에서는 거의 생기지 않는 진성 소금 결핍) 등 초기 환경 변화가 그 이후 생애의 소금 취향과 소금 섭취에 큰 영향을 준다는 것을 관찰하였다. 임상적 관찰(Beauchamp, 1991)과 임상 환자에 대한 연구(Leshem, 2009)에서 생애 초기의 진성 소금 결핍으로 이후 생애의 소금 취향이 강화되고 그 효과는 아마도 영구히 지속되었다고 하였다. 이러한 인간 대상 연구 결과는 초기 소금 결핍 때문에 소금 섭취를 조절하는 신경망에 영구적인 변화를 초래한다는 설치류에서의 실험 결과와 일치한다. 성인에서 발생하는 소금 결핍 때문에 소금 선호에 영향을 준다는 증거는 거의 없기 때문에(Beauchamp et al., 1990; Leshem, 2009), 성장의 중요한 시기에 일어나는 변화는 말초신경계, 중추신경계 혹은 말초, 중추신경계 모두에 변화를 가져오고 따라서, 소금 섭취에 대한 영아 또는 성인 시기 소금 선호에 영향을 준다고 생각할 수 있다.

어린이가 성인에 비해 소금을 더 선호한다는 보고가 있었다(Beauchamp and Cowart, 1990; Beauchamp et al., 1990; Desor et al., 1975). 이와 같은 연령별 소금 선호 취향의 차이는 행동학적으로나, 생리학적으로 이해하기 어렵다. 예를 들어, 어린이가 어른보다 더 많은 양의 소금에 노출된 집단(코호트)에서 나타난 결과이거나 연령에 따라 사람들의 소금에 대한 감각적, 대사적 성질이 다르다는 점이 원인일 수 있기 때문이다.

종합해 보면, 어린이의 소금 맛 감각과 소금 취향 그리고 생애 초기 경험이 미각을 어떻게 조절하는지를 이해하는 것이 중요함을 알 수 있다. 영아나 유아 시기의 소금 환경이 가장 심각한 영향을 준다. 식품환경에서 전체적으로 소금 수준을 낮춰서 비롯되는 변화도 마찬가지로 영향을 줄 것이다. 그러나 이 분야에 대한 연구가 아직 충분하지 않아서(적절한 소금섭취를 유지하면서) 이 중요한 어린 시기에 일으킨 소금 환경 변화가 이후 소금 선호 취향에 영향을 미치는지를 평가하는 연구가 더 진행되도록 하는 것이 중요하다.

식품에서 소금 함량을 줄이면서 식품 수용성을 유지하기

짠맛이 식품 선택에 중요한 역할을 하므로 나트륨 섭취를 줄이려면 짠맛을 변화시키거나 조작함과 동시에 소금대체물질을 찾는 접근법이 필요하다. 소금 섭취를 줄이는 전략에 관계되는 방법에는 여러 가지가 있다.

성인의 소금 맛 취향 변화:
전체 인구에서 섭취를 줄일 가능성이 있는 모델

일화적 anecdotal 사례 보고, 임상적 추정 진단, 제한적인 실험 증거 등에 따르면 사람은 저염식으로 바꿔 먹으면 점차 저염식을 받아들이고 적응하게 된다고 한다. 예를 들어, 북극 탐험가 Steghansson (1946)은 음식에 소금을 넣지 않는 이누이트과 생활하면서 처음에는 음식 맛이 없고, 소금이 아주 간절했다고 한다. 그러나 몇 개월 뒤, 그는 음식에 소금을 넣지 않게 되었고, 소금을 넣은 식품을 먹으니 오히려 맛이 없게 느꼈다고 한다.

자료가 많지 않지만 이 일화적 사례와 일치하는 실험적 증거가 있으며 소금에 대한 선호는 단련으로 변할 수 있는 특성이라고 하고 있다. 이런 연구가 보이는 바는 사람들이 저염식을 먹기 시작하는 초기에는 저염식에 대하여 거부감이 크다(Beauchamp, 1991). 그러나 저염식을 결국 수용하고 저염식에 적응되면서 전에 먹던 음식을 짜다고 인식하게 될 수 있다(Beauchamp et al., 1983; Blais et al., 1986; Elmer, 1988; Mattes, 1997; Teow et al., 1986). 예를 들어, 실험 대상자 수가 매우 적은 연구(Bertino et al., 1982)에서 사람들을 2-3개월간 기존의 양보다 소금을 30-50% 줄여 식사하게 하자 실험에 참여한 사람들이 저염식에 점차 호감을 보였다고 보고하였다. 다른 말로 하면, 사람들이 저염식 환경에 적응한 것이다. 더 많은 수의 사람들이 참여한 또 다른 연구에서도 비슷한 결과가 도출되었고 결과는 그림 3-5와 같다(Elmer, 1988).

반대 방향으로 소금 취향이 변화할 수도 있다: 사람들이 고염식 환경에 놓이면, 소금 취향은 상향 조절된다(Bertino et al., 1986). 이러한 변화는 생리적 조절 과정이라기보다는 실제 감각 경험에 의한 것이라는 증거가 몇 가지 있다(Leshem, 2009).

나트륨 함량을 낮췄을 때에 나타나는 감각적 효과에 대한 연구는 대부분 20년 전에 진행한 것이며 중요한 쟁점에 대한 연구는 충분하지 않다. 예를 들어, 감각 순응 sensory accommodation 을 하기 위해 나트륨섭취 총량을 줄여야 하는지 여부, 스프나 빵 같은 한 가지 음식에서 소금을 줄이면 감각 순응이 일어나는지 여부는 아직 모르고 있다. 소비자가 소금섭취 총량을 줄이지 않으면서 저염 스프나 빵을 좋아할지? 또 소금섭취 총량을 줄인 상태에서 매우 짠 음식(예: 올리브, 치즈, 멸치, 가공육)을 조심스럽게 먹으면 소금 맛 취향이 없을 것인지? 또 그러한 감각의 변화가 얼마나 지속될 것인지, 혹은 잠시 저염 식이에서 벗어났을 때 다시 소금 선호 상태로 가는 것에 얼마나 저항할 수 있을지도 아직 모른다. 마지막으로 소금에 대한 욕구를 줄이는 연구는 아마도 가장 효과가 있을 대상인 어린이에서는 실시되지 않았다. 이러한 점에서 상업적으로 가공한 유아식에 소금을 추가로 넣지 않으면 어린이의 소금 취향을 줄일 수 있을 것이라는 생각이 약 30년 전부터 있었다 (Barness et al., 1981). 불행하게도 이 가설을 검증한 자료는 없다. 그리고 젖을 뗄 시기에 부모는 이유식을 거의 가정에서 마련하기 때문에 유아용 이유식 제품에서 추가된 소금을 없앨 경우 소금 취향에 미칠 영향은 자료를 적절하게 모았다고 하더라도 평가하기가 쉽지 않을 것이다.

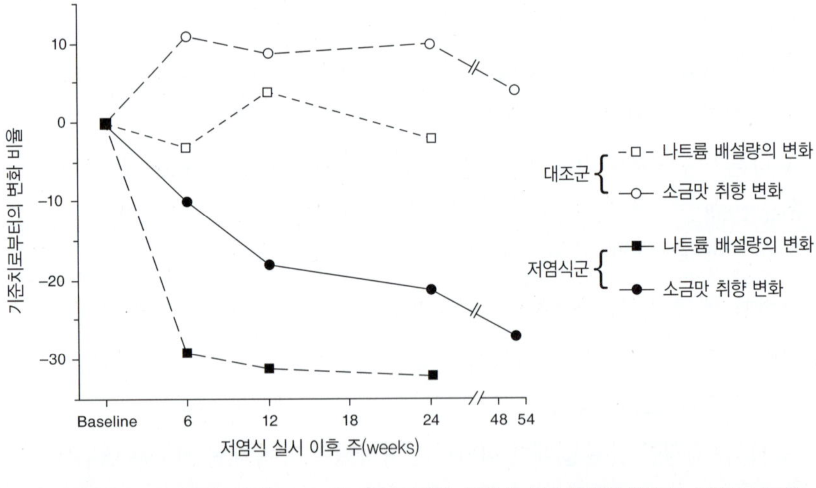

그림 3-5. 저염식에 반응한 소금 맛 선호의 변화. 식품내 소금 함량의 변화는 소변의 나트륨 배설 변화로 표시하였음.

출처: Elmer, 1988.

몇 가지 중요한 의문점이 남아 있기는 하지만 모든 사람이 소금 섭취를 줄이면 짠 식품을 좋아하는 경향도 줄어들 것이라는 점은 확실하다. 국가 전반의 소금 섭취 줄이기 프로그램에서 전반적인 소비 양상의 변화를 추적하는 것도 중요하지만 동시에 소금 취향이 변화하는 양상을 관찰하는 것도 매우 중요하다.

식품 공급분야에서 소금을 성공적으로 줄일 수 있는 맛감각적 접근

소비자가 알지 못하게 점차적으로 줄이기

소비자가 알아차리지 못하면서 식품 성분을 변화시킬 수 있는 방법은 점차적으로 변화시키는 것이다(Dubow and Childs, 1998). 인지학적인 관점에서 보아 사람은 보통 농도 차이가 10% 미만일 경우 맛의 차이를 내는 두 농도를 알아차리지 못한다. 이것을 "최소 식별 차이 Just Noticeable Difference, JND (두 자극 사이이 차이를 식별할 수 있는 최소 강도 차이)"라고 한다(Pfaffmann et al., 1971). 그러나 이것은 오도 가능성이 있다. 왜냐하면 순수한 한 가지 용액의 맛감각만을 검사하였기 때문에 실제로 우리가 먹는 음식에서는 다를 수 있기 때문이다. 식품은 화학적으로 훨씬 그 복합적이며 복합성 때문에 개별 성분의 변화를 알아차리기가 어려울지 모른다. 예를 들어, M. Gillette (McCormick & Co., Inc. 소속, 2010년 1월 개인 통신)는 식품의 "인식하는 최소차이"는 20% 이상이어서 15%의 변화는 인지될 수 없다고 하였다. 그러나 본 위원회의 "공공정보 수집 워크숍(공청회)"에 참가한 대표 토론자는 반대의 경우를 보고하였다(2009년 3월 30일). 즉, 어떤 식품에서 나트륨을 10% 이하만 줄여도 맛으로 그 정도의 작은 차이를 감지할 수 있는 경우가 있다는 것이다. 이 같은 다른 견해는, 전술한 바와 같이, 소금의 감각적 요소는 인식하는 최소 차이가 아주 작다는 것으로 설명할 수 있다. 각 식품에 있어 소금 함량을 줄일 때 소비자가 감지하는 인식하는 최소차이 자료를 수집할 필요가 있다. 소금 - 풍미 관련성에 관한 연구를 하면 여러 가지 식품 체계에서 예상할 수 있게 하는 일반적 원리도 나올 수 있다. 이런 근거하에 식품의 소금 함량 제한을 점차 늘리면 소비자는 소금 함량 저하를 알아채지 못할 것이다. 이 주장에 따르면 정기적으로 소금 함량을 점차 줄이면(1년에 한 번씩 또는 그보다 더 자주), 수년 내에 소비자가 모르게 식품의 소금 함량을 상당히 줄일 수 있다고 하였다. 예를 들어, Girgis 등(2003)은 빵에서 소금을 점차적으로 25%까지 줄였지만 소비자는 맛이 변했다고 생각하지 않았다고 보고했다(Cauvain, 2007). 모든 제빵업자는 이런 점진적 방법을 사용해야 한다. 그렇지 않으면 소비자가 변화를 알아채고 소금이 적게 들어간 제품을 좋아하지 않을 것이다.

이 방법은 소비자가 거부하지 않고 소금을 줄이는 좋은 방법이며 이미 제과업자 일부는 이 방법을 사용했다고 보고하였다. 여러 연구 분야가 노력하면 이 전략을 최상의 방법으로 실시할 수 있게 할 것이다. 첫째, 산업 분야에서는 모든 식품에 대하여 소금을 제한한 것이 아니며 식품 중에는 소금을 한정적으로만 제한할 수밖에 없는 품목이 있을 것이다. 둘째, 단순히 나트륨 첨가를 제한하는 것으로는 안 되어 추가로 신제형 제품을 만들고 맛을 바꿀 필요가 있는 부분이 있을 것이다. 그러나 이런 전략의 한계를 보고한 자료는 없다. 소비자 입맛을 유지하면서 소금을 어느 이상은 줄일 수 없는 식품도 많을 것이다. 얼마만큼 줄여야 할지를 결정하는 것은 식품마다 모두 다르기 때문에, 식품 개선 기간 동안 기업은 이 점에 초점을 두고 조사하고 있다. 셋째, 소금은 짠맛 이외에도 여러 가지 감각 기능을 가지고 있으므로, 소금을 줄였을 때 다른 기능이 변화할지 여부를 잘 모르며, 또 제품 생산 과정에서 추가 변화가 필요할지 여부도 불확실하다.

저염식품의 사용과 자유로운 소금 사용

나트륨섭취를 줄이는 방법에는 식품의 소금 함량을 줄이면서, 사람들이 식탁에서 원하는 만큼 소금을 음식에 첨가하도록 하는 방법이 있다(예: 무제한 ad libitum 소금 사용). 예를 들어, 한 임상 연구(그림 3-6)는 나트륨 섭취를 하루 평균 3,000 mg에서 1,600 mg으로 줄이도록 특별히 제조한 식품을 13주일 동안 먹도록 하고 그 기간 동안 실험 참가자에게 식탁에서 소금을 제한 없이 추가하도록 하였다. 이 실험의 참가자는 식탁에서 소금 넣은 양을 모르는 상태에서 측정한 결과 식품에서 줄어든 나트륨의 20% 이하만 식탁에서 추가하고 있었다(Beauchamp et al., 1987). 또 다른 연구에서도 비슷한 결과가 나왔다. 즉, 학생들에게 나트륨을 줄인 소고기 스튜를 준 결과, 식탁 소금으로 추가한 양은 줄어든 나트륨 양의 22%였다(Shepherd et al., 1989).

이 두 연구에서 소금 섭취가 줄어든 이유는 음식 표면에 뿌린 소금은 음식 속으로 침투하지 않아 적은 양으로 음식의 짠 맛을 낼 수 있었기 때문이다. 미국인 소금 섭취에서 식탁 소금통salt shaker을 이용한 소금(제5장 참조)이 차지하는 비중이 낮기 때문에 식탁 소금 사용을 줄여 나트륨 섭취를 줄이려는 생각은 그만두는 것이 좋겠다(MacGregor and de Wardener, 1998). 좋은 방법은 저염 식품에 소금을 첨가하도록 하여 짠맛과 풍미 등 감각적 요건을 만족시키는 것이다.

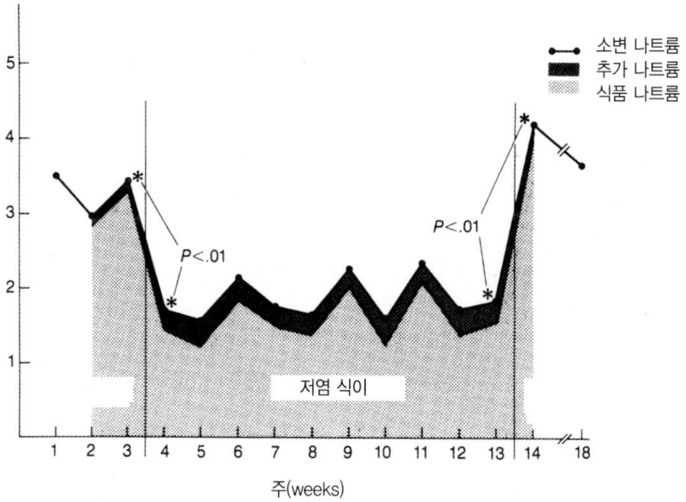

그림 3-6. 24시간 소변 배설량으로 측정한 소금 섭취량이 세로축에 나와 있다. 이 연구의 대상자는 보통 섭취량인 하루 3,100 mg의 소금을 섭취하였다(가로축 1–3주). 이후 병원에서 1,600 mg의 소금을 섭취하였다(3–13주). 제14주에 일반식을 하면서 다시 24시간 소변을 모아 측정하였다. 회색부분은 음식에 있는 총 나트륨 양을 말한다. 검은 부분은 소금을 임의로 추가해서 먹게 한 부분이다.

출처: Beauchamp et al. 1987. Journal of the American Medical Association 258(22): 3275-3278에서 전재. 판권소유자는 미국의학협회 1987.

다른 풍미제를 사용하거나 풍미 유도 기술을 사용하여 소금 추가를 줄이기

식품 내 소금의 일부를 대체할 수 있는 방법은 풍미를 가진 다른 물질을 사용하거나 풍미를 높이는 전략이나 기술을 이용하는 것이다. 이런 물질은 식품제조업자, 조리사 또는 소비자가 넣기도 하고 요리 cooking 과정에서 생겨나기도 한다.

대표적인 첨가물질은 글루타민산(아미노산의 일종)이다. 글루타민산과 소금을 합성하면 우리가 잘 아는 풍미 물질인 모노소디움 글루타메이트 monosodium glutamate 즉, MSG를 만든다. MSG는 감칠맛과 풍미가 있을 뿐 아니라(umami라고 부름) 소금 맛도 있다. 여러 연구에서, MSG를 소금 대신 조금 사용하면 소금의 총량을 줄이면서 맛을 유지할 수 있었고(Ball et al., 2002; Roininen et al., 1996; Yamaguchi, 1987) 사용한 MSG의 양은 줄어든 소금 양보다 적었다고 하였다. 글루타민산의 또 다른 가능성에 대해서는 부록 D, 표 D-2에 제시하였다. MSG에 대해서는 논쟁(Fernstrom, 2007)이 없지 않지만, 안전인정물질 generally recognized as safe ,GRAS 로 인정한다 21 CFR 182.1[a] . MSG 이외에도 감칠맛을 보여주는 자연 혹은 전통적인 식품(예: 버섯, 토마토, 야채 추출물)을 이용하면 식품생산, 조리과정에서 소금 첨가를 줄일 수 있다(Marcus, 2005).

식품 공급에서 소금을 줄일 수 있는 기술

소금 입자 크기와 구조 변화 기술

식품 표면에 소금을 뿌릴 때(예: 감자 칩), 소금 입자를 작게 하면 적은 양으로도 같은 소금 맛을 낼 수 있다. 짠맛을 느끼려면 입에서 소금이 녹아야 하는데 보통의 소금 입자는 완전히 녹지 않는다. 소금 입자 크기를 작게 하면 소금이 잘 녹고 따라서 소금의 짠맛을 높인다(Kilcast, 2007).

소금 결정 구조를 변화시켜도 짠맛을 내는 소금 양을 줄일 수 있다(Beeren, 2009). 적은 소금으로 소금 맛을 낼 수 있는 기술로는 유사 소금(mock salt)과 다중 현탁액 multiple emulsion 등이 있다. 유사 소금은 녹말 표면에 소금

막을 얇게 입혀 만든다. 소금을 사용할 때, 이 입자를 이용하면 적은 양으로 식품의 겉 표면을 덮을 수 있다(Kilcast, 2007).

다중 현탁액은 나트륨이나 지방 양을 낮춘 현탁액으로 소금 맛을 유지하는 방법으로 연구하고 있다. 이 현탁액은 지방의 작은 방울 속에 물방울을 섞은 현탁액으로 다시 소금이 들어 있는 물이 바깥층을 만든다. 지방 방울 안의 내부 물방울에는 소금이 없거나 다른 물질로 채워져 제품 전체에서 소금 함량은 낮다(그림 3-7). 결과적으로 이 제품 소비자는 소금을 적게 섭취하면서 바깥층 물의 소금 맛을 계속 느낄 수 있다(C. Bereen, Leatherhead Food Internatinal, 2009년 3월 30일 개인통신).

다른 소금 제품 사용: 천일염

식품 표면에 사용하면 천일염의 결정 구조는 좋은 맛을 내는 역할을 할 수 있다(Kilcast, 2007). 천일염에는 나트륨 이외에도 여러 가지 미네랄이 있어 다양한 맛이 나기 때문에 어떤 경우에는 바람직하지만 뒷맛이 쓰다는 단점도 있다. 조합 잡지에 게재되어 자세한 자료를 확인할 수 없는 보고서에 의하면 천일염의 염화나트륨 함량이 41% 이하라고 하였지만(Pszczola, 2007), 천일염 대부분에서 염화나트륨이 중요 성분이기 때문에 식탁 소금과 그 성분은 유사하다.

대체물질과 향상물질

식품 시스템에서 소금을 줄일 수 있는 한 가지 방법은 소금의 맛은 있지만 나트륨이 포함되지 않은 소금대체물질(예: 아스파탐이나 슈크랄로즈염)을 개발하는 것이다. 소금 양은 적지만 맛은 극대화시킬 수 있는 소금 맛 향상물질을 개발하는 것도 한 방법이다. 대체물질이나 향상물질은 아직 존재하지 않으며 그런 성질을 가진 화학물질을 알아내고 효과를 평가하기 위해서는 소금 맛 수용체를 이용하는 것이 한 방법이다. 그러나 아쉽게도 소금 맛 인식과 관련된 분자생물학적, 세포생물학적 기전을 아직 이해하지 못하여 소금대체물질과 향상물질을 효과적으로 찾기에는 거리가 있다.

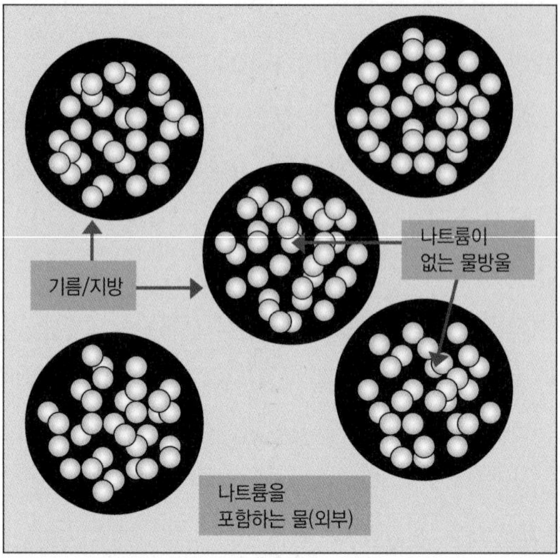

그림 3-7. 지방 방울로 구성된 현탁액이 나트륨과 기타 수용성 물질을 포함하는 외부의 물 속에 흩어져 있다. 지방 방울의 크기를 크게 하고, 나트륨을 포함하는 외부 물의 양을 줄이려면 나트륨이 없는 물방울을 지방 방울 속에 많이 넣는다.

출처: Beeren, 2009에서 전재.

소금 맛 미각 특이성에 대한 현재 가설로는 진정한 소금 맛 대체물질이 존재할 가능성이 아주 없지는 않겠지만 매우 낮을 것이라고 한다. 원리적으로 짠맛 미각의 특이성은 단맛의 경우와는 다르다. 단맛 수용체의 기전에서는 다른 분자가 모방할 수 있어서 대체감미료가 있을 수 있다(Beauchamp and Stein, 2008). 현재 사용하는 감미료는 우연히 발견된 것이 많지만 나트륨이 아니면서 일차적으로 소금 맛을 내는 화학물질은 아직 발견된 것이 없고 단지 염화칼륨만이 예외이다.

염화칼륨은 단독으로 혹은 식탁 소금과 같이 사용하며 소금대체물질이 될 수 있다고 하였다. 그러나 염화칼륨은 짠맛도 있지만 쓴맛도 있다(Beauchamp and Stein, 2008). 그럼에도 불구하고 많은 미국인이 염화칼륨에 흥미를 가져 소금대체품으로서 사용량이 증가하였다. 부록 D와 표 D-1에서 보듯 염화칼륨과 염화나트륨을 50:50의 비율로 섞은 것을 식품에 많이 사용하고 있다. 이 비율 이상으로 염화칼륨 비율을 높이면 쓴맛이 난다(Desmond, 2006; Gou et al., 1996). 소금대체물질 여러 가지가 나왔지만 대부분 과학적으로 입증되지 않았다(부록 D, 표 D-1).

인공감미료에 상응하는 소금대체물질은 찾을 수 없었기 때문에 소금 맛 향상물질 – 그 자체로는 짠맛이 없지만, 적은 양으로도 소금 맛을 높이는 화합물의 가능성이 있다. 사실, 특허자료집에는 그런 예가 있고 특허 요청서 몇 종류는 전문가 검토에서 좋은 평가를 받았다(Stähler et al., 2008). 소금 맛 향상물질을 찾아내기 위하여 공동으로 노력하면 식품공급에서 소금 사용을 전반적으로 줄일 수 있는 방법을 추가로 제시할 수 있을 것이다. 소금 맛 향상 후보물질 명단은 부록 D와 표 D-2에 나열하였다.

참고문헌

Adshead, S. A. M. 1992. *Salt and civilization.* Christchurch, New Zealand: Canterbury University Press.

Bachmanov, A. A., and G. K. Beauchamp. 2007. Taste receptor genes. *Annual Review of Nutrition* 27:389-414.

Ball, P., D. Woodward, T. Beard, A. Shoobridge, and M. Ferrier. 2002. Calcium diglutamate improves taste characteristics of lower-salt soup. *European Journal of Clinical Nutrition* 56(6):519-523.

Barness, L. A., P. R. Dallman, and H. Anderson. 1981. Sodium intake of infants in the United States. *Pediatrics* 68(3):444-445.

Bartoshuk, L. M. 1980. Sensory analysis of the taste of NaCl. In *Biological and behavioral aspects of salt intake,* edited by M. R. Kare, M. J. Fregly, and R. A. Bernard. New York: Academic Press. Pp. 83-98.

Beard, T. C. 2004. *Salt matters: A consumer guide,* edited by M. Stowasser and M. Riley. South Mebourne, Australia: Lothian.

Beauchamp, G. K. 1987. The human preference for excess salt. *American Scientist* 75(January-February):27-33.

Beauchamp, G. K. 1991. Salt preference in humans. In *Encyclopedia of human biology.* 1st ed. Vol. 6, edited by R. Dulbecco. New York: Academic Press.

Beauchamp, G. K., and B. J. Cowart. 1990. Preference for high salt concentrations among children. *Developmental Psychology* 26(4):539-545.

Beauchamp, G. K., and L. J. Stein. 2008. Salt taste. In *The senses: A comprehensive reference.* 6 vols. Vol. 4, edited by A. I. Basbaum. New York: Elsevier. Pp. 401-408.

Beauchamp, G. K., M. Bertino, and K. Engelman. 1983. Modification of salt taste. *Annals of Internal Medicine* 98(5, Supplement):763-769.

Beauchamp, G. K., M. Bertino, and K. Engelman. 1987. Failure to compensate decreased dietary sodium with increased table salt usage. *Journal of the American Medical Association* 258(22):3275-3278.

Beauchamp, G. K., M. Bertino, D. Burke, and K. Engelman. 1990. Experimental sodium depletion and salt taste in normal human volunteers. *American Journal of Clinical Nutrition* 51(5):881-889.

Beeren, C. 2009. *Technological innovations for reducing sodium in foods.* Presented at the Institute of Medicine Committee on Strategies to Reduce Sodium Intake's

Public Information-Gathering Workshop, March 30, Washington, DC.

Bertino, M., G. K. Beauchamp, and K. Engelman. 1982. Long-term reduction in dietary sodium alters the taste of salt. *American Journal of Clinical Nutrition* 36(6):1134-1144.

Bertino, M., G. K. Beauchamp, and K. Engelman. 1986. Increasing dietary salt alters salt taste preference. *Physiology and Behavior* 38(2):203-213.

Blais, C. A., R. M. Pangborn, and N. O. Borghani. 1986. Effect of dietary sodium restriction on taste responses to sodium chloride: A longitudinal study. *American Journal of Clinical Nutrition* 44(2):232-243.

Bloch, M. R. 1963. The social influence of salt. *Scientific American* 209(1):89-98.

Breslin, P. A. S., and G. K. Beauchamp. 1995. Suppression of bitterness by sodium: Variation among bitter taste stimuli. *Chemical Senses* 20(6):609-623.

Breslin, P. A. S., and G. K. Beauchamp. 1997. Salt enhances flavour by suppressing bitterness. *Nature* 387(6633):563.

Breslin, P. A. S., and A. C. Spector. 2008. Mammalian taste perception. *Current Biology* 18(4):148-155.

Cauvain, S. P. 2007. Reduced salt in bread and other baked products. In *Reducing salt in foods: Practical strategies,* edited by D. Kilcast and F. Angus. Cambridge, UK: Woodhead. Pp. 283-295.

Chandrashekar, J., C. Kuhn, Y. Oka, D. A. David A. Yarmolinsky, E. Hummler, N. J. P. Ryba, and C. Zuker. 2010. The cells and peripheral representation of sodium taste in mice. *Nature* 464(7286):297-301.

Collings, V. B. 1974. Human taste response as a function of locus of stimulation on the tongue and soft palate. *Perception & Psychophysics* 16(1):169-174.

Cowart, B. J., G. K. Beauchamp, and J. A. Mennella. 2004. Development of taste and smell in the neonate. In *Fetal and neonatal physiology.* 3rd ed. Vol. 2, edited by R. A. Polin, W. W. Fox, and S. H. Abman. Philadelphia, PA: W.B. Saunders Co. Pp. 1819-1827.

Dahl, L. K. 1972. Salt and hypertension. *American Journal of Clinical Nutrition* 25(2): 231-244.

Delahunty, C. M., and J. R. Piggott. 1995. Current methods to evaluate contribution and interactions of components to flavour of solid foods using hard cheese as an example. *International Journal of Food Science and Technology* 30:555-570.

Denton, D. 1982. *The hunger for salt: An anthropological, physiological and medical analysis.* New York: Springer-Verlag.

DeSimone, J. A., and V. Lyall. 2006. Taste receptors in the gastrointestinal tract III.

Salty and sour taste: Sensing of sodium and protons by the tongue. *American Journal of Physiology-Gastrointestinal and Liver Physiology* 291(6):G1005-G1010.

Desmond, E. 2006. Reducing salt: A challenge for the meat industry. *Meat Science* 74(1): 188-196.

Desor, J. A., L. S. Greene, and O. Maller. 1975. Preferences for sweet and salty in 9 to 15 year old and adult humans. *Science* 190(4215):686-687.

Dubow, J. S., and N. M. Childs. 1998. New coke, mixture perception, and the flavor balance hypothesis. *Journal of Business Research* 43(3):147-155.

Elmer, P. J. 1988. (unpublished PhD dissertation) *The effect of dietary sodium reduction and potassium chloride supplementation on sodium chloride taste perceptions in mild hypertensives.* University of Minnesota.

Fernstrom, J. D. 2007. Health issues relating to monosodium glutamate use in the diet. In *Reducing salt in foods: Practical strategies,* edited by D. Kilcast and F. Angus. Cambridge, UK: Woodhead. Pp. 55-76.

Fessler, D. M. T. 2003. An evolutionary explanation of the plasticity of salt preferences: Prophylaxis against sudden dehydration. *Medical Hypotheses* 61(3):412-415.

Fregly, M. S. 1980. Salt and social behavior. In *Biological and behavioral aspects of salt intake,* edited by M. R. Kare, M. J. Fregly and R. A. Bernard. New York: Academic Press.

Geerling, J. C., and A. D. Loewy. 2008. Central regulation of sodium appetite. *Experimental Physiology* 93(2):177-209.

Geleijnse, J. M., A. Hofman, J. C. M. Witteman, A. A. J. M. Hazebroek, H. A. Valkenburg, and D. E. Grobbee. 1997. Long-term effects of neonatal sodium restriction on blood pressure. *Hypertension* 29(4):913-917.

Gillette, M. 1985. Flavor effects of sodium chloride. *Food Technology* 39(6):47-52.

Girgis, S., B. Neal, J. Prescott, J. Prendergast, S. Dumbrell, C. Turner, and M. Woodward. 2003. A one-quarter reduction in the salt content of bread can be made without detection. *European Journal of Clinical Nutrition* 57(4):616-620.

Gou, P., L. Guerrero, J. Gelabert, and J. Arnau. 1996. Potassium chloride, potassium lactate and glycine as sodium chloride substitutes in fermented sausages and in dry-cured pork loin. *Meat Science* 42(1):37-48.

Green, B. G., J. R. Maron, and M. R. Kare (eds.). 1990. *Chemical senses (Volume 2: Irritation).* New York: Marcel Dekker.

Halpern, B. 1998. Amiloride and vertebrate gustatory responses to NaCl. *Neuroscience and Biobehavioral Reviews* 23:5-47.

Harris, G., and D. A. Booth. 1985. Sodium preference in food and previous dietary exposure in 6-month old infants. *IRCS Journal of Medical Sciences.* 13:1178-1179.

He, F. J., and G. A. MacGregor. 2007. Dietary salt, high blood pressure and other harmful effects on health. In *Reducing salt in foods: Practical strategies,* edited by D. Kilcast and F. Angus. Cambridge, UK: Woodhead. Pp. 18-54.

HHS (U.S. Department of Health and Human Services). 2000. *Healthy People 2010: Understanding and improving health and objectives for improving health, Volume II, 2nd edition.* 2nd ed. Washington, DC: U.S. Government Printing Office.

Hill, D. L., and C. M. Mistretta. 1990. Developmental neurobiology of salt taste sensation. *Trends in Neurosciences* 13(5):188-195.

Hutton, T. 2002. Sodium: Technological functions of salt in the manufacturing of food and drink products. *British Food Journal* 104(2):126-152.

INTERSALT Cooperative Research Group (Rose, G., Stamler, J., Stamler, R., Elliott, P., Marmot, M., Pyorala, K., Kesteloot, H., Joossens, J., Hansson, L., Mancia, G., Dyer, A., Kromhout, D., Laaser, U., Sans, S.). 1988. INTERSALT: An international study of electrolyte excretion and blood pressure. Results for 24-hour urinary sodium and potassium excretion. *British Medical Journal* 297(6644):319-328.

IOM (Institute of Medicine). 2005. *Dietary Reference Intakes for water, potassium, sodium, chloride, and sulfate.* Washington, DC: The National Academies Press. Pp. 269-423.

Kaunitz, H. 1956. Causes and consequences of salt consumption. *Nature* 178(4543): 1141-1144.

Kawai, M. 1965. Newly-acquired pre-cultural behavior of the natural troop of Japanese monkeys on Koshima islet. *Primates* 6(1):1-30.

Kilcast, D. 2007. Cutting sodium. *Prepared Foods* January:1-5.

Koza, B. J., A. Cilmi, M. Dolese, and D. A. Zellner. 2005. Color enhances orthonasal olfactory intensity and reduces retronasal olfactory intensity. *Chemical Senses* 30(8):643-649.

Leshem, M. 2009. Biobehavior of the human love of salt. *Neuroscience and Biobehavioral Reviews* 33(1):1-17.

Li, X., W. Li, H. Wang, J. Cao, K. Maehashi, L. Huang, A. A. Bachmanov, D. R. Reed, V. Legrand-Defretin, G. K. Beauchamp, and J. G. Brand. 2005. Pseudogenization of a sweetreceptor gene accounts for cats' indifference toward sugar. *PLoS Genetics* 1(1):1-35.

Luft, F. C. 2009. More mixed messages in terms of salt. *Clinical Journal of the American Society of Nephrology* 4(11):1699-1700.

MacGregor, G., and H. E. de Wardener. 1998. *Salt, diet and health: Neptune's poisoned chalice: The origins of high blood pressure.* Cambridge, UK: Cambridge University Press.

Man, C. M. 2007. Technological functions of salt in food products. In *Reducing salt in foods: Practical strategies,* edited by D. Kilcast and F. Angus. Cambridge, UK: Woodhead. Pp. 157-173.

Manabe, M., S. Ishizaki, T. Yoshioka, and N. Oginome. 2009. Improving the palatability of salt-reduced food using dried bonito stock. *Journal of Food Science* 74(7):S315-S321.

Marcus, J. B. 2005. Culinary applications of umami. *Food Technology* 59(5):24-30.

Mattes, R. D. 1997. The taste for salt in humans. *American Journal of Clinical Nutrition* 65(2 Supplement):692S-697S.

McBride, R. L. 1994. The bliss point as a measure of pleasure. In *Pleasure, the politics and the reality,* edited by D. M. Warburton. New York: John Wiley & Sons.

McCance, R. A. 1936. Medical problems in mineral metabolism. *Lancet* 1:832-830.

McCarron, D. A., J. C. Geerling, A. Kazaks, and J. S. Stern. 2009. Can dietary sodium intake be modified by public policy? *Clinical Journal of the American Society of Nephrology* 4(1):1878-1882.

McCaughey, S. 2007. Dietary salt and flavor: Mechanisms of taste perception and physiological controls. In *Reducing salt in foods: Practical strategies,* edited by D. Kilcast and F. Angus. Cambridge, UK: Woodhead. Pp. 77-98.

McCaughey, S. A., and T. R. Scott. 1998. The taste of sodium. *Neuroscience and Biobehavioral Reviews* 22(5):663-676.

Michell, A. R. 1978. Salt appetite, salt intake, and hypertension: A deviation of perspective. *Perspectives in Biology and Medicine* 21(3):335-347.

Morris, M. J., E. S. Na, and A. K. Johnson. 2008. Salt craving: The psychobiology of pathogenic sodium intake. *Physiology and Behavior* 94(5):709-721.

Multhauf, R. P. 1978. *Neptune's gift: A history of common salt.* Edited by T. P. Hughes, L. Hannah, M. Kranzberg and L. White. Baltimore, MD: The Johns Hopkins University Press.

Murphy, C., A. V. Cardello, and J. G. Brand. 1981. Tastes of fifteen halide salts following water and NaCl: Anion and cation effects. *Physiology and Behavior* 26(6):1083-1095.

Pfaffmann, C., L. M. Bartoshuk, and D. H. McBurney. 1971. Taste psychophysics. In *Handbook of sensory physiology.* Vol. IV; Chemical Senses, Part 2, edited by L. M. Beidler. New York: Springer Verlag. Pp. 327-343.

Pszczola, D. 2007. Savoring the possibilities. *Food Technology* 61(4):55-66.

Ram, C. 2008. Shaking things up: Low-sodium dishes offer flavor without sacrifice. *Plate* 59-64.

Roininen, K., L. Lahteenmaki, and H. Tuorila. 1996. Effect of umami taste on pleasantness of low-salt soups during repeated testing. *Physiology and Behavior* 60(3):953-958.

Rolls, E. T., H. D. Critchley, J. V. Verhagen, and M. Kadohisa. 2010. The representation of information about taste and odor in the orbitofrontal cortex. *Chemosensory Perception* 3(1):16-33.

Schifferstein, H. N. J., and P. W. J. Verlegh. 1996. The role of congruency and pleasantness in odor-induced taste enhancement. *Acta Psychologica* 94(1):87-105.

Shepherd, R., C. A. Farleigh, and S. G. Wharf. 1989. Limited compensation by table salt for reduced salt within a meal. *Appetite* 13(3):193-200.

Stähler, F., K. Riedel, S. Demgensky, K. Neumann, A. Dunkel, A. Täubert, B. Raab, M. Behrens, J. Raguse, T. Hofmann, and W. Meyerhof. 2008. A role of the epithelial sodium channel in human salt taste transduction? *Chemosensory Perception* 1(1):78-90.

Stefansson, V. 1946. *Not by bread alone.* New York: The Macmillan Company.

Teow, B. H., R. D. Nicolantonio, and T. O. Morgan. 1986. Sodium chloride preference and recognition threshold in normotensive subjects on high and low salt diet. *Clinical and Experimental Hypertension* 7(12):1681-1695.

Tordoff, M. G. 1992. Influence of dietary calcium on sodium and calcium intake of spontaneously hypertensive rats. *American Journal of Physiology - Regulatory Integrative and Comparative Physiology* 262:370-381.

Yamaguchi, S. 1987. Fundamental properties of umami in human taste sensation. In *Umami: A basic taste,* edited by Y. Kawamura and M. R. Kare. New York: Marcel Dekker.

4

나트륨이 식품에서 갖는 보존 역할과 물리적 특성 역할

역사적으로 소금은 식품을 보존하기 위하여 사용하였다. 식품을 보존하는 다른 방법으로 냉장고 등이 출현하면서 보존 목적으로 쓰이는 소금의 필요성은 줄었다(He and MacGregor, 2007). 그럼에도 불구하고 가공식품에서 나트륨의 용도는 여전히 높다. 제3장에서 논의한 것처럼, 소금을 쓰면 맛과 풍미를 낼 수 있고 상대적으로 싼 가격에 가공식품의 감칠맛을 높이는 것이 식품에서 소금을 사용하는 중요한 이유이다(Van der Veer, 1985). 그러나 단지 맛을 내려고만 식품에 나트륨을 많이 그리고 지속적으로 사용하는 것은 아니다. 나트륨은 식품을 상하게 하거나, 보존기간을 단축시키는 미생물이나 세균의 증식을 억제하는 역할을 한다. 또 소금은 부가적으로 질감을 향상시키므로 식품의 나트륨 함량을 높게 유지하는 경우도 있다. 여러 가지 나트륨 화합물은 식품의 안전성과 저장 기간을 연장하기 위해 또는 물리적 특성을 개선하기 위해 사용한다.

이번 제4장에서는 소금 및 기타 나트륨 화합물의 맛/풍미와 관련이 없는 기능을 고찰한다. 이 단원의 두 번째 부분은 나트륨의 다양한 식품 분야 food categories 에서의 역할을 간략하게 논의하고, 여러 가지 식품의 나트륨 함량을 일부 제시하였다.

식품의 안전성과 보존

앞서 언급한 것처럼, 식품의 중요 나트륨 첨가물은 소금이며 식품이 상하는 것을 방지하는 역할을 했다. 냉장고 출현 이전에는 소금이 원치 않는 미생물 증식을 막는 최고의 방법이었다. 오늘날 식품 저장 방법과 포장 기술이 발전하고 식품 운송도 빨라져 소금의 역할이 줄었지만 소금은 식품이 빠르게 상하는 것을 막고(식품 저장 기간을 연장), 미생물 증식이 어려운 환경을 만들고, 발효 식품에서 좋은 미생물 증식을 촉진시키기 위해 여전히 널리 쓰인다. 다른 나트륨 화합물도 보존제로서 효과가 있어 역시 식품에 사용하고 있다.

미생물 증식을 방지하는 소금의 역할

소금이 보존제로서 효과적인 이유는 식품의 수분 활성 water activity 을 줄이기 때문이다. 식품의 수분활성이란 식품 속에 남아 있는 결합하지 않은 여분의 물을 말하며 그곳에서 미생물 증식과 화학반응이 일어난다. 소금이 수분 활성을 줄이는 능력은 나트륨 및 염소 이온이 물 분자와 결합하는 능력 때문인 것으로 생각된다(Fennema, 1996; Potter and Hotchkiss, 1995).

식품에 소금을 첨가하면 미생물 세포는 삼투압 충격을 받아 수분을 빼앗기고 결국 미생물은 죽거나 증식을 억제당한다(Davidson, 2001). 또 일부 미생물에서 소금은 산소 용해도를 낮추고, 세포 효소 작용을 방해하거나, 나트륨 이온을 세포 밖으로 내보내기 위해 많은 에너지를 소비하도록 하는 것으로 알려져 있다(Shelef and Seiter, 2005).

오늘날 소금만으로 보존하는 식품은 거의 없다. 그러나 소금은 병원성 미생물이 식품을 상하게 하지 않게 하거나, 식품에서 증식하기 어렵게 하는 데 계속 사용하고 있다. 요즈음의 제품은 미생물 증식을 조절하고(Leistner, 2000), 식품 안정성을 증가시키고, 저장 수명을 연장시키는 다중 장애물 multiple hurdles 을 이용하여 보존한다. 소금, 고온 또는 저온가공과 보관, pH, 환원력,

기타 첨가물 등이 보존 기간 연장에 사용하는 장애물이다. 그림 4-1에 있는 것처럼, 보존 방법 한 가지만으로는 안정된 제품을 만들 수 없다. 여러 가지 방법을 같이 사용했을 때 바람직하고, 안정적이며, 안전한 제품을 만들 수 있다. 예를 들어, 식품은 소금, 냉장고, pH, 화학보존제 등을 같이 써야 보존할 수 있다.

다중 장애물 방법으로 어느 식품에서는 식품의 질을 향상시키기도 하는 장점이 있다. 예를 들어, 장애물 방법은 가공 정도를 줄이거나, 친환경적 포장을 할 수 있게 한다거나, 영양학적 질을 개선시키거나(소금이나 당분을 적게 쓰면서도 미생물학적 안전성을 확보하는 등) 일부 소비자에게는 바람직하지 못한 보존제 사용을 줄이는 데 사용하기도 한다(Leistner and Gould, 2005).

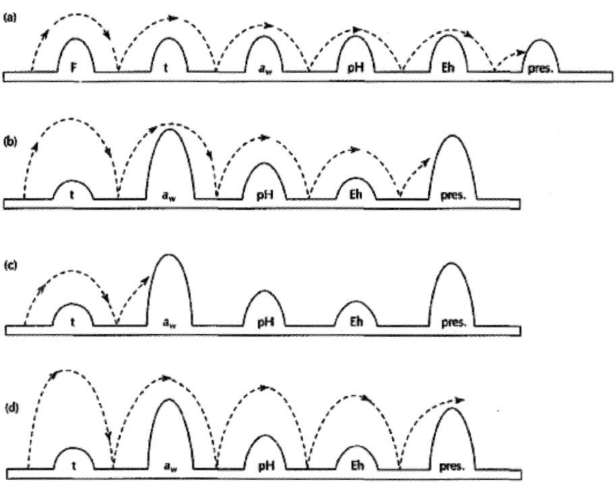

그림 4-1. 미생물 활성을 줄이기 위한 다중 장애물(multiple hurdle) 방법의 예. 개개의 장애물로는 식품이 상하는 것을 막거나, 병원성 미생물로부터 보호하지 못할 수 있다. 장애물 여러 개로 조합을 만들면 각 장애물은 미생물 활성을 점점 줄이는 역할을 하여(화살표 ▶로 표시된 부분) 결과적으로 미생물은 약해지면서 더 이상 장애물을 넘을 수 없고, 미생물 증식을 막고 식품은 상하지 않게 된다(a, b, c로 표시한 예). 만약, 장애물이 미생물 증식을 막는 데 충분하지 못하면, 제품을 보존할 수 없게 된다(d).

주: a_w=수분 활성; Eh=환원력; F=가열; pH=산성도; pres=보존제; t=저온.

출처: Trends in Food Science and Technology 6권 2호, Leistner and Gorris, Food preservation by hurdle technology, 41-46에서 전재. 판권 소유 Elsevier의 허가를 받음.

식품 보존을 위한 발효 과정에서 소금의 역할

소금은 발효식품에서 중심적인 역할을 한다. 발효는 흔히 사용하는 식품 보존 방법이며 특별한 미생물이 작용하여 신선 재료의 보존기간보다 더 오래 보존할 수 있는 식품으로 바꾼다(Potter and Hotchkiss, 1995). 피클, 사우어크라웃(양배추를 싱겁게 절여서 발효시킨 독일식 김치), 치즈와 발효소시지 등 제품이 갖는 특성은 젖산균 lactic acid bacteria 덕분이다. 소금은 이들 식품에서 자연적으로 섞여 있는 해로운 곰팡이나 세균의 증식을 억제하는 한편, 소금에서 살아남는 유익한 미생물을 증식하도록 한다(Doyle et al., 2001). 또 소금은 야채가 발효되는 동안, 식물조직에서 당분과 수분을 빨아내는 데 도움을 준다. 빠져나온 수분은 발효 통에 있는 공간을 채워 저 산소 환경을 만들고 젖산균이 증식하기 좋은 환경으로 바꿔 발효를 돕는다. 빠져나온 수분과 당분은 소금물로 되면서 발효 과정을 촉진시킨다(Doyle et al., 2001; Porter and Hotchkiss, 1995).

기타 나트륨 화합물의 역할

기타 나트륨 화합물 여러 가지가 식품에서 보존제 효과를 나타낸다. 식품에 사용하는 보존제에는 종류가 많다. 보존제는 미생물 활성을 줄이고, 소금처럼 미생물 증식과 생존에 장애물로 작용한다. 일부 첨가물은 바람직하지 않은 화학반응(지방 산화, 효소적 갈변 enzymatic browning)을 줄임으로써, 식품의 질을 보존하는 작용을 한다. 화합물이 한 가지 이상의 역할을 하지만 보존제 역할이 식품에서 사용하는 이유가 되는 경우가 있다.

식품 보존을 위해 흔히 사용되는 나트륨 함유 화합물과 이러한 화합물이 사용된 식품 목록을 표 4-1에 간략하게 제시하였다.

표 4-1. 식품 보존을 위해 흔히 사용되는 나트륨 함유 화합물

화합물 이름	화합물을 첨가하는 식품
Disodium ethylenediaminetetraacetic acid [EDTA]	샐러드드레싱, 마요네즈, 해산물통조림, 과일 충전물
Sodium acetate	구운 식품, 해산물
Sodium ascorbate	육류 제품
Sodium benzoate	음료수, 발효채소, 잼, 과일 충전물, 샐러드드레싱
Sodium dehydroacetate	스쿼시
Sodium diacetate	조미료
Sodium erythorbate	육류, 청량음료
Sodium lactate	육류 제품
Sodium nitrate	가공육류
Sodium nitrite	가공육류
Sodium phosphates	육류 제품, 치즈, 푸딩, 커스터드
Sodium propionate	치즈, 구운 식품
Sodium sulfite	과일과 채소 제품, 해산물

출처 : Doyle et al., 2001.

안전성과 보존기간을 유지하면서 나트륨 함량을 낮추려는 시도와 혁신

식품의 안전성 문제나 부패 문제를 일으키면서 나트륨 함량을 낮추면 안 된다. 냉동식품, 가열 멸균 처리한 식품(예를 들면 통조림), 산성 식품(pH<3.8)과 나트륨이 제거되더라도 수분 활성이 낮은 식품(예를 들면, 당분 양이 많은 식품) 등에서는 이런 문제가 없다(Reddy and Marth, 1991; Stringer and Pin 2005). 기타 식품에서는 나트륨 양을 줄이면 식품이 변질되거나, 미생물이 증식할 확률이 높다. 식품에서 미생물 증식을 막고, 보존기간을 충분히 하기 위해, 제형 변화 [reformulation], 가공단계 변화와 취급방법 변화가 필요한 경우가 있다. 이런 변화는 비용을 추가로 발생시킨다. 그리고 새로운 제형이나, 가공단계에서도 안전성을 충분히 확보하는 세심한 주의가 필요하다. 이런 주제에 대해서는 제6장과 제8장에서 더 논의한다.

미생물 증식을 억제하는 장애물로 나트륨을 사용하는 식품에서 나트륨 함량을 변화시키면, 수분활성에 대한 장애물 효과(장애물의 높이)가 변하

므로, 제형을 변화시켜야 한다. 장애물 하나가 변하면 식품의 안전성과 품질에 영향을 줄 수 있는데, 그 이유는 다른 장애물(pH, 온도 등)은 원래의 나트륨 농도에서 함께 작용하기 때문이다. 안전성이 좋은 상품의 품질을 유지하고 제형을 변화시키려면 장애물을 추가로 도입하거나, 이미 존재하는 장애물의 효과를 높일 필요가 있다. 만약, 나트륨 함량을 줄이고 추가 방책을 더하지 않으면, 식품은 안정성을 유지하지 못할 수 있다. 예를 들어, 보존 처리한 육류에서, 나트륨 함량을 줄이면 젖산균이 빠르게 증식하고 단백질 분해 미생물이 작용할 수 있고, 결과적으로 상품은 빨리 변질된다(Roberts and McClure, 1990; Stringer and Pin, 2005). 일부 제품에서는 변질보다 병원균 증식이 더 큰 문제이다.

소금을 줄이려면 미생물 증식에 대비해서 추가 장애물이 필요하다는 사실을 충분히 고려하지 못한 사례가 과거에 있었다. 영국에서 냉동식품에서 소금을 줄이려다가 2001년부터 2005년까지 리스테리아 감염 발생이 늘어난 일이 있었다(Advisory Committee on Microbiological Safety of Food, 2008). 리스테리아병은 리스테리아 모노사이토제네스 *Listeria monocytogenes* 균이 일으키는 감염병이며 이 세균은 고열에도 살아남고, 냉장 온도 및 고염환경에서도 증식하거나 살아남을 수 있다(Zaika and Fanelli, 2003). 리스테리아 감염의 위험을 낮추기 위해서, 영국 "식품의 미생물 안전성에 대한 자문위원회 Advisory Committee on Microbiological Safety of Food "는 원고 상태 보고서에서 소금 함량을 줄이는 제형 변화로 식품의 미생물 안정성이 영향을 받지 않도록 식품 생산자와 긴밀히 협조할 것을 "식품 표준국 Food Standards Agency "에게 요청했다(Advisory Committee on Microbiological Safety of Food, 2008).

식품 일부에서 추가 장애물을 고려하지 않고 소금 함량을 줄여 클로스트리듐 보툴리눔 *Clostridium botulinum* (보툴리누스 중독증을 일으키는 병원균)의 독소 형성 위험도가 매우 높아진다는 증거가 있다. 이 경우는 클로스트리듐 보툴리눔 세균 포자를 죽이고, 무산소 상태가 될 만큼 가열하지 않은 특별한 경우에 한정한 것이다. 가공한 치즈(Glass and Doyle, 2005; Karahadian et al., 1985), 육류제품(Barbut et al., 1986)과 진공 포장제품 sous vide products (진공 포장된 플라스틱 파우치에 담겨있고 낮은 온도에서 오래 가열한 제품; online: http://amath.colorado.edu/-baldwin/sous-vide.html) 등은 나트륨 함량을 줄일 경우 클로스트리듐 보툴리눔 *C. botulinum* 의 위험이 있는 것으로 확인되었다(Simpson et al., 1995). 예를 들어, 소금 함량을 무게로 1.5%에서 1.0%로 줄이면 클로스트리듐 보툴리눔의 A, B형 포자는 진공 포장된 스파게티나 고기소스 제품을 냉장고 온도에 보관하는 조건에서 독소를 생산하는 기간이 크게 줄어든다. 소금 농도 1.5% 또는 그 이상에서는 저장 42일 동안 이 세균을 접종한 음식에서 독소는 생산되지 않았지만, 1.0% 소금 첨가 식품에서는 21일 이내에 독소를 생산하였다(Simpson et al., 1995). 비슷한 결과로는 27도 조건에서 이 세균을 접종한 프랑크푸르트 칠면조 소시지 turkey frankfurter 는 소금 함량 4.0% 농도에서보다 2.5% 소금농도에서 훨씬 빨리 독소를 생산하였다(Barbut et al., 1986).

소금을 감소시키거나, 나트륨 함유 보존제를 줄이면 클로스트리듐 보툴리눔과 리스테리아 모노사이토제네스 *Listeria monocytogenes* 이외에도, 다른 종류의 식품매개 병원균이 훨씬 빨리 자랄 수 있다. 이러한 병원균으로는 세레우스 간균 *Bacillus cereus*, 황색포도구균 *Staphylococcus aureus*, 엘시니아 엔테로코리티카 *Yersinia enterocolitica*, 애로모나스 하이드로필라 *Aeromonas hydrophila*, 클로스트리듐 퍼프린젠스 *Clostridium perfringens* 와 아코박터 *Arcobacter* 등이 있다(D'Sa and Harrison, 2005; Reddy and Marth, 1991; Stringer and Pin, 2005).

위에 나열한 병원균에 주의를 기울이면서도 식품개발 연구자들은 가공 치즈와 가공 육류 제품에서 나트륨 함량을 줄일 수 있었다(Reddy and Marth, 1991). 나트륨 함량을 줄일 때에는 식품 안정성을 확보하기 위해 다른 장애물을 추가하거나 장애물의 양을 높일 필요가 있다. 추가하는 장애물의 예를 표 4-2에 나열하였다. 이 목록에는 새로운 기술(예를 들면 고압처리, 전자선 조사)을 많이 포함하였는데 앞으로 더 많이 사용될 것이다.

염화칼륨(Barbut et al., 1986)과 젖산칼륨/아세트산나트륨 혼합물(Devlieghere et al., 2009) 등 화합물은 소금과 나트륨 함유 보존제 preservative 를 대신하여 병원균 증식이나 독소 생산을 지연시키는 데 효과가 일부 있다고 알려

표 4-2. 나트륨 함량을 줄인 식품에서 미생물 활성을 상쇄시키기 위해 첨가할 수 있는 장애물 목록

화학물질	물리학적 방법	생물학적 방법
유기산	추가 가열	살균제(예: 나이신)
아질산염	냉장, 냉동	보호배양
인산염	건조	
지방산 에스테르	조사照射 (예: 전자파)	
항미생물 성질을 자연산 재료 (예: 향신료 추출물, 훈제)	수압	
염화칼륨	공기통제 보관 또는 포장	

출처: Barbut et al., 1986; Doyle et al., 2001; Rybka-Rodgers, 2001.

졌다. 염화나트륨에 비하여 소금대체물질의 효과는 병원균에 따라 다른 것 같다(Barbut et al., 1986).

염화칼륨이나 염화칼슘 같은 다른 화합물로 소금을 일부 대체하는 것이 발효제품에서는 가능하다(Bautista-Gallego et al., 2008; Reddy and Marth, 1991; Yumani et al., 1999). 그러나, 이러한 대체물질은 소금보다 효과가 낮아 같은 효과를 내기 위해서는 고농도로 사용할 필요가 있다(Bautista-Gallego et al., 2008).

신제형 제품에서 병원균 증식 가능성을 효과적으로 점검할 수 있는 예측 모델이 몇 가지 개발되었다. Kraft 식품회사가 시행한 대규모 연구(Legan et al., 2004)에서 리스테리아 모노사이토제네스*L. monocytogenes* 증식에 대한 소금의 효과를 모델링했고, 이 모델로 이 세균의 증식을 방지하기 위해 젖산염과 아세트산염을 사용하여 절인 육류 제형을 만들었다.

식품의 물리적 성질

소금은 식품가공 과정에서 물리적 성질을 좋게 하거나 식품의 품질을 결정하는 데 중요한 역할을 한다. 예를 들어, 소금 농도는 밀가루 반죽의 점도를 조절하거나, 구운 제품의 가공을 쉽게 하는 데 중요하다(Hutton, 2002; Vetter, 1981). 육류, 치즈나 압력을 가해 만든 스낵제품(예: 치즈 볼, 감자 칩) 등에서 소금은 소비자가 좋아하는 특징적인 질감을 만드는 데 도움이 된다(Desmond, 2007; Guinee and Fox, 2004; Guinee and O'Kennedy, 2007; Hedrick et al., 1994). 예를 들어, 치즈에서 소금은 수분을 제거하여 단단한 질감을 만들며, 일부에서는 두꺼운 껍질을 만든다(Guinee and Fox, 2004). 소금은 또한 녹거나, 잘게 썰거나, 펴지거나, 흐르는 성질에도 영향을 준다(Reddy and Marth, 1991).

나트륨을 포함하는 다른 화합물도 식품의 물리적 특성을 만드는 데 사용한다. 나트륨 화합물 중 일부(예를 들면 "베이킹소다"라고 알려진 탄산나트륨)는 굽는 식품에서 반죽을 쉽게 가공하는 데 사용한다. 소스나 드레싱 같은 다양한 제품에서 쓰는 고형제 또는 유화乳化 제에도 나트륨을 포함하는 화합물이 있다. 식품의 물리적 성질에 영향을 주는 나트륨 화합물의 예를 그 기능과 함께 Box 4-1에 제시하였다.

나트륨이 포함된 용액으로 가금류, 소고기, 돼지고기나 해산물 등의 품질을 높이는 것 역시 주목할 만하다(Baublits et al., 2006; Brashear et al., 2002). 이러한 용액에는 소금이나 인산나트륨이 있다. 이 가공기술을 사용하는 이유는 얇은 고기조직을 부드럽게 하기 때문이다(소비자는 이것을 즙이 풍부하다고 인식한다) 육류를 저민 조각은 지방량이 적어 거칠다.

유전학이 발전하면서 지방 함량이 낮고 살코기뿐인 소고기나 돼지고기를 만들게 되었다(Detienne and Wicker, 1999). 생산 기술의 발전 동력은 생산량을 증가하라는 요구이다(Detienne and Wicker, 1999). 소금과 인산나트륨은 전체 제품에서 나트륨 함량을 명백히 증가시켰다. 예를 들어, 증강제 enhancement 를 쓰지 않은 보통 먹는 육류(1인당 114 g)에는 나트륨 함량이 68 mg이다. 그러나 4.5% sodium tripolyphosphate와 3.6% 소금이 들어 있는 소금물을 몸무게의 10%까지 주입한 동물의 1인 제공량 육류에는 나트륨 함량이 384 mg이다(DeWitt, 2007).

BOX 4-1

음식의 물리적 성질에 영향을 주는 나트륨 포함 화합물과 그 기능

유화제
- Sodium pyrophosphate
- Dioctyl sodium sulfosuccinate
- Disodium hydrogen phosphate
- Sodium alginate
- Sodium caseinate
- Sodium phosphate
- Trisodium citrate
- Trisodium phosphate
- Sodium stearoyl lactylate

완충제
- Aluminum sodium sulfate
- Disodium hydrogen phosphate
- Sodium adipate
- Sodium dihydrogen citrate
- Sodium dihydrogen phosphate
- Sodium DL-malate
- Sodium hydrogen carbonate
- Sodium phosphate
- Trisodium citrate
- Trisodium phosphate

고화방지제
- Sodium aluminosilicate
- Sodium ferrocyanide

풍미향상제
- Monosodium glutamate
- Disodium 5′-guanylate
- Disodium 5′-inosinate
- Disodium 5′-ribonucleotides

발효제
- Sodium bicarbonate
- Disodium pyrophosphate
- Sodium acid pyrophosphate
- Sodium aluminum phosphate
- Sodium hydrogen carbonate

반죽조절제
- Sodium stearoyl lactylate
- Sodium stearyl fumarate

안정제
- Disodium ethylenediaminetetraacetic acid (EDTA)
- Disodium pyrophosphate
- Potassium sodium L-tartrate
- Sodium alginate
- Sodium carboxymethylcellulose
- Sodium caseinate
- Trisodium citrate
- Sodium stearoyl lactylate

중화제
- Trisodium phosphate
- Sodium sesquicarbonate
- Sodium phosphate
- Sodium DL-malate
- Sodium dihydrogen phosphate
- Sodium dihydrogen citrate
- Sodium citrate
- Sodium adipate
- Aluminum sodium sulfate
- Sodium potassium tartrate
- Sodium acetate

농후제
- Sodium alginate
- Sodium carboxymethylcellulose

습기보존제
- Sodium hydrogen DL-malate
- Sodium lactate
- Sodium lauryl sulfate

품질개량제
- Sorbitol sodium
- Sodium tripolyphosphate
- Pentasodium triphosphate
- Disodium hydrogen phosphate

표백제
- Sodium metabisulfite

출처: Lewis, 1989

물리적 특성은 유지하면서 나트륨 함량을 줄이려는 시도와 혁신

식품의 바람직한 물리적 특성을 잃지 않으면서 소금과 비슷한 역할을 하는 재료가 있는지 여부와 재료를 특정 식품에 사용할 수 있는지 여부에 따라 나트륨 함량을 줄일 수 있는지 여부가 판가름난다. 일부 식품에서(예를 들어 특정 치즈나 가공육류) 특정한 물리적 성질 때문에 소금을 쓰고 있는데 현재 기술로는 소금을 안 쓸 수는 없다. 앞서 "안전성과 보존기간을 유지하면서 나트륨 함량을 낮추려는 노력과 혁신"에서 논의한 것과 마찬가지로 제형을 새롭게 하는 것은 비용이 많이 든다(제6장에서도 논의).

식품의 물리적 성질을 원하는 수준으로 하기 위해 소금을 실제 필요한 양 이상으로 첨가하고 있다. 이런 경우, 줄일 수 있는 소금의 양을 알려면 꼭 필요한 소금 양에 대하여 연구하여야 한다. 예를 들면, 자연 치즈 제품 또는 가공 치즈 제품에서 원하는 질감을 유지하고, 식품 안전성을 유지하면서 나트륨 함량을 줄이려면 초여과 ultrafiltration 와 같은 새로운 기술을 이용하면 된다(Reddy and Marth, 1991; Van der Veer, 1985). 마찬가지로 소금물을 적당량 주입하면 지방량이 적은 육류의 감칠맛을 증가시키고 부드럽게 만들 수 있어(Detienne and Wicker, 1999) 지방이 많은 육류의 소비를 줄이는 데 도움이 된다. 그러나 소금물은 제품 유통기한 동안 정상적으로 일어나는 수분 소실을 줄이려고 넣는다. 그러한 점에서 소금물을 주입하는 이유는 육류 섭취의 감각적 이유라기보다는 경제적인 면이 훨씬 크다. 맛있는 제품을 만드는 것만 목적이라면 소금물 주입은 하지 않아도 된다. 그러나 제품에 따라서 소금은 맛과 풍미를 높이기 위해 넣는다.

표 4-3은 물리적 성질을 좋게 하거나 식품을 보존하는 역할을 하려는 목적으로 사용하는 나트륨을 비슷한 식품 사이에서 얼마나 다른 양으로 쓰는지를 보여준다. 같은 기능을 위해 어떤 제품에서는 필요량보다 훨씬 많이 넣고 있음을 보여준다. 이와 같은 예는 식품에 따라 나트륨 함량을 낮출 여지가 있음을 말한다. 오스트레일리아에서도 같은 종류 가공식품의 나트륨 함량을 조사하고, 최고, 최저 소금 함량 차이가 50% 이상인 경우를 발견하였으며 이

표 4-3. 비슷한 식품에서 나타나는 나트륨 함량의 차이

식품	제공량(g)	나트륨(mg)	제품 100 g당 나트륨(mg)
햄			
Carl Buddig Honey Ham	56	460	821
Oscar Mayer Baked Cooked	63	760	1,206
Oscar Mayer Shaved Smoked	51	640	1,255
돼지고기 소시지, 세이지			
365 Brown & Serve Links	56	380	679
Jimmy Dean Premium	56	420	750
Bob Evans Savory	56	570	1,018
신선칠면조 또는 냉동칠면조 고기			
Butterball Fresh Whole Turkey Breast	112	55	49
Shadybrook Farms Turkey Breast Cutlets	112	240	214
Marval Prime Young Turkey Breast (frozen)	112	390	348
Butterball Frozen Fully Cooked Whole Turkey Breast	84	500	595
체다 절편 치즈			
Kraft Cracker Barrel Natural Sharp Slices	28	180	643
Great Value (Wal-Mart) Mild	19	135	711
Kraft Deli Deluxe Sharp Slices	28	440	1.571
롤빵, 핫도그			
Pepperidge Farm	50	190	380
Wonder 8	43	210	488
Great Value (Wal-Mart) Enriched	43	230	535

주: g=gram; mg=milligram.
출처: CSPI, 2008. "Salt Assault: Brand-name Comparisons of Processed Foods." 허가 후 게재.

연구자들도 같은 결론에 도달했다(Webster et al., 2010). 또 다른 조사에서는 여러 나라에서 영업하는 패스트푸드 음식점의 같은 이름 음식에서도 소금 함량이 차이가 있음을 발견했다(online: http://www.worldactiononsalt.com/media/international_products_survey_2009.xls). 브랜드화된 외식업체는 국제적으로 운영하며, 각 나라의 나트륨 감소 프로그램에 참여하기도 한다.

식품 질감을 높이는 데에는 나트륨을 대체할 만한 방법이 많지 않다. 그러나 식재료 기술 ingredient technology 이 발전하면서 소금을 어느 정도는 대체할 수 있게 되었다. 예를 들어, 재구성 유화 제품(예: 소시지, 델리 육류)은 나트륨 함량을

낮추는 재료를 사용한 제품이다. 이들 제품에서 육류 조각을 붙이는 기능이나 겔 망 gel network 을 만드는 소금에 용해되는 단백질의 기능을 기능단백질 functional proteins (예를 들어 콩, 우유), 수성콜로이드 hydrocolloid (예: 껌, 알긴산 염류 alginates 와 전분)로 일부를 대체했다(Desmond, 2006). 뿐만 아니라, 유화육류의 안정성을 개선하는 데 소금을 줄이고 트리폴리인산나트륨, 인산칼륨 그리고, 트랜스글루타미나제 등을 사용하였다(Ruusunen et al., 2002). 나트륨 감소에 대한 종설에서 Reddy와 Marth (1991)는 육류의 나트륨을 감량하여도 제품의 풍미가 만족할 만하다는 것을 증명한 연구를 소개하였다. 돼지고기 햄 제품에서는 유화코팅 emulsion coating 이라는 개선된 가공법으로 소금 함량을 50%나 줄였다. 신선 돼지고기 소시지 fresh pork sausage, 프랑크푸르트 소시지 frankfurter, 볼로냐 소시지 bologna, 분쇄 육류 반죽 comminuted meat batter 에서도 나트륨 감량에 성공한 예가 있다고 하였다.

식품에서 나트륨을 줄이는 또 다른 방법은 나트륨을 함유하는 첨가물의 대체물질을 찾는 것이다. 대체첨가물은 많이 개발되었다. 표 4-4에는 발효, 반죽, 유화에 쓰는 나트륨대체첨가물(전체 목록은 아님)을 예시하였다.

식품산업 일부에서는 자체 연구소를 운영하거나, 대학에 연구비를 제공하여 대체 가공방법을 연구하고 나트륨을 줄이는 다른 전략을 개발하고 있다. 이러한 예로는 유화 제품이나 신제형 육류 제품 개발에 사후 강직이 오기 전 근육을 사용하는 방법(Desmond, 2006)이나 일부 가공치즈 제조에 나트륨을 포함하는 유화 소금을 제거하는 것 등이 있다(Guinee and O'Kennedy, 2007). 이러한 가공법 개발로 나트륨 함량을 감소시킬 소지가 많지만 이런 기술을 정착시키려면 연구가 더 필요하다.

표 4-4. 나트륨 함유 화합물의 대체제

나트륨 화합물	대체 나트륨 화합물	의 견	참고문헌
발효제 Sodium bicarbonate Sodium acid pyrophosphate Sodium aluminum phosphate Sodium hydrogen carbonate	Monocalcium phosphate Dicalcium phosphate Potassium bicarbonate	나트륨 종류의 발효제 가스 배출시간이 다르므로 가공과정을 바꿀 필요가 있음	Kilcast and Angus, 2007; Reducing sodium, a matter of taste, 2007
	Calcium acid pyrophosphate	가스 배출시간이 나트륨 종류의 발효제와 유사	Reducing sodium, a matter of taste, 2007
	Ammonium bicarbonate	아크릴아마이드 생성 가능성이 높아지므로 사용 주의	European Commission, 2003
Sodium acid pyrophosphate (SAPP)	Glucono-δ-lactone	과자류에서 SAPP의 사용량을 줄일 때 sodium bicarbonate와 함께 사용하는 것이 적합	Reichenbach and Singer, 2008
반죽조절제 Sodium metabisulfite	Cysteine	반죽조절제로 sodium metabisulfite와 비슷하지만 더 고가	Cauvain, 2003
수분보존제 Sodium phosphates	Potassium phosphates	델리육류, 햄에서 수분보존 능력이 sodium phosphate와 비슷	Ruusenen et al., 2002
유화제 Sodium phosphates 와 sodium citrates	Potassium citrates, potassium phosphates, calcium phosphates	가공치즈에서 대체화합물로 사용가능	Guinee and O'Kennedy, 2007

개개 식품 종류에서의 나트륨 기능

어느 한 식품에서 나트륨이 하는 역할은 다른 식품에서 하는 역할과 다르기 때문에, 식품 분야 food category 의 맥락에서 나트륨의 기능을 논할 필요가 있다. 이 단락에서는 나트륨의 여러 가지 기능을 더 명확하게 하기 위해 나트륨 역할을 식품안전성, 물리적 성질(질감)과 맛 – 풍미의 역할을 연관시키려고 한다.

아래 기술한 아홉 가지 식품 분야 각각의 대표적인 식품에서 평균 나트륨 함량 자료를 제시하였다. 이것은 미국식품의약품안전청 FDA 의 "전체식이연구 Total Diet Study "의 자료이며, 전국 4개 지역에서 대표적인 식이의 중요 성분으로 된 식품 280개 표본을 조사하여 나온 자료이다. 각 식품은 한 해에 표본을 4회 수집하였고, 나트륨을 포함해 여러 가지 영양소와 오염물질을 검사하였다(FDA, 2007). "전체식이연구" 자료에서는, 식품 100 g당 나트륨 mg과 보통 소비하는 표준 양 RACC 당 나트륨 mg을 제시하였다.

곡물

곡물 그 자체로는 나트륨 함량이 적다. 표 4-5는 흔히 소비하는 곡물의 전형적인 나트륨 함량을 나열하였다. 그러나 곡물로 만든 식품 상당수에는 나트륨을 첨가하므로 곡물 제품은 나트륨 섭취의 중요 공급원이다.

표 4-5. 흔히 소비하는 곡물의 전형적인 나트륨 함량

곡물	나트륨 함량(건조중량 100 g당)
밀	4.6
귀리	8.6
쌀	3.1-6.9
보리	11.8
호밀	3.1

주: g=gram; mg=milligram.
출처: Bock, 1991.

인스턴트 시리얼

아침식사용 시리얼에는 질감 및 풍미를 높이기 위해 흔히 소금을 넣는다. 전 세계 어린이용 시리얼을 조사한 연구에서는 무게로 평균 1%의 소금이 들어 있는 것을 확인하였다. 당분을 줄이기 위해 제형을 바꾸면서 소금을 첨가하여 제품의 맛을 유지한다(Lobstein et al., 2008).

쌀 및 파스타

쌀과 파스타 대부분에서는 나트륨 함량이 매우 낮다(Brady, 2002; Van der Veer, 1985). 그러나 조리하는 동안 풍미를 높이려고 흔히 소금을 첨가한다. 조리한 쌀 및 파스타 제품에는 양념 소금이 포함되며, 적은 양으로 풍미를 균등하게 퍼지게 하기 위해 소금을 사용한다.

구운 식품

빵이나 구운 식품에서 나트륨은 여러 가지 역할을 한다. 구운 식품 나트륨 섭취량의 95%는 소금, 탄산수소나트륨, 발효산 나트륨이 차지한다(Reichenbach and Singer, 2008). 구운 식품 대부분에서 소금은 맛과 풍미를 개선하기 위해 사용한다. 소금 없이 구운 음식은 맛이 밋밋하다(Van der Veer, 1985).

효모로 발효시켜 만드는 빵에서 소금은 발효를 조절할 뿐 아니라 질감을 조절한다. 빵을 대량 생산하는 과정에서 소금은 효모 활성을 조절하는 수단으로 이용한다. 소금은 수분 활성을 줄이고, 효모 세포막에 손상을 주어 효모 활성을 줄인다. 소금을 너무 많이 사용하면 반죽은 너무 느리게 부푼다. 그러나 너무 적게 넣으면 발효가 너무 빨리 일어나거나, 발효가 거칠게 일어나서 가스가 너무 많이 차거나, 맛이 시거나 질감이 좋지 않은 반죽이 된다(Hutton 2002; Vetter, 1981). 발효가 너무 빠르면 생산 라인에 문제를 일으켜(Hui, 2007) 제품의 질이 좋지 않게 되고 구운 분량 전체를 망친다. 표 4-6에는 일부 곡물 제품의 나트륨 함량을 나열하였다. 소금은 밀가루의 중요 성분이면서 구운 식품의 질감에 중요한 역할을 하는 글루텐과 반응하여 반죽을

표 4-6. 곡물 제품의 나트륨 함량

곡물 제품	소비 참고량	평균 나트륨 함량 (mg/소비참고량)	평균 나트륨 함량 (mg/100 g)
백미	140	1.4	1.0
마카로니	140	0.8	0.6
라면, 국수	140	465	332
콘플레이크	30	267	889
쌀 시리얼	30	286	954
그라놀라 시리얼	30	65	215
흰 밀빵	50	256	511
롤빵	55	270	490
화이트롤빵	50	262	523
아이스 옐로케이크	80	247	309
케이크 도넛	55	230	419
슈가쿠키	30	104	346
버터 크래커	30	240	799

주: g=gram; mg=milligram.
출처: 21 CFR 101.12; FDA, 2007.

쉽게 가공하도록 한다. 소금과 글루텐이 반응하면 밀가루 반죽의 점도가 줄어든다(Hutton 2002; Vetter, 1981).

빵, 케이크, 쿠키를 부드럽게 하기 위해서는 효모보다 화학적 발효제를 주로 사용한다. 가장 많이 사용하는 발효제인 베이킹 소다(이탄산수소나트륨), 베이킹 파우더(이탄산수소나트륨과 다음 중 한 가지 또는 여러 가지의 혼합물: 타타르 수소산칼륨 potassium hydrogen tartrate, 황화알루미늄산나트륨, 피로인산 나트륨 그리고, 인산칼슘) 등에는 나트륨이 포함된다(Bender, 2006).

빵에 사용하는 기타 첨가물에도 나트륨이 있다. 예를 들면 스테아릴젖산 나트륨 sodium stearoyl lactylate 은 구운 냉동식품의 질감을 유지할 뿐 아니라, 빵의 용적을 개선하는데 사용하는 유화제이다. 메타중아황산나트륨 sodium metabisulfite 도 나트륨이 있는 첨가물이며 반죽에 과일을 넣고 고속으로 섞으면 과일이 부서지는데 이 첨가물은 반죽이 잘 펴지도록 하려고 사용하는 반죽 연화제이다(Cauvain, 2003).

또 소금은 곰팡이나 바실루스 Bacillus 세균 같은 미생물의 증식을 조절하고 구운 제품의 유통기한을 늘린다(Betts et al., 2007). 바실루스 세균은 당분이나 지방 함량이 높은 구운 제품에서 밧줄 같은 구조를 만들거나 질감을 떨어뜨리며 변색시킨다(Doyle et al., 2001). 그러나, 구운 제품에서 수분활동을 조절하는 것은 소금이 아니라 당분이다. 그러므로 구운 제품에 사용하는 보존제는 소금과는 관계없다(Smith et al., 2004).

살코기 식품

신선육

가공하지 않은 살코기에는 그 자체로 나트륨이 있지만 함량은 적다. 그러나 이미 언급한 바와 같이 최근 신선 고기제품 생산 과정에서 소금이나 인산염을 포함하는 용액을 주입하는 경우가 많아 신선육에도 나트륨 함량이 높아지고 있다.

가공육

육류를 소시지나 델리 가공육[deli meat]으로 가공하면, 나트륨 함량은 상당히 증가한다. 나트륨은 풍미를 위해서뿐만 아니라 보존제로서, 그리고 최종제품의 질감에 영향을 주는 요소로 작용한다. 신선육에서와 마찬가지로 가공육에 소금을 첨가하면 근육 조직의 물 함량을 증가시켜 판매량(수득률)을 증가시킬 뿐 아니라 고기의 부드러운 성질도 높인다. 소금이 물 함량을 높이는 원리는 완전히 알려지지는 않았지만, 근육섬유 단백질 사이에 척력[斥力, repulsion]을 형성하는 능력과 관계 있는 것으로 이해한다(Desmond, 2007). 때로 나트륨을 포함하는 인산염을 육류 식품의 물 결합을 개선시키는 데 사용하며, 제품이 산패[酸敗]하기까지 시간을 연장시키는 데 사용된다(Hedrick et al., 1994).

소금은 소시지와 재구성[restructured] 육류 제품을 만드는 과정에도 사용한다. 물에 잘 용해되지 않는 근육섬유 단백질은 소금이 있으면 쉽게 용해된다. 섞거나 두드리는 가공 기술과 함께 소금은 소금용해 단백질을 고기표면으로 밀어내는 데 도움을 준다. 소금용해 단백질을 용해시키는 것은 고기 반죽 속의 고기조각과 재구성 육류제품을 붙잡아 주는 데 중요하다. 이들 제품에서 작은 고기조각을 덩어리로 만들기 위해 반죽을 만들거나 가열한다. 고기조각의 표면으로 나온 소금용해 단백질은 가열될 때 겔 그물망gel network을 형성하면서, 작은 고기조각을 붙이는 역할을 한다. 반죽으로 만든 다른 제품(볼로냐 소시지나 프랑크푸르트 소시지 등)에서 소금용해 단백질은 지방 입자를 코팅하고, 따라서 지방과 단백질 성분이 분리되지 않도록 한다. 이 제품에서 지방이 충분히 유화되지 않았을 경우, 가열할 때 녹고 떠올라서 제품 위에 지방캡cap을 만든다(Hedrick et al., 1994).

핫도그, 훈제 고기, 베이컨, 소시지 같은 절인 육류제품에서 나트륨은 소금, 아질산나트륨, 아스코르브산나트륨과 에리소르빈산나트륨 환원제 등 세 가지로 첨가된다. 소금은 맛을 좋게 하고 수분 활성을 줄여 보존에 영향을 준다. 수분 활성을 줄이는 소금은 가공육 제품에서 미생물 증식을 억제하는 장애물이다(Matthews and Strong, 2005).

그러나 현재 쓰는 소금 양은 미생물 증식을 막아 제품이 상하지 않게 하기에는 너무 적다. 그 대신 나트륨은 아질산나트륨과 같은 다른 화합물이나, pH, 저장온도와 같은 환경적 요소와 함께 작용하여 안정적인 식품을 만드는 데 상승작용을 한다(Doyle et al., 2001; Matthews and Strong, 2005). 아질산나트륨은 절인 육류제품에서 특징적인 핑크색을 내는 중요 성분이고 육류의 풍미를 유지하는 데 중요한 역할을 한다. 아질산나트륨에서 나오는 산화질소는 마이오글로빈과 반응하여, 산화질소마이오글로빈을 형성하여 색깔을 낸다. 고기를 가열하면, 마이오글로빈이 변성되면서 안정적 색을 내는 나이트로실혈색소nitrosyl-hemochromogen로 변환된다. 또 아질산나트륨은 클로스트리듐 보툴리눔*Clostridium botulinum* 세균의 증식을 억제한다. 아질산나트륨과 소금을 가공육이나 해산물에 사용하지 않았거나 진공 포장이나 개량 공기포장이 개발되지 않았다면 보툴리즘 발생 위험 때문에 이들 제품은 존재하지 않았을 것이다(Betts et al., 22007; Hedrick et al., 1994; Matthews and Strong, 2005).

최종 나트륨 포함 발효 성분은 환원제이다. 아스코르브산나트륨과 에리소르빈산나트륨은 흔히 사용하는 환원제이며 발효 제품의 색을 좋게 하는 역할을 한다. 이들 화합물은 아질산을 산화질소로 변환시키고, 마이오글로빈의 철 이온이 색깔형성에 필요한 형태가 되도록 한다. 아질산이나, 마이오글로빈 철 이온의 환원 작용은 자연적으로 일어나기도 하지만, 환원제가 있으면 이 과정을 빠르게 한다(Hedrick et al., 1994). 아스코르브산나트륨과 에리소르빈산나트륨의 또 다른 역할은 고열 조리 과정에서 생성되는 아질산이 발암물질인 니트로사민 N-nitrosoamines 으로 되는 것을 늦추는 것이다(Doyle et al., 2001). 표 4-7에는 일부 육류제품의 나트륨 함량을 나열하였다.

코셔 고기

유대인의 식품인 코셔 Kosher 육류를 가공할 때에도 소금은 중요한 역할을 한다. 코셔가 되기 위해서는 육류나 닭고기 조직에서 혈액을 모두 제거해야 한다. 그러려면 육류를 물에 담근 다음 소금을 넣어야 한다. 육류 표면에만 소금을 뿌리지만, 일부는 조직으로 침투하며, 소금 함량을 높인다(Curtis, 2005).

표 4-7. 일부 살코기 제품의 나트륨 함량

살코기 식품	소비참고량(g)	평균 나트륨 함량 (mg/소비참고량)	평균 나트륨 함량 (mg/100 g)
간 소고기(Ground beef)	85	65	77
프랑크푸르트 소시지	55	446	811
살라미 소시지	55	743	1,350
구운 돼지고기	85	111	130
햄 통조림	55	627	1,140
닭가슴고기 구이	85	61	72
닭 살코기	85	562	661
대구 살	85	116	137
신선 연어	85	53	62
해산어류 스틱	85	377	444

주: g=gram; mg=milligram.
출처: 21 CFR 101.12;9 CFR 317.312; FDA, 2007.

표 4-8. 낙농식품의 나트륨 함량

낙농식품	평균 소비참고량(g)	평균 나트륨 함량 (mg/소비참고량)	평균 나트륨 함량 (mg/100 g)
우유	240 mL = 240 g	94	39
탈지우유	240 mL = 240 g	101	42
요구르트	225 g	135	60
아메리칸 치즈	30 g	452	1,505
체다 치즈	30 g	190	632
버터	1 T = 14 g	81	576
바닐라 아이스크림	½c = 70 g	52	74
초콜릿 푸딩	½c = 113 g	349	309

주: c=cup; g=gram; mg=milligram.
출처: 21 CFR 101.12; FDA, 2007.

낙농 식품

몇 가지 낙농 식품의 나트륨 함량을 표 4-8에 나열하였다.

우유

포유류 성장에 필수인 우유는 자체적으로 나트륨을 조금 포함하고 있다. 저지방, 혹은 탈지유 등에도 나트륨을 비슷한 양을 포함하고 있다.

치즈

치즈의 나트륨은 우유에 자연적으로 존재하였던 것에 더하여 제조과정에서 첨가한 것이다. 소비자는 치즈의 특징적인 짠맛을 좋아하지만, 소금은 치즈 최종 제품의 질감, 보존기간과 안정성에 기여한다.

치즈 생산에서 소금이 하는 역할은 치즈 응유 curd 에서 물과 유장 whey 을 빨아내는 것이다. 치즈 응유 curd 는 우유의 카제인 casein 단백질이 응고되는 치즈 생산 첫 단계에서 생성된다. 응고 과정은 다른 우유 성분, 지방, 탄수화물(락토스), 미네랄, 물을 가두게 된다. 응유에는 필요한 것보다 수분이 많이 남아있다. 치즈 응유를 만들려면 수분을 제거하기 위하여 숙성 전에 압착하지만, 압착만으로는 수분을 충분히 제거할 수 없다. 소금 용액을 첨가하거나, 수분 정도를 낮추기 위해 삼투압을 이용하는 건조 문지르기 dry rub 로 수분 양을 원하는 만큼 제거한다(Potter and Hotchkiss, 1995; Walstra et al., 1999).

응유 curd 에서 수분을 줄이면 미생물 증식으로 인한 변질을 막고 병원균을 억제하는데 도움이 된다. 치즈 종류에 따라서는 소금을 첨가함으로써 숙성과정과 운반과정에서 치즈를 보호하는 두꺼운 껍질을 만든다. 그리고 치즈를 만들 때 넣는 소금은 제품의 수분활성을 낮춘다. 수분활성을 낮추면 치즈 종균배양 cheese starter culture 을 조절하여 pH, 질감, 숙성에 영향을 준다(Guinee and Fox, 2004).

치즈의 질감은 과도한 수분을 제거하고 나트륨 함량이 바뀌면서 변화한다. 저염분 치즈는 부드럽고, 점착력이 있는 반면, 나트륨 함량이 높은 치즈는 단단하고, 건조하고 부서지기 쉽다(Guinee and Fox, 2004). 예를 들어, 리코타 치즈나 스위스 치즈는 단단한 치즈인 체다 치즈 또는 고다 치즈에 비해 나트륨 함량이 낮고 파마산 치즈 같은 딱딱한 치즈에 비해 나트륨 함량이 매우 낮다(Van der Veer, 1995). 소금은 용융 meltability 이나, 부서짐 shredding, 펴짐 stretching, 유동성 flow 등 치즈의 물리적 성질에도 영향을 준다(Reddy and Marth, 1991). 치즈의 질감은 단백질분해효소의 활성에 의해 변화하고, 단백질분해효소 활성은 소금에 의해 변화한다(Guinee and Fox, 2004). 가공치즈 제조에는 인산나트륨이나, 구연산나트륨의 형태로 나트륨을 첨가하는데, 제품의 최종 질감이나, 형태를 만드는 데 중요한 유화제이다(Guinee and O'Kennedy, 2007).

짠맛 이외의 맛도 소금의 영향을 받는다. 치즈에서 쓴맛은 소금이 충분치 않은 것과 관련 있는 것으로 보인다(Guinee and Fox, 2004). 그리고 배양 종균의 활성 정도는 소금 농도와 첨가시간에 영향을 받는다. 종균배양은 산 acid 뿐만 아니라, 여러 가지 맛을 내는 다른 화합물 생성과 관계가 있다(Doyle et al., 2001).

버터

냉장고를 널리 쓰기 전에는 버터에도 소금을 보존제로서 첨가하였다. 소금은 오늘날에도 여전히 보존제 역할을 하지만, 전체 식품 공급망에서 냉장고를 사용하면서 중요성은 낮아졌다. 대신, 소금은 버터와 마가린의 맛과 풍미를 결정하는 중요 요소이다(Brady, 2002; Hutton, 2002).

기타 낙농제품

요구르트, 아이스크림, 푸딩과 같은 다른 낙농제품에는 자연 나트륨도 있지만 농후제 thickening agent (제품의 맛을 진하게 하는 물질)인 알길산나트륨, 카라기난 등 나트륨 포함 첨가물으로 인해 나트륨을 포함하고 있다(Goff, 1995; Lal et al., 2006).

소스, 그레이비, 식재료, 샐러드 드레싱과 조미료

표 4-9에서 보는 것처럼, 소스, 그레이비, 식재료, 샐러드 드레싱과 조미료 등에는 나트륨이 많다. 나트륨을 사용하는 이유는 풍미를 만들거나, 보존제로서 사용하거나, 유화제의 용해도를 높임으로써 유화 안정성 stability of emulsion 을 개선하기 위해서이다. 풍미는 이들 제품에서 소금을 첨가하는 중요 이유

표 4-9. 소스, 그레이비, 식재료, 샐러드 드레싱과 조미료 등의 나트륨 함량

식품	소비참고량(g)	평균 나트륨 함량 (mg/소비참고량)	평균 나트륨 함량 (mg/100 g)
이탈리안 드레싱	30g	443	1,478
저칼로리 버터밀크 드레싱	30g	298	994
고깃국물 소스	½c = 60g	341	568
화이트소스	½c = 60g	225	375
마요네즈	1T = 15g	81	543
겨자	1tsp = 5g	58	1,156
스페인소스	2T = 30g	184	612

주: c=cup; g=gram; mg=milligram; T=테이블 스푼; tsp=티스푼.
출처: 21 CFR 101.12; FDA, 2007.

이고, 짠맛은 이들 제품의 중요 특성 중 하나이다(Hutton, 2002).

조미료 대부분에서 소금은 미생물 증식을 억제하는 보존제로서 다른 장애물과 함께 작용한다(Brady, 2002). 나트륨을 포함하는 첨가제는 샐러드 드레싱, 소스, 조미료 등에 첨가되어, 보존제나 유화제로서 역할한다. 나트륨 농도가 높은 간장에서 소금은 발효 과정에 영향을 주는 요소로 필요하다(Doyle et al., 2001).

과일, 야채, 콩 종류

신선과일과 야채에는 나트륨 함량이 매우 낮다. 집 안이나 음식점 조리과정에 소금을 첨가할 때가 있다. 가공한 과일의 나트륨 농도도 낮다(Van der Veer, 1985). 냉동 야채에는 소스 같은 것을 첨가하지 않는 한 나트륨 함량은 높지 않다(Van der Veer, 1985). 건조 콩류에는 나트륨 함량이 원래 낮으나, 집 안이나 음식점 조리 중 소금을 흔히 첨가한다.

통조림 야채는 신선 야채보다 나트륨 함량이 훨씬 높다. 캔에 담는 과정에서 액체 배지는 가공과정 중 열전달에 매우 중요하고, 소금이 야채의 원래 모양을 보존하고 풍미를 높이기 때문에 소금 용액을 보통 사용한다(Hutton, 2002; Van der Veer, 1985). 그러나 소금은 통조림 가공과정에서 꼭 필요한 것이 아니며, 소금을 첨가하지 않은 통조림 제품도 시중에 있다. 인기 있는 다섯 가지 브랜드 콩 통조림을 검사한 연구(Jones and Mount, 2009)에서는, 콩 통조림 액체를 2분 동안 버리면 나트륨 36%가 줄었고, 액체를 쏟고, 통조림 콩을 10초간 씻은 후 다시 2분간 액체를 쏟아버리면 나트륨을 41% 줄일 수 있었다. 조사에 따르면, 콩 통조림 액체를 버리고 씻는 것은 음식 준비과정에서 일반적으로 하는 일이다(Bush Brothers and Company, 2009). 다른 연구에서도 통조림 혹은 포장 식품의 액체를 버리고, 씻고, 물에 담궈 두면 나트륨을 줄일 수 있다는 것을 보여주었다(Sinar and Mason, 1975; Vermeulen et al., 1983; Weaver et al., 1984). 일부 과일, 야채, 콩 종류의 나트륨 함량은 표 4-10에 제시하였다.

표 4-10. 과일, 야채, 콩 종류의 나트륨 함량

과일, 야채, 콩 종류	소비참고량(g)	평균 나트륨 함량 (mg/소비참고량)	평균 나트륨 함량 (mg/100 g)
바나나	140	0.1	0.1
사과소스	140	2.2	1.6
과일칵테일	140	4.2	3.0
건포도	40	4.8	12
냉동브로콜리	85	13	15
신선토마토	85	2.6	3.0
신선오이	85	1.7	2.0
딜피클	30	264	879
신선콩	85	0.3	0.4
콩 통조림	130	337	259
냉동 옥수수	85	0.3	0.4
옥수수 통조림	130	242	186
구운 감자	110	4.4	4.0
삶은 얼룩콩	90	0.2	0.2

주: g=gram; mg=milligram.
출처: 21 CFR 101.12; FDA, 2007.

사워크라웃이나 오이 피클 같은 절인 야채는 나트륨 함량이 높은데, 그 이유는 발효과정에서 소금을 넣고 바삭한 질감을 주기 위해 나트륨을 첨가하기 때문이다(Brady, 2002).

혼합 요리

피자, 수프, 스튜, 캐서롤, 인스턴트 식품 같은 혼합 요리 mixed dish 의 나트륨은 함량이 높으며, 표 4-11에 예시되어 있다. 혼합 요리의 나트륨은 여러 가지 재료에서 기원하며, 다양한 기능을 한다. 여러 재료에서 모인 나트륨이 한 음식에 혼합되면 이것은 전체 식이 diet 에서 중요 나트륨 공급원이 된다. 페페로니 피자가 좋은 예인데, 재료 각각에 나트륨이 있기 때문이다. 페페로니에는 맛, 풍미뿐 아니라 보존을 위해 나트륨을 포함하고 있다. 토마토소스는 향료와 함께 소금을 양념으로 첨가한다. 최종적으로, 크러스트에는 밀가루 반죽의 점도와 발효 과정 조절을 위해 나트륨을 넣는다. 미국식품의약품안

표 4-11. 혼합 요리의 나트륨 함량

혼합요리	소비참고량(g)	평균 나트륨 함량 (mg/소비참고량)	평균 나트륨 함량 (mg/100 g)
페페로니피자	140	935	668
볶은 쌀	140	571	408
소고기부리토	140	869	621
조개잡탕	245	887	362
닭국물국수수프	245	982	401
냉동식(솔스베리스테이크, 고깃국물소스, 감자, 야채)	140	491	351
1/4파운드 치즈버거	140	743	531

주: g=gram; mg=milligram
출처: 21 CFR 101.12; FDA, 2007.

전청의 "전체식이연구 Total Diet Study" 시장바구니 자료 market basket data 에 따르면 재료의 조합 때문에 요리 100 g당 평균 나트륨 함량은 668 mg에 이른다(FDA, 2007).

수프는 나트륨 함량이 높은 복합식품의 고전적인 예이다. 어떤 수프에는 치즈나 소시지 같은 나트륨 함량이 높은 재료를 쓴다. 그러나 야채와 같은 저나트륨 재료로 만든 요리일지라도 풍미를 높이기 위해 소금을 사용하기 때문에 나트륨 함량이 높다. 제3장에서 논의한 것처럼, 소금은 수프에서 맛뿐 아니라, 전체적인 풍미를 만들어낸다(Gillette, 1985; Rosett et al., 1997).

냉동식품에서 나트륨 화합물은 병원체 증식을 억제하는 역할을 한다. 진공 포장 또는 수정대기 포장 modified-atmosphere packaging 으로 무산소 환경을 만들면 클로스트리듐 보툴리눔세균이 쉽게 증식한다. 소금은 다른 장애물과 함께 이 병원균의 증식을 막는다. 산소가 있는 상태에서는 리스테리아 모노사이토제네스 *Llisteria monocytogenes* 세균이 문제가 되는데, 낮은 온도에서도 증식할 수 있기 때문이다. 소금을 첨가하면 이러한 미생물의 생존에 장애물로 작용할 수 있다(Hutton, 2002).

냉장 혹은 냉동된 음식에는 소스나, 그레이비 등을 흔히 넣는다. 소스는 풍미를 낼 뿐 아니라, 다시 데울 때 생기는 냄새가 나지 않게 하거나, 냄새 warmed-over flavor 를 덮어 버리는 이차적인 역할을 한다. 미리 조리한 고기의 지방

성분은 저장 중 산화하거나 산패하여 나쁜 냄새를 낸다(Hedrik et al., 1994). 향이 강한 소스를 사용하면 나쁜 냄새를 덮고, 저장 전에 소스로 육류를 덮으면 지방이 산화하는 데 필요한 산소와의 접촉을 줄인다(Kuntz, 2000). 그러나 불행하게도 그런 소스에는 나트륨 함량이 높다.

짭짤한 스낵

칩이나 땅콩, 프리첼, 팝콘, 프렌치프라이(치즈볼, 감자칩, 세이보리 스낵 등)에는 나트륨을 소금 형태로 첨가한다. 소금의 역할은 짠맛을 내고, 풍미를 돕는 것이다. 향이 있는 스낵 제품에서 소금은 향이나 색깔이 넓게 퍼지도록 한다. 소금은 미량 성분 재료와 섞어 뿌리면 스낵 표면에 고르게 퍼뜨린다(Matz, 1993). 튀김 제품에서는 산패 방지를 위해 항산화제를 섞는다(Ainsworth and Plunkett, 2007). 짭짤한 스낵 savory snacks 의 나트륨 함량은 표 4-12에 예시되어 있다.

압출 제품에서 나트륨의 이차기능은 색과 질감을 개선하는 것이다. 압출 제품은 질감이 바삭바삭하며, 경쾌함의 정도는 압출원료의 소금 농도에 따라 변하고, 이것은 스낵의 주요 성분인 녹말과 소금이 상호작용하기 때문으로 생각된다. 색 또한 소금 함량에 따라 바뀌는 것으로 알려졌으며, 이 관계는 압출품의 수분 활성을 나트륨이 바꿀 수 있기 때문이며, 이는 결국 갈색반응 정도를 변화시킨다(Ainsworth and Plunkett, 2007).

표 4-12. 짭짤한 스낵의 나트륨 함량

스낵	소비참고량(g)	평균 나트륨 함량 (mg/소비참고량)	평균 나트륨 함량 (mg/100 g)
감자 칩	30	147	490
프렌치 프라이	70	79	113
버터 팝콘	30	242	808
보통 팝콘	30	0.1	0.3
프리첼	30	482	1,607

주: g=gram; mg=milligram.
출처: 21 CFR 101.12; FDA, 2007.

당과류

표 4-13에서 보듯 사탕에는 나트륨 함량이 낮다. 다른 당과 confection 에는 나트륨 함량이 낮은 발효물질이나 질감 개선 물질을 넣는다. 우유 당과류에는 우유 자체에 있는 나트륨을 섭취한다. 초콜릿에도 향이나 질감에 영향을 주기 위해 나트륨을 적은 양이지만 넣는다. 일부 당과류에는 향을 목적으로 원료에 첨가한 크림이나 잼에 소금이 있다(Van der Veer, 1985). 기타 향을 목적으로 소금을 포함하는 당과류는 캐러멜, 태피사탕, 땅콩사탕 등이 있다.

음료수

물의 나트륨 함량은 상대적으로 낮으나, 물의 종류나 물의 연화장치 사용에 따라 변한다(Bradshaw and Powell, 2002; Pehrsson et al., 2008). 차나 커피에는 나트륨 함량이 매우 낮으나, 우유나 크림을 넣으면 약간 높아진다.

탄산음료나 과실음료에는 나트륨을 포함한 보존제를 첨가하기도 한다(Doyle et al., 2001). 이 음료수에는 나트륨이 있지만, 그 양은 일반적으로 다른 고형 식품과 비교하여 낮다.

음료수 중 야채 주스 등은 나트륨 함량이 전통적으로 매우 높다. 소금을 토마토, 당근과 야채 혼합음료에 소금을 첨가하는 이유는 맛과 향을 개선하기 때문이다. 음료의 나트륨 함량은 표 4-14에 제시되어 있다.

표 4-13. 당과 제품의 나트륨 함량

당과류	소비참고량(g)	평균 나트륨 함량 (mg/소비참고량)	평균 나트륨 함량 (mg/100 g)
밀크 초콜릿	40	28	71
땅콩 초콜릿	40	84	210
롤리팝	15	7.5	50
캐러멜	40	94	236

주: g=gram; mg=milligram.
출처: 21 CFR 101.12; FDA, 2007.

표 4-14. 음료의 나트륨 함량

음료수	소비참고량(mL)	평균 나트륨 함량 (mg/소비참고량)	평균 나트륨 함량 (mg/100 g)
물	240	1.2	0.5
오렌지주스	240	7.1	3
일드링크 캔	240	41	17
커피	240	4.8	2
토마토 주스	240	715	298
다이어트 콜라	240	9.6	4

주: g=gram; mg=milligram.
출처: 21 CFR 101.12; FDA, 2007.

육체 활동 중 또는 활동 후 몸에 수분을 공급하는 목적으로 마시는 스포츠 음료에는 소금이 들어 있는데 나트륨 포함 스포츠 음료가 이러한 조건(예: 고등학교 스포츠 활동)에서 의학적으로 정당한지는 명확치 않다(Jeukendrup et al., 2009; Shirreffs et al., 2007). "전체식이연구 Total Diet Study "에는 스포츠 음료에 들어 있는 나트륨 양에 대한 정보는 없지만, 미국농무부의 "국가영양소데이터베이스 National Nutrient Database "(online: http://www.nal.usda.gov/fnic-comp/search/) 자료에서는 그 음료수 240 mL당 100 mg 이하를 포함 하는 것으로 되어 있다. 스포츠 음료 제품에는 나트륨을 맛이나 보존제로서 첨가하지는 않는다(Man, 2007).

참고문헌

Advisory Committee on the Microbiological Safety of Food (ad hoc Group on Vulnerable Groups). 2008. *Increased incidence of listeriosis in the UK (draft report).*

Ainsworth, P., and A. Plunkett. 2007. Reducing salt in snack products. In *Reducing salt in foods: Practical strategies,* edited by D. Kilcast and F. Angus. Cambridge, UK: Woodhead. Pp. 296-315.

Barbut, S., N. Tanaka, and A. J. Maurer. 1986. Effects of varying levels of chloride salts on *Clostridium botulinum* toxin production in turkey frankfurters. *Journal of Food Science* 51(5):1129-1131.

Baublits, R. T., F. W. Pohlman, A. H. Brown Jr., E. J. Yancey, and Z. B. Johnson. 2006. Impact of muscle type and sodium chloride concentration on the quality, sensory, and instrumental color characteristics of solution enhanced whole-muscle beef. *Meat Science* 72(4):704-712.

Bautista-Gallego, J., F. N. Arroyo-Lopez, M. C. Duran-Quintana, and A. Garrido-Fernandez. 2008. Individual effects of sodium, potassium, calcium, and magnesium chloride salts on *Lactobacillus pentosus* and *Saccharomyces cerevisiae* growth. *Journal of Food Protection* 71(7):1412-1421.

Bender, D. A. 2006. *Benders' dictionary of nutrition and food technology.* 8th ed. Boca Raton, FL: CRC Press.

Betts, G., L. Everis, and R. Betts. 2007. Microbial issues in reducing salt in food products. In *Reducing salt in foods: Practical strategies,* edited by D. Kilcast and F. Angus. Cambridge, UK: Woodhead. Pp. 174-200.

Bock, M. A. 1991. Minor constituents of cereals. In *Handbook of cereal science and technology,* edited by K. J. Lorenz and K. Kulp. New York: Marcel Dekker. Pp.576.

Bradshaw, M. H., and G. M. Powell. 2002. *Sodium in drinking water.* Manhattan, KS: Kansas State University Agricultural Experiment Station and Cooperative Extension Service.

Brady, M. 2002. Sodium: Survey of the usage and functionality of salt as an ingredient in UK manufactured food products. *British Food Journal* 104(2):84-125.

Brashear, G., M. S. Brewer, D. Meisinger, and F. K. McKeith. 2002. Raw material pH, pump level and pump composition on quality characteristics of pork. *Journal of Muscle Foods* 13(3):189-204.

Bush Brothers and Company. 2009. *Enjoying nutrient-rich canned beans with less sodium (fact sheet).* Knoxville, TN: Bush Brothers and Company.

Cauvain, S. P. 2003. *Bread making: Improving quality.* Boca Raton, FL: CRC Press.

CSPI (Center for Science in the Public Interest). 2008. *Salt assault: Brand-name comparisons of processed foods.* 2nd ed. Washington, DC: Center for Science in the Public Interest.

Curtis, P. A. 2005. *Guide to food laws and regulations.* 1st ed. Ames, IA: Wiley-Blackwell.

Davidson, P. M. 2001. Chemical preservatives and natural antimicrobial compounds. In *Food microbiology: Fundamentals and frontiers,* edited by M. P. Doyle, L. R. Beauchat, and T. J. Montville. Washington, DC: ASM Press.

Desmond, E. 2006. Reducing salt: A challenge for the meat industry. *Meat Science* 74(1):188-196.

Desmond, E. 2007. Reducing salt in meat and poultry products. In *Reducing salt in foods: Practical strategies,* edited by D. Kilcast and F. Angus. Cambridge, UK: Woodhead. Pp. 233-255.

Detienne, N. A., and L. Wicker. 1999. Sodium chloride and tripolyphosphate effects on physical and quality characteristics of injected pork loins. *Journal of Food Science* 64(6):1042-1047.

Devlieghere, F., L. Vermeiren, E. Bontenbal, P.- P. Lamers, and J. Debevere. 2009. Reducing salt intake from meat products by combined use of lactate and diacetate salts without affecting microbial stability. *International Journal of Food Science & Technology* 44(2):337-341.

DeWitt, C. A. 2007. Response from the authors re: letter to the editor re: Evaluation of solubilized proteins as an alternative to phosphates for meat enhancement. *Journal of Food Science* 72(5):x-xii.

Doyle, M. P., L. R. Beuchat, and T. J. Montville, eds. 2001. *Food microbiology: Fundamentals and frontiers.* 2nd ed. Washington, DC: ASM Press.

D'sa, E. M., and M. A. Harrison. 2005. Effect of pH, NaCl content, and temperature on growth and survival of Arcobacter spp. *Journal of Food Protection* 68(1):18-25.

European Commission. 2003. *Information on ways to lower the levels of acrylamide formed in food.* Acrylamide Workshop, October 20–1, 2003.

FDA (Food and Drug Administration). 2007. *Total Diet Study statistics on element results: Revision 4.1, market baskets 1991–1993 through 2004–2005.* College Park, MD: Food and Drug Administration.

Fennema, O. R. 1996. *Food chemistry.* 3rd ed. New York: Marcel Dekker.

Gillette, M. 1985. Flavor effects of sodium chloride. *Food Technology* 39(6):47-52.

Glass, K., and M. E. Doyle. 2005. *Safety of processed cheese.* FRI Briefings. Madison, WI: Food Research Institute.

Goff, D. 1995. *Ice cream ingredients: Dairy science and technology education series, University of Guelph, Canada.* http://www.foodsci.uoguelph.ca/dairyedu/icingr.html (accessed 2008).

Guinee, T. P., and P. F. Fox. 2004. Salt in cheese: Physical, chemical and biological aspects. In *Cheese: chemistry, physics and microbiology.* 3rd ed. 2 vols. Vol. 1, edited by P. F. Fox, P. L. H. McSweeney, T. M. Cogan, and T. P. Guinee. San Diego, CA: Elsevier Academic Press. Pp. 207-259.

Guinee, T. P., and B. T. O'Kennedy. 2007. Reducing salt in cheese and dairy spreads. In *Reducing salt in foods: Practical strategies,* edited by D. Kilcast and F. Angus. Cambridge, UK: Woodhead. Pp. 316-357.

He, F. J., and G. A. MacGregor. 2007. Dietary salt, high blood pressure and other harmful effects on health. In *Reducing salt in foods: Practical strategies,* edited by D. Kilcast and F. Angus. Cambridge, UK: Woodhead. Pp. 18-54.

Hedrick, H. B., E. D. Aberle, J. C. Forrest, M. D. Judge, and R. A. Merkel. 1994. *Principles of meat science.* 3rd ed. Dubuque, IA: Kendall/Hunt.

HHS (U.S. Department of Health and Human Services)/FDA. 1993. Food labeling; Serving sizes; final rule. *Federal Register* 58(3):2294-2298.

Hui, Y. H., ed. 2007. *Food chemistry workbook.* 2nd ed. West Sacramento, CA: Science Technology System.

Hutton, T. 2002. Sodium: Technological functions of salt in the manufacturing of food and drink products. *British Food Journal* 104(2):126-152.

Jeukendrup, A. E., K. Currell, J. Clarke, J. Cole, and A. K. Blannin. 2009. Effect of beverage glucose and sodium content on fluid delivery. *Nutrition and Metabolism* 6:9.

Jones, J. B., and J. R. Mount. 2009. *Sodium reduction in canned bean varieties by draining and rinsing.* Presented at the Institute of Food Technologists Annual Meeting, June 6–0, 2009, Anaheim, CA.

Karahadian, C., R. C. Lindsay, L. L. Dillman, and R. H. Deibel. 1985. Evaluation of the potential for botulinal toxigenesis in reduced-sodium processed American cheese foods and spreads. *Journal of Food Protection* 48(1):63-69.

Kilcast, D., and F. Angus, eds. 2007. *Reducing salt in foods: Practical strategies.* Cambridge, UK: Woodhead.

Kuntz, L. A. 2000. Fighting warmed-over flavor. *Food Product Design,* http://www.food productdesign.com/articles/1100ffocus.html (accessed November 10, 2008).

Lal, S. N. D., C. J. O'Connor, and L. Eyres. 2006. Application of emulsifiers/stabilizers in dairy products of high rheology. *Advances in Colloid and Interface Science* 123-126(special issue):433-437.

Legan, J. D., D. L. Seman, A. L. Milkowski, J. A. Hirschey, and M. H. Vandeven. 2004. Modeling the growth boundary of *Listeria monocytogenes* in ready-to-eat cooked meat products as a function of the product salt, moisture, potassium lactate, and sodium diacetate concentrations. *Journal of Food Protection* 67(10):2195-2204.

Leistner, L. 2000. Basic aspects of food preservation by hurdle technology. *International Journal of Food Microbiology* 55(1-3):181-186.

Leistner, L., and L. G. Gorris. 1995. Food preservation by hurdle technology. *Trends in Food Science and Technology* 6(2):41-46.

Leistner, L., and J. W. Gould. 2005. Update on hurdle technology approaches to food preservation. In *Antimocrobials in food.* 3rd ed., edited by P. M. Davidson, J. N. Sofos, and B. A. Larry. Boca Raton, FL: Taylor and Francis. Pp. 621-631.

Lewis, R. J., Sr. 1989. *Food additives handbook.* New York: Van Nostrand Reinhold.

Lobstein, T., J. Macmullan, T. McGrath, and J. Witt. 2008. *Cereal offences: A wake-up call on the marketing of unhealthy food to children.* Junk Food Generation. London: Consumers International.

Man, C. M. 2007. Technological functions of salt in food products. In *Reducing salt in foods: Practical strategies,* edited by D. Kilcast and F. Angus. Cambridge, UK: Woodhead. Pp. 157-173.

Matthews, K., and M. Strong. 2005. Salt: Its role in meat products and the industry's action plan to reduce it. *Nutrition Bulletin* 30(1):55-61.

Matz, S. A. 1993. *Snack food technology.* 3rd ed. New York: Van Nostrand Reinhold.

Pehrsson, P., K. Patterson, and C. Perry. 2008. *The mineral content of U.S. drinking and municipal water.* Paper presented at 32nd National Nutrient Databank Conference, May 12–4, Ottawa, Ontario, Canada.

Potter, N. N., and J. H. Hotchkiss. 1995. *Food science.* 5th ed., *Food science texts series.* New York: Chapman & Hall.

Rattanasatheirn, N., S. Benjakul, W. Visessanguan, and K. Kijroongrojana. 2008. Properties, translucence, and microstructure of Pacific white shrimp treated with mixed phosphates as affected by freshness and deveining. *Journal of Food Science* 73(1).

Reddy, K. A., and E. H. Marth. 1991. Reducing the sodium content of foods: A review. *Journal of Food Protection* 54(2):138-150.

Reducing sodium, a matter of taste. 2007. *Prepared Foods* (January 1), 1-6.

Reichenbach, K., and R. Singer. 2008. Jungbunzlauer is rising to the task of supplying natural leavening agents. *Food Manufacture—Food Ingredients, Health and Nutrition Supplement.* September 23, 2008.

Roberts, T. A., and P. J. McClure. 1990. Food preservatives and the microbiological consequences of their reduction or omission. *Proceedings of the Nutrition Society* 49:1-12.

Rosett, T. R., T. Hamill, K. Morris, and B. P. Klein. 1997. Taste qualities of reduced-sodium soups as affected by serving temperature. *Journal of Food Science* 62(2):421-424.

Ruusunen, M., M. Niemisto, and E. Puolanne. 2002. Sodium reduction in cooked meat products by using commercial potassium phosphate mixtures. *Agricultural and Food Science in Finland* 11(3):199-207.

Rybka-Rodgers, S. 2001. Improvement of food safety design of cook-chill foods. *Food Research International* 34(5):449-455.

Saulo, A. A. 2002. *Common food additives in candy.* Food Safety and Technology Food Safety and Technology Report No. 9. Honolulu, HI: Cooperative Extension Service, College of Tropical Agriculture and Human Resources, University of Hawaii at Manoa.

Shelef, L. A., and J. Seiter. 2005. Indirect and miscellaneous antimicrobials. In *Antimocrobials in food.* 3rd ed, edited by P. M. Davidson, J. N. Sofos, and B. A. Larry. Boca Raton, FL: Taylor and Francis. Pp. 573-598.

Shirreffs, S. M., D. J. Casa, and R. Carter III. 2007. Fluid needs for training and competition in athletics. *Journal of Sports Sciences* 25(Supplement 1):83-91.

Simpson, M. V., J. P. Smith, K. Dodds, H. S. Ramaswamy, B. Blanchfield, and B. K. Simpson. 1995. Challenge studies with *Clostridium botulinum* in a sous-vide spaghetti and meatsauce product. *Journal of Food Protection* 58(3):229-234.

Sinar, L. J., and M. Mason. 1975. Sodium in four canned vegetables. *Journal of the American Dietetic Association* 66(2):155-157.

Smith, J. P., D. P. Daifas, W. El-Khoury, J. Koukoutsis, and A. El-Khoury. 2004. Shelf life and safety concerns of bakery products: A review. *Critical Reviews in Food Science and Nutrition* 44(1):19-55.

Stringer, S. C., and C. Pin. 2005. *Microbial risks associated with salt reduction in certain foods and alternative options for preservation: Technical report.* Norwich, UK: Institute of Food Research.

Thorarinsdottir, K. A., G. Gudmundsdottir, S. Arason, G. Thorkelsson, and K. Kristbergsson. 2004. Effects of added salt, phosphates, and proteins on the chemical and physicochemical charactersitics of frozen cod (*Gadus morhua*) fillets. *Jour-*

nal of Food Science 69(4).

Van der Veer, O. 1985. *The human intake of salt and the development of low-sodium and no-salt-added processed foods and salt substitutes; A review of literature.* Wageningen, Netherlands: University of Agriculture, Department of Human Nutrition.

Vermeulen, R. T., F. A. Sedor, and S. Y. S. Kimm. 1983. Effect of water rinsing on sodium content of selected foods. *Journal of the American Dietetic Association* 82(4):394-396.

Vetter, J. L. 1981. Technology of sodium in bakery products. *Cereal Food World* 6:64-66.

Walstra, P., T. J. Geurts, A. Noomen, A. Jellema, and M. A. J. S. van Boekel. 1999. *Dairy technology: Principles of milk properties and processes. Food Science and Technology.* New York: Marcel Dekker.

Weaver, C. M., C. Y. Troyer, and S. Pinter. 1984. Removal of electrolytes from institutionally packaged foods. *Journal of the American Dietetic Association* 84(3):319-322.

Webster, J. L., E. K. Dunford, and B. C. Neal. 2010. A systematic survey of the sodium contents of processed foods. *American Journal of Clinical Nutrition* 91(2):413-420.

Yumani, M. I., F. G. A. Hammouth, M. A. Humeid, and R. K. Robinson. 1999. Production of fermented cucumbers and turnips with reduced levels of sodium chloride. *Tropical Science* 39:233-237.

Zaika, L. L., and J. S. Fanelli. 2003. Growth kinetics and cell morphology of *Listeria monocytogenes* Scott A as affected by temperature, NaCl, and EDTA. *Journal of Food Protection* 66(7):1208-1215.

5

2003-2006년도 나트륨 섭취 추정량과 섭취 공급원

미국인이 권고 나트륨 섭취량보다 상당한 양을 더 섭취한다는 사실에는 의문의 여지가 없다. 나이, 성별, 인종이나 소득에 관계없이 나트륨을 명백히 많이 섭취하고 있다. 게다가 1971-1974년 미국국민건강영양조사 NHANES 자료에 비해서도 나트륨 섭취 추정량은 증가하였다.

자연산 식품에는 나트륨이 적지만 미국인이 먹는 식품에 들어 있는 나트륨의 상당 부분은 식품 가공과정, 레스토랑이나 기타 외식업계에서 첨가하는 나트륨에서 비롯된다. 소금이 식품에 들어 있는 나트륨 중 가장 많은 부분을 차지하지만, 실제로 나트륨의 다른 화합물 – 중탄산염나트륨 Sodium bicarbonate, 벤조산나트륨 Sodium benzoate, 아스코르브산나트륨 Sodium ascorbate – 에 비해 소금(염화나트륨)이 나트륨 공급원으로서 얼마나 큰 역할을 하는지에 대한 자료는 부족하다.

2005년 "미국인 식생활 지침"에서는 2세 이상의 모든 사람은 나트륨을 하루 2,300 mg 이하로 섭취하도록 권고하였다(HHS/USDA, 2005). 이 지침에서는 고혈압이 있는 사람이나, 아프리카계 미국인, 중년기/노년기 성인은 나트륨을 이보다 더 적게 섭취하면 좋을 것이라고 권고하였다(DGAC, 2005). 최근 미국질병관리본부 CDC 는 이러한 위험 인구가 미국 성인의 69%를 차지한다고 보고한 바 있다(CDC, 2009).

미국의학한림원 IOM 은 2005년 나트륨 섭취량에 대한 참고치를 처음으로 제시하였다(IOM, 2005). 충분 섭취량 Adequate Intake, AI 은 2세 이상에서 나이에 따라 1,000-1,500 mg으로 정하였고, 적정 섭취량은 관측치 또는 실험적으로 정한 영양소 섭취량의 추정치를 반영한다(미국의학한림원의 적정 섭취량은 2006년 발표한 것으로 건강인 집단의 영양소 섭취를 관측치나 실험적으로 정한 추정치를 바탕으로 한 1일 평균 섭취량 권고치임). 미국의학한림원은 나트륨 섭취량의 상한 섭취량 Tolerable Upper Level of Intake, UL 을 나이에 따라 1,500-2,300 mg으로 정하였는데, 이는 일반인 대부분에 있어 건강에 악영향을 미치지 않을 나트륨 1일 섭취량의 상한선이다(IOM, 2005) (1-50세 성인에게 적정 섭취량을 1,500 mg으로 정한 근거는 다음과 같다. 나트륨을 하루 1,500 mg 공급하는 식이는 다른 영양소 하루 섭취 권고량과 일치한다. 혈중 지방 농도와 인슐린 저항성에 악영향을 주는 나트륨 섭취량을 초과하는 선이다. 활동량이 많은 사람이 흘리는 땀 또는 고온에 적응하지 못한 사람이 고온에 노출되었을 때 흘리는 땀을 통한 나트륨 손실을 보상하는 수준이다[IOM, 2005] 1-18세 어린이와 청소년에 대한 적정 섭취량 AI [1-3세 하루 1,000 mg; 4-8세 하루 1,200 mg; 9-18세 하루 1,500 mg]은 성인 적정 섭취량으로부터 계산한 값인데 이때 연령별 평균 에너지 섭취량을 감안하여 계산하였다. 51세 이상 성인의 적정 섭취량[51-70세 성인 하루 1,300 mg; 70세 이상 성인 하루 1,200 mg]도 젊은 성인 에너지 섭취량을 고려하여 계산한 것이다 [IOM, 2005]) (상한 섭취량 : 일반인 거의 전체에서 건강에 악영향을 주지 않는 것으로 판단한 1일 섭취량의 최고값이다. 섭취량이 허용상한선을 넘으면 악영향을 미칠 가능성은 높아진다.)

제2장에는 중요 국가 보건정책의 효과 평가와 관련하여 제시된 기존의 나트륨 섭취량에 대한 정보가 나와 있다. 이번 제5장에서는 미국질병관리본부에서 국민 전체를 대표하는 표본을 이용하여 전국적으로 시행하는 미국국민건강영양조사(online: http://www.cdc.gov/nchs/nhanes.htm)를 바탕으로 분석한 결과를 제시한다(워싱톤 DC에 소재한 Mathematica Policy Research 회사가 분석을 지원함). 특히 2003-2006년도 자료를 현재의 나트륨 섭취량을 구체화하기 위해 분석하였다. 나트륨 섭취에 대한 이 자료는 미국국민건강

영양조사의 일부("미국인은 무엇을 먹는가 What We Eat in America "로 알려짐)로 수집하였지만, 표현을 간편하게 하기 위해 이 제5장에서는 "NHANES 자료"라고 부른다. 2003-2006년 NHANES 자료는 각 식품분야가 식이에 기여하는 정도를 분석하는 데 사용하였고 또 "가정식"과 "외식"을 구분하여 섭취량에 기여하는 정도를 파악하는 데 사용하였다. 섭취량을 감시하고 조사하는 데 중요한 문제와 관련요소 또한 다룰 것이다.

NHANES 자료에 대한 배경지식과 자료 분석에 사용한 방법론은 부록 E에 제시하였다. 결과 분석 정보는 아래에 요약하여 제시하였으며, 자세한 자료는 표와 그림으로 부록 F에 제시되어 있다.

나트륨 섭취량 추정

제2장에서 언급한 바와 같이 나트륨 섭취량을 추정하는 데 있어 식품산업분야로 공급하여 소모되는 나트륨 양을 근거로 추정하면 어느 정도 추정은 가능하지만 다음 두 가지 평가방법이 더 정확한 섭취량을 추정할 수 있다: (1) 식이에 대한 자기보고 self-report (인터뷰, 식사 기록, 식사 일지, 개인 식품 섭취 빈도 조사 food frequency questionnaires of individuals)와 (2) 소변 내 나트륨의 개인별 측정.

나트륨 섭취량을 추정하는 정확하고 신뢰성 있는 방법은 24시간 수집 소변을 분석하는 것이고 이 방법으로는 섭취한 나트륨의 90% 이상을 반영한다(Clark and Mossholder, 1986; Luft et al., 1982; McCullough et al., 1991; Schachter et al., 1980). 그러나 이 방법은 현재 미국국민건강영양조사에 포함되지 못하고 있다. 따라서 현재 미국국민건강영양조사에서 얻은 나트륨 섭취량 추정치는 대상자의 식이 섭취에 대한 자기 보고서를 바탕으로 얻은 것이다. 이 대규모 건강영양조사는 전 인구를 대표하는 추정치뿐만 아니라 인종별 소집단에서의 추정치도 제공한다. 그러나 더 많은 수의 인구 및 인종별 집단의 자료를 제시하기 위해 이번 연구에서는 2003-2004년 자료와 2005-2006년 자료를 합쳐서 분석하였다(부록 F). 각종 임상시험이나 소규모의 연구는 소집단이나 특별한 집단의 식이 섭취에 대해 미국국민건강영양조사가 제공할 수 없는 정보는 제공하지만 대표성이 있다고 할 수는 없다.

전 국민이나 집단을 대상으로 섭취량을 추정할 때에는 24시간 식이 섭취량을 몇 차례 반복 조사하는 것이 좋다(IOM, 2000). 다른 조사 방법도 있으나, 설문 대상자가 상당히 노력해야 하며, 설문조사로 인해 대상자 행동이 바뀔 수도 있고(예: 식품 기록과 일기) 식품이나 에너지 섭취량을 과대평가할 수도 있다(예: 식품 빈도 설문) (Thompson and Subar, 2008). 24시간 식이 섭취량 회상법 조사의 장점은 하루에 소비하는 식품의 종류와 양을 정량화하는 표준화된 조사표를 사용한다는 점과, 설문 대상자의 부담을 덜어 주며, 두 번 이상 회상법 조사를 조사 대상 집단 표본에서 조사하면 가치 있는 식이 섭취량 추정치와 통상적인 영양소 섭취량을 제시할 수 있다는 점이다. 또한 개인 섭취량 정보는 집단의 섭취량 분포 양상을 계산하게 하여 다량 섭취군과 소량 섭취군으로 나누어 분석하는 데 사용할 수 있게 한다. 또 그 정보는 소비하는 식품의 나트륨 함량을 반영한다.

식이 섭취량 조사의 큰 단점은 개인의 보고나 측정에서 오류가 어느 정도 있을 수 있다는 점이다(Thompson and Subar, 2008). 예를 들어 과체중인 사람은 어느 식품을 빼거나 양을 줄여 보고하여 섭취량을 줄여 보고하는 경우가 있다. 더 나아가 부모는 자녀의 섭취량을 늘려 보고하거나 섭취량을 정확하게 추정하지 못할 수도 있다(Basch et al., 1990; Briefel et al., 1997; Devaney et al., 2004). 24시간 식이 회상법은 자료 수집이 힘들고, 간격을 두면서 적어도 두 번 측정해야 섭취량 추정이 가능하다.

지난 몇 년간, "국민영양모니터링 및 관련연구 프로그램 National Nutrition Monitoring and Related Research Program "의 일부로 조사 방법이 향상되었으며(Woteki, 2003), 24시간 식이 회상법 자료는 질적으로나 가치 측면에서 향상되었다. 식이섭취량 조사원이 표준화된 조사 방법을 사용하여 완전하고 정확한 섭취량 조사가 이루어지도록 하고, 조사대상자가 섭취량을 정확하게 제시하도록 적절한 조사 도구를 사용할 수 있도록 하며, 하루 섭취량을 정확하게 추정하기 위해 통계적 분석법을 개발하는 데 많은 노력을 기울였다(Dwyer et al., 2003).

그럼에도 불구하고 미국국민건강영양조사 자료로 추정한 나트륨 섭취 추정량은 실제 섭취량보다 과소평가된 것 같다. 그러나 식이자료 수집의 내재적인 측정 오류와 전체 인구가 실제 섭취하는 양보다 낮게 평가한 면이 있다고 하더라도 이 자료는 매우 쓸모 있는 정보이다.

미국인의 현재 나트륨 섭취량

이 연구의 목적을 위해 2003-2006년 미국국민건강영양조사 자료(2003-2004년 조사와 2005-2006년 조사 자료를 합친 것)를 이용하였고 이 합친 자료를 "현재" 자료로 정하였다. 나트륨 섭취량의 정량적인 분석을 위해 추정치는 "평소 식이 섭취량 usual intake "으로 표현하였다(부록 E). 초기 미국국민건강영양조사자료 분석에서 나트륨 섭취량을 하루 평균량으로 표현한 것과 같은 방식으로 식품의 범주에 관련된 분석은 물론 식품 이외에서 공급되어 식이에 추가되는 나트륨 양의 분석도 하루 평균량으로 분석하였다.

표 5-1에서 보듯 식이로 섭취하는 나트륨은 식품, 식사 중 식탁에서 첨가하는 소금, 수돗물, 보조식품 등이 공급원이다. 식품의 나트륨 함량은 식품을 가공하거나 조리할 때 들어가는 소금 양을 반영한다. 식탁에서 첨가하는 소금의 양이나 수돗물 및 보조제에 함유된 나트륨 양을 추정하는 방법은 부록 E에서 기술하였다. 의약품 복용으로 인한 나트륨 섭취량에 대한 정보는 얻을 수 없었다. 항소염제, 제산제, (대변)완화제 등은 나트륨 섭취량에 영향을 줄 수 있다(online: http://www.megaheart.com/pdf/sodiuminmedications.pdf). 예를 들어, 중탄산나트륨은 속쓰림이나 소화불량을 완화하는 데 자주 사용한다(online: http://www.medicinenet.com/sodium_bicarbonate-oral/article.htm) (예를 들면 시판되는 제산제 두 알에는 나트륨 10 mg [성분은 sodium polyphosphate]을 포함한다: 2008년도 "연구 목적의 영양 식이 체계 Nutrition Diet System for Research " 자료). 건강문제를 가지고 있는 환자나 치료하는 의사의 입장에서는 의약품에 포함된 나트륨 함량에 신경을 써야겠지만(Szarfman et al., 1995; Ubeda et al., 2009), 전체적으로 보아 의약품이 나트륨 섭취량에 기여하는 양은 미미하다.

표 5-1에서 볼 수 있듯이, 2세 이상 미국인에서 2003-2006년에 섭취한 평균 1일 나트륨 섭취량은 3,614 mg으로 나타났다. 이 연령군에서 "미국인 식생활 지침"이 권고하는 나트륨 섭취량은 1일 2,300 mg이다. 2009년 이후 최근 자료는 없지만 칼로리 섭취량 추세, 비만유병률, 최근에 나온 관찰 연구, 소비자 교육이 부실한 점 등을 고려할 때, 2003-2006년 미국국민건강영양조사 이후 나트륨 섭취량이 줄었다는 근거는 찾기 힘들다.

일상적으로 식이 공급원 전체(식품, 식탁소금, 수돗물, 식이보조제)에서 섭취하는 1일 나트륨 양은 2-3세부터 시작하여 소아/청소년기를 거쳐 19-30세까지 꾸준히 증가하여 최대치에 도달하고 이후 감소한다(부록 F, 표 F-1). 식품 이외의 식이 공급원에서 섭취하는 나트륨 양은 하루 평균 207

표 5-1. 2세 이상 인구에서 식이 공급원에서 온 1일 평균 나트륨 섭취량

	식이 공급원(mg/d)									
	식품[a]	SE	식탁 소금[b]	SE	수돗물	SE	보조 식품	SE	합계	SE
2세 이상 전 연령군	3,407	13.8	178	1.4	27	0.3	2.0	0.2	3,614	14.1
어린이										
2-5세	2,38	26.4	33	1.5	9	0.3	1.0	0.1	2,432	26.6
6-18세[c]	3,3371	23.5	89	1.1	19	0.4	1.0	0.2	3,481	23.7
성인										
19세 이상 남자 성인	4,122	29.8	226	3.0	30	0.6	2.0	0.6	4,380	30.2
19세 이상 여자 성인[c]	2,874	21.0	197	2.9	30	0.6	2.0	0.2	3,103	21.5
모든19세 이상 성인 전체[c]	3,491	19.4	211	2.1	30	0.4	2.0	0.3	3,734	19.8

주: 식품으로 섭취하는 나트륨은 다른 영양분에 대한 공급원 보고 방식과 일치시키기 위하여 일상 섭취량으로 하지 않고 1일 평균 섭취량으로 기록하였다; d=day; mg=milligram; SE=표준오차(standard error)

[a] 조리와 식품 제조시 넣는 소금 포함

[b] 식탁에서 소비자가 추가하는 소금

[c] 임신부와 수유부는 제외; 이들의 자료는 부록 F 표 F-1에 제시.

출처: 미국국민건강영양조사(NHANES) 2003-2006.

mg이며 이를 포함하여 2세 이상 미국인이 하루 섭취하는 평균 나트륨 양은 3,614 mg이다. 평균 나트륨 섭취량과 일상 섭취량의 분포에 대한 자세한 정보는 부록 F, 표 F-1, 표 F-2에 각각 나와 있다.

추가로 분석한 결과 미국인 전체의 약 10% (표준오차=0.5%)만 "미국인 식생활 지침"에서 권고하는 하루 2,300 mg 이하의 나트륨 섭취량 기준을 만족시키고 있었다. 식품 공급원만 놓고 분석하였을 때에는 약 15% (표준오차=0.6%)만 지침을 따르고 있었다. 71세 이상 여성 집단에서 가장 충실히 지침을 따르고 있었지만, 이 집단에서도 약 36% (표준오차=3%)만 하루 2,300 mg 이하의 나트륨 섭취량을 지키고 있었다.

나트륨 섭취량 공급원의 대부분은 식품이었는데, 2003-2006년도 2세 이상 미국인에서 나트륨 3,407 mg을 매일 식품으로 섭취한다고 추정된다(부록 F, 표 F-1). 그림 5-1에서 보듯 식품 이외로 섭취하는 나트륨 양은 6%에 불과하다. 따라서 식품에 의한 나트륨 섭취에 대하여 먼저 다루도록 하겠다.

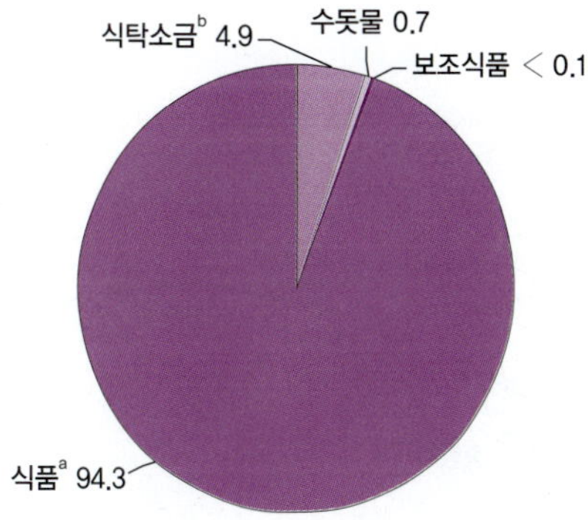

그림 5-1. 2세 이상 미국인이 섭취하는 나트륨 공급원의 기여도 백분율.

주: 24시간 식이 회상법 자료 가중치(n=16,822)에 의한 1일 평균 섭취량; 식품으로 섭취하는 나트륨은 다른 영양분에 대한 공급원 보고 방식과 일치시키기 위하여 일상 섭취량으로 하지 않고 1일 평균 섭취량으로 기록하였다.

[a]조리와 식품 제조 시 넣는 소금 포함

[b]식탁에서 소비자가 추가하는 소금

출처: 미국국민건강영양조사 2003-2006.

식품으로부터의 나트륨 섭취

나이에 따른 분석

일상적으로 식품으로 섭취하는 평균 나트륨 양은 2-3세에 약 2,200 mg이다가 19-30세에는 약 3,800 mg으로 가장 높고, 70세 이상에서 약 2,600 mg으로 서서히 감소한다(그림 5-2, 부록 F, 표 F-3). 모든 연령대에서 상당수가 나트륨 섭취 상한선을 초과하여 섭취한다. 부록 F, 표 F-3에는 각 연령 및 성별 소집단의 일상 섭취량을 "식이 참고 섭취량 Dietary Reference Intake, DRI "과 비교한 백분율 분포 양상에 대한 정보를 자세히 제공한다.

나트륨 섭취 중앙치 median 를 1일 평균 섭취량 mean 과 비교하면 중앙치는 평균치보다 1일 50-150 mg 정도 낮은 것으로 나타났으나, 두 대표값의 경향은 비슷하게 유지되었다(표 5-2, 그림 5-2). 중앙치에 대한 더 자세한 자료는 부록 F, 표 F-3에 있다.

식품에서 오는 일상 평균 나트륨 섭취량은 모든 연령 집단에서 충분 섭취량을 초과하며 그림 5-3과 그림 5-4는 각각 소아와 성인의 섭취 경향을 보여주고 있다. 이 자료는 미국인이 부적절한 나트륨 섭취에 대하여 우려하지 않음을 말하고 있다.

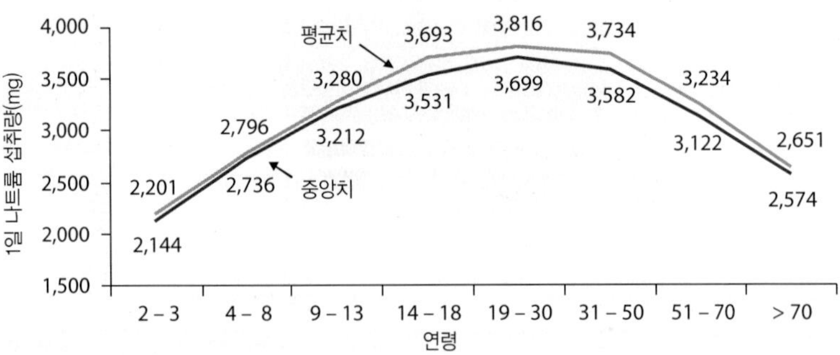

그림 5–2. 2세 이상 미국인에서 식품으로 섭취하는 평균 1일 일상 나트륨 섭취량과 그 중앙치.

주: mg=milligram.

출처: 미국국민건강영양조사 2003-2006.

표 5-2. 2세 이상 미국인의 식품을 통한 평소식이 나트륨 섭취량의 백분율 분포 표

	평소 섭취량 백분율 구간(1일 mg)								과도한 섭취	
	5%	10%	25%	중앙치	표준 오차	75%	90%	95%	상한 섭취량 이상 섭취자 백분율	표준 오차
2세 이상 전 연령군	1,846	2,114	2,615	3,268		4,044	4,879	5,454	88	1
어린이										
2-5세	1,455	1,619	1,922	2,311	16	2,767	3,250	3,579	87	2
6-18세[a]	2,028	2,268	2,711	3,272	13	3,920	4,607	5,083	93	1
성인										
19세 이상 남자 성인	2,324	2,648	3,243	3,995	18	4,861	5,761	6,365	95	1
19세 이상 여자 성인[b]	1,679	1,897	2,293	2,794	13	3,364	3,952	4,357	75	1
19세 이상 성인 전체[b]	1,845	2,126	2,654	3,344	13	4,166	5,048	5,652	86	1

주: mg=milligram; SE=표준오차, 부록 F, 표 F-3 참조.

[a]조리와 식품 제조 시 넣는 소금 포함

[b]임신부와 수유부는 제외; 임신부와 수유부의 자료는 부록 F 표 F-3에 기록

출처: 미국국민건강영양조사 2003-2006.

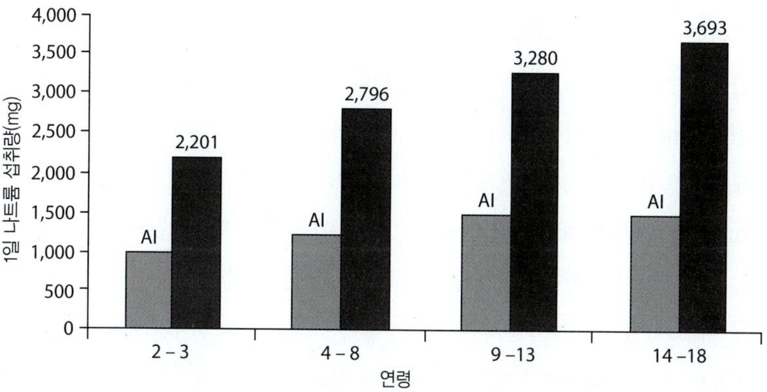

그림 5-3. 소아의 식품을 통한 평소 평균 나트륨 섭취량과 충분 섭취량(AI).

주: mg=milligram.

출처: 미국국민건강영양조사 2003-2006.

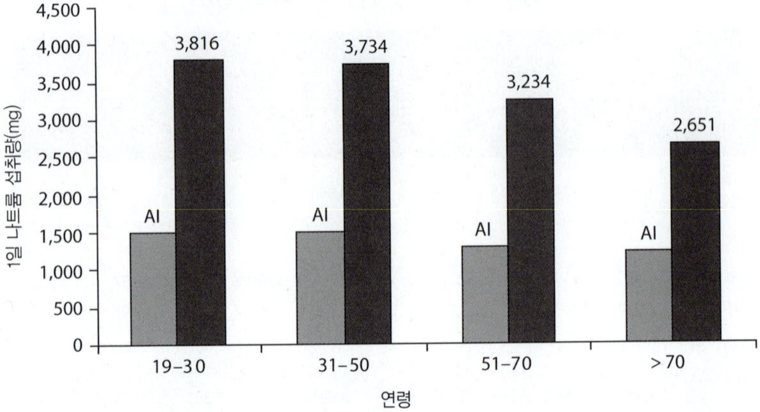

그림 5–4. 성인의 식품을 통한 평소 평균 나트륨 섭취량과 충분 섭취량(AI).
주: mg=milligram.
출처: 미국국민건강영양조사 2003-2006.

정말로, 2세 이상 미국인의 88%는 상한 섭취량 이상인 나트륨을 식품으로부터 섭취하고 있다. 그림 5-5에서 보듯이 모든 연령 집단에서 대부분의 사람들이 상한 섭취량을 넘어 나트륨을 섭취하고 있다. 70세 이상 성인에서는 그나마 약 1/3정도가 상한 섭취량 이하로 나트륨을 섭취하고 있다.

어린이의 나트륨 섭취 문제는 공중보건 문제에서 간과되고 있다. 미국국민건강영양조사 2003-2006년 자료에서 보여주는 바와 마찬가지로 2005년 Mathematica Policy Research 회사가 주관하고 미국농림부가 후원한 "제3차 학교 영양 및 식이 평가 연구 SNDA-III, Third School Nutrition and Dietary Assessment Study" (Gordon and Fox, 2007) 결과에서도 학교 아동의 나트륨 섭취량 추정치가 높았다. SNDA-III 연구 결과는 공립학교 학생이 등교일에 식품으로 섭취하는 평균 나트륨 양이 하루 3,402 ± 46.4 mg이라고 보고하였다(Clark and Fox, 2009). 6-18세 공립학교 학생의 거의 92% 정도가 허용상한선 이상의 나트륨을 식품으로 섭취하고 있었으며, 초등학교 취학 아동에서 가장 높은 수치를 보였다(96%).

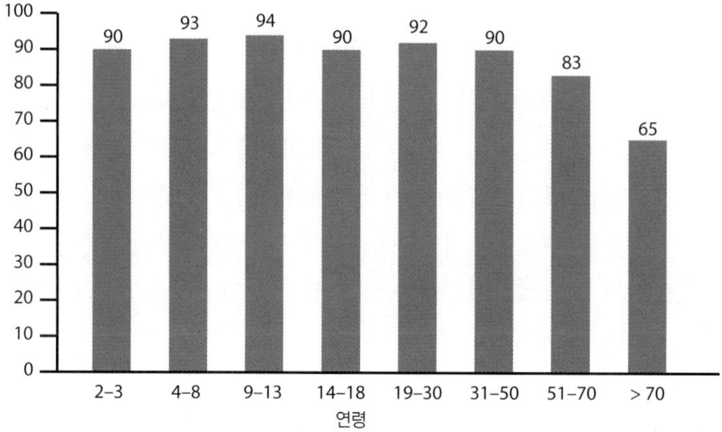

그림 5-5. 2세 이상 미국인에서 상한 섭취량(UL) 이상으로 나트륨을 섭취하는 사람의 비율.
주: mg=milligram.
출처: 미국국민건강영양조사 2003-2006.

2세 미만의 어린이의 나트륨 섭취에 대해서는 "미국인 식생활 지침"이 다루고 있지 않지만, 2002년 Mathematical Policy Research 회사가 주관한 "영유아 급식 연구 Feeding Infants and Toddlers Study, FITS " 결과에 따르면 나트륨 과량 섭취는 어려서 시작된다고 하였다(Heird et al., 2006; Ziegler et al., 2006). 이 연구 결과에 따르면 평균 나트륨 섭취량은 4-5개월 영아에서 하루 188 mg, 6-11개월 영아에서 하루 493 mg, 그리고 12-24개월 유아에서 1,638 mg이며 모두 충분 섭취량을 초과하고 있다고 하였다(Heird et al., 2006). 특히 유아 toddler 의 58%가 나트륨 상한 섭취량을 초과하는 나트륨을 섭취하고 있었다. 2008년 FITS의 예비결과(Nestle 영양연구소, 미국식이협회의 식품영양 학술대회 및 엑스포, 미국 콜로라도주 덴버시, 2009년 10월; online: http://www.foodnavigator-usa.com/Science-Nutrition/Preschoolers-diets-mimic-unhealthy-adult-eating)는 유아 및 취학 전 아동의 상당수가 충분 섭취량을 초과하는 나트륨을 섭취하고 있다고 지적하였다.

성별에 따른 분석

취학 연령부터 남자아이는 여자아이보다 나트륨을 더 많이 섭취하고, 이런 양상은 남자아이가 칼로리를 더 섭취하는 것과 일치한다(그림 5-6). 고학년 어린이와 성인을 통틀어 볼 때 70세 이상 여성에서 나트륨 섭취량이 가장 낮았다(2,398 mg/d). 학령기 이전 어린이에서만 이 보다 낮은 수치를 보였다. 각 연령 집단에서 여자에 비해 남자의 나트륨 평소 섭취량이 많을 뿐 만 아니라 상한 섭취량 이상으로 섭취하는 비율도 높았다. 성인 남성 10명 중 9명이 나트륨을 과량 섭취하고 있었다.

나트륨 섭취 밀도에 따른 분석

나트륨 섭취량은 칼로리 섭취량이 증가할수록 증가한다(Loria et al., 2001). 표 5-3에서 볼 수 있듯이 미국국민건강영양조사 2003-2004년 자료를 바탕으로 나이 및 성별 집단에 따라 분석한 결과, 대부분의 집단에서 섭취 칼로리와 1일 나트륨 섭취량과의 관계를 나타낸 상관 계수 correlation value 가 0.70 이상임을 보여주었다.

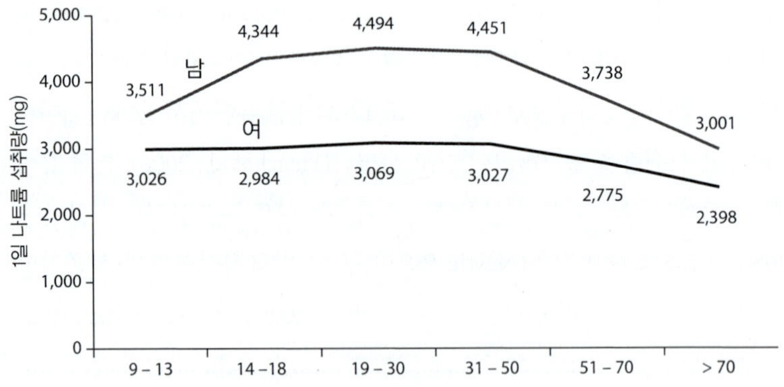

그림 5-6. 식품을 통한 평균 1일 나트륨 일상 섭취량의 성별 차이.

주: mg=milligran; 임신부와 수유부는 제외; 임신부와 수유부의 자료는 부록 F, 표 F-3에 수록.

출처: 미국국민건강영양조사 2003-2006.

표 5-3. 나트륨 대 칼로리 섭취량의 상관 관계 값

	상관계수(mg 대 킬로칼로리)
2세 이상 전 연령군	0.79
어린이	
2-3세	0.78
4-8세	0.77
남자	
9-13세	0.81
14-18세	0.83
19-30세	0.75
31-50세	0.75
51-70세	0.72
70세 이상	0.68
여자	
9-13세	0.75
14-18세	0.78
19-30세	0.76
31-50세	0.74
51-70세	0.71
70세 이상	0.67
임신부와 수유부[a]	0.72
임신부[a]	0.74
수유부	0.63

주: 하루 섭취량 기준임. kcal=킬로칼로리; mg=milligram.
[a]여성 11명은 임신 중이거나 수유 중.
출처: 미국국민건강영양조사 2003-2006.

1,000칼로리당 나트륨 섭취량을 나타내는 나트륨 섭취 밀도 sodium intake density 는 칼로리 섭취량과 나트륨 섭취량 사이의 교란 작용을 배제한 상태에서 섭취량을 비교할 수 있도록 한다. 부록 F (표 F-4)는 미국국민건강영양조사 2003-2006년 자료에 근거하여 "영양섭취기준 Dietary Reference Intake, DRI "을 나이와 성별 집단으로 나누어 나트륨 섭취 밀도를 구체적으로 제시하였다. 2-8세 어린이를 제외하면 전반적으로 나트륨 섭취 밀도는 매우 비슷하였다. 이것은 나트륨 섭취량의 차이가 칼로리 섭취의 차이에 기인한다는 것을 말한다. 남녀 모두 50-71세 연령대에서 나트륨 섭취 밀도가 가장 높았고, 50-71세 여성의 나트륨

섭취 밀도가 가장 높았다. 예상할 수 있듯이 에너지 요구량이 많을수록 나트륨 섭취량이 많아지고 있다. 다음에는 나트륨 섭취 밀도를 시간 변화 경향에 따라 기술한다.

관심 하위집단에서의 분석: 식품을 통한 나트륨 섭취량

인종에 따른 분석

표 5-4에서 보이듯이, 모든 인종에서 나트륨 섭취량은 많다.

2-3세 및 4-8세 비히스패닉 아프리카계 미국인 어린이는 백인이나 히스패닉계 어린이에 비해 평균 나트륨 섭취량이 최고치를 보였다. 그러나, 9-13세

표 5-4. 인종에 따라 분석한 2세 이상 인구에서 식품을 통해 섭취하는 일상 평균 나트륨 섭취

나이	합계		비히스패닉계 백인		비히스패닉계 아프리카계 미국인		히스패닉	
	평균치 (mg/1일)	표준오차	평균치 (mg/1일)	표준오차	평균치 (mg/1일)	표준오차	평균치 (mg/1일)	표준오차
연령 조정 후								
2세 이상 연령군 전체	3,506	9.0	3,589	14.0	3,315	16.0	3,342	17.0
19세 이상 연령군 전체	3,613	12.0	3,689	18.0	3,377	26.0	3,499	27.0
연령 조정 전								
2-3세	2,201	19.3	2,193	36.9	2,404	39.1	2,018	31.7
4-8세	2,796	16.0	2,811	30.8	2,874	26.6	2,672	28.5
9-13세	3,280	16.9	3,307	34.3	3,282	29.2	3,230	30.2
14-18세	3,693	23.6	3,806	49.8	3,479	37.2	3,486	35.6
19-30세	3,816	23.7	3,943	36.2	3,550	45.1	3,581	47.4
31-50세	3,734	22.9	3,830	34.0	3,499	44.4	3,620	43.5
51-70세	3,234	20.4	3,316	27.8	2,862	39.4	2,831	50.6
70세 이상	2,651	19.0	2,692	22.4	2,362	42.4	2,236	55.9
19세 이상 성인	3,493	12.1	3,549	16.9	3,271	24.9	3,425	27.4
2세 이상 전 연령층	3,409	8.7	3,478	14.1	3,231	45.6	3,264	16.8

주: 합계 종렬(total column)에는 표시하지 않은 인종의 자료를 포함함, mg=milligram; SE=표준오차.
출처: 미국국민건강영양조사 2003-2006.

어린이에서는 차이가 없었다. 청소년과 성인에서는 백인이 비히스패닉 아프리카계 미국인이나 히스패닉계에 비해 많은 양을 섭취하고 있었다. 나트륨 섭취량이 이와 같이 인종 간에 차이가 나타나는 것은 소비하는 식품 종류나 양의 차이 등 식이습관이나 문화와 관련이 있을 수 있고, 또 섭취량 보고의 정확성에 있어서 차이가 있을 수 있기 때문에 해석하는 데 주의하여야 한다. 더 나아가 부모는 자녀를 대신하여 섭취량에 대해 보고할 때 과대평가한다는 사실은 알고 있지만(Devaney et al., 2004), 인종이나 사회경제적인 특성에 따라 식이섭취량 보고의 정확성에 차이가 생기는지에 대해서는 거의 알려진 바가 없다. 인종에 따른 섭취량의 차이에 대한 자세한 정보는 부록 F (표 F-5)에 나와 있다.

소득에 따른 분석

식품을 통한 나트륨 일상 섭취량의 분포를 살펴보면 소득 정도에 관계없이 모든 집단에서 나트륨 섭취량이 높은 것을 알 수 있다(부록 F, 표 F-6). 이 보고서를 작성하기 위한 것뿐만 아니라 영양보조 프로그램(미국실험생물학학회 연합 Federation of American Societies for Experimental Biology, 생명과학연구처 Life Science Research Office, 1995 평가를 위해 사용하는 영양통계분석 기준에 맞추기 위하여, 저소득 low-income 은 연간 가계소득이 빈곤 수준의 130% 이하 또는 식품카드 프로그램 food stamp program 이라고 부른 "보충 영양 보조 프로그램 Supplemental Nutrition Assistance Program, SNAP " 수혜 대상자로 정의하였다. 중간 소득 Intermediate income 은 빈곤선의 130-185% (185%는 학교에서 무료 또는 감액 급식을 받거나 "여성, 유아, 어린이를 위한 특별영양보충프로그램 Special Supplemental Nutrition Program for Women, Infants, and Children (WIC) program 대상자로 정의하였고 고소득 higher-income 은 빈곤선의 185% 이상으로 정의하였다. 식품을 통해 섭취하는 평균 나트륨 양은 저소득층과 19-30세의 고소득층, 그리고 31-50세의 고소득층에서 가장 많았다.

"미국인 식생활 지침"이 고위험군이라고 정한 하위집단

2005년도 "미국인 식생활 지침"은 고혈압이 있는 사람이나 아프리카계 미국인, 그리고 중년 및 노년 인구에서는 하루 섭취 나트륨 양을 1,500 mg으로 제한하도록 권고하였다(HHS/USDA, 2005). 미국국민건강영양조사 2003-2006년에서는 인종 및 연령에 따른 나트륨 섭취량 정보를 보고하였다. 조사 보고서는 고혈압을 다음 사항 중 한 가지 이상 만족하는 것으로 정의하고 있다. (1) 수축기 혈압 140 mmHg 이상, 또는 (2) 이완기 혈압 90 mmHg 이상, 또는 (3) 고혈압 약제를 복용하고 있는 경우(NHLBI, 2003)이다. 따라서 고혈압 집단의 나트륨 섭취자료를 분석할 때 고혈압이 있었는지 몰랐던 대상자가 있을 수도 있으며, 항고혈압제를 먹는지도 모르는 대상자도 있을 수 있어 결과 분석에 문제가 있을 수 있다.

어쨌든 그림 5-7에서 보여주는 바와 같이 이 고위험군 하위집단 대상자는 거의 모두 나트륨을 하루 1,500 mg 이상 섭취하고 있다. 비히스패닉 아프리카계 미국인이나 중년 또는 고령 인구 하위집단에 대한 정보는 제5장 앞부분에서 제시하였다. 고혈압이 있는 성인에서 미국국민건강영양조사 2003-2006년 자료에 근거하여 연령 및 성별에 따른 나트륨 섭취량 백분위 분석

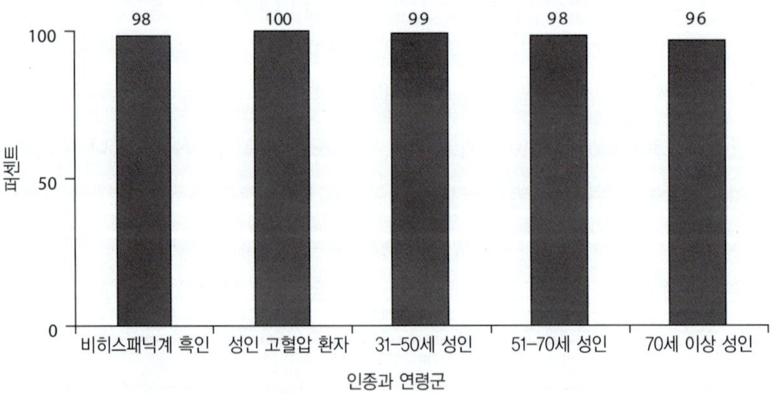

그림 5-7. 고위험군 소집단에서 평균 나트륨 섭취량이 하루 1,500 mg을 초과하는 대상자의 백분율.

출처: 미국국민건강영양조사 2003-2006.

자료를 부록 F (표 F-7)에 제시하였다. 연령군별 평균 일상 나트륨 섭취량은 하루에 19-30세 4,808 mg, 31-50세 3,734 mg, 51-70세 3,064 mg, 그리고 70세 이상의 성인에서는 2,519 mg이다.

식품 이외의 나트륨 섭취 공급원

식탁에서 첨가하는 소금으로 인한 섭취

미국국민건강영양조사 2003-2006년 자료를 통해 본 나트륨 섭취 공급원에는 식사 중 식탁에서 첨가하는 소금이 포함되어 있다. 평균적으로 전체 나트륨 섭취량의 약 5% (총 3,614 mg 중 178 mg)가 식사 중 첨가하는 소금으로 인한 것이다(표 5-1, 부록 F, 표 F-1). 이는 연령과 성별에 관계없이 동일한 비중을 차지한다. 또 이 자료는 Mattes와 Donnelly (1991)가 성인 62명을 대상으로 발표한 연구결과와 일치한다.

물로 인한 나트륨 섭취

표 5-1과 부록 F (표 F-1)에서 볼 수 있듯이 물에서 오는 나트륨의 섭취량은 약 1% (0.7%, 3,614 mg 중 27 mg)이다. 이러한 결과는 Mattes와 Donnelly (1991)의 소규모 연구의 결과와 일치한다. 물에 나트륨이 포함되는 요인으로는 바닷물에서 증발한 증기가 비가 되어 내리는 것, 담수 대수층 freshwater aquifer이 바닷물에 오염되는 경우, 대지의 눈이 녹거나 빗물이 흘러 섞이는 경우, 가정용 경수연화 장치 water softener 를 사용하는 경우 등이 있다(Korch, 1986). 수돗물의 나트륨 함량은 지역 간에는 물론 같은 지역 안에서도 차이를 보인다(Azoulay, 2001). 미국에서는 공급되는 물 100 g당 나트륨이 0.1-39.1 mg 포함되어 있으며(Pehsson et al., 2008), 수돗물에는 평균 1 L당 50 mg (Hoffman, 1988), 생수에는 1 L당 10 mg 미만의 나트륨이 포함되어 있다(미국 농무의 국가영양데이터베이스 표준 참고치 National Nutrition Database for Standard Reference; online: http://www.nal.usda.gov/fnic/foodcomp/search/).

경수연화 장치를 쓰면 물에 나트륨이 들어간다(Bradshaw and Powell, 2002). 경수연화 장치는 칼슘과 마그네슘이 많이 섞인 경수를 이온교환 과정을 통해 칼슘/마그네슘 이온 대신 나트륨을 제공하면서 물의 성질을 연하게 바꾼다. 경수연화장치로 첨가되는 나트륨의 양은 경수의 성질에 달려있다. 물의 경수 성질이 클수록 첨가하는 나트륨 양은 많아진다. Korch (1986)가 진행한 한 연구에서는 경수연화장치로 첨가되는 나트륨의 양이 1 L당 100 mg까지 달할 수 있다고 하였다. Yarows등(1997)이 시행한 다른 연구에서는 경수연화장치로 처리한 연수 softened water 의 나트륨 양과 도시 용수에 포함되어 있는 나트륨 양을 비교하였는데, 연수에는 나트륨이 평균 278 mg/L (172-1,219 mg/L) 포함된 반면, 도시용수에는 평균 110 mg/L (0-253 mg/L) 포함되어 있었다. 연구자들은 하루에 물을 2.5 L 마셨을 때 평균 695 mg, 그리고 가장 고농도의 나트륨이 포함된 연수를 마셨을 때 최고 3,047 mg 에 해당되는 나트륨을 물로 섭취될 수 있다고 하였다. 메이요 클리닉 Mayo Clinic 에서 제시한 연구결과에 따르면 일반적으로 8 ounce (대략 230 mL) 크기의 잔에 연수를 채웠을 때 나트륨은 약 12 mg이 들어 있다고 하였다.

보조식품

평균적으로 보조식품 Dietary Supplement 에 의한 나트륨 섭취량은 미미하다(미국 국민건강영양조사 2003-2006년 자료에 따르면 1% 미만이다) (표 5-1과 부록 F, 표 F-1 참조). 그러나 인구 전체로 보았을 때에는 미미할 수 있겠지만 개인에게는 보조식품이 나트륨 섭취 공급원으로 상당히 중요한 경우가 있다. 예를 들어, 미국국민건강영양조사 2003-2006년 자료에서는 보조식품을 복용하는 사람에서 이로 인한 나트륨 섭취량은 약 0.02-540 mg이라고 추정하였다(한 조사 대상자는 한 번 복용량에 나트륨이 4,600 mg 들어 있는 운동 보조식품 performance workout supplement 을 복용하였다고 보고하였고 그 다음으로는 나트륨 540 mg이 들어 있는 보조식품이었다).

소변 검체 분석을 통한 나트륨 섭취량의 측정

24시간 식이 회상법으로 나트륨 섭취량을 추정하면 유용한 정보를 많이 제공받기는 하지만 실제 나트륨 섭취량보다 과소평가할 가능성이 많다. 개인의 나트륨 섭취량을 정확하게 측정하는 표준적인 방법은 24시간 소변을 모아 나트륨 양을 측정하는 것이다. 나트륨은 극히 소량만 땀과 대변으로 배출되고 대부분은 소변으로 배설된다. 나트륨 섭취량과 배설량을 주의 깊게 관찰한 연구에서는 24시간 소변 내 나트륨 배출량이 섭취량의 90% 이상을 감지한다고 하였다(Clark and Mossholder, 1986; Luft et al., 1982; McCullough et al., 1991; Ovesen and Boeing, 2002; Reinivuo et al., 2006; Schachter et al., 1980).

그러나 개개인에서 24시간 소변을 모으는 일은 쉽지 않다. 각자의 강한 참여 의지가 중요하며, 24시간 동안 소변 용기를 들고 다녀야 한다. 이보다 조금 쉬운 방법은 아침 첫 소변을 받아 분석하는 방법과 밤에 보는 소변을 모두 모으는 방법이 있지만 이 두 가지 방법 모두 만족할 만한 결과를 보여주지 못하였다(Dyer et al., 1997). Dyer등(1997)이 지적한 대로 24시간 소변수집 방법에도 문제가 있는데, 개인마다 매일 나트륨 섭취량이 변하고, 개인별로도 섭취량이 많이 다르기 때문에, 정확한 추정을 위해서는 측정한 대상자수가 많아야 하고, 소변을 정확하게 수집하고 분석할 수 있도록 하며, 한 개인에서도 변화 정도를 추정해야 정확한 추정치를 얻을 수 있다.

대상자에게 주는 부담과 사용물품/비용 등 경제적 부담 문제로 인해 24시간 소변 수집은 미국국민건강영양조사 항목에서 제외되었다. 따라서 미국국민건강영양조사 정보에서는 소변검체 분석에 근거하여 대표 표본의 나트륨 섭취 추정량은 얻을 수 없다. 그러나 식이 섭취량 회상법도 나트륨 섭취량을 추정하는 타당한 방법으로 알려져 있다(Espeland et al., 2001; Reinivuo et al., 2006). 미국인의 소변을 검체로 사용하여 측정한 나트륨 정보는 국제적인 연구에서 두 번 조사하였고 27-37세 성인 약 1,000명을 대상으로 한 조사도 있었다. 이 연구 결과는 식이 섭취량 회상법에 의해 추정한 결과와 거의 비슷하여 미국인 나트륨 섭취량이 권고량을 훨씬 상회한다는 것을 확인하고 있다.

INTERSALT

INTERSALT는 전해질 섭취와 혈압과의 관계를 관찰한 대규모 연구로서 이 연구는 이후 학술논문에 가장 많이 인용된다. INTERSALT는 1985-1987년 32개국 대상자에서 24시간 소변을 수집하였다. 에너지 섭취량은 추정하지 않았다(INTERSALT Cooperative Research Group, 1986; Loria et al., 2001). 이 연구는 "국제심장학회 및 국제연맹의 역학예방평의회 Council on Epidemiology and Prevention of the International Society and Federation of Cardiology "의 후원으로 수행하였으며, 다음 기관에서 연구비 지원을 받았다. 웰컴 트러스트 Wellcome Trust; 미국국립심폐혈액연구소 the National Heart, Lung, and Blood Institute, NHLBI; 국제고혈압학회 the International Society on Hypertension; 세계보건기구 the World Health Organization, WHO; 캐나다, 영국, 일본, 네덜란드 심장 기금 the Heart Foundations of Canada, Great Britain, Japan, and The Netherlands, 시카고 보건연구기금 the Chicago Health Research Foundation; 벨기에 국립연구기금 the Belgian National Research Foundation; 벨기에 브럿셀 파라스타탈 보험회사 Parastatal Insurance Company, Brussels. 현장 연구는 1984년 시작하였으며, 1980년대 중반에 끝났다(INTERSALT Cooperative Research Group, 1988). INTERSALT 연구는 전 세계 32개국, 52개 센터에서 실시하였고 20-59세 남녀 약 10,000명을 대상으로 하였다. 연구자들은 중심기관에서 연구 내용에 대해 교육을 받았으며, 중앙실험실 한 곳에서 검체측정을 담당하여 표준화 관리와 질 관리를 하였다. 측정 항목에는 요중 나트륨, 혈압, 혈압에 영향을 줄 수 있는 각종 교란변수를 포함하였다. 나트륨 섭취량은 24시간 소변을 한 번 측정하여 결정하였다. 각 참여기관 연구자 여러 명으로 구성된 INTERSALT 협동연구그룹 Cooperative Research Group 이 결과를 발표하였다.

미국 참여기관 4개에서 측정한 24시간 요중 나트륨 양은 미시시피 주 굿만 시 Goodman, Mississippi 흑인 남성의 2,232 mg부터 미시시피 주 잭슨 시 Jackson, Mississippi 흑인 남성에서 측정한 4,012 mg까지의 범위에 있었다. 시카고 Chicago 와 하와이 Hawaii 남성에서 측정한 24시간 요중 나트륨은 3,550-3,650 mg이었다. 4개 참여기관이 여성에서 측정한 요중 나트륨 양은 미시시피 주 굿만 시 흑인 여성에서 측정한 2,538 mg부터 하와이 여성에서 측정한 3,035 mg까지의 범위에 있었다(Loria et al., 2001). 1985-1987년의 요중 나트륨 측정치는 미국국민건강영양조사II (1976-1980)와 III (1988-1994)에서 관찰한 1일 평균 나트륨 섭취량의 증가 양상과 일치한다.

INTERMAP

INTERMAP은 동아시아와 서양에서 중년 및 노년 인구의 혈압에 미치는 식이 요인의 역할을 명확히 하고자 한 국제적 협동연구이다(Zhou et al., 2003). 연구자들은 INTERSALT와 "고혈압 중단을 위한 식이 접근 Dietary Approach to Stop Hypertensiom, DASH "의 연구 때문에 영양섭취와 혈압 간의 관계에 대한 지식이 진전되었음을 인식하고 이를 INTERMAP 연구의 설계, 방법의 근거로 삼았다. 중국, 일본, 미국, 영국의 INTERMAP 연구자들은 40-59세 4,700명 남녀를 대상으로 단면조사를 시행하였다. 연구비는 미국국립심폐혈액연구소, 시카고 보건연구기금 Chicago Health Research Foundation 과 중국, 일본, 영국의 국가기관이 후원하였다. INTERMAP 연구대상자는 1997년부터 1999년까지 모집하였고 24시간 소변을 두 번 수집하여 1일 평균 나트륨 섭취량을 결정하였다.

24시간 요중 나트륨은 미국인 남성에서 4,202 mg, 여성에서 3,272 mg이었다(Zhou et al., 2003). 이 결과는 미국국민건강영양조사 자료에 얻은 식이 섭취량과 일치하는 결과이며 미국인이 권고량을 상회하는 나트륨을 섭취하고 있다는 것을 보여주고, 또 여성이 나트륨 섭취량을 더 적게 보고함을 보여주고 있다. 24시간 요중 나트륨 측정 결과도 미국국민건강영양조사 자료와 같이 1970년대부터 1990년대까지 나트륨 섭취량이 꾸준히 증가하는 경향을 뒷받침하고 있다(Briefel and Johnson, 2004).

CARDIA 연구

"청장년 관상동맥 위험발생 Coronary Artery Risk Development in Young Adults, CARDIA "연구는 미국에서 시행하였고 1990-1991년 대상자 일부에서 24시간 소변을 연속 3회 수집한 내용이 포함되어 있었다(Loria et al., 2001). 최종 자료는 25-37세 대상자 920명에서 수집하였으며, 대상자 절반은 백인, 나머지 반은 아프리카계 미국인이었다. 그러나 에너지 섭취량은 추정하지 않았다. 24시간 요중 나트륨 측정치는 아프리카계 미국인 남성에서 4,430 mg, 백인 남성에서 4,550 mg, 아프카계 미국인 여성에서 3,584 mg, 그리고 백인 여성에서 3,612 mg이었다. 이 자료는 국가 조사 자료를 보완하며, 나트륨 섭취량이 권고량보다 높다는 것을 잘 보여준다(Loria et al., 2001). 1988-1994 미국국민건강영양조사 자료에 근거한 1일 식이 섭취량 회상법으로 추정한 나트륨 섭취량은 소변 검체 검사를 통해 추정한 나트륨 섭취량과 남성에서는 비슷하였으나 여성에서는 차이가 있었다. 이것은 식이 섭취량 회상법이 어떤 인구집단에서는 실제 나트륨 섭취량을 과소평가한다는 것을 보여준다.

나트륨 섭취 추세:
NHANES 1971-1974부터 NHANES 2003-2006까지

이 단원에서는 미국국민건강영양조사 2003-2006년 자료를 이전 자료에 합쳐 분석함으로써 시기적으로 변화하는 나트륨 섭취량의 변화 추세 정보를 보강한다. 자료 분석, 자료 출처 등 배경 정보는 부록 E에 있다. 부록에서 기술한 바와 같이, 또 시기에 따른 추세 자료 분석이 늘 그러하듯이, 이런 자료가 갖는 한계 때문에 분석에 더 주의해야 하는데 특히 오래된 자료와 최근 자료의 수집 방법이 다르다는 점을 유의하여야 한다.

식품을 통한 나트륨 섭취량의 시기별 변화

초기 미국국민건강영양조사 자료가 얼마나 정확하고 완전한지 알 수 없지만, 나트륨 섭취를 감시한 지난 40년간 평균 나트륨 섭취량 추정치는 줄지 않고 오히려 1971-1974년 기간보다 연령, 성별을 막론하고 증가하는 추세를 보였다. 1988-1994년 기간과 2003-2006년 기간에는 상승 양상이 일정하지 않았다(표 5-5).

표 5-5. 연령과 성별에 따라 살펴본 식품[a] 섭취를 통한 평균 1일 나트륨 섭취량

	NHANES I 1971-1974	NHANES II 1976-1980	NHANES III 1988-1994[b]	NHANES 1999-2000	NHANES 2003-2006[b,c]
남녀 합계					
1-2세	1,631(38)	1,828(31)	1,983(29)	2,148(69)	1,929(26)
3-5세	1,925(32)	2,173(27)	2,594(47)	2,527(84)	2,483(34)
6-11세	2,393(38)	2,716(34)	3,164(67)	3,255(125)	3,119(30)
남자					
12-15세	2,923(75)	3,405(85)	4,240(158)	3,858(171)	3,947(69)
16-19세	3,219(97)	4,030(92)	4,904(138)	4,415(206)	4,367(67)
20-39세	3,043(64)	3,760(59)	4,680(68)	4,334(103)	4,558(58)
40-59세	2,681(57)	3,413(79)	4,177(88)	4,132(112)	4,119(52)
60-74세	2,318(46)	2,934(34)	3,513(82)	3,557(110)	3,487(52)
20-74[c]세	2,780(40)	3,486(45)	4,288(53)	4,127(74)	4,300(34)
여자					
12-15세	2,094(49)	2,567(49)	3,200(127)	3,034(123)	2,952(45)
16-19세	1,812(60)	2,336(58)	3,160(91)	3,048(95)	2,995(45)
20-39세	1,883(26)	2,383(40)	3,167(53)	3,161(75)	3,136(35)
40-59세	1,754(25)	2,256(37)	2,852(52)	2,978(87)	2,932(38)
60-74세	1,529(34)	2,053(29)	2,543(53)	2,633(79)	2,628(38)
20-74[c]세	1,774(17)	2,278(27)	2,939(34)	3,002(62)	3,003(22)

주: mg=milligram; NHANES=미국국민건강영양조사.

[a] 조리와 식품제조사의 소금 사용량은 포함하였지만 식탁에서 넣은 소금양은 제외

[b] 초기 조사 결과와 맞추기 위해 1일 섭취량을 기초로 추정

[c] 2000년 총인구조사에 연령을 보정.

출처: 1971-2000년 자료는 Briefel and Johnson, Secular trends in dietary intake in the United States, Annual Reviews 2004: 24권에서 판권대행센터(Copyright Clearance Center)를 통해 허가를 받고 전재; 2003-2006 자료는 미국국민건강영양조사의 자료.

나트륨 섭취량 추정치가 변화한 원인은 확실하게 규명하기 어렵다. 전체적으로는 이 기간 동안 에너지 섭취량이 증가하면서 나트륨 섭취량도 증가하였다(Smiciklas-Wright et al., 2003). 앞서 논의하였듯이 나트륨 섭취량은 에너지 섭취량과 관계가 깊어서, 에너지 섭취량이 증가하면 나트륨 섭취량도 따라서 증가한다. 또 이 기간 동안의 조사 때마다 각 식품 구성요소의 다른 데이터베이스를 사용하여 분석하였고, 시기에 섭취하는 식품이 달라 나트륨 함량을 추정하는 데 한계가 있을 뿐 아니라 소금 사용량이나 식품 구성 성분의 분석 방법도 기간에 따라 차이가 있었을 것이다.

나트륨 섭취 밀도의 시기별 변화

앞서 기술하였듯이 나트륨 섭취 밀도는 1,000칼로리당 섭취하는 나트륨 양을 밀리그램으로 표시한다. 이 방법을 쓰면 시기에 따라 변화하는 나트륨 섭취량을 비교하거나 집단 사이의 차이를 비교할 수 있다. 나트륨 섭취 밀도는 미국국민건강영양조사 1971-1974년 자료를 사용하여 구할 수 있다(표 5-6). 더 자세한 설명은 미국국민건강영양조사 2003-2006년 자료를 기술한 부록 F (표 F-4)에서 볼 수 있다.

나트륨 섭취 밀도로 표현하면 소아 및 성인 남녀에서 보이는 나트륨 섭취량 차이는 대부분 사라진다. 칼로리 섭취량에 근거하여 분석하면, 연령과 성별에 따른 각 인구 집단별로 섭취하는 양의 차이가 있는 것이지 섭취하는 식품 종류가 다른 것이 아니어서, 가령 남자는 같은 양의 나트륨이 들어가 있는 식품을 여성보다 많이 섭취하는 것이다. 그리고 1971-1974년과 2003-2006년에 걸쳐 모든 인구집단에서 나트륨 섭취 밀도를 분석하여 보면 이 기간 동안에 소비되는 식품에 첨가된 나트륨 섭취 밀도가 증가하였음을 알 수 있다. "미국인 식생활 지침"에서 권고한 하루 2,300 mg 이하의 나트륨 섭취를 나트륨 섭취 밀도로 변환하여 하루 1,150 mg/1,000칼로리로 정하고, 하루 약 2,000 칼로리를 섭취한다고 가정했을 때, 비록 최근의 수치보다 낮더라도, 이미 오래 전부터 권고량을 상회하는 나트륨 섭취 밀도를 보임을 알 수 있다.

요약하면, 1971-1974년부터 나트륨 섭취량이 증가한 것이 칼로리 섭취량 증가나 측정 방법의 변화에서 오는 부분이 있다고 하더라도, 나트륨 섭취량이 실제로 증가한 진정한 이유는 명백히 식품으로 인한 것이다. 미국국민건강영양조사 다섯 차례 조사 자료, 연구실의 작은 규모 연구와 임상시험 등에서 요중 나트륨을 측정한 결과, 그리고 나트륨 섭취 밀도에 대한 정보가 서로 일치하는 것은 지난 30-40년간 나트륨 섭취량이 증가하는 추세임을 보여주고 있다.

표 5–6. 연령 및 성별에 따라 살펴본 식품[a] 섭취에 의한 1일 평균 나트륨 섭취밀도(mg/1,000킬로칼로리)

	NHANES I 1971-1974	NHANES II 1976-1980	NHANES III 1988-1994[b]	NHANES 1999-2000	NHANES 2003-2006[b,c]
남녀 합계					
1-2세	1,208	1,420	1,538	1,422	1,367
3-5세	1,149	1,385	1,630	1,558	1,462
6-11세	1,170	1,386	1,672	1,607	1,521
남자					
12-15세	1,114	1,367	1,645	1,568	1,578
16-19세	1,069	1,322	1,583	1,506	1,520
20-39세	1,093	1,366	1,578	1,533	1,563
40-59세	1,164	1,474	1,627	1,595	1,549
60-74세	1,209	1,539	1,669	1,675	1,643
20-74세[c]	1,135	1,308	1,608	1,576	1,561
여자					
12-15세	1,096	1,410	1,741	1,525	1,534
16-19세	1,044	1,385	1,614	1,527	1,507
20-39세	1,140	1,450	1,617	1,559	1,581
40-59세	1.162	1,532	1,643	1,629	1,612
60-74세	1,154	1,553	1,671	1,650	1,621
20-74세[c]	1,150	1,497	1,635	1,599	1,597

주: mg=milligram; NHANES=미국국민건강영양조사.

[a] 조리와 식품 제조 시 사용한 소금 양을 포함하나 식탁에서 사용한 소금은 제외; 1일 평균 섭취량은 인구 구성 방법으로 계산; NHANES 자료에 가중치 부여.

[b] NHANES 2003-2006년 자료를 1일 평균 섭취량으로 계산하여 전차 조사 결과와 맞춤.

[c] 2000년도 인구 총 조사 결과에 연령을 보정.

출처: 1971-2000년 자료는 Briefel and Johnson (2004); 2003-2006 자료는 미국국민건강영양조사의 자료.

식품 공급 측면에서의 나트륨 특성

나트륨을 공급하는 식품 확인

나트륨을 공급하는 식품을 찾아 확인하면 식품 공급의 본질을 밝히고, 나트륨 섭취의 주 원인이 되는 식품 분야를 찾는 데 도움이 된다. 여기에서 사용한 분석 결과는 이 단원에서 말한 나트륨 섭취 추정치를 구하는 데 쓴 2003-2006 미국국민건강영양조사 자료이다. 식품 분야를 정의하고 분류하는 방법은 부록 E에 기록하였다. 중요한 식품을 11개 분야로 분류하여 분석하였다. 비슷한 식품인데도 제조회사에 따라 나트륨 함량이 다른 것이 확실한 제품 몇 가지에 대해서는 제4장에서 논의하였다.

11개 식품 분야의 나트륨 섭취 기여도

그림 5-8은 식품 분야 11개의 나트륨 섭취량 기여도를 나타낸다. 샌드위치, 캐서롤 casseroles, 파스타, 피자 등 혼합요리 mixed dishes 가 식품을 통한 나트륨 섭취의 거의 절반(44%)을 차지한다. 중요한 다른 식품 분류군은 육류 또는 계란, 치즈와 같은 육류대체식품(16%), 곡물(11%), 야채(9%) 등이다. 다른 식품 분류군은 나트륨 섭취량의 5% 이하를 차지한다(부록 F, 표 F-8).

과일이나 지방/기름 등 분류군 식품을 제외하면 기간별 나트륨 섭취량에 기여하는 정도의 변화를 언급하기는 어렵다. 그 이유는 식품 분류 방식이 일정하지 않았기 때문이다.

더 나아가, 표 5-7에는 2세 이상 미국인의 나트륨 섭취에 많이 기여하는 식품 5종을 식품 11개 분야에서 선정하여 정도가 큰 순서대로 나열하였다.

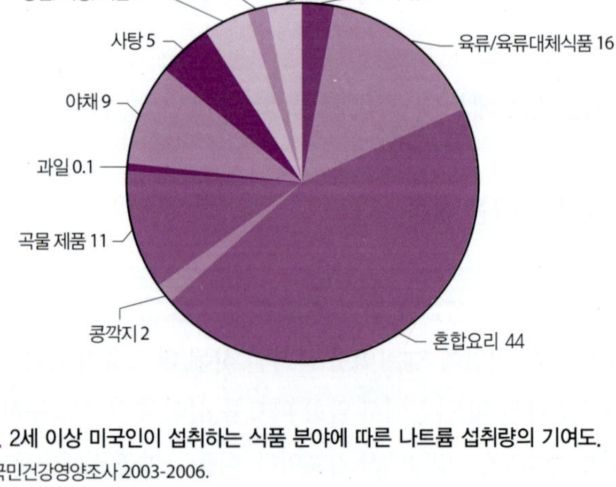

그림 5-8. 2세 이상 미국인이 섭취하는 식품 분야에 따른 나트륨 섭취량의 기여도.
출처: 미국국민건강영양조사 2003-2006.

예를 들어, 나트륨을 가장 많이 제공하는 혼합요리 종류에서 제공량이 많은 음식은 샌드위치(버거 종류 제외), 피자, 햄버거/치즈버거, 멕시칸 앙트레 Mexican entrees, 그리고 파스타 순이었다. 모든 식품 분야에 있어 상위 20개 종류 음식(부록 F, 표 F-8)이 나트륨 섭취량 대부분을 제공하고 있다. 그리고 부록 F(표 F-9)에 보인 것처럼 연령이나 성별에 관계없이 나트륨 섭취에 중요한 식품은 비슷하였다.

마지막으로, 표 5-8은 식품 분야 중 나트륨을 가장 많이 제공하는 혼합요리의 한 가지 예를 보여주고 있는데 요리를 만들 때 들어가는 식품 종류가 매우 다양하다.

가정 조리 음식과 외식의 나트륨 섭취 기여도

가정 조리 음식과 외식의 구분 방법은 부록 E에 있다. 그림 5-9에 나와 있듯이 2003-2006년 나트륨 섭취의 약 37%가 외식에서 비롯되었다. 비교하여 보면 1987년부터 1995년까지 외식으로 인한 나트륨 섭취량의 기여도는 27%에서 34%로 증가하였다(Lin et al., 1999). 최근에는 상점에서 구입하여 집에서 먹는 음식의 경우, 나트륨 섭취의 제공량은 샌드위치, 파스타, 시리얼, 빵, 치즈 순으로 많다. 레스토랑 요리 중에서도 나트륨 섭취 제공량은 샌드위치, 피자, 햄버거, 치킨, 멕시칸 앙트레, 샐러드 순으로 많다(부록 F, 표 F-10).

칼로리 섭취량에 따른 교란효과 때문에 1,000칼로리당 섭취하는 나트륨 양인 나트륨 섭취 밀도를 구하는 것이 더 합리적이다. 최근에는 표 5-9에 보이듯이, 평균 나트륨 섭취 밀도는 가정 음식(식료품점에서 구입하여 집에서 조리하여 먹거나 그냥 섭취하는 경우)에서 가장 낮으며, 외식, 특히 레스토랑 및 패스트푸드 음식점(미국국민건강영양조사가 정의한)에서 파는 음식에서 가장 높다.

제2장에서 설명하였듯이, 1987년-1995년까지 수집한 자료(Lin et al., 1999)에서는 가정 음식과 외식업소 음식 사이에 나트륨 섭취 밀도는 비슷하였다(그림 2-4). 같은 맥락으로 레스토랑에서 먹는 패스트푸드 또는 학교 급식의 나트륨 섭취 밀도는 가정 음식의 나트륨 섭취 밀도와 비슷하였으며,

표 5-7. 2세 이상 미국인 나트륨 섭취량에 기여하는 정도가 큰 식품 5종(식품 분류별)

식품군	식품 이름	식품군이 나트륨 섭취에 기여하는 백분 율[a]
혼합요리, 매일 나트륨 섭취의 44%	버거를 제외한 샌드위치	35.3
	육류 포함 피자	12.2
	햄버거/치즈버거	8.5
	멕시칸 앙트레	6.9
	이탈리아식 파스타 요리	6.5
	소계	69.4
육류와 육류대체식품=섭취의 15.5%	닭고기	25.0
	치즈	15.3
	달걀	12.1
	베이컨/소시지	10.6
	소고기	7.7
	소계	70.7
곡물 제품=섭취의 11.4%	빵	21.5
	시리얼	18.5
	쌀	10.9
	팬케익, 와플, 프렌치토스트	9.6
	크래커	9.0
	소계	69.5
야채 제품=섭취의 9.3%	푸른 채소[b]	30.0
	튀기지 않은 감자	16.7
	튀긴 감자	15.2
	요리한 토마토	9.2
	요리한 콩	4.3
	소계	75.4
사탕=섭취의 5.0%	쿠키	22.0
	케익/컵케익	21.6
	아이스크림	10.5
	파이/코블러	9.3
	도너츠	7.8
	소계	71.2

[a] 식품 분류군별로 표시한 백분율은 식품 분류군 안에서 각 식품이 차지하는 나트륨 섭취량 백분율임(샌드위치는 혼합요리 나트륨 섭취의 35%).

양념, 기름, 지방=섭취의 4.3%	케첩, 겨자, 양념, 소스	39.9
	고기국물 양념	12.3
	샐러드 드레싱	11.7
	피클 또는 올리브 고명	10.6
	마가린	7.4
	소계	81.9
짠 스낵=섭취의 3.4%	짠 옥수수 스낵	32.1
	팝콘	25.9
	감자칩	23.0
	프리첼	19.1
	소계	100.0
우유=섭취의 2.9%	무향 2% 우유	28.8
	무향 우유	19.2
	무지방 우유	12.9
	무향 1% 우유	9.9
	요구르트	5.8
	소계	76.6
음료수=섭취의 2.2%	무탄산 음료수	28.0
	소다수	25.2
	무가당 소다수	12.8
	커피	11.7
	맥주	7.3
	소계	85.0
콩, 견과, 씨앗=섭취의 2.1%	구운 콩/튀긴 콩	37.6
	견과류	18.7
	콩	16.8
	단백질 보강제	12.4
	땅콩 버터/알몬드 버터	6.9
	소계	92.4
과일=섭취의 0.1%	오렌지 주스	25.8
	오렌지 주스 이외의 주스	24.5
	아보카도, 가카몰	13.8
	멜론	12.4
	기타 과일	4.5
	소계	81.0

[b] 샐러드 드레싱, 치즈, 육류, 크루통 빵조각, 기타 양념 등 샐러드 첨가물을 포함.
출처: 미국국민건강영양조사 2003-2006년.

표 5-8. 2세 이상 미국인이 샌드위치와 햄버거/치즈버거를 먹어 나트륨을 섭취하는 품목별 비중

버거를 제외한 샌드위치(%)		샌드위치 나트륨에 대한 비중(%)	
육류 조각	23.9	소고기	36.7
빵	19.2	롤빵	19.6
치즈	11.2	치즈	18.8
핫도그	9.2	케첩, 겨자, 양념 등	8.1
롤빵	7.3	피클, 올리브와 같은 고명	6.4
베이컨/소시지	4.1	빵	4.9
케첩, 겨자, 양념 등	2.7	마요네즈	1.8
닭고기	2.4	베이컨/소시지	1.7
어류	2.3	삶은 토마토	0.5
햄	1.8	샐러드 드레싱	0.4

출처: 미국국민건강영양조사 2003-2006년.

이는 모든 조리 과정이나 식품가공 과정에서 소금을 비슷한 양 첨가한다는 것을 보여준다. 2003-2006년 미국국민건강영양조사 자료(표 5-9, 그림 2-4)는 식료품점에서 구입하여 가정에서 먹는 음식과 외식 사이에 나트륨 섭취 밀도에 있어 더 큰 차이가 나타난다. 이는 미국 식품 공급 체계에서 외식이 가정 음식에 비해 나트륨을 더 포함하고 있음을 보여준다. 또한 지난 20년간 패스트푸드 음식점에서 나트륨 섭취 밀도가 가장 많이 증가하였다(그림 2-4).

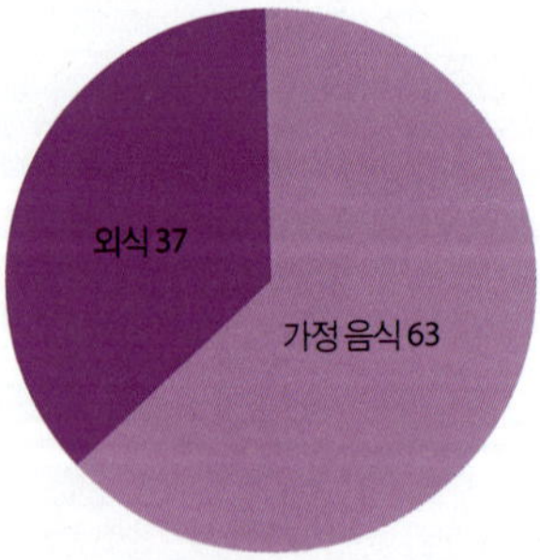

그림 5-9. 가정 음식 및 외식 사이의 나트륨 섭취량 백분율.
출처: 미국국민건강영양조사 2003-2006년.

식품에 들어 있는 나트륨 함량을 규명하는 다른 방법

식품 분야에 따른 분류와 식사 장소에 따라 식이에 나트륨을 가장 많이 공급하는 공급원을 찾는 방법 이외에도 식품 나트륨 함량을 다른 방법으로도 기술할 수 있다. 그러나 식품 공급 체계에서는 이 목적에 적합한 조사를 체계적으로 실시하거나 감시하지 않았다. 대신 식품 공급망 전반의 나트륨 함량은 "소금 소모 자료"를 근거로 기술할 수 있다(소금 소모 자료는 소금 섭취량 전체를 추산하는 데에도 쓰인다). 미국식품의약품안전청이 수행하는 소위 "시장 바구니 market basket "라고 부르는 연구는 연구의 목적이 달라 다르게 설계한 것이기는 하지만 식품의 나트륨 함량을 규명하는 데 쓸 수 있다. 미국농무부가 관리하는 식품 구성 food composition 과 관련된 전국 규모 데이터베이스에는 나트륨 함량 자료가 있지만 식품의 나트륨 제공량을 규명할 수는 없다. 그러나 이 미국농무부 자료는 미국인을 대표하는 표본에서 식이 회상법에서 나타나는 매일 식이 섭취량 기록을 바탕으로 나트륨 섭취량을 추정하는 데에는 매우 유용하게 사용할 수 있다. 이 데이터베이스에는 시간에 따른 식품 구성 변화를 수록하고 있는데 이 자료를 잘 활용하면 식품 공급원에서 나트륨 함량의 시기별 변화를 관찰할 수도 있다. 그러나 시기별 변화 양상을 분석한 연구에서는 나트륨에 대한 정보를 취급하지 않았다(Ahuja et al., 2006).

표 5–9. 2세 이상 미국인에서 가정 음식과 외식의 나트륨 섭취 밀도의 비교

식품 근원	나트륨 밀도 (1,000칼로리당 mg)
가정 음식	1,422
외식 (합계)	1,825
레스토랑	1,925
패스트푸드/피자점	1,805
학교 급식	1,629
기타	1,466

주: "가정" 음식이란 식료품점에서 구입하고 집에서 조리한 음식을 포함함; "레스토랑"은 종업원/여종업원이 있는 외식업소와 바/선술집/라운지를 포함함; "기타"는 어린이집이나 요양원, 수프집(soup kitchens), 이동식 음식점(Meals on Wheels), 지역사회 식품 프로그램(community food program), 자판기, 자선 식품(food gift), 우편 구입 음식, 가판 음식점(street vendors) 등을 포함; mg=milligram.

출처: 미국국민건강영양조사 2003-2006.

소금 소모 자료

소금 소모 자료 Salt Disappearance Data 로 나트륨 섭취량을 감시하면 시기별 추정치 변화를 상대적으로 정확하게 알 수 있는데, 그 이유는 시기별로 자료 수집이나 계산 방법에서 차이가 없기 때문이다. 소금 소모 자료는 설명하기 어려운 소금 소모량을 제외하면 사람이 소비할 수 있는 나트륨의 가용량 availability 이 시기에 따라 어떻게 변했는지를 볼 수 있다. 제2장에 소개했듯이 연간 1인당 소금 소실 자료를 바탕으로 미국인 1인당 소금 가용량이 1983년부터 1998년까지 꾸준하게 증가하였음을 알 수 있다.

이 자료가 식품에 첨가된 나트륨 함량이 증가했다는 결정적 증거는 아니지만 증가했음을 암시하는 자료라고 할 수 있다. 최근에는 소금 가용량의 증가 속도가 주춤하거나 조금 감소하는 추세를 보인다. 최고치를 보인 1998년에는 하루 1인당 가용량은 약 5,700 mg이었다. 이러한 나트륨 소비량의 변화는 1980년대 초기의 교육 및 프로그램 정책이 소금의 사용량을 줄였으나, 그 이후 1993년 영양 성분 표시에 나트륨 함량을 표기하는 정책이나 1969년 이후 식품가공업체나 외식업체에 나트륨 첨가량을 줄이는 것을 권고하는 정책은 소금 소비 가용량에 대해 전혀 영향을 주지 못했음을 보여준다.

시장바구니 연구: 미국식품의약품안전청의 전체식이연구

"전체식이연구 Total Diet Study, TDS "는 지금도 진행하고 있는 미국식품의약품안전청 프로그램으로서 식품에 들어있는 오염물질과 영양소 양을 결정한다 (Online: http://www.fda.gov/Food/FoodSafety/FoodContaminantsAdulteration/TotalDietStudy/default.htm). 이 정보로 미국인의 영양소 및 첨가물의 섭취량을 추정할 수 있다. 식품의 오염 방사성 물질을 감시하기 위해 1961년 시작된 이래, 전체식이연구는 살충제 잔류량, 산업화학 물질, 독성 성분과 영양소까지 그 감시 범위를 넓혔다.

전체식이연구는 미국 전역에서 식품 표본을 구입하여 평상시에 소비하는 형태의 식품에 들어 있는 첨가물이나 영양소를 선정하여 분석한다. 미국인 전체의 섭취량은 전체식이연구 표본 식품에 들어 있는 물질의 양에 이 식품이 소비되는 평균량을 곱하여 구한다. 나트륨 소비량은 mg/kg (식품 중량당 나트륨 함량)으로 구한다. 전체식이연구가 표본으로 수집하는 식품 종류는 1960년대 초의 82종에서 현재 약 280종으로 늘었다.

표본 수집("시장바구니"라고도 부른다)은 1년에 네 차례 하는데, 돌아가면서 각기 다른 4개 지역에서 수집한다(미국 서부, 북중부, 남부, 북동부). 식품 표본은 미국식품의약품안전청 직원이 각 지역에 속한 도시 3개에 위치한 슈퍼마켓이나 식료품점, 패스트푸드 외식업소에서 구입하여 중앙의 미국식품의약품안전청 실험실로 보낸다.

전체식이연구는 식품 전체에 포함된 나트륨 함량을 분석하고 식품 kg 당 mg으로 표시하여 보고할 뿐, 다시 음식을 구성하는 각각의 식품에 포함된 나트륨으로 환산하여 보여주지는 않기 때문에 구성 식품의 나트륨 공급량을 구할 수는 없다. 또 나트륨에 대해 적절하고 충분하게 샘플링 계획을 세우고 식품 가공 방법, 표본 제품이 무엇이었는지를 기록하는지도 명확하지 않다. 예를 들어, 야채 중 생야채, 동결 야채, 통조림 야채 등의 표본 수 배분에 관련된 문제만 하더라도 소비자가 실제로 소비하는 양상에 대한 정보를 바탕으로 조정해야 한다. 그러나 현재 표본조사의 초점이 나트륨이 아니고 오염물질이나 살충제이므로 나트륨에 대한 조사는 달리 배려할 필요가 있다.

미국식품구성성분데이터베이스

이론적으로 미국식품구성성분데이터베이스 National Food Composition Databases 는 식품 나트륨 함량 변화를 감시할 수 있도록 하여야 하지만, 실제로는 이 자료 해석에는 문제가 매우 많다. 식품 구성성분 자료 자체의 질적 향상과 식품의 나트륨 함량 목록을 정하는 데 사용하는 방법을 바꿔서, 이로 인하여 여러 가지 교란 변수가 개입할 수 있다. 현재 미국국민건강영양조사 2003-2006년에서 나트륨 함량을 평가하고 코드화하는 데 사용하는 식품구성데이터베이스의 나트륨 자료 중 약 70%만 분석한 분석치 analytical value 이고, 약 5%는 식품 영양 표시를 그대로 썼으며, 약 11%는 식품 제조업에서 정보를 얻었고, 약 15%는 쓸모없는 자료이다. 게다가 식이 경향 변화를 조사하던 과정에서 패스트푸드, 레스토랑 음식뿐만 아니라 상품명을 많이 포함시킨 자료를 사용하여 식품 구성성분 데이터베이스를 새로 구축하였다(미국농무부 J Holden [Washington DC]과의 개인 통신; 2009년 9월 11일). 식품 나트륨 함량 자료를 새로운 정보로 갱신한 데이터베이스로 유지 관리하는 것은 어렵지만 필수적인 과제이다.

Ahuja 등(2006)은 수년분의 식품 구성표 자료를 바탕으로 재분석하여 식품 구성 자료를 향상시키는 것이 미국인 섭취량 추정에 미치는 영향에 대해 연구하였다. 나트륨은 그 연구대상이 아니었지만, 25개 이상 영양소와 식품 구성성분 대부분에서 작지만 통계적으로 유의한 평균 섭취량 추정치 변화가 있었다.

감시

나트륨 섭취량을 감시하는 것과 식품을 통한 나트륨 제공원의 성질을 규명하는 것은 나트륨 섭취량을 줄이는 전략을 실천하고 유지하는 데 있어 기본적인 일이다. 하루 식이 섭취량 회상법에 의한 나트륨 섭취량 추정 방법은 유용하고 미국인이 권고량보다 많은 양의 나트륨을 섭취하고 있다는 사실을 알려주지만, 24시간 소변 수집과 같은 더 정확한 방법이 있다.

나트륨 섭취량 추정을 위한 가장 좋은 방법은 24시간 소변 검체 수집법이지만, 이 방법은 복잡하며 비용 때문에 미국국민건강영양조사에서 제외되었다. 미국국민건강영양조사에서는 "일반 소변 casual urine" 검체를 수집하였는데 그 목적은 환경 인자 분석, 임신검사, 신장 기능 평가와 요오드 상황 등을 분석하기 위한 것이었다. 이 일반 소변 검체로 나트륨은 분석하지 않았다. 임의의 시간에 채취한 소변 표본에서 나트륨 양을 측정하는 것으로는 나트륨 섭취량을 정확하게 반영하지 못한다고 되어 있다. 그럼에도 불구하고, 1999년 이후 미국국민건강영양조사에서 검사에 사용하고 남은 소변 검체를 보관하고 있고, 미국국민건강영양조사 2009-2010년에서 소변을 두 병에 따로 수집한다면 이 검체를 이용하여 비교하는 예비 연구 pilot study 를 할 수 있다.

1일 식이 섭취량 회상법으로 섭취량을 추정하는 데 필요하여 개발한 통상적인 연구 방법과 그 결과는 나트륨 섭취량을 추정하는 데에도 이용할 수 있다. 회상법을 수행하는 방법의 발전과 조사 방법의 발전, 식품에 들어있는 나트륨 함량 조사에 적합한 식품 구성표의 발전, 그리고 적당한 때에 보기 쉽도록 자료를 배포하는 것 등이 포함된다. 나트륨 섭취량은 물론 섭취량을 줄이려는 정책을 감시하기 위해서는 일반적인 나트륨 섭취량의 분포, 나트륨 함유 식품 제공원에 대하여 분석하고 보고하며 에너지 섭취량도 함께 구하여 나트륨 섭취 밀도를 구하는 것 등이 필요하다. 나트륨의 경우 특히 중요한 것은 체인 레스토랑이나 외식업계에서 제공하는 메뉴 음식에 들어있는 나트륨 함량을 식품 구성표에 추가할 수 있는가 하는 것이다.

마지막으로, 시장바구니 연구 market basket study 를 적절히 실시하고 창조적인 방법을 사용하여 식품의 나트륨 함량을 더 이해한다면 그것은 대단히 유용한 일이 된다. 본 위원회는 이 사항을 제8장에서 깊이 다루도록 하겠다.

참고문헌

Ahuja, J. K. C., J. D. Goldman, and B. P. Perloff. 2006. The effect of improved food composition data on intake estimates in the United States of America. *Journal of Food Composition and Analysis* 19(Supplement):S7-S13.

Azoulay, A., P. Garzon, and M. J. Eisenberg. 2001. Comparison of the mineral content of tap water and bottled waters. *Journal of General Internal Medicine* 16(3):168-175.

Basch, C. E., S. Shea, R. Arliss, I. R. Contento, J. Rips, B. Gutin, M. Irigoyen, and P. Zybert. 1990. Validation of mothers' reports of dietary intake by four to seven year-old children. *American Journal of Public Health* 80(11):1314-1317.

Bradshaw, M. H., and G. M. Powell. 2002. *Sodium in drinking water.* Manhattan, KS: Kansas State University Agricultural Experiment Station and Cooperative Extension Service.

Briefel, R. R., and C. L. Johnson. 2004. Secular trends in dietary intake in the United States. *Annual Review of Nutrition* 24:401-431.

Briefel, R. R., C. T. Sempos, M. A. McDowell, S. Chien, and K. Alaimo. 1997. Dietary methods research in the third National Health and Nutrition Examination Survey: Underreporting of energy intake. *American Journal of Clinical Nutrition* 65(4, Supplement): S1203-S1209.

CDC (Centers for Disease Control and Prevention). 2009. Application of lower sodium intake recommendations to adults—United States, 1999–2006. *Morbidity and Mortality Weekly Report* 58(11):281-283.

Clark, A. J., and S. Mossholder. 1986. Sodium and potassium intake measurements: Dietary methodology problems. *American Journal of Clinical Nutrition* 3(3):470-476.

Clark, M. A., and M. K. Fox. 2009. Nutritional quality of the diets of US public school children and the role of the school meal programs. *Journal of the American Dietetic Association* 109(2):S44-S56.

Devaney, B., P. Ziegler, S. Pac, V. Karwe, and S. I. Barr. 2004. Nutrient intakes of infants and toddlers. *Journal of the American Dietetic Association* 104(Supplement 1):14-21.

DGAC (Dietary Guidelines Advisory Committee). 2005. *Report of the Dietary Guidelines Advisory Committee on the Dietary Guidelines for Americans, 2005. A Report to the Secretary of Health and Human Services and the Secretary of Agriculture.* Washington, DC: U.S. Department of Agriculture and U.S. Department of Health and Human Services.

Dwyer, J., M. F. Picciano, D. J. Raiten, P. P. Basiotis, M. M. Bender, B. K. Bindewald, A. L. Carriquiry, A. K. Courtney, N. T. Crane, K. W. Dodd, K. Egan, K. C. Ellwood, S. E. Gebhardt, J. F. Guthrie, J. M. Harnly, J. M. Holden, C. Johnson, S. M. Krebs- Smith, P. M. Kuznesof, C. E. Lang, M. McDowell, A. Moshfegh, P. R. Pehrsson, K. Radimer, A. F. Subar, C. A. Swanson, and W. R. Wolf. 2003. Collection of food and dietary supplement intake data: What we eat in America-NHANES. *Journal of Nutrition* 133(2):590S-600S.

Dyer, A., P. Elliott, D. Chee, and J. Stamler. 1997. Urinary biochemical markers of dietary intake in the INTERSALT study. *American Journal of Clinical Nutrition* 65(Supplement 4):1246S-1253S.

Elliott, P. M. 1989. The INTERSALT Study: An addition to the evidence on salt and blood pressure, and some implications. *Journal of Human Hypertension* 3:289-298.

Espeland, M. A., S. Kumanyika, A. C. Wilson, D. M. Reboussin, L. Easter, M. Self, J. Robertson, W. M. Brown, and M. McFarlane. 2001. Statistical issues in analyzing 24- hour dietary recall and 24-hour urine collection data for sodium and potassium intakes. *American Journal of Epidemiology* 153(10):996-1006.

Federation of American Societies for Experimental Biology, Life Sciences Research Office (Prepared for the Interagency Board for Nutrition Monitoring and Related Research). 1995. *Third report on nutrition monitoring in the United States: Executive summary.* Washington, DC: U.S. Government Printing Office.

Gordon, A., and M. K. Fox. 2007. *School Nutrition Dietary Assessment Survey-III: Summary of findings.* Washington, DC: USDA Food and Nutrition Service.

Heird, W. C., P. Ziegler, K. Reidy, and R. Briefel. 2006. Current electrolyte intakes of infants and toddlers. *Journal of the American Dietetic Association* 106(1, Supplement): S43-S51.

Hoffman, C. J. 1988. Does the sodium level in drinking water affect blood pressure levels? *Journal of the American Dietetic Association* 88(11):1432-1435.

INTERSALT Cooperative Research Group. 1986. INTERSALT Study: An international cooperative study on the relation of blood pressure to electrolyte excretion in populations. I. Design and methods. *Journal of Hypertension* 4(6):781-787.

INTERSALT Cooperative Research Group (Rose, G., Stamler, J., Stamler, R., Elliott, P., Marmot, M., Pyorala, K., Kesteloot, H., Joossens, J., Hansson, L., Mancia, G., Dyer, A., Kromhout, D., Laaser, U., Sans, S.). 1988. Intersalt: An international study of electrolyte excretion and blood pressure. Results for 24-hour urinary sodium and potassium excretion. *British Medical Journal* 297(6644):319-328.

IOM (Institute of Medicine). 2000. *Dietary Reference Intakes: Applications in dietary assessment.* Washington, DC: National Academy Press.

IOM. 2005. *Dietary Reference Intakes for water, potassium, sodium, chloride, and sulfate.* Washington, DC: The National Academies Press.

IOM. 2006. *Dietary Reference Intakes: The essential guide to nutrient requirements,* edited by J. J. Otten, J. P. Hellwig, and L. D. Meyers. Washington, DC: The National Academies Press.

Korch, G. C. 1986. Sodium content of potable water: Dietary significance. *Journal of the American Dietetic Association* 86(1):80-83.

Lin, B.-H., J. Guthrie, and E. Frazão. 1999. Nutrient contribution of food away from home. In *America's eating habits: Changes and consequences,* edited by E. Frazão. Agriculture Information Bulletin No. 750. Washington, DC: U.S. Department of Agriculture, Economic Research Service, Food and Rural Economics Division. Pp. 213-242.

Loria, C. M., E. Obarzanek, and N. D. Ernst. 2001. Choose and prepare foods with less salt: Dietary advice for all Americans. *Journal of Nutrition* 131(2, Supplement 1): 536S-551S.

Luft, F. C., N. S. Fineberg, and R. S. Sloan. 1982. Overnight urine collections to estimate sodium intake. *Hypertension* 4(4):494-498.

Mattes, R. D., and D. Donnelly. 1991. Relative contributions of dietary sodium sources. *Journal of the American College of Nutrition* 10(4):383-393.

McCullough, M. L., J. F. Swain, C. Malarick, and T. J. Moore. 1991. Feasibility of outpatient electrolyte balance studies. *Journal of the American College of Nutrition* 10(2): 140-148.

NHLBI (National Heart, Lung, and Blood Institute). 2003. *JNC 7 Express: The seventh report of the Joint National Committee on Prevention, Detection, Evaluation, and the Treatment of High Blood Pressure.* NIH Publication No. 03-5233. Bethesda, MD: National Institutes of Health.

Ovesen, L., and H. Boeing. 2002. The use of biomarkers in multicentric studies with particular consideration of iodine, sodium, iron, folate and vitamin D. *European Journal of Clinical Nutrition* 56(Supplement 2):S12-S17.

Pehrsson, P., K. Patterson, and C. Perry. 2008. *The mineral content of U.S. drinking and municipal water.* Paper presented at 32nd National Nutrient Databank Conference, May 12–14, Ottawa, Ontario, Canada.

Reinivuo, H., L. M. Valsta, T. Laatikainen, J. Tuomilehto, and P. Pietinen. 2006. Sodium in the Finnish diet: II Trends in dietary sodium intake and comparison between intake and 24-h excretion of sodium. *European Journal of Clinical Nutrition* 60(10):1160-1167.

Schachter, J., P. H. Harper, and M. E. Radin. 1980. Comparison of sodium and potassium intake with excretion. *Hypertension* 2(5):695-699.

Smiciklas-Wright, H., D. C. Mitchell, S. J. Mickle, J. D. Goldman, and A. Cook. 2003. Foods commonly eaten in the United States, 1989–1991 and 1994–1996: Are portion sizes changing? *Journal of the American Dietetic Association* 103(1):41-47.

Szarfman, A., T. Kuchenberg, J. Soreth, and S. Lajmanovich. 1995. Declaring the sodium content of drug products [7]. *New England Journal of Medicine* 333(19):1291.

Thompson, F. E., and A. F. Subar. 2008. Dietary assessment methodology. In *Nutrition in the prevention and treatment of disease.* 2nd ed., edited by A. M. Coulston and C. Boushey. Boston, MA: Academic Press. Pp. 3-39.

Ubeda, A., J. Llopico, and M. T. Sanchez. 2009. Blood pressure reduction in hypertensive patients after withdrawal of effervescent medication. *Pharmacoepidemiology and Drug Safety* 18(5):417-419.

USDA/HHS (U.S. Department of Agriculture/U.S. Department of Health and Human Services). 2005. *Dietary Guidelines for Americans.* 6th ed, Home and Garden Bulletin No. 232. Washington, DC: U.S. Government Printing Office.

Woteki, C. E. 2003. Integrated NHANES: Uses in national policy. Journal of Nutrition 133(2):582S-584S. Yarows, S. A., W. E. Fusilier, and A. B. Weder. 1997. Sodium concentration of water from softeners. *Archives of Internal Medicine* 157(2):218-222.

Zhou, B. F., J. Stamler, B. Dennis, A. Moag-Stahlberg, N. Okuda, C. Robertson, L. Zhao, Q. Chan, and P. Elliott. 2003. Nutrient intakes of middle-aged men and women in China, Japan, United Kingdom, and United States in the late 1990s: The INTERMAP Study. *Journal of Human Hypertension* 17(9):623-630.

Ziegler, P., C. Hanson, M. Ponza, T. Novak, and K. Hendricks. 2006. Feeding infants and toddlers study: Meal and snack intakes of Hispanic and non-Hispanic infants and toddlers. *Journal of the American Dietetic Association* 106(1 Supplement):S107-S123.

6

식품환경:

나트륨 섭취 변화 전략의 핵심 요소

미국은 세계에서 가장 다양하고도 풍요롭게 식품을 공급하는 나라이다. 이와 더불어 식품은 상대적으로 저렴하고 쉽게 구입할 수 있다. 그러나 판매 식품에는 나트륨이 다량 포함되어 있다. 식품에 자연적으로 존재하는 나트륨 함량은 적지만 나트륨 대부분은 가공 과정에서 식품 생산업체가 염화나트륨의 형태로 첨가한다. 소금 이외의 나트륨 화합물질도 첨가한다. 또한 제5장에서 언급하였듯이 식탁에서 첨가하거나 조리 과정에서 넣는 소금은 미국인 나트륨 섭취량 중 극히 소량이다.

이 보고서에서 심각하게 고려한 점은 단순히 식품에 나트륨이 많이 함유되어 있다는 점뿐만 아니라, 미국인은 가정 밖에서 만든 식품을 점점 더 많이 소비한다는 점이다(제5장 참조). 가정 밖의 식품은 깡통 수프나 빵과 같은 제조식품 품목으로부터 한 끼 외식 또는 식이 전체에 이르기까지 다양하다. 가정 밖에서 식품을 소비하는 현상은 가공식품업계의 계속적인 성장, 편리함과 간단조리 제품을 찾는 소비자, 그리고 식품을 판매하는 상점의 형태가 바뀌는 양상에 그대로 반영된다(Martinez, 2007).

식품환경 구조는 식품 제조회사, 식품 판매망, 레스토랑과 외식업계, 소비자, 법률 규정과 식품 정책, 통신과 광고 사이의 상호작용을 통틀어 말한다. 이 단원에서는 생산자, 판매자, 레스토랑과 외식업계 등 4개 구성 요소에 대해 전체적으로 살펴본다. 먼저 미국 식품 생산업계 및 판매업계에 대해 전체적으로 살펴본 뒤 레스토랑과 외식업계에 대해 살펴보겠다. 개인과 가정에 식품을 보조해 주는 정부의 대규모 프로그램도 소개한다. 마지막으로, 이 단원에서는 식품환경과 소비자 간의 상호교류에 대해 논의하고, 식품환경이 소비자 선택에 어떻게 영향을 미치는지를 특별히 살피고 현재까지 알려진 소비자 행동변화 모델에 대해서도 다룬다.

식품환경 내 가공식품의 생산과 판매

1800년대 말 이후 미국 식품환경은 식품 생산과 판매 분야가 크게 성장하고 변화하였고 지금도 계속 변화하고 있다(Beckley et al., 2007). 오늘날 식품 대부분은 소비자에게 도달하기 전 어떤 형태로든 가공과정을 거친다. 어떤 경우에는 가공과정이 광범위하여 먹기 전에 조리나 준비할 필요가 거의 없는 경우도 있다. 제5장에서 논의하였듯이 가공식품은 나트륨의 주공급원이므로 본 위원회는 식품의 생산과 판매 분야에 대하여 특별히 관심을 갖고 있다. 이 단원에서는 미국의 식품생산 및 판매업계에 대해 전체적으로 살피고, 식품이 어떠한 과정을 거쳐 개발되는지에 대한 정보, 그리고 업계가 생산하는 식품의 나트륨 함량을 줄이기 위하여 노력한 사례에 대한 정보를 제공한다.

식품가공 산업의 특성

식품산업은 미국 제조업계 중 가장 큰 영역의 하나이며, 제조물품 수송의 10%를 차지하고 2006년 매출 총액 약 5,380억 달러라는 실적을 올렸다. 미국 상무부 the U.S. Department of Commerce 는 식품제조업을 '축산물이나 농산물을 중간 또는 완전한 형태의 소비 산물로 바꾸어 주는 산업'이라고 정의하였다(on-line: http://www.trade.gov/td/ocg/report08_processedfoods.pdf). 가공이란 육류를 자른다던지, 신선한 제품을 다지는 등의 간단한 조작도 포함하여 의미하지만, "가공식품"이란 말은 대부분 조리된 식품이나 깡통 수프, 냉동식품 등 더 복잡한 가공과정을 거친 식품을 의미한다. 레스토랑에서 판매하는 음식이나 외식업계에서 공급하는 음식은 다음에 다룬다.

표 6-1은 각 분야별 식품의 출하액을 도매가격으로 나타낸 것이다. 식품을 생산하기 위해 업계는 2009년 9월 기준으로 147만 6,300명을 고용하였다 (online: http://www.bls.gov/iag311.htm#workforce). 미국에는 약 3만 1천 개의 식품가공 공장과 음료수 가공 공장이 있으나, 가공식품 대부분은 소수 대규모 제조공장에서 생산한다. 피고용인 100명 이상의 대규모 공장은 2005년 가공공장 수의 12%였으나 가격으로 전체 생산제품의 약 77%를 생산하였다. 한 명에서 19명의 피고용인을 두고 있는 소기업은 가공공장의 69%를 차지하는데, 제품의 4% 정도밖에는 생산하지 못하였다(online: http://ers.usda.gov/Briefing/FoodMarketingSystem/processing.htm). 게다가 국내 생산업계의 규모로는 전체 그림을 파악할 수 없는데, 그 이유는 미국에서 소비하는 식품의 상당 부분을 해외에서 가공하기 때문이다. 즉시 소비가 가능한 형태의 가공식품을 2007년 600억 불 수입하였으며 그 수입액은 1998년 수입액보다 약 300억 불 늘어난 것이다. 캐나다, 유럽연합, 멕시코와 중국이 4대 수출 국가였다(Brooks et al., 2009). 이에 더하여 미국에서 식품을 가공하는데 사용하는 원료도 수입하고 있다(online: http://www.foodprocessing.com/articles/2008/037.html).

표 6-2에는 2008년도 식품 판매액을 근거로 미국과 캐나다의 20대 식품

표 6-1. 2006년 미국 식품가공업계의 출하액

출하 형태	가격(미화 10억 불)
육류	145
유제품	69
기타 식품	71
곡물 제분과 종자기름 생산	52
과일, 야채, 전문식품	54
빵과 멕시코 빵	49
설탕과 과자	28
해산물	10

출처: 미국상무부 가공식품 전망(US Department of Commerce Processed Food Outlook, 2008 (online: http://www.trade.gov/td/ocg/report08_processedfoods.pdf).

가공 회사 이름을 나열하였다. 미국의 최고 식품가공 회사는 여러 나라에서 개별 브랜드로 다양한 제품을 판매하는 다국적 기업이다. 미국 최고의 유명 브랜드는 잘 알려진 것이며 광고도 많이 하고 대개 충성스러운 고객층을 확보하고 있다(online: http://www.fmi.org/glossary/index.cfm). 대규모 다국적 기업 이외에도 중소기업 수천 개가 국내에서 또는 각 지역에서 소비하는 제품을 생산하고 있다. 예를 들어, 미국 슈퍼마켓에는 식품가공 회사 약 16,000개에서 생산한 식품을 구비하고 있는데(Harris et al., 2002), 이들 대부분은 대규모 다국적 기업보다는 제품 종류 수가 적다. 크고 작은 규모의 식품 제조 회사는 잘 알려진 브랜드 이름의 제품 이외에도 레스토랑이나 외식업계에 납품하는 제품과, 소매상을 위한 자사상표 제품 Private label product 을 따로 생산하고 있다.

표 6-2. 미국과 캐나다의 상위 20대 식품가공업 회사

회사명	2008년도 식품 판매액(미화 100만 불)
Nestlé	26,477
Tyson Foods Inc.	26,325
PepsiCo Inc.	25,346
Kraft Foods Inc.	23,956
Anheuser-Busch InBev	15,571
Dean Foods Co.	12,455
General Mills Inc.	12,100
Smithfield Foods Inc.	10,726
Kellogg Co.	8,457
Coca-Cola Co.	8,205
ConAgra Foods Inc.	8,031
Pilgrim's Pride Corp.	8,025
JBS USA	8,000
Dole Food Co. Inc.	7,620
Mars Inc.	7,000
Sara Lee Corp.	6,828
Hormel Foods Corp.	6,755
Unilever North America	6,647
Saputo Inc.	5,793
Dr Pepper Snapple Group	5,710

출처: Food Processing (식품 가공), 2009.

자사상표 제품은 판매회사가 특정 브랜드 이름으로 판매하는 제품이다(online: http://www.plmainternational.com/en/private_label_en3.htm). 자사상표 제품은 슈퍼마켓 판매량의 평균 16% 정도를 차지하지만(Leader and Cuthill, 2008), 식품 분야와 종류에 따라 비율은 크게 다르다. 유명 브랜드 제품보다는 비중이 아직 훨씬 작지만 자사상표 제품은 가공식품 공급의 중요한 부분을 차지하며, 현재의 성장률로만 보면 유명 브랜드 제품보다 빠르게 성장하고 있다(Martinez, 2007).

전반적으로 미국 식품제조업계는 크기가 다양한 구성원이 역할을 담당하고 있다고 할 수 있다. 유명 브랜드 제품을 판매하고 여러 가지 식품분야와 종류의 자사상표 제품을 판매하는 대규모 다국적기업으로부터 고용인을 약간 명 고용하면서 한 지역의 브랜드 또는 한 가지 제품만 생산하는 소기업이 미국 식품제조업을 구성하고 있다. 나중에 언급하겠지만 식품제조업계의 이러한 모습은 미국 식품의 나트륨 함량을 줄이는 데 있어 기회이면서 또 문제이기도 하다.

식품 판매업의 특성

식품환경에서 식품 판매업계는 그 중요성이 점점 커지고 있다. 그 이유는 오랜 기간 가공식품을 분배하는 역할과 판매를 촉진하는 역할을 하였을 뿐 아니라 정보 수집 기술이 발전하면서 식품 생산업자가 앞으로 개발할 식품 종류에도 영향력을 미치게 되었기 때문이다. 지난 십 수년간, 식품 판매업계는 대형 쇼핑센터 big box supercenter 와 같은 전에 없던 비전형적 식품 판매업이 성장하였고(Martinez, 2007), 또 판매 추적을 가능하게 하는 기술이 발전하여 극적으로 변화하였다(Leader and Cuthill, 2008). 대형 쇼핑센터(예: Wal-Mart, Super Target)와 회원제 할인마트(예: Costco, BJ's)는 전통적인 식품 판매상을 제치고 가정에서 소비하는 식품을 판매하는 비율을 높였는데 1994년에는 4%에 불과하던 것이 2005년에는 17%로 증가하였다(Martinez, 2007). 월마트 하나의 예만 봐도 1995년 미국 전역에 672개의 대형마트를 가지고 있던 것이 2005년에는 그 수가 2,349개로 증가하였다(Martinez, 2007). 표 6-3에는 2005년 가정에서 소비하는 식품을 판매하는 비율을 매장 종류별로 나타내었고, 표 6-4는 미국과 캐나다의 2008년 판매량에 근거하여 상위 10위 식품 판매업계를 나타내었다(online: http://supermarketnews.com/profiles/top75/2009-top-75).

슈퍼마켓은 제품보관 단위(또는 상품 구별 단위)를 보통 3만-4만개씩 가지고 있으나(Leader and Cuthill, 2008), 매장 크기에 비해 공간은 여전히 모자란다. 편의점, 약국, 염가판매점 dollar store 또한 식품 판매산업에서 중요한 부분이다. 이들 판매상은 슈퍼마켓보다는 취급물건 종류가 적지만, 최근 식품 부분을 확대하여 취급하고 있다(Martinez, 2007).

규모가 큰 판매상은 제품 구입 영향력 때문에 식품제조업자가 생산하는 제품 종류에 영향력을 갖게 되었는데 제한된 매장 선반에 진열할 제품을 결정함으로써 영향력을 발휘한다(Martinez, 2007). 체크아웃스캐너(제품의 바코드 리더기)와 재고관리의 자동화로 인해 어떤 제품이 가장 잘 팔리는지 쉽게 파악할 수 있게 되었고, 따라서 판매업소가 판매하고자 하는 제품을 선정하게 되었다. 식품 판매업계에는 매년 새로운 제품이 수천 가지나 나타

표 6-3. 매장 종류에 따른 가정소비 식품의 백분율(2005년)

매장 종류	%
전통 식료품 소매상	
슈퍼마켓	58.2
편의점	2.9
기타 식료품상	3.6
전문식료품상	2.7
비전통 식료품 소매	
대형 쇼핑센터(예: Wal-Mart, Super Target, Super Kmart, Meijer, Fred Meyer), 창고형 클럽(예: Cosco, Sam's Club, BJ's)	17.1
대형 도매상(예: traditional Wal-Mart, Target, and Kmart stores)	1.8
기타 상점(예: Walgreens, Dollar General)	8.7
가정배달 및 우편 주문	4.0

출처: Martinez, 2007.

표 6-4. 미국과 캐나다의 상위 10위 판매업체

회사명	2008년도 매출액 (미화 10억불)
Wal-Mart Stores	258.5
Kroger Co.	77.2
Costco Wholesale Corp.	72.5
Supervalu	45.0
Safeway	44.8
Loblaw Cos.	31.5
Publix Super Markets	24.0
Ahold USA	21.8
Delhaize America	19.2
C&S Wholesale Grocers	19.0

주: 판매액은 북미 식품 판매 수입과 식품외 판매 수입을 포함
출처: 슈퍼마켓 뉴스 (Supermarket News), 2009

나기 때문에, 각 제품은 매장 선반에 진열되기 위해서는 경쟁을 해야 하며, 식품생산업자는 판매업계에 발붙이기 위해 수익률이 좋은 제품을 생산해야 한다(Leader and Cuthill, 2008). 판매업자가 새 제품을 구입해야 한다고 설득하기 위해서 제조업자는 예상되는 판매수입, 판매 전략, 그리고 소비자 설문조사 등의 자세한 판매 정보까지 제공한다(FTC, 2003).

또한 판매업자는 종종 입점비 slotting fee 를 통해 어떤 제품을 판매할 것인지를 결정하고 선반 어디에 놓아 판매할 것인지를 결정한다. 입점비는 새로운 제품을 매장 선반에 올려 놓도록 하려고 식품생산자가 판매업자에게 한 번 지불하는 비용이다. 식품생산자는 새 제품을 매장에 들이기 위해 한 품목당 한 판매점에 많게는 4만 불까지 지불한다(Desiraju, 2001).

판매업자 중에는 식품생산자가 판매하는 제품의 특성을 바꾸도록 하는 프로그램을 고안하기도 하였다. 최근 월마트가 제품 공급자에게 제품 포장이 오래 가도록 만들라고 한 것이 그 예이다(online: http://walmartstores.com/Sustainability/9125.aspx). 미국의 예는 아니지만, 영국에 있는 월마트의 자회사인 ASDA 슈퍼마켓에서 자체상표 상품에 포함된 지방, 포화지방산, 당분과 소금의 기준을 정하고 인공색소와 향료를 빼도록 한 것도 또 다른 예라고 할 수 있다(Hattersley, 2009).

비교적 적은 수의 판매업자가 가공식품의 판매에서 큰 부분을 차지하기 때문에, 판매업자는 새 제품이 성공하는 데 문지기 역할을 할 수 있다. 만약 제조업자가 중요 판매업자에게 그들의 신제품이나 신제형 제품 reformulation product 이 소비자에게 인기를 끌 것이라고 설득하지 못하거나 높은 입점비를 지불할 수 없다면, 신제품이 시장에서 성공할 가능성은 매우 적다고 할 수 있다. 이런 여러 가지 요소가 가공식품을 개발하거나 새로운 제형을 만드는 데 있어 중요한 고려사항이다.

제품 개발 과정

2005년 식품제조업계는 식품과 음료수 신제품 18,722종을 출시하였다 (Marinez, 2007). 유형별로 분석한 자료를 표 6-5에 제시하였다.

신제품을 내기 위해서 대규모 가공식품 회사는 여러 분야 기술자를 대규모로 고용한다. 그림 6-1에서 보듯이 식품회사는 시장 조사자, 식품 과학자, 영양학자, 엔지니어, 화학자, 미생물학자 등과 함께 운영, 고객, 기술, 행정 분야의 전문가로 구성되어 있다. 기업 내부 연구 개발팀은 신제품을 개발

표 6-5. 2005년 출시한 신제품

제품 유형	백분율
사탕, 껌, 스낵	27.7
음료수	25.1
양념	10.2
우유제품	7.2
빵 성분	6.0
가공육류	5.0
음식과 앙트레	4.7
구운 제과 식품	4.1
과일과 야채	3.4
파스타와 쌀	2.2
수프	1.6
디저트	1.4
시리얼	0.8

출처: Martinez, 2007.

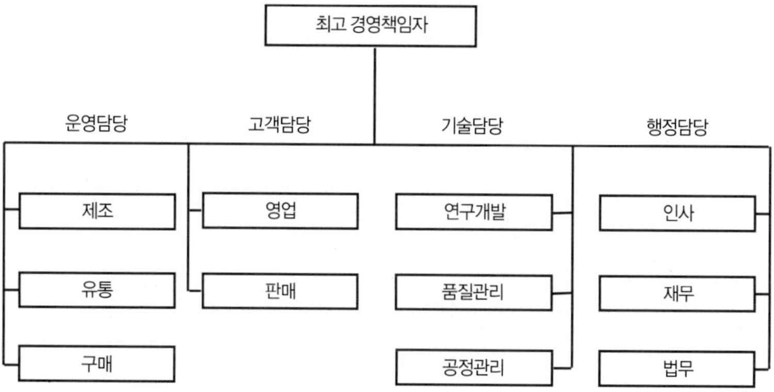

그림 6–1. 제품 개발에 관련된 기업 내 비즈니스 그룹.

출처: Beck (2002)에서 인용. Organizing human resources: By project? By discipline? As a matrix? 판권소유: Iowa State Press. John Wiley & Sons, Inc.의 허락 후 게재.

하거나 기존 제품을 신제형 reformulate 으로 개발한다. 다국적 기업식품제조회사는 연구개발의 일부를 국제 연구센터에서 수행하기도 한다(Nestle, 2007).

소규모 기업에서는 연구 개발 담당자 수가 많지 않은 경우가 있다(Beck, 2002). 이런 제조업체에서는 과학자 한 명이 여러 가지 기능을 담당하여야 할 수도 있다.

각종 규모의 식품제조 기업은 제품 개발 과정의 일원으로 원료 공급업자, 외부 계약개발업자 external contract developer, 자문위원 등을 참여시킨다(Beckley et al., 2007; Thomas, 2007). 이들은 기업 내부에서 부족한 전문 지식을 제공하거나, 내부에서 하는 것보다 적은 비용으로 연구를 수행한다(Beckley et al., 2007; Fuller, 2005). 자문위원은 사기업에서 올 수도 있고, 아니면 대학에서 올 수도 있는데 대학은 자문활동을 통해 대학의 연구결과를 응용하는 기회가 되기도 하고 대학 수입을 얻는 길이라고 생각한다(Fuller, 2005). 주 확대 협동 서비스기구 State Cooperative Extension Services 도 규모가 작은 식품 가공 회사나 사업가에게 전문지식을 제공한다(online: http://www.uga.edu/nchfp/business/starting_businesshtml#ceskinks, 그리고 online: http://www.ces.ncsu.edu/index.php?page=foodsafetyprocessing).

기업이 신제품을 개발하는 데 이 같이 비용과 시간을 들이는 이유는 다음과 같다(Fuller, 2005). (개인 교신, J. Ruff, Kraft Foods [은퇴]).

- 생산업자의 입장에서는 회사 제품이 판매 주기가 지나 싼값에 팔리게 되었을 때 사업을 계속하거나 확장하기 위해서는 신제품이나 신제형 제품이 필요하다.
- 새로운 시장수요(특히 건강식품에 대한 수요)가 나타나고 있다.
- 신기술이 나타나 이전에는 불가능하였던 신제품 개발이 가능해졌다.
- 정부규제와 정책이 변화하면서 기존 상품을 불가피하게 새로운 제형으로 바꿔야 하게 되었거나 신제품 또는 신제형을 개발하면 인센티브를 받게 되었다(예: 건강식품 표시 또는 성분 표시).
- 새로운 경쟁상품에 대응하기 위해 신제품이나 신제형 제품이 필요하다.

신제품 개발과 기존 제품의 신제형 개발 과정

상품별로 단계가 다를 수는 있으나, 제품을 개발하는 과정은 일반적으로 그림 6-2와 같은 과정을 거친다.

Valdovinos (2009)는 이 과정을 더 간단하게 4단계로 나누어 설명하였다. (1) 아이디어 개발; (2) 개념 구상; (3) 계획과 디자인; (4) 제품 출시와 생산. 더 자세히 설명하면 아래와 같다.

아이디어 개발 신제품에 대한 아이디어는 내부와 외부에서 나온다. 아이디어가 나오는 예를 Box 6-1에서 제시한다. 대기업에는 마케팅 팀이 있어 소비자에 대한 자료와 기존 식품 시장 정보를 모으는 데 전력을 다한다. 마케팅 팀의 작업은 소비자 수요를 잘 맞추는 통찰력을 갖고 성공하는 제품을 만드는 것이 목적이다(Straus, 2009). 마케팅, 사업, 그리고 연구개발에 관련된 인력은 참신한 아이디어 개발 및 어떤 아이디어가 유망한지를 결정하는 일을 담당한다(Straus, 2009; Thomas, 2007; Topp, 2007). 아이디어를 선별하는 데에는 여러 가지를 고려해야 한다. 다음과 같은

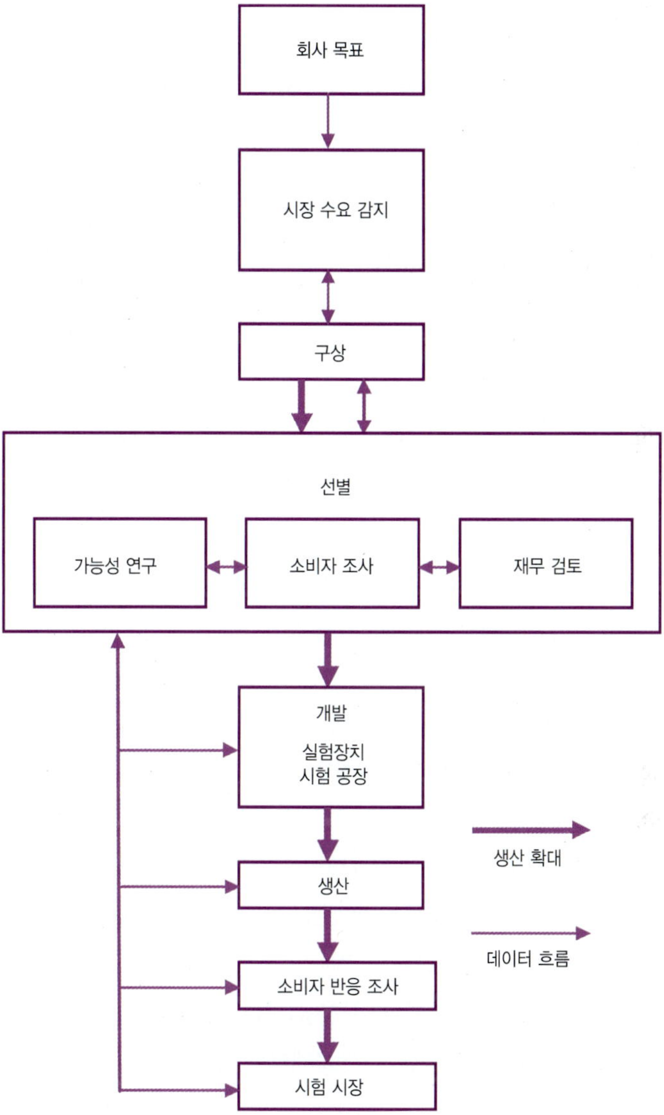

그림 6–2. 신제품 개발과정.

출처: Fuller, 2005. Taylor and Francis Group LLC의 허가를 받은 후 게재함. "New food product development: from concept to marketplace" 제2판의 게재 허가는 Copyright Clearance Centre, Inc.를 통하여 받았음.

BOX 6-1

제품 아이디어의 원천

내부	외부
• 사업팀 또는 마케팅 영업 팀	• 경쟁 회사
• 연구개발 팀	• 물품공급처
• 판매 직원	• 소비자
• 포장 팀	• 소매업자
• 규제 담당과	

출처: Straus, 2009; Tiopp, 2009.

질문을 해야 한다(Heyhoe, 2002; Moskowitz, 2009; Straus, 2009).

- 신제품 아이디어가 기업의 시장에서의 위치와 얼마나 부합하는지 (예: 성공한 기존 제품이 있는지?)
- 신제품 개발이 기술적으로 얼마나 가능한지?
- 제품 아이디어가 얼마나 경쟁력이 있는지(특허나 제품생산 방법 비밀 등이 있어 다른 경쟁사들이 쉽게 표절하지 못하도록 할 수 있는가)?
- 투자 비용은 얼마나 드는지?
- 제품의 예상 수명은 얼마나 되는지(1년, 3-5년 등)?
- 제품 개발로 관련 제품을 추가로 개발할 가능성은 얼마나 되는지(스핀 오프 효과)?
- 이전에 성공한 제품과 비교하여 소비자는 이 제품에 대해 얼마나 높은 점수를 매길 것인지?

최근 더 중요하게 부각되는 것은 판매업체가 제품을 구입하고 비축하는 데 영향을 주는 요인에 대한 분석이다. 판매업자는 제조회사의 첫 번째 고객이므로 판매업자의 수용 여부가 필요한데(Topp, 2007) 그 이유는 신제품을 구입하여 상점에 구비하고자 하는 의지가 제품 성공에 매우 중요한 요건이기 때문이다(Boekel, 2009).

이상과 같은 질문을 가슴 속에 담고 사업 팀은 제품 개발 비용과 제품 개발에 따른 수익을 저울질하여 어떤 아이디어가 가장 성공률이 높을지를 결정한다. 아이디어가 채택되지 않는 요인은 대부분 예상되는 이익이 낮기 때문이다(Topp, 2007).

개념 구상 제품 아이디어가 채택되면, 벤치탑(실험실)에서 제품 개발을 시작한다. 이는 제품의 원형을 창조하고, 가공에 대한 초기 계획을 세우는 것이다(Kramer, 2002). 현대적인 식품가공법을 사용하고 예상비용을 넘지 않는 한도 내에서 식품과학, 엔지니어링, 화학, 미생물학, 포장법에 대한 지식을 바탕으로 제품 아이디어를 충족시키는 원형을 만든다. 제품 원형이 만들어지면 파일럿플랜트 pilot plant 에서 가장 그럴듯하게 만든 제형 formulation 이 대규모 생산에 적합한지 시험과정을 거치게 된다.

제조된 원형이 소비자에게 얼마나 받아들여질지 알기 위해 감각과학자와 마케팅팀이 일하기 시작한다. 그들은 초점 집단 focus group 을 이용하여 소비자들이 제품의 아이디어를 잘 받아들이는지 시험하는 동시에 패널에게 관능검사법으로 sensory panel testing 으로 소비자가 맛과 제품의 모양을 얼마나 좋아하는지 알아본다(Cox and Delaney, 2009; Moskowitz, 2009). 초점 집단과 관능검사법 결과에 근거하여 제품원형을 소비자 요구에 맞춰 수정한다. 제품의 질과 안정성을 보장하기 위해 제품 유통기한에 대한 연구도 한다(Saguy and Peleg, 2009).

계획 및 디자인 제품 원형이 확정되면, 대규모 생산에 대한 계획을 세운다. 기업의 엔지니어링팀과 사업팀에서는 제품 생산에 필요한 시설을 결정하고, 제품을 기업 소유 공장에서 생산할지 또는 외주업체에 맡길지 결정한다(Weinstein, 2002). 구입부서에서는 필요한 원료와 포장제를 구입한다(Fuller, 2005). 사업팀과 판매팀은 제품 광고 및 목표 시장 등 제품 출시에 대한 계획을 세운다(de la Huerga and Topp, 2007). 이에 더하여 기업 내 판매팀은 신제품 광고를 위해 판매업자와 만난다(J. Ruff [Kraft Foods 정년퇴직]와 2009년 10월 개인통신). 그리고 규제팀은 제품과 포장이 정부 규정에 맞는지 확인한다(Fuller, 2005). 연방정부 규정에 따르면 신제품이 산성화 식품이거나 약산성 통조림 식품인 경우 식품 제조업자는 미국식품의약품안전청에 각 제품에 대해 제품형태, 용기의 크기 및 형태, 가공법에 대해 보고하도록 하고 있다(21 CFR 108). 가공업자가 가공과정을 바꾸거나 보관용기의 크기가 달라지거나, 온도나 제품 형태의 변화 등 중요한 영향을 주는 요소가 변화하였을 때에는 가공과정 교체내용 양식을 작성하여 신고하여야 한다(online: http://www.fda.gov/Food/Foodsafety/Product-SpecificInformation/AcidifiedLow-AcidCannedFoods/EstablishmentRegistrationThermalProcessFiling/Instructions/ucm125819.htm). 이 행정 절차는 식품 안정성을 보장하는 데 매우 중요하다.

제품 출시 및 생산 제품 출시 및 생산 단계를 제품 개발의 마지막 단계라고 생각할 수 있으나, 회사는 대부분 제품 첫 출시 이후에도 계속 제품에 대한 시험과정을 거치면서 변화를 준다. 제품판매 실패 위험을 줄이기 위해 시험적으로 소규모 시장에 제품을 출시하는 회사도 있다. 소규모 시장의 제품 성공이 더 큰 시장의 출시로 이어지기도 하지만 큰 시장에 진출하기 전 다시 문제를 찾아내 연구개발을 더 진행하기도 한다(Fuller, 2005) (J. Ruff [Kraft Foods 정년퇴직]와 2009년 10월 개인통신).

회사는 다음과 같은 목적으로 기존 제품의 제형을 바꾸기 위해 끊임없이 노력한다.

- 소비자가 싫어하는 원료를 제품에서 제외하는 등 영양학적 또는 감각적 특성을 개선하기 위해(대중 매체나 새로운 건강정보를 통하여 알게 됨)

- 원료 공급 문제를 극복하기 위해
- 원료의 단가나 생산 단가를 낮추기 위해
- 신기술을 도입하고 적용하기 위해
- 시장의 새로운 틈새를 만들기 위해
- 원료의 법적 규제 내용이 달라졌을 경우 제품을 시장에서 법적으로 판매할 수 있게 하기 위해
- 영양학적으로 건강식품 조건이나 다른 조건을 만족시켜서 포장의 영양성분표시 라벨에 표시하기 위해(Webster, 2009).

오늘날, 기업의 수익성을 유지하는 원동력은 시장에서 경쟁자와의 가격경쟁이며, 가공 단계와 원료비용을 줄이는 것이 경쟁력을 유지하는 데 주로 쓰는 방법이다(Wazke and German, 2009). 기존 제품의 제형을 바꾸기 위해서는 신제품 개발 때에 숙고했던 사안을 고민해야 한다. 또 본 위원회가 개최한 공공 정보 수집 워크숍 참석자 중 한 사람이 발언한 바에 따르면 각 기업은 신제형 제품이 소비자에게 원래 제품의 질과 비슷하거나 더 좋다고 생각하게 하여 시장 점유율을 빼앗기지 않도록 제품을 계속 시험한다고 한다(2009년 3월 30일).

중소기업 제품 개발과 자체상표 식품 개발 과정의 차이점

중소기업의 제품 개발 과정은 대기업과는 다르다. 이 점을 이해해야 한다. 중소기업은 일반적으로 신제품 아이디어 개발과 시험과정에 필요한 자원이 모자라며, 최첨단 과학연구에 필요한 전문지식이나 예산도 부족하다. 이에 덧붙여 광고 예산이 아예 없는 경우도 있고 대규모 판매업자가 요구하는 비싼 입점 수수료 때문에 소규모 판매업자에게만 제품을 판매할 수밖에 없는 경우도 있다(Fuller, 2005).

자사상표 식품의 개발 과정 또한 대규모 국내 브랜드 제품의 개발 과정과는 다르다. 자사상표 식품은 판매업자가 공장을 소유하고 직접 생산하는 경우도 있지만, 대부분 판매업자와 계약한 식품제조업자나 판매상 협동조합이 생산

한다(Leader and Cuthill, 2008). 브랜드 제품을 제조하는 식품제조업체가 과잉 생산 능력 때문에 자체상표 식품을 만들어 공장 가동을 최대한으로 하는 경우도 있다(Ward et al., 2002). 보통 자사상표 식품은 브랜드 제품의 복제품이다. 이러한 자사상표 식품은 연구개발 비용이 필요하지 않고 동시에 기존 브랜드 제품이 이미 시장에서 경쟁력을 입증하였으므로 판매업자 입장에서는 쉽게 제품을 판매할 수 있게 한다(Leader and Cuthill, 2008). 입점 수수료가 없고 세일즈 인력과 광고비가 적게 드는 이러한 마케팅 전략 때문에 자사상표 식품은 브랜드 제품보다 싸게 팔 수 있다. 판매업자는 브랜드 제품보다 자사상표 식품을 판매함으로써 수익을 평균 25-30% 더 얻는다 Private eyes, 2007).

나트륨 함량을 줄인 제품을 출시하는 데 따르는 문제

가공식품에서 나트륨 함량을 줄이는 것에는 여러 가지 문제가 있다. 식품에 들어 있는 나트륨의 역할에 대하여 제3장과 제4장에서 설명한 바와 같이 식품에서 나트륨을 너무 줄이면서 다른 대체첨가물을 넣지 않으면, 제품의 맛, 유통 기간, 안전성과 그 밖의 여러 물리적 특성이 변하거나 소비자가 받아들이지 않을 수 있다. 이에 덧붙여 신제형 식품 제조단가가 너무 높은 경우도 있다. 더 나아가 유기농 제품의 일부에서는 사용할 수 있는 나트륨대체물질 중 사용이 금지된 경우도 있다(7 CFR # 205.600-606). 2009년 3월 30일 본 위원회가 주최한 공공 정보수집 워크숍에서 식품업계 참가자들은 여러 가지 문제 중에서도 제품 맛의 변화와 제조 공정에 드는 비용 때문에 나트륨 함량을 줄인 신제형 제품을 만들기 힘들다고 지적하였다.

기존의 연구결과는 소비자가 식품을 선택할 때 가격이나 건강식품 여부보다도 제품의 맛을 가장 중요시한다고 하였다(IFIC, 2008). 따라서 본 위원회가 주최한 공공 정보수집 워크숍(2009년 3월 30일)에서 식품업계 토론 참가자가 언급하였듯이 제조업자는 다른 경쟁 회사보다 제품을 더 맛있게 만들려고 하고 나트륨 함량을 줄이지 않은 경쟁업체 제품과 비교하였을 때 자기 회사 제품의 호감도가 비슷하여 시장 점유율을 잃지 않기를 바란다.

또 워크숍에서 식품업계 참가자들은 식품에 첨가한 나트륨 함량을 줄임으로써 제품의 맛이 변하고, 이 때문에 경쟁사 제품과 비교하여 시장 점유율을 잃을까 봐 걱정하고 있다고 말하였다. 게다가 제조업자들은 저염 식품을 시장에 판매하려고 하였다가 실패한 경험을 이미 가지고 있었다. 저염 식품의 실패 요인은 여러 가지이지만, 소비자가 저염 제품을 섭취하여도 건강상 이득은 즉시 나타나는 것이 아니라는 점을 고려할 때 건강 때문에 맛없는 저염 신제형 식품을 구매하지 않는다는 점도 실패 요인 중 하나이다(Wolf, 2009).

제품을 새로 만드는 데 드는 비용도 만만치 않다. 신제형 제품의 종류가 많지만 개발 목적은 대개 식품 제조단가를 줄이기 위한 것이어서 제품 개발에 투입한 연구개발 비용은 제조비용이 절감되는 것으로 보상받게 마련이다(Kramer, 2002). 소금은 상대적으로 저렴한 원료이며 저염 제품을 만들어 발생하는 이득은 적다. 게다가 소금을 제거할 수 없다면, 소금대체물질이 필요한데 대체물질은 대개 소금보다 비싸기 때문에 가공비용이 더 늘어난다(online: http://www.culinologyonline.com/articles/healthy-r-d-perspectives.html). 다른 나트륨 포함 원료의 감량 전략도 마찬가지로 비용이 많이 들어간다(Ball et al., 2002; Cauvain, 2003). 이렇듯 많은 시간과 비용이 들어가는 신제형 제품 생산 노력에 비해 이에 따른 경제적 이득은 적기 때문에 제조업자가 이러한 신제형 제품 개발 작업을 하기 위해서는 소비자 요구가 크거나 시장의 압력이나 사회적 압력이 있어야 한다. 나트륨이 적게 들어간 완전히 새로운 신제품을 개발하는 것이 소비자들이 맛에 길들여진 기존 제품의 제형을 바꾸는 것보다 비용이 적게 들 수 있다.

식품의 나트륨 함량을 줄이기 위한 기업의 노력

가공식품산업계와 식품판매업계는 나트륨 섭취량을 줄이기 위해 노력하였다. 제품 라벨 규정 의무를 따르는 것(제7장에 기술) 이외에는 모두 자발적으로 노력한 것이다. 식품산업계와 판매업계가 노력한 것으로는

- 저염 식품에 성분표시를 하여 판매하는 것;
- 기존제품에서 나트륨 함량을 감량한 신제형 제품을 아무 말 없이 판매하는 것;
- 나트륨대체물질이나 향신료를 개발하거나 식품 나트륨 함량을 줄이는 신기술 개발에 연구비를 지원하는 것;
- 나트륨과 건강식품에 대한 정보를 제품 포장지, 전단지, 광고지, 웹사이트에 제공하는 것;
- 판매 매장에 제품에 대한 영양수치정보 nutrition rating information 를 게시하는 것.

주목할 것은 기업이 기존 제품을 바꿔 미국에 공급하는 가공식품에서 나트륨 함량을 줄이는 목적으로 두 가지 방법을 시도했다는 것이다. 첫 번째 방법은 식품 영양성분표시에 기록한 기준치를 지키기 위해서 제품의 나트륨 함량을 줄인 다음 저염 식품에 관심이 있는 소비자에게 판매하는 방법이다. 제2장에서 언급하였듯이, 판매초기에는 저염 식품이 시장에서 성공하지 못하는 듯 보였다. 이는 소비자가 제품 맛이 덜한 이유를 나트륨이 적게 들어갔기 때문이라고 생각하기 때문이고(Heidolph, 2008; IFIC, 2009), 이것은 저지방 제품에서도 마찬가지였던 것 같다(Kahkonen and Tuorila, 1998; Kahkonen et al., 1999; Tuorila et al., 1994). 그럼에도 불구하고, Campbell 회사(Box 6-2에 기술)는 영양성분표시를 이용하는 첫 번째 방법을 사용하여 저염 제품을 판매한 결과는 성공적이었다고 2009년 3월 30일의 공공 정보수집 워크숍 참가자 한 사람이 언급하였다.

두 번째 방법은 소비자들에게 광고하지 않고 점차 나트륨 첨가량을 줄여가는 방법이다. 이러한 감량을 흔히 "무광고 감량법 silent reduction "이라고 부르며, 고정 고객도 알아채지 못하게 서서히 나트륨 함량을 줄여, 소비자가 제품의 소금에 대한 취향을 서서히 낮추는 방법이다(Wrick, 2009). 본 위원회의 공공 정보수집 워크숍(2009년 3월 30일)에서 식품산업계 대표는 과거 제품 나트륨 함량을 줄인다고 광고하였다가 시장 점유율이 줄어든 실패 경험을 교훈삼아 식품제조 기업은 시장에서 살아남기 위해 식품 나트륨 함량을 줄일 때 "무광고 감량법"을 이용한다.

식품의 나트륨 감량이 이렇듯 조용히 이루어졌다면 지난 수십년간 식품의 나트륨 함량이 얼마나 줄었는지 종합적으로 알기는 어렵다. 지난 40년간의 나트륨 감량에 대해 완전히 알려면 각 식품제조 기업이 지난 수십년분의 제품 원료정보를 제공해야 하며, 특히, 나트륨에 대한 성분표시가 의무화되기 이전의 자료까지도 제공해야 한다. 식품 일부에서는 조용히 나트륨을 감량하였으나, 그렇다고 모든 식품에서 나트륨을 감량한 것은 아니다. 미국 소비자 보호단체인 공익과학단체 Center for Science in the Public Interest, CSPI 는 1983년부터 2004년까지 추적 조사한 결과 식품에 첨가하는 나트륨은 5% 정도만 감량되었다고 밝혔다(CSPI, 2008).

나트륨 감량과 관련된 정보와는 달리, 나트륨 성분표시를 하고 판매한 식품 종류에 대한 정보는 풍부하다. 제2장에서 언급하였듯이 1990년대 초부터 2007년까지 나트륨 함량을 성분표시에 기재하고 판매하는 제품 비율은 5-13%를 오르내렸다(M. Brandt, FDA, 2008년 12월 17일 개인 교신). 1990년대 전반에 걸쳐 나트륨 함량을 표기하여 판매하는 신제품 수는 감소하였다(CSPI, 2005). 그 이유는 소비자가 나트륨 감량 식품에 대해 부정적 시각으로 볼 것이라는 식품회사의 인식 때문으로 생각된다. 그리고 식품회사의 관심이 지방 성분 등 다른 영양소에 쏠려 있었기 때문이라고 해석할 수도 있다. 최근 몇 년간, 나트륨 함량을 표기하여 판매하는 제품 수는 다시 증가하고 있는데, 그 이유는 아마 나트륨 섭취량에 대한 관심이 높아졌다는 것과 식품과학이 최근 발전하여 나트륨 함량을 줄일 수 있었기 때문일 수도 있다.

전 세계적으로 소금과 나트륨 섭취량을 줄이려고 하는 관심 때문에 최근 수년간 식품 제조회사는 나트륨 감량 계획을 세웠다. 이러한 계획은 전 세계적으로 나트륨 섭취량을 줄이려는 국제적 정책구상에 밀려 수립하고 있다. 즉, 영국에서 일어난 소금 사용 규제 움직임, 미국식품의약품안전청에 소금 규제 조항을 개정하여 달라는 청원, 그리고 최근 뉴욕 시 정부가 전국소금섭취감축계획 National Salt Reduction Initiative 을 발의한 것 등이 그것이다. 이들 정책구상은 제2장, 제7장, 제8장과 부록 B, G에 더 자세히 기술하였다. 최근 수년간 나트륨을 감량하려고 노력한 기업의 예를 Box 6-2에 기술하였다. 이 목록은 결코 전체를 아우르는 내용은 아니고 공적으로 얻을 수 있는 정보만을 근거로 구성한 것이지만 여기에 나열된 예는 최근 나트륨에 대한 관심이 높아졌음을 보여준다.

앞서가는 식품제조회사는 제품에서 나트륨을 감량할 수 있는 기술 개발 연구에 투자하였다. 기업 자체에서 연구하기도 하지만 대학이나 연구센터, 원료회사 연구 프로젝트를 후원하는 형태로도 수행한다(Nestle Ltd., 2007)(online: http:www.senomyx.com/collaborations/ 그리고 http://www.monell.org). 제3장과 이번 단원에서 기술한 바와 같이, 소금과 나트륨을 포함하는 다른 원료를 줄이는 기술을 새로이 다양하게 개발되고 있다. 그러나 나트륨 대체원료를 찾는 연구는 다른 영양성분의 대체원료 연구보다 아직 결과가 성공적이지 못하였다. 예를 들어, 어느 상황에서 설탕을 대체하는 인공 감미료와 같이 나트륨을 대체할 만한 물질을 아직 개발하지 못했다. 소금 대체품을 찾지 않고도 나트륨 감량은 가능하지만, 저염 제품을 개발하는 과정을 더디게 할 수 있다.

또 식품제조업자와 판매업자는 소비자에게 나트륨 관련 건강 정보를 제공하는 데 노력하고 있다. 이 노력은 소비자가 저염 제품을 구매하게 하기 위한 노력의 일환이지만, 소비자들에게 건강 정보를 알려주는 좋은 방법이 될 수 있다. 역사적으로, 이러한 정보는 광고, 전단지, 또는 제품 포장지에 기재하였다. 그러나 최근 몇 년 동안 Campbell's Soup, Kellogg's, General Mills 같은 회사에서는 나트륨과 관련된 건강 정보를 그들의 웹사이트에 올려놓거나, 영양 또는 웰빙에 관한 웹사이트를 더욱 지원하고 있다(http://www.campbellwellness.com/subcategory.aspx?subcatid=3, http://www.kelloggsnutrition.com/know-nutrition.sodium.html 그리고 http://www.eatbetteramerica.com/diet-nutrion/heart-health/try-a-sodium-shake-down.aspx). 포장식품 제조회사도 법 규정에 따라 오랫동안 영양성분표시에 나트륨 정보를 제공하고 있다. 판매업자도 상점 광고 잡지나 제품 팸플릿을 통해 건강 정보를 소비자에게 제공하는 역할을 오랫동안 하였다. 건강과 나트륨 함량에 대한 정보는 소비자를 교육하기 위한 것이며, 나트륨 섭취량을 감소시키기 위한 도구이다. 그러나 제2장에서 기술한 바와 같이, 영양정보표 Nutrition Facts 와 같은 방법은 "미국인 식생활 지침"에서 권장하는 나트륨 섭취량까지 나트륨을 감량하게 하는 데에는 불충분하다.

최근 몇 년 동안 식품제조회사와 판매회사 일부에서는 소비자가 건강식품을 고르도록 포장지 전면 front-of package 영양지수평가제 nutrition rating system 와 매장 point-of-purchase 영양지수 평가제를 시작하였다. 식품 제조업자 중에서는 "Smart Choices" (online: http://www.smartchoicesprogram.org/index.html) (적극적 실행은 지연)나 "Smart Spot" (online: http://www.pepsico.com/Purpose/Health-and-Wellness/Smart-Spot.html), "Heart Check Mark" (online: http://www.americanheart.org/presenter.jhtml?identifier=2115), "Choices Stamp" (online: http://www.choicesinternational.org/index.php?option=com_content&task=view&id=30&Itemid=53), "Sensible Solutions" (online: http://www.kraftfoods.com/kf/healthyliving/sensiblesolution/sensiblesolution_landing.aspx)과 같은 영양지수 평가제를 도입하고 있다. 시장에서 판매하는 식품 포장지에 건강식품이라는 로고를 전면에 붙이는 것은 그 제품이 어떤 영양성분 규정을 만족시키고 있다는 뜻이 대부분이다. 식품제조회사가 제품을 잘 팔리게 하기 위해 개발한 프로그램도 있다. "Heart Check Mark"나 "Smart Choices" 같은 평가제는 외부 기관이 개발하여 제품이 영양규정에만 맞으면 사용하게 하거나 사용료를 지불하고 사용할 수 있도록 하고 있다.

생산업자와 마찬가지로 판매업자 일부는 소비자가 건강식품을 선택할 수 있도록 영양지수 평가제를 도입하였다. NuVal과 GuidingStars가 그 예라고 할 수 있다. 두 시스템은 모두 나트륨을 포함한 몇 가지 영양소 기준에 따라 식품에 점수를 주고 이를 매장 진열 선반에 제품 가격표 옆에 게시한다(online: http://www.nuval.com/How) (online: http://www.guidingstatrs.com/what-is-guiding-stars/how-it-works/). 이 시스템이 포장지 전면 영양지수 평가제와 매장 영양지수 평가제와 다른 점은 그 매장에서 판매하는 모든

BOX 6-2

최근 식품가공산업에서 하고 있는 나트륨 감량 노력의 예시

Campbell회사는 나트륨을 감량하여 판매하는 제품의 수가 2005년 24개 제품이었으나 2009년에는 100개로 늘었다. 토마토 수프 원 제품에 들어 있던 나트륨 함량을 32% 감량한 것으로부터 "Pepperidge Farm 빵" 중 저염 또는 소금 감량한 제품 11종을 공급하고 있다. 또 수프 45개종에서 나트륨 함량을 줄였으며(Khoo, 2009), V8 음료 전체 제품의 나트륨 함량을 건강식품 표시 기준(480 mg 이하)을 만족시키도록 하였고, "a Healthy Request" 수프 제품에서는 제공량당 나트륨 함량을 기존 480 mg에서 410 mg으로 낮추었다.[b]

ConAgra는 2007년까지 수년 동안 나트륨 사용량을 연간 280만 파운드씩 줄였다.[c] 최근 ConAgra는 2015년까지 현재 사용하고 있는 나트륨 사용량의 20%를 더 감량하겠다고 발표하였으며, 제품 160종 이상에서 나트륨 함량을 줄이겠다고 하였다.[d]

General Mills는 그동안 전 업종에 걸쳐 나트륨 감량 계획을 세웠으며, Progresso, Hamburger Helper, Cheerios 제품에 대해 광고하지 않고 조용히 나트륨 함량을 감량하였고 (Wiemer, 2009), 저염 수프 6종에 대해서는 한 그릇당 나트륨을 450–480 mg으로 낮추어 판매하고 있다.[e] 2010년도 "지속가능경영보고서 Corporate Social Responsibility Report "에서 General Mills 회사는 2015년까지 600여 종의 제품에서 나트륨 함량을 최대 20%까지 줄이겠다고 약속하였다. General Mills의 이러한 정책은 전체 제품의 40%와 10개 제품군에 대하여 나트륨 감량을 실행하는 것이다.[f]

Kraft는 2010년 3월 앞으로 2년간 전 북미대륙 판매회사 제품에서 나트륨 함량을 평균 10% 감량할 것이라고 발표하였으며, 일부 제품에 대해서는 최대 20% 감량하겠다고 밝혔다. 일부 제품에서는 나트륨을 이미 감량하였다. 2008년 이후 Kraft사에서 생산하는 저지방 샐러드 드레싱 2개 제품에서 나트륨을 약 30% 감량하였으며, Oscar Mayer white turkey deli meat 제품에서는 최소 15% 감량하였다. 또 이 회사의 제품 중 100종 이상이 저염, 무염 식품이거나 소금 감량 제품이다.[g]

Nestlè사는 전 세계적으로 모든 제품에 대해 100 mg/100칼로리까지 나트륨을 감량하겠다는 정책을 갖고 있다. 이에 따라 앞으로 5년간 각 제품에서 나트륨을 약 25% 감량하겠다는 계획을 수립하였다. 이제까지 전 세계적으로 모든 제품에서 소금 1,500만 파운드 이상을 제거하였다.

Pepsi는 2008년 오리지널 제품 나트륨 함량의 30–50%만 들어 있는 Pinch of Salt Frito Lay 제품을 출시하였다.[h] 그러나 이 제품은 출시 이후 바로 생산을 중단하였다.[i]

Sara Lee는 2009년 말 소금의 양을 줄이겠다고 선언하였고 앞으로 5년간 빵, 핫도그, 조식 식육과 중식 식육, 조식 식품과 조리 소시지 등 주요 제품에서 나트륨을 평균 20% 감량하겠다고 하였다. 이와 같은 노력은 지난 기간 동안 이 회사가 감량한 나트륨 양에 26만 6천 파운드를 추가로 감량하는 것이다. Sara Lee 회사는 나트륨 감량을 단계적으로 수행할 것이며, 정기적으로 새로운 목표를 재평가 하겠다고 하였다.[j]

Unilever는 나트륨과 관심대상인 기타 영양성분을 줄이기 위해 전 세계적인 "영양강화 프로그램"을 만들었다. 지금까지 이 프로그램으로 전 세계에 판매하는 제품에 들어갈 소금 9,100톤을 제품에서 줄였으며, 제품 2만 2천종에서 나트륨을 감량할 계획도 가지고 있다.[k] 본 위원회의 "공공 정보수집 워크숍"에서 이 회사를 대표한 참가자는 Knorr Side Dishes의 25%와 Ragu Gold World Style pasta sauce의 40%에서 나트륨을 광고하지 않고 감량하였다고 발표하였다 (Balentine, 2009).

[a] http://investor.shareholder.com/campbell/releasedetail.cfm?ReleaseD=441175 (accessed Feb ruary 3, 2010)

[b] http://www.campbellsdiet.com/newsarticle.aspx?id=37 (accessed November 18, 2009)

[c] http://investor/conagrafoods.com/phoenix.zhtml?c=202310&p=irol-newsArticle&ID=1084414&highlight=(accessed October 12, 2009)

[d] http://media.conagrafoods.com/phoenix.zhtml?c=202310&p=irol-newsArticle&ID=1342465&highlight=(accessed October 25, 2009)

[e] http://www.generalmills.com/corporate/brands/brand.aspx?catIE=75#23377 (accessed March 18, 2010)

[f] http://generalmills.com/corporate/commitment/2010_CSR.pdf (accessed April 15, 2010)

[g] http://phx.corporate-ir.net/phenix.zhtml?c=129070&p=idol-newsArticle&ID=1403344 (accessed March 18, 2010)

[h] http://www.frito-lay.com/about-us/press-release-20080410.html (accessed August 17, 2009).

[i] http://articles.latimes.com/2008/oct/27/health/he-saltproducts27 (accessed October 25, 2009)

[j] http://www.saralee.com/-/media/DF018111A1774A00A97E01651544E1ED.ashx (accessed De cember 16, 2009)

[k] http://www.unilever.com/innovation/buildingthefuture/reducingsaltinfood/?WT.LHNAV=Reducing_salt_in_food (accessed April 2, 2010)

제품에 적용한다는 점이다. 이 시스템의 주된 목적은 소비자들을 교육시키는 것이지만, 부수적으로 식품제조회사가 높은 점수를 받기 위해 제품을 쇄신하려는 노력을 하게 한다는 이점이 있다.

포장지 전면 영양지수 평가제와 매장 영양지수 평가제는 나트륨이나 기타 영양성분에 대해 허용량과 점수가 다양하여 영양학계에서는 이 영양 기준표가 적절한지에 대해 논란이 많다. 소비자가 긍정적 방향으로 식습관을 바꾸는 데 미치는 이 시스템의 영향에 대해서도 의문이 제기되고 있다.

결과적으로 미국식품의약품안전청에서는 최근 식품의 영양학적 질을 위해 "포장지 전면 영양지수 평가제"나 매장 영양지수 평가제를 도입하는 단계를 제시하였다(online: http://www.fda.gov/Food/LabelingNutrition/LabelClaims/ucm187369,htm). 식품제조회사와 판매업자가 미국인의 나트륨 섭취량을 줄이도록 여러 가지 노력을 하고 있지만 아직 제한적이다. 모든 기업이 이러한 노력을 기울이는 것이 아니며, 또 나트륨 감량 노력의 정도는 시간에 따라 오르락내리락 하였다.

식품 환경 내에서의 레스토랑/외식업계 식품 생산과 제공

레스토랑/외식업계의 특성

레스토랑/외식업계는 미국인에게 제공하는 식품의 주요 공급원이다. 제5장에서 기술하였듯이 최근 몇 년간 가정 밖에서 섭취하는 식품은 점차 증가하여 전체 식품 소비량의 48.5%(online: http://www.ers.usda.gov/Briefing/CPIFoodAndExpenditures/Data/Expenditures_tables/table10.htm)에 달하였고, 전 칼로리 섭취량의 1/3을 차지한다(Lin et al., 1999). 미국전국레스토랑 협회National Restaurant Association에서는 2009년 미국인은 1억 3000만 명 이상이 매일 전국의 94만 5천 개 레스토랑 또는 외식업 매장에서 식사하였다고 하였다(online: http://www.rastaurant.org/pdfs/search/2009Factbook.pdf).

미국농무부는 외식업이란 매장 내에서 먹거나 즉시 소비하도록 만든 식사나 간식을 제공하는 서비스로 규정하였다(Harris et al., 2002). 본 위원회는 미국농무부의 정의에 추가하여 구매 후 집이나 매장 밖 다른 장소에서 먹을 수 있도록 한 포장판매 take-out 음식을 포함하였고 슈퍼마켓, 식료품 상점, 기타 소매 업소에서 구입한 식품은 제외하였는데 제외한 매장의 퀵서비스가 배달하는 "새로 조리한 델리 음식"은 외식업에 포함한다.

레스토랑/외식업의 범위는 매장 내에서 제공되는 음식과 포장판매(테이

BOX 6-3

미국전국레스토랑협회가 분류한 레스토랑/외식업

- 풀서비스 레스토랑 Full-service restaurants
  - 가족식사 풀서비스 레스토랑 Family dining full-service restaurants
  - 일반식사 풀서비스 레스토랑 Casual dining full-service restaurants
  - 멋진식사 풀서비스 레스토랑 Fine dining full-service restaurants
- 제한서비스 레스토랑 Limited service (quick-service) restaurants
  - 퀵서비스 (패스트푸드) 레스토랑 Quick-service (fast food) restaurants
  - 퀵 – 캐주얼 레스토랑 Quick-casual restaurants
- 카페테리아, 그릴뷔페, 뷔페 Cafeterias, grill-buffets, buffets
- 행사관련 요리사 Social caterers
- 스낵, 비알코올 음료 바 Snack and nonalcoholic beverage bars
- 바와 술집 Bars and taverns
- 외식 계약자 Foodservice contractors
- 이동식 음식점 Mobile food services

출처: M Sommers (미국전국레스토랑협회, Washington DC), 2009년 9월 22일 개인통신.

크아웃)하는 음식을 포함하고 수십억 달러의 매출을 올리는 대규모 레스토랑과 프랜차이즈 체인 외식업계, 중급 이상의 레스토랑, 부부경영의 소규모 음식점과 길거리 매장을 포함한다. Box 6-3은 미국전국레스토랑협회에서 분류한 레스토랑 및 외식업 분류이다. 각 레스토랑/외식업은 각각 부록 A의 "용어해설" 편에서 기술하였다.

레스토랑/외식업은 상업성 업체와 비상업성 업체를 모두 포함한다. 그림 6-3에서 보여주듯이, 미국 레스토랑/외식업계의 대부분은 상업성 업체이다(National Restaurant Association, 2008). Martinez(2007)가 판매량에 따라 분류한 레스토랑 업체는 표 6-6에 나와 있으며, 선두 주자는 패스트푸드점이라는 것을 알 수 있다. 미국농무부 추정치에 따르면, 풀서비스 레스토랑과 패스트푸드점이 가정 밖에서 먹는 외식업 판매의 77%를 차지한다고 한다(online: http://ers.usda.gov/Briefing/FoodMarketingSystem/foodservice.htm).

상업성 업체는 패스트푸드점이나 멋진식사 레스토랑처럼 누구나 이용할 수 있다. 상업성 업체는 독립 업체와 체인점으로 다시 나눌 수 있다(Walker, 2009). 독립 업체는 브랜드나 체인점과는 관련이 없으며, 업체 주인이 매일 직접 시설을 관리하며, 체인점보다 제공하는 음식 종류를 더 자유롭게 정한다. 회사나 개인은 독립적 레스토랑을 여러 개 소유할 수 있으나, 각 레스토랑은

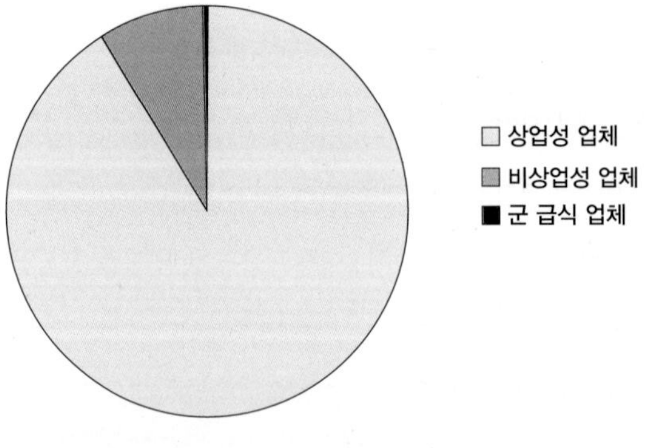

그림 6-3. 2008년 레스토랑/외식업계 매출.
출처: National Restaurant Association, 2008.

표 6-6. 상위 레스토랑/외식업계 명단

회사이름	2005년도 매출(단위 : 미화 십억 불)
McDonald's Corp.	26.9
Yum! Brands	17.4
Wendy's International, Inc.	8.0
Burger King	7.9
Doctor's Associates, Inc.	7.2
Starbucks Corp.	5.8
Darden Restaurants, Inc.	4.8
Allied Domecq	4.5
Applebee's International, Inc.	4.2
Brinker International	4.2

출처: Martinez, 2007.

메뉴 및 식사 서비스 아이디어를 다르게 하면서 운영하기 때문에 각각 독립 업체로 간주한다. 그에 반해 체인점은 같은 이름으로 같은 마케팅 전략을 가진 레스토랑 그룹을 구성하며, 지점에서는 모두 같은 메뉴 아이템을 사용한다(Walker, 2009). 이 때문에 소비자는 각 지점에서 같은 음식과 서비스를 받을 것으로 알고 있다. 미국전국레스토랑협회 발표에 따르면, 20개 이상의 레스토랑으로 된 체인점 레스토랑이 미국 내에만 20만 6천 개라고 한다(M. Sommers, National Restaurant Association, Washington DC, 2009년 10월 30일 개인 교신). 지점을 여러 개 갖고 있기 때문에 체인점은 일반적으로 독립 업체에 비해서 소비자 수가 많다. 레스토랑의 정의는 내리기 나름이지만, 소비자 및 판매업 시장 조사 정보제공 회사인 NPD 그룹 자료는, Bassett 등(2008)이 발표한 바, 전체 미국 레스토랑의 거의 3/4은 패스트푸드 체인점이다.

상업성 업체와 다르게, 비상업성 업체는 외식업이 주 업무라고 생각하지 않는 특정 조직에 소속되거나 그 조직과 계약하여 운영한다. 이러한 업체로는 기업체 또는 학교의 카페테리아와 의료기관 내 식당이 있다(Walker, 2009). 군부대 식당도 비상업성 업체로 분류할 수 있다. 일반적으로 비상업성 업체 또는 기관 내 외식업체는 다양하지 않은 식단으로 음식을 다량 공급하며, 메뉴는 표준화되어 있지 않고 매일 바뀐다. 기관의 일부에서는 자체 직원을 두고 있으나, 점차 많은 기관이 Sodexo, Compass Group, Aramark와 같은 외식업체와 계약을 맺어 급식한다. 이들 급식회사는 기관 수천 곳에 음식을 공급한다(Walker, 2009).

미국전국레스토랑협회는 레스토랑/외식업계 전체 매출에 대한 연차보고서에서 업태에 따른 정보를 제공하고 있으며 그 내용은 다음과 같다. 풀서비스 레스토랑 Full-service restaurants 1,810억불; 제한서비스(패스트푸드) 레스토랑 Limited-service (fast food) restaurant 1,570억불; 카페테리아, 그릴뷔페, 뷔페 Cafeterias, grill-buffets, and buffets 50억불; 행사관련 요리사 Social caterers 60억불; 스텍, 비 알코올음료 바 Snack and nonalcoholic beverage bars 200억불; 외식 계약자 commercial foodservice contractors/managed services 380억불; 상업적 lodging 레스토랑 commercial lodging restaurants 270억불; 비상업적 레스토랑 noncommercial restaurant services 470억불; 군부대 급식 military foodservice 20억불. 이 자료는 각 업체분류 별 매출 정보이지만, 이 정보를 각 업태별 소비자 수로 간주하거나, 나트륨 섭취량에 기여하는 비율로 잘못 해석하면 안 된다.

메뉴 및 메뉴 아이템의 개발

메뉴 및 메뉴 아이템의 개발은 업체의 크기에 관계없이 모든 레스토랑/외식업계 업무의 일부이다. 메뉴 개발은 매장에서 어떤 종류를 제공할 것인가를 결정하는 과정이며(Walker, 2009), 메뉴 아이템은 메뉴판에 가격과 함께 기재되어 있는 각각의 음식이다. 메뉴 아이템은 전채요리(애피타이저), 주요리(앙트레), 디저트 이외에도 콤보, 사이드 디쉬, 음료도 포함한다. 또 메뉴나 메뉴 아이템은 추가로 값을 지불하거나 지불하지 않는 샌드위치 내용물 선택이나 뷔페에서와 같이 과외 선택 사항 또는 추가 옵션을 포함하기도 한다. 메뉴와 메뉴 아이템 개발은 레스토랑/외식업계 경영자에게는 여러 가지 경쟁적 요소를 감안해야 하는 복잡한 과정인데, 소비자의 요구와 욕구를 감안하고, 직원의 능력과 주방 시설 규모, 사용 가능한 원자재, 원료 가격과 생산 여부, 식품의 영양학적 고려사항 등을 모두 고려하여 결정해야 한다(Thomas, 2007; Walker and Lundberg, 2005). 이 과정은 그림 6-4에 나와 있다.

메뉴 개발에서는 아이템의 특성뿐만 아니라 양적으로 얼마나 제공할 것인가도 결정해야 한다(Walker and Lundberg, 2005). 예를 들어, 치킨, 생선, 야채 요리 아이템을 얼마나 선택할 수 있게 할 것인지, 튀긴 음식 종류와(건강식) 찐 음식 아이템을 얼마로 할 것인가도 결정해야 한다. 메뉴 종류를 늘리는 것은 소비자에게 건강식을 고를 수 있는 선택권을 넓혀 주지만, 경영자 입장에서는 비용과 관리 문제가 뒤따른다(Lattin, 2009). 적당한 원료 종류와 양을 결정하고 또 적절한 조리 기술을 결정하려면 연구가 필요하다는 점에서 메뉴 아이템 개발은 가공식품 생산 개발 과정과 비슷하다. 영양분을 강화하거나 원료를 대체하기 위해 기존 메뉴를 바꾸기 전에 음식을 쉽게 조리할 수 있는지, 손님이 음식을 계속 좋아하게 될지를 확인하는 연구개발 과정이 필요하다.

독립 업체의 메뉴와 메뉴 아이템은 경영주나 주방장이 결정하며, 메뉴는 자주 변한다(Walker and Lundberg, 2005). 새 메뉴 아이템은 급조하기도

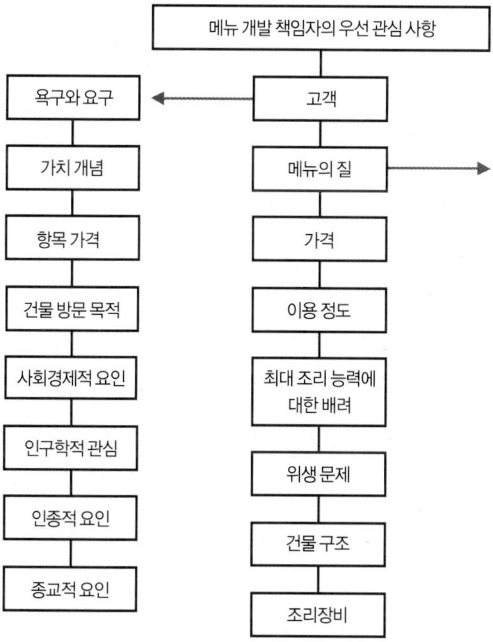

그림 6-4. 메뉴를 계획할 때 주된 고려 사항.

하고, 가공식품으로 만들기도 한다. 크고 작은 많은 메뉴 아이템은 이미 가공된 식품을 사용하여 쉽고 빠르게 조리하고, 메뉴의 동일성을 유지하며, 조리하는 데 필요한 노동력을 줄이도록 되어 있다(Connor and Schiek, 1997). 본 위원회의 공공정보수집 워크숍(2009년 3월 30일)에서 한 참석자는 메뉴 아이템은 식품 판매업자가 일반인에게 판매하는 가공식품과 같을 때도 있고, 레스토랑/외식업이 수요에 맞춰 특별히 제작하기도 한다고 하였다.

대형 체인점의 경우 메뉴 및 메뉴 아이템 개발 과정은 더 복잡하다. 대규모 식품제조업자와 마찬가지로 체인점에서는 마케팅 담당자(Lattin, 2009), 기업주방장, 영양사, 식품과학자 등을 고용하여 성공적이고 표준화된 메뉴 및 메뉴 아이템을 개발한다(Thomas, 2007). 이 과정은 종종 회사 경영 참모진의 아이디어 회의 및 소비자에게 아이디어에 대한 의견을 묻는 과정, 원형을 만들고, 전체 체인점에 실행하기 전 몇 개 지점에서 새로운 메뉴를 시험하는 과정을 거친다(Walker and Lundberg, 2005). 최근 인기 패스트푸드점이나 패밀리 레스토랑의 메뉴 개발 경영진을 대상으로 한 설문조사에서는 메뉴를 변경할 때 가장 중시하는 것은 어떻게 소비자의 관심을 끌거나 유지하며, 이러한 메뉴 변화가 수입과 이익에 어떤 영향을 줄 것인지에 관한 것이다(Glanz et al., 2007).

원료와 제품을 개발하고 공급하기 위해 대형 체인점은 포장제품을 개발할 때와 비슷한 개발 과정을 거친다. 사실, 대형 체인점은 식품가공업계와 공급업자와 관계를 맺어 메뉴 아이템을 개발하고 생산한다(Connor and Schiek, 1997). 식품가공업체는 대규모형 체인점 한 개 업체에서만 사용하는 특정 조리법을 개발하거나 규격 제품을 공급하기도 한다(Cobe, 2008). 소비자는 체인점 메뉴 아이템이 맛, 질감, 영양성분, 양에서 항상 같기를 기대하기 때문에 체인점은 계약한 생산업자와 함께 원료와 조리방법에 대한 규정을 만들어 규격화된 제품을 생산할 수 있도록 노력한다(Walker and Lundberg, 2005).

나트륨을 감량한 신제품이나 신제형 제품을 출시하는 데 따르는 문제

메뉴 아이템을 새로 소개하거나 바꾸는 것은 레스토랑/외식업체 규모에 상관없이 큰 도전이며, 오랜 시간이 필요한 일이다. 변화에는 원료의 충분한 공급, 메뉴판 인쇄 변경, 그리고 조리 종업원 교육과 기술 연마 과정이 필요하다. 이렇듯 메뉴 및 메뉴 아이템을 변경하는 데에는 비용이 많이 들기 때문에 레스토랑/외식업계는 나트륨 감량으로 수입이 늘어나지 않는 한 바꾸기를 싫어한다(Glanz et al., 2007).

메뉴 개발자 중에는 나트륨 감량 식품이 성공하지 못할 것으로 믿는 사람이 있다. 조리사 400명 중 약 39%만 "미국인 식생활 지침"이 권고하는 대로 줄여도 음식이 맛있을 것이라고 대답했다(Reichler and Dalton, 1998). 같은 맥락에서 체인점 메뉴개발자를 대상으로 설문조사를 하였을 때, 손님 대부분은 집 밖에서 식사를 할 때에도 마음대로 먹기를 바라며, 건강식품에 대한 요구는 적다고 대답하였다. 건강식에 관심이 있는 메뉴 개발자라도 나트륨 함량에 대한 관심보다 지방, 칼로리, 야채와 과일에 관심이 있다(Glanz et al., 2007). 저칼로리 메뉴나 야채, 과일을 포함한 메뉴로 재구성하면 나트륨 감량에는 도움이 될 수는 있지만 모든 메뉴에 해당되지 않는다. 경우에 따라서는 건강식품에 관심이 있고 지식도 있는 메뉴 계획자가 기획한 음식에 나트륨 함량이 계획한 만큼 낮게 조리되지 않고 오히려 높아지는 경우도 있다.

더 걱정되는 점은 조리사나 기타 음식을 준비하는 사람들 사이에서 소금이 감칠맛을 내는데 뛰어난 재료라고 알려져 있다는 것이다(Dornenburg and Page, 2008; Nachay, 2008). 소비자 대부분이 그러하듯 조리사도 소금은 특정한 사람들에서만 중요한 건강 문제이고 따라서 그렇게 필요한 사람을 위한 메뉴를 메뉴 항목에 추가하면 된다고 생각한다. 조리사는 나트륨과 관련된 건강 문제가 무엇인지 알지 못하는 경우가 많고 또 다른 향료를 사용하거나 조리법을 바꿔 나트륨을 줄이는 방법도 모르는 경우가 많다.

이 문제에 대한 경각심을 돋우기 위해서는 레스토랑/외식업계 전반에서 교육이 필요하다. 메뉴 개발업자 menu planner 가 보기에는 동업자 그룹 trade group, 협회, 요리학교, 국민 건강기관이 건강을 향상 시킬 수 있는 정보와 방법을 제공하는 중요한 협력자들이다(Glanz et al., 2007).

나트륨 감량과 관련하여 레스토랑/외식업계 경영진에게 또 다른 문제는 저염 제품에 사용할 다른 원료나 방법이 별로 없다는 점이다. 이전에 언급하였듯이, 레스토랑/외식업계 경영진은 조리시간과 조리사 교육과정을 줄이기 위해 가공식품을 사용한다. 따라서 레스토랑/외식업계에서 나트륨을 조절하는 데에는 한계가 있으며, 나트륨은 상당량이 외부에서 공급된 식품에서 온다. 레스토랑/외식업계는 외식업 배달 판매업체에서 식품재료를 구매하는 것이 대부분이다. 외식업 배달 판매업계는 Sysco 또는 U.S. Foodservice 등 수십억 달러 규모의 몇 개 회사가 장악하고 있다(online: http://www.hoovers.com/company/SYSCO_Corporation/rrctyi-1.html; 그리고 http://www.hoovers.com/company/US_Foodservice_Inc/cfthei-1.html).

이렇듯 적은 수의 식품 공급업체가 시장을 장악하고 있으므로 각 레스토랑으로서는 저염 메뉴를 제공하는 데에는 한계가 있다. 그러나 식품 공급업체를 대상으로 한 교육이나 저염 식품의 중요성을 인식시켜 줄 수 있다는 가능성이 있기도 하다. 대규모 체인점 같은 경우에는 신제품 출시에 시간이 오래 걸린다는 문제가 있다. 신제품이 많은 수의 체인점에서 출시되면, 재료에 대한 수요가 급격히 증가하여(Connor and Schiek, 1997) 재료 공급자가 수요를 충족시키는 데 시간이 지체될 수밖에 없다.

여러 가지 문제 중에서도 레스토랑/외식업계가 나트륨을 감량하는 데 가장 큰 문제는 고객을 상대로 기억에 남을 만한 맛과 풍미를 제공하기 위해 그동안 향신료와 소금을 많이 사용해 온 방식이다. 그러한 예는 많으며 더블베이컨 치즈버거 샌드위치와 같은 인기제품이나 여러 가지 종류의 육류/치즈를 포함한 아침식사 등이 그 예이다. 나트륨을 많이 섭취할 수밖에 없는 대형제품을 개발할 경우 나트륨 섭취량 증가를 역전시키는 것은 마케팅과 메뉴 개발에 있어 새로운 전략을 짜는 것보다도 더 어려울 수 있다.

마지막으로, 레스토랑/외식업계가 고객에게 제공하는 맞춤형 메뉴의 범위는 변할 수 있기 때문에 고객이 정확히 어떤 정도의 나트륨을 섭취하고 있고 이를 어떻게 조정할지를 예측하기 어렵다. 예를 들어, 레스토랑/외식업계에서 제공하는 뷔페 레스토랑 같은 경우나 자신만의 메뉴를 만드는 부리토, 샌드위치, 샐러드 같은 경우에는 철저히 고객이 메뉴를 선택하며 고객이 음식을 고르는 요령을 안내하는 경우도 많지 않다.

식품산업계의 나트륨 감량에 대한 노력

위에서 언급한 문제는 메뉴 아이템에서 나트륨을 줄이지 못한 장애 요소이며, 과거 레스토랑/외식업에서 나트륨 감량을 주요과제로 삼았다는 증거를 본 위원회가 찾기 어려웠던 이유이기도 하다. 그러나 레스토랑/외식업 각 업체가 메뉴에서 나트륨을 감량하거나 저염 메뉴를 만들기 위한 노력을 하지 않았다는 말은 아니다. 과거에는 맛, 풍미, 소비자 욕구가 식품 연구개발의 원동력이었지만 최근 건강에 대한 관심과 우려 때문에 식품 연구개발의 방향이 바뀌고 있다(Scarpa, 2009). Box 6-4에는 전체는 아니지만 몇몇 기업의 이러한 노력의 예를 나열하였다.

소비자가 건강식품에 대하여 관심이 많아지면서, 기업의 조리사나 메뉴 개발자는 껍질을 벗기지 않은 곡물, 과일, 야채 등 건강식품을 메뉴에 추가하고 있다(Berta, 2006; Maes, 2008; Ram, 2009; Weisberg, 2006). 미국요리학교 the Culinary Institue of America 와 하버드대학교 공중보건대학원의 후원으로 열린 "미국의 건강한 맛과 최신연구를 알리는 기구 Worlds of Healthy Flavors "와 같은 회의에서는 레스토랑/외식업계 대표에게 식이와 관련된 현안에 대해 교육하고 메뉴 및 메뉴 아이템을 영양학적으로 개선할 수 있는 기술을 연마하도록 하였다(Hayden, 2004).

레스토랑/외식업계에서 제공하는 음식에서 나트륨을 더 감량하도록 격려하고, 감량의 중요성을 강조하기 위해 미국전국레스토랑협회는 2008년 외식기업 대표를 대상으로 회의를 개최하였다(National Restaurant Association, 2008. online: http://www.restaurant.org/pressroom/pressrelease.

BOX 6-4

레스토랑/외식업계에서 나트륨을 감량하기 위하여 노력한 최근의 예

Aramark는 소비자에게 건강식품이라는 의미의 메뉴 아이콘을 제공하고 있다. Heart Healthy 아이콘을 얻기 위해서는 나트륨 480 mg 이하를 포함하여야 한다.[a] Aramark는 저염 식품을 초등학교 카페테리아에 공급하며[b] 아동 비만에 대한 백악관 정책의 한 부분으로 앞으로 10년간 매년 나트륨을 5%씩 감량하여 미국의학한림원[IOM]의 권고 기준에 맞춘다는 계획을 가지고 있다.[c]

Burger King은 최근 몇 달 동안 나트륨을 600 mg 이하로 감량한 치킨 텐더, 치킨 샌드위치, 키즈밀 등 저염 제품을 출시하였다.[d]

Chartwells School Dining Services는 아동 비만에 대한 백악관 정책의 일환으로 향후 10년간 미국의학한림원이 제시한 나트륨 기준을 충족시키기 위해 공급업자에게 납품하는 제품의 기준치를 맞추도록 설득하기로 하였다.[e]

Compass Group은 소비자에게 건강식품임을 알리기 위해 메뉴 아이콘 시스템을 도입하였다. 아이콘 두 개는 나트륨 기준치를 충족시켰다는 것을 표시하기 위해 사용한다. Fit icon은 나트륨 600 mg 이하인 식품에 붙이고, Reduced Sodium icon은 기존 제품보다 나트륨을 25% 감량한 제품에 붙이는 아이콘이다.[f] 아이콘 시스템을 사용하기 위해서 조리사와 관리자는 웹에서 제공되는 10시간짜리 영양관리 연수프로그램을 수료해야 하며, 시험을 봐서 100점을 받아야 하며 조리사는 하루 동안 직접 저염 제품을 만드는 기술을 배우고, 이 교육을 통해 같은 부서에 있는 다른 직원을 가르칠 수 있어야 한다.[g]

ConAgra는 2008년 1월 모든 Chef Boyardee 외식업종 제품에서 나트륨을 감량하겠다고 선언했다. 새로 출시된 캔 파스타 수프 제품에는 1회 제공량당 나트륨이 820 mg 이하 포함되어 있다.[h]

Denny's는 최근 해쉬 브라운, 새우 꼬치, 치즈 소스 제품에서 나트륨을 20–25% 감량하였으며, “Better for You” 메뉴나 어린이를 위한 메뉴에서 나트륨을 추가 감량할 계획이다(Scarpa, 2009).

Jason's Deli에서는 2009년 어린이용 메뉴에서 나트륨을 20% 넘게 감량하였다.[i]

McCain은 외식업체에 납품하는 식품제조업체로서 나트륨을 감량한 구운 감자와 어린이를 위한 Smiles 튀김을 생산하기 시작하였다.[j]

McDonald's는 손님이 주문할 때 나트륨을 줄인 변경사항을 알려주고, 웹사이트에는 나트륨 함량이 낮은 제품의 리스트를 제공하고 있다.[k]

Sodexo는 2009년 중반 Your Health Your Way 메뉴를 출시하였다. 이 메뉴는 나트륨을 800 mg 이하 포함해야 한다. 또한 Sodexo와 미국 동업자들은 최근에 아동 비만에 대한 백악관 정책에 따라 향후 10년간 매년 5%의 나트륨을 감량하여 미국의학한림원의 권고기준에 맞춘다는 계획을 가지고 있다.[m]

Souplantation/Sweet Tomatoes는 2008년에 나트륨을 감량한 수프 몇 가지 종류를 검토하고 있다(Cobe, 2008).

Subway는 웹사이트에 나트륨 섭취를 줄이는 정보[tips]를 게시하였다.[n]

---

[a] http://www.diningstyle.com/just4u.htm (accessed July 21, 2009).
[b] http://www.rimag.com/article/CA6704106.html (accessed November 16, 2009).
[c] http://www.aramark.com/PressRoom/PressReleases/Michelle-Obama--Childhood-Obesity.aspx (accessed March 23, 2010).
[d] http://investor.bk.com/phoenix.zhtml?c=87140&p=irol-ewsArticle&ID=1292656&highlight= (accessed October 24, 2009).
[e] http:www.csrwire.com/press/press_release/28857-Chartwells-Joins-White-House-Campaign-to-Eradicate-Childhood-Obesity (accessed March 23, 2010).
[f] http://www.cgnad.com/default.asp?action=article&ID=308 (accessed July 22, 2009).
[g] http://www.cgnad.com/default.asp?action=article&ID=323 (accessed February 11, 2010).
[h] http://www.conagrafoodservice.com/NPRList.do?nprid=2 (accessed October 24, 2009).
[i] http://www.rimag.com/article/371966-Consumers_Favorite_Sandwich_Spots.php (accessed February 11, 2010).
[j] http://www.monkeydish.com/2008100125393/buying-stories/potatoes-spud-story.html (accessed November 16, 2009).
[k] http://mcdonalds.com/usa/eat/nutrition_info/simplesteps.RowPar.85506.ContentPar.26817.ColumnPar.62251.File4.tmp/finsimpstepsodium2.pdf (accessed October 24, 2009).
[l] http://www.yourhealthyyourwayonline.com/about_frameset.htm (accessed October 24, 2009).
[m] http://www.sodexo.com/group_en/press/news/our-activities/100209-obama-fight-childhood-obesity.asp (accessed March 23, 2010).
[n] http://www.rimag.com/article/CA6706578.html?industryid=48493 (accessed November 16, 2009).

cfm?ID=1635). 조합 잡지 trade magazine 에 실린 기사에서는 조리사가 다른 재료와 조리법으로 음식을 만들어 보고 새로운 메뉴 아이템의 맛이 향상되는지 경험함으로써 소금을 적게 사용하게 하도록 노력하였다고 보도하였다(Berry, 2009; Ram, 2008) (Restaurants and Institution, 2009. online: http://www.rimag.com/article/CA6704106.html).

레스토랑/외식업의 메뉴 음식에 있는 영양 성분 정보를 소비자에게 제공하려는 노력도 있었다. 체인점 레스토랑도 나트륨 함량을 포함하여 영양 성분에 대한 정보를 전단, 메뉴, 웹사이트, 식판종이 tray liner 등으로 제공한다. 어떤 레스토랑에서는 영수증에 구입한 제품에 대한 영양 정보를 실험적으로 넣기도 한다(online: http://chainleader.com/article/CA6694989.html?q=menu+labeling).

전체적으로 식품가공산업 분야보다는 레스토랑/외식업계에서 나트륨 섭취량을 줄이려는 노력이 적었던 것 같다. 그 이유는 나트륨 감량에 대한 과거 정책에서 레스토랑/외식업계에 대한 소비자 압력이 부족하였던 점 때문일 수도 있고, 이 분야에 대한 영양학적 정보가 부족하여 공개할 것이 적었고, 한편으로는 소비자들이 어쩌다가 한 번 외식하는 것인데 특별하게 맛있는 음식을 먹고자 하는 욕구를 감안하였기 때문일 수도 있다. 식품산업은 트랜스지방이나 포화지방산 감량, 껍질을 벗기지 않은 곡물 첨가, 야채와 과일 섭취 등보다는 나트륨 감량이 덜 중요하다고 여겼고 심지어 1회 제공량 크기를 줄이거나, 소다와 같은 설탕이 들어간 음료에 대한 인식보다도 나트륨을 가볍게 생각했다(G. Drescher, Culinary Institute of America, St. Helena, CA, 2009년 11월 개인교신).

대규모 정부 식품 조달과 지원 프로그램

연방정부는 주정부, 지방정부와 함께 식품을 공급하는 정부기관이므로, 식품 환경에서 지나쳐서는 안 되는 부분이다. 정부는 다양한 프로그램을 통해 정부가 운영하는 레스토랑/외식업을 위해 식품을 조달하거나 다른 부분에서 식품을 조달하도록 지원하는 역할을 한다. 이러한 프로그램은 군부대에서 소모되는 식품을 구입하는 것부터 시작하여 공원 자판기에서 판매하는 제품까지를 포함한다. 이 프로그램은 운영 규모가 크기 때문에 나트륨 섭취량을 줄이는 전략에서 반드시 고려하여야 하는 부분이다.

표 6-7에는 식품을 구입하기 위해 예산을 쓰는 여러 가지 연방정부 프로그램을 나열하였다(GAO, 2000).

본 위원회는 프로그램 네 가지를 집중 검토하였다. 상환제도 reimbursement pro-

표 6-7. 식품구매에서 구매, 사용과 구매 기준을 직접 결정하는 연방정부 기관과 프로그램

정부기관	프로그램
미국농무부	미국학교중식프로그램 학교조식프로그램 추가영양 보조프로그램 하계식품서비스프로그램 어린이, 성인 식품프로그램 일용품추가식품프로그램 노인영양프로그램 응급식품보조프로그램 재난구조식량보조 과일채소프로그램 여성, 영아, 어린이를 위한 특별영양보조프로그램 영양서비스유인프로그램
미국국방부	군부대 정기식품공급 과일채소프로그램 국방물자공급센터 필라델피아 생활물품처(군과 식품산업의 연계)
미국법무부(형무국)	교정시설의 일용품과 식품 구매
미국보훈처	보훈처 시설의 식품 구매
미국노동부	직업군센터(중증장애청소년의 직업훈련과 고용기회 제공; 거주형태로 제공)

출처: 국방부 군수처(2009), http://www.dscp.dlamil/; FNS (2009), http://www.fns.usda.gov/fns; GAO, 2000.

gram (미국학교중식프로그램 National School Lunch Program 과 학교조식프로그램 School Breakfast Program), 지원 프로그램 두 가지(추가영양보조프로그램 Supplemental Nutrition Assistance Program, SNAP)과 여성, 유아, 어린이를 위한 특별영양보충프로그램 Special Supplemental Nutrition Program for Women, Infants, and Children, 조달 프로그램(군부대 식품 조달 프로그램). 연방정부의 각 프로그램은 목적, 운영 한계와 범위를 고려하였을 때, 나트륨을 감량한다는 면에서 할 수 있는 점이 다를 수 있다. 나트륨 섭취량이 주된 관심사인 연방정부 프로그램이 있는가 하면, 어떤 프로그램에서는 나트륨을 줄이려는 노력을 제한적으로 할 수밖에 없었던 것을 주목할 필요가 있다.

미국 학교 중식 프로그램과 조식 프로그램

"미국학교중식프로그램"과 "학교조식프로그램"은 미국농무부의 식품영양센터 Food and Nutrition Service 의 후원 아래 전국 어린이에게 식사를 제공한다. "미국학교중식프로그램"은 미국 공립학교의 99%에 영양가 있는 중식을 공급하고, 사립학교까지 포함하면 전국 학교의 83%에 중식을 공급한다(Fox et al., 2004). "학교 조식 프로그램"은 중식 프로그램을 시행하는 공립학교의 85%에서 조식을 제공한다(Gordon and Fox, 2007). 미국 2009 회계연도 fiscal year 에 취학아동 평균 3,120만 명이 매 수업일 school day 에 학교 중식 프로그램에 참여하였으며, 평균 1,100만 명이 조식 프로그램에 참여하였다. 2008 회계연도에는 미국농무부 예산 약 93억 달러로 중식 52억 개를 제공하였고, 약 23억 달러로 조식 18억 개를 제공하였다(IOM, 2009) (online: http://www.fns.usda.gov./pd/annual.htm). 학교는 참여자격에 해당하는 저소득층 어린이에게 식사를 제공한 다음 식사 당 가격에 해당하는 현금을 돌려받는다. 각 학교는 식사비용 상환뿐 아니라 농작물 풍년 때 농가경제를 돕기 위해 마련한 미국농무부 USDA 의 "물품분배 프로그램 Commodity Distribution Program "으로부터 식품 지원도 받는다. 전국적으로 매년 식품 19억 파운드를 물품분배 프로그램을 통하여 분배한다(online: http://www.fns.usda.gov/cga/FactSheets/

Commodity_Foods.pdf).

현재, 학교는 미국 학교중식 및 아동 영양 개정법에 따라 식사를 제공해야만 한다(1975년도 공법 94-105). 이 법은 학교에서 제공하는 식사가 권장식사 허용량 Recommended Dietary Allowance 을 충족하는 칼로리, 단백질, 철분, 비타민 A, 비타민 C를 제공하도록 하며, 총 지방량과 포화지방산이 각각 칼로리의 30%와 10%를 넘지 않도록 하고 있다. 현 규정에 따르면, 학교에서 제공하는 식사에서 나트륨 함량은 줄이도록 권고하고 있으나, 나트륨 함량 제한선을 특정해서 제시하지는 않고 있다(USDA/FNS, 1995). 최근 발간한 미국의학한림원 보고서에서는 영양학적 기준은 "미국인 식생활 지침"에 따르도록 하는 것에 집중하고 있다. 이 보고서는 소비자가 알아차리지 못하는 수준으로 레스토랑/외식업에서 차츰 단계적으로 줄여 나가듯이 학교에서도 제공하는 식사 나트륨 함량을 서서히 줄여갈 것을 권고하고 있다.

학교급식에서 나트륨 양을 줄이기 위해서 미국농무부 "물품분배 프로그램"에서는 저염 식품을 공급하고 있다. 과거에는 물품분배 프로그램의 "물품 향상 자문위원회"가 제품의 지방, 나트륨, 설탕 함량의 감량 정도를 조사하였다. 나트륨 함량은 제품 10종에서 수정하였다. 그러나 놀랍게도, 다른 제품에서는 나트륨을 감량하지 않았는데, 그 이유는 먹는 사람이 불쾌하게 여길까 봐 불안하였기 때문이다(USDA, 1995). 최근에는 USDA가 여러 가지 치즈를 포함한 제품에서 나트륨 포함량을 줄이고자 노력하고 있다(R. Orbeta, USDA Food and Nutrition Service, 2008년 11월 10일 개인통신).

미국농무부는 "더 건강한 미국학교 문제 HealthierUS School Challenge "를 통해 어린이에게 제공하는 식품의 영양학적 성분을 향상시키고자 초등학교를 포상하고 있다. 2004년에 시작한, 이 프로그램은 취학아동과 청소년에게 저염 식품을 제공하는 등 학교 영양 환경 변화를 검토하고 포상한다. 영양 평가 기준은 2005년 "미국인 식생활 지침"을 반영하며, 주요리가 아닌 음식에 480 mg 이하의 나트륨, 또는 주 요리에서 나트륨을 600 mg 이하로 포함할 것을 요구한다. 최고상인 금상은 주 요리가 아닌 음식에 나트륨이 200 mg 이하이거나 주 요리에서 나트륨이 480 mg 이하일 때 수여한다(online: http://www.

fns.usda.gov/TN/HealtherUS/all_chart.pdf). 이제까지 275개의 학교가 인정을 받았지만 낮은 수준의 표창이었다. 금상을 받은 학교는 하나뿐이었는데 이는 엄격한 나트륨 기준치에 도달하기가 얼마나 어려운지를 보여준다(online: http://www.fns.usda.gov/TN/HealthierUS/silvergoldtn.html).

추가 영양지원 프로그램

이전에 식품카드 Food Stamps 라고 불렀던 "추가 영양보조 프로그램 Supplemental Nutrition Assistance Program,SNAP "은 미국농무부의 감독을 받고 있다. 이 프로그램은 저소득층 가족이 영양식을 하도록 지원하기 위해 개발한 것이다. 2009년에는 인구 3,300만 명 이상이 이 프로그램의 대상이 되어 약 504억불 상당의 식품 지원을 받았다(online: http://www.fns.usda.gov./pd/ SNAP summary, htm).

자격 조건은 소득기준 근거한다. 총 가정 소득이 연방정부 빈곤층 규정의 130%를 넘지 않아야 하며, 순 소득이 빈곤층 규정의 100%를 넘지 않아야 한다. 프로그램 수혜자는 직불카드와 똑 같은 전자 이체 Electronic Benefit Transfer, EBT 를 받는다. 수혜자는 각 주정부의 담당기관에서 매달 EBT 할당을 받으며, 대략 16만 5천 개 소도매상에서 사용할 수 있다(GAO, 2008). SNAP로 구매할 수 있는 상품은 제한이 극히 적은데, 알코올이나 담배 포함 제품이나, 비타민 등 보조식품, 그리고 즉석 요리 제품은 SNAP 양도권으로 구매할 수 없다(online: http://www.fns.usda.gov/FSP/retailers/pdfs/eligible_foods.pdf).

최근, 추가영양지원 프로그램 SNAP 기금으로 건강식품 구매를 장려하는 움직임이 있는데, 실제로 SNAP이 식이문화 변화에 획기적으로 작동한 것 같다. 2008년 농장법(The 2008 Farm Bill)은 건강식품 2,000만 불을 구매하면 매장 point-of-purchase 에 인센티브로 제공하는 SNAP 프로젝트에 의무적으로 제공하기로 하였으며, 이와 비슷한 정책에 예산을 책정하도록 허락하였다(online: http://www.fns.usda.gov/FSP/rules/Legislation/about.htm). 이에 더하여, "미국회계감사원 Government Accountability Office, GAO "은 건강식품을 구매할 때 인센티브를 주는 정책의 효용성에 대한 연구결과를 분석하고, SNAP에서 인센티브 제도를 실행할 수 있게 하는 몇 가지 방안을 제시하였다. 본 위원회는 이러한 정책에 나트륨 감량을 위한 계획이 포함되어 있는지 확인하지 못하였으나, 앞으로 인센티브를 나트륨 감량에 적용할 수 있을 것으로 보인다.

여성, 영아, 소아를 위한 식이 프로그램

미국농무부의 WIC 프로그램은 저소득층 임산부, 출산여성, 수유 여성과 5세 이하 어린이의 식사를 지원하고 영양식을 공급하기 위한 것이다(online: http://www.fns.usda.gov/wic/WIC-Fact-Sheet.pdf). 2009년에는 미국인 910만 명 이상이 WIC 프로그램의 수혜를 받았으며, 식품 46억 불 이상을 이 프로그램으로 구입하였다(online: http://www.fns.usda.gov/pd/wisummary.htm).

추가영양지원 프로그램이 몇 가지 예외상품을 제외하고는 전체식품을 구입하도록 기금을 제공하는 것과는 달리 WIC 프로그램은 어떤 특정 종류의 상품만을 구입하도록 기금을 배분한다. WIC 수혜금은 매달 수표나 상품권voucher 등으로 제공하며, 각 주 정부기관이 배분한다. 수표나 상품권은 특정 식품을 소도매상에서 구입할 때 사용한다. 주에 따라서는 WIC 직판장을 통하거나 각 가정에 배달하여 수혜자에게 직접 식품을 공급하기도 한다(online: http://www.fns.usda.gov/wic/WIC-Fact-Sheet.pdf). 수혜를 받기 위해서는 WIC 수혜자가 연방정부 빈곤층 규정의 185% 이하에 해당되어야 하며, "영양학적 곤경"에 처해 있어야 한다(online: http://www.fns.usda.gov/wic/WIC-Fact-Sheet.pdf).

현재, WIC 수혜금으로 구입할 수 있는 제품은 단백질, 칼슘, 철분, 비타민 A와 C 등 영양소가 많이 포함된 것이다. 규정을 이렇게 정한 것은 WIC 수혜자가 이들 영양소가 특히 부족하기 때문이다(online: http://www.fns.usda.gov/wic/FAQs/FAQ.HTM). WIC 프로그램은 나트륨에 대하여 제한 규정을 두었다. 전부는 아니지만 일부 식품에서는 일정한 나트륨 함량을 넘어서는 안 되도록 규정하거나 추가 나트륨을 넣지 않아야 WIC 상품권으로 구매할 수 있도록 규정하고 있다(USDA/FNS, 2007).

군부대

미국에는 140만 명 이상이 미군에서 현역으로 근무하고 있다(online: http://siadapp.dmdc.osd.mil/personnel/MILITARY/history/hst0903.pdf). 군인에게 식사를 제공하기 위해서 미군은 매년 8억 불에 상당하는 식품을 구입한다(GAO, 2000).

필라델피아에 위치한 미국국방부 군수처 the Defense Logistics Agency 의 국방 조달센터 Defense Supply Center 는 미군 식품 조달의 총사령부 역할을 담당한다(Grasso, 2008). 현재 식품은 중요 판매회사 프로그램 prime vendor program 을 통해 특정 지역의 군부대에 한 회사가 조달하고 있다(online: http://www.dscp.dla.mil/subs/pv/pvguide.pdf). 중요 판매회사는 식품 도매상으로서 1년 계약을 체결하고 필요 시 계약을 연장한다.

군에서는 현역 군인에게 필요한 영양 기준을 민간인과는 다르게 세우고, 급식할 때 이 영양 기준을 충족하도록 메뉴를 선정한다(Departments of the Army, Navy, and Air Force Headquarters, 2001). 1981년부터 미군 조리 서비스 Armed Forces Recipe Service 는 "미국인 식생활 지침"을 고려하여 조리법을 새로 개발하거나 교정하도록 하고 있다. 1980년대와 1990년대를 통해 모든 미군 조리법에서 소금과 지방의 함유량을 줄이는 노력을 하였다. 조리법을 변경하거나 다른 재료를 사용하거나, 나트륨이 많은 재료를 줄여서 요리 대부분에서 소금 사용이 눈에 띄게 감소하였다. 나트륨의 감량 정도는 소비자가 테스트하여 이루어졌는데, 미국 군인의 입맛에 맞지 않는 변화는 일어나지 않았다(Wollmeringer, 발표년도 미상). 지금까지도 미군 음식에 들어가는 소금에 대한 관심은 지속되고 있다. 미국 국방부의 전투 식사 프로그램 Combat Feeding Program 은 새로운 조리법이나 수정된 조리법으로 건강식품의 가치를 향상시키기 위해 계속 노력하고 있다(online: http://www.natick.army.mil/about/pao/pubs/warrior/02/novdec/healthy.htm).

주정부와 지방자치정부

연방정부 프로그램 이외에도 주정부와 지방자치정부가 식품구매에서 상대적으로 큰 역할을 한다. 지방자치정부와 주정부는 식품을 구매하거나 직원식당, 교도소, 학교, 어린이집, 공공의료시설, 노인시설, 공원 등 다양한 시설에서 판매하는 식품을 공급하는 데 레스토랑/외식업체와 계약을 한다.

정부 자금으로 구입하는 모든 식품에 대하여 나트륨에 대한 기준을 포함하는 영양학적 기준을 세워 주정부 및 지방정부는 지역 주민이 섭취하는 나트륨의 양을 감소시킬 수 있으며, 건강한 식습관을 만들고, 식품 회사가 신제품 규격 spec 에 반응하므로 신제형 식품을 만들도록 유도할 힘이 있다. 2008년 9월, 뉴욕시 정부는 시가 구입하거나 제공하는 식품 전체에 대하여 정식으로 영양학적 표준을 설정하였다. 이 표준은 매년 제공되는 2억 2500만 종 이상의 간식이나 식사에 적용한다(New York City Department of Health and Mental Hygiene, 2008). 표준에는 모든 제품이나 식사에서 1인당 제공하는 나트륨의 최고량을 설정하여 나트륨 섭취량을 제한하는 것을 포함한다. 이 표준은 노인이나 환자 등 특별히 영양학적 지도가 필요한 사람들이 모인 장소에서도 적용하는 영양 규정이기도 하다. 이 표준은 영양학적 지침의 최신 정보 그리고 구입 가능한 식품의 종류가 변화하는 점을 고려하여, 정기적으로 검토하고 수정하도록 되어 있다(online: http://www.cspinet.org/new/pdf/nyc_agency_food_standards.pdf).

주정부와 지방정부는 학교, 직장, 공원 등 관할하고 있는 시설에 적용하는 영양 정책에도 관여하고 있다. 주립학교 영양 정책에 대한 최근 보고서에 따르면, 연방 정부의 지원을 받거나 규제 하에 있는 학교 급식을 제외하면 어느 정도라도 나트륨을 제한하는 규정을 갖고 있는 주는 5개주였다(CSPI, 2007).

학교나 병원처럼 정부가 소유하거나 운영하는 시설에 있는 자판기에서 판매하는 스낵 또는 음료에 대하여 영양학적 표준을 도입하는 데 최근 지방정부는 관심이 있다. (나트륨 기준을 포함한) 영양학적 표준을 자판기에서 판매하는 식품에도 적용하면 정부는 저염 식품 소비를 더 촉진할 수 있다.

지방정부나 주정부는 여러 가지 종류의 식품 구매와 분배 지역에 대하여 상당한 영향력을 발휘할 수 있다. 나트륨 기준을 포함하는 영양학적 표준을 도입한다면 지역 전 주민의 나트륨 섭취량에 영향을 줄 것이다.

소비자

나트륨 섭취량을 줄이려는 과거의 전략은 소비자를 중점 대상으로 하였으나 모두 수포로 돌아갔다. 그렇게 된 이유를 잘 이해하고 잘못된 점을 개선한다면 앞으로 나트륨 섭취량을 줄이는 전략에서 소비자가 역할을 잘 하도록 하게 할 수 있을 것이다. 나트륨 섭취량에 관련하여 소비자 정보가 많지 않았었다는 점을 주목하여야 한다. 뒤에 나오는 바와 같이, 소비자와 식품 환경에 대한 경제 이론과 건강 행위 이론 등 관련 분야 연구 배경 지식이 소비자를 대상으로 앞으로 수행할 나트륨 섭취량 감소 계획을 운영하는 데 쓸모가 있을 것이다. 그러나 소비자를 대상으로 나트륨 섭취량을 줄이려고 했던 과거 경험과 결과를 꼭 집어 분석한 자료는 많지 않다. 자료에 바탕을 두지 않고 추측하여 말하면 안 되겠지만 원인 설명을 위해 몇 가지 가설은 세워 보아야 하겠다.

소비자에게 나트륨과 고혈압은 관련이 있다고 오랫동안 일관되게 알렸다. 그러나 어떤 사람이 나트륨 섭취를 줄여야 하며, 어떻게 줄이는 것이 가장 좋은지에 대해서는 전달 내용이 계속 달라졌다. 초기에는, 아프리카계 미국인이나 고령자 등 고 위험군에서 나트륨 섭취를 제한하여야 한다고 하였고, 조리에 사용되는 소금과 식탁에서 소금통 사용을 자제해야 한다고 강조하였다. 그러나 나트륨 섭취량 줄이기는 일생 동안 중요하다는 것이 명확해지고, 나트륨을 섭취하게 하는 근원이 무엇인지를 새롭게 알게 되었다. 따라서 나트륨 섭취 감량 대상자가 전 인구로 확대되었을 뿐만 아니라 가공식품이나 레스토랑/외식업 식품 중 저염 식품을 소비하도록 권고하게 되었다. 소비자 중 일부는 이러한 메시지 변화에 당황하거나 새로운 정보로 변화한 것을 무시하거나 따라하지 않게 되는 것은 어쩌면 당연할지도 모른다. 메시지가 바뀌었던 문제가 일부 소비자로 하여금 나트륨 섭취량 감소 그 자체와 감량 방법에 대하여 흥미를 잃게 했는지도 모른다.

동기부여도 또한 문제였을 것이다. 소비자 일부는 고혈압이 흔한 병이지만 치료가 가능하다고 생각하여 나트륨 과량 섭취에 따른 심각한 결과를 생각하지 않는다. 나트륨을 과량 섭취하면 심장질환 위험이 높아지는 것에 대한 소비자 인식 수준이 낮은 것이 이를 잘 말해 준다. 나트륨에 대한 경고를 전파하는 매체가 충분하지 않았을 수도 있다. 이에 더하여 일부 소비자는 건강 메시지에 관심이 전혀 없어, 어떤 메시지를 보내도 행동 변화를 일으킬 동기를 일으키지 않았을 수 있다.

소비자 관심과 흥미를 지속적으로 유지시키는 것도 또 문제이다. 초기 공중보건 계획은 나트륨 섭취량에 대한 인식, 관심과 함께 스스로 자각하도록 하였지만 시간이 지나면서 관심이 떨어졌다. 식품 환경에서 여러 가지 다른 영양소의 중요성에 대하여 경쟁적으로 다른 메시지가 전달되어 나트륨에 대한 소비자의 관심과 흥미에 영향을 주었을 수도 있다. 서로 경쟁하는 공중보건 메시지의 이러한 문제점은 나트륨에만 국한된 것은 아니다.

위에 언급한 여러 가지 요소는 확증이 없어 대개는 가설 수준의 이야기이다. 따라서 나트륨에 대해 개인적으로 염려하는 소비자도 나트륨 섭취량을 감소시킬 수 없었다는 것은 명백하다. 식품공급 체계가 이 문제에서 제일 중요하지만, 섭취하는 음식에 포함된 나트륨 함량을 알아보고 해석하는 소비자의 기술이 부족한 것도 일부 요인이 되었을 것이다. 또 식품업계에서 오랫동안 계획적으로 저염 제품을 개발하여 나트륨을 감량하려고 노력하였지만, 저염 식품이 시장에서 실패하면서 이러한 노력 또한 수포로 돌아갔다. 추정하는 실패 요인은 추후 다시 기술하겠지만, 나트륨 대체물질이 없고 제품에 표기되어 있는 영양성분표시에 맞추어 나트륨 함량을 줄이려고 하다 보니 짠맛에 길들여진 소비자의 취향을 맞추지 못하여 그런 결과를 낳은 것으로 생각된다. 결과적으로, 저염 제품을 이용하고자 하였던 소비자는 저염 제품이 만족스럽지 않다고 생각하였고, 생산자는 영양성분표시를 회피하게 된 것이다. 이에 더하여 지방과 칼로리 감량에 관심이 쏠리면서 나트륨 감량에 대한 기업의 관심은 줄어든 것이라고 가정하는 전문가도 있다. 사실 지방과 칼로리를 줄이려고 노력하다보면 나트륨 감량은 포기하였을 수 있는데 그 이유는 저지방, 저칼로리 식품에서 소금이 맛과 풍미를 향상시키는 좋은 재료이기 때문이다.

나트륨 감량에 대하여 소비자의 동기를 유발하도록 하는 요소를 잘 조사하는 것이 중요하고 특히 식품 공급부분에서 나트륨 함량을 줄이는 노력과 함께 소비자가 나트륨 섭취를 줄이는 식품을 선택하는 방법을 알리는 활동이 필요하다. 소비자와 식품환경 사이의 관계를 이해하고 개선하도록 노력하는 것이 성공으로 이끄는 데 핵심적으로 중요하다.

식품 환경 내에서의 소비자

이 보고서 앞 단원에서는 소비자가 식이 습관을 변화하도록 동기를 부여하여 나트륨 섭취량을 감소하려 한 계획이 성공하지 못하였던 점을 지적하였다. 나트륨 감량을 위해 권고한 방법이 소비자에게 맛없는 음식을 먹으라고 하거나, 야채와 과일을 더 많이 먹고 칼로리를 줄이라는 등, 식이 습관을 바꾸라는 것으로 인식하였다. 권고 나트륨 섭취량 최댓값인 하루 2,300 mg에 도달하려면 미국 성인은 섭취하는 나트륨 평균 양의 1/3을 줄여야 한다. 현재의 식품환경에서 이를 달성하려면 하루 섭취하는 식품의 나트륨 양을 모니터하고 계산하고 식이 습관을 바꾸는 복잡하고도 지속적인 행동 변화가 있어야 한다. 과거의 정책은 나트륨 섭취를 줄이기 위해서 그 짐을 상당량 소비자에게 지웠다. 앞으로 공급하는 식품 전반의 나트륨 함량을 서서히 줄인다면 소비자가 저염 식품에 대하여 호감을 갖게 될 것으로 생각한다. 식품의 나트륨 함량에 초점을 맞춘다고 하더라도, 소비자의 역할은 여전히 나트륨 섭취 감량에 있어 중요하다고 인식하여야 하며, 소비자 행동을 변화시키는 것은 매우 가치 있는 일이 될 것이다.

당연히 소비자의 식품 선택과 나트륨 섭취를 줄이는 데에는 많은 요소가 영향을 준다. 식품을 선택하는 행동에 대한 연구 결과, 여기에 관여하는 복잡한 과정과 개인적 또는 환경적인 요인을 알아냈다(Bisogni et al., 2002; Booth et al., 2001; Devine, 2005; Drewnowski, 1997; Galef, 1996; Lutz et al., 1995; Nestle et al., 1998; Raine, 2005; Shepherd, 2005; Wetter et al., 2001). 사회 생태학적인 모델은 영향을 주는 여러 단계 요소를 파악하는 데 쓸모가 있다. 영향을 주는 요소는 개인의 지식이나 태도, 사회적 요인, 조직과 기관의 요인, 그리고 식품 공급에 영향을 주는 정책적인 면에 이르기까지 다양하다(McLeroy et al., 1988; Story et al., 2008). 본 위원회의 이 보고서는 소비자가 식이 패턴을 결정하는 데 중심적 역할을 하는 식품환경 특히 식품 공급 체계의 중심적 역할에 대해 특별히 초점을 맞추었다. 이러한 환경에는 식품을 소비하는 장소, 식품 접근성(Burger et al., 1999), 문화적 전통(Willows, 2005), 가격(Hanson et al., 1994)과 레스토랑이나 식료품점 등 매장의 영양성분 표시 등 정보 환경 모두가 포함된다. 사회적 수준에서는 사회 네트워크, 규범, 사회적 지지, 관련 사회 요소가 식품 선택에 영향을 준다. 개인 수준에서는 소비자에게 식품을 선택할 때 가장 중요한 요소가 무엇이냐고 물었을 때 대부분 맛이라고 대답하였다(Drewnowski, 1997). 그 밖에도 여러 가지 다른 개인적 요소가 소비자의 식품 선택에 작용하는데, 개인적인 특성인 나이, 성별, 교육 정도, 인종 외에도 동기, 태도, 믿음이 관여한다(Bisogni et al., 2002; Booth et al., 2001; Devine, 2005; Drewnowski, 1997; Galef, 1996; Honkanen et al., 2005; Lutz et al., 1995; Nestle et al., 1998).

여기에서는 식품 공급체계가 변화하는 속에서도 소비자에게 나트륨 감량을 하도록 동기를 유발하는 방법을 이해하는 데 필요한 중요 요소를 설명한다. 여러 층으로 구성된 식품환경과 소비자와 환경 사이의 복잡한 관계를 잘 이해하기 위해서, 본 위원회는 다양한 경제 및 행동과학 이론을 바탕으로 소비자 행동과 식품 선택에 대하여 논의하였다. 이들 이론으로 소비자 행동에 영향을 줄 수 있는 가능한 전략 두 가지를 생각하게 되었다. 식품 공급 측면에서 나트륨을 줄인다는 조건에서 세운 두 가지 전략은 '경고 라벨 부착' (이 보고서에서는 "특별 표시부착/정보 공개 설명서 special labeling/disclosure statement "로

부름)과 '건강 소통 캠페인'이다. 이론적 관점에서 나트륨 감량은 점진적으로 접근해야 함을 말하고 있다.

나트륨 섭취량 감량에 있어 경제 이론의 적용

경제 이론은 각 개인과 가족이 식품을 구매하고 소비하며, 결과적으로 나트륨 감량을 하게 되는 과정에서 식품을 어떻게 선택하는지에 대하여 개념적 틀을 제공한다. 소비자는 짠맛을 포함한 식품의 특성에 따라 예산 한도 내에서 식품을 구매한다. 소비자는 교육을 통해 나트륨 감량의 중요성을 이해하고 교육을 통해 얻은 이 정보가 식품 소비로 얻는 만족도에 영향을 줄 수 있도록 해야 한다. 그리고 나트륨을 점진적으로 감량해야만 소비자가 식품의 짠맛에 대한 취향을 낮추는 데 도움이 될 것이다. 저염 제품 가격이 소비자 선택에 영향을 줄 수 있으므로 가격도 나트륨 감량 전략에서 고려해야 할 사항이다. 가정을 이루고 사는 소비자의 음식 마련 시간이 줄어드는 것도 나트륨 섭취에 영향을 준다. 그 이유는 가족이 점차 가공식품 또는 이미 조리된 식품을 식료품점에서 구입하여 소비하거나, 레스토랑이나 외식업에서 식사를 하는 경우가 많아졌기 때문이다. 음식 조리에 쓰는 시간이 이와 같이 변화함으로써 가족이 섭취하는 음식의 나트륨 함량을 파악하고 조절하기가 어렵게 되고, 바로 이점이 가공식품의 나트륨 함량을 변화시켜야 할 필요성을 제기하게 하는 것이다.

식품과 관련된 소비자의 "가치"

소비자 이론 분야에서는 구입하고 소비하는 제품의 특성이나 성질에서 소비자가 유용성을 찾는다고 주장한다. 이 경우 "유용성"이란 제품을 소비함으로써 얻는 만족의 정도를 의미하며, "제품"에는 식품이 포함된다. 식품 선택에서 소비자는 식품의 맛, 영양분, 칼로리, 감각적 성질에 근거하여 개별 식품을 소비함으로써 유용성을 얻는다. 식품 일부의 경우 맛은 소금으로 결정되고, 또 소금은 다른 풍미도 향상시키기 때문에 소금 맛과 소금의 존재는 소비자가 유용성을 얻는 여러 가지 식품 특성 중 하나이다. 게다가 개별 상품을 조합하여 소비하는 제품은 개별 제품과는 다른 특성을 갖는다(Lancaster, 1966). 그러므로 식품은 혼합하거나, 서로의 특성을 변화시키는 방법으로 조리할 수도 있다. 다른 말로 하면, 소비자는 음식에 소금을 첨가하여 맛을 변화시킬 수도 있고, 여러 가지 원재료에 소금 양을 다양하게 섞을 수도 있다.

다른 제품의 경우와 마찬가지로, 소비자는 식품을 선택할 때 자신의 예산 한도 내에서 유용성을 극대화시키도록 식품을 고를 것이다(Lancaster, 1966). 소비자는 제품을 구입할 때 서로 다른 식품의 특성을 조합하여 선택한다. 따라서 소비자가 기존 제품의 특성 조합에 근거하여 식품을 최적으로 선택하였을 때, 어느 식품의 특성이 변화하면 변화를 보상할 다른 변화가 있지 않는 한 그 식품의 유용성은 떨어지게 된다. 나트륨의 경우 식품의 짠맛이 상당히 떨어지면 소비자가 짠 맛 대신 식품으로부터 유용성을 얻는 다른 방법을 변화시키지 않는 한 소비자 유용성은 떨어질 수밖에 없다. 소비자 유용성을 바꿀 수 있는 방법은 소비자에게 나트륨 섭취가 건강에 미치는 영향에 대해 교육하는 것이다. 이 방법의 본질은 소비자가 저염 식품의 혜택에 대한 건강 관련 메시지에 귀 기울이고 실천하고자 하는 동기가 생기면 조금 덜 맛있는 식품도 받아들일 것이라는 것이다. 그러나 그것도 식품 맛의 변화가 아주 미미하거나 쉽게 알아차리기 어려울 때에만 가능하다. 최근 소비자를 대상으로 한 설문 조사에서 맛, 건강, 가격, 편리성 중 식품 구매에 있어 선택에 영향을 미치는 가장 큰 요인을 고르라고 했을 때 응답자의 80% 이상이 맛이라고 대답한 것을 주목할 필요가 있다(IFIC, 2008).

식품이 갖는 각 특성의 가치는 특성감안가격함수 hedonic price function 라는 것으로 추정할 수 있다. 식품의 특성으로서 짠맛은 말로 표현할 수 없는 가치를 가지고 있다. 많은 연구가 식품의 특성감안가격함수에 대해 논하고 있지만(Shi and Price, 1998), 짠맛이 식품의 특성에 기여하는 바 또는 나트륨 함량이 식품의 특성에 기여하는 바에 대해서는 연구가 없다. 짠맛이나 나트륨 함량과 관련된 가치에 대해서는 연구 문헌이 없지만, 소비자 이론은 몇 가지 가능성을 제시한다. 특별히, 소비자에게 나트륨 감량의 중요성을 교육하여 소비자 유용성 기능을 변화시키는 것이 필수적이다. 이에 더하여, 소비자가 나트륨 감량의 중요성을 깨달았더라도 여전히 입맛은 짠맛에 적응되어 있기 때문에 기존 소비자 이론은 맛 취향을 가능하면 점진적으로 바꿔가도록 한다. 그러나 어느 수준까지, 또 어느 정도의 속도로 짠맛에 대한 소비자의 입맛을 변화시켜야 하느냐는 점은 여전히 모르는 부분이다. 결국 음식에 짠맛을 더하기 위해 다른 식품을 첨가한다던지, 맛을 보기도 전에 소금을 먼저 첨가하는 행위 등을 방지하도록 하는 것이 좋겠다는 것이다.

식품 특성에 대한 취향과 함께 가격이 소비자 구매에 영향을 준다. 일반적으로, 대부분의 식품은 비탄력적인 수요가격탄력성 price elasticity of demand 이 있다(Huang and Lin, 2000). 소비자는 식품 가격 변화에 예민하지 않다는 것을 말한다. 식품 가격이 오르더라도 소비자는 식품 구매 양을 아주 적게 줄인다. 저소득층 가정은 고소득층 가정보다 가격에 더 민감하지만 그 차이는 극히 작다(Lin and Guthrie, 2007). 그러나 비탄력적인 수요가격탄력성을 고려하더라도 저염 식품 가격이 소금이 많이 들어간 식품에 비해 훨씬 비싸다면 소비자 구매는 훨씬 줄어들 것이다. 저지방 식품이나 저염 식품은 기존 제품에 비해 가격이 비싸다(Frazo and Allshouse, 1996; Liese et al., 2007). 37개 분야의 식품을 대상으로 1993년 조사한 바에 따르면 조사 분야의 81%에서 영양학적으로 향상된 제품이 그렇지 않은 제품에 비해 더 비싸다고 하였다(Frazo and Allshouse, 1996). 2001년부터 2004년까지 소비자를 대상으로 조사한 바에 따르면 미국인의 약 24-34%가 건강한 식생활을 안 하는 이유는 건강식품이 비싸기 때문이라고 하였다(Food Marketing Institute, 2005). 2004년 자료로는 식품 가격이 단지 저소득층에만 국한된 문제가 아니었다. 가구당 소득이 년 5만 불에서 7만 5천 불에 해당하는 소비자의 40% 정도가 건강식품 가격이 건강한 식생활을 하는 데 큰 장애물이라고 하였다(Food Marketing Institute, 2005). 게다가 식품에 소금이 적게 들어간 제품은 가격이 비싸다. 1950년부터 2007년까지 식품 가격을 조사한 바에 따르면 일반적인 식품의 가격이 최근 수십년간 하락한 것에 반해 가공하지 않은(나트륨 함량이 자연적으로 낮은) 야채와 과일 가격은 1950년대 이후 지속적으로 올랐다

(Christian and Rashad, 2009). 저염 식품의 좋은 점을 알려주는 소비자 교육을 통해 이들의 저염 식품에 대한 수요를 증가시키는 것이 큰 역할을 할 수 있을 것이며, 그들의 소득 범위 내에서 어떻게 저염 식품을 고르는지에 대한 교육도 필요하다.

식품 가공과 관련된 가정의 "가치"

가구 생산이론 household production theory 에서는 가정 구성원 개개인이 유용성을 극대화하는 생산 단위라고 정의함으로써 "소비자 유용성" 개념을 확장시킨다. 각 가정은 시간과 시장 상품을 합쳐서 최종 소비할 물건을 생산한다. 이러한 맥락에서 가정은 식품을 포함한 상품을 소비함으로써 유용성을 확대하지만, 비용과 시간이라는 제약도 받고 있다. 소비의 총비용은 상품 구매에 들어간 직접 비용과 가정에서 최종 소비 물품을 생산하는데 들어간 시간이라는 간접비용도 포함한다(Becker, 1965). 식품의 경우 가정은 여러 가지 가공 단계의 식품을 구매하고 식품을 조리하는데 시간을 들이고, 가정 내에서 또는 집밖에서 소비하기 위해 시간을 투자한다. Becker (1965)는 특히 시간의 가치가 높아질수록 미리 조리한 식품을 구입하여 소비함으로써 각 개인이 조리하는데 힘도 덜 쓰고 조리 시간도 줄이는 것에 주목하였다. 가정생산론이란 개념에는 조리하는데 필요한 가구원의 인력 수준(즉, 원 재료를 써서 조리하는 지식과 능력)과 상품이나 활동에 대한 취향이 바탕에 깔려있다(Pollak and Wachter, 1975).

지난 수십년간 가족 구성원들은 가정 안에서의 생산 활동보다 가정 밖에서 일하는 시간이 많아졌는데, 특히 여성이 직업을 가지면서 이런 경향이 심화되었다(Redman, 1980). 이러한 변화로 인해, 각 가정에서는 가공 식품이나 간단 조리 식품을 구입하여 가정에서 소비하거나 외식을 많이 하게 되었다(Capps et al., 1985; Kinsey, 1983; McCracken and Brandt, 1987; Redman, 1980). 즉석 요리 가공식품을 소비하거나, 외식을 할 경우 개인은 나트륨을 포함하는 각 영양 성분을 조절할 수가 없다. 사람들은 가공식품 중에도 나트륨 함량이 낮은 식품으로 대치하거나 고를 수는 있지만, 대부분이에 대한 정보나 지식이 없다. 가공 식품에는 나트륨 함량을 기록한 영양성분표시가 있지만, 선택할 수 있는 식품 거의 모두 상대적으로 나트륨 함량이 높다. 게다가 외식 음식에는 나트륨 함량에 대해 거의 표시가 없기 때문에 식품 종류에 근거해서 나트륨 함량을 추정할 수 있을 뿐이다. 따라서 가정에서 음식을 조리하고 준비하는 데 들이는 시간이 짧아짐에 따라 소비자들은 자신이 소비하는 식품에 대한 관리 능력을 식품생산업이나 외식업에게 어느 정도 양보한 셈이다.

개인 시간 할당 양상과 이에 따른 식품 환경 변화와의 관계도 주목할 필요가 있다. 가정에서 음식을 조리하는 데 들이는 시간이 줄어듦에 따라 식품 환경이 변화하였다. 또 이러한 식품 환경 변화는 가족 구성원들이 음식을 준비하는 데 들이는 시간을 더욱 줄이고 가공식품이나 외식을 더 찾게 만들었다.

1970년대와 1980년대 사이에 가정에서는 외식으로 지불한 비용이 증가하였다(Tippett et al., 1999). 외식에 쓰는 비용은 인종이나 소득 수준와 상관없이 증가하였다. 고소득층에서는 저소득층에 비해 외식에 사용하는 비용이 더 많았다. 1977-1978년에 비해 1994-1996년에 매일 외식으로 식사를 해결하는 미국인 수가 약 1/3정도 증가하여 57%에 달하였다. 가장 외식을 많이 하는 연령대는 청소년 남자였으며, 60세 이상의 노인 인구에서 외식을 가장 적게 하였다. 고소득층은 65%가 외식을 하는 데 비해 저소득층은 45%가 외식을 하였다(Briefel and Johnson, 2004). 외식 식품 중 인기 있는 메뉴에는 감자 프렌치프라이, 샌드위치(특히 버거 종류), 샐러드(드레싱과 첨가물 포함), 피자, 멕시칸 요리 등 대부분 나트륨 함량이 상당히 높은 것이었다. 1994-1996년과 1998년에는 성인의 37%와 어린이의 42%가 패스트푸드를 먹었다. 이러한 식생활은 나트륨, 에너지, 지방을 유의하게 많이 섭취하는 것과 관련이 있었고, 야채나 과일을 유의하게 적게 섭취하는 것과도 상관이 있었다(Paeratakul et al., 2003).

외식을 하면 흔히 과식한다. 1995년 미국의 전국 자료를 보면 외식이 약 27%정도를 차지했을 뿐인데, 칼로리의 34%를 외식에서 섭취하였다. 이 자료는 외식을 할 때 상대적으로 음식을 많이 먹거나 고에너지 식품을 소비함을 뜻한다(Lin et al., 1999). Rolls(2003)는 소비자들이 레스토랑에서 많은 양의 음식이 나올 때 일반적으로 30-50% 정도 더 음식을 섭취한다고 하였다. 1994년부터 1998년까지의 "각개인의 음식 섭취에 대한 연속적인 조사 Continuing Survey of Food Intake by Individuals" 자료를 보면 풀서비스 레스토랑에서 제공하는 음식이나 가정에서 소비하는 음식에 비해 패스트푸드의 제공량이 가장 큰 것을 알 수 있다(Nielsen and Popkin, 2003). Zoumase 등(2001)은 섭취 칼로리가 레스토랑에서 외식을 할 때 가정에서의 칼로리 섭취량보다 55% 높다고 하였다. 외식업의 1인 제공량이 큰 것과 함께 음식에 들어가는 높은 나트륨 함량 때문에 외식을 많이 하는 많은 미국인은 가정에서 음식을 소비하는 사람에 비해 "미국인 식생활 지침"이 권고하는 나트륨 권고 량에 도달하는 데 많은 어려움을 겪고 있다.

요약하면, 가정에서 음식을 준비하는 시간이 줄어듦에 따라 외식이나 가공식품 소비가 늘어나게 되었고, 이로 인해 개개인은 나트륨을 포함한 각 영양성분을 이해하고 조정하는 능력은 줄어들게 되었다. 따라서 식품환경을 개선하는 것이야말로 개인이 저염 식품을 구매하고 소비하는 데 필수적임을 의미한다.

나트륨 섭취 감량을 위한 건강행동 이론의 적용

행동이론 behavioral theory 은 나트륨 섭취 감량을 포함하는 건강 행동의 결정 요소를 제시한다. 결정요소를 이해하면 행동 변화를 위한 전략을 구상하는 데 유용하다. 행동을 예측하는 이론은 많았지만 최근에는 극히 제한적인 변수들만 고려하면 된다는 의견에 점점 접근하고 있다(Fishbein, 2000; Glanz et al., 2008; IOM, 2002; Petraitis et al., 1995). 그 중 세 가지 출중한 이론이 결정요소의 영향에 대해 중요한 정보를 제공하고 있다: 사회인지이론 social cognitive theory (Bandura, 1994), 이성적행동론 the theory of reasoned action (Ajzen and Fishbein, 1980; Fishbein et al., 1991), 건강신념모델 the health belief model (Rosenstock et al., 1994)이 그것이다. 본 위원회는 2002년에 이미 발간한 미국의학한림원보고서,

"건강을 말하기: 다양한 집단에 대한 건강 정보 소통 전략 평가 Speaking of Health: Assessing Health Communication Strategies for Diverse Populations "의 요약 부분에서 기술한 바와 같이 사회 또는 행동 이론 중 건강행동(이번 경우 영양에 관련된 행동)에 적용할 수 있는 이론이 많다는 사실을 알고 있다(Glanz et al., 2008; IOM, 2007; Story et al., 2008). 여기에서 제시하는 요약 내용에서는 건강 행동 변화 과정을 단순화시켰지만, 사회 및 행동 이론을 나트륨 섭취에 적용하려는 것이 그 의도이다.

변화하고자 하는 의도 intention 가 행동변화의 중요 예측인자이다. 일반적으로 사람들은 나트륨 섭취 감량과 같은 특정한 행동을 할 것이라는 정도를 표현하며, 본인 자신이 행동변화를 추정하는 정도가 실제 행동 변화 여부를 예측하는 데 가장 중요하다. 그럼에도 불구하고, 사람은 자신이 행동하고자 의도했던 대로 행동하지는 않는다. 환경 environment 은 건강 행동으로 변화하도록 촉진시키기도 하지만, 때로는 예상치 못한 장애물로 작용할 수도 있다. 예를 들어, 저염 식품이 없다면 개인이 나트륨 섭취량을 제한하는 데는 어려움이 따른다. 비슷한 맥락에서 건강행동으로 변화할 때 장애물이 되는 것은 특정 건강 행동을 하는 기술의 부족이며, 저염 식품을 고를 때에 영양 성분 표시를 읽고 해석하는 방법을 모르는 것도 그 예라고 할 수 있다. 만약 건강 행위를 하려는 의지가 있는 사람이 실천에 옮기지 못 한다면, 그에 대한 대책은 환경적 장애요인을 제거하거나 "기술훈련"에 중점을 두는 것이다.

각 개인이 행동하려는 의지가 약하여 행동하지 못한다면, 그 대책은 의지를 길러주는 데 집중하는 것이다. 행동 변화론은 의지를 강화하는 데 필요한 요소를 제시하고 있다. 첫째, 믿음과 태도 beliefs and attitudes 가 행동을 바꾸고자 하는 의지가 생기도록 하는 데 중요한 전제조건이다. 행동을 바꾸고자 하는 의지는 그 행동이 긍정적인 결과를 가져오고 부정적인 결과는 방지한다는 개인의 믿음이 있어야 더 튼튼해진다. 나트륨 섭취와 관련해서는 소금의 섭취량을 줄이는 것이 혈압을 낮추고 심혈관계 질환을 줄이는 등의 긍정적인 결과를 가져오고 음식의 맛을 떨어뜨리는 부정적인 결과는 초래하지 않는다는 믿음이 있어야 태도의 변화가 이루어질 것이다.

둘째로, 행동을 변화하고자하는 의지는 사회적인 표준perceived norms에 의해 강화되며, 여기에서 사회적인 표준이라 함은 개인이 속해 있는 소셜 네트워크나 전 사회 내에서 적절하다고 받아들여지거나 정상으로 받아들여지는 행동을 의미한다. 표준이란 개인이 행동을 할 때 사회로부터 받는 압력의 정도를 말한다. 가족이나 주변의 친구가 나트륨 섭취를 대하는 정도가 사회적 표준의 중요한 근거이다. 셋째로, 행동을 변화하고자 하는 의지는 개인적 의지나 자기효능감self-efficacy에 의해 영향을 받기도 하는데, 이는 환경 요소가 긍정적이지 않더라도 개인이 행동을 취할 수 있는 믿음의 정도를 반영한다.

따라서 효과적인 커뮤니케이션의 목표는 환경 장애물을 제거하거나 변화하도록 하는 것, 기술을 향상시키는 것, 태도와 표준, 그리고 자기효능감을 변화시켜서 의지를 변화시키는 것 등이다. 이들 변수의 상대적인 중요성은 건강 행위(여기에서는 소금 섭취량의 감소)와 대상에 따라 결정된다.

건강 정보 소통(헬스 커뮤니케이션) 캠페인의 이용

이 보고서 앞부분에서 언급하였듯이 과거 40여 년간의 헬스 커뮤니케이션 전략은 소비자가 소금 섭취량을 줄이게 하는 데는 성공하지 못하였지만, 중요성을 알리는 데는 진전이 있었다. 그러나 나트륨을 식품공급 측면에서 권고하는 수준으로 낮추도록 하기 위해서는 나트륨의 위험성을 알리고 또 소비자가 섭취를 줄이려는 동기를 갖도록 하는 데 협력하는 것이 유용한 보조 수단이다. 미국의학한림원보고서 "건강을 말하기: 다양한 집단에 대한 건강정보 소통 전략 평가Speaking of Health: Assessing Health Communication Strategies for Diverse Population" (IOM, 2002)에서는 여러 가지 사회 이론과 행동이론을 건강정보 소통(헬스 커뮤니케이션) 캠페인에 적용할 방법으로서 제시하였다.

건강 정보 소통(헬스 커뮤니케이션) 캠페인을 개발하기 위한 첫 번째 단계는 목표로 할 구체적 행동과 내용을 정하는 것이다. 소금의 경우 나트륨 섭취량을 하루 2,300 mg으로 제한하는 것이다. 그러나 본 위원회는 나트륨 섭취 감량은 오로지 소비자만 행동해야 되는 것이 아니라, 소비자에게 공급하는 식품의 나트륨 함량을 줄여야 비로소 나트륨 섭취량을 대폭 줄일 수 있다는 사실을 알게 되었다. 따라서 "건강 정보 소통(헬스 커뮤니케이션)" 캠페인의 목적은 나트륨이 건강에 미치는 영향과 나트륨 섭취를 줄여서 모든 계층 사람들에게 돌아올 이득에 대하여 소비자가 더 잘 알게 하는 것과 동시에 정부가 식품에 첨가된 나트륨 함량을 규제하도록 뒷받침하고, 나트륨 섭취량을 줄이려면 식품을 어떻게 선택해야 하는지에 대한 기술을 알리는 것도 포함하여야 한다.

전 연령층에 걸쳐 나트륨 섭취 감량은 중요한 문제이므로 다양한 대상자를 대상으로 하는 캠페인을 구상하여야 한다. 다른 대상에게는 전달 메시지를 다르게 구상함으로써 건강 정보 소통(헬스 커뮤니케이션) 메시지가 잘 전달될 수 있다. 예를 들어, 캠페인 계획을 수립하는 담당자는 학교 소아청소년 대상 메시지와 병원에서 고혈압으로 진단받은 환자를 대상으로 의료인을 통해 전달하는 메시지를 다르게 제작하고 전달 전략도 달리해야 한다. 연령대에 따라 다른 메시지를 전달하는 것 이외에도 특정 문화집단에 대해서 메시지를 따로 따로 작성하거나, 특정 대상에게만 통하는 커뮤니케이션 매체를 통해 메시지를 전달하면 나트륨 섭취에 큰 역할을 하는 조리법이라든지 소비 형태를 교정하는 데 쓸모가 있다. 그러나 이 분야는 연구가 거의 되어 있지 않으며, 자료도 불충분하다. 게다가 대상자에게 영향력을 크게 미치기 위해서는 두렵게 만들어 부정적 영향을 주기보다 긍정적 영향을 주는 메시지가 더 효과적이다(Monahan, 1995).

메시지는 대상자가 현재 믿고 있는 바를 바탕으로 만드는 것이 중요하다. Hornik와 Woolf(1999)는 변화의 목표가 되는 믿음은 바꾸고자 하는 의지나 행동과 연관되며 변화의 실현 가능성이 있음을 강조하였다. 또 중요한 것은 변화해야 한다는 믿음이 많은 사람들에서 없다는 점이다. 제2장에서 언급하였듯이, 커뮤니케이션 캠페인에서 언급해야 할 점은 나트륨 섭취가 혈압을 높이고 심장병을 초래한다는 것이다. 미국인 전체 중 나트륨 섭취와 혈압과의 관련성을 아는 사람은 40-50%뿐이며, 심장병과의 관련성을 아는 사람은 더 적다. 나트륨 감량이 건강에 미치는 긍정적 영향을 중점적으로 알림으로써 각 개인이 나트륨을 줄이려고 더 노력하게 할 수 있으며, 식품의 나트륨 함량을 줄이도록 규범화하는 데 도움이 된다. 그리고 커뮤니케이션 캠페인은 각 개인의 나트륨 섭취량에 대하여 더 많이 알도록 하는 데 큰 역할을 한다. 미국농무부에서 실시한 "식이, 건강과 지식 조사 Diet, Health and Knowledge Survey "에 따르면(제2장 참조) 나트륨 섭취량에 대한 개인의 생각과는 상관없이 나트륨 섭취량은 거의 비슷하며 전 미국인 약 40%는 나트륨을 줄이려고 할 필요가 없다고 하고 있다. 식품의 나트륨을 감량하고자 하는 건강 정보 소통(헬스 커뮤니케이션) 캠페인은 자기 효능감에 대한 긍정적인 효과를 추가로 가져올 수 있다. 소비자는 맛 좋고 소금이 적게 들어간 식품의 선택 범위가 넓어지면 나트륨 감량 능력에 더 자신감을 갖게 될 것이다.

특별 라벨링/공지문의 사용

행동변화 과정의 한 단계로 소비자가 식품을 제대로 선택하는 데 필요한 정보를 갖게 하는 것이 매우 중요하다. 식품 포장지에 특별 라벨링이나 공지문을 인쇄하면 그런 정보를 알린다. 정보는 공지문, 다시 알림 reminders 또는 교육 등으로 나눌 수 있다(A. Levy, FDA, 2009년 개인 교신).

제품 관련 위험성에 대해서는 소비자에게 알리는 경고 문구를 넣어 소비자에게 알리는 것이 중요하다고 오래 전부터 알려져 있다(HHS, 1987; Mayer et al., 1991; Morris et al., 1997). 그러나 경고문을 어떻게 만들어야 효과적인지는 분명치 않으며, 특정 메시지가 갖는 특성에 대해서는 잘 모르는 부분이 많이 있다(Lehto and Miller, 1986). 즉 특별 라벨링이나 공지문을 어떤 상황이나 제품에 대하여 작성하고자 할 때에는 그 문구를 작성하는 것뿐만 아니라 그 문구로 인하여 생길, 의도하거나 의도하지 않은 영향까지 미리 고려하면서 작성할 필요가 있다.

Stewart와 Martin(1994)은 경고문이 미치는 의도하거나 의도하지 않은 결과에 대하여 검토하고 경고문은 소비자를 설득하기보다는 정보를 제공하는 역할을 하여야 한다고 하였고 설득만 하다 보면 소비자는 메시지의 일부에만 귀를 기울이게 된다고 하였다. 위 연구 결과는 경고메시지를 자주 사용하면 효과가 적을 뿐만 아니라 메시지 내용을 잘못 이해하여 의도와는 반대의 행동이 나오는 등의 부작용이 있음을 알려준다. 위 저자들의 결론은 경고문을 구상할 때 주의할 필요가 있다는 것이고 그 이유는 경고문의 다양한 효과와 대상에 따라 일어나는 반응이 다를 수 있기 때문이라고 하였다. 또 경고문은 전문가 의견이나 전문가 판단에 따를 것이 아니라 경험에 바탕을 두고 구상하여야 한다고 하였다. 참고할 수 있는 문헌에 따르면 소비제품에 대한 위험성은 소비자뿐 아니라 전문가에게도 소통하기 어렵고 이해시키기도 어렵다고 한다. 위험성을 개념화하는 방법이 많이 있으며, 위험성을 적절하게 표현한 것으로 알려진 것조차도 행동변화 결과는 다를 수 있다고 한다(Stewart and Martin, 1994).

이 분야에서 참고할 수 있는 연구는 경고문에 대한 주의력 집중 정도를 측정하는 설문조사, 메시지에 대해 느끼는 신뢰성, 또는 경고문에 대한 인지도를 조사하는 것에 초점이 맞춰져 있다(Kimmerling, 1985; Lehto and Miller, 1986). 이런 연구에서 측정한 결과는 유용하지만 불완전하며 그 이유는 경고문에 대한 노출이나 주의 집중이 믿을 만하다고 받아들이는 정도라고 할 수 없으며, 경고문이 어떠한 환경에서 소비자 태도나 결정, 행동변화에 영향을 미치는지에 대해 명확하지 않기 때문이다(Stewart and Martin, 1994).

모두를 합쳐 보면:
식품환경 내에서 나트륨 섭취 감량이라는 건강행동의 뿌리내리기

나트륨의 경우 건강행동으로 변화하지 못하게 하는 환경 장애물을 제거하는 것이 제일 중요한 첫 번째 단계이다. 위에서 언급하였듯이 소비자가 가공식품과 조리식품에 더욱 의존하면서 소금 소비에 대한 조절 능력은 줄어들었다.

전체 인구를 대상으로 한 나트륨 감량 전략이 필요하다는 점은 앞의 단원에서도 이미 언급하였으며, 고혈압이 유행병처럼 증가하여 큰 문제라는 점, 그리고 각 개인이 노력하도록 한 나트륨 감량 전략이 실패하였다는 점 등 때문에 전체 인구를 대상으로 하는 감량 전략이 필요하다. 개인이 노력하여 나트륨 섭취를 줄이는 방법은 특히 현재 "숨겨진" 소금이 꽉 찬 현재의 식품 공급 상황에서는 실행하기가 매우 어렵다. 임상시험 결과, 집중적으로 나트륨 섭취를 감량하도록 한 조절 군에서는 하루 평균 나트륨 섭취량을 100 mmol (2,300 mg)까지 줄일 수 있었다(그림 6-5의 왼쪽 그림). 나트륨 섭취 감량 노력과 함께 체중조절, 생활 습관 조정 프로그램을 진행하였을 때에는 나트륨 섭취량은 적게 줄어 들었다(그림 6-5의 오른쪽 그림). 아마 생활 습관 교정의 복잡성과 여러 가지 목표를 동시에 수행할 경우 상쇄되는 효과 때문에 이러한 결과를 낳은 것으로 생각된다(Appel, 2008).

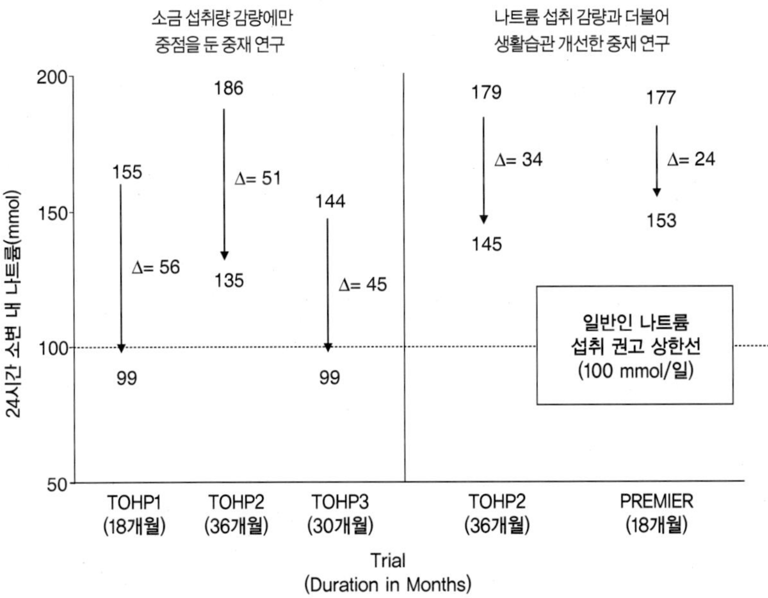

그림 6-5. 세 임상시험에서의 중재 전후의 평균 소변내 나트륨 배설량.

출처: Appel, 2008. 판권 Journal of Clinical Hypertension. John Wiley & Sons, Inc.의 허가 후 게재.

따라서 식품환경의 다른 요소를 변화시키지 않고 소비자가 나트륨 섭취를 성공적으로 감량하기는 불가능하다고 생각된다. 정책 단계에서 변화하면 개인이 식생활에서 섭취하는 나트륨 양을 줄이려는 노력을 덜어줄 수 있다는 점이 특히 중요하며, 이 보고서 제2장에서도 언급하였듯이 나트륨 섭취 감량에 따른 이득은 연령과 고위험 군 여부에 상관없이 쌓이기 때문에 정책 변화가 매우 중요하다. 근원에 노출되는 것을 줄여 위험을 낮추는 방법은 공중보건 정책의 초석이며 오랫동안 사용한 중요 수단이다(Winslow, 1984). 나트륨 섭취 감량의 경우에는 식품의 나트륨 함량을 줄이는 것이 근원 노출을 줄이는 방법이다. 과거 엽산과 니아신 niacin 과 같은 영양소의 식품 함량을 높였던 정책은 미국인 영양 상태 개선에 큰 효과를 발휘하였다(Park et al., 2000; Pfeiffer et al., 2007). 이때 모니터링과 감시 활동은 엽산의 효과와 안전성 문제를 문서화하고 평가하는데 매우 중요하였다(Lucock and Yates, 2009). 그러나 나트륨은 과거 성공한 정책과는 다른 독특한 문제가 있어서 나트륨 감량 전략을 성공하게 하기 위해서는 이러한 모니터링과 감시 활동이 더욱 중요한 위치를 차지한다. 예를 들어, 영양소 강화 정책을 실천하는 과정에서 엽산과 니아신은 식품의 맛과 풍미에 미치는 영향이 없었지만 나트륨은 식품의 맛과 기능적 영향을 주는 측면이 있다. 그럼에도 불구하고 식품 내 나트륨 함량을 변화시켜 나트륨 섭취를 줄임으로써 건강 상태에 의미 있는 변화를 가져왔다는 자료는 거의 없다. 약 20년 전 작은 규모이지만 매우 중요한 연구가 이루어졌는데, 이 연구는 식품 나트륨을 수동적으로 감량시켰을 때 혈압에 미치는 영향에 대한 것이었다. Exeter-Andover 연구는 Ellison과 연구진(1989)이 시행하였는데, 학교를 중재군과 대조군으로 나누고 식당에서 제공하는 음식의 나트륨 함량을 감량시켜서 학생의 혈압 저하에 미치는 영향을 평가하였다. 학생들은 식생활 습관을 바꾸거나 짠 음식을 먹지 말라는 교육받지 않았으며 식탁에는 임의로 소금을 추가할 수 있도록 소금통을 놓아두었다. 식품구매와 음식을 조리하는 과정을 통하여 나트륨 섭취량을 15-20% 줄인 학교의 학생에서는 연간 수축기 및 이완기 혈압이 유의하게 저하하였다. 이 결과는 식품 공급을 통하여 나트륨 섭취를 수동적으로 변화시키고 식품 환경을 개선하는 것이 갖는 잠재적 가치를 보여준다.

정책변화는 다른 영양소 섭취의 경우 지대한 영향을 미친다. 예를 들어, 식품의 영양소 성분을 강화한 정책 food fortification 은 미국에서 펠라그라 pellagra 병을 없애는 중요한 수단이었다(Park et al., 2000).

식품공급 측면의 변화를 강조함으로써 소비자 개인이 소금 섭취량을 감소시키려는 노력은 넓은 의미의 변화 속에서 뿌리내리게 된다. 환경이 새롭게 변화함에 따라 소비자가 나트륨 섭취를 감량하는 데 하여야 할 역할은 달라질 것이다. 식품 선택의 범위가 넓어지면 소비자가 식생활에서 나트륨을 조절하는 역할은 더 커질 것으로 생각된다. 행동변화의 다른 요소가 추가로 변화하는 것은 단지 보조적 변화가 될 것이다.

참고문헌

Ajzen, I., and M. Fishbein. 1980. *Understanding attitudes and predicting social behavior*. Englewood Cliffs, NJ: Prentice Hall.

Appel, L. J. 2008. At the tipping point: Accomplishing population-wide sodium reduction in the United States. *Journal of Clinical Hypertension* 10(1):7-11.

Balentine, D. 2009. *Salt reduction: Making the healthy choice the tasty choice.* Presented at the Institute of Medicine Committee on Strategies to Reduce Sodium Intake's Public Information-Gathering Workshop, March 30, Washington, DC.

Ball, P., D. Woodward, T. Beard, A. Shoobridge, and M. Ferrier. 2002. Calcium diglutamate improves taste characteristics of lower-salt soup. *European Journal of Clinical Nutrition* 56(6):519-523.

Bandura, A. 1994. Social cognitive theory and exercise of control over HIV infection. In *Preventing AIDS: Theories and methods of behavioral interventions,* edited by R. J. DiClemente and J. L. Peterson. New York: Plenum Press.

Bassett, M. T., T. Dumanovsky, C. Huang, L. D. Silver, C. Young, C. Nonas, T. D. Matte, S. Chideya, and T. R. Frieden. 2008. Purchasing behavior and calorie information at fast-food chains in New York City, 2007. *American Journal of Public Health* 98(8): 1457-1459.

Beck, C. 2002. Organizing human resources: By project? By discipline? As a matrix? In *Foodproduct development: Based on experience,* edited by C. Side. Ames: Iowa State Press. Pp. 31-49.

Becker, G. S. 1965. A theory of the allocation of time. *The Economic Journal* 75(299): 493-517.

Beckley, J. H., M. M. Foley, E. J. Topp, J. C. Huang, and W. Prinyawiwatkul (eds). 2007. *Accelerating new food product design and development.* Ames, IA: Blackwell Publishing and the Institute of Food Technologists.

Berry, D. 2009. Our inevitable sodium swap out. *Culinology,* May 26.

Berta, D. 2006. Retreat examines realistic ways to provide healthful menu items. *Nation's Restaurant News* 40(8):12.

Bisogni, C. A., M. Connors, C. M. Devine, and J. Sobal. 2002. Who we are and how we eat: A qualitative study of identities in food choice. *Journal of Nutrition Education and Behavior* 34(3):128-139.

Booth, S. L., J. F. Sallis, C. Ritenbaugh, J. O. Hill, L. L. Birch, L. D. Frank, K. Glanz, D. A. Himmelgreen, M. Mudd, B. M. Popkin, K. A. Rickard, S. St. Jeor, and N. P. Hays. 2001. Environmental and societal factors affect food choice and physical activity: Rationale, influences, and leverage points. *Nutrition Reviews* 59(3):S21-S39.

Briefel, R. R., and C. L. Johnson. 2004. Secular trends in dietary intake in the United States. *Annual Review of Nutrition* 24:401-431.

Brooks, N., A. Regmi, and A. Jerardo. 2009. *U.S. food import patterns, 1998 –2007.* FAU-125. Washington, DC: Economic Research Service.

Burger, J., W. L. Stephens Jr., C. S. Boring, M. Kuklinski, J. W. Gibbons, and M. Gochfeld. 1999. Factors in exposure assessment: Ethnic and socioeconomic differences in fishing and consumption of fish caught along the Savannah River. *Risk Analysis* 19(3):427-438.

Capps, O., J. R. Tedford, and J. Havlice. 1985. Household demand for convenience and nonconveni ence foods. *American Journal of Agricultural Economics* 67(4):862-869.

Cauvain, S. P. 2003. *Bread making: Improving quality.* Boca Raton, FL: CRC Press.

Christian, T., and I. Rashad. 2009. Trends in U.S. food prices, 1950–2007. *Economics and Human Biology* 7(1):113-120.

Cobe, P. 2008. *Getting a new product in the door.* Foodservice Buyer, December 2008.

Connor, J. M., and W. A. Schiek. 1997. *Food processing: An industrial powerhouse in transition.* 2nd ed. New York: John Wiley & Sons.

Cox, S. A., and R. Delaney. 2009. Evolution of sensory evaluation: How product research is being integrated into the product design process. In *An integrated approach to new food product development,* edited by H. Moskowitz, I. S. Saguy and T. Straus. Boca Raton, FL: Taylor and Francis Group. Pp. 277-289.

CSPI (Center for Science in the Public Interest). 2005. *Salt: The forgotten killer.* Washington, DC: Center for Science in the Public Interest.

CSPI. 2007. *School foods report card: A state-by-state evaluation of policies for foods and beverages sold through vending machines, school stores, a la carte, and other venues outside of school meals.* Washington, DC: Center for Science in the Public Interest.

CSPI. 2008. *Salt assault: Brand-name comparisons of processed foods.* 2nd ed. Washington, DC: Center for Science in the Public Interest.

de la Huerga, V., and E. Topp. 2007. A supplier perspective: Superior services and product help change happen. In *Accelerating new food product design and development,* edited by J. H. Beckley, M. M. Foley, E. J. Topp, J. C. Huang, and W. Prinyawiwatkul. Ames, IA: Blackwell Publishing and the Institute of Food Technologists. Pp. 55-72.

Defense Logistics Agency. 2009. *Defense Supply Center Philadelphia.* http//www.dscp.dla.mil/ (accessed November 18, 2009).

Departments of the Army, Navy, and Air Force Headquarters. 2001. *Nutrition standards and education.* Army Regulation 40-25, BUMEDINST 10110.6, AFI 44-141. Washington, DC: Departments of the Army, Navy, and Air Force.

Desiraju, R. 2001. New product introductions, slotting allowances, and retailer discretion. *Journal of Retailing* 77:335-358.

Devine, C. M. 2005. A life course perspective: Understanding food choices in time, social location, and history. *Journal of Nutrition Education and Behavior* 37(3):121-128.

Dornenburg, A., and K. Page. 2008. The flavor bible: *The essential guide to culinary creativity, based on the wisdom of America's most imaginative chefs.* 1st ed. New York: Little, Brown and Company. P. 2.

Drewnowski, A. 1997. Taste preferences and food intake. *Annual Review of Nutrition* 17: 237-253.

Ellison, R. C., A. L. Capper, W. P. Stephenson, R. J. Goldberg, D. W. Hosmer Jr., K. F. Humphrey, J. K. Ockene, W. J. Gamble, J. C. Witschi, and F. J. Stare. 1989. Effects on blood pressure of a decrease in sodium use in institutional food preparation: The Exeter- Andover project. *Journal of Clinical Epidemiology* 42(3):201-208.

ERS (Economic Research Service). 1998. *Food procurement by USDA's farm ser-*

vice agency. Agricultural Economic Report No. 766. Washington, DC: Economic Research Service.

ERS. 2010. *The food assistance landscape: FY 2009 annual report.* Economic Information Bulletin No. 6-7. Washington, DC: Economic Research Service.

Fern, E. 2009. Identifying strategies to reduce sodium intake in the U.S. population. Presented at the Institute of Medicine Committee on Strategies to Reduce Sodium Intake's Public Information-Gathering Workshop, March 30, Washington, DC.

Fishbein, M. 2000. The role of theory in HIV prevention. *AIDS Care* 12:273-278.

Fishbein, M., S. E. Middlestadt, and P. J. Hitchcock. 1991. Using information to change sexually transmitted disease-related behaviors: An analysis based on the theory of reasoned action. In *Research issues in human behavior and sexually transmitted diseases in the AIDS era,* edited by J. N. Wasserheit, S. O. Aral, and K. K. Holmes. Washington, DC: American Society for Microbiology. Pp. 243-257.

FNS (Food and Nutrition Service). 2009. Nutrition Assistance Programs. http://www.fns.usda.gov/fns (accessed November 18, 2009).

Food Marketing Institute. 2005. *Shopping for health 2004: Making sense of nutrition news and health claims.* Washington, DC and Emmaus, PA: Food Marketing Institute and Prevention magazine.

Food Processing. 2009. Top 100 report for 2009. *Food Processing* August:28-29.

Fox, M. K., W. Hamilton, and B. H. Lin. 2004. *Effects of food assistance and nutrition programs on nutrition and health: Volume 4, executive summary of the literature review.* Food Assistance and Nutrition Research Report No. 19-4. Washington, DC: Economic Research Service.

Frazao, E., and J. E. Allshouse. 1996. *Size and growth of the nutritionally-improved food market.* Agricultural Information Bulletin No. 723. Washington, DC: Economic Research Service.

FTC (Federal Trade Commission). 2003. *Slotting allowances in the retail grocery industry: Selected case studies in five product categories.* FTC Staff Study.

Fuller, G. W. 2005. *New food product development: From concept to marketplace.* 2nd ed. Boca Raton, FL: CRC Press.

Galef, B. G., Jr. 1996. Food selection: Problems in understanding how we choose foods to eat. *Neuroscience and Biobehavioral Reviews* 20(1):67-73.

GAO (Government Accountability Office). 2000. *Food and commodities: Federal purchases and major regulations that potentially affect prices paid.* GAO/RCED-00-173R. Washington, DC: Government Accountability Office, Resources, Community, and Economic Development Division.

GAO. 2008. *Food Stamp Program options for delivering financial incentives to participants for purchasing targeted foods: Report to the Chairman, Committee on Agriculture, Nutrition, and Forestry, U.S. Senate.* GAO-08-415. Washington, DC: Government Accountability Office.

Glanz, K., K. Resnicow, J. Seymour, K. Hoy, H. Stewart, M. Lyons, and J. Goldberg. 2007. How major restaurant chains plan their menus: The role of profit, demand, and health. *American Journal of Preventive Medicine* 32(5):383-388.

Glanz, K., B. K. Rimer, and K. Viswanath, (eds). 2008. *Health behavior and health education: Theory, research, and practice.* 4th ed. San Francisco, CA: Jossey-Bass.

Glanz, K., J. F. Sallis, B. E. Saelens, and L. D. Frank. 2005. Healthy nutrition environments: Concepts and measures. *American Journal of Health Promotion* 19(5):330-333.

Gordon, A., and M. K. Fox. 2007. *School Nutrition Dietary Assessment Survey-III: Summary of findings.* Washington, DC: USDA Food and Nutrition Service.

Grasso, V. B. 2008. *Department of Defense food procurement: Background and status.* CRS Report No. RS22190. Washington, DC: Congressional Research Service, Library of Congress.

Hanson, G. D., G. P. Rauniyar, and R. O. Herrmann. 1994. Using consumer profiles to increase the U.S. market for seafood: Implications for aquaculture. *Aquaculture* 127(4): 303-316.

Harris, J. M., P. R. Kaufman, S. W. Martinez, and C. Price. 2002. *The U.S. food marketing system, 2002: Competition, coordination, and technological innovations into the 21st century.* Agricultural Economic Report No. 811. Washington, DC: Economic Research Service.

Hattersley, V. 2009. *A U.K. Retailer Perspective.* Presented at the Institute of Medicine Committee on Strategies to Reduce Sodium Intake's Public Information-Gathering Workshop, March 30, Washington, DC.

Hayden, K. 2004. Science and flavor at the crossroads. *Flavor & the Menu,* Fall 2004.

Heidolph, B. B. 2008. Is sodium reduction the next target in the "better-for-you" formulation trend? *Cereal Foods World* 53(1):21-27.

Heyhoe, T. 2002. Effective communication. In *Food product development: Based on experience,* edited by C. Side. Ames: Iowa State Press. Pp. 3-12.

HHS (U.S. Department of Health and Human Services). 1987. *Review of research on the effects of health warning labels: A report to the United States Congress.* Rockville, MD: U.S. Department of Health and Human Services.

Honkanen, P., S. O. Olsen, and B. Verplanken. 2005. Intention to consume seafood—he importance of habit. *Appetite* 45(2):161-168.

Hornik, R., and K. D. Woolf. 1999. Using cross-sectional surveys to plan message strategies. *Social Marketing Quarterly* 5(2):34-41.

Huang, K. S., and B. H. Lin. 2000. *Estimation of food demand and nutrient elasticities from household survey data.* Technical Research Bulletin 1887. Washington, DC: Economic Research Service.

IFIC (International Food and Information Council). 2008. *2008 Food and Health Survey: Consumer attitudes toward food, nutrition & health.* Washington, DC: International Food Information Council.

IFIC. 2009. *2009 Food and Health Survey: Consumer attitudes toward food, nutrition & health.* Washington, DC: International Food Information Council.

IOM (Institute of Medicine). 2002. *Speaking of health: Assessing health communication strategies for diverse populations.* Washington, DC: The National Academies Press.

IOM. 2007. *Seafood choices: Balancing benefits and risks,* edited by M. C. Nesheim and A. L. Yaktine. Washington, DC: The National Academies Press.

IOM. 2009. *School meals: Building blocks for healthy children,* edited by V. A. Stallings, C. W. Suitor, and C. L. Taylor. Washington, DC: The National Academies Press.

Kahkonen, P., and H. Tuorila. 1998. Effect of reduced-fat information on expected and actual hedonic and sensory ratings of sausage. *Appetite* 30(1):13-23.

Kahkonen, P., P. Hakanpaa, and H. Tuorila. 1999. The effect of information related to fat content and taste on consumer responses to a reduced-fat frankfurter and a reduced-fat chocolate bar. *Journal of Sensory Studies* 14(1):35-46.

Khoo, C. 2009. *Campbell's salt reduction journey.* Presented at the Institute of Medicine Committee on Strategies to Reduce Sodium Intake's Public Information-Gathering Workshop, March 30, 2009, Washington, DC.

Kimmerling, G. F. 1985. Warning: Workers at risk, train effectively. *Training and Development Journal* 39(4):50-55.

Kinsey, J. 1983. Working wives and the marginal propensity to consume food away from home. *American Journal of Agricultural Economics* 65(1):10-19.

Kramer, F. 2002. Initial and progressive cost estimates. In *Food product development: Based on experience,* edited by C. Side. Ames: Iowa State Press. Pp. 179-188.

Lancaster, K. J. 1966. A new approach to consumer theory. *Journal of Political Economy* 74(2):132-157.

Lattin, G. W. 2009. *The lodging and food service industry.* 7th ed. Lansing, MI:

American Hotel & Lodging Educational Institute.

Leader, N. G., and I. D. H. Cuthill. 2008. *Impact of new product development of store brands on branded manufacturers in the U.S. grocery industry.* Oswego, NY: State University of New York at Oswego, School of Business Marketing Department.

Lehto, M. R., and J. M. Miller. 1986. *Warnings: Vol. I: Fundamentals, design, and evaluation methodologies.* 1st ed. Ann Arbor, MI: Fuller Technical Publications.

Liese, A. D., K. E. Weis, D. Pluto, E. Smith, and A. Lawson. 2007. Food store types, availability, and cost of foods in a rural environment. *Journal of the American Dietetic Association* 107(11):1916-1923.

Lin, B. H., and J. F. Guthrie. 2007. *How do low-income households respond to food prices?* Economic Information Bulletin No. 29-5. Washington, DC: USDA Economic Research Service.

Lin, B.-H., J. Guthrie, and E. Frazao. 1999. Nutrient contribution of food away from home. In *America's eating habits: Changes and consequences,* edited by E. Frazao. Agriculture Information Bulletin No. 750. Washington, DC: U.S. Department of Agriculture, Economic Research Service, Food and Rural Economics Division. Pp. 213-242.

Lucock, M., and Z. Yates. 2009. Folic acid fortification: A double-edged sword. *Current Opinion in Clinical Nutrition and Metabolic Care* 12(6):555-564.

Lutz, S. M., D. M. Smallwood, and J. R. Blaylock. 1995. Limited financial resources constrain food choices. *Food Review* 18:13-17.

Maes, N. 2008. Child's palate. *Plate* 67-72.

Martinez, S. 2007. *The U.S. food marketing system: Recent developments, 1997–2006.* Economic Research Report No. 42. Washington, DC: Economic Research Service.

Mayer, R. N., K. R. Smith, and D. L. Scammon. 1991. Evaluating the impact of alcohol warning labels. *Advances in Consumer Research* 18:706-714.

McCracken, V., and J. A. Brandt. 1987. Household consumption of food away from home: Total expenditure and by type of food facility. *American Journal of Agricultural Economics* 69(2):274-284.

McLeroy, K. R., D. Bibeau, A. Steckler, and K. Glanz. 1988. An ecological perspective on health promotion programs. *Health Education Quarterly* 15(4):351-377.

Monahan, J. L. 1995. Thinking positively: Using positive affect when designing health messages. In *Designing health messages: Approaches from communication theory and public health practice,* edited by E. Maibach and R. L. Parrott. Thousand Oaks, CA: Sage. Pp. 81-98.

Morris, L. A., M. B. Mazis, and E. Gordon. 1977. A survey of the effects of oral contraceptive patient information. *Journal of the American Medical Association* 238:2504-2508.

Moskowitz, H., M. Reisner, and A. Maier. 2009. Creating food concepts to guide product development and marketing. In *An integrated approach to new food product development,* edited by H. Moskowitz, I. S. Saguy and T. Straus. Boca Raton: Taylor and Francis Group, LLC. Pp. 175-216.

Nachay, K. 2008. Staying smart about salt. *Food Technology* 62(3):26-35.

National Restaurant Association. 2008. *2009 Restaurant industry forecast.* Washington, DC: National Restaurant Association.

Nestle Ltd. 2007. *Innovating the future: Research and development for nutrition, health and wellness.* Vevey, Switzerland: Nestec Ltd.

Nestle, M., R. Wing, L. Birch, L. DiSogra, A. Drewnowski, S. Middleton, M. Sigman-Grant, J. Sobal, M. Winston, and C. Economos. 1998. Behavioral and social influences on food choice. *Nutrition Reviews* 56(5 (Part II)):S50-S74.

New York City Department of Health and Mental Hygiene. 2008. *Mayor Bloomberg and Shaquille O'Neal announce new food standards for City agencies.* (Press release.)

Nielsen, S. J., and B. M. Popkin. 2003. Patterns and trends in food portion sizes, 1977–998. *Journal of the American Medical Association* 289(4):450-453.

Paeratakul, S., D. P. Ferdinand, C. M. Champagne, D. H. Ryan, and G. A. Bray. 2003. Fastfood consumption among US adults and children: Dietary and nutrient intake profile. *Journal of the American Dietetic Association* 103(10):1332-1338.

Park, Y. K., C. T. Sempos, C. N. Barton, J. E. Vanderveen, and E. A. Yetley. 2000. Effectiveness of food fortification in the United States: The case of Pellagra. *American Journal of Public Health* 90(5):727-738.

Petraitis, J., B. R. Flay, and T. Q. Miller. 1995. Reviewing theories of adolescent substance use: Organizing pieces in the puzzle. *Psychological Bulletin* 117:67-86.

Pfeiffer, C. M., C. L. Johnson, R. B. Jain, E. A. Yetley, M. F. Picciano, J. I. Rader, K. D. Fisher, J. Mulinare, and J. D. Osterloh. 2007. Trends in blood folate and vitamin B-12 concentrations in the United States, 1988–2004. *American Journal of Clinical Nutrition* 86(3):718-727.

Pollak, R. A., and M. L. Wachter. 1975. The relevance of the household production function and its implications for the allocation of time. *Journal of Political Economy* 83(2): 255-278.

Private eyes. 2007. *Progressive Grocer,* December 2007.

Raine, K. D. 2005. Determinants of healthy eating in Canada: An overview and synthesis. *Canadian Journal of Public Health* 96(Supplement 3).

Ram, C. 2008. Shaking things up: Low-sodium dishes offer flavor without sacrifice. *Plate* 59-64.

Ram, C. 2009. Whole grains, whole flavors. *Plate* 49-54.

Redman, B. J. 1980. The impact of women's time allocation on expenditure for meals away from home and prepared foods. *American Journal of Agricultural Economics* 234-237.

Reichler, G., and S. Dalton. 1998. Chefs' attitudes toward healthful food preparation are more positive than their food science knowledge and practices. *Journal of the American Dietetic Association* 98(2):165-169.

Rolls, B. J. 2003. The supersizing of America: Portion size and the obesity epidemic. *Nutrition Today* 38(2):42-53.

Rosenstock, I. M., V. J. Stretcher, and M. H. Becker. 1994. The health belief model and HIV risk behavior change. In *Preventing AIDS: Theories and methods of behavioral interventions,* edited by R. J. DiClemente and J. L. Peterson. New York: Plenum Press. Pp. 5-24.

Saguy, I. S., and M. Peleg. 2009. Accelerated and parallel storage in shelf life studies. In *An integrated approach to new food product development,* edited by H. Moskowitz, I. S. Saguy, and T. Straus. Boca Raton, FL: Taylor and Francis Group, LLC. Pp. 429-455.

Scarpa, J. 2009. Healthy R&D perspectives. *Culinology,* September 3.

Shepherd, R. 2005. Influences on food choice and dietary behavior. *Forum of Nutrition* 57:36-43.

Shi, H., and D. W. Price. 1998. Impacts of sociodemographic variables on the implicit values of breakfast cereal characteristics. *Journal of Agricultural and Resource Economics* 23(1):126-139.

Stewart, D. W., and I. M. Martin. 1994. Intended and unintended consequences of warning messages: A review and synthesis of empirical research. *Journal of Public Policy & Marketing* 13(1):1-19.

Story, M., K. M. Kaphingst, R. Robinson-O'Brien, and K. Glanz. 2008. Creating healthy food and eating environments: Policy and environmental approaches. *Annual Review of Public Health* 29:253-272.

Straus, T. 2009. The new product success equation: Building success into the new product development process (a.k.a. an objective-based product development process). In *An integrated approach to new food product development,* edited by

H. Moskowitz, I. S. Saguy, and T. Straus. Boca Raton, FL: Taylor and Francis Group, LLC. Pp. 3-24.

Supermarket News. 2009. *SN's top 75 retailers for 2009.* http://supermarketnews.com/profiles/top75/2009/top-75/ (accessed July 31, 2009).

Thomas, M. 2007. Improving the success rate of new food product introductions: The role of the research chef. In *Developing new food products for a changing marketplace.* 2nd ed., edited by A. L. Brody and J. B. Lord. Boca Raton, FL: CRC Press. Pp. 345-364.

Tippett, K. S., C. W. Enns, and A. Moshfegh. 1999. Food consumption surveys in the U.S. Department of Agriculture. *Nutrition Today* 34:33-46.

Topp, E. 2007. Building superior R&D organizations. In *Accelerating new food product design and development,* edited by J. H. Beckley, M. M. Foley, E. J. Topp, J. C. Huang, and W. Prinyawiwatkul. Ames, IA: Blackwell Publishing and the Institute of Food Technologists. Pp. 41-53.

Tuorila, H., A. V. Cardello, and L. L. Lesher. 1994. Antecedents and consequences of expectations related to fat-free and regular-fat foods. *Appetite* 23(3):247-263.

U.S. Department of Commerce. 2008. *Processed food outlook.* http://www.trade.gov/td/ocg/report08_processedfoods.pdf (accessed July 20, 2009).

USDA (U.S. Department of Agriculture). 1995. *Improving USDA commodities: Tri-agency commodity specification review report.* Washington, DC: U.S. Department of Agriculture.

USDA/Food and Consumer Service. 1995. National School Lunch Program and School Breakfast Program: School Meals Initiative for healthy children, final rule. *Federal Register* 60(113):31188.

USDA/FNS (Food and Nutrition Service). 2007. Special Supplemental Nutrition Program for Women, Infants and Children (WIC): Revisions in the WIC food packages; interim rule. *Federal Register* 72(234):68966-69032.

Valdovinos, M. 2009. Chef formulation and integration: Ensuring that great food and food science work together. In *An integrated approach to new food product development,* edited by H. Moskowitz, I. S. Saguy, and T. Straus. Boca Raton, FL: Taylor and Francis Group, LLC. Pp. 303-316.

van Boekel, M. A. J. S. 2009. Innovation as science. In *An integrated approach to new food product development,* edited by H. Moskowitz, I. S. Saguy, and T. Straus. Boca Raton, FL: Taylor and Francis Group, LLC. Pp. 37-52.

Walker, J. R. 2009. *Introduction to hospitality.* Upper Saddle River, NJ: Pearson Education, Inc.

Walker, J. R., and D. E. Lundberg. 2005. *The restaurant: From concept to operation.* 4th ed. Hoboken, NJ: John Wiley & Sons.

Ward, M. B., J. P. Shimshack, J. M. Perloff, and J. M. Harris. 2002. Effects of the privatelabel invasion in food industries. *American Journal of Agricultural Economics* 84(4): 961-973.

Watzke, H. J., and J. B. German. 2009. Personalizing foods. In *An integrated approach to new food product development,* edited by H. Moskowitz, I. S. Saguy, and T. Straus. Boca Raton, FL: Taylor and Francis Group, LLC. Pp. 133-173.

Webster, J. 2009. *Reformulating food products for health: Context and key issues for moving forward in Europe.* http://ec.europa.eu/health/nutrition_physical_activity/docs/ev20090714_wp_en.pdf (accessed February 3, 2010).

Weinstein, H. 2002. Contract packaging or in-house manufacturing? In *Food product development: Based on experience,* edited by C. Side. Ames: Iowa State Press. Pp. 171-177.

Weisberg, K. 2006. CIA, Harvard link on flavor. *Foodservice Director* 19(2):8.

Wetter, A. C., et al. 2001. How and why do individuals make food and physical activity choices? *Nutrition Reviews* 59(3, Part II):S11-S20.

Wiemer, K. 2009. Comment letter submitted to IOM Sodium Committee by General Mills, Inc.

Willows, N. D. 2005. Determinants of healthy eating in Aboriginal peoples in Canada: The current state of knowledge and research gaps. *Canadian Journal of Public Health* 96(Supplement 3):S32-S36.

Winslow, C. E. A. 1984 (Reprint of 1923 publication). *The evolution and significance of the modern public health campaign.* New Haven, CT: Yale University Press.

Wolf, C. W. 2009. Trend monitoring: Sorting fad from long-lasting profit-building trends. In *An integrated approach to new food product development,* edited by H. Moskowitz, I. S. Saguy, and T. Straus. Boca Raton, FL: Taylor and Francis Group, LLC. Pp. 79-95.

Wollmeringer, M. S. *Guidelines for salt and fat reductions in the armed forces recipe service.* Natick, MA: Natick, Soldier Center, U.S. Army Soldier and Biological Chemical Command.

Wrick, K. 2009. Tastefully reducing sodium. *Prepared Foods* 178(9):67-75.

Zoumas-Morse, C., C. L. Rock, E. J. Sobo, and M. L. Neuhouser. 2001. Children's patterns of macronutrient intake and associations with restaurant and home eating. *Journal of the American Dietetic Association* 101(8):923-925.

7

규제 체계:
강력하고 적용 가능한 나트륨 섭취 감량 도구

소금이나 기타 나트륨 화학물질은 다른 식품첨가물과 마찬가지로 연방의 "식품안전과 라벨링 법 federal food safety and labeling laws"의 적용 대상이다. 포장식품 영양성분표시에는 1993년부터 나트륨 함량도 기재하도록 법으로 규정되어 있다. 이 법적 조항을 어떻게 실행하는가에 따라 미국인 나트륨 섭취량에 상당한 영향을 준다.

미국의회에서 제정하는 연방법은 일반적으로 식품공급의 안전과 적절성을 보장하고 국민건강을 보호하며, 소비자가 건강식품을 선택하는 정보를 제공하도록 식품산업 업계에게 요구하는 방향으로 진화하였다. 제정한 법은 연방정부의 여러 기관이 집행하며 연방법을 집행하기 위한 규칙 rule 이나 규정 regulation 을 흔히 "공공규칙제정과정 public rulemaking process "을 통하여 확립한다. 연방법 제정과정에 대한 자세한 설명은 부록 H에 수록하였다.

식품의 나트륨과 관련된 연방법과 규정은 식품 관련법이나 규제에 익숙하지 않은 사람들에게는 매우 복잡해 보일 것이다. 그러나 한 번 규정 체계를 이해하면 나트륨 섭취 감량 규정이 얼마나 강력하고 적용 가능한 도구인지를 명확히 알 수 있다. 현 규정의 틀 속에 있는 선택 사항은 다양하여 이를 창조적으로 사용하면 나트륨 섭취 감량을 상당히 유도할 수 있다. 게다가 공공규칙제정과정을 거쳐 규정 조항을 개발하였기 때문에 각 이해당사자에게는 규정을 현실에서 실행하기 위해 정보를 제공하였고 적용하였을 때 현실과 괴리가 생기지 않도록 하였다.

이번 장에서는 먼저 식품 첨가물질의 안전성과 관련하여 소금과 나트륨 화학물질에 대한 규정을 언급한다. 그 다음으로 소비자에게 제공하는 영양 정보에 대한 규정 내용과 식품의 내용물 표기에 대하여 요구하는 규정에 대해 설명한다. 이에 더하여 레스토랑/외식업에 대한 연방 규정의 적용에 대하여 논의한다.

식품제조업이 사용하는 식품 첨가물의 안전성 확보를 위한 규정

식품첨가물을 사용하여 식품을 보호하고 강화하며 보존하는 방법은 역사 이전 고대로부터 사용하고 있었다. 로마인은 이황산염을 와인에 방부제로 넣었으며, 유럽인은 향신료를 음식의 맛을 돋우는 것뿐 아니라 식품보존을 위해서도 사용하였다. 여러 문명과 지역에서 소금을 보존제로 사용한 증거가 있으며 특히 육류를 보존하기 위해 소금을 사용하였다(Folkenberg, 1988). 첨가물에 대하여 과학적인 이해가 없던 시절에도 사람에게 독으로 작용하지 않는 첨가물은 안전하다고 생각했다.

오늘날, 정부가 하는 역할의 하나는 시중에서 판매하는 식품은 안전한 것임을 국민이 믿게 하는 일이다. 이런 권한은 미국에서 1906년 식품의약품법 Food and Drugs Act (Food and Drugs Act of 1906, Public Law 59-384, 34 Stat 768; 21 USC § 1-15 [1934]; repealed in 1938 by 21 USC § 329[a])에서 시작하였지만, 이 보고서의 중점 사항은 1938년 제정된 "연방식품의약품화장품법 Federal Food, Drug and Cosmetic Act "에 있다(Federal Food, Drug and Cosmetic Act of 1938, Public Law 75-717; 52 Stat 2040). 이 연방법은 합법적으로 판매하던 영약 elixir 때문에 107명이 사망한 다음 통과되었다. 따라서 이 연방법은 미국 공중보건시스템을 점검하기 위해서만 제정하였다(Food and Drug Administration, 2009). Online: http://www.fda.gov/regulatoryinformation/legislation). 무엇보다도 이 연방법은 현재 미국 식품의약품안전청이라고 하는

정부기관이 식품의 표준을 발표하고 또 신약의 안전성에 대한 근거를 요구할 수 있는 권한을 부여하였다.

식품에 첨가하는 화학성분이 건강에 미칠 장기적 악영향에 대한 우려 때문에 1958년 미국의회가 식품첨가물 개정법 Food Additives Amendment (Food Additives Amendment of 1958, Public Law 85-929; 72 Stat 1784)을 제정하게 되었고, 이 개정법은 1938년 제정한 법률의 제409장 Section 409 으로 만들어 (이하 1958 개정법) 첨가물질의 안전성을 보장하게 되었다(21 USC 348 and 342[a][2][C], and 21 CFR 170-179). 소금(염화나트륨)은 식품제조업자가 의도적으로 식품에 첨가하는 물질이다. 따라서 위의 1958년 개정법은 식품에 사용하는 소금과 기타 나트륨 화학물에도 적용된다.

그림 7-1에 제시하였듯이, 1958년 개정법은 식품에 의도적으로 첨가하는

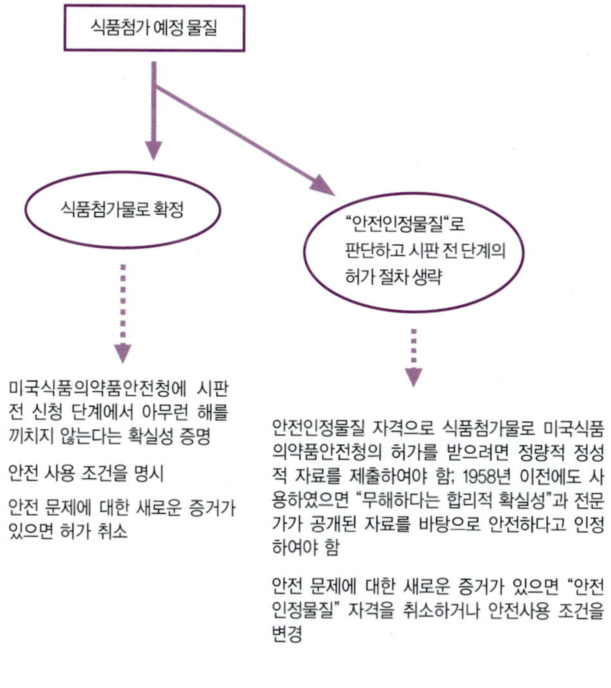

그림 7-1. 식품첨가물에 대한 승인을 얻기 위한 과정.

주: FDA=미국식품의약품안전청; GRAS=안전인정물질.

물질을 '식품 첨가물'로 정의하였고, 식품첨가물은 사용 전에 미국식품의약품안전청의 허가를 받아야 한다고 명시하였다. 허가절차에는 특정 식품첨가물을 사용 목적에 따라 첨가할 때 "확실히 아무런 해를 끼치지 않는다는 점 reasonable cetainty of no harm "(21 CFR 170.3)이라는 조건에 부합한다는 과학적 증거를 신청인이 제시하여야 한다. 이 표준에서는 안전성이란 과학적으로 절대 확신할 수 없고, 어떤 상황에서 안전하던 물질이 다른 조건에서는 안전하지 않을 수 있다는 사실을 인정하고 있다.

식품 첨가물에 대한 규제 체계를 만들면서 미국의회는 식초, 베이킹파우더, 후추와 같은 물질은 의도적으로 식품에 첨가하는 물질이지만 식품에 사용한 역사가 길고 미국식품의약품안전청의 시판 전 심사를 받지 않아도 될 만큼 통상적으로 안전하다고 받아들여지는 첨가물이라고 판단하였다. 이러한 물질에까지 승인 절차를 받도록 하는 것은 상식에 어긋나며, 미국식품의약품안전청의 업무 부담을 가중시키는 일이다. 따라서 "일반적으로 안전하다고 인정 generally accepted as safe, GRAS 하는 안전인정물질"은 '식품 첨가물'의 정의에서 제외하였고 미국 식품의약품안전청의 시판 전 심사에서 제외하였다.

안전인정물질 GRAS 로 인정받으려면 그 첨가물질은 식품 첨가물에 대하여 요구하는 "무해하다는 합리적 확실성"이라는 안전 조건에 부합해야 하므로 미국식품의약품안전청 허가에 필요한 정량적, 정성적 자료(과학적 과정)를 제시하여야 한다. 단 1958년 이전까지 사용하던 물질에 대해서는 "식품에 흔히 사용한 경험" 또는 과학적 자료에 근거하여 안전하다고 판단한다(21 USC 321[s] and 21 CFR 170.30). 안전인정물질은 미국식품의약품안전청의 식품첨가물 사전 허가 시 요구 사항에서 제외되지만, 여전히 안전한 물질이어야 하고 무해 물질이라는 합리적 확실성이 있어야 한다. 나아가 식품 첨가물에서와 마찬가지로, 안전인정물질도 안전하다고 인정한 조건하에서만 안전하다. 따라서 중요한 것은 어떤 조건에서는 안전인정물질이지만, 다른 사용조건에서는 안전하지 않을 수 있다(21 CFR 170.6). 이 사용 조건에 대한 개념은 식품에 첨가하는 양에 대해서도 마찬가지로 적용되므로 사용조건 개념은 이 보고서 목적에서 매우 중요한 개념이다. 마지막으로, 과학이 계속 발전하고 진화하면서 어떤 물질의 안전성에 대한 결론은 그에 따라 바뀐다. 따라서 안전인정물질 자격이나 물질을 사용하는 조건은 필요에 따라 바뀔 수 있다.

안전인정물질로서의 소금

미국식품의약품안전청은 1958년 12월 처음으로 안전인정물질 명단을 발표하였으나, 이 명단이 완벽할 수는 없다는 점을 강조하면서 안전인정물질의 예로서만 제시하였다. 현재 안전인정물질 명단은 "연방 규정 Code of Federal Regulations, CFR "의 182, 184, 186편 Part 에 나열되었으며, 소금을 비롯하여 수백 가지 물질이 나열되어있다(21 CFR 182.1에 "소금"은 1958년 흔히 사용하는 원재료에 포함되어 있으며 미국식품의약품안전청이 안전인정물질인 식품첨 가물 모두의 안전성을 검토할 수 없다고 설명하는 방식으로 포함시켰다. 소금[염화나트륨]은 원래 CFR 182편 안전인정물질 명단에 들어있지 않았다. 소금은 미국식품의약품안전청이 작성한 CFR 184편에도 안전인정물질로 나열되지 않았다. 따라서 본 위원회는 소금이 안전인정물질 자격을 확인받은 것이 아니라고 추정하였다. 나트륨 화합물 여러 가지는 21 CFR184.1721-1807에서 안전인정물질로 확인받았다). 1969년부터 미국식품의약품안전청은 안전인정물질 명단에 있는 물질의 안전성을 검토하기 시작하였다. 그 이후 지금까지 안전인정물질 자격 결정 과정에 소금 사용 조건은 제시된 것이 없었고, 따라서 식품에 첨가되는 소금에 대해서는 제한이 없었다.

1969년도 검토 작업에서 미국식품의약품안전청은 "미국실험생물학학회협의회 Federation of American Societies for Experimental Biology "가 설립한 "생명과학연구소 Life Sciences Research Office "에 협력을 요청하였다. 그 결과 "안전인정물질 선정위원회 Select Committee on GRAS Substances, SCOGS 를 구성하고 1970년대에 안전인정물질 235종에 대하여 완벽한 안전성 검토를 실시하였다. 그 중 한 가지가 소금이었다.

1979년 안전인정물질 선정위원회는 미국식품의약품안전청에 소금에 대한 안전성 검토 보고서를 제출하였다. 그 보고서(SCOGS, 1979)는 염화

나트륨을 현재 사용하는 방식과 양으로 사용할 때 공중보건에 해가 되지 않을 것이라는 것을 현재의 근거만 가지고는 알 수 없다는 결론을 내렸다. 이는 "아무런 해를 끼치지 않는다는 확실성"이라는 안전성 기준에 비추어 보았을 때, 그리고 안전인정물질이 되려면 일반적으로 안전하다고 인식되는 물질이어야 한다는 조건에 비추어 보았을 때, 소금이 안전인정물질이라는 자격을 계속 받을 수 있는지에 대하여 의문을 제기하였다. 이런 결론이 내려지면 미국식품의약품안전청은 통상적으로 안전인정물질 자격을 수정하거나 철회하는 조치를 하는데, 그 당시 미국식품의약품안전청은 그러한 조치를 취하지 않았다.

1978년 초 미국식품의약품안전청은 소금을 안전인정물질에서 '식품 첨가물'로 재분류하여 달라는 청원서를 접수하였는데 그렇게 되면 소금은 시판 전에 사용허가를 미국식품의약품안전청으로부터 받아야 한다. 이에 더하여 청원서에서는 미국식품의약품안전청이 기존의 규정을 집행할 것과 소금이 많이 들어간 식품과 소금 제품에 대해 경고문을 부착하게 하도록 요청하였다. 이 청원서는 소금을 안전인정물질로 사용할 수 있는 조건을 수정하도록 요청한 것이 아니라 소금을 안전인정물질에서 제외하도록 요청한 것이었다.

1982년 미국식품의약품안전청은 안전인정물질 선정위원회보고서와 규정에 대한 자체 분석을 근거로 청원서에 대해 "정책 안내문 Policy Notice "을 출간하고(HHS/FDA, 1982), "현 시점"에서는 소금의 안전인정물질 자격을 수정하지 않겠다고 밝혔다. 미국식품의약품안전청은 고혈압에 대한 우려를 근거로 식품업계가 자발적으로 가공식품에 첨가하는 소금 함량을 줄일 것을 요구하였다. 이에 더하여 공공 교육을 강화하였으며, 제품 라벨에 나트륨 함량을 기재하도록 하는 노력을 하였다. 미국식품의약품안전청에서는 또한 다음 사항을 강조하였다. "만약 충분한 시간이 지난 후에도 가공식품의 나트륨 함량이 상당량 감소되지 않고, 나트륨에 대한 정보가 라벨에 기재되지 않으면, 미국식품의약품안전청은 추가적인 규제 조치를 할 것이며, 여기에는 소금의 안전인정물질 자격 변화를 포함한다"(HHS/FDA, 1982, p.26593).

2005년에는 미국 하원 세출위원회 House of Representatives Committee on Appropriations 가

성명서를 발표하고 미국보건부 장관이 다음과 같은 일에 집중하도록 하였다. "식품업계의 자발적인 노력과 미국식품의약품안전청 및 미국농무부의 규제 조치를 통하여 가공식품과 레스토랑 식품의 소금 함량을 줄이도록 해야 한다" (H.R. Tept. 109-143. 109th Congress, 1st session. [2005년 6월 21일] at 142). 2005년 미국식품의약품안전청에 제출한 청원서는(CSPI, 2005) 의회 위원회 성명서를 인용하면서 미국식품의약품안전청이 다음과 같이 하기를 요구하고 있다: (1) 소금의 안전인정물질 자격을 철회할 것, (2) 소금의 기존 성역을 수정할 것, (3) 식품제조업에게 모든 가공식품에 사용하는 나트륨 양을 줄이도록 요구할 것, (4) 소금 소매 제품 (≥0.5 oz)에 건강문구를 넣을 것, (5) 나트륨 일일 요구량 Daily Value, DV (포장식품의 영양 성분 표시에 사용하는 값)을 기존의 2,400 mg에서 1,500 mg으로 줄일 것 등이다. 이 청원서에 대한 반응으로 미국식품의약품안전청은 2007년 11월 공청회를 열고 소금의 규제 상태에 대해 논의하였다. 청원서와 공청회에 대한 추가 의견과 논평은 2008년 8월 접수를 마감하였다(HHS/FDA, 2008). 지금까지 이 청원서에 대해 미국식품의약품안전청의 조치는 없었다.

미국회계감사원 Government Accountability Office, GAO 도 안전인정물질 관련 연구를 실시하고 그 결과를 2010년 2월 발간하였다(GAO, 2010). 이 연구의 목적은 미국식품의약품안전청의 안전인정물질 자격 결정이 식품 안전성에 미친 영향과 안전인정물질 결정을 다시 생각해야 할 범위를 결정하는 것도 포함한다. 이 연구에 따르면 미국식품의약품안전청은 안전인정물질의 안전성에 대한 새로운 정보가 추가되었을 때 이를 체계적으로 검토하지 않았으며, 소금을 포함한 안전인정물질 자격 조정 문제에 관련한 청원에 대하여 인력 부족과 우선순위에 밀려 늦게 대응한다는 것이었다. 결과적으로, 미국회계감사원보고서의 권고 사항 중에는 "미국식품의약품안전청이 안전인정물질의 안전성을 검토하는 데 더 체계적인 방법으로 행할 수 있도록 전략을 개발해야 한다는 것이며, 여기에는 시민의 청원에 대해 제때에 반응할 수 있도록 자원을 충분히 배분하는 일과 미국식품의약품안전청이 안전인정물질의 안전성을 재고해야 할 상황을 규정하는 일도 포함한다."

안전성에 근거하여 본 소금의 안전인정물질 자격 문제

위에서 기술했듯이, 사용에 특별한 조건이 없는 안전인정물질로서의 소금을 현 상태로 그대로 유지하는 것 이외에, 식품에 첨가하는 소금을 규제하는 데에는 두 가지 방법이 있다. 하나는 시판 전에 판매허가 신청이 필요하도록 안전인정물질 자격을 폐지하는 것이다. 다른 한 가지는 소금을 안전인정물질로 자격을 유지하지만 식품에 소금을 첨가해도 안전하다고 인정하는 조건을 명시하는 것이다. 이렇게 하면 허가 신청 과정은 필요치 않으면서 식품 제조업자가 소금 함량을 안전하다고 인정받는 범위를 지키면서 식품을 제조하도록 유도할 수 있다. 새로운 기준에 맞추지 못하고 식품에 소금을 사용한다면 일반 식품첨가물을 사용한 것으로 함으로써 허가 신청 과정을 통해서 허가를 받도록 할 수 있다. 이것은 안전인정물질 접근 방법과 식품 첨가 방법 사이에 다른 점이 있다는 것을 의미하는 것이 아니라 단지 선택권이 있다는 것이다. 일반적인 안전에 대한 인식이 존재한다고 결정되고 나면, 어떤 제약이 있는 식품첨가물로 사용되기 위한 물질로 허용되기 위해서는 그 물질의 안전한 사용을 확실히 하기 위해서 필요하다는 것이다.

과정의 핵심 요소들

미국식품의약품안전청이 소금의 안전인정물질 자격을 바꾸거나 취소하려는 조치를 취하기 위해서는 공공규칙제정 과정(부록 H 참조)을 따라야 한다. 규칙제정 과정에는 최소한 (1) 제안 예정 조치 내용이나 과학적 정당성을 국민에게 홍보, (2) 국민이 논평할 수 있는 기회, 그리고 (3) 논평에 대하여 미국식품의약품안전청의 이성적 답변 과정이 포함되어야 한다. 제안서로 발간하기 전에라도 미국식품의약품안전청은 규칙 제안 초기의 생각을 요약하고 쟁점에 대한 정보를 얻기 위해 흔히 ANPR이라고 부르는 "제안하는 규칙 제정에 대한 사전 공지 Advanced Notice of Proposed Rulemaking, ANPR "로 발표할 수 있다. 여기에는 기술적인 과정으로부터 소비자 행동에 이르는 여러 가지 관련 정보를 포함하지만 제한은 없다. 식품에 첨가하는 소금의 안전인정물질 자격을 논의하고 규제 방안과 정책적 접근 방법을 결정하는 데 적합한 공청회, 청문회, 과학 자문이나 다른 대화 기회를 마련하는 것도 과정의 일부이다.

소금의 안전인정물질 자격을 바꾸거나 취소하기 위해서, 미국식품의약품안전청은 다음의 과학적 문제와 정책 문제에 대해 입장을 표명해야 한다.

- 중심적인 과제는 과학적 문제로서 현재 사용하는 소금의 양과 방법이 최근 과학에 기초하여 "무해하다는 합리적 확실성"이라는 안전 기준에 맞는지 여부이다. 이 문제에 대하여 미국식품의약품안전청은 다양한 정보와 과학적 소견 중에서도 "미국인 식생활 지침 Dietary Guidelines for Americans"과 연관된 과학 자문 의견과 권고를 고려해야 한다. "미국인 식생활 지침"에서는 일반인은 1일 2,300 mg, 고혈압 환자나 아프리카계 미국인 그리고 중년 이후 고혈압 위험을 감소시키기 위한 적절한 나트륨 섭취 상한선으로 1일 1,500 mg을 권고하였다. 미국의학한림원이 수립한 나트륨의 "식이 참고 섭취량 Dietary Reference Intake"도 또한 관련 있을 수 있다. 법(21 USC348[c][5][B])에 정해진 것과 마찬가지로 미국식품의약품안전청은 소금 또는 나트륨의 안전성을 결정하는데 있어 전체 인구 "노출" 접근법을 사용하여야 한다.
- 뿐만 아니라 미국식품의약품안전청은 식품에서 소금이 나타내는 기술적, 기능적 효과를 고려해야 한다. 가공식품에서 소금 사용량의 기준을 정하는 규칙 제정에서 미국식품의약품안전청은 의도적으로 첨가하는 소금의 효과에 대하여 식품산업의 정보를 취합하고 분석해야 한다.

이 보고서에서 중요한 점은, 식품 첨가물법에 근거하여 미국식품의약품안전청이 결정하면 다른 연방 정부기관이 관할하는 소금 사용에까지 적용을 확대한다는 점이다. 예를 들어, 미국농무부 관할하에 있는 나트륨 강화 용액(육류나 가금류 제품을 부드럽게 하는 목적으로 사용) 사용은 1958년 식품첨가물 수정법의 지배하에 있다(Food Additives Amendment of 1958, Public Law 85-929, 72 Stat 1784). 그러므로 이 용액의 안전성은(예를 들어, 사람

건강에 대한 유해성) 미국식품의약품안전청이 규제하여야 하는 책임을 갖는다. 결과적으로 소금을 함유한 복합물의 사용은 소금의 안전인정물질 자격을 검토함에 있어서 미국식품의약품안전청이 고려하는 사항이 되어야 할 필요성이 있다.

미국농무부 관할하에 있는 육류와 가금류 제품에 사용하는 식품 첨가물에 대하여 미국식품의약품안전청이 식품첨가물 안전법의 조항을 집행할 의무가 있는 반면에, 미국농무부는 육류와 가금류 제품에 대해 식품 표시 또는 육류와 가금류에 첨가하는 물질이나 용액을 속여 사용하지 못하도록 하는 등 육류와 가금류에 대하여 집행하는 자체 규제 권한이 있다. 육류 및 가금류를 무게로 2% 이상 포함하는 식품이 미국 식품 공급량의 약 20%를 차지하며 이에 대한 책임이 미국농무부에 있다는 점을 고려해 볼 때, 이러한 조항은 상당히 영향력이 있다. 2009년 미국농무부는 육류 및 가금류 제품의 라벨과 관련하여 "제안하는 규칙 제정에 대한 사전 공지 advanced notice of proposed rulemaking "를 발표했는데, 여기에서는 특히 제품에 "천연제품"이라는 표시를 제조자가 부착하는 문제를 다루고 있다(USDA/FSIS,2009a). 특히 미국농무부 는 "천연" 성분을 함유한 용액을 주입한 육류 및 가금류 제품에 "천연제품"이라는 표시를 붙일 때 이 표시를 인정해야 하는지에 대해 언급해줄 것을 요청했다.

마지막으로 미국식품의약품안전청은 소위 이전에 허가된 소금 사용법에 대한 문제를 언급해야 할 것이다. 1982년 소금에 대한 "정책 안내문 Policy Notice " (HHS/FDA 1982)에서 미국식품의약품안전청은 1958년 이전에 허가를 받은 가공식품의 소금 사용법이 있을 수 있다는 가능성을 언급했다. 1958년 법률이 효력을 발휘하기 전에 승인된 특별한 사용법은 "아주 오래 전" (예를 들어, 식품첨가물법 대상이 아닌 것으로 된)의 것이다. 1982년의 "정책 안내문"은 과거 승인된 사용법이 무엇인지를 지정하지 않고 있으며 미국식품의약품안전청은 이렇게 승인된 사용법의 목록을 갖고 있지 않고, 본 위원회가 과거 승인한 소금 또는 나트륨의 사용법을 찾으려 했으나 찾을 수 없었다. 그럼에도 불구하고 과거 승인받은 사용법은 특정 제품을 위해 허가하였을 것으로 추정할 수 있다. 실제로 과거에 승인한 사용법은 특정 제품을 생산하는 특정 회사에게 개별적으로 승인하였을 가능성이 크며, 따라서 식품에 들어 있는 나트륨 양이 미미하였을 것이다. 그러나 과거에 승인한 사용법을 찾아내고 법적으로 식품첨가물법 적용에서 영원히 면제시켜 준다고 하더라도 첨가물의 안전성에 대한 재평가는 해야 한다. 이에 대한 권한은 소위 21 CFR 181.1(b)에 명시된 불순물 표준에 기록되어 있다. 미국식품의약품안전청 스스로 1982년에 언급하고 CFR에 요약한대로, 이전 승인에 반영된 결정은 "과학적 정보 또는 자료가 과거 승인된 식품 첨가물질 사용법이 인체에 해롭다"고 판단하면 재검토하고 조정할 수 있다. 그런 활동은 식품첨가물법 조항이 정한 것과 비교하여 상위법의 기준을 만족해야 한다는 것을 알아야 한다. 게다가 과거에 승인된 물질에 있어서도 위험성을 예방하기 위하여 규제가 필요하다는 것을 증명할 책임은 미국식품의약품안전청에 있다. 아무튼 이전에 승인된 것을 이용하는 것은 기술적인 쟁점들로 여겨지는 반면에, 이것의 영향은 안전인정물질 조항의 수치와는 대조적으로 식품공급에 대한 나트륨 원인제공이라는 점에서는 미미할 것이라고 예상된다.

집행

미국식품의약품안전청은 규제 기준을 선정하는 데 있어 상당한 유연성을 갖는다. 새로운 기준의 실행 시기를 유연성을 갖고 적절히 결정할 수 있고, 소비자가 제품의 소금 맛 변화에 적응하는 기간 등의 여러 요소를 고려할 수 있다. 받아들일 만한 수준으로 단계적 축소 등 다른 방법이나 문제점 등을 고려하면서 새로운 기준을 시행할 할 수도 있다.

소금의 안전인정물질 자격 기준을 단계적으로 시행함에 있어 미국식품의약품안전청은 "건강식품"이라는 영양 성분 표시를 한 식품의 나트륨 허용 기준을 낮추는 과정에서 얻은 경험이 많은 도움이 될 것이다. 나트륨과 관련한 경험상 최종 결정을 하기 전에 정보를 모으고 주의 깊게 여러 선택 사항을 저울질하는 것이 매우 중요하였다. 모든 식품이 변화해야 한다는 필요성에 너무 매달려 충분히 생각하지 않고 너무 빨리 실행으로 옮긴다면 성공적인 결과를 얻지 못할 것이다.

안전성을 보장하는 특별한 라벨표시

미국식품의약품안전청은 첨가물이 들어있는 식품(식품 첨가물이건 안전 인정물질이건 간에)에 대해 첨가물을 안전하게 사용하도록 보장하기 위해 특별한 라벨 또는 문구를 쓰도록 요구할 수 있다. 식품 표시를 요구하는 문제는 일반 국민을 위한 것이든 아니면 고위험군을 위한 것이든지 간에 과학연구나 소비자 연구 차원에서뿐만 아니라 정책 차원에서도 중요한 문제이다.

다른 방법으로는 도달할 수 없는 안전기준을 이런 표시로 "무해하다는 합리적 확실성"이라는 안전 기준을 준수하는 데 도움이 되었다는 결론에 도달한다. 이런 표시를 부착함으로써 첨가물 안전성 문제를 바로잡은 예는 아스파탐에 요구하였던 문구이다. "페닐키톤뇨증 환자에게: 페닐알라닌 포함 식품." 페닐키톤뇨증 환자의 경우 페닐알라닌을 안전하게 먹는 방법은 없다. 하지만 이렇게 표시하도록 요구한 위험 경고로 페닐키톤뇨증 환자나 그 가족은 미리 경고를 받고 나머지 사람은 들어 있는 영양소로 혜택을 받는다. 이러한 표시의 특성과 영향을 탐구하면 미국식품의약품안전청은 라벨 방법을 식품의 소금 첨가 기준을 개발하는 데 도구로 활용할 수 있다. 그리고 연방 식품의약품화장품법{(Section 403.[a] [21 USC 343[a]법전으로 편찬)과 (Section 201[n] [21 USC 321 [n]법전으로 편찬])}에서는 식품의 라벨이 가짜이거나 "오도 misleading"하는 내용이 있으면 판매할 수 없다고 법적으로 규정하고 있다. 오도한다는 단어는 "사용한 후 나타나는 결과에 대한 사실을 말하지 않는 것"이라고 정의하였다. 제품의 라벨에 발표함으로써 오도당하는 것을 예방한다.

제6장에서는 1990년도의 "영양표시 및 교육법 Nutrition Labeling and Education Act, NLEA"(Public Law 101-533, 104 Stat 2353)과 관련된 라벨뿐만 아니라 식품의 영양성분표시에 대한 소비자 반응 연구에 대해서 논의하였다. 소비자 반응을 주의 깊게 연구하고 법령이 발효되기 전에 표시의 틀을 완성하는 것이 얼마나 중요한지를 보여준다.

다른 나트륨 함유 물질들

나트륨 섭취를 줄이기 위한 규제의 초점은 소금(염화나트륨)에 맞춰져 있으며 그 이유는 미국인 식생활에서 소금이 나트륨 섭취의 주공급원이기 때문이다. 그러나 제5장에서 기술하였듯 나트륨을 포함하는 식품 첨가물은 무수히 많다. 이들 물질 중 일부는 현재 안전인정물질이고 일부는 식품 첨가물로 허가를 받았다.

염화나트륨보다는 나트륨이 고혈압 위험성을 낮추는 데 관심의 초점이 되는 물질이므로 안전한 사용을 위해 미국식품의약품안전청은 식품에 들어있는 나트륨 함유 첨가물의 존재와 섭취에서 차지하는 비중에 대해 분석할 필요가 있다. 그렇게 하려면 각종 물질에 대한 자료 수집이 필요하다.

영양 정보를 요구하고 표시 요구 기준을 정하는 규정

배경

미국식품의약품안전청이 담당하는 활동으로서 식품의 영양성분표시는 1970년대에 시작되었다. 영양성분표시를 실시한 이유 중 하나는 영양소 결핍 문제였다. 식품에 비타민, 무기질 또는 단백질을 첨가하지 않았거나, 영양성분표시를 의무적으로 해야만 할 식품으로 규정되어 있지 않는 한, 영양성분표시는 자발적으로 수행하는 프로그램이었다. 영양성분표시는 칼로리, 단백질, 탄수화물, 지방, 비타민과 무기질에 대한 정보를 제공하였다(Lecos, 1986). 나트륨 함량은 특별히 요구하지 않는 한 표시하지 않았다. 1981년 나트륨 섭취와 고혈압에 대한 국민적 관심 때문에 미국식품의약품안전청은 식품산업계에 식품의 나트륨 함유량을 자발적으로 표시하도록 요구하기 시작했다. 1984년 미국식품의약품안전청은 나트륨 표시 규정(HHS/FDA, 1984)을 발표했으며, 1986년부터 발효했는데, 이 규정에서 영양성분표시를 하는 어떤 식품도 영양성분표시에 나트륨 함량은 표시하여야 한다고 하였다. 이 규칙에는 "나트륨 없음 sodium free", "아주 적은 나트륨 very low sodium", "적은 나트륨 low sodium", 그리고 "나트륨을 줄인 reduced sodium"에 대하여 정의를 내렸으며, 식품 표시에 "첨가 소금 미포함 without added salt", "무염 unsalted", 그리고 "첨가 소금 없음 no added salt"이라는 표시를 적절히 사용하는 방법을 기술하였다(HHS/FDA 1984).

1980년대 말, 식이와 건강에 대한 새로운 연구 결과가 많이 발표되었고 건강을 향상시키려는 방법으로 음식에 대한 소비자 관심이 높아졌다. 식품 제조업계는 이러한 관심에 맞추는 식품을 열심히 만들어 판매했다. 그 결과 시장은 식품의 효과에 대한 주장이 넘쳐났고, 소비자와 식품제조업자는 식품 영양성분표시의 신뢰성의 문제 그리고 소비자를 혼동시킬 가능성을 걱정했다(Talyor and Wilkening, 2008a). 그 결과 1990년 영양표시 및 교육법이 의회를 통과하였는데, 이는 기존의 "1938년 연방식품의약품및화장품법(Nutrition Labeling and Education Act of 1990. Public Law 101-535, 104 Stat 2353)"을 개정한 것이다.

영양표시 및 교육법에 영양표시 규정을 정착시킴으로써, 소비자가 혼동하는 것을 줄이고, 소비자에게 필요하며 소비자가 원하는 정보를 제공하는데 미국식품의약품안전청은 폭 넓은 노력을 기울였다. 나아가 어떤 영양소의 함량은 포장 가공식품의 라벨에 반드시 기록하도록 규정하였다. 영양표시 및 교육법은 제조업자가 자발적으로 식품 라벨에 소위 영양성분표시, 건강효능표시를 사용하도록 하는 규정을 정부가 만들도록 하였다. 그렇게 함으로써 영양표시 및 교육법은 소비자가 믿을만한 영양정보에 쉽게 접근하도록 하고 또 영양성분표시를 혼동하여 오도당하는 것을 방지하고 좀 더 건강에 좋은 음식을 선택할 수 있도록 하는 권한과 의무를 미국식품의약품안전청에 부여하였다. 또한 부분적으로 영양표시 및 교육법은 "과장 광고"나 "속이기"를 줄여 영양정보의 수준을 확립하려는 의도가 있었다. 또 제품에 대하여 정당한 주장을 할 수 있게 하여 식품제조업이 저나트륨 또는 저포화지방 식품 등 질적으로 향상된 식품을 만들도록 격려하였다(Taylor and Wilkening, 2008b). 그 법령은 진실하면서 오도하지 않는 식품 영양정보를 보장하는 미국식품의약품안전청의 권한을 강화하였다. 영양표시 및 교육법은 일반적인 식이 권고량을 따르는 일반국민을 위하는 정보에 초점을 맞췄다. 그 결과가 1993년 만들어 현재 포장 가공식품 대부분에 있는 영양성분표시 Nutrition Facts 이며, 이로써 영양소 관련 표시와 건강 효능 표시를 구축하는 기반을 마련하였다.

그리하여 영양표시 및 교육법은 미국식품의약품안전청이 규제하는 포장 식품의 라벨에 집중하였다. 그리고 미국식품의약품안전청은 가공하지 않은 과일, 채소, 생선에 대해서도 자발적 표시 프로그램을 만들었다(21 CFR 101.45). 그러나 영양표시 및 교육법은 레스토랑 음식에 대해서는 영양표시를 하지 않아도 되도록 하였으며, 레스토랑/외식업에서만 사용하는 포장 식품에 대해서도 영양표시를 면제하였다. 이렇게 면제하였지만 외식으로 소비하는 식품의 비중이 높아지는 점을 고려하여 미국식품의약품안전청은 비만에 대한 우려를 해결하기 위해 레스토랑/외식업의 협조와 지지를 받아 매장에서 영양정보를 제공하도록 하였다(HHS/FDA, 2004). 2010년 3월 법률로 서명한 "환자보호와 적절한 치료에 관한 법률(Patient Protection and Affordable Care Act, HR 3590, Title IV, Subtitle C, §4205; 111th Congress, 2nd session, March 2010)"에는 영양표시와 메뉴에 대한 조항이 있다. 매장 20개 이상인 레스토랑은 메뉴, 메뉴판에(자동차 주문창구 drive-thrus 포함) 칼로리, 지방, 포화지방, 당분, 나트륨, 단백질, 섬유질에 대한 영양정보를 계시하고 소비자가 요구하면 서류로 제공하도록 하였다.

또 영양표시 및 교육법은 연방공정거래위원회 Federal Trade Commission 가 관리하는 광고에 대해서는 관여하지 않았으며, 주로 미국농무부가 관리하는 육류 및 가금류 식품도 포함시키지 않았다. 그러나 미국농무부는 자발적으로 미국식품의약품안전청에서 채택한 것과 동일한 영양성분표시 규정을 확립하였다(USDA, 1993; 9 CFR 317.300). 미국농무부는 단일 성분, 익히지 않은 제품, 다지거나 잘게 썬 육류 및 가금류 제품에 대해 자발적으로 영양표시 기준을 정하였으며(9 CFR 317.345), 라벨에 표시 또는 구매 시점에 제품의 영양 정보를 제시하는 규정을 마련하고 있으나 아직 규정의 최종안을 완성되지는 않았다(USDA/FSIS, 2009b). 육류 및 가금류 제품에 대한 영양표시를 비슷하게 확립하기 위해, 미국농무부는 1993년 육류 및 가금류 제품에 대한 영양표시를 의무화 하였으나, 단일 성분 또는 익히지 않은 제품은 포함시키지 않았다. 단일 성분 또는 익히지 않은 제품의 영양 표시에는 자발적 기준을 적용하였다. 2001년 미국농무부는 이 자발적인 기준을 의무화 할 것을 제안하였다(USDA/FSIS, 2001). 이 안은 끝난 것이 아니며, 2009년 12월 미국농무부는 제안한 규칙에 대해 추가로 공청회를 열겠다고 하였다.

나트륨과 영양성분표시

부록 I에 예를 제시한 "영양성분표시 Nutrition Facts"는 어떤 영양소에 대해 1회 제공량 당 함량과 1일 권고량에 대한 비율로 영양정보를 표시한다. 나트륨은 표시하여야 하는 영양소 중 하나이며, 밀리그램 단위와 현재 2,400 mg으로 정해진 1일 권고량에 대한 비율, 두 가지로 표기해야 한다(58 FT 2079 and 2206). 미국식품의약품안전청 규정에는 식품 제조업자가 나트륨 함량을 분석하고 생산품에 들어 있는 나트륨 함량을 측정하는 방법을 제시하고 있다. 라벨표시 요구 규정을 지키려면 실제 영양소 함량은 영양정보표에 표시된 양과 20%이상 차이가 나면 안된다(21 CFR 101.9[g][4][ii]). 나트륨의 경우 실제 함량이 표시한 함량 보다 20% 이상이면 안 된다(21 CFT 101.9[g][5]).

나트륨의 1일 섭취량 정하기

영양표시 및 교육법의 목표 중 하나는 소비자가 식품 라벨에 있는 영양정보를 보고 빠르고 쉽게 이해하도록 하는 것이다. 소비자는 "하루 총 식사량이라는 맥락에서"(Nutrition Labeling and Education Act of 1990, Public Law 101-535, 104 Stat 2353) 영양소의 상대적 의미를 이해할 수 있어야 한다. 여기서 "하루 총 식사량이라는 맥락에서"란 제품의 영양소가 "바람직한" 식이 또는 건강을 유지하는 데 필요한 섭취량 보다 얼마나 많고 적은지를 한 번에 알 수 있도록 한다. 1일 섭취량 정보는 소비자가 구매할 식품을 선택할 수 있도록 하며, 다른 것과 비교할 수 있게 한다. 예를 들어, 특정한 상품이 1일 섭취에 알맞을 것으로 생각되는 나트륨 양의 75%를 포함한 반면에 소비자의 관점에서 바람직한 영양소(예를 들어, 칼슘)를 3%만 함유하고 있다는 것을 알 수 있다면, 소비자는 더 균형 있게 상품을 선택할 수 있다. 게다가 가공식품 라벨에 이런 정보가 있다면 더 좋은 "영양구성"을 가진 식품을 개발하도록 식품산업 전반을 장려할 수 있을 것이다.

영양표시 및 교육법 시행 시점에서, 미국식품의약품안전청은 총 1일 식이의 면에서 영양정보를 정량적으로 확립하는 여러 가지 방법을 검토하였다(Levy et al., 1996; Lewis and Yetley, 1992). 어떤 한 가지 방식을 채택하여도 전반적으로 통용시키기는 어려웠으나 "참고섭취량에 대한 비율" 방식의 점수가 가장 높았다. 그래서 "영양성분표시"에 표시할 각 영양소에 대해 1일 권장량을 정하였다. 일반적으로 필수 영양소에 대해서는 충분 섭취량 참고치를 1일 권장량으로 사용하였다. 필수 영양소가 아닌 영양소(총 지방, 포화지방, 콜레스테롤 등)에 대한 참고치는 건강에 해가 되는 수준 이상으로 하였다(Taylor and Wilkening, 2008a). 현행 1일 권장량은 "규칙제정의 공고 - 논평 과정"을 거쳤고 1993년 확정하였다.

문제는 1993년 미국국가과학학술원이 영양표시 및 교육법에서 식품 라벨에 표기하도록 한 영양소 몇 가지의 참고치를 제공하지 않은 점이었다. 참고치를 제공하지 않은 영양소에는 나트륨도 포함되었다. 따라서 미국식품의약품안전청은 미국국가과학학술원 NAS 의 일일권장섭취량 Recommended Dietary Allowances, RDA 자료를 보완하기 위하여 권위를 인정받는 합의 문서에서 각 영양소와 식품 구성 물질에 대한 참고 섭취량을 수집하고 1일 권장량을 작성하였다. 나트륨의 경우 "식이와 건강: 만성질환 위험을 줄이는 데 대한 영향 Diet and Health; Implications for Reducing Chronic Disease Risk "라는 1989년 미국국가과학학술원의 합의보고서를 인용하였는데 그 문서에서는 1일 소금 6 g(나트륨 2,400 mg) 이상을 섭취하면 혈압 상승과 관련이 있다고 하였기 때문이다(NRC, 1989). 그것을 바탕으로 나트륨 2,400 mg은 영양정보표에서 사용하는 1일 섭취량이 되었고, 그때부터 각 식품의 나트륨 함량은 그 1일 섭취량에 대한 비율로 표시하게 되었다.

나트륨 1일 섭취량의 변화

각 영양소 참고치는 미국국가과학학술원의 미국국가연구위원회 NRC 의 후원 하에 1940년대 이후 확립되었다. 1994년 미국국가아카데미 National Academies 의 일원인 미국의학한림원은 각 영양소의 참고치를 숫자 하나로 제시하는 것이 아니라 25세 이상, 성별, 생애주기 등에 따라 다르게 권고할 필요가 있다는 관점에서 참고치를 확장하는 작업을 시작했다. 참고치는 Box 7-1에 기술하였는데, 적정 섭취량 Adequate Intake, AI 이란, 평균 필요량 추정치 Estimated Average Requirement, EAR 와 식이 권고량 Recommended Dietary Allowance, RDA 을 결정하기 어려운 경우에 사용하도록 한 것이다.

나트륨에 대한 영양소 섭취 기준 DRI 참고치는 2005년에 처음 제정하였다. 나트륨의 참고치로는 적정 섭취량이 1,500 mg (연령 군에 따라 다소 차이 있음)이고 섭취량 상한 UL 은 2,300 mg (연령 그룹에 따라 다소 차이 있음)이다 (IOM, 2005) (다른 영양소의 적정 섭취량은 측정한 섭취량을 근거로 하였지만 나트륨에 대한 적정 섭취량은 중요 영양소의 적정 섭취량이 보장되는 식이 전체를 고려하여 정하였을 뿐만 아니라 [신체가 필요한 양에 가깝게 참고치를 정하면 다른 영양소의 필요량이나 최근 식품 공급의 측면에서 보아 너무 적게 된다] 고온에 노출되었으나 적응하지 못하여 땀을 많이 흘리는 경우나 신체활동이 활발한 경우도 고려하였다).

미국식품의약품안전청은 영양소섭취기준를 확립하기 위해 1997-2005년 미국의학한림원이 작업한 결과를 바탕으로 일일 섭취량 전체를 갱신하는 작업을 진행 중이며 "규칙제정 공고 Announcement of Proposed Rulemaking "에 발표하였다(HHS/FDA, 2007). 공고문에서 미국식품의약품안전청은 다음과 같은 질문을 하였다. "1일 참고치 DRV (주: 나트륨에 대한 1일 권장량 결정의 기초) 는 2005년 "미국인 식생활 지침"에서 제시한 상한 섭취량 UL 을 바탕으로 해야 하는가? 또는 충분 섭취량(전국민을 대상으로 하면 1,500 mg)을 바탕으로 해야 하는가?"

BOX 7-1

현재 영양소 섭취 기준 DRI 구성 요소들

평균 필요량 Estimated Average Requirement, EAR
- 필요량 추정치의 중앙값 median 을 반영함.

일일 권장 섭취량 Recommended Dietary Allowance, RDA
- EAR로부터 유도한 값. 국민 97%가 필요한 양을 반영함.

충분 섭취량 Adequate Intake, AI
- EAR 또는 RDA가 결정되지 않았을 때 사용; 관찰결과 또는 실험결과나 기타 과학적 판단에 기초한 평균 섭취량 수준을 반영함.

상한 섭취량 Tolerable Upper Intake Level, UL
- 위험하지 않을 것으로 판단하는 가장 높은 섭취량 평균

만약 1일 권장량이 현재의 상한 섭취량에 가까운 현재 값보다 더 낮은 충분 섭취량으로 바꾼다면, 특정 식품에 포함된 영양소의 양은 영양성분표시에 여전히 기록될 것이고 1일 권고량이 바뀐다고 영양성분표시 기록이 바뀌지는 않을 것이다. 그러나 일일권장량에 대한 비율은 바뀔 것이다. 현재 포장식품 1회 제공량에 나트륨이 500 mg이라면 1일 섭취량의 약 20%를 식품 1회 제공량에 함유되어 있다고 라벨에 표시하지만, 1일 권장량이 1,500 mg으로 바뀌면 1일 권장량의 33%가 포함되어 있다고 라벨에 표시하여야 한다. 이 단원의 초반에 서술하였듯이, 소비자가 총 1일 권장량을 생각하면서 식품을 평가한다는 면에서, "영양성분표시"의 1일 권장량은 구매하는 포장식품의 영양 함량을 소비자에게 알리는 데 중요한 역할을 한다. 따라서 1일 권장량 공표는 1일 식이의 바람직한 구성에 대하여 최상으로 고려한 것과 일치해야 한다고 기대한다.

나트륨 표시

나트륨 함량 표시

위에서 기술하였듯이, 영양표시 및 교육법에서는 식품제조업자가 식품 라벨에 표시하는 기준을 마련하도록 하는 권한을 미국식품의약품안전청에 주었다. 1993년 미국식품의약품안전청은 이 법을 시행하면서 영양소 함량 표시에 대한 조항을 만들었으며 "나트륨 없음 sodium free", "저 나트륨 low sodium", "나트륨을 줄인 reduced sodium" 등으로 표시하려면 가공식품에 나트륨을 얼마나 포함해야 하는지를 명시하고 있다(21 CFR 101.61). 각 표시를 할 경우의 제한 조건을 표 7-1에 요약하였다. 미국농무부도 육류 및 육류 가공품에 대하여 비슷한 조항을 만들었다(USDA, 1993).

표 7-1. 나트륨에 대한 영양소 함량 표시의 정의

영양소	나트륨 없음	저나트륨	나트륨 적게 함유	논평
나트륨 (21 CFR 101.61 and 9 CFR 317.361)	1회 제공량에 5 mg 이하 나트륨을 포함하고 있다고 알려진 재료나 염화나트륨이 없음[c] "무염" 표시는 "나트륨 없음" 표시와 같은 기준 적용	1회 제공량에 140 mg 이하[a](제공량이 적은 경우 50 g 당 140 mg 이하) 나트륨이 매우 낮음: 1회 제공량에 35 mg 이하[b](제공량이 적은 경우 50 g 당 35 mg 이하)	정당한 참고 식품과 비교하여 제공량당 나트륨 함량이 최소 25% 적게 함유[b] 참고 식품은 반드시 저나트륨 식품일 필요는 없음	"라이트" (나트륨을 적게 함유한 식품): 저칼로리, 저지방 식품이면서 나트륨을 적어도 50% 줄인 경우 "나트륨 라이트": 제공량 당 나트륨을 최소 50% 줄인 경우[e] "라이트 소금첨가": 참고 식품에 정상적으로 넣는 나트륨의 50% 이하로 소금을 첨가하였으나 "저나트륨"은 아닌 경우 라이트 소금첨가라고 정보 패널에 라벨

주: g=gram; mg=milligram.
[a]음식과 주 요리: 100 g 당 140 mg 이하
[b]음식과 주 요리: 100 g 당 나트륨 최소 25% 이하
[c]재료 표에 나와 있는 재료 중 별표가 있는 것은 각주에서 재료를 매우 적게 첨가하였음을 표시함
[d]음식과 주 요리: 100 g 당 35 mg 이하
[e]1990년 영양표시및교육법. Public Law 101-535, 104 Stat 2353.
출처: FDA 2009a에서 옮김.

"건강에 좋다"는 표시

식품이 건강에 좋다는 표시는 영양소 내용을 표시한 것이기는 하지만 이 표시는 약간 다른 범위에 포함된다. 왜냐하면 나트륨을 제외한 다른 영양소(특히 지방, 포화지방, 섬유질, 콜레스테롤, 비타민A와 비타민C, 칼슘, 철분, 섬유질)는 함량이 식품에 "건강에 좋다"라고 표시될 수 있는지 아닌지 결정할 때 고려해야 하기 때문이다. 이전에 언급했듯이 "건강에 좋다" 표시의 역사는 나트륨 섭취를 줄이기 위한 전략 수립에 뼈아픈 교훈이 된다.

라벨 표시에서 "건강식품 healthy "이라는 용어는 1994년에 정의하고 규제하기 시작했다(HHS/FDA, 1994). 1994년 처음 규칙이 발표되었을 때, 이 표시를 할 수 있는 식품은 1회 제공량 당 나트륨 480 mg 이하, 포장식품과 주 요리 main dish 의 경우에는 나트륨을 600 mg 이하로 포함해야만 했다. 소비자가 이해하게 하고 식품제조 분야가 기술적으로 조정할 시간을 주기 위해서 나트륨 기준을 단계적으로 하향 조정할 필요가 있다는 인식하에, 1998년 1월 이후부터 "건강식품" 표시를 하려면 허용 나트륨 양은 각각 360 mg과 480 mg으로 낮춰야 한다고 규정하였다.

이와 같은 나트륨 허용량 변화는 4년 동안 한 번에 약 1/3을 감소시킨 것이다. 그러나 여전히 문제가 있어 보인다. 1997년 미국식품의약품안전청은 나트륨을 대체할 적당한 화학물질을 찾기가 기술적으로 어려우며, 소비자가 나트륨 대체물질이나 나트륨을 적게 함유한 소위 "건강식품"을 거부할 것이라고 주장하는 의견을 바탕으로 나트륨 기준 하향 조정을 연기하도록 하는 건의를 받았다. 식품의 나트륨 함량을 줄이는 것과 관련하여, 미생물학적 안전성 문제, 질감과 수분함량의 변화, 그리고 다른 성분이 음식 맛 특성에 미치는 영향 등 기술적 문제도 피력했다(HHS/FDA, 1997, 2005). 이러한 논평과 건의에서 나트륨 기준을 너무 엄하게 하면 도달 불가능한 영양소 요구량 때문에, 또 시장성이 없는 음식 맛 때문에 현존하는 "건강식품"은 시장에서 사라지게 될 것이라고 결론을 내렸다. 그리하여 1회 제공량 당 480 mg, 육류 및 주 요리에서 600 mg의 나트륨 제한선은 지금도 시행되고 있으며, 단계적으로 더 낮추거나 새로이 개정할 계획은 발표하지 않고 있다.

나트륨 관련된 건강 표시

영양표시 및 교육법이 규정하는 건강표시 관련 법령은 영양 섭취를 향상시키고 만성 질환 위험을 줄이며 식품 제조업의 "공평 경쟁의 장"을 마련하기 위해 영양표시기준을 만들게 하려는 의도로 만들었다(Taylor and Wikening, 2008b). 그리고 식품라벨에 "건강식품"이라는 표시를 할 수 있는 기준 중에는 식품 나트륨 함량이 어느 선 이하이어야 한다는 것이 있다. 허용되는 건강 표시 중 하나는 저 나트륨 식이는 고혈압이나 혈압상승의 유병률이 낮아지는 것과 관련 있다는 표시이다. 이러한 표시는 1993년부터 사용을 허가받았다(21 CFR 101.74). 이러한 표시를 하려면 위에 기술한 "저 나트륨"의 기준을 반드시 충족시켜야 한다. 표 7-2에는 이런 표시를 하는데 필요한 표시 방식과 표준이 되는 표시를 추가로 보여준다. 최근에는 "미국식품의약품안전청 현대화 법 Food and Drug Administration Modernization Act " Public Law 105-115, 105th Congress 에 따라 다음과 같은 건강 표시를 승인하였다: "저 나트륨과 적절한 칼륨을 포함한 식이이며 고혈압과 뇌졸중의 위험을 낮춘다." 이 표시를 붙이려면 그 식품에는 법령에서 정한 건강 표시 조항을 충족시켜야 한다.

표 7-2. 나트륨과 고혈압에 대한 건강 표시의 정의

허가 표시	식품의 요건	표시 요건	표준 표시, 문장
나트륨과 고혈압 (21 CFR 101.74).	21 CFR 101.61에서 정한 "저 나트륨"이어야 함.	사용 용어: "나트륨", "혈압상승" 정상 혈압 또는 혈압 상승이라고 표시하였으면 내과의사의 진술서가 포함되어야 한다. (혈압이 높은 분은 의사와 상의 하셔야 합니다)	저 나트륨 식이는 여러 가지 요인과 관련 있는 질환인 고혈압의 위험을 낮출 수 있음.

출처: FDA, 2008b.

레스토랑/외식업에 관련된 연방규정의 적용

레스토랑/외식업 메뉴 품목에 대한 식품 안전 조항과 안전인정물질 자격의 적용

"연방식품의약품화장품법"의 식품 첨가물 조항은 식품에 의도적으로 사용한 물질에 적용된다(21 USC 321[s]). 이 연방법은 미국 각 주 state 사이에 거래하는 모든 식품에도 적용하기 때문에, 식품에 사용하는 어떤 물질(여기서는 소금 또는 나트륨)의 양을 제한하는 미국식품의약품안전청 규정은 그 물질이 식품이 주 사이 교역 interstate commerce 에서 이동하기 전 또는 후에 첨가되었는지에 관계없이 적용된다(21 USC 342[a][2][C] and 331[a]-[c]).

본질적으로 이 연방법의 요지는 미국의 주 사이 교역에서도 허가받지 않은 식품 첨가물을 이동 전, 이동 중 또는 이동 후 첨가하는 것은 불법이라는 것이다. 따라서 메뉴 항목은 현지에서 추가로 가공하였던지 아니면 레스토랑/외식업에서 조리하였던지 간에 미국식품의약품안전청 규제 범위 내에 있다. 이러한 결론은 연방법을 쉽게 해설한 것이고 본 위원회의 공공의견청취 워크숍(2009년 3월 30일) 기간 동안 나온 의견과도 일치한다. 이러한 집행 권한과 집행 방식에 대해서는 의견이 엇갈릴 수 있지만 본 위원회의 의견으로는 법적 책임 기관은 명확하다.

이러한 바탕하에 미국식품의약품안전청은 소비자에게 직접 판매하는 식품과 마찬가지로 레스토랑/외식업에만 사용되고 미국 주 사이에서 교역하는 식품에 대해서도 나트륨의 사용량을 정할 수 있다. 포장식품의 경우에도 미국식품의약품안전청은 레스토랑/외식업을 이용하는 소비자가 나트륨을 안전하게 섭취하게 하기 위하여 레스토랑/외식업 시설에 영양표시를 하도록 할 수 있다. 다양하고 복잡한 레스토랑/외식업의 특성을 고려해 볼 때 이 정책을 성공적으로 시행하려면 세밀한 예비 분석이 필요하다.

레스토랑/외식업 시설에 대한 "영양표시 및 교육법"의 적용

1990년 영양표시 및 교육법하에서 가공식품에 영양소 함량을 표시하게 하는 것은 몇 가지 예외를 제외하고는 포장식품에 국한된다 Nutrition Labeling and Education Act of 1990. Public Law 101-533, 104 Stat 2353. 그리하여 레스토랑/외식업 메뉴 항목에서 영양정보표 Nutrition Facts 형식으로 알리는 것은 현재 의무 사항이 아니다. 하지만 연방법은 포장 식품에 대한 영양소 함량 표시와 건강식품 표시를 제한하지 않았으며, 따라서 미국식품의약품안전청은 가짜 상표 단속에 대한 권한으로 레스토랑/외식업 운영자가 미국 주 사이에 거래하는 식품에 대하여 최소한 몇 가지 식품 내용물 표시를 자발적으로 표시하는 것은 규제할 수 있었다. 1993년의 규제를 만들면서 미국식품의약품안전청은 포장 식품에 적용하는 영양표시 의무를 레스토랑/외식업 메뉴에서는 면제시켰다. 그러나 레스토랑/외식업 메뉴를 포함시켜 규정을 확대하거나 수정하려면 "공지 - 논평후 규칙제정"을 적절하게 사용할 수 있다. 이렇게 "규칙제정"을 하면 포장 식품에서와 마찬가지로 레스토랑/외식업 운영자가 자발적으로 영양표시를 하게 한다는 점이 중요하다. 그렇게 하면 레스토랑/외식업의 독특한 특징을 배려하는 것이고 식품산업 전반에 걸쳐 같은 방법과 형식으로 적용하는 기회가 된다.

앞에서 보았듯이 메뉴에 대해서는 영양 분석표 형식으로 정보를 제공하도록 하는 규제는 없지만 비만에 대한 우려 때문에 레스토랑 매장에서 영양정보를 제공하도록 협조와 지지를 요청하고 있다(HHS/FDA, 2004). 게다가 2010년 3월 연방법으로 발효되면서 "환자보호 및 적절한 치료에 관한 법률(Patient Protection and Affordable Care Act, HR 3590, Title IV, Subtitle C, § 4250; 111th Congress, 2nd session, March 2010)"에는 메뉴의 영양 표시를 언급한 조항이 있다. 매장이 20개 이상인 레스토랑은 메뉴, 메뉴 알림판(자동차 주문 포함)과 식품 진열표 food display tag 에 추가 정보(지방, 포화지방, 탄수화물, 나트륨, 단백질과 섬유질)와 함께 칼로리를 알리도록 하고 있고 소비자 요청 시 서면으로 제공하도록 하고 있다. 제공하는 정보의 일관성을 보장하기 위해 전국적으로 동일하게 제공하도록 하고 있다. 법적 권한이 없어 미국의 각 주정부와 지방정부는 메뉴에 추가 영양 정보를 요구할 수 없을 것이다.

미국의 주정부와 지방정부의 메뉴 표시 정책 구상

비만과 만성 질환에 대한 공중보건학적 관심과 함께, 레스토랑/외식업의 메뉴가 미국인의 식이에서 차지하는 비중에 대한 인식 때문에 레스토랑/외식업의 매장 내 영양 정보에 대하여 관심이 높아졌다. 정책구상은 대부분 미국의 각 주정부 또는 지방정부의 공공의료 담당관이 추진하고 있다.

"환자보호 및 적절한 치료에 관한 법률"이 통과되기 이전부터 레스토랑 매장에서 나트륨 정보를 소비자에게 제공하도록 하는 여러 가지 레스토랑 메뉴 표시 법안이 각 주와 지역에서 논의되거나 법안으로 만들고 있다. 이러한 정책 구상의 예는 부록 J에 있다.

참고문헌

CSPI (Center for Science in the Public Interest). 2005. *Petition to revoke the GRAS status of salt, to set ceilings on the amount of sodium in processed foods, to require a health warning on packaged salt, and to reduce the Daily Value for sodium.* http://www.cspinet.org/salt/fda_salt_petition.pdf (accessed September 19, 2009).

FDA (Food and Drug Administration). 2008a. Appendix A: Definitions of nutrient claims. In *Guidance for industry: A food labeling guide.* College Park, MD: FDA, Center for Food Safety and Applied Nutrition.

FDA. 2008b. Appendix C: Health claims. In *Guidance for industry: A food labeling guide.* College Park, MD: FDA, Center for Food Safety and Applied Nutrition.

Folkenberg, J. 1988. A primer on food additives. FDA *Consumer* 22:13-17.

GAO (Government Accountability Office). 2010. *FDA should strengthen its oversight of food ingredients determined to be generally recognized as safe (GRAS).* GA O-10-246. Washington, DC: Government Accountability Office.

HHS (U.S. Department of Health and Human Services)/FDA. 1982. GRAS safety review of sodium chloride; policy notice; solicitation of views. *Federal Register* 47(118):26590-26595.

HHS/FDA. 1984. Food labeling; declaration of sodium content of foods and label claims for foods on the basis of sodium content. *Federal Register* 49(76):15510-15535.

HHS/FDA. 1985. Food labeling; declaration of sodium content of foods and label claims for foods on the basis of sodium content; extension of effective date. *Federal Register* 50(126):26984-26987.

HHS/FDA. 1994. Food labeling: Nutrient content claims, definition of term: Healthy; final rule. *Federal Register* 59(89):24232.

HHS/FDA. 1997. Food labeling: Nutrient content claims, definition of term "healthy"; final rule, partial stay. *Federal Register* 62(62):15390-15391.

HHS/FDA. 2004. *Counting calories: Report of the working group on obesity.* College Park, MD: Food and Drug Administration.

HHS/FDA. 2005. Food labeling; nutrient content claims, definition of sodium levels for the term "healthy"; final rule. *Federal Register* 70(188):56828-56849.

HHS/FDA. 2007. Food labeling: Revision of reference values and mandatory nutrients; advanced notice of proposed rule-making. *Federal Register* 72(212):62149-62175.

HHS/FDA. 2008. Salt and sodium; petition to revise the regulatory status of salt and establish food labeling requirements regarding salt and sodium; public hearing; reopening of the comment period; proposed rules. *Federal Register* 73 (113):33027.

IOM (Institute of Medicine). 2005. *Dietary Reference Intakes for water, potassium, sodium, chloride, and sulfate.* Washington, DC: The National Academies Press.

Lecos, C. 1986. New regulation to help sodium-conscious consumers. *FDA Consumer,* May 3.

Levy, A. S., S. B. Fein, and R. E. Schucker. 1996. Performance characteristics of seven nutrition label formats. *Journal of Public Policy & Marketing* 15:1-15.

Lewis, C. J., and E. A. Yetley. 1992. Focus group sessions on formats of nutrition labels. *Journal of the American Dietetic Association* 92:62-66.

NRC (National Research Council). 1989. *Diet and health: Implications for reducing chronic disease risk.* Washington, DC: National Academy Press.

SCOGS (Select Committee on GRAS Substances). 1979. *Evaluation of the health aspects of sodium chloride and potassium chloride as food ingredients.* Bethesda, MD: Federation of American Societies for Experimental Biology, Life Sciences Research Office.

Taylor, C. L., and V. L. Wilkening. 2008a. How the nutrition food label was developed, part 1: The nutrition facts panel. *Journal of the American Dietetic Association* 108(3):437-442.

Taylor, C. L., and V. L. Wilkening. 2008b. How the nutrition food label was developed, part 2: The purpose and promise of nutrition claims. *Journal of the American Dietetic Association* 108(4):618-623.

USDA (U.S. Department of Agriculture). 1993. Nutrition labeling of meat and poultry products; final rule. *Federal Register* 58(3):632-685.

USDA/FSIS (Food Safety and Inspection Service). 2001. Nutrition labeling of ground or chopped meat and poultry products and single-ingredient products; proposed rule. *Federal Register* 66(12):4970.

USDA/FSIS. 2009a. Product labeling: Use of the voluntary claim “natural” in the labeling of meat and poultry products. *Federal Register* 74(176):46951.

USDA/FSIS. 2009b. Nutrition labeling of single-ingredient products and ground or chopped meat and poultry products; supplemental proposed rule. *Federal Register* 74(242):67736.

8

위원회 권고안의 배경 및 고려사항

본 위원회가 권고하는 전략을 작성하기 위하여 접근한 방식은 제1장의 그림 1-1에 제시하였다. 미국인의 나트륨 섭취를 줄이는 권고안을 마련하기 위해, 위원회는 제2장과 제3장에서 기술한 바와 같이 과거의 정책과 나트륨이 갖는 독특한 문제를 검토하였다. 이들 정보는 본 위원회 활동의 단계설정 역할을 하였다. 이후, 본 위원회는 제4장에서 제7장까지 나트륨이 식품에서 갖는 기능적 효과에서부터 식품 환경과 규제방안 등 다양한 요소에 대해 고려하였다. 목표는 과거부터 현재까지 나트륨 섭취를 줄이려는 노력을 검토함으로써, 교훈을 얻기 위함이다. 검토 결과는 효과적이고 지속 가능한 권고안을 마련하는 토대가 되었다. 자세한 소견과 고려 사항은 아래에서 논의하였고, 권고하는 전략은 제9장에 제시하였다.

소비자 대상 공중보건 정책의 교훈

제2장에서 기술한 것처럼, 본 위원회는 1969년 "식품, 영양, 건강에 관한 백악관 회의"에서 시작하여 지금까지 계속하는 캠페인과 각종 조치를 검토하였다. 많은 기관이 참여하여 실시한 활동을 통하여 나트륨 섭취를 줄이고, 나트륨 함량이 낮은 식품을 선택하는 것이 얼마나 중요한지를 소비자에게

교육했다는 점에서 가치가 있다. 지난 40년 동안, 정부기관, 권위 있는 과학 단체 및 전문 보건기구는 나트륨 섭취의 목표를 정한 후, 이를 소비자뿐만 아니라 보건 전문가와 이해당사자에게 배포하였다. 소비자에게는 나트륨을 많이 섭취한 경우에 일어날 수 있는 결과를 알리고, 소비자가 변화하도록 하는 데 활동의 초점을 맞추었다. 이와 함께 보조적으로 구매 시 식품의 나트륨 함량을 알게 하고, 식품제조 업체는 자율적으로 식품의 나트륨 함량을 줄이도록 유도하였다. 그러나 1971년부터 시작한 전국 조사 자료를 보면 나트륨 섭취량은 감소하지 않았고 오히려 증가하고 있었고 목표는 달성하지 못했다.

40년간의 노력에도 불구하고, 미국인의 나트륨 섭취량은 여전히 권고량보다 높다.

본 위원회는 나트륨 섭취량 감소시키지 못한 이유로 처음에는 소비자 교육과 동기부여를 충분히 하지 못하였을 가능성을 생각했다. 물론 소비자 대상 정책에 개선해야 할 여지가 없지는 않았지만 보다 근본적인 문제는 공중보건 문제의 성격에 있는 것 같다. 나트륨 섭취를 줄이는 데 있어서, 소비자 교육과 동기부여 위주의 정책은 최소 두 가지 요인으로 인해 한계가 있다.

1. 미국인이 소비하는 상당 부분의 식품(빵과 전체 음식)은 소금을 첨가한 상태로 제조하여 나트륨 섭취에 상당량 기여하고 있다. 나트륨은 상대적으로 흔한 식품 첨가물이기 때문에, 일반 소비자가 나트륨을 피하기란 쉬운 일이 아니다.
2. 미국인은 짠맛에 길들여져 있다. 식품의 맛이 개인 건강이나 비용 등의 다른 요인보다 식품 선택과 소비에서 훨씬 큰 영향을 미친다는 소비자 조사결과와 같이 생각해 보면, 길들여진 짠맛 취향은 특별히 주의를 요한다. 게다가 소금이 많은 식품(고염식) 자체가 짠 음식을 더욱 좋아하도록 만들기 때문에, 소금을 많이 첨가하는 미국 식품은 소비자가 짜지 않은 식품을 선택하는 데 방해가 되고, 저 나트륨 식품을 받아들이

기를 어렵게 한다.

> 균형을 잡아 말하더라도, 전체 식품공급 측면의 변화 없이, 또 소금 섭취 취향에 대한 고려 없이, 단지 소비자만 대상으로 한 정책은 공중보건문제를 해결하는 데 충분하지 않다.

식품공급 측면이 변화해야 한다는 것은 본 위원회만이 내린 특별한 결론이 아니다. 평균적인 미국인이 소비하는 식품의 일반적인 특성을 생각해 보면, 저 나트륨 식품을 섭취하는 것과 연관된 문제도 아니다. 오히려, 제2장에서 기록하였듯이, 1969년 시작한 중요 공중보건 정책은 식품산업에게 식품의 나트륨 함량을 줄이라고 요구하였다. 표 8-1에는 이와 관련된 연구 논문 저자의 논평 일부를 나열한다.

정부, 공중보건 단체와 식품산업계 지도적 인물들이 저염 식품 개발을 장려하여 식품 공급 측면에서 나트륨 섭취를 줄이려고 오랫동안 노력하였음에도 불구하고 제2장에서 기술한 것과 마찬가지로 미국 식품의 나트륨 함량은 여전히 높다. 1984년부터 2004년 사이, McDonald 제품 일부의 나트륨

표 8-1. 식품제조업 변화의 필요성을 논평한 예

참고문헌	논평
Fodor et al., 2009[a]	"[고혈압을 막는 식이,DASH] 식이는 연구 대상자에게 제공할 때까지는 성공적이었다. 연구대상자 자신이 음식을 마련할 때에는 연구식이의 장점은 사라졌다."
Kumanyika et al. 2005[b]	"전체 인구의 혈압 분포 양상을 좋은 쪽으로 바꿀 만큼 나트륨을 줄이는 것은 식품 공급이 변하지 않는 한 달성하기 어려울 것이다."
Loria et al. 2001	"식이 나트륨 지침을 지키지 않는 전체적 분위기 속에서 여러 가지 방법을 쓸 필요가 있다."
Cleveland et al. 1993[c]	"연구 결과는 식품 공급 측면이 저 나트륨 편의 식품 방향으로 전환하는 것이 좋다고 밝혔다."

[a] 판권 2009 Journal of Clinical Hypertension John Wiley & Sons의 게재 허가를 받음.
[b] Macmillan Publishers Ltd의 허가를 얻고 게재 Journal of Human Hypertension 19(1):33-45, 판권 2005
[c] Journal of the American Dietetic Association 93(5), Cleveland et al., Method for identifying differences between existing food intake patterns and patterns that meet nutrition recommendations, pp.556-560, 판권 1993 Elsevier의 허가를 받음.

함량은 평균 9%; Quaker 제품 일부에서는 23%; Campbell 수프 soup 13개 제품에서는 10% 정도 나트륨 함량이 줄었다(CSPI, 2008). 1983년에 시작한 식품의 소규모 샘플에 대한 추적 조사에서, 2004년 현재 유통되는 69개 품목의 평균 나트륨 함량은 20년 동안 5% (592 mg에서 564 mg으로) 정도 감소하였다. 그러나 최근 10년의 조사에서는(1994-2004), 6% 증가한 것이 관찰되어 1980년대와 1990년에 줄었던 나트륨 함량이 다시 뒤집어진 결과를 보고하였다. 본 위원회가 개최한 공공정보수집 워크숍에서(2009년 3월 30일), 식품산업 패널리스트는 토론에서 일부 제품의 나트륨 함량의 추정치가 10-20% 감소하였지만, 극히 일부에서는 50% 정도 감소되기도 하고, 다른 식품에서는 10% 미만으로 감소되기도 한 결과를 제시하였다(J. Ruff, [Kraft Foods에서 은퇴], 2009년 10월, 개인 교신). 비록 이런 정보가 고무적이긴 하지만, 미국 전체로 보아 식품산업 전체적으로 성공했다고 할 수 없었다. 비록 식품 대기업 및 레스토랑 체인 일부에서 식품의 나트륨 함량이 의미 있게 감소하였으나, 전체적으로는 의미 있게 감소하지 못했다. 구체적으로 그림 2-4A에 제시한 것처럼 나트륨 밀도의 측면에서 나트륨 함량은 감소하지 않았다.

가공식품과 레스토랑/외식업 산업이 과거 자율적으로 식품의 나트륨 함량을 낮춰 국민 전체의 나트륨 섭취를 감소하려는 노력은 목표에 도달하는 데 성공하지 못했다. 구체적인 실패 이유는 기록할 수 없으나, 헤아릴 수 없이 많은 이유가 있을 것이다.

Unilever는 보도 자료에서 식품산업 전체가 소금 함량을 떨어뜨린다면 소비자는 입맛을 저염에 적응시킬 가능성이 높다고 언급했다(online: http://www.unilever.com/mediacentre/pressreleases/2009/Unilevermakesacommitmenttoreducesaltacrossitsportfolio.aspx). 본 위원회의 공공정보 수집 워크숍 (2009년 3월 30일)에서 식품산업 대표 패널리스트는 판매하는 식품의 나트륨 함량을 줄이는 문제에 대해 논평하였다. 그 대표는 언급하기를,

우리 입장에서는 산업계 전체의 응집된 노력이 필요하다고 생각한다. 실제

> 우리 회사만 특정식품의 나트륨 함량을 줄였더니, 소비자가 다른 브랜드로 이동하여 손해를 본 경험이 있다. 그러므로 한두 기업이 선도적으로 할 것이 아니라 식품산업 전반에서 같은 출발점에서 시작하는 접근이 절실하다.

이 언급은 미국식품의약품안전청FDA에서 시행하는 "건강식품" 표시의 요건으로 1회 제공량의 나트륨 함량 줄이려는 계획을 연기시킨 조치와 일맥상통한다(HHS/FDA, 2005).

종합하면, 식품산업 대표는 나트륨 함량을 상당히 줄여서 자사 제품의 맛이 경쟁사에 비해 떨어지게 되는 것은 상당한 큰 문제라는 의견을 제시하고 있는 것이다. 식품 구매에 있어서 맛은 매우 중요한 요소이며, 소금 맛의 취향을 바꾸는 것은 산업 전반의 접근이 필요하다는 것은 잘 알려져 있다. Luft (1997)는 다음과 같은 의견을 제시하였다:

> 식품산업은 저염식품을 생산하기 위해 정말로 많이 노력하였다. 그러나 대중은 그런 제품을 구매하려고 하지 않았고, 많은 제품이 팔리지 않아 퇴출되었다 (C.S Khoo, 개인 교신, 1994). Pietinen 등(1984)은 또한 핀란드에서의 중재 연구과정 중 저염 빵, 마가린, 소시지, 미네랄워터 등이 시판되고 있음을 관찰하였다. 그러나 연구 종료 시점에서는 미네랄워터와 마가린만 팔리고 있었다. 그러므로 저염 식이의 실천이 어려운 이유가 비협조적이고 사악한 식품산업에 있다는 결론은 과장되었고, 증거가 없다고 할 수 있다. 대중의 입맛이 시장을 좌지우지한다.

맛있고 경쟁력 있는 식품에 대한 소비자 요구를 고려하면, 식품업계의 나트륨을 줄이고자 하는 "공평한 경쟁의 장 level playing field" 수준은 낮다.

이런 관점에서, 소금 맛이야 말로 나트륨 섭취를 줄일 전략을 찾는데 기초 중의 기초라는 증거를 제3장에 제시하였다. 중요한 점은, 소금 맛 취향이 식품의 나트륨 함량을 줄이는 데 가장 큰 난관이기는 하지만 그 취향은 바뀔 수도 있으며 바꿀 수 있다는 것이다. 생리적 요구량 이상의 소금에 대한 선호는 진화적 압력으로 습득되었거나, 특히 어린 시절에 배운 학습 효과일 것이다. 소금이 많이 들어있는 식품에 지속적으로 노출된 것이 소금 섭취 취향을 더 높였을 것이다. Kumanyika (1991)는 높은 소금 선호에 적응하도록 환경이 조장한다는 사실에 주목했다. 저염식을 좋아하던 개인일지라도 계속 소금을 피하기는 어려워 이미 식품에 포함되어 있는 소금을 자신도 모르게 섭취하게 된다는 것이다.

소금 선호 취향을 줄인 경험 (Engstrom et al., 1997; NHLBI, 1996; 2009년 3월 30일, 본 위원회개최의 공공정보 수집 워크숍)과 출판된 실험적 연구 결과 (제3장)는 소금 취향이 단계적으로 접근하면 줄일 수 있으며, 전체적으로 소금 공급을 줄이는 데 달려 있다고 생각하였다.

일반적인 소금 선호 취향은 바뀔 수 있다. 식품의 소금 함량이 높아 소금 선호 취향을 더 조장한다.

마지막으로, 식품 구매 시점에 소비자에게 나트륨 함량에 관한 정보를 제공하는 것이 전국 공중보건 정책의 세 번째 방법이 되었다. 포장식품에는 1970년대부터 영양성분표시가 나타났고, 1993년 의무화되었으나 나트륨 섭취는 줄지 않았다. 그러나 식품에 대한 영양정보 제공은 소비자가 알고 선택하는 데 필요한 전제조건이다.

식품의 나트륨 정보를 소비자에게 제공하였지만 미국인 나트륨 섭취는 전체적으로 감소하지 않았다.

식품산업에게 식품 제형을 변경하도록 하는 의도로 건강식품 표시 혹은 식품의 저 나트륨 함량 표시 등 구매 시점에 영양 정보를 알 수 있게 하였음에도 불구하고 이러한 표시가 식품판매 실적으로 현실화된 적이 없다. 제조식품에서 나트륨 함량을 낮추고 그렇게 영양표시를 하도록 하였어도 제형을 바꾼 새로운 식품을 개발하거나 식품 나트륨 함량에 상당한 영향을 주지 못했다. 제2장에 기술한 바와 같이 라벨 조사 결과 포장식품의 나트륨 함량 표시는 널리 사용되지 않았음을 보여주었으며 이것은 놀라운 일도 아니다. 제6장에 기술한 것과 같이 식품산업은 저염 표시 제품을 소비자가 맛없는 식품이라고 생각하는 것을 걱정한다.

> 아마도 소비자가 맛없는 상품으로 생각하리라는 우려 때문에 제조업계가 식품의 나트륨 성분에 대한 표시를 널리 사용하지 않았다.

성공하지 못한 국가 정책에 맞서 미국의 일부 주정부와 지방정부는 나트륨 섭취를 감소하기 위한 정책을 시작하였다. 활동 대부분은 레스토랑/외식업 메뉴에 소비자에게 유용한 나트륨 정보를 제공하는 데 초점을 맞추었다(부록 J 참조). 미국에는 식품 나트륨 함량에 대한 자발적 정책이 적어도 하나는 있다. 부록 G에 기술한 "전국 소금 감소 정책 the National Salt Reduction Initiative, NSRI "은 뉴욕시 보건국이 처음 개발하였으며 뉴욕주 공중보건 부서와 협조하며 확대하였다. 영국 "식품표준국 Food Standards Agency "의 "소금 감소 캠페인" (부록 C 참조)에 기초하여 "전국 소금 감소 정책"은 상당하지만 성취 가능한 목표를 정하여 나트륨 감소 범위를 설정하였고, 시간적으로는 점진적으로, 또 측정 가능한 방법으로 나트륨 섭취를 줄이려 하였다. 이 정책은 겹치지 않는 두 분야를 대상으로 하였는데, 한 가지는 가공식품이고 나머지는 레스토랑/외식업이었다. "전국 소금 감소 정책"에서는 식품의 나트륨 함량 목표를 설정하는 데 식품 분야별 접근법을 채택하였고 식품 산업이 자발적으로 규칙을 준수하기를 기대하였다. 이러한 형태의 전국적 정책 제휴는 식품산업이 자발적으로 나트륨 함량을 낮추도록 격려하고 이러한 제품이 전국적으로 판매되므로 적극 참여하지 않은 지역사회에서도 영향을 받는다. 그러나 이 정책은 모든 기업이 잘 지킬 것이라고 확신할 수 없다는 문제가 있고 제조업 사이의 "공평한 경쟁의 장"을 어느 정도로 지키는지도 보증하지 못한다. 덧붙여 자원하여 참가하였던 기업도 시간이 지나면서 문제가 점점 커지면 떨어져 나갈 것이다. 더 나아가 장기적으로는 지속하기 어려울 수도 있는데 그 이유는 주정부와 지방정부가 바뀌면 정치적 인기가 떨어져 버리는 리더십에 의존하기 때문이다. 또 다른 공중보건 문제가 나타나면 나트륨 정책은 관심을 받지 못할 수 있다. 전체적으로 미국인 나트륨 섭취를 줄이려는 지난 40년 동안의 공중 보건 정책에 대한 본 위원회의 의견을 Box 8-1에 요약하였다.

BOX 8-1

공중보건 정책을 검토한 결과

- 미국인 전체에서 나트륨 섭취를 감소시키지 못한 것은 이전 정책이 목표로 했던 공중보건 문제 본질에 맞서기에 충분하지 못했음을 말한다.
- 소비자가 매일 노출되는 제조식품의 나트륨 함량을 전체적으로 줄이지 않으면서 소비자를 교육하고 나트륨 함량을 낮춘 저염 식품 판매에 초점을 맞추어서는 "미국인 식생활 지침" 수준으로 섭취를 줄이지 못한다.
- 식품의 나트륨 함량을 줄이기 위한 식품산업의 자발적 노력은 기술적 문제에 당면하고 있고, 모든 기업이 일관되게 참여하지 않았으며, 자발적으로는 계속하기 어려웠다. 그런 여러 가지 이유로 성공하지 못했다.
- 식품제조업과 레스토랑/외식업은 고염 식품에 비하여 저염 식품 맛이 좋지 않고 경쟁력이 낮다고 생각하였기 때문에 현재 식품공급의 상황에서는 저염 식품을 내놓는 데 어려움이 있다. 맛은 식품 선택에서 가장 중요한 요소이다. 공평한 경쟁의 장도 부족하다.
- 나트륨 섭취를 줄이려는 노력을 성공시키는 데 중요한 요소는 사람들이 고염 식품 맛에 익숙해져 있지만, 짠맛 취향은 바뀔 수 있다는 사실이다. 고염 식이가 소금 맛 취향을 실질적으로 높이기 때문에, 고염 식품 판매는 저염 식품을 받아들이는데 장애가 된다.
- 소금 맛 취향을 낮추는 데 성공하려면 식품산업 전반에서 점차적이고 단계적으로 식품 나트륨 함량을 줄여야 한다.

다른 나라의 나트륨 정책에 관한 정보

부록 C는 영국, 캐나다, 핀란드, 프랑스와 유럽연합에서 나트륨 섭취를 줄이기 위해 시행한 노력에 관한 세부 정보이다. 그 프로그램의 구성 요소를 표 8-2에 요약하였다.

정보를 이용할 수 있는 나라 중 핀란드의 경험이 가장 길다. 이 나라에서는 성인 남성에서 나트륨을 하루 5,000 mg 이상 섭취한 것으로 추정하였던 1970년대에 정책을 시작하였다. 그 후 뇌졸중 사망률과 고혈압 발생이 감소하였다. 영국은 포괄적인 노력을 2003년 시작하였다. 2000-2001년의 전국 조사에서는 하루 평균 나트륨 섭취가 3,800 mg 이상이었다. 1970년대와 1980년대 핀란드에서의 활동은 소비자 인식에 초점을 맞추어 대중매체의 대대적인 캠페인에 중점을 두었다. 1990년대에는 영양성분표시를 하도록 하였다. 라벨 표시는 식이 중 소금을 많이 함유하는 것을 알려진 여덟 가지 식품인 빵, 소시지, 치즈, 버터, 시리얼, 귀리빵crisp bread, 생선 제품, 그리고 수프, 양념소스와 즉석요리ready-made dishes를 목표로 하였다. 조리 전 식품 무게에 대한 소금 함량의 백분율에 기초하여 정한 기준을 초과한 식품에는 "고염분" 표시를 붙이도록 하였고, 그 백분율보다 낮은 경우 "저염분"이라고 표시하였다.

핀란드에서는 이 여덟 가지 분야 식품 생산자가 나트륨 함량을 줄이기 위해 노력하였는데, 한 예로 소시지의 나트륨 함량은 10% 줄었다. 나트륨 배설량 측정 결과에 따르면 핀란드에서는 1979년에서 2002년 사이에 남성의 소금 섭취량이 하루 5,000 mg 이상에서 3,900 mg 이하로 여성에서는 하루 약 4,000 mg 정도에서 3,000 mg 이하로 줄었다(Laatikainen et al., 2006). 그러나 가정에서 음식에 뿌리는 소금의 양은 미국보다 핀란드에서 훨씬 높았는데 나트륨 섭취량 감소 중 식탁이나 가정에서 50% 가까이 감소한 것이 큰 비중을 차지하였다.

더 세부적으로 보면 1980년 핀란드인의 평균 나트륨 섭취는 하루 5,080 mg이고 그중 30%는 가정에서 추가한 소금이었다. 1997년부터 1999년까지는 하루에 평균 4,440 mg을 섭취했으며, 그중 21%가 가정에서 추가한 것이

표 8-2. 여러 나라의 노력의 분석

국가	국가교육	식품산업에 대한 나트륨 제형변경 요구	식품 영양성분 표시	프로그램에 대한 논평
캐나다	있음	있음	자발적 표시	- 식품산업이 초기 자발적으로 줄이고, 국민 교육과 병행하였음. 영양성분표시로 가공식품을 통한 나트륨 섭취는 변하지 않았음 - 평가하기 이름
핀란드	있음	있음	표시의무	- 고염 식품에 경고문구를 포함한 영양 성분표시를 정부 규제로 집행 - 국민 인식을 높이려고 대중매체 캠페인을 강력히 실시 - 식탁 소금에 의한 나트륨 섭취를 소비자가 관리 - 소금을 칼륨 보강 팬솔트로 대체 - 나트륨 섭취량이 1972년 5,200 mg에서 2002년 3,200 mg으로 감소 - 고혈압과 뇌졸중 사망률 저하
프랑스	있음	있음	자발적 표시	- 2004년 시작 - 나트륨 함량 표시를 선택 사항으로 하여 개발 - 국민 교육은 제한적으로 실시하며 중요 교육 내용은 나트륨 섭취 줄이기; 국가영양보건프로그램이 관장 - 제빵 산업 분야를 제외하고는 큰 변화 없음; 제빵 산업의 33%가 나트륨을 줄였다는 표시
아일랜드	있음	있음	자발적, 미결정	- 정부와 식품산업 간의 협동프로그램 으로 소금과 건강에 대한 식품산업의 인식을 높임 - 정부는 식품산업이 소금을 줄이도록 시도; 70개 기업이 등록 - 포장식품에 예외 없이 영양성분표시를 자발적으로 하도록 작업 중 - 시행 이후 섭취량 변동 자료 없음
영국	있음	있음	자발적 표시	- 식품표준국 지도하에 특정 식품군의 나트륨 줄이기를 목표로 식품산업과 협동 - 국민 섭취량의 모니터링과 평가 계속 - 국민 인식을 높이는 캠페인과 소비자에게 정보를 제공하는 라벨 정책 장치 - 나트륨 섭취량이 2004년 3,800 mg에서 2008년 3,440 mg으로 저하

출처: Mohan et al. 판권 2009 캐나다의학협회. 이 논문은 판권 보호를 받으며 여기에 전재한 것을 허가받았다. 사전 허가 없이 내용을 변경하거나 어느 형태로도 복사하는 것을 법으로 엄격하게 금함.

었다. 즉, 1980년에는 대략 하루에 나트륨 1,520 mg을 소비자가 식탁에서 추가하고, 3,560 mg은 다른 식품에서 온 것이었는데, 1997년부터 1999년 사이에는 소비자가 추가한 나트륨이 하루 930 mg이고 다른 공급원에서 온 것이 3,510 mg이었던 것과 비교 된다(Reinivuo et al., 2006).

현재 영국은 공중보건 당국이 잘 짜여진 국민에 대한 메시지, 그리고 식품 산업계의 참여와 협조를 위한 노력 등 전적으로 자발적인 활동에 주력하고 있다. 정부가 활동을 중점적으로 수행한 것으로는 중요 식품 분야의 소금 함량을 줄이는데 실현성 있는 목표를 정하기 위한 이해당사자와의 대화, 정부가 주도하는 국민 의식 캠페인의 실천 여부 검증 등이다. 더 나아가 슈퍼마켓과 식품제조업에게는 식품 포장 앞면에 나트륨과 영양소의 함량을 자발적으로 교통 신호등 색깔을 이용하여 표시하도록 요구하였다. 2011년에는 그 동안의 성과를 검토하고 소금 목표치 설정을 계획하고 있으며(online: http://www.food.gov.uk/healthiereating/salt/saltreduction) 영국 정부는 일반인 성인 700여 명을 대상으로 요검사를 시행한 결과 2000년부터 2001년 나트륨을 하루 평균 3,800 mg 섭취하던 것이 2008년에는 3,440 mg으로 감소하였다고 보고하였다(National Centre for Social Research, 2008). 2008년 측정치는 최근 미국의 추정치 자료와 비슷하다. 2011년의 성과 검토에서는 프로그램 비용에 관한 정보도 포함하도록 계획하고 있다.

2007년 캐나다 정부는 나트륨 섭취 감소를 위한 여러 분야 이해당사자 모임을 발족시켰다. 이 모임은 단계별로 일할 예정이고, 2010년에 시작할 전략의 청사진을 곧 발표한다. 2003년 아일랜드는 소금과 건강의 관계에 대하여 식품산업계의 인식을 높이고 식품에서 나트륨 함량을 자발적으로 낮추도록 산업계와 일하는 프로그램을 시작하였다. 아일랜드 정부는 72개의 회사가 이 프로그램에 등록하였고, 빵과 소시지와 같은 중요 식품의 나트륨 함량이 20% 낮아졌다고 보고하였다. 영국의 상황과 비슷하게 아일랜드인의 소금 섭취량은 미국 추정치에 비하여 높게 보고되었으나 프로그램을 시작한 이후의 최근 전국 추정치는 나오지 않았다. 프랑스 정부는 2002년 소금 섭취를 20% 줄이도록 권고하는 보고서를 발표하였고, 소비자, 식품산업/

외식업, 그리고 의학 전문가를 위한 정책을 개발한 보고서도 발표하였다. 최근까지 제조식품의 소금 함량이나 성분표시를 수용한 수준에서 변화가 있었다는 보고는 없다.

마지막으로 유럽연합은 회원 국가 국민의 소금 섭취를 줄이기 위한 공동 청사진을 개발하였다. 이 청사진에서는 우선순위에 따라 12가지 식품군에 초점을 맞출 것이다. 비록 영국이 2011년에 프로그램의 비용에 관한 정보를 발표할 계획이지만, 최근까지 국제적 전략의 비용 대비 효율에 관한 정보는 모을 수 없었다. 명백히 나트륨 섭취를 줄이는 것은 미국만의 공중보건 우선 과제가 아니다. 식품의 차이, 규제 조항, 정부 자원과 능력, 그리고 소비자의 식품에 대한 관점과 나트륨 섭취를 줄이는 것에 대한 소비자 인식의 차이 등으로 인해 다른 나라 보고서 내용을 미국의 전략으로 직접 적용하기 어렵다. 특히 본 위원회는 자발적 방법만을 적용하는 것은 미국의 과거 경험에 비추어 봤을 때 성과는 제한되고 장기적으로 유지하기 어렵다고 우려한다.

또한 미국 식품공급에 대한 규제 구조는 일부 한정된 나트륨 감소 전략을 이제 시작한 다른 국가보다 미국에서 좀 더 실행 가능한 규제를 만들 수 있다고 보았다. 그러나 다른 나라에서 실행하는 전략은 여러 가지를 생각하게 한다. 먼저 함량 표시 정책은 모든 국가 프로그램에서 쓰고 있고 소비자에게 도움을 준 것으로 보고되고 있다. 그러나 라벨 형식과 일관성이 중요한 것으로 나타났다. 포장 앞면에 표기한 경우, 라벨 형식이 여러 가지여서 소비자에게 중요 영양소 함량에 대하여 혼란을 야기하였다는 영국의 연구 결과가 있었다 (British Market Research Bureau, 2009). 둘째, 식품 나트륨 함량에 대한 지침을 마련하기 위해 일했던 사람들은 식품 분야를 나누어 접근하는 방법을 택하였다. 영국에서 식품 분야로 나누어 접근한 노력은 특히 주목할 만하다 (부록 C 참조). 그들은 현명한 이해당사자와 광범위하게 대화하고 의견을 포괄적으로 반영하였다. 그들은 또 뉴욕시 보건국과 협력하여 "전국 소금 감소 정책"의 기초가 되었다 (부록 G 참고).

경제적 동기 제공의 가능성

과거 경험으로부터 얻은 교훈에 덧붙여 경제적 동기 제공에 기초한 몇 가지 방법이 나트륨 섭취를 줄이기 위한 전략으로 재시되었다. 경제적 동기 제공은 다른 분야에서 사용한 경험이 있다. 여기에는 나트륨 함량이 낮은 식품에 대한 농업 보조금, 저염 식품 생산에 대한 세금감면, 고염 식품에 대한 소금 세금 부과, 그리고 소금이나 나트륨에 대한 총량 제한 및 할당 거래 시스템 Cap and Trade System 등이 있다. 비록 이러한 방법 하나하나는 나트륨 섭취를 줄일 수 있는 잠재력은 있겠지만 나트륨 섭취를 줄일 만큼 세밀하게 적용되지 않을 수가 있고 나트륨 섭취를 감소시킨 데 비해 비용 면에서 부담이 될 수도 있다.

나트륨 함량이 낮은 식품에 대한 농업 보조금

농산물 가격 보상제도는 1930년대부터 "농가법 Farm Act "을 통하여 특정 작물에 대하여 적용하였다. "농가법"에서는 농산물 가격과 농가수입을 보조하는 여러 가지 방법을 나열하였는데 거기에는 직접 지불, 가격변동 지불, 판매 보조 대출, 그리고 대출 부분 지불 등이 있다. 농가법 역사를 통하여 주식 곡물이 항상 대상에 포함되었다. 최근 "식품, 환경 보전과 에너지법 Food, Conservation, and Energy Act " (2008 농가법)이 2008년 미국의회를 통과하였고 여기에는 밀, 옥수수, 사탕수수, 보리, 귀리, 면화, 쌀, 땅콩, 콩, 건조 완두, 편두와 병아리콩에 대한 목표 가격을 포함시켰다. 농가 보조금과 가장 비슷한 지불 방법은 농부가 농작물 목표가격과 현물 물가 사이의 차이를 받는 가격 변동 지불이다. "농가법" 대상 품목에 과일과 채소류까지 포함시켜 생산을 촉진하고 소비자 자격을 낮추자는 제안이 있었다. 보조금을 받으면 과일과 채소류 값이 내려서 소비자가 나트륨 함량이 높은 식품을 더욱 대체할 것으로 예상한다.

과일과 채소류에 대하여 지원해야 소비자가 나트륨 섭취를 줄일 만큼 식습관을 바꾸게 할 것인지가 불확실하므로 추가 연구가 있어야 한다. "농가법"을 과일과 채소류까지 확장하면 법 운영에 따른 정부의 하부구조를 뒤따라 확장해야 하고 전국적인 재배방식을 감안하여 생산비와 목표가격을 설정하여야 하며 수많은 농가를 법 적용 대상으로 포함시켜야 한다.

또한 농업 보조 프로그램은 시장을 부정적으로 왜곡하고 국제 교역 문제를 일으킬 수 있다. 따라서 과일과 채소류를 보조하여 전체적으로 소비를 증가시킨다고 해도 나트륨 섭취를 줄여 얻는 이득이 이 전략의 비용을 정당화하지는 못한다.

저염 식품 생산에 대한 세금감면

소득세 감면은 생산자로 하여금 상품 생산을 촉진시키고자 연방정부 또는 주정부가 제공한다. 예를 들면 2009년 "미국 회생과 재투자법 American Recovery and Reinvestment Act"은 재생 에너지(풍력, 태양열, 지열과 바이오 연료) 생산을 위하여 생산세와 투자세 세액공제를 확충하였다. 소득세를 감면하면 식품 제조업자가 저염 가공식품을 생산하고 레스토랑/외식업자가 저염 메뉴를 제공하게 할 수 있다고 주장한다. 세액공제는 식품제조업자가 판매용 저염 식품 생산량과 연계시켜야 하고 소비자의 나트륨 섭취에 상당히 효과가 있을 만큼의 양을 구매하는 것과도 연계되어야 한다. 세금 감면으로 예상하는 결과는 더 많은 식품제조업자와 레스토랑/외식업자가 저염 식품을 판매하고, 여러 가지 종류의 저염 식품을 잠재적으로 낮은 가격으로 제공하는 것이다.

저염 식품 생산을 위하여 세금을 감면해도 나트륨 섭취를 저하시키지 못할 수 있다. 식품 제조업과 레스토랑/외식업자는 세금감면 혜택과 저염 식품으로 인한 수입 감소를 저울질할 것이며 그 이유는 맛을 찾는 소비자는 고염 식품을 더 찾기 때문이다. 식품제조업과 레스토랑/외식업자는 최종 이득을 계산하였을 때 저염 식품을 제공하는 것이 이득이 되는지 생각하게 된다. 또 식품에서 나트륨을 쉽게 낮출 수 있는 식품제조업자와 레스토랑/외식업자가 그렇게 하기는 하겠지만 일부 지역에 제공하는 몇 가지 식품에서만 그와 같이 하는 전략을 쓸 가능성이 있다. 다른 말로 하면, 세금 감면은 국민 전체에 걸쳐 널리 나트륨 섭취를 감소시키지 못 할 수 있다. 나트륨 섭취 감소에 대한 불확실성 때문에 세금감면 시스템의 비용(소득 보고 행정력의 필요성을 포함하여)은 세금 감면 전략이 주는 이익보다 많아질 것 같다.

고 나트륨 식품에 대한 나트륨 세금 부과

공공정책 옹호론자들은 최근 비만의 중요 원인으로 추정되는 특정 식품에 대하여 세금을 부과하자고 주장하고 있다(online: http://www.sciencenews.org/view/generic/id/42598/title/Coming_Hard_tax_on_soft_drinks%3f) (Brownell and Frieden, 2009; Brownell et al., 2009). 소위 "죄악세"라고 부르는 이러한 형태의 물품소비세는 사회에 해로운 것으로 믿는 특정 상품에 대하여 부과한다.(Williams and Christ, 2009). 이 이론에서는 잠재적으로 해로운 식품에 대하여 소비자가 지불하는 비용을 증가시킴으로써 소비자가 소비를 줄이고 건강식품으로 대체하여 결과적으로 공중보건 수준을 향상시킬 것이라고 주장한다. 주장하는 세금은 비만에 대한 우려 때문에 칼로리가 높은 음료나 지방이 많은 스낵 종류의 소비를 줄이기 위하여 부과하자고 하지만 고염 식품에 대해서도 관련 질병에 대한 염려 때문에 그 소비를 줄이기 위해 세금을 부과하자고 제안한다.

나트륨 세금의 효과를 증명하거나 예기치 못한 결과가 나타나지 않는다는 증거는 부족하다. 과거의 연구 결과에 따르면 소비자는 식품 가격이 조금 변화해도 예민하게 반응하지 않는다고 하였다(즉, 식품가격은 비교적 비탄력적이다). 그러므로 고염 식품에 세금을 부과하려면 식품 구매에 상당히 영향을 미칠 만큼 많이 부과하여야 건강에 영향을 줄 것이다(Forshee, 2008; Golan et al., 2009; Waist banned, 2009). 이러한 사실은 음료에 부과한 세금이 실제 판매 실적에 실질적인 영향을 주지 못한 것을 통해 이미 증명되었다(Brownell et al., 2009). 또 소비자가 세금으로 인해 자신의 소비 패턴을 바꾼다고 해도 건강식품으로 바꿀 것인지도 불명확하다(Williams and Christ, 2009). 건강한 대체식품에 관한 논점은 소금 세금에 대하여 우려하는 이유가

되는데 그 이유는 나트륨이 영양이 풍부한 식품을 포함하여 매우 다양한 식품의 성분이기 때문이다. 이것은 영양 면에서 전혀 이롭지 않은 고당 음료와 같은 특정 생산품에 부과하는 세금과는 경우가 다르다. 마지막으로 물품 판매세는 일반적으로 부과하지 않는 세금이고 수입이 많은 가정보다 수입이 적은 가정에 더 영향을 미쳐(Forshee, 2008; Williams and Christ, 2009), 건강에 이로운 식품을 밀어내는 예기치 않은 결과를 낳을 수 있다(Waist banned, 2009). 따라서 가정 구매 결정에 예기치 못한 결과를 가져올 걱정이 없는 다른 전략이 오히려 나트륨 섭취를 직접 줄일 수 있는 가능성이 있다.

소금이나 나트륨에 대한 총량 제한 및 할당 거래 시스템

"총량 제한 및 할당 거래 시스템"은 경제적으로 효율적인 방식으로 환경의 해로운 요소를 감소시키려고 나온 시장논리이다. 이 시스템은 보통 공기 오염물질을 줄이는 데 적용한다. 예를 들면, 1990년 "청정 공기법 수정법 Clean Air Act Amendments "으로 이산화황 배출을 추정하였던 것보다 훨씬 낮은 비용으로 크게 줄이는 데 사용하였다(online: http://www.edf.org/page. cfm?tagID=1085). 공기 오염물질의 총량 제한 및 할당 거래 시스템에서는 공기오염 물질의 총량을 제한하였고 오염물질 각각의 배출 사업체에 고정 허용량을 배정하였다. 적은 비용으로 오염물질을 줄인 사업체는 오염물질 배출을 줄이지 못한 사업체에 그들의 허용량을 판매한다. 고정 허용량을 차츰 줄여 가면 전체 공기오염 물질 배출량도 시간이 지남에 따라 줄어들 것이다.

가공식품의 소금(일반적으로는 나트륨)에도 이와 비슷한 총량 제한 및 할당 거래 시스템을 적용하자는 제안이 있었다(Forshee, 2008). 이 경우, 감독기관이 가공식품 생산에 사용하는 나트륨 양을 총량 제한한다. 식품제조업자는 나트륨 할당에 맞춰 식품을 어떻게 만들지를 정하거나 식품 나트륨 함량을 쉽게 낮출 수 있는 제조업자로부터 나트륨 할당을 구입해야 한다. 따라서 총량 제한 및 할당 거래 시스템으로 기존 식품의 신 제형 개발, 새로운 저염 식품의 개발, 혹은 고염 생산품 퇴출 등을 할 수 있다. 만약 식품 제조업자가 고염 식품을 계속 생산하기 위하여 나트륨 할당을 구입하기로 한다면, 소금 할당 비용을 소비자에게 전가하여야 하며, 이로 인해 가격이 상승하고 소비는 줄어드는 결과를 낳게 된다. 시간이 지나면서 나트륨 할당은 줄어들고, 시장의 나트륨 할당 가격은 증가하여 식품 제조업자가 식품을 개발하거나 할당량 안에서 생산하기 위해 제품에 대하여 다시 생각하게 된다.

가공식품 상황은 공기오염 물질 상황과는 다르기 때문에 총량 제한 및 할당 거래 시스템을 적용하였을 때 부정적인 결과를 낳지 않고 원하는 성과만을 달성할지가 불분명하다. 공기오염에서 총량 제한 및 할당 거래 시스템의 목표는 오염 물질을 배출시키는 사업체에게 낮은 비용으로 오염을 줄이도록 권장하는 것이었는 데 반하여, 나트륨에 대한 공중보건 정책의 목표는 나트륨 섭취를 많이 하게 하는 식품의 나트륨을 가장 낮은 평균 수준에 가게 하는 것이다. 나트륨 총량 제한 및 할당 거래 시스템은 나트륨 섭취를 많이 하게 하는 원인이 아닌 식품을 급격하게 줄어들게 할 수 있다. 또한 식품 제조업자 대부분은 여러 가지 식품을 생산하여 어떤 종류에서는 나트륨을 더 높게 생산하며 어느 종류에서는 줄이면서 할당제를 이용할 수 있다. 이렇게 유연하게 대처하는 전략은 개별 식품의 나트륨 함량에 불균형을 초래하여 식품 선호도 변화를 어렵게 할 수 있다. 논란이 될 수 있는 일이지만, 총량제한 및 할당 거래 프로그램은 지역에 따라 환경에 미치는 영향이 다르지 않은 오염물질에서 가장 적합하다. 덧붙여 총량 제한 및 할당 시스템은 오염물질을 생산하는 사람의 행동이 환경에 해를 입히는 범위를 결정하기 때문에 개발되었다.

나트륨의 경우, 개인은 자신의 식습관을 조절하고 식이의 나트륨 함량을 바꿀 수 있어 총량제한의 긍정적 측면을 사라지게 할 수 있다. 나트륨 총량 제한이 어려운 이유는 할당하는 나트륨의 적절한 양이라는 것이 인구수에 따라 다르고 인구 구조는 예측하기 어렵기 때문이다. 따라서 이러한 이유 때문에 나트륨에 대하여 총량 제한 및 할당 시스템을 개발, 실행, 감시하여 성공시키는 데 들어갈 비용에 비하여 식품의 나트륨 함량을 줄이는 효과는 불확실하여 이 시스템을 정당화할 수 없게 한다.

기술 발전

소금 맛이 식품 선택에 있어 중요하고, 소금 섭취를 줄이지 못하는 상태에서는 소금대체물질 연구나 소금 맛을 바꾸는 방법을 생각할 만하다. 제3장에서는 소금 맛 취향을 바꿀 수 있는 가능성을 제시하였고 또 감각과학을 이용하여 식품의 나트륨 감소를 가져올 수 있는 방법을 나열하였다. 감각과학 방법에 덧붙여 기술적 방법으로도 가능하다. 소금 결정의 크기와 구조를 변경하는 기술도 전망이 있다.

식품산업계에서는 순정[純精] 소금을 바다 소금[天日鹽]으로 바꿔 전체적 풍미를 향상 시키면서 식품의 나트륨 함량을 줄이는 데 도움이 될 수 있으므로 식품개발 전문가나 요리사가 흥미를 갖고 있다. 그러나 이 전략이 작동하는 기전에 대해 알려진 바가 많지 않고 바다 소금에도 나트륨을 많이 함유하므로 바다 소금이 나트륨 섭취를 줄이는 데 효과적일지는 알 수 없다. 나트륨 섭취 감소를 위한 바다 소금의 사용에 대해서는 추가적 고려가 필요하다.

효능이 괜찮고 널리 쓸 만한 소금 대체품은 아직 없다. 나트륨 대체물질 대부분은 소금보다 비싸다. 소비자 수요나 정부, 소비자, 공중보건 그룹의 압력 없이 식품산업이 신 제형 개발 비용과 추가되는 대체물질 비용을 감당하지 않을 것이라고 생각하는 것이 맞다. 중요한 것은 염화칼륨 등 나트륨 대체물질은 맛이 다르므로 널리 사용할 수 없다는 점이다. 비록 염화칼륨이 음식에 짠맛을 내지만, 맛을 볼 사람들이 공식적으로 정해지지 않았음에도 불구하고, 많은 사람들은 염화칼륨이 음식에 받아들이기 힘든 쓴맛을 준다는 것을 계속적으로 발견했다(Beauchamp and Stein, 2008). 제3장에서 논의하였듯이 쓴맛을 줄이려고 소금(염화나트륨)과 염화칼륨을 50대 50으로 사용하였지만 비율을 높이면 쓴맛을 증가시키는 결과를 가져왔다. 신장 기능이 정상인 건강한 미국인 식이에서 칼륨을 더 섭취하라고 권하지만 칼륨 배설에 장애가 있는 사람에게 하루 4,700 mg 이상을 섭취하면 문제를 일으킬 위험이 있고 이점에 대해서는 제 8장의 뒤에 다시 논의한다(DGAC, 2005).

식품의 물리적 특성을 좋게 하거나 미생물 번식을 방지하기 위해 사용하는 기술이 발달하면 나트륨 사용량을 줄일 수 있다. 식품의 물리적인 특성을 개발하는 대체물질은 이미 발명되었으며 제4장에 기술하였다. 예를 들면, 나트륨이 없거나 매우 적은 베이킹 소다와 베이킹 파우더 대체물질이 개발되었고, 재구성육 restructured meat 제품에서 단백질, 껌과 알진산 alginate 를 사용하여 나트륨을 줄일 가능성이 있음을 보여주었다. 식품의 질감을 높이는 물질을 더 찾고, 가공법을 대체하는 노력은 계속하고 있다.

나트륨을 줄이면서도 식품 안전성을 유지하는 방법도 발전 가능성이 있다. 자연산 항미생물 물질을 선별하는 연구자도 있다 (허브, 스파이스 양념 등) (Doyle et al., 2001). 덧붙여 비가열 non-thermal 가공법과 같은 새로운 가공방법과 포장기술로 식품 안전과 품질을 향상시킬 수 있다. 식품 연구에서 나트륨 저감 연구는 우선순위가 높아 신기술, 새로운 성분 혹은 신물질 등의 방법을 응용할 것이다.

더 나아가 제4장에 기술한 바와 같이 유사 식품간의 나트륨 함량 차이는 식품 제조업계의 나트륨에 대한 안전과 기능적 필요 모임에서 상당한 융통성이 있다는 것을 암시하였다. 비록 이 차이점이 제조식품 형태나 식품 제조조건에 따라 다를 것같이 보일지라도 말이다. 식품의 안전과 물리적 성질을 유지하면서 소금대체물질 등 나트륨을 줄이는 기술이 발전하면 제조비용과 연관되고 정책/규제의 변화나 소비자 수요에 더 예민하게 대응할 수 있다.

조달 식품 규격과 보조 식품 규격으로 나트륨 함량을 줄이게 하기

대규모 정부 식품 조달과 식품 보조 프로그램으로 미국인 상당수가 식사한다는 것은 의심의 여지가 없다. 이 프로그램의 혜택을 받는 많은 시민은 잠재적으로 영향력을 갖고 있다. 제6장에서 기술하였듯이 학교 급식과 군부대 급식에서 나트륨 함량을 줄이려는 노력은 이미 하고 있고 공중보건 관점에서 나트륨 섭취를 줄이려고 긍정적으로 시도하였다.

더 넓게 식품공급 분야에 작용하는 내용으로 다루어지지 않으면 이러한 활동은 현실적으로 확장하거나 지속할 수 없다. 학교 급식용 식품이 대상인 미국농무부 "식품분배 프로그램 Commodity Distribution Program"의 경험은 제6장에 기술한 바와 같이 일부 문제점을 설명하고 있다. "여성, 유아와 어린이를 위한 특별 보조 영양 프로그램"과 같은 보조 식이 프로그램에서도 상황은 같으며 구매식품을 일반 식품공급에서 조달한 식품과 함께 소비하고 있다. 또 "보조 영양 지원 프로그램 SNAP"의 수혜자에게 저염 식품이 적은 저렴한 식사를 제공한다는 논란이 있다. 미국의학한림원 IOM 의 최근 보고서에 따르면 학교 급식에서 나트륨 함량을 줄이도록 권하였으나 학생들이 알아차리지 못하게 단계적으로 줄이도록 권하였으며 학교 급식 관계자와 식품 공급자에게 시간을 주어 저염 식사에 적응하도록 권하였다. 이와 같은 권고는 아래에서 논의할 내용과 일치한다.

전체 식품 환경에서 나트륨 레벨을 낮추는 것이 가장 중요할 것으로 생각되는데, 식품 조달과 영양 보조 프로그램에서는 맛을 유지하면서도 나트륨 섭취를 줄이는 저염 식품을 구매하도록 하는 기회가 될 수 있다. 나트륨 섭취를 전혀 줄이지 않는 것보다는 조금 감소하는 것이 더 바람직하다. 정부와 대량 계약하기 위해 필요한 신 제형 개발은 비정부계약 분야에서도 저염 식품이 늘어나게 할 것으로 예상하는데 그 이유는 식품제조회사가 나트륨 규격(스펙)이 명시되지 않은 다른 계약을 위해서 고염 식품을 개발하지는 않을 것이기 때문이다. 정부 조달 계약으로 인하여 입찰 참가자가 고염 식품이나 나트륨이 많은 식품을 대체할 맛있는 식품을 찾는 기회가 된 경우가 있었음을 유의하고 있다.

소금 규제상태 변화의 가능성

식품에 소금을 첨가에 대한 안전인정물질자격의 변경

본 위원회는 소금 규제상태에 대한 검토를 마친 이후 소금에 대한 일반적으로 안전하다고 인식하는 물질(안전인정물질) 자격 변경이 가장 가능성 있는 강력하고 비교적 무난한 규제 도구라고 결론 내렸다. 안전인정물질 자격을 변경하는 것이 잠재적으로 식품 공급에서 나트륨 함량을 의미 있게 감소시킬 수 있는 방안이 될 것 같다. 요컨대 식품에 첨가되는 소금에 대한 강제적 표준을 제시함으로써 전반적인 소금 섭취를 줄이는데 방해가 되었던 많은 요인을 해결할 수 있다. 안전인정물질자격을 변경하면 다음과 같은 변화가 생긴다.

- 모든 식품 종류와 브랜드에 걸쳐 나트륨 함량을 변화 시킨다. 이러한 변화는 이전의 자발적 참여를 유도하는 정책에서는 보지 못한 변화일 것이다.
- 식품 공급체계에서 점진적이고 꾸준하게 나트륨 함량을 낮춤으로써 소비자의 취향도 변화시킬 수 있다.
- 지속적인 관심을 통해 시간이 지나도 식품의 나트륨 함량이 늘어나지 않도록 한다.

정책의 목표는 소금 사용을 금지하거나 소비자가 먹기에 불편한 식품을 만들게 하는 것이 아니라, 현재 가공식품이나 레스토랑/외식업에서 제공하는 식품의 과도한 소금 함량을 줄이되 소비자가 거북하게 느끼지 않도록 깊이 고려하여 정확하게 하도록 하기 위함이다. 이러한 목표를 수립하기 위해서는 정책을 점진적이고 단계적으로 시행해야 하고 정책의 진행 상태를 실시간으로 모니터링해야 한다. 소비자에게 제공하는 식품에서 서서히 소금 함량을 낮추면서 소비자의 전체적 짠맛 취향 변화에 관심을 가져야 하고, 소비자가 알지 못하는 사이에 짠 맛의 취향이 변하는지에 대한 정보를 수집해야 한다. 짠 맛이 급격하게 변하거나 일부 식품에서만 변화한다면 이 프로그램의 성공을 멀게 할 것이다. 식품에 대한 소비자 만족도가 떨어진다면 어쩔 수 없이 식품산업은 이 정책을 따르지 않으려 할 것이기 때문이다. 국민의 보건을 가능한 한 빨리 보호하고자 하는 의지와 점진적이지만 확실한 변화를 일으키고자 하는 의지 사이에는 어쩔 수 없는 줄다리기가 존재하겠지만 한 가지 확실한 것은 점진적이고 일관적이며 전반적인 식염 감소 정책을 펴는 것이 "미국인 식생활 지침"의 목표를 성공적으로 달성하고 더불어 유일하게 믿을 만한 방법이 될 것이라는 것이다. 깊이 고민한 다음 신중하게 정책을 도입하여 진행상황을 면밀하게 관찰하면서, 필요하다면 수정하면서 식품 전반에서의 소금 함량에 대한 기준을 정해 나간다면 나트륨 섭취는 줄일 수 있을 것이다.

안전인정물질 자격 변경에 대한 이론적 배경

소금에 대한 규제는 1979년 식품제조 과정에서 첨가하는 소금이 인체에 확실히 무해하다는 논리가 더 이상 받아들여지지 않게 되면서 시작되었다. 본 위원회는 소금에 대한 안전인정물질 자격을 변경하여 식품에 소금을 첨가하는 기준을 만들고자 하였다. 이렇게 함으로써 소금은 안전인정물질로 남아 있게 되고, 그 사용 기준을 정해서 식품의 나트륨 함량을 줄일 수 있게 되었다. 요약하면, 소금 사용에 대한 권고기준을 결정함으로써 나트륨은 식품에서 안전하게 사용하는 기준이 마련된 물질이 되었다. 이렇게 하는 것이 안전인정물질로 인정하지 않는 것보다 소금을 안전하게 사용할 수 있고, 미국식품의약품안전청이 식품산업의 소금 사용을 더욱 강력하게 규제할 수 있게 하여 공중보건의 측면에서 소비자 건강을 보호하는 역할을 하게 된다. 소금에 대한 안전인정물질 자격을 폐지한다면 그것은 나트륨이 필수 영양소라는 것을 부인하는 것이다.

소금에 대한 안전인정물질 자격 변경은 나트륨 섭취를 효과적으로 감소시킬 수 있는 새로운 전략이다. 그것은 식생활에서 소비하는 나트륨 대부분은 소비자가 조절할 수 없다는 점을 기초로 한다. 소비자를 교육하거나 식품에 영양성분표시를 하는 것은, 아무리 크게 경고해도, 개인행동에 의존하는 방법이기 때문에 효과적이지 않다(Loria et al., 2001). 나트륨 함량이 낮은 상품을 더 많이 소비하도록 교육하고 소비자 개인의 행동이 변화하기를 바라는 것보다는 식품환경 자체에 변화를 주는 것이 실천하기는 어려우나 소금 섭취를 줄 일 수 있는 더 빠르고 효과적인 방식일 것이다(Loria et al., 2001). 식품 환경을 효과적으로 변화시킨 예로 엽산이나 니아신 등의 영양소 강화 프로그램이 있었다. 그러나 나트륨은 엽산이나 니아신 강화 프로그램에서 경험하지 못한 특징적 문제점이 있다. 예를 들면, 식품에서 엽산과 니아신 함량이 변한다고 해서 맛이 현저하게 변한다거나 식품에 심각한 기능적 영향을 미치지 않는 데 비해 나트륨은 음식 맛에 영향을 주고 독특한 기능적 역할도 한다. 그러므로 나트륨 섭취를 변화시키려면 관찰과 감시가 꼭 필요하다. 전체 식품공급에서의 소금 함량이 변하면서 맛에 대한 취향도 서서히 변하고 나트륨 함량이 낮아진 식품을 소비자가 받아들이면 관찰과 감시도 완화될 것이다.

식품 첨가물 사용에 대한 기준을 정하는 데 사용되었던 기존의 규제 조항은 정책에 대한 감시를 통하여 그리고 이해 관계자의 의견을 듣고 장기간에 걸쳐 수정하고 변형되었다. 과거의 이러한 능력을 감안하여 미국식품의약품안전청은 식품 시장과 현재와 미래 기술 수준을 고려하면서 의무적으로 따라야 하는 기준을 적절히 개발해 낼 수 있었다. 이렇게 기준을 정하면 새로운 기술 개발과 식품 첨가물을 대체하는 새로운 물질 개발을 자극한다.

소금에 대한 안전인정물질 자격 변경은 미국식품의약품안전청 입장에서 보면 복잡하고 어려운 도전적 과제이다. 이 과제를 시작하려면 정보를 면밀하게 수집하고 이해관계자 의견을 자세히 청취하며 식품공급 체계를 심도 있게 분석해야 하고, 나트륨 함량 변화에 따른 효과가 나트륨 섭취에 미치는 영향을 분석하는 모델을 만들어 시험하고 소비자 식이 행태를 관찰하며 식품 안전성을 우려에 따라 정책 수정을 해야 하며 이에 따른 경제적인 영향, 의도하지 않은 결과가 나타날 가능성 등을 조사해야 한다. 이러한 정책을 성공적으로 수행하고 나타나는 문제에 적절히 대처하려면 광범위한 감시체계도 필요할 것이다. 위에 나열한 모든 활동은 많은 자원과 시간을 필요로 한다. 그러나 소비자의 나트륨 섭취 감소가 갖는 파급 효과, 과거 식품산업의 자발적인 행동변화에만 의존하여 실패하였던 "공평한 경쟁의 장" 정책 그리고 이번에 권고하는 정책에 따른 지속적인 영향력 등이 이런 방향으로 노력하도록 하는 강력한 논점이다. 또한 식품공급 부분에 대한 규제 활동으로 나트륨 감소 정책을 도입함으로써 정책은 나트륨 함량 감소 시간표가 완성되고 체계화할 것이며 모니터링의 대상이 될 것이다.

단계적인 접근 방법

근거를 바탕으로 보았을 때 소비자에게 저 나트륨 식품을 성공적으로 도입하기 위해서는, 제3장에서 기술하였듯이, 단계적 접근 방법이 필수이다.

첫째로, 단계적으로 접근하지 않고, 급격하게, 변화 폭이 크면서, 식품 일부에서만 소금 함량을 감소시키는 방법은 실질적으로 성공하기 어렵다. 소금 함량을 급격히 감소시킨 식품을 경험한 후 저 나트륨 식이를 받아들이거나 선호하게 된 실험적 근거가 비록 있었지만(3장 참조), 소비자 대부분은 이런 식품이 맛이 없다고 하고 구매하지 않는다. 동기부여가 확실한 사람이나 보상을 받아 실험을 계속한 사람을 대상으로 한 임상실험 상황과는 달리 일반 미국인 소비자가 급격한 식이변화를 받아들일 것이라고 기대하기는 어렵다. 2007년에 있었던 소금에 대한 안전인정물질 자격과 관련한 미국식품의약품안전청 청문회에서의 증언을 보면 이러한 문제점을 확인할 수 있다(online: http://www.regulations.gov/search/Regs/home.html#documentDetail?R=09000064803f8862). 또한 공공 정보 수집을 위해 2009년 3월 30일에 본 위원회가 시행한 식품산업 워크숍에 참석한 청중은 이 문제가 일반적인 것이라는 의견을 전달하였다.

둘째로, 급격한 나트륨 감소보다 단계적 접근 방법이 효과적이라는 근거가 있다. 실험적인 근거에 의하면 점진적으로 나트륨 함량을 줄이면 섭취를 감소시킬 수 있다(제3장 참조). 따라서 모든 식품에서 적은 양의 소금을 일정한 시간 간격을 두고 줄여 나가고 실시간 감시와 정책 수정을 하는 등의 노력을 수년에 걸쳐서 진행하면, 소비자가 받아들일 만한 수준의 식품을 제공하면서 동시에 소금 함량을 의미 있게 감소시킬 수 있다. 그렇게 하면 고 나트륨 식이에 적응된 입맛은 전반적인 식품공급 전체의 나트륨 함량의 감소와 함께 서서히 변화한다. 그 이외에도 단계적 감소방법으로 성공적으로 나트륨 함량 감소를 달성한 식품 제조업체의 사례가 2009년 3월 30일 본 위원회가 주관한 "공공 정보수집 워크숍"에서 발표되었다.

이러한 단계적인 접근 방법의 장점이 부각됨에 따라 미국식품의약품안전청은 새로운 기준을 규칙 제정을 통하거나 법률에서 정한 행정 절차를 통하여 단계적으로 도입할 수 있게 되었다. 단계적인 접근 방법을 성공적으로 도입하기 위해서는 관계 기관과 이해 관계자가 나트륨 함량을 감소시키는 속도와 정도 등을 결정하기 위해 연구해야 한다. 이러한 기준을 완성하기 위해서는 정책 수행과정을 주기적으로 실시간 감시하고, 정책이 소비자와 식품 산업 구조에서 지속적으로 유지될 수 있도록 수정하면서 최종 목표에 도달해 나가야 한다. 실시간 감시에서 중요한 부분 중 하나는 소비자가 그 식품을 잘 받아들이는지를 관찰하는 것이다. 저 나트륨 식이정책을 도입한 이후 식생활이 변해도 어떤 고염 식품은 계속 섭취하더라도 저 나트륨 식이로 입맛이 변화한 것에 영향을 미치지 않는 등 아직 이해하지 못하는 여러 부분에 대해서는 앞으로 연구해야 할 필요가 있다.

일반적인 식품공급체계에서 나트륨 함량을 줄이더라도 소비자 개개인이 다시 소금을 첨가해서 섭취할 수 있다는 것을 알리는 것은 중요하다. 이것은 McCarron 등(2009)이 최근 발표한 연구보고 논점의 일부이다. 식품의 나트륨 함량이 줄어든 데 대하여 보상한다는 점에 대해서는 직접적인 증거는 없다. 한 실험 연구에서는 이러한 보상 가설을 증명하는 데 실패하기도 했다. 이 연구에서, 실험을 위해 준비한 음식에 함유된 나트륨 함량은 13주 동안 평균 3,100 mg/d에서 1,600 mg/d으로 줄이고, 실험 대상자는 소금을 무제한 첨가할 수 있게 했다. 실험용 음식에서 줄였던 전체 나트륨의 20% 이하 정도를 참가자가 식염을 첨가하여 보충하였으며 – 소금 첨가는 참가자가 모르게 측정하였다 – 그 결과 참가자들은 10주 동안 약 1,800 mg/d의 식염 섭취를 하는 셈이 되었다(Beauchamp et al., 1987). 이러한 결과로 볼 때 소비자가 식품에 소금을 첨가하도록 하더라도 나트륨 섭취를 의미 있게 줄일 수 있다.

단계적인 접근 방법을 더욱 전파하기 위한 수행평가의 수립

나트륨 섭취를 전반적으로 감소시키기 위하여 식품의 나트륨 함량에 대한 기준을 성공적으로 도입하기 위해서는 그동안 효과가 인정된 면밀한 감시, 평가 체계가 중심에 있어야 한다. 평가 체계는 이 정책이 성공하는 데 가장 중요한 부분이다. 여러 가지 모르는 요인이 아직도 있고, 시간이 흐르면서 관련 요인이 상호작용하면서 변화하기 때문에 예측하기 어려운 면이 있으므로 평가 활동은 요인과 결과를 적절히 통합할 필요가 있다. 식품에 소금을 첨가하고 필요에 따라 조정하는 기준을 평가하는 방법은 그림 8-1에 설명하였다. 이 그림은 가설을 토대로 일반적인 원칙을 설명하는 것일 뿐 어떤 특정한 상황이나 시간대에 적용시키기 위한 의도로 만든 것은 아니다.

식품에 소금을 첨가하는 기준을 정하기 위한 과정은 "규칙제정 사전통지와 의견제출 절차 notice-and comment rulemaking "를 개최하기 이전에 먼저 광범위한 자료 조사를 해야 한다. 규칙제정에서는 식품에 첨가하는 소금의 궁극적인 기준 함량 뿐 아니라(최대 목표값) 특정 기준의 시작 시점과 단계적인 감소를 시행할 시기마다의 목표치도 정해야 한다.

공지 – 논평후 규칙제정 과정에서 각종 의견, 정보, 제출 자료가 안전인정물질 자격 변경 과정 초기부터 반영되도록 해야 한다. 그러나 정책의 초기 정착 단계 이후로는 추가 정보가 들어오지 않을 것이라고 가정하면 안 된다. 단계적 감소 정책 수행과정에서 나오는 경험과 새로운 연구 결과, 감시를 통해 지속적으로 단계 정책의 문제점을 알게 될 것이므로, 본 위원회가 안전인정물질 자격 변경을 단계적으로 하라는 권고는 효과적 집행 능력을 향상시키고 집행 전체 과정을 통해 수정할 수 있도록 한다.

소금 섭취량 감소 과정은 시간을 충분히 주면서 집행함으로써 소비자의 입맛 취향이 변할 수 있도록 해야 하고 식품산업에서 기술적 문제에 적응할

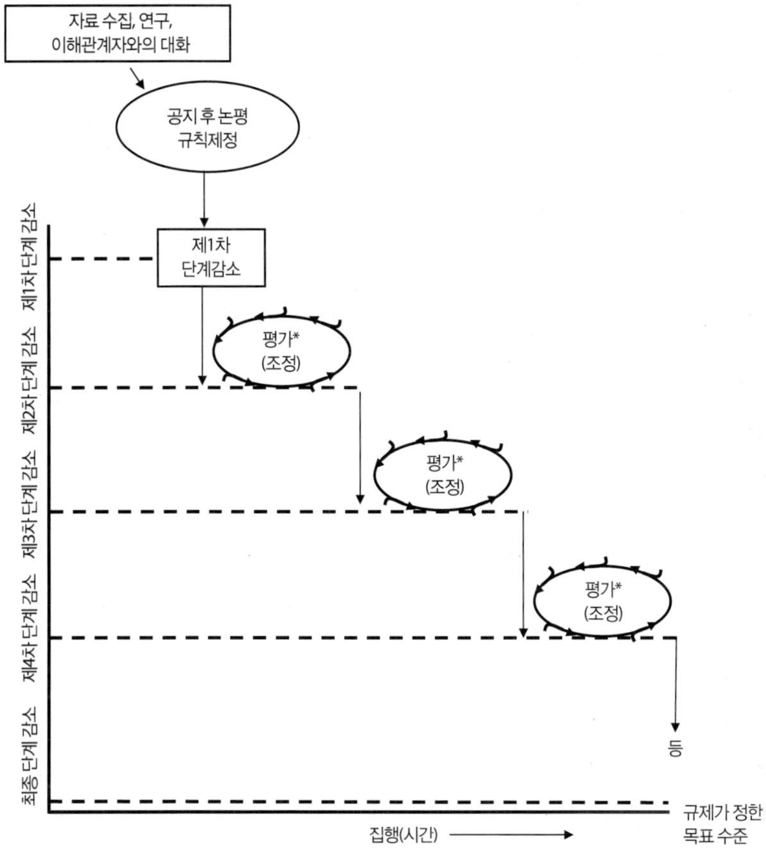

그림 8-1. 식품에 소금을 첨가하는 최종 기준에 도달하기 위한 과정: 몇 가지로 만든 가상적 단계를 통해 접근하기 위해서는 감시와 평가를 통해 정보를 제공할 필요가 있음.

수 있도록 해야 한다. 실질적으로 필요한 식염 섭취 감소 단계 횟수는 식품 종류에 따라 달리 결정할 것이고(제10장 참조) 이는 공지 후 논평 규칙제정 과정에서 여러 요인에 따라 다양하게 결정할 수 있다. 소금 섭취량 감소 정책의 집행 과정을 시작하면 각 단계를 착수하기 전에 평가와 수정 절차를 먼저 시행할 것이다. 평가는 다방면에서 진행할 것이다. 평가 방법에는 식품의 맛과 풍미, 식감에 대한 소비자의 수용 정도뿐만 아니라, 식품의 질과 안정성에 연관되어 나타날 제한점 등도 포함되어야 한다. 마찬가지로, 적절한 평가와 감시를 통하여 새로운 기술을 도입하고 응용하는 역량을 키울 수 있다. 또한 나트륨 섭취량의 변화와 짠맛에 대한 취향 변화, 식품 영양성분표시에 의한 변화, 식품산업 활동에 대한 정보를 얻어 유용하게 쓸 수 있다. 이 체계를 시행하는 과정에서 발생하는 의도하지 않은 결과를 조기에 발견할 수 있다. 식품 공급 과정에서 요오드의 적절한 함량을 측정하는 것이나, 특정 약물을 복용하고 있는 사용자에게는 위험성이 있는 고 칼륨 함유 식품을 피하도록 하는 것을 예로 들 수 있다. 또한 최근 나트륨 섭취가 "미국인 식생활 지침 the Dietary Guidelines for Americans "에서 권고한 기준보다 높은 수준에서 조절되고 있다는 논란(제3장 참조)이 있었다. 그에 대한 근거는 약하지만 점진적으로 나트륨 섭취를 감소시킨다면 이러한 논란에 대한 근거를 더 마련할 수 있을 것이고, 그에 따라 소금 규제 기준을 변경할 수 있을 것이다.

레스토랑/외식업에서의 정책 시행

레스토랑/외식업 음식이 미국인 식생활 중 나트륨 소비의 상당 부분을 차지한다는 증거(제5장 참조)는 다시 말해 외식업 식품의 나트륨 함량을 줄인다면 나머지 식품 공급에도 영향을 준다는 것을 의미한다. 가공식품에 소금을 첨가하는 기준인 안전인정물질 기준을 설정하는 조항은 적어도 표준화된 레스토랑이나 음식점에는 적용된다. 적용 대상은 레스토랑에서 패스트푸드 외식업에 이른다. 표준화/체인 외식업체의 메뉴 식품은 가공식품과 마찬가지로 통일되고 특정한 경로로 공급된다; 그러므로 식품에 첨가하는 소금에 대하여 적용하는 기준은 같고; 제7장에서 논의한 바와 같이 미국식품의약품안전청은 이 부분에 영향력을 행사한다. 규칙제정을 이끄는 정보 수집 과정은 표준화의 특성에 대하여 관련 정보를 수집하는 데 도움을 줄 수 있다. 이 표준화의 특성은 레스토랑/외식업에서 정책 시행의 경우에 음식에 소금을 추가하는 것에 대한 표준을 시행하는 목적에 적절할 것이다.

독립적으로 운영하면서 표준화된 메뉴가 없는 레스토랑/외식업(제6장 참조)에 표준화 과정을 마친 기준을 적용하는 것은 아직 적절하지 않아 보인다.

소규모 레스토랑/외식업은 표준화된 조리법이 없어 메뉴를 매일 바꾸기도 하기 때문이다. 비록 어느 정도 규모가 되더라도 너무 다양한 메뉴 음식으로 다양한 고객을 상대하는 업체도 적용대상으로 적절하지 않을 것이다. 또 작은 업체들은 나트륨 함량 기준을 지키기에는 종업원 훈련이나 자원이 부족하다. 이것은 체인으로 운영되어 회사 자체 연구진을 보유한 업체에서는 문제가 되지 않을 것이다. 그러나 미국인의 나트륨 섭취를 낮추는 데에 작은 업체가 차지하는 역할을 간과해서는 안 된다. 물론 독립적으로 운영하는 지역 외식업체에 비해 가공식품 산업과 구조적으로 비슷한 체인업체는 연방 규제를 준수할 수 있는 역량이 되는 것은 사실이나, 초기에 제외되었던 작은 업체가 나중에는 더 분명히 역할을 하게 된다는 것이 본 위원회의 의견이다. 독립적으로 운영하는 외식업체에 이 정책을 도입하는 것이 익숙치 않아 오히려 방해가 될 수 있다는 점을 고려할 때, 정책 도입은 시간을 두고 단계적으로 서서히 적용하는 것이 타당할 것이다.

한편, 소규모 비표준화 레스토랑/외식업체 메뉴의 식품 나트륨 함량을 낮추기 위해 몇 가지 전략을 도입할 수 있다. 이러한 업체 대부분은 조리 시간을 줄이기 위해 이미 가공된 식품을 사용하는 경우가 많기 때문에 이 가공식품의 소금 첨가에 대한 기준을 세운다면 최종적으로 소비자에게 제공되는 음식의 나트륨 함량에 영향을 미칠 것이다. 또한 요리사나 업주로 하여금 메뉴에서 나트륨 함량을 줄이도록 교육하거나 애초에 나트륨 함량이 낮은 메뉴를 개발하게 유도하는 방안도 생각할 수 있다(예를 들어, 본래 나트륨 함량이 낮은 식품을 쓰거나 분량을 줄여서). 이 주제에 대해서는 제10장에서 더 다루도록 하겠다. 레스토랑/외식업이 나트륨 감소 정책을 위해 초점이 맞춰진다는 사실은 비록 초기에 나트륨 사용에 대한 표준화가 잘 적용되지는 않을지라도, 식품산업에서 공평한 경쟁의 장을 만들어낸다는 점에서 중요하다.

관련 사항들

나트륨 강화 용액 현행 규제 장치를 둘러싼 관심은 미국식품의약품안전청 관할하에 있는 포장 식품에 일차적으로 집중되어 있다. 한편 다른 연방

정부 기관의 관할하에 있는 식품에 소금을 첨가할 때, 미국식품의약품안전청의 법적 규제 대상이 된다는 사실은 주목할 만하다. 예를 들어, 가금류를 포함한 육류는 미국농무부의 관리를 받더라도 육류를 연하게 하려고 사용하는 나트륨 강화 용액의 안정성은 미국식품의약품안전청이 감시한다(제7장에서도 언급한 나트륨 강화 용액은 미국식품의약품안전청의 관할 하에 생선제품에도 사용한다). 따라서 소금을 포함하는 물질 사용은 소금의 안전인정물질 자격을 변경하는 것을 포함하여 미국식품의약품안전청의 관할하에 있다.

레스토랑/외식업체에 대한 적용 소금에 대한 안전인정물질 자격을 뒷받침하는 규제 체제는 현재 레스토랑/외식업체가 제공하는 식품에 적용할 수 있다. 제7장에서 살펴봤듯이 소비자에게 제공하는 음식의 재료는 미국 주 사이의 교역 interstate commerce 으로 공급되므로 완성된 음식 자체는 연방식품의약품화장품법 Federal Food, Drug and Cosmetic Act 의 관할하에 있고, 따라서 그 표준은 미국식품의약품안전청이 정한다. 정책 도입을 위해 해결해야 하는 문제가 많지만 안전인정물질 표준을 만드는데 있어서 레스토랑/외식업체 특히 고도로 표준화된 업체 메뉴는 큰 도움이 된다. 이 정책은 수행하기는 어렵고, 미국식품의약품안전청이 공공개발과정 public process 의 일부로 철저한 분석이 필요하지만 가정 밖에서 소비되는 식품이 전체 식이 섭취에서 기여하는 부분은 상당하기 때문에 레스토랑/외식업체에서 제공하는 식품에 대한 소금 함량을 줄이는 것은 중요하다고 할 수 있다. 소금 사용에 대한 표준을 지키는 영역을 레스토랑/외식업체로 확장하는 데에는 이 업체가 가공식품을 사용한다는 사실이 도움이 되는데 가공식품에는 나트륨 함량에 대한 새로운 안전안정물질 표준이 적용된다. 체인 레스토랑이나 패스트푸드점과 같은 대규모의 외식업체는 독립적으로 운영하는 식당보다 상품 개발 측면에 있어서 가공 식품제조업의 기능을 할 수 있다.

소금 사용에 대한 기존의 허가 제7장에서 다루었던 1982년 정책 사전공지 Policy Notice (HHS/FDA, 1982)에서 미국식품의약품안전청은 1958년 이전에 식품제조회사 일부에게 허가했던 가공식품에서의 소금 사용에 대한 문제는 미국식품의약품안전청의 표준에 맞춰야 한다고 강조했었다. 이 경우는 "기존에 허가된"(제7장 참조) 것으로 간주되어 식품 첨가물에 대한 제한에서 제외되었었다. 식품의 나트륨 함량을 낮추는 데에 식품 첨가물에 대한 권한을 행사하는데 미국식품의약품안전청은 기존에 허가된 어떤 것이 기존의 허가 대상이었는지 또는 아닌지 구분을 했었어야 했다. 허가된 첨가물은 수가 적었고 식품 공급에서 상대적으로 영향도 적었다. 완벽을 기하기 위하여 미국식품의약품안전청은 법에 규정된 여러 가지 방법으로 허가 사항에 대해 결정했어야 했다(21 USC 342[a]).

다른 나트륨 함유 화합물에 대한 규제 상태 나트륨은 소금 이외의 물질 형태로 식품에 포함되기도 한다. 제4장에서 다루었듯이, 여러 가지 나트륨 화합물의 식품 사용이 허가되어 있다. 나트륨은 식품 가공을 위한 용도에서 병원체를 감소시키기 위한 용도 등 광범위하게 사용되고 있다. 나트륨 대부분은 소금으로 식품에 첨가하지만, 다른 화합물은 얼마나 첨가되는지, 또 전체 나트륨 섭취 중 얼마를 차지하는지 알 수 없다. 그러므로 미국식품의약품안전청은 음식에서 소금 이외의 다른 나트륨 형태의 쓰임새와 기능을 고려하여 그것들을 면밀히 검토하는 것이 매우 중요할 것이다. 차례로 식품공급에 전반적인 나트륨 함량을 줄이고 "미국인 식생활 지침"에 부합하는 나트륨 섭취량에 도달하는 것에 대해 고려하면서 식품공급에 다른 형태의 나트륨이 존재한다는 것을 통합시켜야 한다.

자원과 비용 문제

규제 활동을 하려면 의심의 여지없이 많은 자원이 필요하고 규제 조항의 개발, 집행, 강화하는 것과 관련된 비용도 있다. 식품의 소금과 나트륨 함량 표준을 설정하는 작업과 정보 수집, 연구 활동 및 규칙제정 등에서도 상당한 비용이 필요하다. 그러나 그러한 비용은 현재 상태에서는 계산하기도 어려우므로 정책수립자의 결정에 달려 있다.

소금의 안전인정물질 자격을 변경하는 방법

안전인정물질이라고 판단하는 소금의 양을 결정하고 안전인정물질 자격의 변화를 구체화하는 것은 본 위원회의 활동범위 밖의 일이다. 그러나 이런 수치를 설정하는 것은 추가 정보로 이익을 얻는 것이 필수적이라 할 수 있다. 이 추가 정보는 규칙제정을 위해 예상되는 미국식품의약품안전청 발표에 응하여 제출될 것이고, FDA가 자료를 수집할 것이다. 뒤에 나올 제10장에서 검토하듯, 본 위원회는 소금의 안전인정물질 자격을 변경하는데 필요한 권한 위임을 예상하고 있다. 안전인정물질 자격을 변경하는 가장 중요한 목표는 소비자들로 하여금 정상적인 식생활을 영위하면서 "미국인 식생활 지침"에 합당하게 나트륨을 섭취하게 하려는 것이다.

이러한 상황에서 본 위원회는 (1) 식품 분류마다 허용할 수 있는 소금 함량 수준을 설정하는 것; (2) 특별한 라벨이나 영양성분표시 문구를 식품에 표시하는 것의 단계적 적용; (3) 특정 고 나트륨 식품의 제한적 허용; (4) 믿을 만한 공지 – 논평 형식의 규칙제정 등에 대하여 논의를 집중하고 있다(제7장 참조).

식생활을 변화시키기 위한 소비자 지원

본 위원회는 식생활에서 나트륨 섭취를 감소시키기 위해서는 식품 공급 체계 자체에서 나트륨 함량을 줄이는 방법이 중요하다고 생각하고 있다. 이러한 접근 방법이 중요한 이유는 현재의 식품 환경에서는 아무리 동기 부여가 잘 된 소비자라 할지라도 나트륨 함량을 건강한 수준으로 맞추기 어렵기 때문이다. 그러나 이보다 더 큰 규모의 공중보건 활동에서 소비자를 기반으로 한 정책이 중요한 역할을 했던 적이 있었다. Loria 등(2001)에 따르면 "주변 환경 개선과 교육 활동을 함께 해야 미국인 식생활에서 나트륨 섭취를 줄이는데 효과적"이다. 과거의 정책은 도입과 수행, 평가에 대한 정보가 부실하여 확실한 결론을 내기 어려웠는데, 앞으로도 계속 정보가 부족하면 실패의 반복을 피하기 어렵다. 그런 의미에서 소비자의 자각을 일깨우고 행동 변화를 자극할 수 있는 몇 가지 유용한 방법이 각광을 받고 있다.

국가적인 초점

소비자 지원 차원에서 흔하게 있는 일이지만, 나트륨 섭취 감소를 위한 노력은 소비자를 교육하고 동기를 부여하기 위해서 소셜 마케팅과 건강 의사소통에 관련한 최신의 지식을 동원해야 결실을 맺을 수 있다. 협조를 통하여 광범위하고 일관되게 지원 활동을 해야 소비자가 일관된 교육을 받아 혼란을 일으키지 않는다. 나트륨 섭취 감소에 대한 공중보건 정책이 결국 연방 정부가 책임을 지고 수행해야 할 국가적인 우선 해결 과제임을 고려해 볼 때, 소비자에게 영향을 미칠 새롭고 조화된 정책의 중심은 연방정부가 되어야 한다. 나트륨 섭취 감소를 위한 노력에 국가적이고 중요한 의미를 부여하는 것과 함께 이러한 활동은 "미국인 식생활 지침"정책과 관련된 적합한 프로그램과 연계되어야 한다.

또한 정부 – 민간 합작을 비롯한 다양한 이해관계자의 협동 작업은 필수적이라고 생각한다. 주정부와 지방정부, 보건전문가, 교육자, 언론, 사립재단, 회사, 식품산업 각각 모두 해야 할 역할이 있다. 나트륨 섭취를 줄이기 위해 기존의 지식을 익히고 연구로 새로운 정보를 찾아냄과 동시에 다른 분야 연구에서 지식을 받아들여야 식품 환경에서 소비자가 변화를 더 수월하게 받아들이는 프로그램을 만들어낼 수 있다. 소비자 정책은 가장 효과적으로 다양한 소비자의 동기부여를 위해 일관된 의견을 제시해야 한다(권고 4 참조). 또한 정책의 전체적인 성공여부를 판단하고 경험에서 얻은 정보를 통해 조정하려면 현재 진행 중이거나 향후 계획된 정책을 평가하는 것이 중요하다.

이러한 미래를 실현시키기 위해서는 소비자와 나트륨 섭취 감소에 초점을 맞춘 국가적 캠페인이 필요하다. 캠페인의 성공을 위해서 확실히 해야 할 몇 가지 요소가 있다:

- 광범위한 협조 체계
- 행동 변화 모델의 설정
- 공공 정책으로서 추진하도록 계획 활동
- 캠페인 자원을 효율적으로 사용하기 위한 계획과 디자인을 뒷받침하는 분명한 근거
- 식생활과 건강 분야의 정보를 포함하여 나트륨 섭취의 감소에 대한 효과적이고 적합한 메시지를 개발하는 노력
- 식품 공급의 변화를 목표로 한 정책 구상과의 확실한 협조
- 캠페인 비용과 효과의 주기적인 평가

아래에 몇 가지 중요한 요소를 강조하였다.

행동 변화

나트륨 섭취 감소를 위한 소비자 중심의 정책은 행동 변화 모델을 이용함으로써 도움을 받을 수 있다. 사회 – 생태학적 모델은 다양한 수준의 영향이 상호작용하는 유용한 도구이다. 또한 식품공급 변화를 포함하는 식품환경에서 변화를 조직화하고자 요구를 강조한다. 각각의 개인을 목표로 삼고 건강관련 의사소통을 하면서 말이다. 나트륨 섭취와 같은 건강 행동에 영향을 미치는 다양한 요인을 예측하는 이론을 토대로 건강 커뮤니케이션의 개발 뿐 만 아니라 전략 효율성을 높이는 연구를 이끌어 가야한다. 지식, 태도, 자원에 대한 접근성 등이 소비자 행동 변화의 출발점이지만, 다른 추가 요소도 변화를 이끌어내는데 중요하다. 짠맛이라는 강한 성질을 갖는 나트륨에 대하여 소비자 행동을 변화하게 하는 요소는 아직 명확히 밝혀지지 않았다. 게다가 나트륨 섭취 감소를 위해 식품공급 부분의 변화와 함께 전체 소비자들에게 적용할 행동 변화 모델이 작동하게 하는 것이 바람직하다.

교육

교육의 측면에서 기본적 필요사항이 세 가지 있다. 첫째, 나트륨 섭취가

(1) "소금에 예민 salt sensitive " 하거나, (2) 고혈압이 있는 사람, (3) 중년 이상의 노인에게나 필요한 관심사라는 일반인 전반의 오해를 바로잡는 것이 매우 중요하다. 나트륨에 의한 부작용은 어느 연령에서도 일어날 수 있고, 저 나트륨식이는 모든 사람에서 중요한 공중보건의 목표이다(제1장 참조). 둘째, 소비자는 나트륨이 짠 식품이나 소금이 눈으로 보이는 음식 이외에도 식품 전반에 있다는 것을 더 인식하여야 한다. 이것을 이해하지 않으면 소비자는 나트륨을 피하는 식품 선택의 유용성에 대하여 오해할 것이다. 제2장에서 언급했던 한 설문 조사에 따르면, 자신이 "대체로 올바르게" 나트륨을 섭취하고 있다고 생각하는 사람 중 약 4분의 3이 권고 섭취량 수준 이상을 섭취하고 있었다. 사실상 거의 모든 사람이 권고 수준 이상으로 나트륨 섭취를 하고 있다는 현재 추정 통계와는 매우 다르게 생각하는 것이다. 혈청 콜레스테롤 측정과 같이 간단히 나트륨을 측정하는 수단이 없어, "당신의 수치를 알라 know your number "라고 하는 캠페인은 나트륨의 경우 불가능하다. 셋째, 소비자로 하여금 식품 포장 표시를 더 잘 확인할 수 있도록 해야 한다. 그렇게 함으로써 식품의 나트륨 함량을 확인하고 더 건강한 식생활을 위해 식품을 고를 수 있게 될 것이다. 예를 들면, 많은 소비자들은 일부 짠 식품만 피하면(즉, 감자 칩, 팝콘, 프리첼) 나트륨 섭취를 줄인다고 생각한다. 하지만 이러한 식품은 전체 식생활에서 나트륨 섭취량의 3 퍼센트 정도밖에 안 되고, 오히려 육류와 곡물이 각각 16%와 11%를 차지한다(NHANES 2003-2006; 제5장, 제6장 참조).

이러한 사실이 중요한 이유는 정책 목표가 나트륨 없는 식생활이 목표가 아니라 – 식물성 기름으로 만드는 트랜스 지방의 경우에는 트랜스 지방이 없는 식품이 목표 – 소비자로 하여금 영양학적으로 적절한 식생활을 하게 하기 위해 소금을 과도하게 섭취하지 않게 하는 것이 목표이기 때문이다.

조직화된 메시지

양질의 안내 정보를 개발하려면 폭넓은 전문 지식과 관련 분야 연구가 있어야 한다. 안내 정보에는 과도한 나트륨 섭취의 위험성과 소비자가 그들의 나트륨 소비행태를 바꿀 수 있다는 점을 일관성 있게 담아야 한다(권고 4

참조). 일관성 있게 안내 정보를 제공함으로써 소비자가 나트륨에 대해 관심을 갖게 되고, 또 섭취를 감소시킬 수 있는 방법이 무엇인지, 고민해야 할 사람이 누구인지 깨달을 수 있다. 이러한 안내 정보는 반드시 일관성을 유지해야 하고, 특정문화를 공유하고 있는 집단에게는 그 문화에 맞게 변형시켜야 하겠다.

조직화된 안내 정보는 단지 나트륨의 섭취를 감소시켜야 한다는 내용만을 담아서는 안 되고 현재 널리 받아들이고 있는 식생활이나 건강 문제와 연결되어야 한다. 예를 들면, 체중 조절에 대한 안내 – 일차적으로 칼로리 섭취나 음식 섭취량을 줄이는 것에 대한 안내는 나트륨 섭취를 줄이는 데에도 안내자가 될 수 있다. 왜냐하면 칼로리 섭취와 나트륨 섭취는 서로 관련이 있기 때문이다. 그러나 현재 평균적인 나트륨을 섭취하는 식생활에서 칼로리 조절만으로는 나트륨 섭취 권고량에 도달할 수 없다. 또 과일과 채소 섭취를 권장하는 안내 정보도 나트륨 섭취를 줄이는 데 도움이 된다. 전반적으로 소비자들은 식생활과 건강에 대한 안내 정보가 많아서 어느 한 정보에 집중하기 어렵고, 그 결과 나트륨 안내 정보는 또 다른 중요한 건강 문제인 체중 감량이나 과일 및 채소 섭취 증가와 같은 문제와 같은 수준으로 보게 될 수 있다. 또한 나트륨 안내 정보를 기존의 식생활 및 건강 정보와 결합시킬 때 "미국인 식생활 지침"에 맞게 제공한다면 보다 효과적일 것이다. 그동안 나트륨에 대한 안내 정보에 대하여 연구하거나 소비자 테스트를 하지 않았다. 하지만 이러한 것도 나트륨 섭취를 감소시키는 데 일조할 것이다.

소비자를 위한 기회 및 도구의 지원

공중보건학적 우선순위 측면에서 나트륨 섭취를 줄이는 것이 중요함에도 불구하고, 지원정책은 비교적 적은 편이다. 예를 들면 "미국인 식생활 지침"에 맞는 식생활 변화를 주장하는 미국농무부의 중요 소비자정책 중 하나인 MyPyramid (online: http://www.mypyramid.gov)는 현재 나트륨을 중요하게 취급하고 있지 않다. 즉, 나트륨이 MyPyramid Plan이나 MyPyramid Menu Planner에 반영되어 있지 않다. MyPyramid Menu Planner에서는 나트륨이 비슷한 식품 사이에서도 그 함량이 너무 달라 정확히 함량을 재는 것이 불가능하다고 각주에 보충 설명되어 있다.

미국국립심폐혈액연구소는 나트륨 섭취 감량에 관하여 연방정부 기관 중에서 가장 잘 인식하고 있다. 그러나 미국국립심폐혈액연구소는 나트륨 섭취 감소에 있어서 일차적인 목표가 소비자 중심의 도구를 만드는 것이 아니라, 기관의 수행목표에 부합하는 주제에 연구비를 지급하는 데 있다. 그럼에도 불구하고 "부수적"이라고 할 수 있는 활동을 통해 미국국립심폐혈액연구소는 나트륨 섭취와 관련된 식생활을 변화시키기 위해 유용한 도구를 몇 가지 만들었다. 그러한 도구가 이와 관련된 연구를 진행하는 데 있어 도움이 될 것이다. 국가고혈압교육프로그램 The National High Blood Pressure Education Program 은 전문가와 자원자 보건기구, 주정부 보건국, 지역사회 시민단체가 협조하여 만들었다. 이 프로그램에서는 생활습관 변화와 관련된 자료, 팸플릿, 안내 책자와 포스터, 인쇄물 광고, 라디오 광고를 만들고, 소셜 네트워크 광고, 실무자 보고서를 만들고 있다. 또 미국국립심폐혈액연구소는 의사가 환자의 건강한 생활습관 유도하고 돕는 데 필요한 자료를 만드는 활동을 한다(NHLBI, 2004).

또한 보건 전문가와 그 협회가 나트륨 섭취 감소 정책에 기여를 한다는 근거는 있으나 의사가 1차 진료에서 환자의 나트륨 섭취에 적극적으로 관여한다는 근거는 별로 없다. 의사를 포함한 의료 전문가는 고 나트륨 식이가 건강에 미칠 수 있는 나쁜 영향과 나트륨 섭취를 줄일 수 있는 방안에 대해 환자와 상담을 해야 한다(Mohan et al., 2009). 그러므로 나트륨 감소 전략과 그것이 만성 질환의 위험을 줄이는데 중요한 역할을 한다는 것을 보건 전문가 연수교육 교과목과 치료 지침에 반영해야 한다(WHO, 2007).

미국질병관리본부 the Centers for Disease Control and Prevention, CDC 는 심혈관계 위험 요소로서 고혈압을 주목하도록 미국 각 주 state 의 공중보건 정책을 지원하고 있다. "미국 주 심장질환과 뇌졸중예방 프로그램 State Heart Disease and Stroke Prevention Program "이라는 이름으로 미국질병관리본부는 41개 주와 워싱턴 D.C.에 자금을 지원하면서 심혈관계 질환 cardiovascular disease, CVD 과 그에 관련된 위험 인자를 계획하고 감시하며 개입하도록 한다(online: http://www.cdc/gov/DHDSP/

state_program/index.htm). 그 전략은 특정 인구 집단이나 지역에 초점을 맞추고 있다. 주 state 에 대한 자금을 지원하는 활동 중 몇 가지는 나트륨 감소 전략을 포함할 수 있을 것으로 생각된다. 이 프로그램은 심혈관계 질환 예방을 위한 주 state 단위의 계획을 개발하고 갱신하며, 기존의 심혈관계 질환 예방 전략을 분석하고, 심장-건강 환경 조성을 위한 정책을 강조하고, 고혈압과 관련된 지침을 잘 따르도록 유도하고, 위험인자 및 생활 습관 변화에 대한 교육을 하며, 심혈관계 건강을 증진시키기 위한 지역사회 개입을 도입하고 평가한다. 사실 최근 미국의학한림원 위원회(IOM, 2010)는 미국인 식생활에서 나트륨 섭취를 줄이도록 하는 전략을 도입하기 위해 연방정부와 주정부, 지방정부, 산업계를 소집하고 미국질병관리본부의 심장질환 및 뇌졸중 예방부 Division of Heart Disease and Stroke Prevention 가 적극적으로 리더십을 발휘하기를 권고했다. 그 위원회는 또한 모든 주정부와 지방정부 공중보건 당국이 빠른 시간 내에 나트륨 섭취 감소 전략을 세우고 자원배분계획 portfolio 을 개발하도록 권고했다. 또한 위원회는 보고서를 통해 입맛의 취향은 어렸을 때 결정되고 과도한 나트륨 섭취는 평생에 걸쳐 문제가 되므로, 조기 교육이 후세대에서 섭취를 감소시킬 수 있는 열쇠라고 결론지었다. 보고서에서는 이러한 프로그램이 나트륨을 많이 섭취하는 남자 청소년 집단에서 특히 중요하다고 지적하였다.

마지막으로, 나트륨 섭취를 줄이기 위한 전략에서 식품 광고의 역할은 아직 확실치 않다. 나트륨 함량을 줄인 신 제형 상품을 팔기 위한 활동은 광고비용을 고려해 볼 때 순전히 교육 지원에만 활용되는 비용(정부 기타 기관이 지불하는)과 비교하여도 나트륨의 측면에서는 더 도움이 될 것이다. 광고활동의 특성과 범위는, 특히 본 위원회의 공공정보 수집 워크숍(2009년 3월 30일)에서 나온 식품산업 참가자의 의견으로 보았을 때 예측하기 쉽지는 않다. 그 워크숍에서 나온 의견은 과거 저 나트륨 식품을 전파하려는 시도는 성공하지 못했고, 그 결과로 몇몇 회사는 저염 식품을 광고하지 않는 방향으로 전환하였다고 하였다. 잘못된 광고와 판촉활동으로부터 소비자를 보호할 책임이 있는 연방공정거래위원회 Federal Trade Commission 는 공공 관심이 나트륨 섭취 감소에 초점이 맞춰지고 식품산업이 저염 제품을 더 만들겠다고 결정하였을 때, 이러한 판촉 활동이 과학적 근거가 있다는 것을 확인해야 할 것이다. 반대로, 고 나트륨 식품을 광고하는 것을 금지하거나 식품의 나트륨 함량이 높다는 것을 의무적으로 밝히도록 하는 것이 좋을지는 의문이다. 식품과 주류에 대해서, 의회는 심지어 어린이에게 까지 광고를 제약하는 것에 대해 거부감을 나타냈다. 제1차 수정법 First Amendment 권한은 고려중이다. 한편, 다른 대안적 방법은 식품산업에서 자발적으로 표준을 개발하는 것을 들 수 있다. 고 나트륨 식품을 일반인을 대상으로 광고하는 문제는 아직 전략으로 할 만큼의 준비는 되지 않은 상태이다.

영양 표시: 상품 구입 시 소비자를 위한 나트륨 정보

라벨을 읽는 것과 그 해석

식품 라벨에 있는 영양정보표 Nutrition Facts panel 를 더 자주 보고, 이해하기 쉽게 만들도록 노력해야 한다. 다른 경우와 마찬가지로, 영양성분표시를 제대로 이용하고 또 적절히 이용하게 하기 위해서는 몇 가지 기본적인 안내가 필요하다. 아직 소비자 교육이 덜 된 측면이 있기는 하지만, 영양표시에 관한 조항이 15년 이상 된 것이 있는 것도 사실이다. 영양성분표시 실시 이후 소비자가 나트륨을 포함한 영양정보를 어떻게 해석하고 사용하는지에 대한 정보가 새로이 나타났다. 미국식품의약품안전청에서 제안한 것처럼(HHS/FDA, 2007), 지금은 영양성분표시의 몇 가지를 재평가하고 개정해야 할 시기이다. 더욱이 미국질병관리본부, 미국식품의약품안전청, 미국농무부는 미국의회와 함께 소비자를 돕기 위한 "포장전면 영양성분표시 front of package nutrition labeling "가 유용하고 적합한지를 검토할 필요에 대해 관심을 표했다(online: http://www.fda.govv/Food/LabelingNutrition/LabelClaims/ucm187369.htm). 현재 포장전면 영양정보는 주로 칼로리에 초점이 맞추어져 있지만, 나트륨 같은 다른 성분도 표시의 대상으로 고려하고 있다. 다른 영양소로 범위를 넓힌다면, 나트륨은 당연히 포함할 것이다. 나트륨 정보를 포장전면에 라벨링하는 것이 소비자에게 도움을 줄 수 있다는 것이 연구로 밝혀진다면, 이 추가 도구로 소비자들이 나트륨 섭취를 줄이도록 돕는 것은 가치가 있을 것이다.

나트륨의 하루 섭취량

영양정보표 Nutrition Facts panel 에서 주목할 점 하나는 제7장에서 언급한 나트륨 하루 섭취량이다. 미국식품의약품안전청은 안전성 측면에서 참조값(안전 참조값)을 기준으로 하였던 과거 나트륨 하루 섭취량을 적정성 측면의 참조값(적정 참조값)에 기초하여 개정되어야 하는지를 문의하였다(HHS/FDA, 2007).

본 위원회는 다음과 같은 사항을 고려하였다:

- 하루 섭취량을 공표하는 목적은 하루 식이 전체에서 특정 식품 1회 제공량이 차지하는 정도를 소비자가 정하도록 돕는 것이다.
- 일반적으로 하루 섭취량은
  - 필수영양소일 경우에는 적정 참조값을 기초로 정한다.
  - 영양소가 필수영양소가 아닐 경우에는 안전 참조값을 기초로 정한다(예: 포화지방, 콜레스테롤).
- 나트륨은 과학적으로는 필수영양소이지만, 1993년에는 적정 참조값이 없었기 때문에, 당시에는 적정 참조값보다는 안전성 관점의 참조값을 이용하였다.
- 2005년에 적정 섭취량 Adequate Intake 이라는 이름으로 나트륨의 적정 참조값을 확립하였다.
- 적정 참조값을 사용하면 소비자가 필수 영양소로서의 요구량을 나트륨 함유 음식이 얼마나 충족시키는지 이해할 수 있게 하고 식품 나트륨이 실제보다 좋다고 잘못 생각하지 않게 할 수 있다.
  - 제2장에서 논의한 바와 같이 소비자는 자신의 나트륨 섭취량이 괜찮은 정도라고 생각하며, 현재 시행하는 영양성분표시 때문에 나트륨 섭취를

줄인 일이 없다. 간접증거 때문에 적정 섭취량 기준을 사용하도록 하지만 직접적인 증거를 제시하는 연구가 필요한 상황이다.

나트륨 하루 섭취량의 근간은 적정 섭취량이어야 한다. 나트륨의 적정 참조값을 밝힌 미국의학한림원의 2005년 보고서를 보면(IOM, 2005), 적정 참조값이 나트륨 하루 섭취량이 기준이 되도록 빨리 조치해야 한다(권고 3 참조). 그렇게 해야 나트륨 하루 섭취량을 정하는 방식이 다른 영양소의 하루 섭취량을 정하는 방식과도 부합한다. 기술적 타당성의 관점에서 볼 때 영양정보표 Nutrition Facts panel 에서는 나트륨 함량을 진술하는 것이기 때문에, 적정 섭취량을 하루 섭취량의 기반으로 하는 데 문제는 없다.

본 위원회는 나트륨 하루 섭취량을 낮추면 식품제조사가 나트륨 함량 표시를 꺼려할지를 생각하여 보았지만, 일반적으로 문제가 되지는 않을 것으로 결론지었다. 나트륨 하루 섭취량의 변화는 "무염", "저염" 등 제조사 표시 방침을 바꾸지 않을 것 같은데, 그러한 표시는 나트륨이 아예 없다거나, 특정 식품과 비교하여 적다는 사실에 기초하기 때문이다. 반면에 "저염"이나 "극저염" 등의 표시는 영향을 받을 수 있는데, 하루 섭취량은 식품제조사 표시의 정량적 기초가 되기 때문에, 제조사 표시의 유용성과 목적을 수행하는데 도움이 되도록 제조사 표기를 재검토하는 기회가 된다.

나트륨 하루 섭취량을 줄이면 식품회사 대다수가 식품에서 나트륨 함량을 줄이는 인센티브가 된다. 하루섭취량을 줄이면 이전에 비해 1일 섭취 권고량 대비 식품 나트륨 함량의 비율이 증가하여 보이게 된다. 소비자에게 어필하기 위해 식품제조사는 자사 제품에서 나트륨을 줄이는 동기가 되고, 결국 영양성분표시는 그 상품이 나트륨 1일 섭취량에 기여하는 정도가 낮아졌음을 알리게 될 것이다. 이것은 식품 일부의 "저염" 표시를 어렵게 하겠지만, 전체적으로 그러한 변화는 식품 공급 측면에 큰 영향을 줄 것이다.

레스토랑/외식업

끝으로, 레스토랑/외식업이 판매 시점에 제공하는 식품 정보의 유용성을 검토하겠다. 미국인 상당수가 레스토랑이나 외식업체에서 식품을 소비하는 것을 생각할 때, 영양성분표시가 없다는 것은 문제이다. 외식은 이제 특별히 경사가 있을 때만 하는 것이 아니므로, 소비자가 식료품 가게에서 식품을 선택 할 때처럼, 식당에서 메뉴를 고를 때에도 의심할 나위 없이 영양정보가 필요하다.

외식하는 소비자에게 영양정보를 제공하는 단계로 "환자보호와 적절한 치료에 관한 법률 Patient Protection and Affordable Care Act " (HR,\3590, Title IV, Subtitle C, § 205; 111th Congress, 2nd session, March 2010)에는 메뉴 항목에 영양표시에 관한 조항이 있다. 매장이 20개 이상인 레스토랑은 메뉴, 메뉴판 menu board, (자동차 주문 drive-thru 포함), 식품 전시판 food display tag 에 칼로리를 적어야 하고 기타 추가 정보(나트륨, 지방, 포화지방, 탄수화물, 단백질, 섬유질)를 요구하면 서면으로 제공해야 한다. 레스토랑/외식업체 전체가 일관되게 식품 영양 정보를 제공하는 것은 어렵기 때문에 환자보호와 적절한 치료에 관한 법률은 소규모 업소에게는 영양표시를 요구하지 않는다. 그러나 의무는 아니지만 소규모 업소가 자진하여 영양정보를 제공한다면 소비자에게는 좋은 일이다.

레스토랑/외식업체에게 영양성분표시, 특히 나트륨 함량 표시를 하게 하는 데 장애가 되는 점은 레스토랑/외식업체에만 공급하는 제품에는 영양성분표시를 면제하고 있다는 것이다. 외식업체용 제품에도 영양정보를 표시하도록 하면 모든 레스토랑이 소비자에게 나트륨 정보를 알리도록 돕고 또 메뉴의 나트륨 함량을 계속 조사하고 낮추도록 하는 데 도움이 될 것이다.

레스토랑/외식업체의 영양성분표시에서 고려하여야 할 또 다른 부분은 영양 관련 표시이다. 영양표시와 교육에 관한 법 NLEA 에서는 영양소 함량이나 건강식품 표시의 규칙이 "라벨링"과 밀접한 관련이 있다고 규정하고, 메뉴는 특징적으로 라벨링되는 것으로 간주한다. 이 단원의 뒤에서 식품산업에 장려책을 제공하는 것에 대해 설명하는 것처럼, 나트륨 정보표의 규정은 레스토랑/외식업체에 선택에 따라 넓게 적용될 수 있고 따라서 구매시에 모든 소비자에게 추가정보를 제공할 수 있다.

신선 육류, 가금류, 해산물의 표시

현재의 규제하에서는 신선 육류나 가금류는 소매로 포장판매 될 때에도 영양정보표시 의무가 없다(제7장 참조). 그러나 이들 식품에는 나트륨 강화용액 sodium enhancement solution 을 사용하여 나트륨을 공급한다. 해산물에도 마찬가지로 나트륨 강화용액을 사용하며, 영양성분표시는 생산자가 자발적으로 한다. 질이 일정하지 않은 이러한 영양성분표시는 신선 상품의 표시만큼이나 어려운데, 나트륨이 함유되어 있다는 것을 소비자에게 알리는 표시를 하는 방법을 생각해 볼 가치가 있다.

영양성분표시: 구매 시 소비자를 돕고 식품 산업에 인센티브를 제공하는 나트륨 정보

"영양표시와 교육에 관한 법 Nutrition Labeling and Education Act of 1990 "의 의도는 소비자가 식품을 비교하고 건강식품을 고르는 데 도움을 주도록 하는 것이었지만, 식품산업에도 초점이 맞추어져 있었다. 이 법에서 포장식품의 영양 성분을 제조사가 표시하도록 허용하고 그 기준을 정한 것은 우선 소비자에게 식품 성분을 알려주는 것과 동시에 식품제조회사에게 인센티브를 제공하는 것으로 해석할 수 있다. 위 법의 성안과정에서는, 식품에 영양성분에 대한 표시나 문장이 있거나, 질환의 위험을 낮추는 성분이 들어 있다면, 그 식품의 상품성이 높아질 것이라 가정하였다. 따라서 식품제조회사는 그러한 제조사 표시의 기준에 맞도록 신 제형 제품을 개발하는 동기를 부여받을 것이라고 예상하였다.

제조사 표기 시행의 실패

식품업계로 하여금 자발적으로 나트륨 함량을 줄이라고 요청한다고 해도, 또 식품의 나트륨 함량을 줄였다고 표시한다고 해도 식품의 전체적 나트륨 함량이나 소비자의 나트륨 섭취에는 영향을 주지 못했다. 제2장에서 기술한 조사 결과 제조회사는 포장식품의 나트륨 함량에 대한 표시를 광범위하게 하고 있지 않다. 또한 문서화되지는 않았지만, 본 위원회의 워크숍 과정에서 논의되었고 제6장에서 강조되었던 우려처럼 나트륨을 적게 함유한 식품이라는 표시가 소비자에게는 그 식품이 경쟁상품에 비해 맛이 없다는 신호로 받아들여질 수 있다. 건강과 나트륨 함량에 대한 표시가 잘 되지 않는 이유는 복잡하며 이해가 되지 않지만, 이 사실을 근거로 표시를 하는 조건 특히 나트륨 함량 표시의 조건을 재검토할 필요가 있다.

나트륨 관련 표시의 미래

나트륨 함량 표시에 대한 조항을 하나하나 정하는 것은 과한 욕심일 수 있다. 모든 종류의 식품에 동일하게 적용되어, 소비자 입맛이 적응하는 것을 돕거나, 제조회사가 식품의 나트륨 함량을 낮추는 기술을 개발하는 데 필요한 시간을 제공하는 점진적인 나트륨 감소의 필요성 등을 고려하지 않은 것일 수 있다. 특히 중요한 것은 "건강식품" 표시에 대한 규제이다. 이 조항은 시간에 따라 순차적으로 감량하는 방법을 포함하고 있는데, 다른 상품과 경쟁하기 위해 소금을 줄이지 않은 상품을 계속 생산하면서 소금 감량은 불가능하다고 하는 식품업계의 주장 때문에, 감량은 계속 미루어졌다. 아마도 표시 규제 출발점이 적절하지 않았거나, 순차적인 감량의 본질에 대해 더 연구해야 할 필요가 있을 것 같다(권고 3 참조). 이는 식품산업이 너무 빨리 너무 멀리 가려해서 소비자에게 저염 식품이라고 표시된 제품은 맛없는 음식이라는 관념을 심어주었다고 주장하는 일부 단편적인 보고에 대해서도 마찬가지이다. 이와는 반대로, 식품 제조회사가 틈새시장을 노렸으나, 경쟁할 만한 수준의 맛을 내지 못한 것일 수 있다.

그럼에도 불구하고, "영양표시와 교육에 관한 법 NLEA" 조항을 바탕으로 시행하는 나트륨 함량 표시는 원칙적으로 소비자에게 유용한 정보가 되었고, 식품제조회사가 제품을 개선하도록 하는 데 보조적인 도구가 된 것은 틀림없다. 본 위원회가 주최한 공공의견 수집을 위한 워크숍에서(2009년 3월 30일), 식료품제조협회 The Grocery Manufacturers Association (GMA, 2008)와 식품산업 종사자들은 저염 표시를 위한 요건인 현재의 25% 나트륨 감량 표시는 단계적으로 접근하는 데 역효과를 가져온다고 주장했다. 단계적으로 변화시키기 위해서 저염 표시를 허용하는 것도 생각할 만하다. 그러나 이 조항에 수정을 가하면, 미국식품의약품안전청과 미국농무부는 실제로 건강에 도움이 되는 수준의 나트륨 감량 표시를 하는 것과 의미 없는 저염 표시가 쏟아져 나오는 판에서 소비자를 보호하는 것 사이의 균형을 잡는 데 큰 어려움을 겪게 될 것이다.

더 나아가, 가공식품에서와 마찬가지로 표준화된 레스토랑/외식업에 대해서 동일한 기회와 인센티브를 주는 것은 가치 있는 일이다. 1990년의 "영양 표시와 교육에 관한 법"을 시행하면서 미국식품의약품안전청은 식품 표시의 규제 대상을 포장식품으로 제한하였는데, 제7장에서 논의한 바와 같이 외식업 메뉴에도 확대 적용이 가능한 규제 사항이다. 미국식품의약품안전청은 현재 실제로 레스토랑/외식업 메뉴에 표준화된 나트륨 함량 표기를 하도록 하는 사업에 착수할 수 있다. 그러한 방법이 소비자로 하여금 외식을 할 때 현명한 선택을 하는 기회를 더 많이 제공할 수 있다는 결론이 내려졌다. 그러나 레스토랑/외식업에 대한 배경지식과 자료를 수집하고, 이 업체가 쓸 나트륨 표기에 대한 적절한 규제를 만들기 위해 이해당사자 사이의 논의를 시행하는 등 기초 작업이 필요하다고 하였다.

나트륨 섭취를 줄일 때 미국인에게 발생할 수 있는 의도치 않은 결과

모든 공중보건 정책은 의도하지 않은 결과를 초래할 수 있다. 결과가 어떻게 나타날지 예측하고 그 예방책을 정책에 포함시키려는 노력은 미래를 대비하는 현명한 일이다. 마찬가지로, 정책 시행이 주는 영향을 시간대에 따라 면밀히 평가하고 모니터하는 시스템은 의도하지 않은 결과를 발견하고 가능성을 추적하는 데 도움을 준다. 이 단원에서는 나트륨 섭취 감량 전략을 시행하면서 연관되어 나타날 수 있는 의도치 않은 결과 네 가지에 대해 다루고자 한다. 부작용에 대하여 의료계와 공중보건 관련단체가 미리 알고 있어야 빨리 진단하고 조치를 취할 수 있다.

저 나트륨 섭취의 부작용

저 나트륨 섭취는 혈장 레닌 활성, 교감신경계 활성, 혈중 지질 농도와 인슐린 저항성에 좋지 않은 영향을 미칠 것이라는 우려가 제기되었다. 미국인 식생활 지침의 권고수준을 전체 인구에서 지키게 하려다 보면 일부 개인은 위험에 처할 수 있다는 것이다.

나트륨 섭취가 줄면, 생리적으로 길항 작용을 하는 호르몬 계통이 자극을 받는데, 특히 레닌 – 안지오텐신 계통과 교감신경계통이 항진된다(IOM 2005). 신체의 이러한 보상반응은 나트륨 섭취가 급격히 변화할 경우 현재 추천하는 점진적 섭취 변화 때 보다 훨씬 더 크게 일어난다(Sagnella et al., 1990). 더욱이, 나트륨 섭취를 줄이면 혈압이 낮아지는 명백한 이점이 있는데 비해서 혈장 레닌 활성이 조금 상승한 결과는 임상적으로 확실하지 않다.

나트륨 섭취 변화가 지방, 내당능, 인슐린 감수성 등에 미치는 영향을 검토한 연구도 있다. 부작용을 발견하였다는 연구 결과도 일부 있으나, 부작용은 나트륨 섭취를 수일 내에 급격하게 변화시킨 경우에 일어났다. 나트륨 감량이 혈중 지질에 미치는 영향을 연구한 최장기간, 최대 규모의 대조 연구에서는 권고 섭취량 범위 내에서는 나트륨 농도에는 유의한 영향이 없었다(Harsha et al., 2004). 따라서, 미국의학한림원은 나트륨을 포함한 영양소의 식이 참조 섭취량 Dietary Reference Intake 을 개발하는 과정에서, 권고 섭취량 범위의 나트륨 섭취가 좋지 않은 영향을 미칠지 모른다는 주장은 대부분 증거가 없다고 결론지었다(IOM, 2005).

식품 안전성

소금과 기타 나트륨 함유 화학물질은 식품보존제 역할을 하기 때문에, 이를 줄이면 식품의 안전성을 해칠 가능성이 있다.

과거 식품의 영양 성분을 개선하려고 신 제형 제품을 개발하는 과정에서 식품 매개 감염질환을 일으켰던 전례가 있다. 잘 알려진 예는 영국에서 저칼로리 요구르트에 쓰려고 무가당 헤이즐넛 잼을 만든 사례이다(Entis, 2007). 잼 회사는 다른 성분은 바꾸지 않고 공정도 그대로 두면서 설탕을 아스파탐 aspartame 으로 바꿨다. 원 제조법에 있던 설탕은 클로스트리디움 보툴리눔 *Clostridium botulinum* 이 증식하지 못하게 하는 역할을 하였는데, 공정에서 설탕을 빼자, 이 세균이 증식할 수 있게 되어, 끝내는 1명이 죽고 중환자 25명이 발생하였다. 이 사건은 새로운 제조 공정을 개발할 때 식품 안전과 관련된 성분을 고려하지 않았을 때 발생할 수 있는 불행한 결과의 일례이다. 그러나 이러한 사건은 식품 안전 전문지식과 제품 테스트를 통해 예방할 수 있다.

미국식품의약품안전청의 권한과 임무에 합치되도록, 안전인정물질의 자격 조정은 규제에 포함되어 실행하기 전에 안전성을 증명하여야 한다. 나트륨 감량 시에 발생하는 문제들을 방지하기 위하여, 식품회사는 나트륨 감량이 식품 안전성에 위험성을 높일 가능성이 있는지 일반적으로 평가하고, 미생물에 대항하는 장애물을 제품에 만들어 넣는다(제4장에서 기술된 바와 같이). 게다가, 일반적으로 유통기한 검사를 통해 새로운 공정으로 제조한 제품의 안전성을 평가하는 것이 표준 방법이다. 이러한 검사로 어떤 식품에 대한 나트륨 감량의 한계를 결정하고 어떤 사용조건에서의 표준 셋팅 절차를 교육하는데 쓸 수 있는 정보를 얻을 것이다. 예를 들면, 이러한 검사는 저염 가공육이나 치즈에서 리스테리아 모노시토제네스 Listeria monocytogenes (영국에서 소금을 줄이려고 할 때 식품 안전 문제를 일으킨 미생물)가 증식할 가능성이 있는지 확인하는데 도움이 될 수 있다(Advisory Committee on the Microbiological Safety of Food ad hoc Group on Vulnerable Groups, 2008). 나트륨 함량을 줄이고자 재촉하는 과정에서 의도하지 않은 식품 안전 문제가 일어나지 않음을 확인하기 위해서는 시행하는 검사 시행에 시간이 필요하고, 도입 시기는 단계적으로 적절해야 한다. 연구개발 자원이 풍부한 대기업에 비해 작은 회사는 식품 개발 연구를 빨리 수행할 능력이 없을 수 있고, 나트륨 감량의 목표를 충족시키는데 시간이 더 걸릴 수 있다. 미국식품의약품안전청과 동업자조합trade association, 미국농무부 확대협동서비스와 같은 프로그램은 연구개발 인력이 모자라는 회사 간의 지식 격차를 보충하는 데 도움이 될 수 있을 것이다. 충분한 지도, 식품안전의 한계를 인지하는 조건의 표준화, 정기적으로 제품 안전을 평가하는 유통기한 검사 등을 통해 대부분의 식품 안전 문제는 피할 수 있을 것이다.

요오드 결핍

1920년대까지 미국 5대호 지방과, 아팔라치아 산맥 지역, 북서부 지역에서는 요오드 결핍이 중요한 공중보건 문제였다(Pearce, 2007). 식품제조회사가 요오드화염을 자발적으로 도입하고 보건국에서 대규모 공공 교육 프로그램을 통하여 요오드화 소금 소비를 촉진시킨 결과 고위험지역의 갑상선종goiter 발생은 거의 사라졌다. 따라서 미국인의 소금 섭취를 줄이려는 전략을 짤 때 드는 다음 문제는 이것으로 인하여 요오드 부족이나 고 위험군의 요오드 결핍과 같은 의도치 않은 결과를 일으킬 것인가 하는 질문이다.

이 질문에 답하기 위해서는, 현재 미국인의 요오드 실태를 파악하는 것이 중요하고, 소금 섭취를 줄일 때 요오드 섭취에 미치는 영향을 예측하는 것이 중요하다. 그러나 미국인의 요오드 섭취량을 평가하는 것은 어렵다. 섭취량 자료는 대개 부정확한데, 소비자가 식탁에서 소금을 얼마나 사용하는지 정확히 평가하는 것은 불가능하며, 가정 안에서나 밖에서 식품에 요오드화 소금을 이용하는지 요오드화가 되지 않은 소금을 이용하는지에 대한 정보는 식품 조성 데이터베이스나 식이 설문 조사에서도 거의 포착되지 않기 때문이다. 몇몇 중요 식품에서도 요오드 함량은 차이가 크다. 예를 들면, 2002년에 조사한 빵 한 쪽의 요오드 함량은 제품 3종에서는 300 μg을 넘었으나, 다른 제품 17개종에서는 평균 함량이 10 μg이었다(Pearce, 2007). 따라서 특정한 식품의 요오드 함량은 알기 어렵다. 식품에서 요오드 함량 라벨링은 건강정보 표시가 만들어지지 않았거나 요오드가 영양 강화용으로 추가되지 않았다면 의무는 아니다. 한편, 종합비타민이나 종합미네랄 보충제 같은 보조식품의 경우 1일 섭취량당 150 μg의 요오드를 포함하고 있고, 요오드 함량이 제품 라벨에 표시되어 있다.

식품을 통한 요오드 섭취량을 정확하게 추청하기 어려워 소변의 요오드 배설량으로 주로 측정한다. 요오드는 신장에서 배설하므로, 소변 요오드 농도는 식이 요오드 섭취부족의 지표가 된다(Pearce, 2007). 미국국민건강영양조사^NHANES^는 1971년부터 1974년까지 수행한 1차 조사 때부터 정기적으로 임의의 소변 검체를 모았고, 이 소변 검체의 요오드 값을 측정하였다. 이 자료는 시기별 소변 요오드 배설 추세를 조사하는데 이용한다(Caldwell et al., 2005).

제1차 미국국민건강영양조사에서 요오드 수준은 "적정범위에서 초과 범위"라고 판단하였다(Pearce, 2007). 제1차 미국국민건강영양조사(320 ± 6 μg/L, 1971-1974) 이후 제3차 미국국민건강영양조사(145 ± 3 μg/L, 1988-1994)까지는 소변 요오드는 감소하는 추세였다. 그러나 2001년과 2002년간의 미국국민건강영양조사 자료는 소변 요오드 배설이 안정화되었다(167.8 μg /L; 95% 신뢰구간 159.3-177.6 μg/L). 제3차 국민건강영양조사와 2001-2002년 소변 요오드 배설 농도자료로 보아 요오드영양 상태는 "최적"의 상태로 생각된다(Caldwell et al., 2005; Pearce, 2007).

1971-1974년에 비해 1988-1994년의 소변 요오드 배설 농도가 저하한 이유를 정확하게 알 수 없지만, 식품에 요오드를 과도하게 공급한다는 미국식품의약품안전청의 우려에 대한 식품업계의 반응과 상관이 있어 보인다. 다시 말해, 요오드 감소는 일반인에게 해로울 정도의 수준에서 보다 적당한 수준으로 요오드 공급을 줄이려는 노력에서 비롯되었을 수 있다. 1970년대에 미국식품의약품안전청이 시장을 대표하는 식품 표본에 대하여 시행한 화학 분석에서 요오드 수치가 유제품과 곡물류, 정육, 어류, 가금육에서 극도로 높고, 증가하는 것을 알았다(Park et al., 1981). 당류나 첨가물(예: 푸딩 믹스, 잼, 젤리, 사탕 종류)에서도 요오드가 상당한 양 포함되어 있었다. 이러한 식품의 요오드가 어디에서 온 것인지를 명확히 조사하지 않았지만, 유제품 소독

제로 요오드포 iodophor 를 사용한다든지, 동물 사료에 첨가된 다량의 요오드나, 요오드를 포함하는 적색 색소, 제빵 공정에서 필요한 요오드화합물 등에서 비롯하였을 가능성이 높다(Pearce, 2007). 미국식품의약품안전청은 이러한 우려를 식품업계에 전달하였고, 이에 따라 식품의 요오드 함량은 감소하였다.

현재 미국인의 요오드 영양 상태는(비록 임산부와 같은 특정 집단은 일반인보다는 위험군이지만) 요오드 영양상태를 평가하는 일반적인 지침에 따르면 적정한 범위에 있다고 보아야 한다(Caldwell et al., 2005; Pearce, 2007). 현재의 요오드 섭취 정도를 고려할 때, 소금 섭취를 줄이는 계획이 실현되면 어떤 일이 벌어질까? 이것은 요오드화 소금의 섭취가 전체 요오드 섭취에서 얼마나 차지하는지를 고려하면 답을 얻을 수 있다.

현재 요오드화 소금은 주로 가정용 식탁소금 table salt 으로 사용된다. 식탁소금 판매량의 70%가 요오드화 염이다(Pearce, 2007). 비요오드화 소금은 주로 식품 공정과 레스토랑/외식업체에서 사용한다(Dasgupta, 2008). 현재 식탁소금을 통해 섭취하는 나트륨은 전체 나트륨 섭취의 약 5% 정도이다(제5장 참조). 오늘날 요오드는 대부분 소금이 아닌 식이를 통해 섭취하므로(예: 요오드 함유 식품 첨가물, 가공 첨가제, 여러 나라와 지역에서 재배한 식품) (IOM, 2005) 소금 섭취를 줄인다고 해도 요오드 섭취는 영향 받지 않는 것이다. 따라서 만일 현재 섭취하는 소금의 5퍼센트만 요오드화 소금이라고 가정하고 주요 나트륨 감량 전략이 가공식품과 레스토랑/외식업 식품의 나트륨을 줄이는 데 있다면, 나트륨 섭취 감량 전략이 미국인의 요오드 섭취량에 미치는 영향은 최소한에 그칠 것이다. 그럼에도 불구하고, 공중 보건 문제는 신중하게 다뤄야 하므로 지속적이고 발전된 방식으로 소변 요오드 배출을 모니터링하고 시장 대표 식품에서 요오드 함량을 지속적으로 분석하여야 한다.

소금대체물질로 염화칼륨을 사용함으로써 발생하는 문제

염화 칼륨 potassium chloride 은 소금의 대체물질로 쓴다. 나트륨 섭취를 줄이려고 노력하다 보면 식품에서 염화 칼륨을 소금대체물질로 더 많이 사용하는 결과를 낳을 것이다. 실제로 미국의학한림원위원회는 최근 미국질병관리본부에게 미국인의 고혈압을 예방하고 관리하는 전략의 일환으로 염화나트륨/염화칼륨 혼합물을 사용하여 소금 섭취를 줄이면서 칼륨 섭취를 늘리는 방법을 고려하도록 추천하였다(IOM, 2010).

식생활지침에서는 일반적으로 칼륨의 섭취를 늘리는 것을 권장하는 데(DGAC, 2005), 이것은 식이를 통해 칼륨 섭취를 늘리면 이득이 되는 건강한 사람에 대한 권고안이다.

그러나 염화칼륨을 광범위하게 많이 섭취한다면 미국인 일부 상당한 수에서 의도하지 않은 결과가 나타날 수 있는데, 식품의 칼륨 함량은 영양성분표시에 나오지 않기 때문에 특히 그렇다. 고 칼륨혈증은 심장에 나쁜 영향(부정맥)을 일으킬 수 있다. 질환상태 또는 약물 치료로 인해 소변으로 칼륨 배설에 장애가 있는 사람에서 생명을 위협하는 수준의 고칼륨 혈증사례가 보고되었다(IOM, 2005). 만성질환 치료를 받고 있는 환자 중 칼륨 함유 소금대체물을 복용하다가 고칼륨 혈증이 온 사례가 여러 번 보고되었다(Haddad, 1978; Ray et al,. 1999; Snyder et al., 1975).

미국인 많은 수가 혈청 칼륨 농도를 높이는 약물을 복용하고 있다. 흔히 쓰는 약물 중에는 안지오텐신전환효소 ACE 억제제나, 안지오텐신수용체 차단제 ARBs, 칼륨 배설을 줄이는 이뇨제 등은 칼륨 배설을 상당히 줄인다(DGAC, 2005). 칼륨 배설 저하와 연관된 질병으로는 당뇨병, 만성신장질환, 말기신부전, 중증 심부전, 부신기능 저하 등이 있다. 이러한 질병을 앓는 미국인은 무수히 많다.

만성신장질환을 앓는 약 2천 6백만 미국인은(Lloyd-Jones et al., 2009), 염화칼륨을 섭취함으로써 혈청칼륨 농도를 악화시킬 수 있다. 또한 흔하게 처방되는 고혈압 약제인 안지오텐신전환효소억제제 ACEi 나 안지오텐신 수용체차단제 ARBs 를 사용하는 환자의 약 3.3%에서 고칼륨혈증(혈청 칼륨 5.5 mEq/L 이상)이 일어날 수 있는데 (Yusuf et al., 2008), 염화 칼륨 섭취는 이와 관련한 우려도 안고 있다. ACEi나 ARBs는 또한 미세알부민뇨나 단백뇨가 있는 당뇨병 환자에서 신기능을 보호하고 단백뇨를 줄이기 위해서도 쓰이는 약물이다.

미국인 약 5백만 명이 울혈성심부전을 앓고 있고(online: http://www.nlm.nih.gov/medlineplus/heartfailure.html), 이 병은 스피로노락톤이라는 알도스테론 호르몬 차단제로 치료한다. 그런데 이 약물은 고칼륨혈증과 연관성이 있다. 실제로, 캐나다에서 시행한 한 연구에서는 스피로노락톤이 울혈성심부전 환자에서 치료 효과가 있음을 보고한 논문 발표 후 얼마 되지 않아, 스피로노락톤 사용이 급증하면서 고칼륨 혈증으로 인한 입원을 400% 증가시켰고, 사망률이 환자 1,000명당 0.3명에서 1,000명당 2명으로 증가하였다고 보고하였다(Juurlink et al., 2004).

미국인 상당수가 칼륨 섭취 부작용으로 위험에 처할 수 있기 때문에, 소금대체물질로서 칼륨 섭취를 늘릴 때에는 철저한 감시가 필요하다. 식품공급의 조직적인 모니터링이 식품에서 염화칼륨 사용을 추적하기 위해서는 필수적이고 염화칼륨으로 인한 건강관련 부작용을 완화시킬수 있다.

모니터링

모니터링과 감시 surveillance 는 나트륨 섭취를 줄이는 전략 발전 양상을 추적하는 것뿐만 아니라 기초 자료를 확립하는 데 결정적으로 중요하다. 권고안을 시행하는데 필요한 기초자료 중 전체 인구의 나트륨 섭취에 관한 자료와 식품의 나트륨 함량에 대한 자료가 필요하다. 미국인의 고혈압을 줄이고 조절하는 공중보건 정책을 재검토한 미국의학한림원 위원회는 최근 (1) 미국인의 나트륨 섭취에서 특정 음식이 차지하는 바를 정밀하게 평가하고, (2) 전체 인구가 섭취하는 식이 나트륨을 정확하게 평가하기 위하여 24시간 수집한 소변에서 나트륨 배설량을 정밀하게 추적 검사할 필요가 있다고 권고하였다 (IOM, 2010). 지금까지의 모니터링은 기본 수준이었고, 국가차원 조사에서는 섭취 음식 회상법으로 추정하는 데 초점이 맞추어져 있었다. 식품 공급 측면의 나트륨 함량을 추적하는 체계적이고 신뢰할 만한 방법은 없었다. 게다가, 식이전체연구 Total Diet Study 나 식품표시포장조사 The Food Label and Package Survey 와 같이 국가 차원에서 진행된 유용한 조사도 체계적으로 시행되지는 않았으며, 적시에 유용한 정보를 주지 못하였고, 나트륨 관련 사항을 충분히 조사하지 못했다. 섭취 음식 회상법으로 나트륨 섭취량을 평가하는 데 필수적인 식품 조성에 관한 데이터베이스가 수년간 발전하였지만, 특히 레스토랑 식품 분야에 있어 아직 완전한 자료 수집과 보고 체계로 개선할 여지가 있다.

미국국민건강영양조사와 같은 전국적인 조사에서는 24시간 소변 채집과 같이 나트륨 섭취량을 정밀하게 측정하는 방법을 사용하여야 한다. 섭취 음식 회상법에 의한 추정 평가는 계속 수행하여야 하는데 그 이유는 식이 양상을 조사하고 나트륨 섭취량 증감에 따른 식이 변화를 확인하는 데 있어 중요하기 때문이다. 그러나 나트륨 모니터링과 감시에 필요한 보다 정밀한 측정을 위해서는 24시간 소변 검사가 필요하다(권고 5 참조).

식품공급 측면에서 나트륨 함량을 모니터링하는 새로운 방법을 찾을 필요가 있다. 개별 상품과 가공식품 분야별로 나트륨 함량과 그 추세에 대해 상세한 정보를 제공할 수 있는 한 가지 방법은 통일상품코드 Universal Product Code, UPC 판매 정보를 영양성분표시에서 제공하는 식품 영양 정보에 연결시키는 것이다. 이 방법은 뉴욕시 보건국 New York City Health Department 에서 운영하는 "전국 소금 감소 정책 NSRI " 에서 사용하는 방법이다. 비록 이 자료가 정확한 식품 소비 양이나 식품이 최종적으로 어떻게 조리되는지에 대한 정보는 제공해 주지 않고, 영양정보와 맞지 않는 몇몇 유니버살 상품 코드 UPC 로 인한 오류 가능성은 있지만, 이 자료는 추세를 알 수 있다는 유용한 측면이 있다. 그런 시스템을 발전시키는 방법을 부록 K에 기술하였다. 또 미국식품의약품안전청의 전체식이연구 Total Diet Study 를 확장하거나 이 연구를 대체할 만한 연구를 하도록 노력하는 것이 필요하다. 관련된 주제로, 나트륨에 대한 제조회사

표시를 감독하는 일 역시 중요한 일이다. 미국식품의약품안전청의 식품라벨 및 포장 조사Food Label and Package Survey를 지속하도록 노력하는 것과 나트륨 섭취를 줄이는 계획에서 중요한 모니터링 전략을 포함하도록 조사를 확장하는 일이 이루어져야 한다(권고 5 참조).

소비자가 스스로 나트륨 섭취량을 모니터링하도록 돕는 새롭고 발전된 방법이 있다면 소비자 행동양식을 크게 도울 것이다. 그러한 방향으로 발전하도록 하는 방법에는 다음과 같은 것이 있다: My Pyramid online 프로그램을 통한 식사 평가와 같이 현재 사용하는 방법을 발전시키는 것; 개인의 나트륨 섭취량을 추적하는 휴대용 소프트웨어의 개발 같이 식사를 통한 섭취를 모니터링 하는 새로운 방법을 개발하는 것; 가정에서 간편하게 소변 측정을 통해 나트륨 섭취량을 평가하는 키트의 개발 등이다.

게다가, 나트륨 섭취 감량을 유의한 정도로 실현시키기 위해 필요한 중요한 요인을 파악하는 데에는 소비자의 지식이나 태도, 영양성분표시에 따른 식품 선택 양상 등을 모니터링하여야 한다. 전국 조사 일부에는 그런 조사 항목을 포함하고 있으며, 그 연구에 나트륨 섭취와 연관시켜 그러한 항목을 발전시키고 확장할 수 있을 것이다. 추가적으로, 짠맛 취향을 평가하는 방법 개발에 주력할 필요가 있고, 개발된다면 국가단위의 모니터링 체계를 짤 때 반드시 조사항목에 포함되어야 한다(권고 5를 볼 것).

끝으로, 나트륨 섭취를 줄이기 위해 전체 국민 차원의 정책을 수행할 때에는 언제나 국민 건강의 관점에서 최선의 이익을 따라 하면서, 의도하지 않은 결과에 대해서 모니터링이 이루어진다는 것을 확실하게 해야 한다. 이는 식품 공급에서 단계적으로 나트륨 함량을 줄였을 때 그것이 소비자와 식품 산업에 미치는 영향을 파악하는 일에서부터 요오드 결핍이나 칼륨 과잉 같은 일로 인해 개인의 건강이 영향을 받는 것에 이르기까지 각 단계에서 세심한 모니터링이 필요함을 의미한다.

맺음말

본 위원회는 수집 가능한 자료를 검토하고 종합하여 권고안 다섯 가지를 제시하였고, 각각의 권고안에 대하여 몇 가지 전략을 제시하였다. 권고안은 일차, 중간, 지지 권고안으로 각각 정의하였고, 제9장에 제시하였다. 앞으로의 과제에 대해서는 제10장에서 다루면서 전략의 구현과 필요한 관련 연구에 대하여 초점을 맞추었다.

참고문헌

Advisory Committee on the Microbiological Safety of Food (ad hoc Group on Vulnerable Groups). 2008. *Increased incidence of listeriosis in the UK (draft report).*

Beauchamp, G. K., and L. J. Stein. 2008. Salt taste. In *The senses: A comprehensive reference.* 6 vols. Vol. 4, edited by A. I. Basbaum. New York: Elsevier. Pp. 401-408.

Beauchamp, G. K., M. Bertino, and K. Engelman. 1987. Failure to compensate decreased dietary sodium with increased table salt usage. *Journal of the American Medical Association* 258(22):3275-3278.

British Market Research Bureau. 2009. *Comprehension and use of UK nutrition signpost labelling schemes.* Prepared for the Food Standards Agency.

Brownell, K. D., and T. R. Frieden. 2009. Ounces of prevention: The public policy case for taxes on sugared beverages. *New England Journal of Medicine* 360 (18):1805.

Brownell, K. D., T. Farley, W. C. Willett, B. M. Popkin, F. J. Chaloupka, J. W. Thompson, and D. S. Ludwig. 2009. The public health and economic benefits of taxing sugar-sweetened beverages. *New England Journal of Medicine* 361 (16):1599-1605.

Caldwell, K. L., R. Jones, and J. G. Hollowell. 2005. Urinary iodine concentration: United States National Health and Nutrition Examination Survey 2001-2002. *Thyroid* 15(7):692-699.

Cleveland, L. E., A. J. Escobar, S. M. Lutz, and S. O. Welsh. 1993. Method for identifying differences between existing food intake patterns and patterns that meet nutrition recommendations. *Journal of the American Dietetic Association* 93(5):556-560.

CSPI (Center for Science in the Public Interest). 2005. *Salt: The forgotten killer.* Washington, DC: Center for Science in the Public Interest.

CSPI. 2008. *Salt assault: Brand-name comparisons of processed foods,* 2nd ed. Washington, DC: Center for Science in the Public Interest.

Dasgupta, P. K., Y. Liu, and J. V. Dyke. 2008. Iodine nutrition: Iodine content of iodized salt in the United States. *Environmental Science and Technology* 42 (4):1315-1323.

DGAC (Dietary Guidelines Advisory Committee). 2005. *Report of the Dietary Guidelines Advisory Committee on the Dietary Guidelines for Americans, 2005. A Report to the Secretary of Health and Human Services and the Secretary of Agriculture.* Washington, DC: U.S. Department of Agriculture and U.S. Department of Health and Human Services.

Doyle, M. P., L. R. Beuchat, and T. J. Montville (eds.). 2001. *Food microbiology: Fundamentals and frontiers.* 2nd ed. Washington, DC: ASM Press.

Engstrom, A., R. C. Tobelmann, and A. M. Albertson. 1997. Sodium intake trends and food choices. *American Journal of Clinical Nutrition* 65(Supplement 2):704S-707S.

Entis, P. 2007. Recipes for disaster. In *Food safety: Old habits, new perspectives.* Washington, DC: ASM Press. Pp. 42-43.

Fodor, G. J., N. H. McInnis, E. Helis, P. Turton, and F. H. H. Leenen. 2009. Lifestyle changes and blood pressure control: A community-based cross-sectional survey (2006 Ontario survey on the prevalence and control of hypertension). *The Journal of Clinical Hypertension* 11(1):31-35.

Forshee, R. A. 2008. Innovative regulatory approaches to reduce sodium consumption: Could a cap-and-trade system work? *Nutrition Reviews* 66(5):280-285.

GMA (Grocery Manufacturers Association). 2008. *Sodium and salt: A guide for consumers, policymakers, and the media.* Washington, DC: Grocery Manufacturers Association.

Golan, E., L. Mancino, and L. Unnevehr. 2009. Food policy: Check the list of ingredients. *Amber Waves* 7(2):16-21.

Haddad, A. 1978. Potassium and salt substitutes. *American Heart Journal* 95 (1):134-135.

Harsha, D. W., F. M. Sacks, E. Obarzanek, L. P. Svetkey, P. H. Lin, G. A. Bray, M.

Aickin, P. R. Conlin, E. R. Miller Iii , and L. J. Appel. 2004. Effect of dietary sodium intake on blood lipids: Results from the DASH-sodium trial. *Hypertension* 43(Part II):393-398.

HHS/FDA (U.S. Department of Health and Human Services/Food and Drug Administration). 1982. GRAS safety review of sodium chloride; policy notice; solicitation of views. *Federal Register* 47:26590.

HHS/FDA. 2005. Food labeling; nutrient content claims, definition of sodium levels for the term "healthy"; final rule. *Federal Register* 70(188):56828-56849.

HHS/FDA. 2007. Food labeling: Revision of reference values and mandatory nutrients; advanced notice of proposed rule-making. *Federal Register* 72(212):62149-62175.

IOM (Institute of Medicine). 2005. *Dietary Reference Intakes for water, potassium, sodium, chloride, and sulfate.* Washington, DC: The National Academies Press.

IOM. 2006. *Food marketing to children and youth: Threat or opportunity?* edited by J. M. McGinnis, J. Gootman, and V. I. Kraak. Washington, DC: The National Academies Press.

IOM. 2009. *School meals: Building blocks for healthy children,* edited by V. A. Stallings, C. W. Suitor, and C. L. Taylor. Washington, DC: The National Academies Press.

IOM. 2010. *A population-based policy and systems change approach to prevent and control hypertension.* Washington, DC: The National Academies Press.

Juurlink, D. N., M. M. Mamdani, D. S. Lee, A. Kopp, P. C. Austin, A. Laupacis, and D. A. Redelmeier. 2004. Rates of hyperkalemia after publication of the Randomized Aldactone Evaluation Study. *New England Journal of Medicine* 351(6):543-551.

Kumanyika, S. 1991. Behavioral aspects of intervention strategies to reduce dietary sodium. *Hypertension* 17(Supplement 1):190-195.

Kumanyika, S. K., N. R. Cook, J. A. Cutler, L. Belden, A. Brewer, J. D. Cohen, P. R. Hebert, V. I. Lasser, J. Raines, J. Raczynski, L. Shepek, L. Diller, P. K. Whelton, and M. Yamamoto. 2005. Sodium reduction for hypertension prevention in overweight adults: Further results from the Trials of Hypertension Prevention Phase II. *Journal of Human Hypertension* 19(1):33-45.

Laatikainen, T., P. Pietinen, L. Valsta, J. Sundvall, H. Reinivuo, and J. Tuomilehto. 2006. Sodium in the Finnish diet: 20-year trends in urinary sodium excretion among the adult population. *European Journal of Clinical Nutrition* 60(8):965-970.

Lloyd-Jones, D., R. Adams, M. Carnethon, G. De Simone, T. B. Ferguson, K. Flegal, E. Ford, K. Furie, A. Go, K. Greenlund, N. Haase, S. Hailpern, M. Ho, V.

Howard, B. Kissela, S. Kittner, D. Lackland, L. Lisabeth, A. Marelli, M. McDermott, J. Meigs, D. Mozaffarian, G. Nichol, C. O'Donnell, V. Roger, W. Rosamond, R. Sacco, P. Sorlie, R. Stafford, J. Steinberger, T. Thom, S. Wasserthiel-Smoller, N. Wong, J. Wylie-Rosett, and Y. Hong. 2009. Heart disease and stroke statistics-2009 update: A report from the American Heart Association Statistics Committee and Stroke Statistics Subcommittee. *Circulation* 119(3):e22-e181.

Loria, C. M., E. Obarzanek, and N. D. Ernst. 2001. Choose and prepare foods with less salt: Dietary advice for all Americans. *Journal of Nutrition* 131(2, Supplement 1):536S-551S.

Luft, F. C., C. D. Morris, and M. H. Weinberger. 1997. Compliance to a low-salt diet. *American Journal of Clinical Nutrition* 65(Supplement):S698-S703.

McCarron, D. A., J. C. Geerling, A. Kazaks, and J. S. Stern. 2009. Can dietary sodium intake be modified by public policy? *Clinical Journal of the American Society of Nephrology* 4(1):1878-1882.

Mohan, S., N. R. C. Campbell, and K. Willis. 2009. Effective population-wide public health interventions to promote sodium reduction. *Canadian Medical Association Journal* 181(9):605-609.

National Centre for Social Research. 2008. *An assessment of dietary sodium levels among adults (aged 19 –4) in the UK general population in 2008, based on analysis of dietary sodium in 24 hour urine samples.* http://www.food.gov.uk/multimedia/pdfs/08sodiumreport/pdf (accessed February 2, 2010).

NHLBI (National Heart, Lung, and Blood Institute). 1996. *Implementing recommendations for dietary salt reduction: Where are we? Where are we going? How do we get there?: Summary of an NHLBI workshop.* NIH Publication No. 55-728N. Bethesda, MD: National Institutes of Health.

NHLBI. 2004. *The seventh report of the Joint National Committee on Prevention, Detection, Evaluation, and Treatment of High Blood Pressure.* NIH Publication No. 04-5230. Bethesda, MD: National Heart, Lung, and Blood Institute.

Park, Y. K., B. F. Harland, J. E. Vanderveen, F. R. Shank, and L. Prosky. 1981. Estimation of dietary iodine intake of Americans in recent years. *Journal of the American Dietetic Association* 79(1):17-24.

Pearce, E. N. 2007. National trends in iodine nutrition: Is everyone getting enough? *Thyroid* 17(9):823-827.

Pietinen, P., A. Tanskanen, A. Nissinen, J. Tuomilehto, and P. Puska. 1984. Changes in dietary habits and knowledge concerning salt during a community-based prevention programme for hypertension. *Annals of Clinical Research* 16(Supplement

43):150-155.

Ray, K. K., S. Dorman, and R. D. S. Watson. 1999. Severe hyperkalaemia due to the concomitant use of salt substitutes and ACE inhibitors in hypertension: A potentially life threatening interaction. *Journal of Human Hypertension* 13(10):717-720.

Reinivuo, H., L. M. Valsta, T. Laatikainen, J. Tuomilehto, and P. Pietinen. 2006. Sodium in the Finnish diet: II Trends in dietary sodium intake and comparison between intake and 24-h excretion of sodium. *European Journal of Clinical Nutrition* 60(10):1160-1167.

Sagnella, G. A., N. D. Markandu, M. G. Buckley, M. A. Miller, D. R. J. Singer, and G. A. MacGregor. 1990. Plasma atrial natriuretic peptide, aldosterone, and plasma renin activity responses to gradual changes in dietary sodium intake. *American Journal of Hypertension* 3(11):863-865.

Snyder, E. L., T. Dixon, and E. Bresnitz. 1975. Letter: Abuse of salt "substitute." *New England Journal of Medicine* 292(6):320.

Waist banned: Does a tax on junk food make sense? 2009. *The Economist,* July 30, 2009.

WHO (World Health Organization). 2007. *Reducing salt intake in populations: Report of a WHO forum and technical meeting.* Paris, France: World Health Organization.

Williams, R., and K. Christ. 2009. Taxing sin. *Mercatus on Policy* 55:1-4.

Yusuf, S., K. K. Teo, J. Pogue, L. Dyal, I. Copland, H. Schumacher, G. Dagenais, P. Sleight, and C. Anderson. 2008. Telmisartan, ramipril, or both in patients at high risk for vascular events. *New England Journal of Medicine* 358(15):1547-1559.

9

나트륨 섭취를 줄이고, 그 효과를 감시하기 위한 권고 전략

이번 단원은 "미국인 식생활 지침 Dietary Guidelines for Americans"에서 추천하는 정도로 나트륨 섭취를 줄이는 것을 목표로 하는 전략을 제시한다. 일차 전략 primary strategy 은 이미 기술한 바와 같이 미국의 식품 공급 측면에 초점이 맞추어져 있다. 이 전략은 (1) 미국인의 나트륨 섭취는 대부분 가공식품과 레스토랑/외식업체가 제공하는 식품에서 오기 때문에 식품 전체의 나트륨 함량을 낮춰야 나트륨 섭취를 의미 있게 감소시킨다는 것, (2) 감소 전략은 점진적이고, 단계적으로, 그리고 폭넓게 시행하여야 가장 성공적이라고 서술하였다. 소비자가 나트륨 섭취를 의미 있게 줄이는 능력에는 한계가 있으므로 식품공급 측면이 변화하여 도움을 받아야 한다.

그리고 이러한 일차 전략은 미국인이 섭취하는 나트륨 상당량은 레스토랑과 기타 외식업에서 온다는 이해에 바탕을 두고 있다. 그러므로 소비자가 구입하는 가공식품뿐 아니라, 레스토랑/외식업체에 초점을 맞춰 복합적으로 노력하여야 한다. 이 전략은 식품에 첨가한 기타 나트륨 화합물뿐 아니라, 식품 생산자와 레스토랑/외식서비스가 첨가한 소금을 언급한다. 중간 전략 interim strategy 은 일차 전략 실시하는 과정에서 식품공급 분야가 나트륨 함량을 줄이는 노력을 돕기 위해 고안하였다.

식품공급 부분의 나트륨 함량을 줄이는 노력은 나트륨 섭취를 줄이는 쪽으로 상당히 진전하였지만 소비자가 현재의 권고안에 확실히 도달하기 위해서는 지지 전략 supporting strategies 이 필요하다. 지지 전략은 다양한 이해관계자를 대상으로 하고 있고, 일차 전략을 보강하는 역할을 한다. 또 감시와 조사에 관련된 전략을 포함시켜, 나트륨 섭취, 소금 맛 취향, 관련 소비자 지식 및 태도, 그리고 식품 공급 부분에서 나트륨 함량에 대한 중요 자료를 축적할 수 있도록 하였다.

일차 전략

권고 1: 미국식품의약품안전청 FDA 은 식품의 나트륨 함량에 대한 의무적 국가 표준을 제정하는 절차를 빨리 시작해야 한다.

전략 1.1 미국식품의약품안전청은 단계적으로 식품 소금 함량을 줄이기 위해 가공식품에 첨가하는 소금에 대한 "안전인정물질" 자격을 개정해야 한다.

미국식품의약품안전청은 "미국인 식생활 지침"에 맞추어 국민 전체의 나트륨 섭취량 달성을 위해 가공식품의 소금사용 조건을 확립하는 규제활동을 신속히 시행해야 한다. 소금의 안전인정물질 자격을 개정해야 하는 이유는 1959년 처음으로 일반적으로 안전하다고 인정하는 안전인정물질 GRAS 의 기준을 정한 이후 소금이 건강에 미치는 영향에 대한 근거가 변화하였기 때문이다.

안전인정물질의 개정 조항 기준으로 식품에 첨가되는 소금 함량을 단계적으로 줄여야 하는 이유는 소금 첨가 식품에 대하여 소비자 취향이 맞춰나갈 수 있게 하고 식품업계에서 기술적 문제를 해결할 수 있는 시간적 여유를 허용하여야 하기 때문이다. 게다가 현재 특정 모니터링 체계나 광범위하게 실시하는 모니터링 체계는 단계적 조치를 알리기 위해 필요하다. 소금의 안전인정물질 자격에 대한 새로운 조항을 집행하기 위해서 미국식품의약품안전청은 초기 분석과 자료 수집을 이해당사자와 협력하여야 한다. 투명하고 과학에 근거하여 결정해야 한다. 정책 집행에 필요한 여러 가지 수단을 고려하여야 한다; 특별 표시부착/정보공개설명서, 나트륨 함량에 대한 정보표기 등은 집행과정에서 포함되어야 한다.

전략 1.2 미국식품의약품안전청은 소금의 안전인정물질 개정안을 표준화된 레스토랑/외식업체가 실행할 수 있도록 메뉴에, 필요하면 조정을 거쳐, 단계적으로 확대 적용시켜야 한다.

레스토랑/외식업체의 메뉴 아이템이 나트륨 섭취에서 차지하는 비중 때문에 이 식품공급 영역도 목표로 하는 조치는 정당하다. 이 전략은 "연방식품의약품화장품법 Federal Food, Drug and Cosmetic Act"에 기초를 두고 있는데, 주 state 사이에서 거래하여 이동하는 식품재료에 대해서 가공식품과 같은 기준으로 적용하기 때문이다. 가공식품에 대한 소금의 "안전인정물질" 자격 개정뿐 아니라 그 개정 절차까지도 표준화된 레스토랑/외식업체에 똑같이 적용하여야 한다.

전략 1.3 미국식품의약품안전청은 여러 가지 나트륨 화합물뿐만 아니라 식품첨가물에 대해서도 "안전인정물질" 자격 조항을 재검토하고, 가공식품이나 레스토랑/외식업체 메뉴 항목에 포함된 소금에 대하여 개정한 변화와 맞게 적절히 조정해야 한다.

소금 이외의 여러 가지 화합물이 식품에 나트륨으로 첨가되는 것을 생각할 때, 미국식품의약품안전청으로서는 다른 나트륨의 근원을 고려하고, 식품에서 사용 허가 조건과 기능을 고려하며, 소금의 "안전인정물질" 자격을 개정하면서 나트륨 포함 식품첨가물이 식품에 사용한다는 점을 생각하여 필요하다면 이들 화합물의 안전인정물질 자격을 조정하거나 식품첨가물 조항을 조정하는 것은 중요하다.

중간 전략

앞으로 실행할 전략에서 자발적 접근 방법은 중요한 방법은 아니지만 정부 규제 전략의 지속 가능성을 보장할 때까지 한시적으로는 쓸모가 있다. 자발적 방법으로 달성하고 성공할 수 있는 수준은 의문의 여지가 있다. 그러나 규제를 곧 실시하고 나트륨 섭취 감소에 대한 관심이 높아진다면 중간 전략은 성공 가능성이 일부 있고, 규제 과정에 도움이 되는 정보를 제공할 수 있다.

권고 2: 식품업계는 의무 규제 규정을 시행하기 전, 자발적으로 식품의 나트륨 함량을 줄이는 조치를 해야 한다.

위에서 말한 규제 전략은 즉시 시작하여야 하지만 시작에 앞서 부닥치는 실제적 문제는 규제 규정을 정하는 과정에 시간이 필요하다는 것이다. 그러므로 본 위원회는 식품의 소금 함량에 대한 표준을 의무적으로 준수하도록 시행하기에 앞서 식품산업이 나트륨 섭취를 일부 줄이게 할 수 있는 자발적 전략을 찾아보았다. 자발적 참여 전략이 임시로 시행하는 중요한 과정이라고 보았지만 본 위원회가 경험한 바로는 자발적 방법으로는 감량의 폭이 충분하지 않고 지속적이지도 않으며 식품 공급에서 의미 있는 나트륨 함량 감소를 실현하는데 중요한 "공평한 경쟁의 장"도 마련하지 못한다.

전략 2.1 식품산업과 레스토랑/외식업 업체 운영자는 가공식품과 메뉴 항목 식품에 첨가하는 나트륨 함량을 줄이기 위해 자발적으로 노력해야 한다.

일부 식품제조업자나 레스토랑/외식업 운영자는 현재 식품과 메뉴 항목에서 나트륨 함량을 줄이려고 하고 있다. 의무적으로 준수해야 할 표준을 정하는 동안에도 자발적 노력은 지속되어야 하고, 가속화하여야 한다. 더 나아가, 감소 활동을 시작하지 않았던 식품제조업자(개인 브랜드 소매업자를 포함하여)나 레스토랑/외식업 운영자에게는 참여하도록 장려하여야 한다.

이러한 때 자발적으로 노력하면 의무적 표준으로 이행하기 쉬울 것이며, 새로운 선택규격이나 새로운 기술을 시험할 기회가 된다. 이 활동을 통하여 얻은 하나하나의 경험은 규정을 제정하는 데 도움을 준다.

전략 2.2 식품산업, 정부, 전문가 기구, 그리고 공중보건 사업관계자는 식품의 나트륨 함량을 줄이기 위해 자발적으로 협력해야 한다.

공중보건 기관과 정부 기관의 후원하에 시행하는 자발적 노력은 식품산업계와 협동하여 현재 식품에서 나트륨 함량을 줄이기 위해 마련한 방안에 초점을 맞추고 있다. 그러한 공공기관과 민간기관의 협력체계는 의무 표준을 제정하는 동안 지속하여야 한다. 공공기관과 민간기관의 협력관계에서 얻은 경험 하나하나는 국가적 의무 표준을 만드는 과정에 도움이 된다.

지지 전략

권고 3: 정부기관, 공중보건 단체와 소비자 단체, 그리고 식품산업계는 식품의 나트륨 감량 활동을 지원하여야 한다.

본 위원회는 소금의 안전인정물질 자격을 개정함으로써 식품의 나트륨 함량을 줄이려는 노력을 지지하고 촉진시키는 전략을 찾았다. 여러 가지 전략은 여러 이해관계자를 대상으로 한다.

전략 3.1 미국식품의약품안전청과 미국농무부는 나트륨의 하루 적정 섭취량 개정을 포함하여, 나트륨과 관련된 영양성분표시, 식품의 나트륨 함량에 관한 기준 관련조항을 개정하고 갱신해야 한다.

현재 사용하는 나트륨 관련 영양성분표시나 식품 라벨의 나트륨 표시 기준

조항은 과거 소비자가 식품 영양표시 정보를 얼마나 이용하는지를 잘 모르고 또 식품에서 나트륨 함량을 줄였을 때 나타날 수 있는 결과도 잘 모를 때 제정한 것이다. 전체적으로, 유용한 정보를 소비자에게 제공하고, 나트륨 함량과 관계된 신 제형 제품을 만들려는 동기를 식품산업계에 고취시키는 데에는 현 규정을 개정하는 것이 도움이 될 것이다. 그러한 활동은 사전통지와 의견제출 절차 규칙제정 과정을 통하여 적절한 시기에 착수할 것으로 예상한다. 미국농무부는 소비자가 나트륨 함량에 대해 확실히 알게 하기 위해 – 나트륨 용액을 주입한 육류나 가금류의 경우처럼 – 단일성분, 생육 raw meat 및 가금류에 대해서도 영양표시를 규제하는 방향으로 노력해야 한다. 이와 마찬가지로 미국식품의약품안전청은 해산물 표시도 검토해야 한다. 더 나아가, 현행 영양표시 규정이 완결되지 않았을 때인 2005년 당시 미국의학한림원이 나트륨 적정 섭취량을 1일 섭취량으로 하기로 한 것을 받아들여 식품영양표시의 구성요소로 적용하도록 해야 한다. 공중보건의 관점에서 적정 섭취량은 건강 식이를 섭취할 때 특정 식품이 얼마나 영양을 제공하는지를 소비자가 더 잘 알게 하고, 상한 섭취량을 사용하는 것 보다 훨씬 쉽게 받아들인다. 이 권고안으로 식품산업이 의욕을 잃지 않고 또 의도하지 않은 결과가 나타나지 않도록 "저 나트륨"이나 "아주 낮은 저 나트륨"이라는 표시의 근거를 검토할 필요가 있다.

전략 3.2 미국식품의약품안전청은 나트륨 함량과 건강식품 표시에 관한 조항을 레스토랑/외식업 메뉴 항목에 확대 적용하고, 각 분야 sector 에서 사용할 수 있도록 조항을 조정해야 한다.

영양표시및교육법 Nutrition Labeling and Education Act 은 포장식품의 영양성분정보를 제공하는 틀을 마련했으나 이 조항에서 포장식품에만 특정하여 영양관련 식품 표시를 하도록 제한하지는 않았다. 그러나 실제로는 이 법을 집행하면서 미국식품의약품안전청은 이 조항을 포장식품에 제한하여 적용하였다. 미국식품의약품안전청은 나트륨 함량 표시(예를 들어 저 나트륨, 나트륨을 줄인 것)나 건강 표시(예를 들어 "저 나트륨 식품은 고혈압 유병률을 낮춘다")를 표준화된 레스토랑/외식업 메뉴 항목에 제공하도록 하는 활동을 지금 시작하여야 한다. 레스토랑/외식업에 대한 정보와 자료수집이 필요하며 외식업에서 사용할 표시에 대한 규정을 개발하고 실행하기 위해 이해관계자와 대화할 필요가 있다.

전략 3.3 미국의회는 레스토랑/외식업체에만 적용되는 식품 영양성분 표시 면제 조항을 없애야 한다.

현재 미국연방법(21 USC § 343[q][5])은 레스토랑/외식업에서 사용하는 제품에 대하여 영양성분표시 의무에서 예외를 두고 있다. 큰 레스토랑/외식업뿐 아니라, 작은 외식업소도 나트륨 함량을 줄이도록 노력하게 하려면 식품공급자로부터 구입하는 식품의 나트륨 함량에 대한 정보는 결정적으로 중요하다.

전략 3.4 식품 유통업체, 정부, 기업, 기관, 그리고 식품을 구입하거나 분배하는 모든 대규모 단체는 구입하는 식품에 나트륨에 대한 자세한 규격을 명시해야 하고 감독하는 식품 업체에 나트륨에 대한 규격을 제시하도록 해야 한다.

레스토랑/외식업에서 쓰는 식품이나 타인에게 다시 팔 목적으로 식품을 대량으로 구매하는 경우 구입할 제품이나 감독하에 있는 식품에 대하여 규격을 제시하면 강력한 영향력을 발휘한다. 구체적으로 말하면, 조달 식품의 영양소 규격은, 식품제조업에게 저 나트륨 식품을 개발하거나, 판매하게 하는 인센티브가 된다. 그리고 외식업체에서 제공하는 음식의 나트륨 규격을 만들면 외식업체 스텝이 음식의 나트륨을 과도하게 추가하지 않도록 할 수 있다. 연방정부, 주정부와 지방정부는 모두 자체적으로 운영하는 시설에서 구입하는 식품의 나트륨 규격을 정하거나 정부 프로그램을 통하여 규격을 정할 수 있다. 제공 음식의 나트륨 함량을 구체화할 수 있는 대상 프로그램에는 연방정부의 학교점심과 아침식사, 군부대 식사 프로그램을 포함한다. "여성, 영아 및 소아를 위한 특별 영양 지원프로그램 The Supplemental Nutrition Program for Women, Infants, and Children, WIC"이나 "영양지원 프로그램 Supplemental Nutrition Assistance Program, SNAP"에서도 어느 정도는 저나트륨 함량 식품에 인센티브를 주어 변화를 유도할 수 있다. 주정부나 지방정부는 대규모로 식품을 구매하므로, 이 전략을 도구로 쓸 수 있다. 게다가, 소매상은 구매와 제품 전시 활동을 통해 나트륨 섭취를 줄이도록 도울 수 있다(자체상표 가공식품을 판매하거나 외식업체를 포함하는 경우 전략 2.1을 적용한다).

전략 3.5 레스토랑/외식업체 대표는 연방, 주, 지역 보건국 관계자 등과 협조하여, 메뉴 항목에서 나트륨 감량을 촉진하고, 지속하게 하기 위해, 레스토랑/외식업체를 대상으로 혁신적인 방안을 개발, 시험하고 실행하여야 한다.

과거 나트륨 섭취 감소 노력은 가공 식품 산업에 비해 레스토랑/외식업 제공자에게는 초점을 적게 맞추었다. 게다가, 전략 1.2에서와 마찬가지로, 모든 레스토랑/외식업 운영자가 메뉴 음식 소금을 줄여 첨가하는 의무 표준을 따를 것 같지 않다. 전체 레스토랑/외식업은 의무 표준이 나타나, 긍정적 영향을 받는 한편, 산업계가 나트륨을 감소하도록 하기 위해 추가 정책을 구상하고 있다. 레스토랑/외식업체 메뉴항목에 나트륨을 줄이기 위한 노력을 하였기 때문에, 정부와 민간 협력분야에서 일하는 레스토랑/외식업 리더들은, 나트륨 함량을 줄이는 시범 프로그램을 도입해야 한다. 그러한 프로그램에는 경력자 또는 신참 레스토랑/외식업체 운영자들을 훈련시킬 수 있어야 하고, 메뉴 항목 및 조리법을 위한 지지, 사회적 책임을 높이는 프로그램, 표준의 자발적 도입과 소금 사용 및 나트륨 표기에 관한 규정 등을 포함한다. 독립적 레스토랑/외식업 운영자에 도달하는 활동이 필요할 수 있다. 그들의 음식은 앞의 전략 1.2에 표시한 나트륨 개정안에 도달하지 못 할 수도 있고, 노동자 교육이나 메뉴 개발활동을 위한 자원도 매우 적을 수 있다.

권고 4: 식품공급 부분에게 나트륨 함량을 줄이라고 권고하면서 이에 뒤따라 정부 기관, 공중 보건 및 소비자 단체, 건강문제 전문가, 보험회사, 식품산업과 정부/민간 협력 관계자 모두 소비자가 나트륨 섭취를 줄이도록 지원하는 활동을 늘려야 한다.

소비자를 대상으로 전략을 실행하는 것이 중요하며, 저 나트륨 식품 선택, 1회 제공량 조절, 그리고, 다른 건강식품을 선택하게 하여 소비자가 지속적으로 식이 관련 행동을 변화시키도록 해야 한다. 이를 위해서는 (1) 소비자가 건강을 위해서는 모든 사람이 나트륨 섭취를 일생을 통해 줄여야 한다는 필요성을 이해하고, (2) 소비자가 나트륨이 식품 어디에나 있다는 것을 이해하고 식품에서 나트륨을 줄이려는 정부 및 식품산업계의 활동을 이해하며, (3) 소비자의 저 나트륨 식품에 대한 인식 및 태도의 변화, 그리고 (4) 전 생애를 통해 전체 건강 식이의 한 부분으로서 나트륨 섭취를 줄이는 것이 하는 역할을 이해하도록 촉진하여야 한다. 공급하는 식품의 나트륨 함량을 전체적으로 감소시키는 것을 목표로 하는 활동은 나트륨 섭취를 줄이는 데 있어 첫째로 중요하지만, 그것만으로는 될 것 같지는 않다. 소비자도 나트륨 섭취를 줄이는 노력을 개인적으로 해야 한다. 나트륨 섭취 감소를 위해 소비자에게는 교육과 소비자를 돕는 도구 개발, 그리고 행동 변화를 유도하는 전략 등이 필요하다. 소비자에게 접근하기 위해서는 다양한 인구 하위집단 (고혈압의 고위험군, 특정 인종/문화 집단, 그리고 생애의 여러 단계에 있는 집단 포함)의 특정 기호나 관심사와 맞게 계획하여야 한다.

다음 두 가지 전략은 이러한 목표를 달성하는데 중요하다.

전략 4.1 미국보건부 장관 Secretary of Health and Human Services은 나트륨 섭취를 줄이기 위해서 다른 정부 기관이나 비정부 기구와 협조하여, 포괄적이고 전국적인 캠페인을 계획하고 실행해야 한다. 그리고 "미국인 식생활 지침"에서 규정한 나트륨 섭취량 목표에 도달할 시기를 결정해야 한다.

미국인의 나트륨 섭취를 줄이기 위한 노력 중에서 소비자에 접근하는 프로그램을 관리하고, 시행하고 유지하기 위한, 조직적이고 전국가적인 캠페인은 중요한 부분이다. 이 캠페인은 소비자가 대상이지만, 식품공급자가 나트륨 함량을 줄이는 활동과 상호 보완적이다. 이 캠페인에는 정부나 식품산업의 나트륨 함량을 줄이려는 활동을 소비자가 지지하도록 하는 활동도 포함해야 한다. 연방정부 고위 관리에게 권한과 의무를 부여하면 나트륨 섭취를 줄이는 데 필요한 지도력을 행사하여 "미국인 식생활 지침"과 관련된 건강 메시지와 연결점을 만들 것이다.

그에 더하여 나트륨 섭취 감소와 식품 공급에서 나트륨 함량을 줄이는 집행 업무를 수행하기 위한 계획과 목표를 세우기 위해서는 전체적으로 협조가 잘 되도록 조정하는 과정이 중요하다. 한편, 목표를 관리하기 위해서는 활발히 활동하는 책임자가 있어야 하며, 소비자에게 혼란을 주지 않는 일관된 언어, 중점 사항과 메시지를 전하는 노력을 하여야 한다. 이 활동으로 목표가 흔들리지 않도록 하고, 업무 집행자가 책임감을 갖게 하고 정책 실천 과정을 자극하는 역할을 하도록 한다. 이 활동은 미국식품의약품안전청과 긴밀하게 협조하면서 실행하여 나트륨 섭취 감소 정책 실천 시간표가 규제 방법이나 식품 공급 부분에서 나트륨을 줄이는 시간표와 맞춰나가도록 하여야 한다.

전략 4.2 정부 기관, 공중보건 단체와 소비자 단체, 보건 전문가, 식품산업, 그리고 공공-민간 협력자는 "미국인 식생활 지침"에 일치하도록 소비자가 나트륨 섭취를 줄이는 행동변화를 가져오게 소비자를 지원하는 노력을 계속하고, 확대해야 한다.

다음 프로그램과 기관은 나트륨과 고혈압에 관해 소비자와 소통할 수 있는 가능성이 있고, 특히 공공-민간 파트너쉽을 이용하여, 효과를 거둘 가능성이 있다.

- 미국농무부: 소비자가 나트륨에도 관심을 갖도록 "나의 피라미드 계획 My Pyramid Plan"을 개정.

- 미국질병관리본부: 나트륨 섭취량 감소를 위하여 "국가 심장질환 및 뇌졸중 예방 프로그램 State Heart Disease and Stroke Prevention Program "을 확장.
- 미국보건연구원 National Institutes of Health, NIH, 미국국립심폐혈액연구소: 전문가 및 대중 교육에서 나트륨 섭취 줄이기의 중요성을 강조하고 소비자에게 나트륨 섭취량을 감소하도록 정보를 전달하고 동기를 부여하는 연구를 위한 "국가고혈압 교육 프로그램 National High Blood Pressure Education Program "을 강화.
- 식품산업(제조업, 유통업, 레스토랑/외식업 포함): 소비자가 나트륨 섭취를 줄이고 저 나트륨 식단을 선택하는 교육 자료 제작과 배포를 후원하는 활동.
- 레스토랑/외식업: 구매 또는 소비 시점에서 나트륨 함량 정보를 알게 할 수 있도록 개선.
- 공중보건 단체, 보건전문가 단체 및 소비자 단체: 소비자의 나트륨 섭취를 줄이기 위한 정책을 지지하고, 선전하는 활동.
- 보건 전문가를 위한 교육: 신참 보건전문가 또는 경험 있는 보건전문가에게 나트륨 섭취와 건강과의 관계를 교육하고, 고등교육 또는 평생교육 continuing education 의 일부 교과목으로 나트륨 섭취 감소 방법을 교육.
- 의사와 보건실무자 health practitioners : 나트륨 섭취 가이드라인을 예방 교육과 치료 지침에 포함시킴.
- 건강보험업 Health insurer : 질병 관리, 건강과 복지 프로그램에 중요 메시지와 행동변화 노력을 포함시킴.
- 학교: 나트륨과 건강에 관한 메세지를 영양 교육 과과목에 포함시킴.

권고 5: 연방정부 기관은 나트륨 섭취량 측정, 소금 맛 취향과 식품의 나트륨 함량을 감시하고 조사하는 체계를 강화해야 한다. 그리고 관련 자료를 알아보기 쉽게 일정한 간격으로 지속적으로 공개해야 한다.

국민을 대표하는 인구표본에서 24시간 소변 채취 조사를 실시하여, 나트륨 섭취의 기초자료를 확립하고, 적절한 데이터베이스를 구축하고 가공식품 및 식단의 나트륨 함량을 측정하며 소금 맛 취향 변화를 감시하는 활동을 즉시 시작하는 것이 매우 중요하다. 현재 감시 체제는 권고 전략의 진행상황을 추적하는데 부적합하고 문제의 본질을 만족할 수준으로 파악하기에 충분하지 않다. 참고 자료 및 자료 요약을 적절한 시기에 사용자 편의에 맞게 접근하지 못하면 감시 및 조사 자료는 필요에 따라 적응하거나 검토 대상이 되기 어렵다. 추가로 제10장에 기술하는 것처럼, 적절한 감시와 사용방법을 개발하는 연구가 필요하다.

감시 보장

전략 5.1 미국의회, 미국보건부 HHS /미국질병관리본부 CDC 와 미국농무부 관계자는, 관련 데이터베이스나, 조사사업을 포함하여 미국국민건강영양조사 National Health and Nutrition Examination Survey, NHANES 에 비용을 적절하게 제공해야 한다.

중요 연방 식이 및 영양조사 계획과 내용을 강화하도록 보장하는 여러 가지 지원과 예산 배정은 나트륨 섭취를 줄이는 전략을 유지하고 집행하는 데 매우 중요하다.

감시의 확대와 강화

전략 5.2 미국질병관리본부는 국민을 대표하는 표본조사 활동인 미국국민건강영양조사의 일부로 또는 별도로 24시간 소변을 모아 조사하여야 한다.

24시간 소변을 수집하여 분석하는 것이 현재 나트륨 섭취를 가장 정확하게 추정하므로 국가 감시체계의 한 부분이 되어야 한다. 그것을 전국 조사에 포함하려면 이에 앞서 표본 검사를 해보아야 하고 기술 혁신도 필요하다. 소변검사에 추가하여 24시간 회상법으로 식사 내용을 여러 번 조사하여 나트륨 섭취 추정치를 조사하는 방법도 계속하여야 한다.

전략 5.3 미국질병관리본부는 미국국민건강영양조사의 한 부분으로서, 미국국립보건연구원과 함께 소금 맛 취향 조사, 기초 측정치 조사와 시간에 따른 소금 맛 취향 변화를 추적할 수 있는 평가 도구 개발을 즉시 시작해야 한다.

전 인구의 소금 맛 취향을 변화시키는 것이 중요한 목표이다. 그러나, 소금 맛 취향을 전 인구를 대상으로 측정하거나 취향 변화를 추적 조사한 일이 없다. 취향을 측정하는 방법을 개발하고, 이 측정방법을 전국 조사에 포함시켜 기초 측정치를 만들고 지속적으로 감시하는 것이 중요하다.

전략 5.4 미국질병관리본부는 미국보건부의 관련 기관, 미국농무부와 미국연방통상위원회 Federal Trade Commision 와 협조하여, 소비자의 나트륨에 대한 전 국민의 지식, 태도, 행동을 측정하는 활동을 강화하고, 확장해야 한다.

소비자의 (1) 나트륨 섭취 줄이기의 중요성에 대한 이해 정도, (2) 나트륨 섭취량을 추정하는 능력, (3) 나트륨 섭취를 줄이려는 의지, (4) 관련 태도와 및 행동 등에 대한 변화를 감시하는 자료를 확보하여야 보건 교육과 소통 전략의 효율성을 평가할 수 있다. 또 나트륨 섭취 감소와 연관된 국가 정책을 상황에 따라 수정하기 위해서도 이 자료는 필요하다.

전략 5.5 미국식품의약품안전청은 포장식품과 조리 음식의 나트륨 함량과 나트륨 관련 정보를 더 잘 제공하기 위해 기존의 "전체식이연구 Total Diet Study"와 "식품 정보표시와 포장조사 Food Labels and Package Survey "를 수정하고 확대하여야 한다.

시장바구니와 식품에 대하여 나트륨 관련 정보를 포함하는 정보 표시를 지속적으로 또 체계적으로 조사하는 것은 나트륨 함량 감시와 식품 정보 표기 감시의 중요 요소이다.

전략 5.6 미국농무부는 식품조성표에 나오는 나트륨 함량 정보의 질과 포괄성을 더 향상시켜야 한다.

식품 성분 데이터베이스의 정확성, 자세한 내용, 때 맞춰 갱신하는 노력은 식이 연구를 통하여 나트륨 섭취 양을 추정하는 데 매우 중요하다.

전략 5.7 미국농무부는 미국보건부와 협력하여, 전체 식품의 나트륨 함량을 감시하기 위해 현재 사용하는 방법 또는 새로운 방법으로 데이터베이스를 활용하는 방법을 개발해야 한다.

가공 식품과 레스토랑/외식업 서비스 메뉴 항목 등을 포함하는 식품의 나트륨 함량을 평가하고 추적하기 위해서는 현재 사용하는 데이터베이스를 보강하여야 한다. 또 단계적으로 감시하고 적절한 빈도로 평가할 수 있도록 갱신하여야 한다.

10
앞으로의 과제

이 보고서는 식품의 여러 가지 영양소 섭취를 점차적으로 줄이기 위해 잘 연구하고, 조화롭고, 신중하며, 절차를 밟아 마련한 창의적이고 전례 없는 규제 방법을 이용하도록 권고하였다. 권고안에서 제시한 변화는 쉽지 않은 문제를 일으킬 것이고, 조화와 협력이 필요하다. 본 위원회가 마련한 전략은 특히 단계적이고, 시간을 갖고 확대 적용해 나가는 것이다. 이 분야에서는 사려 깊은 절차 없이 시작하거나 경험을 통해 배운다는 식으로 일을 추진하여 문제를 일으킨 경우가 많았다. 이번 마지막 단원에서는 나트륨 섭취를 줄이는 전략의 향후 과제를 다루고 있다. 첫째로 전략을 실행하기 위한 방법과 선택사항을 다루고 두 번째로 이후 관련 연구 필요성에 대하여 다룬다. 아래에서 강조하는 방법은 본 위원회 권고에 따라 만들었고, 전략 집행자가 적절하게 전략을 구현하도록 계속 자료를 수집하고 목표가 뚜렷한 연구targeted research를 할 필요가 있음을 강조한다. 본 위원회가 이 작업을 수행하면서 알게 된 과학적 지식 정보의 빈틈을 메우는 연구를 필요한 연구라고 정의하였다. 여기에서 제시하는 연구 주제는 나트륨 섭취 감량 정책이 발전하는 데 중심적인 역할을 할 것이다.

전략 구현

특성상, 본 위원회가 권고한 전략 중 몇 가지는 실천하기 전에 자료를 분석하고 자료를 더 수집해야 한다. 아직 답이 없는 의문점이 많다. 전략을 검토하면서 본 위원회는 실천 방법 윤곽을 몇 가지 그렸다. 그러나 전체적 전략을 실제 실행 방안으로 바꾸는 데 필요한 세세한 부분은 본 위원회가 할 일이 아님을 깨닫고, 그것은 정보가 더 필요하거나, 식품업계와 같은 특수 분야가 분석하여야 할 정보라고 인식하였다. 따라서 전략을 실행하는 입장에서는 이 접근법을 더 탐구하여야 하고 관련 선택 방법이 명백해질 때까지 살펴보아야 한다.

소금의 안전인정물질 GRAS 자격 조정

소금의 안전인정물질 자격 조정은 미국식품의약품안전청 FDA 으로서는 복잡하고 어려운 과제이다. 여기에는 상당한 양의 정보 수집과, 관련 이해 당사자, 상세한 의견, 식품 공급 체계에 대한 심도 있는 분석, 나트륨의 총 섭취에 미치는 영향에 대한 다양한 수준에서의 시뮬레이션 모델링, 소비자 식습관 조사, 식품 안전에 대한 우려 조정, 경제성 평가와 의도하지 않은 결과에 대한 평가 등이 필요하다. 결국, 여기에는 시간과 투자가 필요하다. 이러한 중요한 일을 수행하는 데에는 최소한 아래와 같은 접근법을 고려하여야 한다.

식품분야의 틀

일반적 관점에서, 정상적인 식사만으로도 "미국인 식생활 지침 Dietary Guidelines for Americans "에 합당한 정도만큼 소금을 섭취할 때 그 사용량이 안전인정물질이 되는 것이 큰 목표이다. 그러나 본 위원회는 개개 식품에 동일하게 소금을 첨가하도록 기준을 정해야 할 이유는 찾을 수 없었다. 오히려 식품 특성을 생각하면 식품이 속하는 분야에 따라 첨가하는 소금 함량의 기준을 정하는 것이 더 나은 방법임을 알 수 있었다. 영국에서는 각기 다른 식품이 소금 섭취에 기여하는 정도, 식품 안전성과 기술적인 문제 등을 고려한 다음 소금 감량 가능성을 감안하여 식품분야에 따라 소금 목표치를 정하였다 (online: http://www.food.gov.uk/multimedia/pdfs/howsalttargetsmet.pdf). 식품을 분야에 따라 분류하면, 소금은 소비자 입맛에 따라 줄일 수 있다. 식품분야 분류에 따라 나트륨을 줄일 수 있는 양을 조사하면 나트륨 감량의 목표를 세우는 데 도움이 된다. 지금 있는 자료에 입각해 안전인정물질의 "사용 조건"을 조정할 수 있고, 식품 특성과 소비 방식에 따라 각기 나트륨을 다르게 넣도록 허용할 것이다. 영국에서는 식품 산업계가 자발적으로 프로그램을 개발하는 데 있어 식품분야 분류에 기초한 방법을 이용하였다. 뉴욕시가 조정하는 "전국소금감량정책 The National Salt Reduction Initiative, NSRI "의 가이드라인 역시 식품분야 분류를 기초로 하였다.

본 위원회는 식품 분야를 분류하고 적절한 최대치를 정하는 과정은 미국식품의약품안전청이 시행하여야 하는 공공심의를 포함하는 규제 입법과정으로부터 도움을 받을 수 있을 것이라고 생각하였다. 따라서 본 위원회는 이 주제에 대해 시뮬레이션을 하거나 권고안을 제시하려고 하지 않았다. 미국식품의약품안전청이 다양한 제품 분야에서 각각 다양하게 나트륨을 감량하면 국민 전체의 나트륨 섭취에 어떻게 영향을 미치는지에 대한 모델을 만들 것으로 기대한다. 나트륨 감량의 가능성에 대해 공공심의에서 나온 결과들과 합쳐진 정보는 미국식품의약품안전청이 식품 분야 분류를 발전시키고 최대 사용 정도를 정하는 데 영향을 미칠 것이다.

그림 10-1의 패널 A는 소금 함량이 0-100 mg인 가상적 식품분야이다. 이 그림에서 50 mg으로 표시하고 "안전인정물질 자격에서의 최대값"으로 표기한 식품 분야의 소금 최대치는 사람이 이 식품을 보통 식사를 하듯 편안하게 먹을 수 있게 하고, 그러면서도 권고 수준의 나트륨 1일 섭취량을 유지하게 한다. 이 1인분 당 50 mg 이하인 분야 식품은 상품성이 있을 것이며, 그 이상에 해당하는 것은 상품성이 없을 것이다.

그러나 제8장에서 논의한 것처럼, 이 기준을 점진적이고 단계적으로 집행

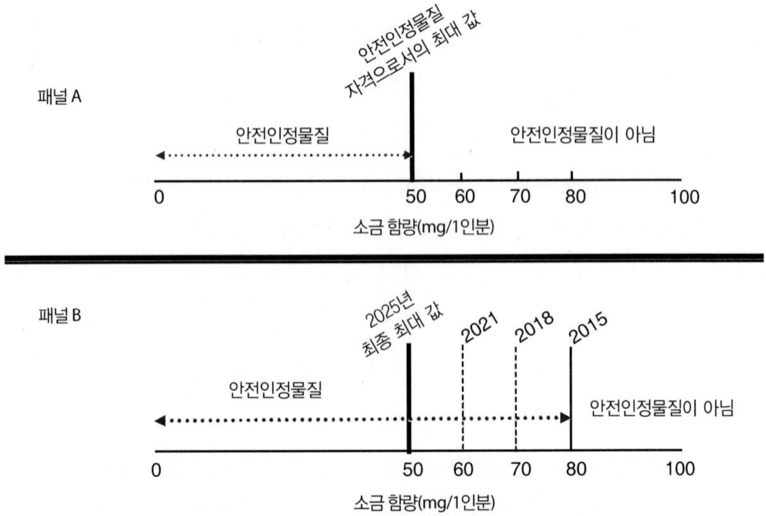

그림 10-1. 가상 식품 분야에 대하여 소금 안전인정물질 자격을 조정하는 예.
패널 A : 최종 최대 값(Final Maximum Level): 가상 식품 분야에서 1인분당 소금 함량 0–100 mg에 대한 규제. 안전인정물질[GRAS] 자격에서 최종 최대 값은 1인분 당 50 mg에 맞추어져 있음.
패널 B : 중간 단계의 최대값(Interim Maximum Levels): 2024년까지 1인분 당 최대 50 mg의 소금 함량에 도달하기 위해 단계적으로 감량 계획을 이용함. 안전인정물질로서의 1인분 당 소금 최대값은 시간이 지남에 따라 감소하여(2015년 80 mg, 2018년 70 mg, 2021년 60 mg), 2024년에는 최종 값 50 mg에 이른다.
주: mg, milligram.

할 때 성공할 가능성이 가장 높다. 같은 그림의 패널 B는 단계적인 접근법의 한 예를 보이고 있다. 이 가상적인 예에서는 1인분 음식 당 80 mg에서 감량을 시작하는 것이 힘들지 않은데 상품 대부분이 1인분 당 100 mg을 함유하지는 않기 때문이다. 따라서 적정한 감량은 1인분당 80 mg에서 시작할 수 있다. 이 과정을 가상적으로 2015년부터 실시한다. 1인분당 80 mg 이상인 식품은 법적으로 2015년 이후부터는 판매가 금지될 것이다(이 식품 분야에서 1인분 당 80 mg 이상을 사용하면 식품첨가물 사용에 대하여 시판 전 허가를 회사가 별도로 받지 않은 한 허가받지 않은 식품첨가물 사용이라고 판단한다. 그러므로 1인분당 80 mg 이상을 사용한 식품 대부분은 2015년 이후 법적으로 시판할 수 없다). 적당한 시간이 다시 지난 후, 다음 단계로 이행할 것이며 이 예에서는 2018년 – 1인분 당 70 mg 이상을 포함하고 있는 식품은 판매가 금지될 것이다. 이 범주에 해당하는 식품의 최종 목표인 1인분 당 50 mg에 도달할 때까지 이러한 절차는 점진적이고 단계적으로 시행할 것이다. 이 가상의 예에서, 1인분당 소금의 양은 2015년, 2021년, 2024년에 각각 10 mg씩 감량하였다. 현실적으로는 감량 정도는 더 크거나 적을 수도 있고, 감량 시기는 다를 수 있다. 이러한 감량 정도와 시간표 계획은 정보 수집과 전략 집행자가 수행한 컴퓨터 시뮬레이션 모델링에 기초하여 결정할 필요가 있다. 권고 소금 섭취량이 변하면 감량을 위한 시간표와 감량 정도도 조정해야 할 것이다. 제8장에서 논의한 것처럼 진행 중인 연구와 모니터링이 이런 활동과 연관되며 목표에 달성하는 데에 예상하지 못했던 장애를 확인할 수 있을 것이다.

단계적 과정의 일부분으로서 라벨의 사용

설명서는 한 식품의 나트륨 함량과 관련되어 있기 때문에 이런 설명서 이용에 대해서는 증거가 거의 없다. 시작점에서 이를 이해함을 바탕으로, 본 위원회는 단계적 과정의 요소로서 정보공개 설명서나 특별 표시 부착 사용을 고려하는 것이 가치가 있을 것이라는 것을 발견했다. 접근 방법에서 신중을 기하고 있지만, 본 위원회는 알맞은 최대의 안정인정물질 수준을 향해 더 빨리 도달하기 위해 식품제조업자를 고무시키는 것이 가능할 것이라고 결론을 내렸다. 만약 특별 표시 부착/정보 설명서가 특정 단계 집행 과정의 한 부분으로 포함된다면 말이다. 추가적으로, 특별 표시 부착/정보 공개 설명서의 위치가 중요한 요소이다. 이것은 소위 포장 전면 라벨링이라고 불리는 것과 연관이 있을 수 있고 현재 미국식품의약품안전청이 경고하고 있는 활동의 한 요소로서 포함될 수 있다(online: http://www.fda.gov/Food/LabelingNutrition/LabelClaims/ucm180146.htm).

그림 10-2에서 보인 단계적 접근의 일부분으로서 라벨 사용의 예를 들면, 위에서 논의하였던 가상적 예에서 첫해인 2015년에는 1인 제공량 식품의 소금 함량 기준인 80 mg 이상을 포함하면 그 제품은 시장에 판매할 수 없다. 그러나 첫 단계에서 소금의 함량이 1인 제공량당 70 mg (예: 2018년의 단계적 목표)과 80 mg (법적 최대량)의 사이라면 규제 담당자는 그 식품을 특별한 라벨/영양표시를 하는 조건하에 시판을 허용할 수 있고 그렇게 허용함으로

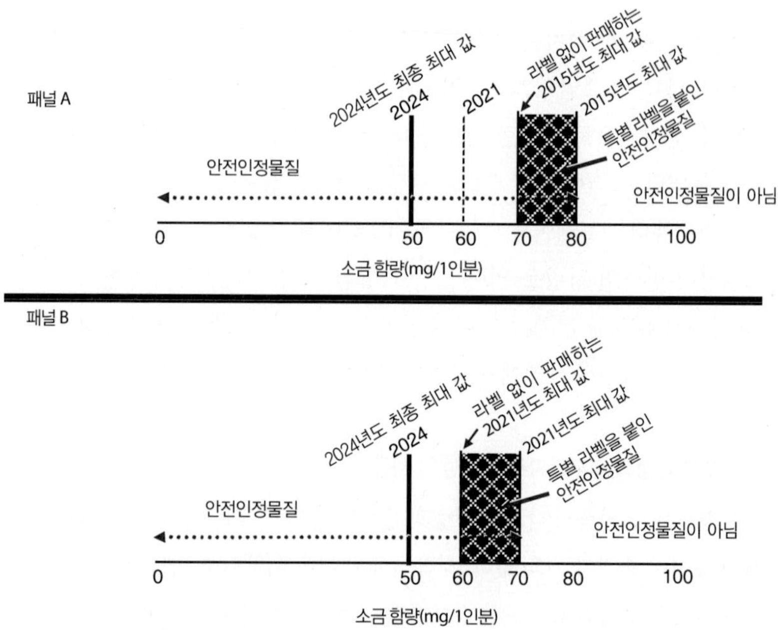

그림 10-2. 단계적 실행의 일부로 특별 라벨/영양표시를 사용하는 가상적인 예.

패널 A. 2015년 첫 단계 함량 감소 시기 때, 2015년 목표와 2018년 목표 함량(예; 70 mg과 80 mg 사이) 소금을 포함한 식품은 라벨을 달아야 한다.

패널 B. 2018년 두 번째 단계 함량 감소 시기에서 2018년 목표와 2021년 목표 함량(예; 60 mg과 70 mg 사이)의 소금을 포함한 식품은 라벨을 달아야 한다. 이러한 과정은 미리 정한 함량 감소 단계마다 반복한다.

주: 다른 선택도 가능하다. 1인 제공량 당 소금 함량 정도를 결정하는 다른 방법으로 단계적으로 실행하는 시기에 라벨을 사용하는 것, 또는 현재 목표치와 최종 최대 값 사이의 모든 식품들이 라벨을 달게 할 수도 있다.
mg, milligrams.

써 제조업자가 다음 단계에서는 신 제형 제품을 개발하도록 자극할 수 있다. 식품회사로서는 식품 개발을 빨리 해야 하기 때문에 이러한 라벨링을 원치 않을 것으로 추측한다. 그리고 2021년에는 그 목표가 소금 60 mg으로 낮아지므로 다음 단계 재조정을 되풀이하여야 한다. 이러한 가상적 예에서 본다면 제조업자는 법적으로 1인 제공량당 소금 함량 60-70 mg 사이일 때 70 mg으로 라벨링 할 수 있다. 그림 10-2의 예에서, 특별 라벨/영양표시에 사용할 소금 함량은 다음 단계의 목표가 아닌 다른 연관된 정보에 바탕을 두어 변할 수 있다. 다른 가능성으로 소금 함량은 최종 목표(본 예에서는 50 mg)이 될 수 있고, 이에 따르면 이러한 목표에 맞지 않은 식품은 모두 단계를 낮추는 기간 동안 라벨링을 해야 할 것이다.

식품 제조회사가 비교적 라벨을 빨리 교체할 수 있는지 또는 현재 익숙한 식품의 나트륨 함량에 관한 라벨/영양표시에 소비자가 어떻게 반응하는지 등 몇 가지를 검토하여야 한다. 그러한 문제가 만족스럽게 해결된다면 단계적 접근법을 시작하면서 소비자는 허용 함량에 가까운 식품의 높은 나트륨 함량을 알게 되고, 제조회사는 제조식품을 다음 단계까지 가기 전에 미리 나트륨 함량을 바꾸려고 할 것이다.

안전인정물질 자격을 유지시키는 예외 조치

제8장에서 논의하였던 "연방식품의약품화장품법 Federal Food, Drug, and Cosmetic Act" 409장의 조항을 검토한 후, 본 위원회는 원리상 식품 중 몇 가지는 소금에 대한 안전인정물질 자격으로부터 원칙적으로 예외조치를 받을 수 있다고 생각하였다. 다른 말로 하면 과거에 정한 안전인정물질 최대 수치를 넘는 식품의 안전인정물질 자격을 계속 유지하고 그 사실을 영양성분표시에 쓰도록 할 수 있다는 것이다. 본 위원회가 그러한 예외를 확정하기보다는 식품 공급, 정보 수집, 그리고 관련된 소비자 행동을 미국식품의약품안전청이 심층적으로 분석하고 그러한 예외 조치 유지 여부를 결정하는 것이 바람직하다고 생각하였다.

제품에 이런 라벨링을 사용하는 것은 식품 제조업자들이 좋아하지 않아서 그들 제품에 나트륨을 줄이고자 다른 대안을 찾고자 동기화시키는 동안 다음 사항이 인식되었다. 연방식품의약품화장품법 409장에 일관된 라벨링 사용은 공공 건강을 보호하기 위해서 라벨링이 할 수 있는 역할을 보여주는 적당한 연구에 기초하여야 한다는 것이었다. 만약 적절하다고 판단되면, 이런 라벨링의 사용은 이들의 안전인정물질 상태를 유지하기 위해 소금의 안전인정물질 수준을 넘어서는 특정 식품을 허용해야 하고 이 제품을 소비자들이 이용할 것이라는 것이다.

본 위원회는 미국식품의약품안전청이 예외조치를 내릴지 여부를 판단하여야 하고, 만약 적절하다면 공중 보건 목표에 합당한 방법으로 하여야 한다는 점에 동의하였다. 그러한 예외조치는 식품 제조업자가 소비자의 식이 습관을 분석한 다음, 허용 범위를 한정하여야 한다는 데에도 동의하였다. 예외를 인정하는 것에 대하여 본 위원회 위원 일부는 소비자 선택을 허용하는 것과 마찬가지라고 평하였고 식품공급 측면이 변화하였을 때 부닥치게 되는 아직 모르는 일이 생겼을 때에는 허용하는 방향으로 가는 것과도 일치한다고 평하였다. 본 위원회 위원 소수는 그러한 라벨이 공공의 건강을 보호하는 효과가 있는지에 대해 의구심을 나타내었다. 또 위원 중 일부는 소금을 제한하는 저염 식이를 하게 해서 짠 음식에 대한 취향이 바뀐다는 연구 결과는 매우 적고 이에 따라 비록 소량일지라도 매우 짠 식품을 소비하도록 허용하면 식품의 나트륨 함량을 줄이려는 것의 또 하나의 목표인 짠 맛 취향을 바꿔지 않게 하는 것인지에 대해서는 아직 알 수 없다는 점을 지적하였다. 이러한 가능성에 대한 완벽한 조사는 자료가 제한되어 있어 결론을 내기 어렵다.

레스토랑/외식업

일반적으로 가공식품에 대한 조항 대부분은 표준화한 레스토랑/외식업에도 적용 할 수 있다. 위에서 언급한 특별 라벨/영양표시는 메뉴판과 인쇄한 메뉴에서도 비슷한 방법으로 사용할 수 있다. 하지만 라벨은 레스토랑/외식업의 목적에 따라 조정할 수는 있다. 그리고 포장식품에서처럼 레스토랑/외식업 메뉴 음식의 나트륨 함량을 고객에게 알리는 것은 중요하다.

그러나 레스토랑/외식업에 대한 새로운 규제 방법을 집행하는 과정에서는 추가로 고려할 점이 있다. 그 중에는 음식 제공량의 다양함, 메뉴 항목 선택(예: 추가하는 음식, 단백질 선택), 한정 메뉴 또는 계절 메뉴, 그리고 서비스 형태(예: 뷔페 등)가 있다. 레스토랑/외식업에서는 나트륨 함량을 줄일 때 해야만 하는 독특한 문제가 있고, 전에 언급하였듯이 과거의 나트륨 섭취 줄이기 정책은 가공식품에 비해 레스토랑/외식업에 대해서는 상대적으로 초점이 덜 맞추어져 있었다. 이에 따라 추가적인 후원과 정책이 필요하고, 레스토랑/외식업 분야에서 나트륨 함량을 낮추는 문제가 중요한 쟁점이 되도록 해야 한다.

레스토랑/외식업 전체가 가공식품 소금 함량에 대한 기준에 의해 영향을 받겠지만, 이 기준을 모든 레스토랑/외식업 메뉴, 특히 표준화가 되지 않은 채로 운영하는 외식업 메뉴에 적용하기는 어렵다. 이러한 외식업체는 음식에 나트륨을 많이 첨가한다. 이러한 이유 때문에 안전인정물질 기준을 준수하지 않아도 되는 외식업체에 접근하여 나트륨을 줄이는 노력을 하도록 촉구할 필요가 있다. 제6장에서 기술하였듯이, 소금을 음식에 넣는데 대하여 다양한 의견이 있고, 한 가지 정책만으로는 모든 레스토랑/외식업 운영자들이 소금을 줄이도록 할 수 없다는 문제가 있다. 예를 들어, 대규모 레스토랑/외식업체 회사의 매우 숙련된 메뉴 개발자에게 나트륨을 줄이도록 하는 방법과 소규모 외식업체의 요리사가 소금으로 맛내기를 마무리하는 경우에 대해서는 접근 방법이 다를 수밖에 없다.

레스토랑/외식업 직원을 교육하는 공중 보건 정책에서 배울 점이 있다. 한 가지 예는 ServSafe 프로그램인데 이 프로그램은 레스토랑/외식업 직원에게 식품 안전 교육을 하고 자격증을 주는 것으로서(online: http://www.servsafe.com/index.aspx) 정부가 주도하는 식품 안전과 위생 관리 지침을 따르는 데 필수적인 것이 되었다. 반대로, 이 방법에는 꼭 검토해야 할 제한점이 있다. 예를 들면 뉴욕시 보건국은 레스토랑/외식업 직원의 식품 안전성 교육 과정에 트랜스지방 사용을 줄이는 캠페인을 포함시켰으나 그 공중보건 시책은 성공하지 못했다(Angell et al., 2009).

그러므로 자발적 기준 도입 방법으로부터 다양한 외식업 직원 교육 방법(현장교육, 교실교육, 온라인 교육, 업계 매체 기사 trade media article 등) 중에서 가장 효과적인 방법을 찾을 필요가 있다. 이러한 목적의 정책은 레스토랑/외식업계, 연방정부, 주정부와 지역 보건 당국을 포함한 수많은 이해당사자가 개발할 수 있다.

요약

본 위원회는 만약 미국식품의약품안전청이 다음과 같이 조치한다면 가공식품의 소금 안전인정물질 자격 변경에 성공할 수 있다고 믿는다.

- "미국인 식생활 지침"에 맞춘 하루 나트륨 총 섭취량에 부합하는 정상식이를 사람들이 할 수 있도록 소금 사용량을 안전인정물질 자격 규정으로 명백하게 해야 한다. 그리고 이러한 식품은 자유롭게 판매할 수 있어야 한다.
- 특별 라벨/영양성분표시를 실시하거나 식품 정보를 공개하는 라벨을 실시하면서 소금의 안전인정물질 자격은 단계적으로 조정하여야 하는데, (1) 이것은 라벨이 식품산업이 나트륨 함량을 좀 더 빨리 변화시키는 노력을 촉진시키고, (2) 상대적으로 나트륨 함량이 높은 식품임을 소비자에게 알리는 데 효과적이었다는 연구 결과의 뒷받침이 있어야 한다.
- 일부 개별 식품에 대하여 안전인정물질 자격에서 예외 조치를 받는 것을 연구하고 수행하는 것, 그리고 예외 조치를 받은 식품에 붙은 라벨 영양성분표시 정보가 공중 보건을 해치지 않는다는 연구가 있다면, 그러한 예외 조치 또는 특별히 수용하는 조치를(아마도 드물게) 허용해야 한다.
- 마지막으로 식품 첨가물 신청 절차에 준하여 안전인정물질이 아닌 나트륨 함량 수준을 정해야 한다. 그렇게 하면 나트륨 함량 때문에 특정 식품이 판매되는 것을 막으며, 신청 절차를 통하여 식품 판매 허가를 조정할 수 있다.

나아가, 소금의 안전인정물질 자격을 변경하는 과정 자체가 전략을 집행하는 데 중요한 요소이다. 규칙 제정의 사전통지와 의견제출 절차에 맞추면 소금 표준에 관련된 활동은 이해당사자과 상의하고 협조하면서 공개적으로 하게 되고 식품공급 부분과 소비자 식생활에 대한 좋은 정보를 만들어낼 것으로 기대된다. 바람직한 목표는 "미국인 식생활 지침"에서 권하는 수준으로 국민이 나트륨을 섭취하는 조건이 되도록 식품에 첨가하는 소금의 안전인정물질 조항을 만드는 것이다. 또 제7장에서 기술하였듯이, 단계적으로 기준을 변경한다면 잘 정착될 것이다.

이 과정을 성공적으로 수행하는 데 있어 미국식품의약품안전청의 역할은 다음과 같다:

- 안전인정물질 자격을 변경하고 단계적으로 사용 기준을 변경하여 식품산업과 소비자가 저염 식품에 적응할 뿐만 아니라, 짠맛 취향을 낮추는 데 도움을 주는 조건에 대한 연구를 염두에 두고 수행.
- 식품분야별로 표준을 정립하되 식품분야별 식이 구성, 물리적 기능과 안전성 문제와 식품 분야에 기초하여 나트륨 기준을 개발자로부터 배운 점을 적절하게 고려.
- 식품공급 부분의 심층 분석을 참고하면서 정책 결정 과정에 수용하고 나트륨 함량이 전체 섭취량에 미치는 영향을 시뮬레이션 모델로 알아보며, 소비자 식습관 조사, 식품 안전성 고려, 경제적 영향 및 의도하지 않은 결과 등을 깊이 분석한 후 의사 결정.
- 중소기업에 부담을 주는 것에 대해 꼼꼼하게 주의를 기울임.
- 안전인정물질 자격 예외 식품의 경우, 진정서 과정에 시기적절하고 즉각 반응하는 관리체계.
- 각 단계별 진행 과정에서 다음 단계로 가기 이전, 전 단계 조치의 영향과 성공 여부를 평가하고, 필요시 조정하거나 변화를 주기 위해서 식품의 나트륨 함량 감소 결과에 대한 정기적, 체계적, 포괄적 관찰.

식품과 메뉴 음식에서 나트륨 함량을 낮추기 위한 시책

식품공급 부문이 나트륨 함량을 낮추려 할 때에는 전통적으로 신제품개발과 소금 대체 물질에 초점을 맞췄다. 본 위원회의 정보 수집 워크숍에서 발표된 바와 같이 가공식품의 나트륨 함량을 낮추기 위한 "쉬운" 신제형 제품 개발은 대형 식품제조회사에서 이루었지만 나트륨 함량을 낮추기 위해서는 더 창의적이고 집중적 노력이 계속 필요하다. 이 주제는 다음에 연구 필요 분야 부분에서 다시 논하겠지만 이 문제를 공공 부분과 민간 부분이 협동하여 해결해 가는 것이 중요하다고 본 위원회는 인정하였다. 맛과 풍미를 연구하고 식품에서 나트륨을 낮추는 기술을 더 잘 이해하는 연구는 학교나 민간 연구기관에서 이루어진다. 반면, 제조 과정을 바꾸는 것과 같은 작업은 식품산업이 좀 더 잘 한다. 어떻든, 모든 이해당사자간의 협력과 협동이 바람직하다.

전 세계적으로 사용할 수 있는 소금대체물질은 아직 알려지지 않았다. 안전하고 나트륨이 아니면서 짠맛을 내는 물질은 염화칼륨을 제외하고는 발견되지 않았다. 그러나 염화칼륨은 쓴맛도 내므로 일부 식품에서는 사용할 수 없고, 다른 식품에서도 소금을 대체하기 어렵다. 제3장에서 기술하였듯이, 소금 맛을 향상시키는 물질이나 소금 맛을 전달하는 다른 방법을 체계적으로 찾아야 하는 이유가 여기에 있다. 공공부문과 민간부문의 협동이 필요한 상황이다. 현재 소금대체물질로 내세우는 것에 천일염이 있다. 그러나 천일염은 나트륨을 많이 포함하고 있는데 어떻게 바닷소금이 나트륨 섭취량을 전반적으로 낮출 수 있는지 확실하지 않다. 나트륨 섭취를 낮추기 위한 방법 중 하나로 천일염을 사용하는 것은 연구가 더 필요하다.

분명한 것은 소금대체물질이나 소금 맛 향상물질을 무조건 기다리거나 기대하는 것은 적절하지 않고 공중보건 이익에도 맞지 않는다. 그러한 방향의 연구도 있어야 하고, 대체물질은 유용하기는 하겠지만, 전반적인 초점은 (1) 식품의 소금 함량을 줄이고, (2) 짠 식품에 대한 취향을 낮추며, (3) 식품의 칼로리를 낮추고 과일, 채소 섭취를 늘리는 것과 마찬가지로 나트륨 섭취를 줄이는 일반적인 식습관을 홍보하는 것에 두어야 한다.

나아가, 만약 다른 소금 감소 방법을 레스토랑/외식업에서 광범위하게 사용한다면 상당한 진전이 있는 것이다. 여기에는 풍미 전략 flavor strategy 이나 본래 소금 함량이 낮은 식품 원료를 더 쓰는 조리법 등이 있다. 예를 들어 과일, 채소나 가공을 적게 한 신선식품, 향초, 양념, 향료 등을 써서 레스토랑/외식업 메뉴에서 나트륨 함량을 낮출 가능성이 있다. 또한 나트륨이 아니면서 풍미를 높이는 요리 방법, 예를 들면 굽는 방법을 쓰면 나트륨 함량을 낮출 수 있다. 세계를 돌아다니며 습득한 식품과 풍미 경험을 고려하는 것도 또 하나 방법이 된다. 레스토랑이나 외식업 음식 1인 제공량을 줄이는 획기적인 방법도 전체적인 나트륨 함량을 줄일 수 있다. 이와 비슷하게, 패스트푸드 음식점 메뉴에는 고염식품(예: 피클, 캐찹, 머스타드, 치즈버거의 치즈)이 겹겹이 쌓여 있는데, 이것을 저염 식품으로 대체한다면 제5장에서 논의하였던 관점에서 볼 때 특히 나트륨 함량을 상당히 줄이게 될 것이다.

실행 단계에서 레스토랑/외식업이 반드시 알아야 할 과제가 있는데, 그것은 여러 음식점 관리자의 행동을 교육하고 변화시키는 것이다. 대형 레스토랑이나 체인점의 경우, 다른 요리사가 같은 메뉴 음식에 소금을 다르게 넣는다고 할지라도 기본적으로는 중앙 집중화되고 표준화된다. 작고 독립적인 레스토랑의 경우에는, 나트륨 함량은 표준화되어 있지 않고, 요리사나 음식재료에 따라서 매일 바뀔 수 있다. 어떻게 하면 조리한 메뉴 음식의 나트륨을 지속적이고도 광범위하며, 종업원이 요리하는 방법으로 줄일 수 있을지에 대한 자료는 부족하지만, 외식업 경영자는 경영하는 업체의 모든 사람과 체제에 맞춘 유연한 방법과 시범 활동을 개발할 필요가 있다. 게다가, 대형 체인점과 달리, 독립 외식업체에서 오히려 더 창의적이고 광범위한 시범 활동이 필요하다. 어떤 경우에서든지 다음과 같은 훈련 과정이 필요하다. 교육이나 전문 인력 과정(예: 현장 교육, 교실교육, 온라인 교육), 회사원 간의 정보 공유(예: 웹사이트, 출판물, 뉴스레터), 회의, 인터넷방송, 리더쉽 특수업무, 포럼, 기업 정책과 관련된 사회 책임 발언 등의 소위 "생각하는" 리더쉽, 창의적인 포상 프로그램, 지역과 식품 관련 정부 및 관계부처를 모두 포함하는 창의적 메커니즘, 자발적이고 의무적인 기준의 개발. 이 모든 것의 목표는 창의적인 해결책을 찾게 만들고 교육 전략에 대하여 외식업체 간 의견 일치를 이루는 데에 있다. 이에 따라 이 분야에서 공공부분과 민간부분의 협동이 특히 유리할 것이다.

소비자에 대한 지원

본 위원회는 식품공급 부분에서 변화하지 않는 한 미국인의 나트륨 섭취를 의미 있게 감소시키지 못할 것이라고 결론지었다. 그러나 식품공급 부분의 변화는 반드시 소비자 개개인이 알고 식품을 선택하는 것과 동반하면서 변화하여야 한다. 소비자도 해야 할 중요한 역할이 있다. 교육과 기술 습득을 통하여 소비자에게 동기를 부여하고 나트륨 섭취를 줄이는 기술과 방법을 알게 한다. 저염 식품을 공급한다고 해도, 나트륨 섭취를 줄이고 짠 식품의 풍미와 맛의 취향을 바꾸는 것은 소비자의 몫이다. 예를 들어, 식생활 패턴을 바꿔 나트륨 함량이 낮은 식품을 먹고, 음식을 적게 먹어 전체 칼로리 섭취를 줄이고, 나트륨 함량이 높은 음식은 반드시 피하여야 할 사람이 소비자 중에는 많다. 이러한 소비자 생활 변화와 관련된 정책은 반드시 나트륨을 적게 섭취하는 것이 중요하다는 인식을 기반으로 하여 이루어져야 한다. 소비자에게 나트륨 섭취를 줄이는 것이 중요하다는 점을 알리는 것뿐만 아니라 식품공급 부분에서 나트륨 함량을 줄이는 노력에 소비자가 참여하도록 하는 정책일 수도 있다. 이러한 출발점에서 보면, 예를 들어 샐러드에 베이컨을 넣지 않는 것에서부터 식탁에서 소금을 치기 전에 맛을 보는 것에 이르기까지, 나트륨 섭취를 개인적으로 줄이는 데 좋지 않은 행동을 더 잘 이해하는데 초점을 맞추어야 한다. 또한 영양성분표시를 읽도록 하는 캠페인은 소비자에게 식품의 나트륨 함량을 알 수 있도록 한다는 점에서 좋은 방법이다. 다음에 강조하겠지만, 소비자로 하여금 자신의 나트륨 섭취량을 모니터링하는 방법이 개발된다면 유용할 것이다.

건강 소통의 효과는 사회학 행동 이론과 연구를 통해서, 그리고 과거의 국내 국제적 정책 시행으로 얻은 교훈을 통해 더 강화될 것이다. 소통 캠페인을 잘하면 나트륨 함량을 낮추는 데 환경적인 장애물인 식품공급 부분을 변화시켜 그 결과 나타나는 발전의 터전이 된다. 마찬가지로 이 캠페인은 나트륨 섭취와 건강과의 관계에 대한 현재 지식은 물론 나트륨 섭취를 줄이려는 태도를 목표로 한다. 소비자를 대상으로 하는 메시지는 영양성분표시를 읽고 음식을 준비하는 등의 기술을 향상시키는 것과 스스로 노력하면서 변화하여 나트륨 섭취를 줄이는 사회적 규범을 받아들이는 것을 목표로 할 필요가 있다.

나트륨 섭취를 줄이기의 시간표

식품에서 나트륨 함량을 줄이고 이를 위해 지지전략을 수행하는 정책 과정에 대하여 모르는 것이 여러 가지 있으므로, 미국 국민의 나트륨 섭취를 줄이는 시간표를 작성하기는 어렵다. 목표는 현재의 평균 하루 나트륨 섭취량 추정치 3,400 mg을 미국인 식생활 지침에서 정한 하루 2,300 mg으로 줄이는 것이다. 2010년에 새로운 식생활 지침이 나오겠지만, 하루 2,300 mg보다 높아질 것 같지는 않고 2005년도의 권장량과 같거나 낮아질 것이다. 그러므로 수년 동안은 섭취량을 30% 이상 줄인다는 목표는 계속 유지될 것으로 보인다.

이해당사자의 의견 개진, 진행하는 연구의 결과와 자료 등을 모아야 하므로 식품의 소금 기준을 정하는 조심스러운 규제 정책 과정은 시간이 걸린다고 봐야 한다. 지각 연구로 확실하게 얻은 정보는 물질의 존재가 변화하여 지각되지 못하는 양적 수준을 알려주는 반면에, 다양한 종류의 제품과 실제 상황에서는 다르게 적용되는 것에 대하여 배워야 할 것이 아직 많다. 나아가 새로운 기술이 개발되는 속도나 그 기술이 정책 과정에 도움을 주는 정도에 대해서는 아직 모른다.

그럼에도 불구하고 규제를 집행하는 미국식품의약품안전청은 식품공급 부분에서 나트륨을 줄이는 시간표를 작성할 것이다. 그러나 협조가 필요한 측면과 일반적인 생각에서 본다면 미국인의 나트륨 섭취를 줄이고 식품 공급 부분에서 나트륨 함량을 줄이려는 별개의 임무를 집행하는 시작단계에서 시간표와 목표를 세우는 데에 공개적 절차를 보장하는 것이 중요하다. 한편, 목표를 조정하고 모니터링하여 책임감이 있는 정책 수행자가 진행을 촉진시키고 성공하게 하는 책임자와 행정 과정이 있어야 한다. 이런 이유로, 현 전략에는 미국보건부 장관이 이 중요한 활동에 책임이 있다고 권고하고 있다.

자금 지원

본 위원회 임무에 나트륨 섭취를 줄이는 전략을 수행하거나 평가하는 데 필요한 자금에 대한 부분은 포함되지 않았다. 이해당사자, 연구, 의사 결정 부분으로부터 모은 상당한 양의 정보는 이런 계획의 총 비용을 예상하기 어려운 전략을 개발하는 데 한 부분으로서 필요하다. 일부 연구에서 이미 말하듯 나트륨 섭취 감소는 의료비용을 낮추며 그것은 공적 부분에서 도움이 될 것이다(Bibbins-Domingo et al., 2010; Palar and Sturm, 2009; Smith-Spangler et al., 2010). 그러나 제안한 전략에서는 식품회사나 정부 투자가 필요하다는 것을 인정하는 것 또한 중요하다. 자금 지원은 이 전략이 성공하는 데 결정적으로 중요하고 나트륨 섭취를 줄이는 것의 중요성 때문에 공중보건 시책으로서 연방정부, 주정부, 지방정부 수준에서 지원하는 것은 정당성을 갖는다. 이 보고서에서는 미국식품의약품안전청, 미국농무부 USDA , 기타 정부 기관에 대하여 자금을 지원하도록 권고하지 않는다. 그러나 본 위원회가 권고하는 정책을 수행하려면 추가 또는 재할당 자금이 필요할 것이라는 점을 알고 있다. 또 식품공급 부분에서 나트륨 함량을 낮추려면 제조회사에게 신제품 개발 비용이 발생하고 이것은 일부라도 소비자 부담으로 된다는 것을 알고 있다. 그러나 나트륨 함량을 낮춤으로써 얻는 공중보건상의 이익을 실현시키기 위해서는 이런 비용은 필요하다.

연구가 필요한 분야

전반적으로, 본 위원회가 인정한 중요 연구 분야는 다음 네 가지이다. (1) 소금 맛 감각에 대한 이해와 맛 감각의 나이에 따른 발육; (2) 식품의 기호성, 물리적 성질, 안전성을 유지하면서 식품의 나트륨 함량을 낮추는 획기적 방법 개발; (3) 나트륨 함량을 줄이는 것과 관련된 소비자 인식과 행동에 영향을 미치는 요인의 이해도 상승; (4) 나트륨 섭취정도, 식품의 나트륨 함량,

짠맛 취향 등의 추적조사, 나트륨 섭취를 줄이는 것 등과 관련된 연구의 필요성은 상당히 높다. 본 위원회는 제한된 자금으로 나트륨 섭취를 줄이는 연구를 더 지원하기 위해서 가장 중요하고 관련성 있는 연구에 초점을 맞추었다. 공공기관, 비영리단체, 민간단체가 서로 잘 협력하였을 때, 몇몇 예외를 제외하고는 본 위원회가 지정한 연구가 잘 수행될 수 있다고 본 위원회는 생각하였다. 제9장에서 나열한 권고 전략을 잘 수행하도록 할 수 있다는 희망 아래, 새로운 연구 분야의 연구는 곧바로 시작해야 한다고 생각하였다. 소금의 과량 섭취와 관련된 고혈압과 다른 질환으로 일어나는 사망을 줄이는 것이 경제적으로 도움이 된다는 것이 현재의 생각이라면, 이러한 정책을 지지하는 지원금은 잘 쓰이는 것일 것이다(Bibbins-Domingo et al., 2010; Palar and Sturm, 2009; Smith-Spangler et al., 2010).

소금 맛

소금 맛의 감각과 관련한 과학 지식은 많이 모자란다. 소금 맛 연구와 소금 맛을 변화시키는 연구는 정책 기획자나 식품회사가 소비자가 받아들일 수 있는 나트륨 함량 감소 방법을 찾도록 할 것이다. 이 연구 분야에서는 미국 국립보건원[NIH] 이 생산적 역할을 할 수 있고, 공공 부분과 민간 부분이 협력하여 성과를 낼 수 있는 분야이기도 하다.

이 분야의 연구 필요성에는 다음과 같은 것이 있다:

- 상피세포의 나트륨 채널이 짠 맛을 인지하는 수용체 중의 하나라는 가설을 현재 감각 과학자[sensory scientists] 가 받아들이고 있지만, 이와 관련하여 인간과 실험동물 연구 결과 사이에 나타나는 차이에 대해서는 의문점이 남아 있다. 또한 소금 맛 인지 수용체가 한 종류 더 존재하지만 그 수용체가 구강 어디에 위치하는지, 구조는 어떠하며 그 수용체가 어떻게 감각을 일으키는지 그 기전에 대해서는 모른다. 짠맛을 인지하는 과정을 연구하면 맛과 풍미를 유지하면서 식품의 나트륨 함량을 낮추고

소금 맛을 늘리는 물질을 개발할 수 있도록 할 것이다.

- 소금 맛 취향과 그 변화에 대한 연구가 더 필요하다. 이 분야에서 우리가 모르는 것은 맛의 취향이 어린 나이에 어떻게 결정되는지에 대한 것이다. 예를 들어, 영아나 유아 시절에 경험한 소금 맛이 이후 소금 맛 취향에 전 생애에 걸쳐 큰 영향을 준다는 연구가 있다. 이 흥미 있는 주제에 대하여 다음에 하여야 할 연구는 어려서 소금을 적게 먹으면 어른이 되어 고 나트륨 식품에 대한 취향이 낮아지는지 여부, 그리고 어릴 때 소금을 적게 먹도록 하는 전략을 추구하여야 할지를 결정하는 연구이며 모두 매우 가치 있는 연구 주제이다.
- 성인에서도 모든 식품의 나트륨 함량을 줄이면 소금 맛 취향이 바뀐다는 증거가 있다. 그러나 전체 인구의 소금 섭취량을 줄이는 전략이 성공하는 데 중요한 몇 가지 요인에 대해서는 아직 알지 못한다. 먼저 소금 섭취량 변화에 대응하는 소금 맛 취향 변화에 필요한 기간을 잘 알지 못한다. 둘째로, 식품에 대한 감칠맛palatability을 크게 바꾸지 않으면서 소금 함량을 얼마나 줄이는 것이 적당한지를 잘 모른다. 줄이는 정도는 식품 분야에 따라 다르겠지만, 연구하면 여러 가지 식품 분야에 적용할 수 있는 일반적 원리를 밝힐 수 있을 것이다. 셋째, 짠 음식을 조금 먹으면서도 저염 식품에 적응할 수 있는지 여부를 모른다. 예를 들어, 앤쵸비와 올리브와 같이 나트륨 감소에서 예외가 된 짠 음식을 가끔 먹으면서 수프나 빵과 같이 나트륨 함량이 낮은 음식을 먹는 경우 적응에 어떤 영향을 주는지 잘 모른다. 이렇게 잘 모르는 부분 때문에, 본 위원회 위원 중 일부는 짠 음식을 조금씩 먹도록 예외로 하여도 되는지에 대하여 우려한다.

식품의 나트륨 함량을 낮추는 연구

식품산업에서 현재 진행 중인 신 제형 개발에서 나트륨 함량은 현재의 기술과 과학으로 상당히 낮출 수 있다. 그러나 전 국민에게 권고하는 나트륨 섭취 수준으로 식품 나트륨 함량을 낮추려면 추가 연구가 필요하다. 특히 식품의 맛, 물리적 성질, 안전성, 유통기한을 유지하면서 나트륨 함량을 낮추려면 추가 연구가 필요하다. 신제품 개발에 대한 관심은 식품의 나트륨 함량을 낮추려는 정책이 유도한다.

이 분야에서 필요한 연구는 다음과 같다:

- 몇 가지 제품에서는 나트륨 함량을 줄여도 맛을 유지하는 새로운 방법이 필요하다. 그런 식품에서 맛을 유지하려면 소금 맛 강화물질이나 대체물질을 개발하여야겠지만, 다른 방법도 가능성이 있다. 예를 들어, 소금은 음식의 쓴 맛을 감추기 위해 넣는 경우가 있다. 쓴 맛을 줄이는 용도로 소금을 아닌 다른 재료를 개발하면 결국 식품의 나트륨 함량을 낮출 것이다. 또 쓴 맛을 줄이는 물질은 염화칼륨을 더 적게 사용하도록 할 것이다. 소금 결정체의 구조를 바꾸거나 식품 내 소금의 위치를 바꾸는 방법도 가능성이 있다. 그리고 식품의 나트륨 함량을 줄이면서 다른 맛이나 풍미에 초점을 맞춘 제품 개발 연구도 유용할 것이다. 이런 연구에서는 허브, 향료, 다른 재료 등을 추가하거나 새로운 조리법으로 식품을 만들 때 소금 함량이 낮은데도 어떻게 소비자가 잘 받아들이지는 조사할 것이다.
- 나트륨을 대신해서 식품의 물리적 특성을 유지하는 재료나 가공처리법을 개발하는 연구도 계속 필요하다. 저염 식품에서 나트륨의 기능을 대체하는 물질이 있지만 대체물질은 특별한 경우에만 쓸 수 있는 한계가 있으므로, 이 분야에서 더 많은 관심을 갖고 더 많은 종류의 대체물질을 발견해야 할 것이다.
- 소금을 식품의 안전성과 유통기한 때문에 사용하는 경우 나트륨의 최소 필요량을 더 잘 이해하는 연구가 필요하다. 나트륨 함량을 낮추려는 신제형 제품을 개발할 경우 제조회사는 신제품이 유통기한 내에 식품 안전성이 유지된다는 것을 반드시 검사하여야 한다. 자주 발생하는 제품 취급 부주의에서도 안전하다는 것을 확인하여야 한다. 제품 유통기한을 변경할 경우 유효기간을 염두에 두어야 한다.

- 식품제조회사가 식품 안전성을 보장하는 것을 돕기 위해 정부기관, 협회 trade association, 연구기관 등은 식품가공업(특히 연구 기능이 떨어지는 소형 식품가공업)을 도와 신제품 때문에 식품 매개 질환이 발생할 위험이 없도록 도와야 한다. 이러한 연구는 식품에서 미생물 증식을 예측하는 컴퓨터 모델(예: 미국농무부의 "예측 미생물학" 웹사이트, online: http://fsrio.nal.usda.gov/document_reslist.php?product_id=66) 사용을 촉진하는 일과 나트륨을 줄였을 때 미생물이 자라지 못하게 하는 대체 장애물을 사용하는 일이 포함된다.

소비자 후원 연구

세 번째 연구 분야는 소비자가 나트륨과 관련된 지식, 태도, 행동을 효과적으로 변화시키는 방법을 좀 더 잘 이해하게 할 필요성에 관한 것이다. 이런 연구는 식이와 건강에 관한 합의 보고서에 인용된다. 그리고 이런 연구는 일반적으로 식이습관을 바꾸는 기본적 요인을 연구하는 실험 연구와 전체 인구 건강에 변화를 일으키는 중요 요인을 조사하는 실험/관찰 연구에 초점을 맞춘다. 이런 연구는 모두 나트륨 섭취에 관련된 소비자 행동 변화를 지원하고 향상시키는데 도움을 준다. 특히 다음 세 가지 분야를 강조한다:

- 이 보고서에서 권고하는 전략은 식품의 나트륨 함량을 대규모로 줄이는 속에서 식이를 변화시키는 창의적 방법으로서 건강 소통 캠페인을 포함하고 있다. 이것은 칼로리 섭취 저하와 마찬가지로 나트륨 섭취를 저하시키는 식이와 건강 행동을 확실히 포함한다. 나트륨 섭취를 줄이는 것과 관련하여 소비자 건강 소통이 하는 역할에 대한 평가는 몇 가지 평가 방법으로 시행할 필요가 있다.
- 오늘날의 환경에서, 나트륨 섭취를 줄이라는 메시지는 다른 영양소에 대한 식이 권고나 고혈압 이외의 질환에 대한 권고와 겹친다. 소비자는 식품과 건강 정보와 권고에 맞춰 식품을 선택하기에 어려움이 있고,

한 가지 영양소에 초점을 맞추면 다른 영양소에는 맞추기 어려운 경우가 있다. 그러므로 한 가지 영양소에 대한 메시지가 나트륨 섭취 저하에도 효과적인지를 밝히는 연구가 필요하고, 소비자가 나트륨에 대한 메시지를 과일, 채소의 섭취를 늘리고 칼로리 섭취를 줄이는 메시지와 통합하는 능력을 밝히는 연구도 필요하다.

- 소금 맛의 매력은 잘 정리되어 있다. 중요한 연구 분야는 음식 맛 때문에 강하게 동기화된 경우 나트륨 섭취 저하에 대한 행동 변화 모델을 어떻게 정립할 수 있을지에 대한 궁금증을 푸는 것이다.

나트륨 섭취량, 식품의 나트륨 함량과 소금 맛 취향에 대한 추적

조사와 감시에 대하여 여러 가지 연구가 필요하다.

- 미국인의 나트륨 섭취 정도를 더 잘 추적 조사하는 것이 중요하므로 미국 국가조사 사업의 하나로 24시간 소변 수집 검사를 권고하게 되었다. 24시간 소변은 어떤 상황에서도 수집이 어려우므로 첫 번째 단계로 미국 국민건강영양조사National Health and Nutrition Examination Surveys, NHANES에서 검사 후 남은 소변을 이용하여 나트륨 배출을 측정하고 24시간 소변 수집에서 측정한 결과와 비교하는 예비 실험을 수행하는 것, 그리고 24시간 소변 수집 방법을 개선하는 방법을 연구하여야 한다. 대규모 조사에 사용할 만한 간단한 방법을 찾아야 한다. 24시간 수집 소변보다 나트륨 섭취량을 측정할 수 있는 믿을 수 있고 경제적이며 쉽게 관리할 수 있는 다른 표적marker을 개발하는 연구도 필요하다.
- 개인이 각자의 나트륨 섭취량을 판단하는 데 도움을 주는 방법도 개발할 필요가 있다. 소비자가 쉽고도 정확하게 소금 섭취량을 측정할 수 있도록 돕는 것이 중요하다. 식품에서 전반적으로 나트륨 함량을 낮추는 환경이 되었다고 하더라도 각 개인은 나트륨 섭취량을 낮추는 조치를 해야 한다. 그렇게 하기 위해서 시간 경과에 따라 섭취 정도를 스스로

측정하는 능력이 있어야 된다. 이것은 특히 고 위험군에게 중요하다.

- 식품에서 나트륨 함량을 더 잘 추적하는 연구가 필요하다. 새롭고 개선된 방법을 개발하면 유용할 것이다. 방법으로는 통일 상품코드 Universal Product Code 로 얻은 판매 자료와 영양정보표의 영양정보를 연결시키는 것에서부터 외식업 메뉴 음식의 나트륨 함량 데이터베이스 개발 등이 있다.
- 식품에서 나트륨 함량을 줄이면서 동시에 짠맛 감각 변화를 추적하는 간단한 소금 맛 테스트를 개발하고 유용성을 검토하는 연구가 필요하다. 적절한 방법을 개발하도록 권유하게 됨에 따라, 국가적 차원에서 소금 맛 취향을 추적 조사하기 시작하였다. 소비자가 식품의 나트륨 함량을 단계적으로 줄이는 과정에서 나트륨이 적게 들어 있는 식품에 적응하고 취향도 높아질 것으로 기대하며, 이를 추적 조사함으로써 나트륨 함량을 낮추는 정책의 효과를 측정하는 것이 매우 중요하다. 소금 맛 취향 변화를 추적 검사하기 위해서는 미국국민건강영양조사와 같은 국가 차원의 추적검사에 포함할 수 있는 간편한 맛 테스트를 개발하고 검증하여 유용하게 사용할 필요가 있다. 맛감각과 관련하여 "미국국립보건연구원 평가정책수단 NIHToolbox for Assessment Initiative " (online: http://www.nihtoolbosx.org/WebPart%20Pages/AboutUs.aspx)의 일부로 현재 개발 중이며, 이것도 하나의 모델이 될 수 있다.

참고문헌

Angell, S. Y., L. D. Silver, G. P. Goldstein, C. M. Johnson, D. R. Deitcher, T. R. Frieden, andM. T. Bassett. 2009. Cholesterol control beyond the clinic: New York City's trans fat restriction. *Annals of Internal Medicine* 151(2):129-134.

Bibbins-Domingo, K., G. M. Chertow, P. G. Coxson, A. Moran, J. M. Lightwood, M. J. Pletcher, and L. Goldman. 2010. Projected effect of dietary salt reductions on future cardiovascular disease. *New England Journal of Medicine* 362(7):590-599.

Palar, K., and R. Sturm. 2009. Potential societal savings from reduced sodium consumption in the U.S. adult population. *American Journal of Health Promotion* 24(1):49-57.

Smith-Spangler, C. M., J. L. Juusola, E. A. Enns, D. K. Owens, and A. M. Garber. 2010. Population strategies to decrease sodium intake and the burden of cardiovascular disease. *Annals of Internal Medicine* 152(8):481-487.

부록 A

두頭문자어, 약어와 용어해설

Acronyms, Abbreviations and Glossary

24-hour recall : 24시간 회상법. 식이 평가의 한 방법. 개인에게 이전 24시간 동안 먹은 것 모두를 기억하여 답하게 하는 조사방법

ACE Angiotensin-converting Enzyme : 안지오텐신 전환효소

ADA American Dietetic Association : 미국영양학회

AI Adequate Intake : 적정 섭취량. 관찰치 또는 실험적으로 결정한 근사치를 기반으로 하여 권고하는 영양분의 하루 평균 섭취량, 또는 일반적으로 건강한 사람에게 적정하다고 추정하는 섭취량의 추산치. 일일 권고섭취량 Recommended Daily Allowance, RDA가 결정되지 않을 때 사용함

Advertising : 광고. 방송, 텔레비전, 라디오, 인쇄물, 광고(게시)판, 인터넷, 개인적인 접촉과 같은 광범위한 미디어 채널을 통해 소비자의 주의를 모으는 목적으로 스폰서가 유급으로 대중에게 제품을 발표하고 아이디어, 상품, 서비스를 홍보하는 것

AHA American Heart Association : 미국심장협회

AICR American Institute for Cancer Research : 미국암연구소

Aldosterone : 알데스테론. 부신 피질에서 만드는 호르몬으로 몸의 소금과 물의 균형을 조절함

AMA American Medical Association : 미국의학협회

Amino acid : 아미노산. 아미노기와 카복실기를 포함한 유기화합물로서 단백질을 형성하기 위해 다른 아미노산과 묶이는 단위

Anion : 음이온. 음전하 이온

ANPR Advanced Notice of Proposed Rulemaking : 규칙제정 사전공고

APHA American Public Health Association : 미국공중보건협회

ARB Angiotensin Receptor Blocker : 안지오텐신 수용체 길항제

Aroma : Flavor를 참조

Aspartame : 아스파르탐. 아스파르트산과 페닐알라닌으로 만든 저 칼로리의 영양분 없는

감미료. 페닐케톤뇨증을 가진 사람이 섭취해서는 안 되고 열을 가하면 맛이 바뀌기 때문에 요리 때 불안정한 성질을 가짐

Atherosclerosis : 죽상동맥경화증. 신체의 큰 동맥과 중간 크기 혈관이 막히고, 좁아지고, 딱딱해지는 것. 뇌졸중과 심장발작을 일으키고, 눈과 신장에 문제를 일으킬 수 있음

Away-from-home Food : 가정 밖 식품. 음식을 어디에서 구하는지에 따라 분류할 때의 식품의 한 종류. 레스토랑이나 서비스를 받는 외식업; 패스트푸드 식당, 셀프서비스 또는 먹을 음식을 포장판매 하는 외식업; 어린이 보육원, 방과 후 프로그램, 여름 캠프; 자동판매기, 지역사회 영양 중재 프로그램, 다른 사람 집에서 먹는 것 등을 포함

Bars : 바. 바, 선술집 tavern, 나이트클럽 등 알코올성 음료를 제공하는 시설

BMI Body mass index : 체질량지수. 사람의 체중(킬로그램)을 키(미터) 제곱으로 나누어 몸의 지방량을 간접적으로 계산하는 지수. BMI (kg/m^2)=체중(킬로그램)/키(미터)^2 또는 BMI(lb/in^2)= 체중(파운드)/키(인치)^2 X 703

Cafeteria : 카페테리아. 준비한 음식이나 음료수를 배열해 놓고 손님이 선택하도록 하는 시설 또는 뷔페 스테이션(그릴뷔페 또는 뷔페 포함)

Calorie : 칼로리(킬로칼로리). 칼로리는 물 1그램을 섭씨 14.5도에서 15.5도로 온도 변화를 일으키는 데 필요한 열의 양. 본 보고서의 칼로리는 킬로칼로리의 뜻으로 사용하며 식품과 음료수에서 얻는 에너지의 측정단위로 사용

CARDIA Coronary Artery Risk Development in Young Adults : 청장년 성인의 관상동맥질환 발생 위험

Cardiovascular disease : 심혈관질환.

Casual dining full-service restaurant : 일반 풀서비스 레스토랑. 웨이터와 웨이트리스가 서비스를 제공하는 레스토랑, 손님은 앉아서 주문하고 손님이 식사 후 음식 값을 지불하는 시설. 평균 한 사람당 저녁 값이 10불에서 20불 정도임

Cation : 양이온. 양전하 이온

CDC Centers for Disease Control and Prevention : 미국질병관리본부

Cerebrovascular disease : 뇌혈관질환. 뇌혈관이 터지거나 출혈하거나 막힐 때 일어나는 손상. 뇌혈류가 차단되면 뇌세포는 죽거나 손상되고 결과적으로 뇌졸중이 됨

Chemesthesis : 화학감각. 화학물질이 감각 수용체(통증, 촉각, 눈, 코, 입, 목안 온도 감각 수용체)를 활성화시킬 때 일어나는 감각

Cholesterol : 콜레스테롤. 신체의 모든 부분에 자연적으로 있는 왁스나 지방 같은 물질. 혈액에 콜레스테롤 양이 많으면 심장질환의 위험은 높임

Congestive heart failure : 울혈성 심부전. 조직에 혈액이 고이지 않고 계속 순환하게 하는 심장의 펌프 작용을 충분히 하지 못하는 능력 부족 상태

CSPI Center for Science in the Public Interest : 공익과학단체. 식품안전과 영양에 관해 대중을 교육하고

정부와 기업의 정책에 영향을 주기 위해 시민단체로 활동

CVD Cardiovascular disease : 심혈관질환. 심장과 혈관의 기능장애가 있는 비정상 상태. 죽상동맥경화증(특히 관상동맥질환), 뇌혈관질환, 그리고 고혈압

DV Daily Value : 1일 섭취량. 권고식이허용량 Recommended Dietary Allowance, RDA 에 기초하여 식품라벨에서 사용하는 용어. RDA는 건강식이를 하도록 하기 위해 식품 라벨 정보를 사용할 때 소비자가 도움을 받도록 디자인하였음. 영양정보에 나타나는 1일 섭취량은 구입하는 포장 식품의 영양소 양이 하루 전체에 먹어야 하는 양에 대한 비율을 소비자에게 알리는 역할을 함

DASH Dietary Approaches to Stop Hypertension : 고혈압을 방지하는 식이법. 과일과 야채, 저지방 유제품을 많이 섭취하고 포화지방산, 총지방량과 콜레스테롤을 낮춘 식사

DGAC Dietary Guidelines Advisory Committee : 식이지침자문위원회

Diastolic blood pressure : 이완기 혈압. 심장이 박동 후 다음 박동을 시작하기 전 잠깐 휴식할 때의 동맥 최저 혈압

Dietary Guidelines for Americans : 미국인 식생활 지침. 현재 상태의 과학적 증거와 의학 지식에 근거하여 미국인을 위해 마련한 연방정부의 식생활 지침의 요약본. 이 지침은 미국보건부 U.S. Department of Health and Human Services, HHS 와 미국농무부 U.S. Department of Agriculture, USDA 가 공동으로 제작 발행하고 매 5년마다 개정

DRI Dietary Reference Intake : 영양섭취기준: 미국에서 이전의 1일 권장섭취량을 대체하는 4개의 별개로 되어 있고 영양분을 기초로한 섭취영양 적절량의 한 체제. 이것은 평균섭취량 Estimated Average Requirement, EAR, 일일 권장섭취량 Recommended Dietary Allowance, RDA, 충분섭취량 Adequate Intake, AI, 상한섭취량 Tolerable Upper Intake Level, UL 을 포함

Disappearance data : 소모량 자료. 시장에서 사라지는 식품과 영양소 자료. 이 용어는 전체 국민이 식품이나 영양소를 소비한 양을 말하며 국가 또는 지역에서 재고관리 방법으로 계산함

Dose-response assessment : 투여량-효과 평가. 영양섭취량과 효과나 부작용 사이의 관계를 결정하는 것

ENaC Epithelial sodium channel : 상피세포 나트륨 통로. 이온통로 ion channel 의 하나로서 소금 맛 감각을 인식하는 역할을 하는 것으로 생각하는 통로

Epithelium : 상피. 내장(예: 위, 소장)이나 신체 내면을 덮는 막과 같은 조직

EAR Estimated Average Requirement : 추정평균섭취량. 특정한 연령군이나 성별 집단의 건강한 개인 절반 정도가 필요하다고 추정하는 평균 1일 영양소 섭취량

Family dining full-service restaurant : 가족 풀서비스 레스토랑. 웨이터와 웨이트리스가 서비스를 제공하는 식당. 손님은 앉아서 주문하고 손님은 식사 후 음식 값을 지불하는

레스토랑. 평균 한 사람당 저녁 값이 10불 또는 그 이하

FDA US Food and Drug Administration : 미국식품의약품안전청

Fermentation : 발효. 식품을 보존하는 일반적인 방법. 특정 미생물이 활동하여 신선 식품이 장기간 보존할 수 있는 형태로 변화됨

Fine dining full-service restaurant : 고급풀서비스레스토랑. 웨이터와 웨이트리스가 서비스를 제공하는 식당. 손님은 앉아 주문하고 식사 후 음식 값을 지불하는 곳. 평균 한 사람당 저녁 값이 25불이나 그 이상임

FITS Feeding Infants and Toddlers Study : 영유아섭식연구

Flavor : 풍미. 맛과 냄새의 화학적 감각으로 결정되는 음식 또는 다른 물질의 감각적 느낌

Folate : 엽산. 비타민 B의 일종으로 세포 분열에 필수적임. 녹색 채소, 과일, 말린 콩, 완두콩, 견과류에 많음

Food industry : 식품산업. 이 보고서에서는 식품가공업자와 레스토랑/외식업의 두 분야를 포함하는 말로 사용함

Food manufacturing : 식품제조. 가축이나 농산품을 중간 또는 최종 단계의 소비 형태로 변화시키는 산업

Food processors : 식품가공업. 식품가공을 시행하는 사업

Foodservice : 외식업. 준비한 음식이나 스낵을 제공하여 구내에서 또는 즉시 소비할 수 있게 하는 사업. 집으로 갖고 가거나 시설 밖의 다른 곳에서 소비하는 "포장판매(테이크아웃) 식품"과 식료품 소매점에서 구입한 "신선 조리(델리) 식품"을 포함

Foodservice contractors : 급식업자. 기관, 정부, 상업, 산업 등 소유주가 다른 시설에서 계약을 맺고 일정 기간 음식을 제공하는 사업. 급식업소 직원은 급식업자의 소속임 (managed service와 onsite foodservice도 참조)

FSA Food Standards Agency : 영국식품표준국

FSAI Food Safety Authority of Ireland : 아일랜드식품안전청

Full-service restaurant : 풀서비스 레스토랑. 웨이터와 웨이트리스가 서비스를 제공하는 식당. 손님이 앉아서 주문하고 식사 후 음식 값을 지불

GDA Guideline Daily Amount : 하루섭취량지침

Glucose tolerance : 내당능. 혈당을 대사할 수 있는 신체의 능력

Glutamic acid : 글루타민산. 단백질 구성성분인 아미노산의 일종. 글루타민산 모노나트륨은 육류의 풍미를 높이기 위해 사용함

GMA Grocery Manufacturers Association : 식료품제조업협회

GRAS Generally recognized as safe : 안전인정물질

HHS US Department of Health and Human Services : 미국보건부

Hyperkalemia : 고칼륨혈증. 혈청 칼륨 농도가 5.0 mEq/L 이상인 상태

Hypertension/Hypertensive : 고혈압/고혈압환자. 수축기 혈압 140 mmHg 이상 또는 이완기 혈압 90 mmHg 이상인 상태/사람

Hypokalemia : 저칼륨혈증. 혈청 칼륨 농도가 3.5 mEq/L 이하인 상태

IFIC International Food Information Council : 국제식품정보위원회

Incidence : 발생률. 특정 기간 동안 일정 인구에서 발생하는 신환 발생 빈도

INTERSALT : 전해질 섭취와 혈압의 관련성에 대한 대규모 국제적 연구. 관련 연구 중 문헌에서 가장 많이 인용됨. 1985년에서 1987년간 32개국의 피험자로부터 24시간 소변을 모아 분석함. 각 센터에서 20–59세의 남성과 여성 약 200명을 대상으로 함

Iodized salt : 요오드를 보강한 소금

IOM Institute of Medicine : 미국의학한림원

Ion : 전하를 가진 입자(양이온, 음이온)

Left ventricular hypertrophy : 좌심실비대. 주요 펌프 챔버(심장 좌심실)의 벽을 이루는 근육이 비대한 상태. 고혈압이나 기타 상황에서 좌심실이 더 힘들게 일을 하여야 하는 경우에 일어남

Level playing field : 공평 경쟁의 장. 이 보고서에 사용한 이 용어의 뜻은 모든 식품제조업자와 레스토랑/외식업자 모두가 함께 식품의 소금 함량을 줄이는 것

Limited-service restaurant : 제한서비스 레스토랑. 손님은 계산대에서 주문하거나 식품바에서 음식을 선택하고 식사하기 전에 돈을 지불하는 레스토랑(quick-service restaurant)

Lipid : 지질. 지방, 왁스 wax, 스테롤 sterol, 지용성 비타민, 모노글리세라이드 monoglyceride, 디글리세라이드 diglyceride, 인지질, 기타와 같이 자연적으로 생긴 분자. 지질의 주요 생물학적 기능은 에너지 저장, 세포막의 구조 성분, 중요 신호물질 등

Mobile food services : 이동 외식업. 자동차나 일반 카트로 즉시 먹을 수 있는 음식이나 스낵을 만들고 판매하는 시설

MSG Monosodium Glutamate : 글루타민산나트륨. 소금 맛과 감칠맛 umani 을 음식에 내는 화합물

NCHS National Center for Health Statistics : 미국보건통계센터

NHANES National Health and Nutrition Examination Survey : 미국국민건강영양조사. 미국질병관리본부의 미국보건통계센터가 수행

NHLBI National Heart, Lung, and Blood Institute : 미국국립심폐혈액연구소. 미국국립보건원의 연구소 중 하나

NIH National Institutes of Health : 미국국립보건원

NLEA Nutrition Labeling and Education Act of 1990 : 1990년 영양표시및교육법

NRA National Restaurant Association : 미국레스토랑협회

NRC National Research Council : 미국국가연구위원회. 미국국립과학학술원 National Academy of Science, NAS 을 구성하는 기관 4개 중 하나

NSRI National Salt Reduction Initiative : 전국 소금 감소 정책

Nutrition Facts panel : 영양정보표. 시장에서 판매하는 모든 포장식품의 크기와 내용물에 대한 상세한 영양정보를 표준화한 것. 소비자에게 영양정보를 제공하기 위해 설계하였고 1990년 영양표시 및 교육법으로 의무화

Olfactory : 후각. 냄새를 맡는 감각 또는 이와 관련된 감각

Pathogenesis : 병인론. 질환의 전개 과정과 질환으로 발전하는 일련의 과정; 세포, 조직, 기관이 미생물, 화학물질 또는 물리적 요인으로 구조적 또는 기능적 변화가 일어나 초래됨

Pellagra : 펠라그라. 니아신 niacin 이나 트립토판 tryptophan 이 결핍될 때 사람에게 일어나는 질병

Potassium : 칼륨. 나트륨과 함께 세포내액을 구성하는 주요 양이온. 정상 수분 균형과, 삼투압 평형, 산 염기 평형을 유지하는 역할을 함. 신경근육 활동과 세포성장의 조절에 중요한 역할

Potassium chloride KCl : 염화칼륨. 소금대체물질로 사용할 수 있고 음식에 쓴 맛을 일으킴

Prevalence : 유병률. 존재하는 질병의 빈도를 측정하는 방법의 하나로서, 인구 중 질병에 걸린 사람의 비율로 정의

Processed food : 가공식품. 가공이란 최소한의 조작 minimal manipulation, 육류를 자르고 신선 농산물을 토막내는 일을 포함하지만, 이 보고서에서 사용한 가공식품이란 용어는 구운 식품, 깡통(캔)에 담긴 수프, 냉동식품과 같은 더 복잡한 생산품에 사용함

Proteinuria : 단백뇨. 소변에 단백질이 비정상적으로 많은 상태(알부민뇨 albuminuria 또는 소변알부민 Urine albumin 이라고도 함)

Quick-casual restaurant : 신속레스토랑. 매번 따로 준비하고, 위생적이며, 믿을 만한 음식을 상당히 빨리 제공하는 매력적이고 편안한 시설, 평균 가격은 7–9불 사이

Quick-service (fast food) restaurant : 패스트푸드 레스토랑. 일반적으로 손님이 주문하고 식품을 선택하고 먹기 전 값을 지불하는 방식으로 음식 서비스를 제공하는 시설: 음식과 음료는 그곳에서 먹을 수도 있고, 가지고 나갈 수도 있으며, 배달하여 주기도 함. 스낵과 비 알코올성 음료수 바 bar 도 포함. 평균 가격은 3–6불 사이

RACC Reference amount customarily consumed : 습관적소비참고량

RDA Recommended Dietary Allowance : 1일 권고섭취량. 특정 생애 시기 또는 성별 그룹의 건강한 일반인(97–98%)에게 필요한 영양 요구 수준에 충족하는 평균 1일 섭취량.

Saccharin : 사카린. 콜타르 coal tar 에서 추출한, 달고, 희고, 분말 형태의 합성물질. 설탕

보다 300–500배 달고, 영양분 없는 인공감미료

SACN Scientific Advisory Committee on Nutrition-UK : 영국영양과학자문위원회

Salt sodium chloride, NACl : 소금(염화나트륨). 결정성 고체로서 암염 광산이나 바닷물에서 얻는 식품 첨가물이면서 보존제. 소금을 많이 섭취하면 혈압을 높이는 등 건강문제를 일으킴. 소금 1 g에는 나트륨 393 mg을 포함. 이 보고서에서는 소금 6 g에 나트륨 2,400 mg을 포함한다고 추정

Salt disappearance : 소금 소모량. 소모량 자료 Disappearance data 를 참고

Salt sensitivity : 소금 민감도. 소금 섭취감소에 따른 혈압 변화의 정도와 크기: "소금에 예민한 혈압 salt-sensitive blood pressure "이라는 용어는 정해진 소금 섭취량 감소에 따라 혈압이 크게 저하한 경험을 한 개인이나 하위집단에게 적용

Salt taste preference : 소금 맛 취향. 소금을 추가한 식품을 선호하는 취향

Saturated fat : 포화지방. 트리글리세라이드로 구성된 지방은 포화지방산 기 radical 를 가지고 있음(예, 지방산 사슬의 탄소원자 사이에 이중결합이 없어 수소원자가 포화되어 있음). 유제품, 동물 지방, 코코넛 오일, 면실유, 팜핵유와 초콜렛에는 포화지방산이 많음

SCOGS Select Committee on GRAS substances : 안전인정물질선정위원회.

SD Standard deviation : 표준편차

SE Standard error : 표준오차

Sea salt : 천일염. 바닷물 증발 후 정제하지 않은 소금

Sensory receptor : 감각수용체. 생물의 내부 또는 외부에서 오는 자극을 인지하는 감각 신경 말단 부분

Slotting fee : 입점비(또는 자릿값). 신제품이 판매장 선반을 차지할 때에 지불하는 위치에 대한 값으로 식품가공업자가 소매업자에게 한 번 지불

Snack and non-alcoholic beverage bars : 스낵음식점. 아이스크림, 얼린 요구르트, 쿠키, 팝콘, 또는 커피, 주스, 소다 같은 비 알코올성 음료 등을 판매하는 시설

SNAP Supplemental Nutrition Assistance Program : 보조영양지원프로그램

SNDA School Nutrition Dietary Assessment : 학교영양식이평가

Social caterer : 행사관련 식당. 출장을 나가 1회성 행사를 위해 음식을 제공하는 식품 산업의 한 분야

Sodium Na : 나트륨. 세포외액의 양과 혈장 양을 조절하는 역할을 하는 중요 양이온; 또 신경 전도와 근육 수축 조절에 도움을 줌

Sodium benzoate : 나트륨벤조에이트. 흰색이고 냄새가 없는 결정형 분말로서 항진균제로 사용

Sodium bicarbonate : 이탄산나트륨. 위와 전신의 제산제로 사용되는 화합물

Sodium chloride : 염화나트륨. Salt (소금) 참조

Spironolactone : 스피로노락톤. 고알도스테론증(몸에서 너무 많은 알도스테론이 생성됨)에 걸린 환자를 치료하기 위해 사용하는 약; 칼륨 수준은 낮고 혈압은 높고 심장, 간, 신장질환을 포함하여 다양한 증상과 부종이 초래됨

Stroke : 뇌졸중. 뇌 어느 부분의 혈액공급이 중지되는 현상

Systolic bloo d pressure : 수축기혈압. 심장이 수축할 때 가해지는 최대의 압력

Tastant : 맛 감각을 일으키는 화합물

Taste : 맛. 물에 녹은 물질이 혀의 맛 봉우리에 닿아 단맛, 신맛, 짠맛, 쓴맛을 구별하는 감각

Taste bud : 맛 봉우리. 맛 수용체 세포와 지지세포로 구성된 혀의 특별한 구조. 미각의 가장 작은 기능적 단위

UL Tolerable Upper Intake Level : 최대섭취허용량. 일반사람 거의 모두가 부작용 없이 섭취할 수 있는 최대 평균 1일 영양섭취량. 섭취량이 최대섭취허용량보다 많으면 부작용 위험성은 커질 수 있음

Umami : 우마미. 감칠맛. 고기, 생선, 야채, 유제품 등 음식에서 자연적으로 생기는 글루타민산염과 리보뉴클레오티드가 주는 감칠맛

UPC Universal Product Code : 통일상품코드

Urea : 요소. 질소원자 두 개와 이산화탄소를 합성하는 요소 회로 urea cycle 의 산물. 질소산물이 배설될 때의 주요 형태임

USDA US Department of Agriculture : 미국농무부

Usual intake: 통상섭취량. 식품, 영양분, 특정 영양소를 각 개인이 장기적으로 섭취하는 평균 섭취량

WASH World Action on Salt and Health : 소금과 건강에 관한 세계 활동(시민단체)

Water activity : 수분 활성. 한 체계에서 물의 에너지 수준을 나타내는 데 사용하는 활성도 (단위가 없음)

WCRF World Cancer Research Fund : 세계암연구재단

WHO World Health Organization : 세계보건기구

WIC The Special Supplemental Nutrition Program for Women, Infants and Children : 여성, 영아, 어린이를 위한 특별 보충 영양 프로그램

부록 B

국가아카데미, 세계보건기구, 기타 보건 관계 전문가 기관의 권고와 정부 정책

TABLE B-1 Government Initiatives

Date	Program/Initiative/Report Title	Recommendations/Initiatives/Actions	Target Population (if specified)
White House Conference			
1969	Conference on Food, Nutrition, and Health: Final Report (White House Conference, 1969)	Provided advice on the desirability of reducing sodium intake Encouraged food processors to minimize the amount of salt in processed foods Identified a need for food labeling of sodium	Hypertensive individuals Food processors
U.S. Senate—Select Committee on Nutrition and Human Needs			
1977	Dietary Goals for the United States, 2nd edition (Select Committee on Nutrition and Human Needs, 1977)	Decrease salt intake to about 5 g/d	All Americans
U.S. Department of Health and Human Services—Centers for Disease Control and Prevention (CDC)			
2009	The Congressional Omnibus Appropriations Acta (2009) included language encouraging CDC to work with major food manufacturers and chain restaurants to reduce sodium content in their products and to submit to the Committee on Appropriations and the House of Representatives and the Senate an evaluation of its sodium-reduction activities within 15 months of enactment of the act, and annually thereafter	CDC plans to explore existing national and international public and private initiatives to reduce sodium in the food supply In fiscal years 2009–2010, CDC plans to convene public and private stakeholders to build relationships and partnerships to investigate approaches for reducing sodium consumption CDC will explore knowledge gaps, utilizing its data systems to analyze and release pertinent sodium related data (CDC, 2009)	Food manufacturers and chain restaurants
U.S.Department of Health and Human Services—Surgeon General			

1979	Healthy People: Surgeon General's Report on Health Promotion and Disease Prevention (Public Health Service, 1979)	Consume less salt; cook with only small amounts of salt, avoid adding salt at the table, avoid salty prepared foods	All Americans
1988	Surgeon General's Report on Nutrition and Health (Public Health Service, 1988)	Reduce intake of sodium by choosing foods relatively low in sodium and limiting the amount of salt added in food preparation and at the table	All Americans
U.S. Department of Health and Human Services—Public Health Service			
1980	Promoting Health and Preventing Disease: Objectives for the Nation (Public Health Service, 1980)	By 1990: • Reduce the average daily sodium ingestion (as measured by excretion) for adults to at least the 3,000–6,000 mg range • > 75% of the poWpulation should be able to identify the principal dietary factors for high blood pressure and three other diseases • 70% of adults should be able to identify the major foods that are low in sodium • Sodium in processed foods should be reduced by 20% from present levels	All Americans
1990	Healthy People 2000 (NCHS, 2001)	Increase % of persons preparing foods without adding salt from 43% (baseline) to a target of 65% Increase % of persons rarely or never using salt at the table from 60% (baseline) to 80% Increase % of persons regularly purchasing foods with reduced salt and sodium content from 20 (baseline) to 40%	All Americans
2001	Healthy People 2000 Review (NCHS, 2001)	During the mid-1990s, overall the percent of persons rarely or never using salt at the table ranged from 56–62%, and the % of persons regularly purchasing foods with reduced salt and sodium content was 19%	All Americans

continued

TABLE B-1 Continued

Date	Program/Initiative/Report Title	Recommendations/Initiatives/Actions	Target Population (if specified)
2000	Healthy People 2010 (HHS, 2000)	Increase the percentage of persons who consume ≤ 2,400 mg/d sodium from baseline (21% based on the National Health and Nutrition Examination Survey [NHANES] 1988–1994) to 65% (only 13% met target in 2003–2004 [Public Health Service, 2008])	Persons 2 or more years of age
U.S. Department of Health and Human Services—National Heart, Lung, and Blood Institute (NHLBI), the National Institutes of Health			
1972	National High Blood Pressure Education Program (NHLBI, 2010)	Cooperative effort among professional and voluntary health agencies, state health departments, and many community groups with the goal to reduce death and disability related to high blood pressure through programs of professional, patient, and public education	All Americans
1993	Working Group Report on Primary Prevention of Hypertension (National High Blood Pressure Education Program) (Whelton et al., 1993)	Reduce salt intake to no more than 6 g per day	All Americans
1995, 1999	Statement from the National High Blood Pressure Education Program Coordinating Committee (NHLBI, 1999)	Moderate salt and sodium intake Establish 2,400 mg/d sodium as a national dietary goal	
1996	Workshop: Implementing Recommendations for Dietary Salt Reduction: Where Are We? Where Are We Going? How Do We Get There? (NHLBI, 1996)	Develop public and professional education activities within the primary prevention campaign to convey the rationale for and benefits of lowering dietary salt/sodium for hypertension prevention to the appropriate target audiences The salt/sodium messages must be consistent with and often integrated into overall healthful lifestyle diet messages, such as the Dietary Guidelines, USDA Food Guide Pyramid, and FDA food labels	

		Experiences with intervention studies should be transferred to clinical and/or community settings after reviewing or evaluating and adapting, if necessary, strategies, methods, and materials Gradual "silent" or "transparent" lowering of salt or sodium in the food supply will need to occur along with the opportunity for effective marketing strategiess and the promotion of reduced-sodium as well as low-sodium, low-salt, and no-salt food products. These recommendations are applicable to the food production industry, as well as restaurant, catering, and foodservice industries Data from completed clinical trials should be analyzed for the adequacy of simpler methods (e.g., casual urine collections, chloride titrator strips) as measures of sodium intake and for the validity of dietary recalls in order to consider the best feasible methods for individual and national-level assessments of sodium intake Other research needs identified in the areas of food technology; basic mechanisms of salt taste; and knowledge, attitudes, and skills of the public	
1997	The Sixth Report of the Joint National Committee on Prevention, Detection, Evaluation, and Treatment of High Blood Pressure (NHLBI, 1997)	Reduce sodium intake to ≤ 100 mmol/d (2,400 mg sodium or 6 g sodium chloride)	
2002	National High Blood Pressure Education Program (update of 1993 report) (NHLBI, 2002)	Reduce dietary sodium intake to no more than 100 mmol/d (approximately 2,400 mg of sodium or 6 g of sodium chloride)	All Americans
2003	The Seventh Report of the Joint National Committee on Prevention,Detection, Evaluation, and Treatment of High Blood Pressure (NHLBI, 2004)	Reduce sodium intake to no more than 100 mmol/d (2,400 mg sodium or 6g sodium chloride)	

continued

TABLE B-1 Continued

Date	Program/Initiative/Report Title	Recommendations/Initiatives/Actions	Target Population (if specified)
2005	Prevent and Control America's High Blood Pressure: Mission Possible (NHLBI with CDC and the American Heart Association [AHA] as supporting partners; 22 states participated) (NHLBI, 2005)	Promoted awareness and education materials to help the public health community attract new partners and revitalize relationships with existing partners to fight high blood pressure States distributed materials to public health departments; hospitals and clinics; schools; senior centers; refugee centers; faith-based organizations; work sites; primary care practices; emergency medical service groups; state health benefit plans; and disease-related organizations, such as diabetes, kidney failure, and cancer groups	Persons at high risk for hypertension Low-SES (socio-economic status) and minority populations
2006	NIH Radio (NIH, 2006)	Produced a broadcast-ready public service announcement about fighting high blood pressure through diet	All Americans
U.S. Department of Agriculture and U.S. Department of Health and Human Services (USDA/HHS)			
1980	Dietary Guidelines for Americans (USDA/HHS, 1980)	Avoid too much sodium	"Most Americans"
1985	Dietary Guidelines for Americans (USDA/HHS, 1985)	Avoid too much sodium	"Most Americans . . . those who are already healthy"
1990	Dietary Guidelines for Americans (USDA/HHS, 1990)	Use salt and sodium only in moderation	Healthy Americans 2 or more years of age
1995	Dietary Guidelines for Americans (USDA/HHS, 1995)	Choose a diet moderate in salt and sodium. "The Nutrition Facts Label lists A Daily Value of 2,400 mg"	Healthy Americans 2 or more years of age

2000	Dietary Guidelines for Americans (USDA/HHS, 2000)	Choose and prepare foods with less salt	Healthy Americans 2 or more years of age
2005	Dietary Guidelines for Americans (USDA/HHS, 2005)	Consume < 2,300 mg/d of sodium (~1 tsp salt) Choose and prepare foods with little salt, and consume potassium-rich foods, such as fruits and vegetables Individuals with hypertension, African Americans, and middle-aged and older adults: Aim to consume no more than 1,500 mg/d of sodium, and meet the potassium recommendation (4,700 mg/d) with food	Americans 2 or more years of age High-risk populations
2010	Dietary Guidelines for Americans	Convened expert Advisory Committee to update the Dietary Guidelines for Americans for the year 2010. Sodium intake is included as a topic area for discussion (results pending)	
U.S. Food and Drug Administration (FDA)			
1973	Food labeling (HHS/FDA, 1973)	Required specific format when a nutrition claim was made in labeling or advertising or when a nutrient was added to a food Better information about the sodium content of foods was an early focus	
1979	Evaluation of the health aspects of sodium chloride and potassium chloride as food ingredients (SCOGS, 1979)	Consumption of sodium chloride should be reduced Guidelines should be developed for restricting salt in processed foods The sodium content of processed foods should be labeled	
1981	Initiative with NHLBI (Derby and Fein, 1995)	Educate the public about sodium Encourage manufacturers to display the sodium content on food labels	

continued

TABLE B-1 Continued

Date	Program/Initiative/Report Title	Recommendations/Initiatives/Actions	Target Population (if specified)
1982	Rejected petitions requesting reclassification of salt's status from "GRAS" (generally recognized as safe) to "food additive" and the addition of warning labels to high-sodium foods and salt packets by deferring action on GRAS status of salt (HHS/FDA, 1982)	Deferred action pending assessment of the impact of • Sodium labeling regulations • Manufacturer efforts to voluntarily reduce salt Indicated that a voluntary program would produce the desired results with less regulatory burden and affirmed that the food industry was in the best position to reduce sodium levels in processed foods and should be given a chance to do so	
1984	Sodium labeling (HHS/FDA, 1984)	Sodium added to mandatory list of nutrients to be declared on food labels Defined the terms for sodium content claims	
1993–2005	Nutrition Labeling Final Rules (HHS/FDA, 1993a,b,c, 1994, 2005)	Established a Daily Value (DV) of 2,400 mg for sodium labeling Mandated declaration of sodium content on all foods (mg and % DV) Established labeling rules: • Nutrient content claims for "free" (< 5 mg sodium per serving), "low" (≤ 140 mg sodium per serving), and "reduced or less than" (≥ 25% less sodium per serving than an appropriate reference food) • Foods labeled as "healthy" to contain ≤ 480 mg sodium per serving until Jan. 1, 1998, at which time sodium levels were to decrease to ≤ 360 mg per serving • Health claim: "Diets low in sodium may reduce the risk of high blood pressure" (foods ≤ 140 mg per serving) • Disqualifying or disclosure levels (≤ 480 mg per serving)	
2005	Final rule regarding sodium levels in foods labeled as "healthy" (HHS/FDA, 2005)	Retained 1993 level of ≤ 480 mg sodium per serving; eliminated requirement that this level drop to ≤ 360 mg Rationale: • Technological barriers to reducing sodium in processed foods • Poor sales of products meeting lower-sodium levels • More restrictive sodium levels would inhibit the development of new "healthy" food products	

2007	Public hearing in response to a 2005 petition (CSPI, 2005) requesting rule-making regarding salt and a House of Representatives' Committee on Appropriations 2005 statement encouraging the agency to focus on ways—both voluntary by the food industry and regulatory by FDA and USDA—to reduce salt in processed and restaurant foods (HHS/FDA, 2007a)	The petition specifically requested FDA to •revoke the GRAS status of salt •amend any prior sanctions for salt •require food manufacturers to reduce the amount of sodium in all processed foods •require health messages on retail packages of salt (0.5 oz.+); reduce the DV for sodium from 2,400 to 1,500 mg Issues discussed—GRAS vs. food additive status: •Could a food additive regulation be constructed to prescribe limitations for uses of salt? If so, how? •Would reducing the salt content of food, even in a modest way, impact the safety or quality of various foods given the wide variety of technical functions for which salt is used in food? How feasible would it be to mitigate this impact, if true? Could it be mitigated by the addition of other ingredients? •If you agree that the sodium content of processed foods should be reduced, what actions (other than those suggested by the petitioner) would you recommend? • How could FDA partner with interested stakeholders regarding the development of appropriate recommendations or other information to reduce the salt content of processed foods? Issues discussed—food labeling: •What is the effectiveness of FDA labeling regulations in reducing salt intake by the public? •What data are available regarding the potential for label statements about the health effects of salt to reduce salt intake? •To what extent could FDA's labeling policies provide incentives to manufacturers to reduce the salt content of processed foods?

continued

TABLE B-1 Continued

Date	Program/Initiative/Report Title	Recommendations/Initiatives/Actions	Target Population (if specified)
2007	Advanced Notice of Proposed Rule-making (ANPR): Nutrition Labeling (HHS/FDA, 2007b)	Requested comments on questions including: • Should the Daily Reference Value (DRV) for sodium be based on the Tolerable Upper Intake Level (UL) for sodium (2,300 mg) or on the Adequate Intake (AI; 1,500 mg/d) using the population-coverage approach? • If the UL is used, should it be adjusted using the same approach (population-weighted or population-coverage) as the other Dietary Reference Intakes (DRIs)?	
2007	Public Hearing (HHS/FDA, 2007c)	Discussed: use of symbols to communicate nutrition information, consideration of consumer studies and nutrition criteria	
U.S. Department of Agriculture (USDA)			
1993	Nutrition Labeling (USDA, 1993)	Adopted similar food labeling provisions as FDA for USDA-regulated products (notably meat and meat products)	
1995	Commodity Distribution Program (provides 15–20% of school lunch program foods)	Recommended specific sodium reductions for 10 commodity food categories in USDA's Commodity Distribution Program: canned beef, pork, poultry, luncheon meat, refried beans, salmon, tuna, ready-to-eat cereals, ham, and carrots Excluded many other products due to the assumption that school children would find modifications unacceptable (USDA, 1995)	Children consuming school meals
2004	HealthierUS School Challenge (encourages elementary, middle, and high schools to improve the nutrition content of foods provided to children and youth) (FNS, 2010)	Rewards changes in the school nutrition environment, including providing lower-sodium foods to all children and youth: • Gold, silver, or bronze recognition: Foods with ≤ 480 mg sodium per non-entrée or ≤ 600 mg sodium per entrée • Gold award of distinction: Non-entrées with ≤ 200 mg sodium and entrées with ≤ 480 mg	Children and youth consuming school meals

2007	Special Supplemental Nutrition Program for Women, Infants, and Children (WIC) (provides vouchers to participants for the purchase of specific food items to meet nutritional needs) (USDA/FNS,2007)	Requires that in certain food categories, foods must be lower in sodium or not have added sodium to qualify as a product that can be purchased with WIC vouchers	Low-income, nutritionally at-risk, pregnant and postpartum women; infants and children up to 5 years
2008	Commodity Distribution Program (FNS, 2008)	Plans to purchase low-sodium canned vegetables with the goal to reduce sodium levels of all canned vegetables to ≤ 140 mg per serving by school year 2010	Children consuming school meals
State and Local (Sodium Labeling Initiatives)b			
2008	California	Requires restaurant chains with ≥ 20 outlets statewide to disclose sodium information at point of sale	
2008	King County (Seattle)	Requires posting of sodium content on menus for restaurant chains with ≥ 15 outlets nationwide or $1 million in annual sales (collectively for the chain); if a menu board is used, nutrition information (including sodium) must be provided at point of ordering	
2008	Philadelphia	Requires posting of sodium content on menus for restaurant chains with ≥ 15 outlets nationwide	
2009	Montgomery County (Maryland)	Requires restaurant chains with ≥ 20 outlets nationwide to disclose sodium information (in writing) on the premises, upon request	
2009	Oregon	Requires restaurant chains with ≥ 15 outlets nationwide to provide sodium information on the premises, upon request	

continued

TABLE B-1 Continued

Date	Program/Initiative/Report Title	Recommendations/Initiatives/Actions	Target Population (if specified)
Government/Non-government Organization Partnership			
2009	National Salt Reduction Initiative (see Appendix G)	Partnership of over 45 cities, states, and national health organizations working to reduce U.S. population salt intake by 20% over 5 years by working with industry to set salt reduction targets that are designed to allow for gradual reductions in the sodium content of packaged and restaurant foods	U.S. population

[a] Public Law 111-8, Joint Explanatory Statement: Division F—Labor, Health and Human Services, and Education, and Related Agencies Appropriations, 2009.

[b] Implemented or passed into law as of February 16, 2010. See Appendix J for more information.

NOTE: d = day; g = gram; mg = milligram; tsp = teaspoon.

TABLE B-1 Continued

TABLE B-2 Past Recommendations from the National Academies and the World Health Organization

Date	Program/Initiative/Report Title	Recommendations/Initiatives/Actions	Target Population (if specified)
The National Academies			
1970	Safety and suitability of salt for use in baby foods (NRC, 1970)	Recommended ≤ 0.25% salt be added to commercial baby food	Infant food manufacturers
1980	Toward Healthful Diets (NRC, 1980a)	Use salt in moderation; adequate but safe intakes are considered to range between 3–8 g/d salt (1,200–3,200 mg/d sodium)	
1980	Recommended Dietary Allowances, 9th ed. (NRC, 1980b)	Estimated Safe and Adequate Daily Dietary Intake of sodium: 1,100–3,300 mg	Adults
1989	Recommended Dietary Allowances (NRC, 1989a)	Estimated minimum requirements for sodium of 500 mg/d	Healthy persons ≥ 10 years of age
1989	Diet and Health: Implications for Reducing Chronic Disease Risk (NRC, 1989b)	Limit total daily intake of salt (sodium chloride) to ≤ 6 g, although ≤ 4.5 g would probably confer greater health benefits Limit use of salt in cooking and avoid adding it to food at the table Salty, highly processed salty, salt-preserved, and salt-pickled foods should be consumed sparingly	
2005	Dietary Reference Intakes for Sodium (IOM, 2005)	Established Adequate Intake: • 1.5 g/d for persons 9–50 y • 1.3 g/d for persons 51–70 y • 1.2 g/d for persons > 70 y Established Upper Limit: • 2.2 g/d for persons 9–13 y • 2.3 g/d for persons >13 y	

continued

TABLE B-2 Continued

Date	Program/Initiative/Report Title	Recommendations/Initiatives/Actions	Target Population (if specified)
2010	Strategies to Reduce Sodium Intake (IOM, 2010)	Recommended a coordinated approach to set standards for safe levels of sodium in food using existing FDA authorities to modify the generally recognized as safe (GRAS) status of salt and other sodium-containing compounds Recommended a nationally organized campaign to educate the public about the risks of excess sodium intake and healthful food choices, build support for government and industry activities, and support consumers in making behavior changes to reduce sodium intake	U.S. population
World Health Organization (WHO)			
1990	Diet, Nutrition, and the Prevention of Chronic Diseases (WHO, 1990)	Upper limit 6 g/d salt Lower limit not defined	
2003	Diet, Nutrition, and the Prevention of Chronic Diseases (WHO, 2003)	< 5 g/d salt	

NOTE: d = day; g = gram; mg = milligram; y = years.

TABLE B-3 Past Recommendations from Health Professional Organizations

Date	Program/Initiative/Report Title	Recommendations/Initiatives/Actions	Target Population (if specified)
American Heart Association (AHA)			
1973	Diet and Coronary Heart Disease (AHA, 1973)	Moderate sodium intake	
1986	Dietary Guidelines for Healthy American Adults (AHA, 1986)	Consume no more than 3,000 mg/1,000 kcal/d sodium	Adults
1988	Dietary Guidelines for Healthy American Adults (AHA, 1988)	Consume no more than 3,000 mg/d sodium	Adults
1996	Dietary Guidelines for Healthy American Adults (Krauss et al., 1996)	Consume no more than 6 g/d salt (2,400 mg/d)	Adults
1998	Dietary Electrolytes and Blood Pressure (Kotchen and McCarron, 1998)	Consume ≤ 6 g/d salt	Adults
2000	Dietary Guidelines (Krauss et al., 2000)	Limit salt intake to 6 g/d, ~100 mmol/d of sodium	General population
2006	Diet and Lifestyle Recommendations (Revision) for CVD Risk Reduction (Lichtenstein et al., 2006)	Choose and prepare foods with little salt "In view of the available high-sodium food supply and the currently high levels of sodium consumption, a reduction in sodium intake to 1,500 mg/d (65 mmol/d) is not easily achievable at present. In the interim, an achievable recommendation is 2,300 mg/d (100 mmol/d)" Information dissemination program	Adults and children over 2 years of age

continued

TABLE B-3 Continued

Date	Program/Initiative/Report Title	Recommendations/Initiatives/Actions	Target Population (if specified)
2006	Alliance for a Healthier Generation (joint initiative of AHA and the William J. Clinton Foundation) (Alliance for a Healthier Generation, 2009)	Established voluntary nutrition guidelines (based on the 2005 Dietary Guidelines and AHA's 2006 Diet and Lifestyle Recommendations) for competitive school foods (e.g., foods in vending machines) as part of its goal to reduce prevalence of childhood obesity; leading industry groups have signed on	
American Medical Association			
1979	Concepts of Nutrition and Health (Council on Scientific Affairs, 1979)	Moderate intake of salt to less than 12 g/d (4,800 mg/d sodium)	
2006	Report of the Council on Science and Public Health (Dickinson and Havas, 2007; Havas et al., 2007)	Recommended a stepwise, minimum 50% reduction in sodium in processed foods, fast food products, and restaurant meals over the next decade; recommended that FDA revoke GRAS (generally recognized as safe) status of salt	
American Dietetic Association			
2007	Nutrition Fact Sheets and web page (www.eatright.org)	Provided sodium guidance on the meaning of sodium label claims and food purchasing or preparation techniques to reduce sodium intake	
American Public Health Association			
2002	Policy Statement: Reducing sodium content in the American diet (APHA, 2002)	Urged manufacturers to reduce the sodium content of processed foods by 50% over the next decade at a suggested rate of 5% per year	

American Institute for Cancer Research and World Cancer Research Fund			
1997	Food, Nutrition, and the Prevention of Cancer: A Global Perspective (WCRF/AICR, 2007)	Limit salt from all sources to < 6 g/d Limit consumption of salted foods and use of cooking and table salt	Adults
2007	Food, Nutrition, and the Prevention of Cancer: A Global Perspective (WCRF/AICR, 2007)	Limit consumption of salt Population average consumption of salt from all sources to be < 5 g/d (2,000 mg/d sodium) Proportion of the population consuming more than 6 g salt (2,400 mg sodium)/d should be halved every 10 years	
World Action on Salt and Health			
Annually since 2008	World Salt Awareness Week (World Action on Salt and Health, 2009)	The 2009 awareness week focused on the often high amount of hidden salt in foods obtained and consumed outside the home, and highlighted the importance of adding less salt to food and the longterm health implications of eating a high salt diet	
World Hypertension League and World Action on Salt and Health			
Annually since 2005	World Hypertension Day (World Hypertension League, 2009)	The 2009 day urged health experts and chefs to raise awareness of two "silent killers": salt and high blood pressure	

NOTE: d = day; g = gram; kcal = calorie; mg = milligram.

참고문헌

AHA (American Heart Association). 1973. *Diet and coronary heart disease*. New York: American Heart Association.

AHA. 1986. Dietary guidelines for healthy American adults: A statement for physicians and health professionals by the Nutrition Committee. *Circulation* 74:1465A-1468A.

AHA. 1988. Dietary guidelines for healthy American adults. A statement for physicians and health professionals by the Nutrition Committee, American Heart Association. *Circulation* 77(3):721A-724A.

Alliance for a Healthier Generation. 2009. *The healthy schools program*. http://www.healthiergeneration.org/schools.aspx?id=3275 (accessed February 2, 2008).

APHA (American Public Health Association). 2002. *Reducing sodium content in the American diet*. http://www.apha.org/advocacy/policy/policysearch/default.htm?id=278 (accessed October 8, 2008).

CDC (Centers for Disease Control and Prevention). 2009. *Fiscal year 2010: Justification of estimates for appropriation committees*. http://www.cdc.gov/fmo/topic/Budget%20Information/appropriations_budget_form_pdf/FY2010_CDC_CJ_Final.pdf (accessed April 14, 2010).

Council on Scientific Affairs. 1979. American Medical Association concepts of nutrition and health. *JAMA* 242(21):2335-2338.

CSPI (Center for Science in the Public Interest). 2005. *Petition to revoke the GRAS status of salt, to set ceilings on the amount of sodium in processed foods, to require a health warning on packaged salt, and to reduce the daily value for sodium*. http://www.cspinet.org/salt/fda_salt_petition.pdf (accessed September 19, 2009).

Derby, B. M., and S. B. Fein. 1995. Meeting the NLEA education challenge: A consumer research perspective. In *Nutrition Labeling Handbook*, edited by R. Shapiro. New York: M. Dekker. Pp. 315-353.

Dickinson, B. D., and S. Havas. 2007. Reducing the population burden of cardiovascular disease by reducing sodium intake: A report of the Council on Science and Public Health. *Archives of Internal Medicine* 167(14):1460-1468.

FNS (Food and Nutrition Service). 2008. *USDA commodity foods: The healthy option*. Washington, DC: U.S. Department of Agriculture.

FNS. 2010. *HealthierUS school challenge*. http://www.fns.usda.gov/tn/healthierus/index.html (accessed March 22, 2010).

Havas, S., B. D. Dickinson, and M. Wilson. 2007. The urgent need to reduce sodium consumption. *Journal of the American Medical Association* 298(12):1439-1441.

HHS (U.S. Department of Health and Human Services). 2000. *Healthy People 2010: Understanding and improving health and objectives for improving health, Volume II, 2nd edition*. 2nd ed. Washington, DC: U.S. Government Printing Office.

HHS/FDA (Food and Drug Administration). 1973. Food label information panel. *Federal Register* 38(13):2126.

HHS/FDA. 1982. GRAS safety review of sodium chloride; policy notice; solicitation of views. *Federal Register* 47(118):26590-26595.

HHS/FDA. 1984. Food labeling, declaration of sodium content of foods and label claims for foods on the basis of sodium content. *Federal Register* 49(76):15510-15535.

HHS/FDA. 1993a. Food labeling: Health claims and label statements; sodium and hypertension; correction. *Federal Register* 58(61):17099-17100.

HHS/FDA. 1993b. Food labeling: Health claims and label statements; sodium and hypertention; final rule. *Federal Register* 58(3):2820-2849.

IIIIS/FDA. 1993c. Food labeling: Mandatory status of nutrition labeling and nutrient content revision, format for nutrition label; final rule. *Federal Register* 58(3):2079.

HHS/FDA. 1994. Food labeling: Nutrient content claims, definition of term: Healthy; final rule. *Federal Register* 59(89):24232.

HHS/FDA. 2005. Food labeling; nutrient content claims, definition of sodium levels for the term "healthy"; final rule. *Federal Register* 70(188):56828-56849.

HHS/FDA. 2007a. Salt and sodium; petition to revise the regulatory status of salt and etablish food labeling requirements regarding salt and sodium; public hearing; request for comments. *Federal Register* 72(204):59973-59979.

HHS/FDA. 2007b. Food labeling: Revision of reference values and mandatory nutrients; advanced notice of proposed rule-making. *Federal Register* 72(212): 62149-62175.

HHS/FDA. 2007c. Food labeling: Use of symbols to communicate nutrition information, consideration of consumer studies and nutritional criteria; public hearing; request for comments. *Federal Register* 72(139):39815.

IOM (Institute of Medicine). 2005. *Dietary Reference Intakes for water, potassium, sodium, chloride, and sulfate*. Washington, DC: The National Academies Press. Pp. 269-423.

IOM. 2010. *Strategies to reduce sodium intake in the United States*, edited by J. E. Henney, C. L. Taylor, and C. S. Boon. Washington, DC: The National Academies Press.

Kotchen, T. A., and D. A. McCarron. 1998. Dietary electrolytes and blood pressure: A statement for healthcare professionals from the American Heart Association Nutrition Committee. *Circulation* 98(6):613-617.

Krauss, R. M., R. J. Deckelbaum, N. Ernst, E. Fisher, B. V. Howard, R. H. Knopp, T. Kotchen, A. H. Lichtenstein, H. C. McGill, T. A. Pearson, T. E. Prewitt, N. J. Stone, L. Van Horn, and R. Weinberg. 1996. Dietary guidelines for healthy American adults: A statement for health professionals from the Nutrition Committee, American Heart Association. *Circulation* 94(7):1795-1800.

Krauss, R. M., R. H. Eckel, B. Howard, L. J. Appel, S. R. Daniels, R. J. Deckelbaum, J. W. Erdman, Jr., P. Kris-Etherton, I. J. Goldberg, T. A. Kotchen, A. H. Lichtenstein, W. E. Mitch, R. Mullis, K. Robinson, J. Wylie-Rosett, S. St. Jeor, J. Suttie, D. L. Tribble, and T. L. Bazzarre. 2000. AHA dietary guidelines: Revision 2000: A statement for healthcare professionals from the Nutrition Committee of the American Heart Association. *Circulation* 102(18):2284-2299.

Lichtenstein, A. H., L. J. Appel, M. Brands, M. Carnethon, S. Daniels, H. A. Franch, B. Franklin, P. Kris-Etherton, W. S. Harris, B. Howard, N. Karanja, M. Lefevre, L. Rudel, F. Sacks, L. Van Horn, M. Winston, and J. Wylie-Rosett. 2006. Diet and lifestyle recommendations revision 2006: A scientific statement from the American Heart Association nutrition committee. *Circulation* 114(1):82-96.

NCHS (National Center for Health Statistics). 2001. *Healthy People 2000 final review*. Hyattsville, MD: Public Health Service.

NHLBI (National Heart, Lung, and Blood Institute). 1996. *Implementing recommendations for dietary salt reduction: Where are we? Where are we going? How do we get there?: Summary of an NHLBI workshop*. NIH Publication No. 55-728N. Bethesda, MD: National Heart, Lung, and Blood Institute.

NHLBI. 1997. *The sixth report of the Joint National Committee on Prevention, Detection, Evaluation, and Treatment of High Blood Pressure*. NIH Publication No. 98-4080. Bethesda, MD: National Institutes of Health.

NHLBI. 1999. *Statement from the National High Blood Pressure Education Program Coordinating Committee*. http://www.nhlbi.nih.gov/health/prof/heart/hbp/salt_upd.pdf (accessed April 12, 2010).

NHLBI. 2002. *Primary prevention of hypertension: Clinical and public health advisory from the National High Blood Pressure Education Program*. NIH Publication No. 02-5076. Bethesda, MD: National Heart, Lung, and Blood Institute.

NHLBI. 2004. *The seventh report of the Joint National Committee on Prevention, Detection, Evaluation, and Treatment of High Blood Pressure*. NIH Publication No. 04-5230. Bethesda, MD: National Heart, Lung, and Blood Institute.

NHLBI. 2005. *Prevent and control America's high blood pressure: Mission possible—Assessment report*. http://hp2010.nhlbihin.net/mission/projects/cvhassess.htm (accessed November 4, 2009).

NHLBI. 2010. *National high blood pressure education program*. http://www.nhlbi.nih.gov/about/nhbpep/ (accessed November 5, 2009).

NIH (National Institutes of Health). 2006. *Public service announcement—DASH eating plan*. http://www.nih.gov/news/radio/may2006/05122006DASHpsa.htm (accessed November 12, 2009).

NRC (National Research Council). 1970. *Safety and suitability of salt for use in baby foods*. Washington, DC: National Academy of Sciences.

NRC. 1980a. *Toward healthful diets*. Washington, DC: National Academy of Sciences.

NRC. 1980b. *Recommended dietary allowances*. 9th ed. Washington, DC: National Academy of Sciences.

NRC. 1989a. *Recommended dietary allowances*. 10th ed. Washington, DC: National Academy Press.

NRC. 1989b. *Diet and health: Implications for reducing chronic disease risk*. Washington, DC: National Academy Press.

Public Health Service. 1979. *Surgeon General's report on health promotion and disease prevention*. DHEW-PHS 79-55071. Washington, DC: U.S. Department of Health, Education, and Welfare.

Public Health Service. 1980. *Promoting health, preventing disease: Objectives for the nation*. Washington, DC: U.S. Department of Health and Human Services.

Public Health Service. 1988. *The Surgeon General's report on nutrition and health*. DHHS Publication No. 80-50210. Washington, DC: U.S. Department of Health and Human Services.

Public Health Service. 2008. *Healthy People 2010 progress review summary report, nutrition and overweight focus area*. Washington, DC: National Center for Health Statistics.

SCOGS (Select Committee on GRAS Substances). 1979. *Evaluation of the health aspects of sodium chloride and potassium chloride as food ingredients*. Bethesda, MD: Federation of American Societies for Experimental Biology, Life Sciences

Research Office.

Select Committee on Nutrition and Human Needs, U.S. Senate. 1977. *Dietary goals for the United States, 2nd Edition*. Washington, DC: U.S. Government Printing Office.

USDA (U.S. Department of Agriculture). 1993. Nutrition labeling of meat and poultry products; final rule. *Federal Register* 58(3):632-685.

USDA. 1995. *Improving USDA commodities: Tri-agency commodity specification review report*. Washington, DC: U.S. Department of Agriculture

USDA/FNS. 2007. Special Supplemental Nutrition Program for Women, Infants and Children (WIC): Revisions in the WIC food packages; interim rule. *Federal Register* 72(234): 68966-69032.

USDA/HHS. 1980. *Dietary guidelines for Americans*. 1st ed. Washington, DC: U.S. Government Printing Office.

USDA/HHS. 1985. *Dietary guidelines for Americans*. 2nd ed. Washington, DC: U.S. Government Printing Office.

USDA/HHS. 1990. *Dietary guidelines for Americans*. 3rd ed. Washington, DC: U.S. Government Printing Office.

USDA/HHS. 1995. *Dietary guidelines for Americans*. 4th ed. Washington, DC: U.S. Government Printing Office.

USDA/HHS. 2000. *Dietary guidelines for Americans*. 5th ed. Washington, DC: U.S. Government Printing Office.

USDA/HHS. 2005. *Dietary guidelines for Americans*. 6th ed. Home and Garden Bulletin No. 232. Washington, DC: U.S. Government Printing Office.

WCRF/AICR (World Cancer Research Fund and American Institute for Cancer Research). 1997. *Food, nutrition, and the prevention of cancer: A global perspective*. Washington, DC: American Institute for Cancer Research.

WCRF/AICR. 2007. *Food, nutrition, physical activity, and the prevention of cancer: A global perspective*. Washington, DC: American Institute for Cancer Research.

Whelton, P. K., L. L. Adams-Campbell, L. J. Appel, J. Cutler, K. Donato, P. J. Elmer, R. Grimm Jr, W. I. Haskell, S. Havas, M. J. Horan, T. M. Lasater, D. M. Levine, M. Moset, F. M. Sacks, R. Stamier, E. J. Roccella, and G. T. Brito. 1993. National High Blood Pressure Education Program Working Group report on primary prevention of hypertension. *Archives of Internal Medicine* 153(2):186-208.

White House Conference. 1969. *White House Conference on Food, Nutrition, and Health: Final Report*. Washington, DC: U.S. Government Printing Office.

WHO (World Health Organization). 1990. *Diet, nutrition, and the prevention of chronic diseases*. WHO Technical Report Series No. 797. Geneva: World Health Organization.

WHO. 2003. *Diet, nutrition, and the prevention of chronic diseases*. WHO Technical Report Series No. 916. Geneva: World Health Organization.

World Action on Salt and Health. 2009. *World salt awareness week*. http://www.worldactiononsalt.com/awareness/world_salt_awareness_week_2009.htm (accessed October 27, 2009).

World Hypertension League. 2009. *World Hypertension Day*. http://www.worldhypertensionleague.org/Pages/WHD2009.aspx (accessed October 27, 2009).

부록 C
나트륨 섭취를 줄이기 위한 각국의 시책

세계적으로 심혈관계질환의 62%, 그리고 허혈성심장질환의 49%는 혈압 상승의 결과라고 추정한다(WHO, 2002). 이 때문에, 전 세계적으로 나트륨 섭취 식이 지도법을 정비하고 나트륨 섭취를 줄이도록 권고하였다. 세계보건기구 WHO 가 편찬한 "세계보건보고서(World Health report, 2002)"에서는 소금 줄이는 방법을 사람들에게 알려주는 것이 심혈관계 질환 위험을 감소시키는 데 있어 비용대비 효율이 가장 높은 방법이라고 결론 내렸다(WHO, 2002). 2003년 발간한 세계보건기구 WHO 와 유엔식량농업기구 FAO 의 전문 기술보고서 Technical Report 에서는 소금을 하루 5 g (나트륨 2,000 mg) 미만으로 섭취하라고 권고하였다.

2006년에는 전체 인구가 소금 섭취를 줄이는 수행 전략을 만들고 권고안을 개발하기 위한 세계보건기구 포럼과 전문기술회의 Technical Meeting 가 열렸다. 회의 이후 발행한 보고서에서 참석자들은 다음 의견에 동의하였다. 소금을 많이 섭취하는 것과 여러 가지 만성질환과의 사이에는 과학적이고 명백하게 연관성이 있다. 지속적으로 중재 프로그램을 수행하면 비용대비 효율이 높다는 것이 계속 입증되었다. 소금대체물질을 더 추구할 필요가 있다(요오드 처리 소금에 계속 관심을 기울이면서). 식품산업 등 이해관계자는 확실한 성공을 위해 소금 줄이기 전략에 참여해야 한다(WHO, 2007).

국민의 나트륨 섭취를 줄이기 위한 조치를 취하는 국가에는 몇 나라가 있다. 이 부록은 미국 이외의 국가에서 행한 나트륨 줄이기 위한 시책에 대하여 요약하였다.

캐나다

2004년 캐나다 지역사회 건강 조사2004 Canadian Community Health Survey에서는 식이 회상법으로 조사한 바, 19세와 70세 사이의 사람 중에서 남성의 85% 이상 그리고 여성의 60% 이상이 나트륨을 하루에 2,300 mg (캐나다에서 권장되는 최대섭취량) 이상 섭취한다는 결과가 나왔다(Garriguet, 2007). 어린이 중에서는, 1세와 3세 사이의 77% 그리고 4세와 8세의 93 %가 각각 섭취허용상한선Tolerable Upper Intake Levels인 1,500 mg과 1,900 mg를 넘어 섭취하였다(미국의학한림원이 정한 양). 남성과 여성을 합한 경우 평균 나트륨 섭취량은 9-13세에서 3,236 mg; 14-18세에서 3,534 mg; 19-30세에서 3,430 mg; 31-50세에서 3,207 mg; 51-70세에서는 2,954 mg이었다.

2006년 "고혈압 예방과 관리Hypertension Prevention and Control"기구의 첫 번째 의장을 임명하였다. 건강 관련 협회와 과학 기구science organization의 지원을 받아 의장은 식품에 들어가는 소금 함량을 줄이려는 목표를 갖고 이 원칙을 시행하기 위해 정부에 로비를 하였다(Campbell, 2007). 1년 후, 캐나다보건부장관the Minister of Health은 캐나다인의 나트륨 섭취 감소를 위한 전략을 발전시키고 수행하는 일을 하는 실무단을 구성하였다.

나트륨 섭취 감소에 대한 다자multi-stakeholder 실무단

캐나다보건부는 각 분야 대표자 23명으로 구성된 나트륨 실무단을 감독한다: 정부 (6), 과학 분야와 보건 전문가 (5), 건강문제를 중점 사업으로 하는 비정부 시민단체 (5), 식품가공과 외식업체 (7). 이 실무단이 구사하는 전략은 다단계 전략이며 세 가지 접근법에 기초하고 있다(교육, 나트륨 함량의 자발적 감소 [가공식품과 외식업에서 판매하는 식품], 그리고 조사). 준비 단계에서 실무단은 캐나다인 식이 중에서 나트륨 공급원의 나트륨 함량의 기본 데이터를 모았다. 다음 단계는, 수집한 정보를 다음 항목에 초점을 맞추어 평가하는 단계로 넘어갔다. (1) 나트륨 섭취와 건강 관련 질환에 대하여 소비자와 건강 전문가를 교육하거나 정보를 제공하는 노력의 현재 상태; (2) 식품에서 나트륨 함량을 줄이는 자발적인 노력; (3) 나트륨에 대한 소비자 시각과 고혈압과의 관련성에 대한 시각; (4) 나트륨, 맛과 식품 선택; (5) 나트륨의 기능적 사용; (6) 식품에서 나트륨을 줄이는 것에 대한 규제 장벽. 전략적 틀을 개발하는 세 번째 단계에서는 실무단이 이해관계자의 의견을 들은 다음 수행과 평가 단계를 위한 목표를 정하고 활동 계획과 시간표를 만들었다. 현재, 이 실무단은 2009년 4월에 수행단계를 시작하고 전략 수행을 감독하고 진전 상황을 확인하고 있다(online: http://www.hc-sc.gc.ca/fn-an/nutrition/sodium/sodium_report_rapport_20080722-eng.php).

실무단 업무가 진행됨에 따라, 이해관계자가 의견을 제시하고 "전체식이 연구 Total Diet Study " (1969년 이후 캐나다인 식이 섭취 정보를 제공하는 연구 프로그램으로서 지금도 진행 중)와 같은 자료와 "캐나다 지역사회 건강 조사 Canadian Community Health Survey "에서 나온 정보를 이용할 것으로 기대하고 있다. 임시로 "건강캐나다 Health Canada "의 개정판 "캐나다 식품안내 Eating Well with Canada's Food Guide "에서는 캐나다인에게 나트륨 함량이 낮은 식품을 고르려면 포장 식품의 영양 정보 표 Nutrition Facts table 을 사용하도록 권고하였다(online: http://www.hc-sc.gc.ca/fn-an/food-guide-aliment/index-eng.php).

유럽연합

유럽연합 The European Union 은 다음의 주권 회원국 27개국으로 구성되어 있다: 오스트리아, 벨기에, 불가리아, 사이프러스, 체코공화국, 덴마크, 에스토니아, 핀란드, 프랑스, 독일, 그리스, 헝가리, 아일랜드, 이탈리아, 라트비아, 리투아니아, 룩셈부르크, 몰타, 네덜란드, 폴란드, 포르투갈, 루마니아, 슬로바키아, 슬로베니아, 스페인, 스웨덴, 영국. 2008년 유럽연합 EU 은 회원국 국민의 소금 섭취를 줄이기 위해서 공통 체계 common framework 를 개발하였다(online: http://ec.europa.eu/health/ph_determinants/life_style/nutrition/nutrition_salt_

en.htm). 이 정책의 목표는 다음 4년 동안 소금 섭취량을 16% 줄이려는 세계 보건기구의 전략을 달성하기 위한 것이다(2008년 개별 국가의 기본수준이 아님). 이 체계에서는 우선순위가 높다고 파악한 12개 식품 분야에 초점을 맞추고 있다. 각 회원 국가는 각국 자체 계획에서 최소한 다섯 분야를 선택하게 될 것이다. 첫 번째 조사 보고서 제출 시한은 2010년이다.

핀란드

핀란드의 "국가영양위원회 National Nutrition Council "는 소금 섭취량이 대략 1일 12 g (나트륨 1일 섭취량 4,800 mg)로 추정되던 1970년대 후반기에 소금 섭취 감소 캠페인을 처음 시작하였다. 핀란드는 체계적으로 자국 국민의 소금 섭취를 줄이기 위한 노력을 한 첫 번째 국가 중에 하나였다(He and MacGregor, 2009; Laatikainen et al., 2006). 1979년부터 1982년까지 지역사회를 기반으로 한 "북카렐리아프로젝트 North Karelia Project "를 실시하고 나트륨의 섭취를 줄임으로써 심혈관질환과 관련된 사망률을 줄일 목적으로 시행하였다. 이해관계자 일부가 이 프로젝트에서 활동하였다(의료기관, 비정부 시민단체, 매스컴, 그리고 식품산업) (European Commission, 2008). 3년 후, 이 프로젝트를 전국으로 확대하였다. 얼마 지나지 않아, 핀란드의 언론, 특히 중요 신문인 Helsingin Sanomat은 소금이 건강에 유해하다는 기사를 많이 보도하기 시작했다. 그리고 이 신문은 소금과 소금대체물질에 대하여 국민과 정부의 인식을 높이는 것을 도왔다(Karppanen and Mervaala, 2006).

1993년에는 소금 함량을 표시하는 법률을 핀란드통상산업부 the Ministry of Trade and Industry 와 핀란드사회보건부 the Ministry of Social Affairs and Health 가 집행하였다. 이 법은 제조식품 항목이나 음식과 같은 많은 양의 소금이 있는 식품 분야는 제품의 생중량 fresh weight 에 대한 소금의 백분율 percentage 을 라벨로 표시하도록 하는 것이었다(Pietinen et al., 2007). 이 법률은 나트륨을 많이 함유한 식품에는 "소금이 많은 제품 high salt content "이라고 표시하도록 하고 나트륨 함량이

표 C-1. 핀란드의 "고염"과 "저염" 표시의 요구 조건

식품분야	식품 항목의 염화나트륨 함량 (%)	
	고염 표시 요구	저염 표시 허용
빵	> 1.3	≦ 0.7
소시지	> 1.8	≦ 1.2
치즈	> 1.4	≦0.7
버터 (자율)	> 2.0	≦1.0
아침식사용 시리얼	> 1.7	≦ 1.0
크리스피 빵	> 1.7	≦ 1.2
어류 제품	–	≦ 1.0
스프, 소스, 제품 요리	–	≦ 0.5

출처: Karppanen and Mervaala, 2006.

적은 식품에는 "소금이 적은 low salt "라고 표시하는 것을 허용하였다(표 C-1 참조). 라벨의 다른 종류로는 "Pansalt logo" (나트륨은 적고, 칼륨과 마그네슘은 보강한 미네랄 소금을 사용한 제품에 허용), 그리고 2000년부터 핀란드 심장협회 Finnish Heart Association 가 사용하는 "더 나은 선택 Better Choice "이라는 라벨 등이 있다(He and MacGregor, 2009; Karppanen and Mervaala, 2006).

소금 섭취량을 추적 조사하는 일은 FINRISK의 일부로 수행하는데, 매 5년마다 소변 나트륨 배설량을 평가하는 방법으로 수행하고 있다. 1997년부터 1999년 사이에 행한 FINRISK 조사에서는 가구당 나트륨 섭취량의 21%는 식탁 소금으로 섭취하는 것이었다(1980년의 자료 30%보다는 저하한 것임). 그리고 약 70% 정도가 가공식품 때문이었다(Reinivuo et al., 2006). 2002년까지, 평균 나트륨 섭취량은 남자에서는 1일 3,900 mg, 여자에서는 1일 2,700 mg이었다. 이 때, 핀란드인 식이에서 나트륨의 가장 큰 공급원은(섭취량의 40% 이상) 육류 요리와 빵이었다. 남자에서는 생선, 소시지 요리, 맛 좋게 구운 제품이 나트륨이 높은 음식이었고, 여자에서는 생선, 야채 요리, 맛 좋게 구운 제품이 원인 음식이었다(Reinivuo et al., 2006).

최근 핀란드의 한 연구(대상자수 2,007명)에서는 만약 핀란드 성인이 모두 소금 함량이 적다고 표시한 식품만 선택한다면, 남자에서는 소금 1.8 g (나트륨 1일 720 mg), 여자에서는 1.0 g (나트륨 1일 400 mg)까지 줄일 수 있다고 추정

하였다. 반면에 소금 함량이 많다고 표시한 제품을 선택하면 남자에서는 소금 2.1 g (나트륨 1일 840 mg), 여자에서는 소금 1.4 g (나트륨 560 mg)까지 평균 소금섭취량을 늘릴 수 있다고 추정하였다(Pietinen et al., 2007).

이 정책을 시행하는 기간 동안 나트륨 배설량과 혈압 수준은 낮아졌다. 식품회사는 제품 시판을 포기하거나(고염 식품 판매를 피하기 위하여), 미네랄 소금을 사용하여 식품의 나트륨 함량을 낮추기 시작하였다(European Commission, 2008; He and McGregor, 2009).

프랑스

2001년 프랑스보건부 the Ministry of Health 는 공공부분과 민간부분의 이해관계자가 제공하는 정보를 바탕으로 영양 문제에 개입하여 프랑스인 전체의 건강을 증진시킨다는 목표를 갖고 "전국민 영양건강 프로그램 National Nutrition and Health Program; Programme National Nutrition Sante, PNNS "을 실시하였다. 이 프로그램의 영양 목표 9개 우선순위 중 하나는 성인(일반인)의 수축기 혈압을 10 mmHg 줄이는 것이다. 이 목표는 구체적 영양목표 10개 중 하나인 평균 1일 나트륨 소비량을 8 g (나트륨 3,200 mg) 이하로 줄임으로써 부분적으로 달성될 수 있다. 그리고 소금 8 g/d로 줄인다는 것은 5년간 모든 국민이 매년 소금 섭취를 4% 줄이는 것에 해당한다(Hercberg et al., 2008). 이 프로그램은 정해진 어느 한 해 또는 어느 기간 동안 수행할 목표를 가진 몇 가지 전략으로 구성하였다. 첫 번째 활동 전략은 모든 소비자에게 폭넓게 영양과 관련된 정보를 제공하고 소통을 넓혀 나가는 것이다. 이는 전국민 영양건강 프로그램과 그 목적을 널리 알리는 것이었다. 또한, 이것은 전국민 영양건강 프로그램회의에서 권고한 대로 식이 참고 지침과 신체활동 지침을 발간하여 실행하였다(Hercberg et al., 2008). 이 지침을 지원하는 대중매체 캠페인을 시작하였다.

다음 실행 단계는 건강식품을 제공하는 것 그리고 식품산업을 참여시키는 것이었다. 이를 실행하기 위한 방법은 식품산업이 기존 식품의 영양학적 구성

성분과 질을 향상시키고 특히 소금, 설탕, 지방에 대하여 높은 영양기준을 가진 새로운 제품을 개발하도록 정식으로 시도하게 하는 것이었다. 또 이 프로그램은 특정 그룹을 목표로 공중보건학적 방법을 개발하였다. 의료인에게 정책방향을 알려주는 것; 지방행정 당국을 동원하는 것; 식품섭취와 대중의 영양상태를 점검하는 감시 시스템을 구축하는것; 그리고 영양에 관한 역학적, 행동적, 임상적 연구를 개발하는 것 등이다(Hercberg et al., 2008). 2010년에 발표할 전국적 연구 결과에서는 전국민 영양건강 프로그램을 검토하고 성공 여부를 보고할 예정이다.

또 프랑스식품기준청 French Food Standard Agency, AFSSA 의 실무단은 5년간 평균 소금 섭취량을 20% 줄이는 것을 권고하는 보고서를 2002년 발간하였다. 이것은 평균 섭취량을 10 g/d (4.000 mg/d 나트륨)을 7-8 g/d (2,800 – 3,200 mg/d 나트륨)으로 줄이는 것이었다. 이 섭취량 수준을 이루기 위해서, 실무단은 소비자, 식품산업, 외식업과 의료 전문가를 위한 계획을 개발하였다. 선택적 식품 라벨을 채택하도록 식품산업에 장려하기 시작하였다. 아직 개발 단계인 이 라벨 중에는 식품 100 g 당 또는 음료 100 mL당 소금 함량을 그램으로 표시하거나 다음과 같은 문구를 써 붙이게 하는 것이다 "이 제품의 소금(나트륨) 함량은 현재까지 신중하게 결정하였으며 소금을 더 첨가할 필요는 없습니다."(online: hppt://www.worldactionon salt.com/france.doc). 지금까지 가공식품의 소금 함량이나 식품 라벨에서 특별한 변화는 없었다.

아일랜드

아일랜드식품안전청 The Food Safety Authority of Ireland, FSAI 은 2003년 7개의 주요 목표를 발표함으로써 소금 섭취를 줄이기 위한 노력을 시작하였다. 소금 섭취 줄이기 프로그램의 목적에는 소금과 건강 이슈들에 대한 식품산업의 인식을 높이고, 식품의 소금 함량을 점차 줄이기 위해 제조업자와 협력하고, 포장식품 전체에 소금 함량을 자발적으로 표시하는 것을 목표로 하고 있다(online: http://www.fsai.ie/science_and_health/salt_and_health/objectives_of_salt_programme.html). 이 프로그램의 장기적인 목표는 "소금과 건강 메시지를 소비자들에게 전달하는 주 정부 State bodies 와 식품산업의 파트너십을 통해 2010년까지 국민의 평균 소금 섭취량을 10 g/d (4,000 mg/d 나트륨)에서 6 g/d (2,400 mg/d 나트륨)까지 줄이는 것"이다(online: http://www.fsai.ie/science_and_health/salt_and_healthhtml).

이에 더해서, "소금과 건강: 과학적 증거 검토와 아일랜드에서 공중 정책 권고안"이라는 보고서에서 아일랜드식품안전청 FSAI 분과위원회는 소금 섭취와 고혈압 사이에는 과학적으로 확실한 연관성이 있으며 평균섭취량을 6 g/d (2,400 mg/d 나트륨)까지 줄임으로써 뇌졸중과 심장질환으로 인한 사망을 상당히 줄일 수 있다고 결론내렸다(He and MacGregor, 2009).

진전 상황을 살펴보기 위해, 아일랜드식품안정청은 식품 제조업자, 소매업자, 외식업자, 급식업자의 소금 줄이기 노력을 웹사이트에 연대순으로 기록하고 있다(online: http://www.fsai.ie/science_and_health/salt_commitments_and_updates.html). 현재, 63개의 회사와 무역업체가 아일랜드식품안전청의 "소금감소프로그램 Salt Reduction Programme "에 등록하였다. 아일랜드 식품안정청의 보고에 따르면, 이 프로그램은 대형 제빵회사가 1.14 g/100 g 이하 수준으로 소금 함량을 줄여, 5년간 최소 10%를 줄였다. 나아가, 아일랜드 식품안전청에서는 대규모/소규모 육류제품 제조업자가 버거와 소시지 같은 중요상품에서 소금을 줄여 2010년까지 육류 제품을 아일랜드식품안전청 기준에 맞추고 있는 중이라고 보고하였다. 또한, 아일랜드심장재단 Irish Heart Foundation 과 식품안전증진위원회 the Food Safety Promotion Board 는 국민에게 과도한 소금 섭취가 건강에 미치는 영향에 대한 인식을 높이는 목표를 가지고 캠페인을 벌이고 있다.

영국

2003년 "영국영양과학자문위원회 UK Scientific Advisory Committee on Nutrition, SACN "는 국민은 평균 6 g/d (2,400 mg/d 나트륨)까지 소금 섭취를 줄이라고 권고하였다(SACN, 2003). 이 위원회 SACN 는 6 g이라는 목표량을 설정하는 데 세 가지 조사의 정보를 사용하였다: (1) 성인이 하루 평균 소금 9 g을 섭취하였을 때의 24시간 소변검사(1990년) 결과 보고; (2) 하루에 소금을 4.7-8.3 g 섭취하였던 4-18세 청소년 식이 섭취 조사(1997년); (3) 하루 평균 소금 6 g을 섭취하는 65세 이상 성인의 식이 분석 조사(1994-1995년) (SACN, 2003).

소비자가 하루 평균 6 g을 섭취하도록 하는 목표에 도달하는 것을 돕기 위해, 영국 정부는 다음 세 가지에 초점을 맞춘 소금 섭취 줄이기 프로그램을 실시하였다.

- 식품의 소금을 자발적으로 줄이도록 식품산업과 협조;
- 소금을 많이 섭취하는 것이 왜 건강에 해로운지에 대한 의식을 높이는 대중 캠페인과 섭취를 줄이기 위하여 무엇을 할 수 있는지를 알리는 캠페인;
- 식품의 소금 함량과 다른 영양소에 대한 정보를 알리기 위해 식품 포장에 자발적으로 영양성분표시 라벨을 부착하는 것.

다음에서는 영국식품표준청 Food Standard Agency, FSA 이 보고한 영국 소금 줄이기의 세 가지 정책에 대한 정보이다(online: http://www.food.gov.uk/consultations/ukwideconsults/2008/saltreductiontargets).

소금 줄이기 프로그램: 초점 분야

식품 산업의 참여

식이 소금 섭취의 약 3/4이 가공식품 때문임을 인식하고, 영국식품표준청

FSA은 여러 가지 가공식품 분야에 대하여 임의의 소금 함량 목표치를 세웠다(online: http://www.food.gov.uk/multimedia/speadsheets/saltcommitmentsum.xls). 이 목표치는 소금 섭취 감소를 위해 진행상황을 추적하고 보고하며 산업 전반에 가이드를 제공하기 위한 하나의 방법이다. 2003년에 시작한 논의를 바탕으로, 영국식품표준청은 여러 가지 식품 분야에서 소금 함량을 줄였을 때 소금 섭취량에 미치는 영향을 보기 위하여 계산 방법을 만들었다. 이 계산법은 식품 분야에 속하는 각 식품의 평균 소금 함량과 각 식품의 다양한 소비량을 기준으로 만들었다. 이 계산법으로 다양한 식품 분야에서 평균 소금 함량이 어떤지를 예상하므로 하루 6 g의 소금 섭취 목표량을 달성하는데 도움이 되었다(online: http://www.food.gov.uk/consultations/ukwideconsults/2003/saltmodellingconsult). 국민의 의견을 듣고 숙고한 후, 2005년 2월 스프레드시트 최종본을 발표하였다(online: http://www.food.gov.uk/healthiereating/salt/salttimeline).

또한 2005년에는, "영국식품표준청 전략 계획 2005-2010"을 완성하였으며 이 계획에서는 평균 소금섭취량을 6 g/d (2,400 mg/d 나트륨)으로 2010년까지 줄이는 목표와 2006년까지 중요 식품 분야에서 소금 함량 목표를 세웠다. 영국식품표준청은 최종본(2006년 3월에 편찬한 소금 목표량)을 만들기 위해서 민간부분과 이해관계자들과 상의하였다(online: http://www.food.gov.uk/healthiereating/salt/salttimeline). 빵, 베이컨, 아침식사용 시리얼과 치즈가 포함된 가공식품 분야 85종을 목표 식품에 포함하였다. 식품 안전과 기술적인 쟁점에 유념하고 목표에 도달하기 위해서는 특정 식품의 경우 가공 방법의 변화가 필요하다는 것을 인식하면서, 소비자의 소금 섭취량에 의미 있는 영향을 줄 정도의 도전적인 수준으로 목표를 세웠다고 영국식품표준청은 보고하였다(online: http://www.food.gov.uk/multimedia/pdfs/saltreductioninitiatives.pdf).

영국식품표준청은 식품산업의 모든 분야가 식품에 소금 함량을 줄이자는 노력에 긍정적으로 반응하였다고 보고하였다. 진척 상황을 측정하기 위해서, 영국식품표준청은 가공 식품의 나트륨이나 기타 영양소의 수준을 제품 라벨에서 모은 참고 도구 reference tool 인 "가공식품 데이터뱅크 Processed Food Databank 를 사용한다. 영국식품표준청은 또 영국에서 판매하는 130,000 종 이상의 제품 매출액과 소금 함량을 목록으로 만든 개인소유 proprietary 정보를 구입하여 목표 소금 함량을 검토하는 데 사용하였다(online: http://www.food.gov.uk/multimedia/pdfs/saltreductioninitiatives.pdf). 또한, 영국식품표준청은 레스토랑, 커피숍, 직장 카페테리아 등 급식업체로부터 약속 문서 commitment document 를 받고 있다. 이 문서는 매년 갱신하고 물품조달 부분, 메뉴 계획, 주방의 요리방법과 고객정보를 포함하여 영국식품표준청의 우선 정책에 맞추는 회사활동 정보를 간략하게 제공한다(online: http://www.food.gov.uk/healthiereating/heallthycatering/cateringbusiness/commitment).

영국식품표준청은 2010년도 소금 목표량 달성에 진전이 있는지를 확인하기 위해 2008년에 검토 작업을 하였다. 영국식품표준청은 2010년까지 일부 식품 분야에 대한 개정 목표량과 2012년까지 모든 식품에서 새로운 목표량을 설정하기 위해 이 정보를 사용하였다. 이 검토 과정에는 식품산업 대표자가 사업 과정과 문제점 그리고 소금 함량을 더 줄이려면 해야 할 노력에 대해 보고하는 등 특정 부분 회의라는 형태로 토의하였다. 영국식품표준청은 목표를 개정할 때 기술적 문제, 식품 안정성, 현재의 소금 섭취량, 국민이 받아들일지에 대한 것뿐 아니라 식품산업의 의견과 기타 조언도 고려하였다. 여러 분야 이해관계자들로부터 60건의 반응이 있었고 영국식품표준청은 2010년도 목표를 개정하고 2012년도의 목표를 새롭게 개정하도록 하였다. 2009년 5월, 영국식품표준청은 2012년까지 80개 식품 분야에의 자발적 소금 목표량 개정판을 출판하였다(표 C-2 참조). 2006년에 정한 목표를 2010년에 이미 달성하였거나 거의 근접한 소수의 식품에 대한 개정안은 2010년 목표량으로 하였다. 개정한 2012년 목표량은 그때까지의 사업 진전을 반영하였고 영국식품표준청은 국민이 소금을 매일 6 g 섭취하도록 협조하는 식품산업의 노력도 고려하였다(online: http://www.food.gov.uk/healthiereating/salt/saltreduction). 2010년 3월, 영국식품표준청은 소금 줄이기에 진전이 있었던 소매업, 식품제조업자, 협회, 급식업자를 목록으로 작성한 문서를 출판하였다. 이 문서는 진행상황을 보기 위해 주기적으로 갱신할 것이다(online: http://www.food.gov.uk/news/newsarchive/2010/mar/saltcommitment).

영국식품표준청이 후원하는 국민 인식 캠페인

식품산업계의 정책과 함께, 영국식품표준청은 정부 소금 섭취 줄이기 정책의 한 부분으로 미디어 캠페인을 시작하였다(online: http://www.food.gov.uk/healthiereating/salt/campaign). 첫 번째 단계는 과도하게 소금을 섭취하면 건강에 나쁜 영향을 미친다는 것을 소비자가 인식하도록 하는 목적을 갖고 2004년 9월에서 11월에 걸쳐 실시하였다. "나는 언제나 그것을 알고 있었습니다. 소금을 많이 먹으면 심장에 해롭습니다."와 같은 슬로건과 함께 포스터, 웹사이트, 신문 인쇄 광고에 "Sid the Slug"로 불리는 캐릭터를 등장시켰다. 두 번째 단계는 2005년 10월에서 11월까지 진행하였는데, 주요 메시지는 소금을 하루에 6 g만 먹겠다는 목표에 대한 인식을 높이고, 소비자가 식품 라벨의 소금 함량을 확인하고 먹도록 하는 것이었다. 짧은 TV 광고 시리즈로 이런 주요메시지를 계속 인식하도록 다음 해 여름까지 계속하였다(online: http://www.food.gov.uk/healthiereating/salt/salttimeline). 캠페인의 세 번째 단계에서는, 소비자가 먹는 소금 대부분은 매일 먹는 식품 속에 있다는 것을 알리고, 소비자가 소금이 적은 식품을 골라 먹게 하려는 의도로 2007년 3월에 시작하였다. 네 번째 단계는 2009년 10월에 시작하여 소비자가 식품을 비교하고, 식품 라벨을 확인하고, 저염 식품을 선택하는 등의 행동으로 소금 섭취를 줄이는 결과를 중점적으로 소비자에게 알렸다. 이 캠페인의 메시지를 TV, 라디오, 인쇄 매체와 웹사이트를 통해 퍼지게 하였다(online: http://www.food.gov.uk/news/newsarchive/2010/mar/saltcommitments). 그에 더하여, 영국심장재단은 식품의 소금 함량과 소금 섭취가 심장에 미치는 영향을 설명하는 소책자를 만들어 인식 캠페인에 기여하였다(British Heart Foundation, 2007).

포장에 영양 표시를 자발적으로 하기

소금 줄이기 캠페인을 진행하는 동안, 포장식품의 영양표시 제도를 개선하는 노력이 있었다. 자발적인 영양표시에서 소금 함량이 중점 분야 중 하나였다. 슈퍼마켓과 식품제조업자는 "신호등 시스템 Traffic light color system "으로 영양소에 대한 정보를 포장 앞쪽에 자발적으로 표시하였다. 라벨 형태는 식품에 총지방, 포화지방, 설탕, 소금 등이 많은지, 중간인지, 적은지를 알리기 위해 빨강, 노랑, 파랑으로 표시하였다(online: http://www.eatwell.gov.uk/foodlabels/trafficlights/). 다른 슈퍼마켓과 식품제조업자는 "신호등 시스템"이 아닌, 영양소의 일일섭취량 가이드라인 Guideline Daily Amount, GDA (미국의 1일 권고량과 비슷한 것)의 몇 퍼센트가 들어 있는지를 알리기 위해 포장 앞쪽에 영양표시를 하고 있다(Malam et al., 2009).

식품제조업자와 판매업자의 라벨 형태는 각기 달리 할 수 있지만, 몇 가지 핵심 요소는 같아야 한다. 이들 자발적 라벨에 사용하는 교통신호등 색 코드의 영양학적 기준은 영양에 관한 정부의 독립적이고 과학적인 자문위원회가 마련하였다. 녹색으로 표시할 수 있는 것은, 식품 100 g 또는 100 mL당 나트륨이 300 mg 이하이어야 한다. 100 g 또는 100 mL당 나트륨이 1,500 mg 이상이면 빨강, 100 g 또는 100 mL당 300-1,500 mg 사이이면 노랑을 붙인다(online: http://www.food.gov.uk/multimedia/pdfs/frontofpackguidance2.pdf). 이 신호등 시스템은 여러 가지 신호등 색 multiple traffic colors 을 신호등 색 하나 a single traffic color 로 표시하는 것보다 더 좋아하는 소비자 조사 결과에 바탕을 두고 채택하였다. 신호등 색 하나로 표시하면 나트륨과 같은 특별한 영양소의 양을 표시하기보다 식품이 전반적으로 건강식품인지만을 나타내기 때문이다(online: http://www.food.gov.uk/foodlabelling/signposting/devfop/siognpostlabelresearch/).

최근 이러한 라벨을 소비자가 어떻게 이해하고 사용하는지를 밝히기 위해 조사하였다(Malam et al., 2009). 이 연구 결과, 소매업자와 식품제조업가 각각 라벨을 다른 형태로 표시하면 소비자는 헷갈리고 있어, 같은 라벨 형태가 더 바람직하다고 하였다. 또, 소비자는 색깔을 다르게 해석하기도 하고 사람에 따라 신호등 색이 의미가 있는지도 알지 못하는 것을 발견하였다. 전체적으로, 신호등 색 Traffic light colors 과 영양소의 일일섭취량 가이드라인 Guideline Daily Amount, GDA 의 퍼센트, 그리고 그 수치보다 높은지, 중간인지, 낮은지를 말로 표시하여 만든 라벨이 소비자가 가장 쉽게 이해한다는 것을 알게 되었다. 대략 소비자의 70%가 라벨의 의미를 이해하고 있었다.

또 식품제조업자는 신호등 색이 더 좋은 식품을 만들기 위해 신 제형 식품을 만든다는 증거가 있다.

소금 줄이기 프로그램의 영향

지금까지, 영국식품표준청은 영국 국민의 평균 1일 소금 섭취량이 줄었다고 보고하였다. 2008년 조사에서(online: http://www.food.gov.uk/science/dietarysurveys/urinary) 하루 나트륨 섭취는 2000-2001년도 "영국전국식이영양조사 National Diet and Nutrition Survey " 이후 거의 360 mg이 감소하였다고 하였다. 평균 1일 소금 섭취량은 9.5 g에서 8.6 g (나트륨 3,800 mg에서 3,440 mg)으로 남녀 모두에서 줄었다(National Centre for Social Research, 2008). 영국의 이 나트륨 섭취량 추정치는 미국인 2세 이상 인구에서 하루 3,435 mg 섭취한다는 미국 자료(USDA/ARS, 2008)와 거의 비슷한 것이다. 섭취량이 미국인의 섭취량보다 지속적으로 떨어질지 여부가 상당한 관심거리이다.

영국식품표준청은 2011년 초 6 g 목표치까지 진전이 있는지 검토하고 또 매 2년마다 검토할 계획이다. 2011년 검토에서는 "식품에서 단계적으로 소금 함량을 줄이는 추세가 지속되고 있는지" 그리고 "사람들의 입맛이 소금 함량이 낮은 식품에 소비자가 적응하고 수용하여 식품산업이 전반적으로 이에 맞추어 진전을 이룰지"를 지켜볼 것이다(online: http://www.food.gov.uk/healthiereating/salt/saltreduction). 영국식품표준청은 이 프로그램과 관련된 비용도 점검할 것이다.

참고문헌

British Heart Foundation. 2007. *Salt: Facts for a healthy heart*. London: British Heart Foundation.

British Retail Consortium. 2009. *British retailing: A commitment to health*. Edited by A. Martinez-Inchausti and A. Gardiner. London: British Retail Consortium.

Campbell, N. R. C. 2007. Canada Chair in hypertension prevention and control: A pilot project. *Canadian Journal of Cardiology* 23(7):557-560.

EC (European Commission). 2008. *Collated information on salt reduction in the EU*. http://ec.europa.eu/health/ph_determinants/life_style/nutrition/documents/compilation_salt_en.pdf (accessed December 15, 2009).

Garriguet, D. 2007. Sodium consumption at all ages. *Health reports/statistics Canada* 18(2):47-52.

He, F. J., and G. A. MacGregor. 2009. A comprehensive review on salt and health and current experience of worldwide salt reduction programmes. *Journal of Human Hypertension* 23(6):363-384.

Hercberg, S., S. Chat-Yung, and M. Chauliac. 2008. The French national nutrition and health program: 2001-2006-2010. *International Journal of Public Health* 53(2):68-77.

Karppanen, H., and E. Mervaala. 2006. Sodium intake and hypertension. *Progress in Cardiovascular Diseases* 49(2):59-75.

Laatikainen, T., P. Pietinen, L. Valsta, J. Sundvall, H. Reinivuo, and J. Tuomilehto. 2006. Sodium in the Finnish diet: 20-year trends in urinary sodium excretion among the adult population. *European Journal of Clinical Nutrition* 60(8):965-970.

Malam, S., S. Clegg, S. Kirwin, and S. McGinigal. 2009. *Comprehension and use of UK nutrition signpost labelling schemes (Prepared for the Food Standards Agency)*. British Market Research Bureau. http://www.food.gov.uk/multimedia/pdfs/pmpreport.pdf (accessed March 10, 2010).

National Centre for Social Research. 2008. *An assessment of dietary sodium levels among adults (aged 19 -64) in the UK general population in 2008, based on analysis of dietary sodium in 24 hour urine samples*. http://www.food.gov.uk/multimedia/pdfs/08sodiumreport. pdf (accessed February 2, 2010).

Pietinen, P., L. M. Valsta, T. Hirvonen, and H. Sinkko. 2007. Labelling the salt content in foods: A useful tool in reducing sodium intake in Finland. *Public Health*

Nutrition 11(4):335-340.

Reinivuo, H., L. M. Valsta, T. Laatikainen, J. Tuomilehto, and P. Pietinen. 2006. Sodium in the Finnish diet: II Trends in dietary sodium intake and comparison between intake and 24-h excretion of sodium. *European Journal of Clinical Nutrition* 60(10):1160-1167.

Scientific Advisory Committee on Nutrition. 2003. *Salt and health*. London, UK: Department of Health, Food Standards Agency (UK).

USDA (U.S. Department of Agriculture)/ARS (Agricultural Research Service). 2008. *Nutrient intakes from food: Mean amounts consumed per individual, one day, NHANES 2005-2006*. Washington, DC: Agricultural Research Service.

WHO (World Health Organization). 2002. *Reducing risks, promoting healthy life. World Health Report, 2002*. Geneva: World Health Organization.

WHO. 2003. *Diet, nutrition, and the prevention of chronic diseases. WHO technical report series*, No. 916 . Geneva: World Health Organization.

WHO. 2007. *Reducing salt intake in populations: Report of a WHO forum and technical meeting*. Paris: World Health Organization.

TABLE C-2 Food Standards Agency Salt Reduction Targets for 2010 and 2012

Main Product Category and Sub Categories (where relevant)	Current 2010 Targets (g salt or mg sodium per 100 g)*	Revised 2010 Targets (g salt or mg sodium per 100 g)*	Targets for 2012 (g salt or mg sodium per 100 g)*	Comments
1. MEAT PRODUCTS				
1.1 Bacon Includes all types of injection cured bacon, e.g., sliced back, streaky, smoked and unsmoked bacon, bacon joints, etc. Excludes all dry and immersion cured bacon.	3.5g salt or 1,400mg sodium (average)	3.13g salt or 1,250mg sodium (average)	2.88g salt or 1,150 mg sodium (average p)	The FSA recognizes the difficulties in attaining an even dispersal of salt in bacon and the impact of legislation restricting the addition of nitrates and has set an average range target. Consultation comments indicate that the revised proposed level is achievable whilst maintaining a safe product. However it remains the responsibility of individual manufacturers to ensure the safety of any reformulated product throughout the shelf life it is allocated.
1.2 Ham/other cured meats Includes hams, cured pork loin and shoulder etc. Excludes "Protected Designation of Origin" and traditional specialty guaranteed products, e.g., Parma ham. Also excludes specialty products produced using traditional methods such as immersion and dry cured processes including cured tongue.	2.5g salt or 1,000mg sodium (average)	2.0 g salt or 800mg sodium (average)	1.63g salt or 650mg sodium (average p)	The FSA recognizes that attaining an even dispersal of salt in ham causes similar problems as in bacon. An average target is set to reflect this. Many companies have however met or exceeded the current target for cured meats and the Agency expects industry to aim for the lowest level possible whilst maintaining product safety. Category now excludes cured tongue.

1.3 Sausages				
1.3.1 Sausages Includes all fresh,chilled and frozen meat sausages, e.g., pork, beef, chicken, turkey, etc.	1.4g salt or 550mg sodium (maximum)		1.13g salt or 450mg sodium (maximum)	Maintaining product binding and succulence in sausages has proved challenging whilst reducing levels of sodium. However, levels of 500 mg sodium per 100 g have already been achieved across a range of products.
1.3.2 Cooked sausages and sausage meat products Includes all cooked sausages and sausage meat products, e.g., stuffing, turkey roll with stuffing, etc. Excludes Scotch eggs (see category 22.1).	1.8g salt or 700mg sodium (maximum)	1.63g salt or 650mg sodium (maximum)	1.5g salt or 600mg sodium (maximum)	As above, product binding and succulence is recognized as an issue; however, product data shows that levels at or below 600 mg sodium per 100 g are achievable. The Agency recognizes concerns around problems with end extrusion and will monitor progress toward the 2012 target.
1.4 Meat Pies				
1.4.1 Delicatessen, pork pies and sausage rolls Includes all delicatessen pies, pork pies and sausage rolls, e.g., game pie, ranberry topped pork pie, Melton Mowbray pork pie, etc.	1.5g salt or 600mg sodium (maximum)	1.38g salt or 550mg sodium (maximum)	1.13g salt or 450mg sodium (maximum)	
1.4.2 Cornish and meat-based pasties Includes all Cornish and meat-based pasties only.	1.3g salt or 500mg sodium (maximum)	1.13g salt or 450mg sodium (maximum)	1.0g salt or 400mg sodium (maximum)	

continued

TABLE C-2 Continued

Main Product Category and Sub Categories (where relevant)	Current 2010 Targets (g salt or mg sodium per 100 g)*	Revised 2010 Targets (g salt or mg sodium per 100 g)*	Targets for 2012 (g salt or mg sodium per 100 g)*	Comments
1.4.3 Other meat-based pastry products including pies and slices, canned and frozen products Includes all meat-based pastry products, pies, slices, etc. whether chilled, canned, frozen etc. Excludes pork pies and sausage rolls (see category 1.4.1) and Cornish and meat-based pasties (see category 1.4.2)	1.1g salt or 450mg sodium (maximum)	1.0g salt or 400mg sodium (maximum)	0.75g salt or 300mg sodium (maximum)	
1.5 Cooked uncured meat Includes all roast meat, sliced meat, etc. Excludes ham (see category 1.2 above)				
1.5.1 Whole muscle Includes all chilled, frozen and canned whole muscle, e.g., beef, lamb, chicken, turkey, etc. Also includes rotisserie and roasted products.			0.75g salt or 300mg sodium (maximum)	Target is believed to be achievable for the majority of products, the Agency understands that it may be more difficult to achieve for some flavored products. We xpect industry to aim for the lowest possible levels whilst maintaining food safety.

1.5.2 Reformed whole muscle Includes all reformed whole muscle, e.g., beef, lamb, chicken, turkey, etc.		1.0g salt or 400mg sodium (maximum)	A new sub-category has been set with a salt level appropriate for binding and tenderizing reformed whole muscle.
1.5.3 Comminuted or chopped reformed meat Includes all comminuted or chopped reformed and haped uncured meats, e.g., beef, lamb, chicken, turkey, etc.		1.5g salt or 600mg sodium (maximum)	
1.6 Burgers, grillsteaks, etc.			
1.6.1 Standard fresh and frozen burgers and grillsteak products Includes beef burgers, hamburgers, pork/ bacon burgers, chicken burgers, turkey burgers and all kebabs. Excludes canned burgers (see category 1.7.1)	1.0g salt or 400mg sodium (maximum)	0.75g salt or 300mg sodium (maximum)	The Agency recognizes that sodium plays a role in binding in thick burgers. However, it is also aware that for thin burgers and frozen burgers far lower levels of sodium are required. We are aware that the 2012 target levels are currently being trialed and we will review this target in 2010 based on any information that has identified as being achievable for these products.
1.6.2 Specialty and topped burgers and grillsteaks Includes all flavored products.	1.3g salt or 500mg sodium (maximum)	0.88g salt or 350mg sodium (maximum)	We are aware that the 2012 target levels are currently being trialed and we will review this target in 2010 based on any information that has identified as being achievable for these products.

continued

TABLE C-2 Continued

Main Product Category and Sub Categories (where relevant)	Current 2010 Targets (g salt or mg sodium per 100 g)*	Revised 2010 Targets (g salt or mg sodium per 100 g)*	Targets for 2012 (g salt or mg sodium per 100 g)*	Comments
1.7 Frankfurters, hotdogs, and burgers				
1.7.1 Canned frankfurters, canned hotdogs and canned burgers only. Excludes fresh and frozen burgers (see category 1.6), sausages (see category 1.3) and chilled frankfurters (see category 1.7.2)	1.4 g salt or 550 mg sodium (maximum)		1.38 g salt or 550 mg sodium (maximum)	
1.7.2 Fresh chilled frankfurters	None		1.63 g salt or 650 mg sodium (maximum)	A new category has been included for fresh chilled frankfurters. These products require higher levels of salt than canned products for food safety and technological reasons.

2. BREAD				
2.1 Bread and rolls Includes all bread and rolls: pre-packed, part-baked and freshly baked (including retailer in-store bakery) white, brown, malted grain and whole meal bread or rolls including seeded products, French bread, ciabatta, focaccia, pitta, naan, chappattis, tortillas etc. without additions (e.g., cheese, olives, sundried tomatoes, etc., see category 2.2)	1.1g salt or 430mg sodium (average)		1.0g salt or 400mg sodium (average r)	The Agency welcomes the commitment that the industry has shown to reducing levels, including the major retailers who have been particularly successful with achieving levels of between 300 and 400 mg sodium per 100 g. However the gency also notes that premium breads have levels above this although manufacturers have reduced levels of salt on a sales weighted basis by 16% over the last 4 years. Plant bakers are committed to meeting the 2010 target but responses to the consultation on revised targets indicate that reducing to 370 mg/100 g by 2012 would not be achievable. The Agency will continue to work closely with the bread sector to ensure that salt reductions are made as quickly as is practicable as bread contributes around one-fifth of sodium to dietary intake and it is important to maintain and improve on reductions in this area.
2.2 Bread and rolls with additions Includes all bread and rolls (as listed at category 2.1 above) with "high salt" additions, e.g., cheese, olives, sundried tomatoes, etc. Also includes cheese scones.	1.3g salt or 500mg sodium (average)		1.2 g salt or 480mg sodium (average)	See comments above.

continued

TABLE C-2 Continued

Main Product Category and Sub Categories (where relevant)	Current 2010 Targets (g salt or mg sodium per 100 g)*	Revised 2010 Targets (g salt or mg sodium per 100 g)*	Targets for 2012 (g salt or mg sodium per 100 g)*	Comments
2.3 Morning goods Includes plain and fruit scones, crumpets, pikelets, English muffins, Scotch pancakes, bagels, croissants, brioche, soda farls and waffles, etc. Also includes all buns, e.g., hot cross, teacakes, etc., except iced finger buns (see category 12.1 Cakes). Excludes cheese scones (see category 2.2)	1.3g salt or 500mg sodium (average)		0.75g salt or 300mg sodium (average r) 1.0g salt or 400mg sodium (maximum)	The Agency is aware that much of the sodium in some of these products comes from sodium bicarbonate. We are also aware of developments in processing allowing lower levels of raising agents to be used without using replacers. We recognize the diverse range of products included in this category and that some companies will make only a limited number of these so may find the average difficult to achieve across their individual ranges. However, the target has been set at a level that will give companies a level to work toward. As a guide for those companies making a small range of these type of products the lowest levels of sodium on the market (2007) were crumpets 320 mg; scones 320 mg; pancakes 280 mg; croissants 360 mg; teacakes 120 mg; English muffins 300 mg; potato cakes/soda farls 400 mg; pain au chocolate 200 mg; waffles 300 mg. Buns have now been moved to this category with the exception of iced finger buns as these can achieve lower levels and are included

			in the category for Cakes (12.1). As a guide: hotcross buns were available (2007) at 200 mg; other fruited buns 170 mg and other unfruited buns at 300 mg.
3. BREAKFAST CEREALS			
3.1Breakfast cereals Includes all breakfast cereals, e.g., muesli, cornflakes, hot oat cereals, etc.	0.8g salt or 300mg sodium (average)	0.68g salt or 270mg sodium (average) 1.0 gsalt or 400mg sodium (maximum)	

continued

TABLE C-2 Continued

Main Product Category and Sub Categories (where relevant)	Current 2010 Targets (g salt or mg sodium per 100 g)*	Revised 2010 Targets (g salt or mg sodium per 100 g)*	Targets for 2012 (g salt or mg sodium per 100 g)*	Comments
4. CHEESE				
4.1 Natural cheese Cheddar and other similar "hard pressed" cheeses, e.g., Cheshire, Lancashire, Wensleydale, Caerphilly, Double Gloucester, Leicester, Derby, etc.	Mild: 1.7g salt or 670mg sodium (average) Mature: 1.95g salt or 750mg sodium (average)		1.8g salt or 720mg sodium (average r)	There is now just one target for mild and mature cheeses, as a range average. The Agency has been advised that for cheddar, which is the biggest selling cheese in the United Kingdom, there are problems with the structure and texture of the cheese once levels of sodium start to fall below 720 mg per 100 g. This may not be the case for some other hard cheeses. Cheese contributes significantly to sodium intake and manufacturers are encouraged to reduce the sodium in their cheeses both by making absolute reductions, where possible, and by improving their process control to minimize variation in sodium content. The Agency will be looking further into the technical issues associated with salt reduction in these products and the issues raised in consultation responses. We will be funding research in this area and will review progress in 2010. However, label data indicates that products are currently available at and below the level of the 2012 target for both mature and mild cheddars—which should make a range average achievable.

4.2 "Fresh" cheeses Excludes fromage frais as no salt is added to this product. Also excludes Brie, Camembert, and other similar soft rinded cheeses.			In addition, the Agency recognizes the difficulties small cheesemakers face in reducing salt levels in their products, and is aware that some producers are looking at the ways they can reduce the variation in salt levels in their products. We encourage this work as a way of minimizing salt levels, and would like to hear from producers about their experiences and the opportunities for salt reduction.
4.2.1 Soft white cheese, e.g.,Philadelphia. Includes all soft white cheese, flavored or unflavored, including reduced fat products. Excludes cottage cheese (see categories 4.2.2 and 4.2.3)	0.8g salt or 320mg sodium (maximum)	0.55g salt or 220mg sodium (average r) 0.75g salt or 300mg sodium (maximum)	
4.2.2 Cottage cheese, plain. Includes all unflavored cottage cheese. Excludes flavored products (see category 4.2.3)	0.54g salt or 215mg sodium (average)	0.55g salt or 220 mg sodium (average r) 0.63g salt or 250 mg sodium (maximum)	
4.2.3 Cottage cheese, flavored. Includes all flavored cottage cheese (onion and chive, pineapple)	0.64g salt or 250mg sodium (average)		

continued

TABLE C-2 Continued

Main Product Category and Sub Categories (where relevant)	Current 2010 Targets (g salt or mg sodium per 100 g)*	Revised 2010 Targets (g salt or mg sodium per 100 g)*	Targets for 2012 (g salt or mg sodium per 100 g)*	Comments
4.3 Mozzarella (used in food products). Includes mozzarella products for food industry use only. Excludes fresh mozzarella sold in retail outlets.	1.8g salt or 700mg sodium (average)		1.5g salt or 600mg sodium (average p)	This target is for hard block type mozzarellas used in the food industry to manufacture pizzas, ready meals, etc. Fresh mozzarella sold in retail outlets has higher water content and much lower levels of sodium should be attainable. The Agency will review progress in 2010.
4.4 Blue cheese UK produced blue cheeses only	No target		2.1g of salt or 840mg sodium (average p)	The Agency recognizes that the Stilton Cheese Makers Association has undertaken a program of work in the past 4 years to better understand the salt levels in their product, to reduce the standard deviation of levels within and between products and to reduce overall levels. The Agency commends this approach to other cheese manufacturers. In addition to working toward the 2012 target the SCMA has committed to working toward a further 20% reduction in the standard deviation in the levels of sodium in their products and to go further if possible.

4.5 Processed Cheese				
4.5.1 Cheese spreads	2.0g salt or 800mg sodium (average)		1.63g salt or 650mg sodium (average r) 2.25g salt or 900mg sodium (maximum)	The level of sodium in cheese spreads is largely influenced by the amount of cheese present which inturn dictates the amount of emulsifiers used (which are currently sodium-based).
4.5.2 Other processed cheese (e.g., slices, strings, etc.)	2.9g salt or 1,170mg sodium (average)	2.13g salt or 850mg sodium (average)	2.0g salt or 800mg sodium (average r)	This category covers a wide range of products from cheese that has been processed with nothing added, to cheese hich has been processed with sodium based emulsifiers. As above those products with more cheese and therefore more emulsifiers will find it more difficult to reduce sodium content. In addition the types of packaging used will have an impact on the levels of salt reduction that can be achieved for example cheese slices packaged slice on slice may not be able to reach the same levels as those hot filled into individual packages. The Agency is aware that there is significant research in this are and will review progress in 2012.
5. BUTTER				
5.1 Butter				
5.1.1 Welsh and other regional butter Includes all Welsh and other regional UK butters, e.g., Cornish	3.0g salt or 1,200mg sodium (average)		2.0g salt or 800mg sodium (average r)	

continued

TABLE C-2 Continued

Main Product Category and Sub Categories (where relevant)	Current 2010 Targets (g salt or mg sodium per 100 g)*	Revised 2010 Targets (g salt or mg sodium per 100 g)*	Targets for 2012 (g salt or mg sodium per 100 g)*	Comments
5.1.2 Salted butter Includes all other "standard" salted butters	1.7g salt or 670mg sodium (average)		1.68g salt or 670mg sodium (average p)	Salt is the main controlling factor for microbial growth in this product which may also be subject to a considerable amount of cross contamination in the home. The Agency will review this target in the light of any future research.
5.1.3 Lightly salted butter Includes all lightly salted butters (made using different processes to that used for salted butters at 5.1.2, e.g., Lurpak)	1.2g salt or 470mg sodium (average)		1.13g salt or 450mg sodium (average p)	
5.1.4 Unsalted butter Includes all unsalted butters apart from whey butters.	0.1g salt or 40mg sodium (average)		0.1g salt or 40mg sodium (average p)	
6. FAT SPREADS				
6.1 Margarines/other spreads Includes all margarines and spreadable butters which include an oil element and spreads, e.g., sunflower, olive oil, buttermilk enriched, sterol/stanol containing, etc.	1.5g salt or 600mg sodium (average)	1.25g salt or 500mg sodium (average) 1.88g salt or 750mg sodium (maximum)	1.13g salt or 450mg sodium (average r) 1.63g salt or 650mg sodium (maximum)	The Agency is aware of industry concerns that margarines should not be put at a disadvantage to butter in terms of salt content. However, products which blend butter with oil to give a spreadable product are likely to be the products in direct competition to margarines, and data shows they are currently on the market at levels of around 400 mg.

7. BAKED BEANS				
7.1 Baked beans in tomato sauce without accompaniments	0.8g salt or 300mg sodium (maximum)		0.63g salt or 250mg sodium (maximum)	The Agency recognizes the significant reductions that have already been achieved in these products and the difficulties with achieving the 2012 target within the timeframe set. We will therefore review progress in both 2010 and 2012.
7.2 Baked beans and canned pasta with accompaniments Includes baked beans or canned pasta in tomato sauce with sausages, meatballs, other meats and cheese, macaroni cheese, etc.	1.0g salt or 400mg sodium (maximum)		0.75 g salt or 300 mg sodium (maximum)	

continued

TABLE C-2 Continued

Main Product Category and Sub Categories (where relevant)	Current 2010 Targets (g salt or mg sodium per 100g)*	Revised 2010 Targets (g salt or mg sodium per 100g)*	Targets for 2012 (g salt or mg sodium per 100 g)*	Comments
8. READY MEALS AND MEAL CENTERS				
8.1 Chinese/Thai/Indian—ready meals Includes all Chinese, Thai, and Indian ready meals with accompaniment (potato, rice, noodles, etc.) made from meat, poultry, fish or vegetables, e.g., sweet and sour chicken with rice, thai green curry with noodles, chicken tikka massala, etc.	0.8g salt or 300mg sodium (average)		0.63g salt or 250mg Sodium (average) 1.13 salt or 450mg sodium (maximum)	The revised category also now includes all coated poultry products, as well as coated fish products, and all non-meat pies (e.g., cheese and onion pasties). Some vegetarian products based on meat analogue products, e.g., Quorn, tofu, etc., are included in category 25, although meal centers and ready meals remain in category 8. We recognize that some manufacturers will make a small range of products that are naturally high in sodium, for example, those based on cheese and pastry. In these circumstances the Agency would expect companies to achieve the lowest salt levels possible and as a minimum to fall within the maximum target. The Agency also recognizes that the maximum target will be challenging for some specific products and some ranges of ready meals. However at this level a meal will deliver approximately 4.5g salt per 400g portion which equates to 75% of the recommended maximum daily intake.
8.2 Chinese/Thai/Indian—meal centers	1.0g salt or 400mg sodium (average)			

Includes all Chinese, Thai, and Indian meal centers without accompaniment (potato, rice, noodles, etc.) made with meat, poultry, fish or vegetables, e.g., sweet and sour chicken, Thai green curry, chicken tikka masala, etc.	
8.3 Italian/Traditional/other— ready meals Includes all Italian, traditional, and other ready meals with accompaniment (potato, rice, noodles, etc.) not covered in 8.1, made with meat, poultry, fish, or vegetables, e.g., lasagne, chili con carne with rice, coq au vin with potato, cottage pie. Includes fresh stuffed pasta with sauce.	0.6g salt or 250mg sodium (average)
8.4 Italian/Traditional/other— meal centers Includes all Italian, traditional, and other ready meals without accompaniment (potato, rice, noodles, etc.) not covered in 8.1, made with meat, poultry, fish, or vegetables, e.g., chili con carne, coq au vin, beef stew. Also includes fresh stuffed pasta without sauce.	0.8g salt or 300mg sodium (average)

continued

TABLE C-2 Continued

Main Product Category and Sub Categories (where relevant)	Current 2010 Targets (g salt or mg sodium per 100g)*	Revised 2010 Targets (g salt or mg sodium per 100g)*	Targets for 2012 (g salt or mg sodium per 100 g)*	Comments
9. SOUPS				
9.1 Dried soups (as consumed) Includes all soups in a cup and other dried soups as consumed, i.e., once rehydrated.	0.6g salt or 250mg sodium (average)		0.58g salt or 230mg sodium (average r) 0.73g salt or 290mg sodium (maximum)	It is proposed that just one target is set for soups. This would continue to apply to dried soups as consumed (made up according to manufacturers instructions). The Agency is aware that a number of manufacturers are looking at the feasibility of this target for dried soup and we will review progress in 2010.
9.2 "Wet" soups Includes all canned, condensed (as consumed), ambient packed and fresh (chilled) soups.	0.6g salt or 250mg sodium (average)			
10. PIZZAS				
10.1 Pizzas with higher salt toppings, e.g., cured meat (ham, bacon, pastrami, chorizo, salt beef), olives, anchovies and smoked fish, hard cheese, prawns, crayfish, crab, tuna, and "Cheese Feast" or similar toppings.	1.2g salt or 470mg sodium (average)		1.0g salt or 400mg sodium (average r) 1.25g salt or 500mg sodium (maximum)	
10.2 Without high salt toppings, e.g., chicken, vegetables, etc.	1.0g salt or 400mg sodium (maximum)			

11. CRISPS AND SNACKS				
11.1 Standard potato crisps All standard potato crisps, all flavors except salt and vinegar. Includes products aimed at the adult market.	1.5g salt or 600mg sodium (average)		1.38g salt or550mg sodium(average r) 1.63g salt or 650mg sodium (maximum)	The Agency recognizes that the snack sector has removed a considerable amount of salt from their products and has been removing artificial additives, monosodium glutamate and working on reducing saturated fat. Predict further progress on salt reduction is difficult over the next 4 years, but the revised targets have been set at levels that should be achievable in that time frame. The Agency will review progress towards these targets in 2010.
11.2 Extruded snacks All extruded snacks, e.g., cheese flavor corn puffs, potato hoops, all flavors except salt and vinegar	2.8g salt or 1,100mg sodium (average)	2.25g salt or 900mg sodium (average)	1.88g salt or 750mg sodium (average r) 2.5g salt or 1,000mg sodium (maximum)	The target set appears achievable but the Agency recognizes that companies work will be dependant on consumer acceptance of lower salt products.
11.3 Pelleted snacks All snacks made from pellets, e.g., prawn cocktail flavor shell, crispy bacon flavor corn snacks, curly cheese snacks, all flavors except salt and vinegar.	3.4g salt or 1,400mg sodium (average)	2.5g salt or 1,000mg sodium (average)	2.25g salt or 900mg sodium (average r)	The Agency will keep progress towards achieving this target under close review following the technical issues raised during the consultation.

continued

TABLE C-2 Continued

Main Product Category and Sub Categories (where relevant)	Current 2010 Targets (g salt or mg sodium per 100g)*	Revised 2010 Targets (g salt or mg sodium per 100g)*	Targets for 2012 (g salt or mg sodium per 100 g)*	Comments
11.4 Salt and Vinegar products All crisps, snacks, etc. salt and vinegar flavour only.	3.1g salt or 1,200mg sodium (average)	2.38g salt or 950mg sodium (average)	2.13g salt or 850mg sodium (average r) 3g salt or 1,200mg sodium (maximum)	The Agency will keep progress towards achieving this target under close review following the technical issues raised during the consultation.
12. Cakes, pastries, fruit pies and other pastry-based desserts. NB Buns have now moved to categories 12.1 Cakes or 2.3 Morning goods.				
12.1 Cakes includes all sponge cakes, cake bars, malt loaf, American muffins, doughnuts, flapjacks, brownies, etc. Also includes iced finger buns. All other buns are now included in Morning goods (category 2.3).	0.6g salt or 240mg sodium (average)		0.5g salt or 200mg sodium (average r) 1g salt or 400mg sodium (maximum)	Cakes include all chemically raised products. This category also now includes iced finger buns which are yeast-raised but can achieve similarly low levels. All other buns are now included in category 2.3 Morning goods.

12.2 Pastries Includes all puff pastry based and laminated pastries, such as Danish pastries, maple and pecan plait, etc. Excludes all sweet shortcrust and choux pastry-based products (see category 12.3).	0.5g salt or 185mg sodium (average)	0.5g salt or 200mg sodium (average r)	The Agency is aware that pastries that are based on puff pastry, and/or laminated, will require higher levels of salt than those that are based on shortcrust pastry. For this reason, the Agency has redefined categories 12.2 and 12.3. 12.2 includes all puff and laminated products whilst all shortcrustbased products are now covered by 12.3.
12.3 Fruit pies and other shortcrust and choux pastry-based desserts Includes all fruit pies and other desserts made with shortcrust and choux pastry, e.g., apple pie, tarte au citron, tarte au chocolate, treacle tart, lemon meringue pie, custard tart, banoffee pie, eclairs, profiteroles, choux buns, etc. Excludes all puff pastry and laminated pastries (see category 12.2).	0.4g salt or 130mg sodium (average)	0.33g salt or 130mg sodium (maximum)	Some products now included here have moved from category 20.4. The Agency is aware that there is a wide range of products in this category and that the target may be more challenging for some products such as treacle tart. However, the target is already being met by many products on the market and we will review progress again in 2010 and 2012.

continued

TABLE C-2 Continued

Main Product Category and Sub Categories (where relevant)	Current 2010 Targets (g salt or mg sodium per 100g)*	Revised 2010 Targets (g salt or mg sodium per 100g)*	Targets for 2012 (g salt or mg sodium per 100 g)*	Comments
13. BOUGHT SANDWICHES				
13.1 With high salt fillings Includes sandwiches where the filling includes cured meat (ham, bacon, pastrami, chorizo, salt beef), olives, anchovies and smoked fish, hard cheese, prawns, crayfish, crab, and tuna.	1.3g salt or 500mg sodium (average)		1.0g salt or 400mg sodium (average r)	The average set is a range average, which means it applies across the product range made by each producer. It is used to allow for variety in the types of products on offer in this category. Individual products do not, therefore, need to meet the target set.
13.2 Without high salt fillings Sandwiches including all lower salt fillings, e.g., chicken, vegetables, egg, etc.— e.g., where ingredients are other than those specified in category 13.1 (see above).	1.0g salt or 400mg sodium (average)		0.75g salt or 300mg sodium (average r)	The average set is a range average, which means it applies across the product range made by each producer. It is used to allow for variety in the types of products on offer in this category.
14. TABLE SAUCES				
14.1 Tomato ketchup	2.4g salt or 1,000mg sodium (maximum)	2.25g salt or 900mg sodium (maximum)	1.83g salt or 730mg sodium (maximum)	
14.2 Brown sauce Includes all brown, BBQ, curry-flavored, etc.	1.5g salt or 600mg sodium (maximum)		1.5g salt or 600mg sodium (maximum)	

14.3 Salad cream	1.8g salt or 700mg sodium (maximum)		1.75g salt or 700mg sodium (maximum)	
14.4.1 Mayonnaise (not reduced fat/calorie)	1.5g salt or 600mg sodium (maximum)		1.25g salt or 500mg sodium (maximum)	
14.4.1 Mayonnaise (reduced fat/calorie only)	2.5g salt or 1,000mg sodium (maximum)	2.13g salt or 850mg sodium (maximum)	1.88g salt or 750mg sodium (maximum)	We are aware that the 2012 target is considered achievable but that this level may be difficult to reach within the required timescale due to microbiological and technical (stability) issues raised. We will review progress in view of these comments in 2010 and 2012.
14.5 Salad dressing Includes all oil and vinegar based dressings.	2.5g salt or 1,000mg sodium (maximum)		1.75g salt or 700mg sodium (maximum)	
15. COOK-IN AND PASTA SAUCES, THICK SAUCES AND PASTES				
15.1 All cook in and pasta sauces (except pesto and other thick sauces and pastes) Includes all cooking sauces, e.g., pasta sauce, curry, Mexican, etc. Excludes thick varieties for pesto and other thick sauces see category 15.2; for thick pastes see category 15.3)	1.1g salt or 430mg sodium (average)		0.83g salt or 330 mg sodium (average r)	

continued

TABLE C-2 Continued

Main Product Category and Sub Categories (where relevant)	Current 2010 Targets (g salt or mg sodium per 100g)*	Revised 2010 Targets (g salt or mg sodium per 100g)*	Targets for 2012 (g salt or mg sodium per 100 g)*	Comments
15.2 Pesto and other thick sauces Includes thick cooking sauces intended to be used in smaller quantities, e.g., pesto, stir fry sauces, etc. (e.g., a portion size of under 90 g)	3.0g salt or 1,200mg sodium (average)		1.5g salt or 600mg sodium (average r), 2.0g salt or 800mg sodium (maximum)	
15.3 Thick pastes Includes all thick pastes used in very small quantities (e.g., 15–20 g) such as curry and Thai.	n/a		5.0g salt or 2,000mg sodium (maximum)	
16. BISCUITS				
16.1 Sweet biscuits—unfilled Includes all unfilled sweet biscuits.	1.1g salt or 416mg sodium (average)		0.68g salt or 270mg sodium (average) 1.13g salt or 450mg sodium (maximum)	We are aware that it may be difficult for some products to meet the 2012 target within the required timescale and will review progress in 2010 and 2012.
16.2 Sweet biscuits—filled Includes all sweet biscuits with fillings, e.g., fig rolls, custard creams, etc.	0.5g salt or 205mg sodium (average)			

16.3 Savory biscuits— unfilled Includes all unfilled savory biscuits, e.g., cream crackers, oatcakes, water biscuits, breadsticks, melba toast, etc.	2.2g salt or 860mg sodium (average)		1.38g salt or550mg sodium (average) 2.0g salt or 800mg sodium (maximum)	This category includes bagged savory snacks (e.g., cheesy biscuits and flavored crisp breads). We are aware that some bagged snacks have higher salt contents than their larger packeted equivalents because of the method of manufacture. Whilst we recognize that it may be difficult for some products to meet the 2012 target within the required timescale and will review progress in 2010.
16.4 Savory biscuits— filled Includes all savory biscuits with fillings.	1.9g salt or 740mg sodium (average)		1.25g salt or 500mg sodium (maximum)	There are very few filled savory biscuits—these have been retained in a separate category to savory biscuits, unfilled. We are aware that it may be difficult for some products to meet the 2012 target within the required timescale and will review progress in 2010 and 2012.

continued

TABLE C-2 Continued

Main Product Category and Sub Categories (where relevant)	Current 2010 Targets (g salt or mg sodium per 100g)*	Revised 2010 Targets (g salt or mg sodium per 100g)*	Targets for 2012 (g salt or mg sodium per 100 g)*	Comments
17. PASTA				
17.1 Pasta and noodles, plain and flavored Includes dried, fresh, canned, frozen pasta (including spaghetti/hoops in tomato sauce) and noodles. Also includes dry flavored noodles and pasta with flavor or sauce sold as a snack or meal—in these circumstances, the target is for the products as consumed (made up according to manufacturers instructions) and not as sold. Excludes stuffed pasta and pasta ready meals (see category 8) and canned pasta in tomato sauce with accompaniments (see category 7.2)	0.5g salt or 200mg sodium (maximum)		0.38g salt or 150mg sodium (maximum)	This category now includes flavored noodles and dry pasta sold as a snack or meal (made up according to manufacturers instructions).

18. RICE			
18.1 Rice (unflavored), as consumed Includes all unflavored rice (dried, cooked, frozen cooked, pouched, etc.), as consumed (made up according to manufacturers instructions, where appropriate).	0.2g salt or 87mg sodium (maximum)	0.2g salt or 80mg sodium (maximum)	
18.2 Flavored rice, as consumed Includes all pouched flavored rice, including ambient and dried products, as consumed (made up according to manufacturers instructions, where appropriate).	0.8g salt or 300mg sodium (average)	0.45g salt or 180mg sodium (average r) 0.63g salt or 250mg sodium (maximum)	We appreciate that it may be difficult for some products to meet the 2012 target within the required timescale and will review progress in 2010 and 2012.
19. OTHER CEREALS			
19.1 Other cereals Includes ready made Yorkshire pudding, ready made pastry, batter and pancake mix, etc.	0.8g salt or 300mg sodium (maximum)	0.63g salt or 250 mg sodium (maximum)	

continued

TABLE C-2 Continued

Main Product Category and Sub Categories (where relevant)	Current 2010 Targets (g salt or mg sodium per 100g)*	Revised 2010 Targets (g salt or mg sodium per 100g)*	Targets for 2012 (g salt or mg sodium per 100 g)*	Comments
20. Processed puddings, Mousses, crème caramel, jelly, rice pudding, ready to eat custard, and custard powder are not included as these contain no added salt. Sodium present is that naturally occurring in the ingredients. Jelly crystals are also excluded for technical reasons.				
20.1 Dessert mixes, as consumed Includes dehydrated dessert mixes (made up according to manufacturers instructions). Excludes custard powder and jelly crystals.	0.5g salt or 200mg sodium (maximum)		0.5g salt or 200mg sodium (maximum)	
20.2 Cheesecake Includes ambient, chilled, frozen and dehydrated (as consumed, made up according to manufacturers instructions).	0.5g salt or 200mg sodium (maximum)		0.35g salt or 140mg sodium (maximum)	

20.3 Sponge-based processed puddings Includes jam rolypoly, spotted dick, sticky toffee pudding, etc. Excludes canned versions	1.0g salt or 400mg sodium (maximum)	0.5g salt or 200mg sodium (average), 0.75g salt or 300mg sodium (maximum)	
20.4 All other processed puddings Includes all other processed and preprepared puddings, e.g., bread and butter pudding, rownie desserts, crumbles, trifle etc. Excludes fruit pies and all other desserts made with shortcrust and choux pastry (see category 12.4).	0.3g salt or 120mg sodium (maximum)	0.18g salt or 70mg sodium (average) 0.3g salt or 120mg sodium (maximum)	Category 12.4 now includes all shortcrust and choux pastry based desserts, so these are no longer included in category 20.4.
21. QUICHE			
21.1 Quiches Includes all quiches and flans	0.8g salt or 300mg sodium (maximum)	0.75g salt or 300mg sodium (maximum)	
22. SCOTCH EGGS			
22.1 Scotch eggs	1.0g salt or 400mg sodium (maximum)	0.88g salt or 350mg sodium (maximum)	

continued

TABLE C-2 Continued

Main Product Category and Sub Categories (where relevant)	Current 2010 Targets (g salt or mg sodium per 100g)*	Revised 2010 Targets (g salt or mg sodium per 100g)*	Targets for 2012 (g salt or mg sodium per 100 g)*	Comments
23. CANNED FISH				
23.1 Canned tuna Includes all tuna canned in oil, brine, spring water, etc. Excludes fish with sauce products (see category 23.3).	1.0g salt or 400mg sodium (average)		1.0g salt or 400mg sodium (average p)	
23.2 Canned salmon Includes all standard canned salmon. Excludes fish with sauce products (excludes category 23.3).	1.2g salt or 470mg sodium (average)		0.93g salt or 370mg sodium (average p)	The Agency recognizes that the salt levels in these products are largely within the control of the U.S. and Canadian canneries and any reduction will depend on influencing them.
23.3 Other canned fish Includes sardines, mackerel, pilchards in brine, oil etc and canned fish with sauces, e.g., tomato, barbeque, mustard, etc. Also includes canned shellfish, e.g., prawns, crab, mussels, etc. Excludes anchovies, smoked fish, lumpfish caviar and fish roe.	1.5g salt or 600mg sodium (average)		0.93g salt or 370mg sodium (average r)	The range of products covered by this target makes it difficult to set a meaningful maximum target. The Agency has therefore set a range average target.

24. CANNED VEGETABLES			
24.1 Canned vegetables Includes all canned vegetables and pulses. Excludes processed/ marrowfat/mushy peas (see category 24.2) and sauerkraut.	0.13g salt or 50mg sodium (maximum)		0.13g salt or 50mg sodium (maximum)
24.2 Canned processed/ marrowfat/ mushy peas. Includes these products only.	0.5g salt or 200mg sodium (maximum)		0.45g salt or 180mg sodium (maximum)
25. MEAT ALTERNATIVES (PREVIOUSLY PROCESSED VEGETABLE-BASED PRODUCTS)			
25.1 Plain meat alternatives Includes plain tofu, Quorn ingredients (e.g., mince, plain pieces and fillets), meat free mince and other similar products	0.7g salt or 280mg sodium (maximum)		0.7g salt or 280mg sodium (maximum)

continued

TABLE C-2 Continued

Main Product Category and Sub Categories (where relevant)	Current 2010 Targets (g salt or mg sodium per 100g)*	Revised 2010 Targets (g salt or mg sodium per 100g)*	Targets for 2012 (g salt or mg sodium per 100 g)*	Comments
25.2 Meat free products Includes all meat and fish alternative products, e.g., sausages, burgers, bites, pies, en croute products, sausage rolls, nut cutlets, falafel, flavored "meat" pieces, e.g., chicken fillets, "meatballs," all meat-free "meats," e.g., ham, turkey, etc., including "beanburgers," "veggieburgers," and other similar products. Excludes bacon (see category 25.3), baked beans (category 7), canned vegetables (category 24), ready meals and meal centers (category 8) and takeaways.			0.93g salt or 370mg sodium (average r) 1.5g salt or 600mg sodium (maximum)	
25.3 Meat-free bacon. Includes all meat-free bacon type products, whether made from soya, Quorn, or other ingredients.	n/a		2.13g salt or 850mg sodium (average r)	

26.OTHER PROCESSED POTATOES			
26.1 Dehydrated instant mashed potato, as consumed Includes all instant mashed potato products, as consumed (as made up according to manufacturers instructions).	0.25g salt or 100mg sodium (maximum)	0.2g salt or 80mg sodium (maximum)	0.18g salt or 70mg sodium (maximum)
26.2 Other processed potato products Includes all other processed potato products, including frozen and chilled chips with coatings, potato waffles, shaped potato, wedges, etc. Excludes oven chips with no added salt.	0.5g salt or 195mg sodium (maximum)	0.49g salt or 195mg sodium (average) 0.88g salt or 350mg sodium (maximum)	0.49g salt or 195mg sodium (average r) 0.75g salt or 300mg sodium (maximum)

continued

TABLE C-2 Continued

Main Product Category and Sub Categories (where relevant)	Current 2010 Targets (g salt or mg sodium per 100g)*	Revised 2010 Targets (g salt or mg sodium per 100g)*	Targets for 2012 (g salt or mg sodium per 100 g)*	Comments
27. BEVERAGES				
27.1 Dried beverages, as consumed Includes drinking chocolate, instant chocolate drinks, instant malted drinks, instant cappuccino drinks, etc., as consumed (made up according to manufacturers instructions). Excludes tea and coffee.	0.25g salt or 100mg sodium (maximum)		0.15g salt or 60mg sodium (maximum)	The 2012 target for dried beverages has been maintained at a maximum of 60 mg sodium per 100 g, as consumed. An analysis of the dried beverage products on the market indicates that this is an achievable target.
28. TAKEAWAY, MEAT BASED				
28.1 Take away, meat based Includes curries, Chinese dishes, etc. Does not include beef burgers, pies.	0.6g salt or 250mg sodium (maximum)		0.63g salt or 250mg sodium (maximum)	The targets for takeaway foods have been maintained at their 2006 levels. The Agency has a separate program of engagement with the catering sector underway to promote salt reduction in these foods.
29. TAKEAWAY, FISH BASED				
29.1 Take away, fish based Includes curries, Chinese dishes, etc.	0.5g salt or 200mg sodium (maximum)		0.5g salt or 200mg sodium (maximum)	

30.TAKEAWAY, VEGETABLE AND POTATO BASED			
30.1 Take away, vegetableand potato based Includes takeaway chips, curries, Chinese dishes, etc.	0.5g salt or 200mg sodium (maximum)		0.5g salt or 200 mg sodium (maximum)

NOTES: Some categories have been revised and there is no equivalent 2010 target. As a result, the "Current 2010 targets" column has been left blank. There are two types of average used within the targets table. The first is a processing average (average p) and is used to account for ranges of salt levels that occur in a single product, e.g., bacon and tuna. The second is a range average (average r), which is used to take into account a range of differing flavors (e.g., standard potato crisps) or products (e.g., morning goods) covered by a single target. All range averages should be calculated on a sales weighted basis.

*Revised targets for 2010 and 2012 have been set according to mg sodium that should be present. This figure has then been multiplied by 2.5 to give the salt equivalent. The targets that were published in 2006 have not changed in this way as this is currently the method proposed in the draft Food Information Regulation for labeling salt content.

SOURCE: Food Standards Agency. Available online: http://www.food.gov.uk/healthiereating/salt/saltreduction (accessed October 14, 2009).

부록 D

소금대체물질과 향상제

TABLE D-1 Selected Examples of Proposed Salt Substitutes

Substitute	Applications	Comments
Potassium chloride (KCl)	Many foods, including cheeses,[a] breads,[b] and meats;[c] may be mixed with NaCl in up to a 50:50 ratio[c]	Bitter to many people;[c] many patents to reduce KCl bitterness exist;[d] because potassium intake of the U.S. population is low, increased intake of potassium may benefit some[e] but could harm certain subpopulations (e.g., those with certain medical conditions or taking certain medications)[f]
Lithium chloride (LiCl)	None: toxic although almost perfectly salty	
Calcium chloride ($CaCl_2$), magnesium chloride ($MgCl_2$), and magnesium sulfate ($MgSO_4$)	Few foods	Somewhat salty but with many off-tastes;[g] bitter tastes of $MgSO_4$ are usually perceived only at high levels;h $CaCl_2$ can cause irritations on the tongue[h]
Sea salt	Many foods, also used in salt shakers	Usually contains substantial amounts of sodium chloride; benefits of use in reducing sodium consumption are unclear
Salts with altered crystal structure	Some foods	Porous and star-shaped structures, created by manipulating the salt drying process, allow greater salty taste with smaller amounts of salt;[i] particularly useful in applications where salt is used on the surface of food products[j]

[a] Guinee and O'Kennedy, 2007.
[b] Cauvain, 2007.
[c] Desmond, 2007
[d] Porzio, 2007.
[e] Anthony, 2007.
[f] Dietary Guidelines Advisory Committee, 2005.
[g] Murphy et al., 1981.
[h] Kilcast and den Ridder, 2007.
[i] Desmond, 2006.
[j] Pszczola, 2007.

TABLE D-2 Selected Examples of Proposed Salt Substitutes

Ingredient	Applications	Comments
Monosodium glutamate (MSG) and other glutamates	Many foods; can replace some salt[a]	No pleasant taste in itself, but enhances salty tastes; imparts the taste of umami; MSG contains sodium; other glutamate salts such as monopotassium glutamate or calcium diglutamate may further reduce sodium; synergizes with 5′-ribonucleotides;[b] may replace bitter blocking[c] and oral thickening[d] characteristics; often contained in hydrolyzed vegetable protein and yeast extracts[a]
Yeast extracts and hydrolyzed vegetable protein	Some foods	Often contains MSG, but is seen as a "natural" alternative to MSG use; meaty and brothy tastes limit potential uses[d, e]
Nucleotides including inosine-5′-monophosphate (IMP) and guanosine-5′-monophosphate	Some foods	Imparts the taste of umami; found to act synergistically with glutamates to enhance salty tastes in some foods[d,f]
Amino acids, especially arginine and related compounds	Not known	L-Arginine is reported to enhance the saltiness of foods with low to moderate levels of salt; practical uses are not clear[g]
Dairy concentrates	Many foods	Reported to allow moderate sodium reductions in a variety of products[e, h]
Lactates (potassium lactate, calcium lactate, and sodium lactate)	Few foods	May enhance the saltiness of NaCl, but not widely used; calcium lactate can impart a sour taste[b]
Herbs and spices	Many foods	Herbs and spices provide other flavoring characteristics and may, for some people, help alleviate blandness following salt removal[e, i, j]
Compounds that reduce bitterness including adenosine-5′-onophosphate, DHB (2,4-dihydroxybenzoic acid), lactose, sodium gluconate, and mixtures for use in combination with potassium chloride	Many foods	Designed to mask bitterness of potassium chloride or reduce bitterness from other food components that are usually masked by salt; allow partial reduction of total sodium content[b, e, k, l]
Mixtures of NaCl substitutes and enhancers	Many foods	Proprietary mixtures are produced by many companies; mixtures consist of a number of ingredients such as non-sodium salts, yeast extracts, potassium chloride, sodium, and sodium gluconate[e, m, n, o]

[a] Yamaguchi, 1987.
[b] Kilcast and den Ridder, 2007.
[c] Keast et al., 2004.
[d] Brandsma, 2006.
[e] Pszczola, 2007.
[f] Ajinomoto Food Ingredients LLC, 2008.
[g] Breslin and Beauchamp, 1995.
[h] Armor Proteines, 2007.
[i] Kilcast, 2007.
[j] Ainsworth and Plunkett, 2007.
[k] Ndabikunze and Lahtinen, 1989.
[l] Desmond, 2007.
[m] DSM Food Specialties, 2004.
[n] Pszczola, 2006.
[o] Jungbunzlauer, 2007.

참고문헌

Ainsworth, P., and A. Plunkett. 2007. Reducing salt in snack products. In *Reducing salt in foods: Practical strategies*, edited by D. Kilcast and F. Angus. Cambridge, UK: Woodhead. Pp. 296-315.

Ajinomoto Food Ingredients LLC. 2008. *Ajinomoto monoammonium glutamate (MAG) and monopotassium glutamate (MPG)*. http://www.ajiusafood.com/5MAG/main.asp (accessed 2008).

Anthony, M. 2007. Season with (only) a grain of salt. http://www.foodprocessing.com/articles/2007/204.html (accessed September 2008).

Armor Proteines. 2007. *Lactosalt Optitaste*. http://www.armor-proteines.com/ENG/lactosalt_UK.pdf (accessed 2008).

Brandsma, I. 2006. Reducing sodium: A European perspective. *Food Technology* 60(3): 24-29.

Breslin, P. A. S., and G. K. Beauchamp. 1995. Suppression of bitterness by sodium: Variation among bitter taste stimuli. *Chemical Senses* 20(6):609-623.

Cauvain, S. P. 2007. Reduced salt in bread and other baked products. In *Reducing salt in foods: Practical strategies*, edited by D. Kilcast and F. Angus. Cambridge, UK: Woodhead. Pp. 283-295.

Desmond, E. 2006. Reducing salt: A challenge for the meat industry. *Meat Science* 74(1): 188-196.

Desmond, E. 2007. Reducing salt in meat and poultry products. In *Reducing salt in foods: Practical strategies*, edited by D. Kilcast and F. Angus. Cambridge, UK: Woodhead. Pp. 233-255.

Dietary Guidelines Advisory Committee. 2005. *Report of the Dietary Guidelines Advisory Committee on the Dietary Guidelines for Americans, 2005. A Report to the Secretary of Health and Human Services and the Secretary of Agriculture.* Washington, DC: U.S. Department of Agriculture and U.S. Department of Health and Human Services.

DSM Food Specialties. 2004. *Maxarite—roduct properties.* http://www.dsm.com/le/en_US/maxarite/html/properties.htm (accessed December 12, 2008).

Guinee, T. P., and B. T. O'Kennedy. 2007. Reducing salt in cheese and dairy spreads. In *Reducing salt in foods: Practical strategies*, edited by D. Kilcast and F. Angus. Cambridge, UK: Woodhead. Pp. 316-357.

Jungbunzlauer AG. 2007. *Sub4salt: Jungbunzlauer's way to reduce sodium.* Switzerland: Jungbunzlauer AG.

Keast, R. S. J., T. M. Canty, and P. A. S. Breslin. 2004. The influence of sodium salts on binary mixtures of bitter-tasting compounds. *Chemical Senses* 29(5):431-439.

Kilcast, D. 2007. Cutting sodium. *Prepared Foods*, January:1-5.

Kilcast, D., and C. den Ridder. 2007. Sensory issues in reducing salt in food products. In *Reducing salt in foods: Practical strategies*, edited by D. Kilcast and F. Angus. Cambridge, UK: Woodhead. Pp. 201-220.

Murphy, C., A. V. Cardello, and J. G. Brand. 1981. Tastes of fifteen halide salts following water and NaCl: Anion and cation effects. *Physiology and Behavior* 26(6):1083-1095.

Ndabikunze, B. K., and S. Lahtinen. 1989. Substitution of sodium chloride by Morton lite salt or mineral salt in mayonnaise. *International Journal of Food Science and Technology* 24(4):367-371.

Porzio, M. 2007. Flavor delivery and product development. *Food Technology*, January: 22-29.

Pszczola, D. 2006. Exploring new 'tastes' in textures. *Food Technology*, January: 44-55.

Pszczola, D. 2007. Savoring the possibilities. *Food Technology* 61(4):55-66.

Yamaguchi, S. 1987. Fundamental properties of umami in human taste sensation. In *Umami: A basic taste*, edited by Y. Kawamura and M. R. Kare. New York: Marcel Dekker.

부록 E

미국국민건강영양조사와 자료분석 방법에 대한 배경

개요

미국국민건강조사 National Health Examination survey 는 1960년대에 생후 6개월 영아부터 74세까지의 노인을 대상으로 고혈압, 콜레스테롤과 과체중을 포함하여 건강 상태를 평가하기 시작하였다. 영양 섭취 조사는 1970년대의 조사에 추가하였다. 그러므로 이 조사로 소금 섭취량에 대한 정보를 알 수 있는 시기는 1970년대이고 그때 조사 명칭은 미국국민건강영양조사(National Health and Nutrition Examination Survey, NHANES I, 1971-1974)가 되었다. (미국농무부 USDA 의 "가구식품소비조사 Household Food Consumption Survey "는 1977-1978년과 1987-1988년에 실시하였고 이 자료를 통하여 1970년대와 1980년대 가구당 식품을 통한 나트륨 섭취의 일부를 알 수 있다. 그 이후 자료는 없지만 미국농무부는 2010년이나 2011년에 비슷한 조사를 실시할 계획을 갖고 있다). 미국농무부는 식품구성데이터베이스를 마련하였고 이 데이터베이스로 미국국민건강영양조사에서 모인 식품 섭취 추정량으로부터 영양소 섭취량을 계산할 수 있게 되었다(Bodner-Montville et al., 2006; Briefel, 2006). 미국국민건강영양조사와 미국농무부가 수행한 식품섭취량 조사는 2002년에 통합되었다. 이때 통합된 조사의 식이 보고서를 "미국인이 먹는 것 What We Eat in America, WWEIA "이라고 부르게 되었다.

미국국민건강영양조사는 미국 국민 전체와 중요 하위집단(인종이나 가구

수입으로 분류한)을 대표하는 표본을 대상으로 지속적이고 표준화된 자료 수집을 하였으므로 식이 또는 건강에 대한 연방 정부의 프로그램 계획과 정책 결정에 매우 중요한 기초 자료이다. 이 조사에서는 24시간 식이 회상법 dietary recall 을 한 사람당 2회 이상 인터뷰하는 식이 측정의 기본방법 gold standard 을 사용하고 있다(IOM, 2000). 미국국민건강영양조사가 특별한 것은 미국인 대표 표본에서 식이 섭취량과 건강이라는 두 가지를 조사하고 추적한다는 점이다. 식이 섭취량을 추정하는 데 있어 먹은 식품의 종류와 양을 정확하게 말하는 응답자 능력과 조사에서 나타난 식품을 지정하는 식품구성데이터베이스의 정확성, 특이성, 현재성 currentness 에 따라 제약이 있을 수 있다. 응답자는 섭취량을 적게 보고하기 쉽다(IOM, 2000). "미국인이 먹는것 – 미국국민건강영양조사 WWEIA-NHANES "의 섭취량 추정과 관련된 주요 쟁점을 주의 깊게 검토하고 있다(Dwyer et al., 2003).

모집단을 대표하는 표본에 대하여 식이 섭취량을 단면적으로 계속 조사한 지난 40년 동안, 데이터 수집 방법과 식이 섭취량을 추정하는 데 쓰였던 프로토콜에 변화가 있었다. 자료의 질은 좋아졌지만, 대상자가 말하여 얻은 자료에 의존해야 하기 때문에 아직도 오차와 편차가 있다. "건강한 미국인 Healthy People "을 목표로 하는 회의에서 국민 수준의 총 나트륨 섭취량을 추적하기 위하여 식이 데이터 수집 방식을 개선하도록 하였으므로 제3차 미국국민건강영양조사(NHANES Ⅲ[1988-1994])부터는 식이 데이터 수집 방식이 개선되었다(on-line: http://www.healthypeople.gov/document/pdf/tracking/od19.pdf). 개선된 사항 중에는 모집단의 일부 표본 subsample 에서 하루 이상의 섭취량의 수집하는 것과 함께 수돗물 섭취, 물 연화장치 사용 water softening, 식이 보조제 복용 dietary supplement use, 식탁에서 소금을 추가하는 것, 사용하는 소금 등도 포함하여 질문하게 하는 것이었다. 질문을 추가한 조사 설문지는 소금 섭취에 대한 더 정확한 추정치를 알고자 하는 의도로 만들었다.

2003-2004년부터, 24시간 식이 회상법 diet recalls 으로 한 표본에 대하여 두 번 자료를 수집하였다. 그렇게 함으로써 영양소(소금)의 섭취량이 개인별로 매일 크게 변동하는 것을 감안하는 통계 소프트웨어를 사용하여 섭취량 추정

치를 계산할 수 있게 되었다(Dodd, 1996). 식이 자료 수집이 개선되고 식이 섭취를 평가하는 통계 기법이 개발되면서 국민 전체의 식품을 통한 소금 섭취량 추정치를 알 수 있게 하였다. 그 통계소프트웨어로 관심분야를 측정할 수 없을 때에는, 식이 회상법 하루 평균값을 기초로 자료를 만들었다. 이 방법은 식품 분야별 분석, 이전 조사의 나트륨 섭취량 분석, 나트륨 밀도 측정 분석에 적용하였다.

미국국민건강영양조사 2003-2006의 나트륨 섭취량 추정치

현재 사용하는 섭취량 추정치는 최근 두 번의 미국국민건강영양조사(NHANES: 2003-2004와 2005-2006)에서 나왔다. 두 번 실시한 조사 자료는 합하여 분석하였는데 그 이유는 하위집단[subgroup] 분석을 하려면 표본의 크기가 커야하기 때문이다. 합친 미국국민건강영양조사 조사 정보는 다음의 권장 가중치에 따라 수정하였다(online: http://www.cdc.gov/nchs/data/nhanes_03_04/nhanes_analytic_guidelines_dec_2005.pdf). 모집단 추정치는 자료에 가중치를 주어 계산하였다. 가중치를 곱하지 않은 원 표본 크기는 부록 F 자료 표에서 볼 수 있다.

식품에서 오는 나트륨

식품 섭취량 추정치는 24시간 식이 회상법(24-hour dietary recall)을 두 번 실시하여 얻었다(online: http://www.ars.usda.gov/Services/docs.htm?docid=13793). 첫 번째 인터뷰는 미국국민건강영양조사의 이동조사반[Mobile Examination Center]에서 나온 조사원이 직접 진행하였다. 두 번째 인터뷰는 3-10일 뒤에 전화로 진행하였다. 첫 번째 인터뷰에서 조사 대상자는 24시간 동안 섭취한 식품을 상세하게 대답하도록 조사하였다. 이 조사에서는 상품명, 조리 방법, 식품의 형태(예: 냉동식품, 캔 식품, 신선 식품), 식품 유형 등 정보를 얻어 식품을 통하여 섭취한 나트륨, 지방, 칼로리, 다른 요소 양을 확실하게 할 뿐 아니라 어디에서 그 식품을 구하였는지도 물었다. 24시간 회상법에서는 요리할 때 사용하는 소금에 대해서는 질문하지 않았다. 오히려 건강관련 질문 몇 가지를 별도로 하였고, 여기에서 소금 사용에 관한 질문을 하였다. 조사 대상자 집에서 음식을 조리할 때 얼마나 자주 소금이 사용되는지를 물었다. 이 질문은 일반 소금이나 양념소금을 묻는 것이었고 "저염 lite" 소금이나 소금대체물질을 가리킨 것은 아니었다. 응답은 "전혀 never", "드물게 rarely", "때때로 occasionally", "아주 자주 very often" 중 하나를 선택하게 하였다. 이 정보는 요리할 때 녹아 들어간 나트륨과 조리법에 대한 알고리즘 algorithms 에 적용하였다(Moshfegh, 2009).

섭취량 분포를 추정하는 통계 방법과 미리 정한 차단 cutoff 값 이상이나 이하에 해당하는 비율을 계산하는 방법은 아이오와주립대학 Iowa State University 에서 개발하였고 두 번째 식이 회상법에서 응용하였다(Carriquiry, 2003). 이 방법은 본 위원회의 연구에서 나트륨 섭취량을 추정하는 데에도 사용하였다. 어떤 종류의 측정치는 이 소프트웨어 적용에 적합하지 않았으므로 그런 경우 하루 섭취량 평균으로 계산하였다. 여기에는 수돗물을 통한 나트륨 섭취의 추정치가 해당한다.

나트륨 섭취의 다른 근원

식품 이외로 나트륨을 섭취하는 것으로는 식탁에서 넣는 식염, 수돗물과 식이 보조제에 있는 나트륨 등이다. 이들 근원으로 섭취하는 나트륨 섭취량을 추정하기 위해 사용한 방법을 "Healthy People 2010 Progress Review, Focus Area 19)" (2008년 4월 발표) (online: http://www.healthypeople.gov/data/2010prog/focus19/Default.htm) (online: http://www.cdc.gov/nchs/healthy_people/hp2010/focus_areas/fa19_nutrition2.htm)를 위해서 개발하였고 "Healthy People 2010" 추적 시스템의 일부로 기술하였다(online: http://www.healthypeople.gov/Document/html/tracking/od19.htm).

식탁에서 투입하는 소금 양은 소금을 음식에 넣는 빈도와 양을 측정할 수 있는 피험자의 능력에 따라 정확하게 보고한다. 미국국민건강영양조사에서는 응답 자가 식탁에서 소금을 얼마다 자주 추가하는지를 묻는 질문에 답변하도록 하였다. 응답 선택지에는 “전혀 never ”, “드물게 rarely ”, “때때로 occasionally ”, “자주 very often ” 등을 나열하였다. 천일염, 풍미 소금(마늘 소금, 양파 소금 등), 양념 소금은 모두 일반소금으로 계산하였다. 소위 저염 소금 lite salt 은 그대로 기록하지만 소금 양은 적은 것으로 기록하였다. 소금대체물질에는 나트륨이 없다. 소금 섭취량을 추정하면서 식탁 소금 사용을 포함하여 분석할 경우에는 소금 형태와 사용 빈도를 곱하여 나트륨 양을 정하였다(나트륨은 하루에 추가하는 식탁 소금 형태 곱하기 사용 빈도). 소금 형태 중 나트륨 수치 영 zero 은 “아무것도 없거나 none ”, “소금대체물질 salt substitute ”이 해당된다. “아주 자주 very often ”라는 용어가 사용될 때는, 보통 소금이 2-19세에서는 나트륨 290 mg, 20세 이상일 경우에는 580 mg일 때로 한다. 만약 소금을 “때때로 occasionally ” 사용할 때에는, “아주 자주 very often ” 수치에 1/2을 곱한다. “드물게 rarely ” 사용할 때는, “아주 자주 very often ” 경우에 1/4을 곱한다.

마시는 물의 나트륨을 분석에 포함시킬 경우, 식수연화 water softening 장치 또는 조절장치 conditioning system 에서 나온 물에는 온스 ounce 당 나트륨 3 mg을 포함하는 것으로 계산한다. 그러나 보통의 물은 연화하지 않은 것으로 계산하고 물 액체 온스 per fluid ounce 당 나트륨 1 mg으로 계산한다. 이것은 미국농무부 USDA 의 식품구성데이터베이스에서 “일반” 지방자치단체가 공급하는 물의 나트륨 양이다. “미국인이 먹는 것” 2003-2004 조사에서는 “병에 담긴 당분 포함 물 sweetened bottled waters ”만을 24시간 회상법 조사에 포함시켰다. 보통 물, 수돗물과 탄산수에 관한 정보는 1차 24시간 회상법 이후 조사에서 조사하였다. 본 위원회의 보고서에서 각종 물은 수돗물로 분류하였으나 병에 담긴 물이나 당분포함 물은 식품 중 음료수 범주로 분류하여 분석하였다.

마지막으로, 식이 보조제 자료는 미국국민건강영양조사 NHANES 의 일부분으로 수집하였으나, 식이 보조제를 통한 나트륨 섭취를 전체 나트륨 섭취량에 포함하려면 식품 섭취자료 세트에 식이 보조제 자료 세트를 연결시키는 자료

배열이 필요하다. 이것을 계산하려면 응답자가 보고한 각 식이 보조제 내용과 지난 달 사용한 빈도를 합쳐야 개인 당 식이 보조제로 섭취하는 하루 나트륨 섭취량을 추정할 수 있다. 제산제도 식이 보조제로 인한 나트륨 섭취 추정치 계산에 포함하였다.

식이 참고 섭취와 보통 나트륨 섭취량

현재 나트륨 섭취량을 기술하는 방법으로서 미국국민건강영양조사 2003-2006 자료에 나타난 보통 식품 섭취량과 기타 식이로 먹는 섭취량의 평균치와 분포를 식이참고섭취 Dietary Reference Intake, DRI (IOM, 2005)-나트륨 적정 섭취량 Adequate Intake, AI 과 섭취허용량 Tolerable Upper Intake Level, UL 과 비교하였다. 만약 보통 섭취량의 평균치가 적정 섭취량을 넘으면, 그 그룹은 적정한 섭취량을 먹는다고 추정한다(Murphy, 2003). 모집단의 비율이 섭취 허용량 UL 을 넘어서는 인구 비율은 과잉 섭취로 부작용 위험이 있다고 판단한다(Murphy, 2003). 미리 정한 식이참고섭취의 차단 cutoff 수치에 이상이나 이하인 비율을 측정하는 통계방법은 아이오와주립대 Iowa State University 에서 만든 것을 사용하였다.

BOX E-1

Food Source Categories

Home includes:

- Foods prepared at home
- Foods purchased from the store

Away includes:

- Restaurant with wait staff
- Restaurant fast food/pizza
- Bar/tavern/lounge
- Restaurant, no additional information
- Cafeteria not at school
- Cafeteria at school

Other includes:

- Child care center
- Family/adult d ay care center
- Meals on Wheels
- Community food programs
- Vending machine
- Common coffee pot or snack tray
- From someone else/gift
- Mail order purchase
- Residential dining facility
- Grown or caught by you or someone you know
- Fish caught by you or someone you know
- Sport, recreation, or entertainment
- Street vendor, vending truck
- Fundraiser sales

특별한 하위집단

미국국민건강영양조사에서는 다음과 같은 분야로 인종/민족에 관한 정보를 수집하였다. 비 히스패닉 백인, 비 히스패닉 아프리카계 미국인, 멕시코계 미국인. 이 조사에서 수입 income 은 카테고리 별로 기록하였고, 영양보조프로그램의 평가를 위한 통계 자료나 영양보고 표준에 맞게 분석하였다: 저소득이란 연 가계 소득 수준이 빈곤층 수준의 130% 또는 그 이하로서, 이 전에 식품카드 food stamp 라고 부른 "보충 영양 지원 프로그램 Supplemental Nutrition Assistance Program "을 받는 소득으로 정의한다. 고 소득이란 빈곤층 수준의 185% 이상의 연 가계 수입, 즉 "무료 학교급식" 또는 "감가 학교 급식" 그리고 "여성, 영아, 어린이를 위한 특별한 보충 영양 프로그램 WIC "을 받을 수 없는 수입 수준으로 정의한다. 중간 소득이란 빈곤층 수준의 130%와 185%사이의 수준을 말한다. 식품으로 섭취한 평균 나트륨 섭취는 19-30세의 저소득과 고 소득 성인에서, 그리고 31-50세 고 소득 성인에서 가장 높았다(부록 F, 표 F-6). 고혈압은 혈압이 높아진 것으로 정의되고(수축기혈압 ≥140 mmHg와 이완기혈압 ≥ 90 mmHg), 그리고 "미국국민건강영양조사 의료검진센터"의 개인 검진때 항 고혈압제를 먹고 있는 것으로 정의하였다(NCHS, 2009).

미국국민건강영양조사에서 나트륨 섭취량 추세에 대한 평가

평균 나트륨 섭취량의 추세는 1971-1974년부터 1999-2000년까지, 그리고 1세에서 74세까지를 아우르는 연령별/성별 분석 그룹으로 나누어 기록하였다. 미국국민건강영양조사 1971-1974에서는 24시간 식이 회상법을 한 번 실시하고 식품 나트륨 섭취 자료를 모아 1세에서 74세까지 가구를 기반으로 하는 모집단의 연령별 성별로 평균 나트륨 섭취량을 추정하였다. 1988-1994년 미국국민건강영양조사에서는 생후 2개월부터 전 연령층으로 확장하여 조사하였으며 1999년 미국국민건강영양조사에서는 출생 이후 전 연령층을 조사하였다. 영양소 섭취는 모유를 먹는 영아에서는 조사하지 않았다.

Briefel과 Johnson 분석(2004)을 갱신하기 위해서 그리고 현재의 섭취량을 비교할 수 있게 하기 위해서, 미국국민건강영양조사 2003-2006에 식품으로부터 오는 1일 평균 나트륨 섭취량(이 추정치는 요리와 조리 과정에서 사용한 소금을 포함함)은 이전 분석에서 사용하였던 것과 비교할 만한 분석 기법을 사용하여 이끌어 내었다. 그리고 미국국민건강영양조사 2003-2006의 섭취 추정량과 실제 추세 분석을 비교하기 위해 표를 만들었다.

미국국민건강영양조사 2003-2006에서 나트륨 섭취 근원을 찾는 방법

식품 분야를 분석하는 데에는 미국국민건강영양조사 2003-2006의 자료를 사용하였고 Cole과 Fox(2008)가 이전 미국국민건강영양조사를 분석하는데 사용한 식품 분야 안 food categorization scheme 도 이용하였다. 간략하게 말하면 24시간 식이 회상법 조사에서 나타난 식품 종류 모두는 크게 11개 분야로 나누고 다시 식품군 154개 군으로 나누었다. 미국국민건강영양조사2003-2004(식품 수, n=3,894)에서 보고한 식품을 코드화하는 데 고유 식품 코드 대략 4,000개를 사용하였다. 식품에서 섭취한 나트륨의 추정치는 음식을 요리할 때 사용한 소금은 포함시켰고, 식탁에서 추가하는 소금은 포함시키지 않았다. 그리고 식품이 재료 상태에서 합친 경우 요리법에서 사용한 소금은 "준비된 as prepared " 식품 나트륨 함량에 포함시켰다. 식품은 소비자가 보고한 대로 기록하였다. 예를 들어, 사과, 혼합 요리 mixed dish, 샌드위치와 같은 형식으로 기록하였다. 경우에 따라서는 개개의 구성성분을 기록하기도 하였는데 이것은 모든 식품이 같은 수준으로 모으거나 나누는 것이 가능하지 않을 때였다.

하루 식이 회상법 자료는 Krebs-Smith 등(1989)이 기술한 모집단비율법 population proportion method 을 써서 가정 내에서 먹는 식품과 외식에서 먹는 식품에 따라 나트륨, 평균 하루 나트륨, 나트륨 밀도의 식품 근원을 추정하는 데 사용하였다. 이 보고서에서 본 위원회는 box E-1의 목록에 있는 식품근원 분야에 기초하여 "가정 Home", "외식 Away"과 기타 "장소 other"로 분류하였다. "가정"에서 먹는 것은 가게에서 구입한 식품과 집안에서 소비하는 것으로 추정하였다. "외식"에서 먹는 것은 레스토랑(웨이터 서비스가 있는 패스트푸드와 피자 가게, 술집 bar, 선술집 tavern, 휴게소 포함)과 카페테리아(학교 또는 학교가 아닌 곳)를 포함하였다. "기타 장소"에서 먹는 것은 2003-2006년에 하루 나트륨의 평균 22%를 나타내었고 어린이 보육 센터 child care center, 자판기, 가판대, 스포츠 행사, 지역사회 식품프로그램과 같은 것을 포함하였다.

나트륨 섭취를 섭취 근원으로 분류 특성화하는 데 사용한 자료는 구성 데이터베이스 composition database로 코드화한 섭취 조사 보고에서 대부분 얻었다. 보통 말하지만 자가 보고에 따라 섭취량을 추정하는 데에는 비슷한 한계가 있다. 앞에서 논의했던 대로, 계속 진화하는 식품 공급과 세계화는 식품 구성 데이터베이스를 때 맞추어 갱신하기 어렵게 하고 또 식품 첨가물 데이터베이스도 제형이 변화하여 식품 구성 데이터베이스를 갱신하는 것을 어렵게 한다. 게다가, 표본 분석법의 새 기술로 인하여 어느 식품의 영양소 함량 수치가 변하게 할 수 있다. 회상법에 의한 섭취 식품 조사에서 목록화 된 각각의 식품은 데이터베이스에 입력하는 코드를 가지고 있다. 그러나 모든식품이 고유 코드를 가지고 있지 않아 식품군 안의 비슷한 식품으로 분류되고 식품 코드의 항목에서 시장 점유율에 기초하여 영양분을 집계하기도 한다.

데이터베이스에 분류된 식품은 시간이 흐르면서 나트륨 섭취에 미치는 각 식품의 기여 정도를 추적하는데 영향을 미쳤다. 조사자가 식품을 어떻게 분류 범주화하고 보고하는지가 어떤 식품이 나트륨 섭취에 가장 큰 기여를 했는지 순서를 정하는데 크게 영향을 줄 수 있고 여러 가지 연구 결과의 비교를 어렵게 할 수 있다(Cole and Fox, 2008; Cotton et al., 2004; Subar et al., 1998).

참고문헌

Bodner-Montville, J., J. K. C. Ahuja, L. A. Ingwersen, E. S. Haggerty, C. W. Enns, and B. P. Perloff. 2006. USDA Food and Nutrient Database for Dietary Studies: Released on the web. *Journal of Food Composition and Analysis* 19(Supplement).

Briefel, R. R. 2006. Nutrition monitoring in the United States. In *Present Knowledge in Nutrition*. 9th ed, edited by B. Bowman and R. Russell. Washington, DC: ILSI Press. Pp. 838-858.

Briefel, R. R., and C. L. Johnson. 2004. Secular trends in dietary intake in the United States. *Annual Review of Nutrition* 24:401-431.

Carriquiry, A. L. 2003. Estimation of usual intake distributions of nutrients and foods. *Journal of Nutrition* 133(2).

Carriquiry, A. L., and G. Camano-Garcia. 2006. Evaluation of dietary intake data using the tolerable upper intake levels. *Journal of Nutrition* 136(2).

Cole, N., and M. K. Fox. 2008. *Diet quality of American young children by WIC participation status: Data from the National Health and Nutrition Examination Survey, 1999 –2004*. Document No. PR08-67. Washington, DC: Abt Associates, Inc. and Mathematica Policy Research.

Cotton, P. A., A. F. Subar, J. E. Friday, and A. Cook. 2004. Dietary sources of nutrients among U.S. adults, 1994 to 1996. *Journal of the American Dietetic Association* 104(6): 921-930.

Dodd, K. W. 1996. *A technical guide to C-SIDE: Software for intake distribution estimation*. Dietary Assessment Research Series, Report 9 Technical Report 96-TR 32. Ames: Iowa State University Department of Statistics and Center for Agricultural and Rural Development.

Dwyer, J., M. F. Picciano, D. J. Raiten, P. P. Basiotis, M. M. Bender, B. K. Bindewald, A. L. Carriquiry, A. K. Courtney, N. T. Crane, K. W. Dodd, K. Egan, K. C. Ellwood, S. E. Gebhardt, J. F. Guthrie, J. M. Harnly, J. M. Holden, C. Johnson, S. M. Krebs-Smith, P. M. Kuznesof, C. E. Lang, M. McDowell, A. Moshfegh, P. R. Pehrsson, K. Radimer, A. F. Subar, C. A. Swanson, and W. R. Wolf. 2003. Estimation of usual intakes: What we eat in America-NHANES. *Journal of Nutrition* 133(2).

IOM (Institute of Medicine). 2000. *Dietary reference intakes: Applications in dietary assessment*. Washington, DC: National Academy Press.

IOM. 2005. *Dietary Reference Intakes for water, potassium, sodium, chloride, and sulfate*. Washington, DC: The National Academies Press. Pp. 269-423.

Krebs-Smith, S. M., P. S. Kott, and P. M. Guenther. 1989. Mean proportion and population proportion: Two answers to the same question? *Journal of the American Dietetic Association* 89(5):671-676.

Moshfegh, A. 2009. Surveillance and monitoring sodium intakes. Presented at the Institute of Medicine Committee on Strategies to Reduce Sodium Intake's Public Information-Gathering Workshop, March 30, Washington, DC.

Murphy, S. P. 2003. Collection and analysis of intake data from the integrated survey. *Journal of Nutrition* 133(2).

NCHS (National Center for Health Statistics). 2009. *Health, United States, 2008 with special feature on the health of young adults*. DHHS Publication No. 2009-1232. Hyattsville, MD: National Center for Health Statistics.

Subar, A. F., S. M. Krebs-Smith, A. Cook, and L. L. Kahle. 1998. Dietary sources of nutrients among US adults, 1989 to 1991. *Journal of the American Dietetic Association* 98(5):537-547.

부록 F
나트륨 섭취 표

This appendix includes the following tables on sodium intake:

- Table F-1: Mean 1-Day Sodium Intake by Dietary Source by Age or Gender for Persons 2 or More Years of Age
- Table F-2: Usual Sodium Intake Distributions from All Dietary Sources by Age or Gender for Persons 2 or More Years of Age
- Table F-3: Usual Sodium Intake Distributions from Foods by Age or Gender for Persons 2 or More Years of Age
- Table F-4: Mean Sodium Intake, Mean Energy Intake, and Mean Sodium Density Values for Persons 2 or More Years of Age
- Table F-5: Usual Mean Sodium Intake Distributions from Foods by Age and Race or Ethnicity for Persons 2 or More Years of Age
- Table F-6: Usual Sodium (mg/d) Intake Distributions from Foods by Income Level for Persons 2 or More Years of Age
- Table F-7: Usual Sodium Intake Distributions from Foods Among Adults with Hypertension
- Table F-8: Top 20 Sources of Sodium Intake Within Food Categories for Persons 2 or More Years of Age
- Table F-9: Top 10 Food Sources of Sodium Intake by Age or Gender for Persons 2 or More Years of Age
- Table F-10: Top 10 Sources of Sodium Intake by Home Versus Away for Persons 2 or More Years of Age

TABLE F-1 Mean 1-Day Sodium Intake by Dietary Source by Age or Gender for Persons 2 or More Years of Age

	Mean Intake (mg/d)				
	n	Food[a]	SE	Table Salt[b]	SE
All Ages 2+ Yrs	16,822	3,407	13.8	178	1.4
Children					
2–3 yrs	921	2,201	31.4	28	1.9
4–8 yrs	1,680	2,795	29.6	49	1.7
Males					
9–13 yrs	1,009	3,513	48.9	93	2.6
14–18 yrs	1,351	4,339	65.6	105	2.3
19–30 yrs	1,097	4,490	64.2	217	5.8
31–50 yrs	1,439	4,448	55.4	237	5.5
51–70 yrs	1,215	3,738	50.4	230	6.0
> 70 yrs	808	3,000	47.0	189	7.1
Females[c]					
9–13 yrs	1,039	3,019	43.9	85	2.5
14–18 yrs	1,250	2,980	42.0	112	2.4
19–30 yrs	914	3,062	46.6	207	6.2
31–50 yrs	1,350	3,021	40.4	215	5.4
51–70 yrs	1,251	2,773	35.8	197	5.5
> 70 yrs	787	2,397	38.3	127	5.5
Pregnant and lactating females[d]	711	3,465	55.2	220	6.9
Pregnant females	623	3,541	62.2	201	7.1
Lactating females	99	3,236	121.8	270	19.4

Tap Water	SE	Supplements	SE	All Sources	SE
27	0.3	2	0.2	3,614	14.1
9	0.4	1	0.1	2,239	31.4
12	0.4	1	0.1	2,857	29.8
17	0.7	0	0.1	3,624	48.9
27	1.0	4	0.7	4,474	65.9
32	1.3	2	2.2	4,741	65.1
32	1.1	1	0.2	4,719	56.0
28	1.0	2	0.3	3,999	51.1
25	1.0	3	0.5	3,217	48.5
16	0.6	1	0.1	3,121	44.1
20	0.8	1	0.2	3,113	42.1
29	1.2	1	0.2	3,298	47.8
31	1.1	1	0.2	3,268	41.3
32	1.0	3	0.3	3,005	36.5
26	1.0	4	1.0	2,554	39.1
24	1.4	1	0.2	3,710	55.4
22	1.4	1	0.2	3,765	63.1
28	4.3	0	0.1	3,534	119.0

NOTES: d = day; mg = milligram; n = unweighted sample size; SE = standard error.
[a] Includes salt added in food preparation and cooking.
[b] Salt added by the consumer at the table.
[c] Excludes pregnant and lactating females (shown separately).
[d] Includes 11 females who were pregnant and lactating.
SOURCE: NHANES 2003–2006.

TABLE F-2 Usual Sodium Intake Distributions from All Dietary Sources by Age or Gender for Persons 2 or More Years of Age

	Usual Intake Percentiles (mg/d)					
	n	AI	UL	5th	10th	25th
All Ages 2+ Yrs	16,822			2,007	2,283	2,799
Children						
2–3 yrs	921	1,000	1,500	1,378	1,532	1,819
4–8 yrs	1,680	1,200	1,900	1,876	2,054	2,382
Males						
9–13 yrs	1,009	1,500	2,200	2,572	2,770	3,122
14–18 yrs	1,351	1,500	2,300	2,543	2,883	3,509
19–30 yrs	1,097	1,500	2,300	2,960	3,293	3,903
31–50 yrs	1,439	1,500	2,300	2,895	3,235	3,850
51–70 yrs	1,215	1,300	2,300	2,373	2,668	3,214
> 70 yrs	808	1,200	2,300	1,963	2,191	2,612
Females[a]						
9–13 yrs	1,039	1,500	2,200	2,001	2,212	2,591
14–18 yrs	1,250	1,500	2,300	1,960	2,172	2,561
19–30 yrs	914	1,500	2,300	1,994	2,245	2,691
31–50 yrs	1,350	1,500	2,300	1,978	2,217	2,647
51–70 yrs	1,251	1,300	2,300	1,860	2,072	2,454
> 70 yrs	787	1,200	2,300	1,623	1,801	2,118
Pregnant and lactating females[b]	711	1,500	2,300	2,344	2,612	3,088
Pregnant females	623	1,500	2,300	2,327	2,592	3,081
Lactating females	99	1,500	2,300	2,387	2,638	3,054

						Excessive Usual Intake (mg/d)	
Median	Mean	SE	75th	90th	95th	% > UL	SE
3,471	3,615	8.9	4,270	5,126	5,713	92	0.5
2,182	2,239	19.4	2,597	3,017	3,292	91	2.1
2,797	2,857	16.3	3,267	3,739	4,045	94	1.6
3,556	3,622	22.4	4,052	4,558	4,892	99	0.9
4,310	4,479	37.6	5,259	6,282	6,992	97	1.1
4,652	4,744	36.0	5,475	6,301	6,849	99	0.5
4,609	4,720	32.7	5,467	6,344	6,927	99	0.5
3,900	3,998	31.5	4,676	5,454	5,957	96	1.3
3,141	3,217	29.9	3,740	4,342	4,732	87	2.7
3,061	3,127	23.6	3,592	4,124	4,471	90	2.7
3,051	3,117	22.1	3,598	4,142	4,499	86	2.7
3,231	3,298	28.8	3,831	4,435	4,832	89	2.6
3,181	3,274	24.5	3,795	4,441	4,884	88	2.3
2,934	3,006	22.1	3,480	4,032	4,396	82	2.3
2,505	2,554	22.2	2,936	3,370	3,654	64	2.7
3,657	3,710	33.4	4,275	4,876	5,258	96	1.9
3,693	3,764	38.4	4,369	5,029	5,450	95	2.0
3,507	3,497	66.4	3,949	4,338	4,567	96	5.8

NOTES: AI = Adequate Intake; d = day; mg = milligram; n = unweighted sample size; includes sodium from foods, salt added at the table, tap water, and supplements; SE = standard error; UL = Tolerable Upper Intake Level.

[a] Excludes pregnant and lactating females (shown separately).

[b] Includes 11 females who were pregnant and lactating.

SOURCE: NHANES 2003–2006.

TABLE F-3 Usual Sodium Intake Distributions from Foods by Age or Gender for Persons 2 or More Years of Age

	Usual Intake Percentiles (mg/d)					
	n	AI	UL	5th	10th	25th
All Ages 2+ Yrs	16,822			1,846	2,114	2,615
Children						
2–3 yrs	921	1,000	1,500	1,344	1,498	1,783
4–8 yrs	1,680	1,200	1,900	1,830	2,004	2,327
Males						
9–13 yrs	1,009	1,500	2,200	2,474	2,669	3,016
14–18 yrs	1,351	1,500	2,300	2,417	2,755	3,377
19–30 yrs	1,097	1,500	2,300	2,737	3,066	3,659
31–50 yrs	1,439	1,500	2,300	2,648	2,981	3,585
51–70 yrs	1,215	1,300	2,300	2,161	2,446	2,974
> 70 yrs	808	1,200	2,300	1,784	2,004	2,413
Females[a]						
9–13 yrs	1,039	1,500	2,200	1,907	2,117	2,492
14–18 yrs	1,250	1,500	2,300	1,840	2,047	2,431
19–30 yrs	914	1,500	2,300	1,841	2,076	2,496
31–50 yrs	1,350	1,500	2,300	1,774	2,003	2,417
51–70 yrs	1,251	1,300	2,300	1,659	1,864	2,236
> 70 yrs	787	1,200	2,300	1,491	1,663	1,971
Pregnant and lactating females[b]	711	1,500	2,300	2,112	2,378	2,841
Pregnant females	623	1,500	2,300	2,131	2,392	2,865
Lactating females	99	1,500	2,300	2,147	2,383	2,785

Median	Mean	SE	75th	90th	95th	Excessive Usual Intake (mg/d) % > UL	SE
3,268	3,409	8.7	4,044	4,879	5,454	88	0.6
2,144	2,201	19.3	2,557	2,977	3,251	90	2.2
2,736	2,796	16.0	3,199	3,664	3,966	93	1.8
3,446	3,511	22.2	3,936	4,438	4,769	99	1.2
4,175	4,344	37.5	5,120	6,141	6,851	96	1.3
4,388	4,494	35.9	5,212	6,053	6,611	98	0.9
4,335	4,451	32.4	5,189	6,066	6,649	98	0.9
3,640	3,738	30.7	4,396	5,157	5,650	93	1.7
2,927	3,001	29.0	3,509	4,094	4,474	80	2.9
2,960	3,026	23.5	3,489	4,019	4,365	87	2.9
2,916	2,984	22.0	3,460	4,004	4,360	81	2.8
3,006	3,069	27.1	3,571	4,137	4,510	83	3.0
2,932	3,027	23.8	3,530	4,164	4,600	80	2.5
2,704	2,775	21.6	3,236	4,164	4,134	72	2.2
2,347	2,398	21.7	2,769	3,197	3,478	53	2.5
3,398	3,466	33.5	4,028	4,650	5,039	92	2.5
3,457	3,540	38.0	4,134	4,806	5,230	92	2.6
3,231	3,230	65.9	3,674	4,072	4,309	92	8.4

NOTES: AI = Adequate Intake; d = day; mg = milligram; n = unweighted sample size; food sources include salt added in cooking and food preparation; SE = standard error; UL = Tolerable Upper Intake Level.

[a] Excludes pregnant and lactating females (shown separately).

[b] Includes 11 females who were pregnant and lactating.

SOURCE: NHANES 2003–2006.

TABLE F-4 Mean Sodium Intake, Mean Energy Intake, and Mean Sodium Density Values for Persons 2 or More Years of Age

	Mean Intake (mg/d)		
	n	Sodium (mg)	SE
All Ages 2+ Yrs	16,822	3,407	13.8
Children			
2–3 yrs	921	2,201	31.4
4–8 yrs	1,680	2,795	29.6
Males			
9–13 yrs	1,009	3,513	48.9
14–18 yrs	1,351	4,339	65.6
19–30 yrs	1,097	4,490	64.2
31–50 yrs	1,439	4,448	55.4
51–70 yrs	1,215	3,738	50.4
> 70 yrs	808	3,000	47.0
Females [b]			
9–13 yrs	1,039	3,019	43.9
14–18 yrs	1,250	2,980	42.0
19–30 yrs	914	3,062	46.6
31–50 yrs	1,350	3,021	40.4
51–70 yrs	1,251	2,773	35.8
> 70 yrs	787	2,397	38.3
Pregnant and lactating females [b]	711	3,465	55.2
Pregnant females	623	3,541	62.2
Lactating females	99	3,236	121.8

Energy (kcal)	SE	Sodium[a] Density (mg/1,000 kcal)
2,176	7.8	1,566
1,525	17.9	1,443
1,879	15.5	1,488
2,267	26.7	1,550
2,812	36.5	1,543
2,907	36.8	1,545
2,860	29.9	1,555
2,321	25.3	1,610
1,909	24.0	1,571
1,943	23.5	1,553
1,970	23.1	1,513
1,964	28.3	1,559
1,898	21.5	1,592
1,681	18.0	1,649
1,506	20.1	1,591
2,256	30.5	1,536
2,321	34.1	1,526
2,078	67.8	1,557

NOTES: d = day; mg = milligram; kcal = calorie; n = unweighted sample size; SE = standard error.

[a] Includes salt added in food preparation and cooking.

[b] Excludes pregnant and lactating females (shown separately).

[c] Includes 11 females who were pregnant and lactating.

SOURCE: NHANES 2003–2006.

TABLE F-5 Usual Mean Sodium Intake Distributions from Foods by Age and Race or Ethnicity for Persons 2 or More Years of Age

	Usual Intake Percentiles (mg/d)					
	n	AI	UL	5th	10th	25th
All						
2–3 yrs	921	1,000	1,500	1,344	1,498	1,783
4–8 yrs	1,680	1,200	1,900	1,830	2,004	2,327
9–13 yrs	2,048	1,500	2,200	2,151	2,364	2,745
14–18 yrs	2,683	1,500	2,300	2,006	2,294	2,832
19–30 yrs	2,466	1,500	2,300	2,109	2,416	2,984
31–50 yrs	2,963	1,500	2,300	1,991	2,291	2,852
51–70 yrs	2,466	1,300	2,300	1,790	2,045	2,518
> 70 yrs	1,595	1,200	2,300	1,550	1,751	2,116
19+yrs (all adults)	9,490		2,300	1,851	2,132	2,659
All ages 2+ yrs	16,822			1,846	2,114	2,615
Non-Hispanic White						
2–3 yrs	263	1,000	1,500	1,325	1,479	1,766
4–8 yrs	478	1,200	1,900	1,832	2,007	2,331
9–13 yrs	520	1,500	2,200	2,162	2,378	2,762
14–18 yrs	737	1,500	2,300	1,997	2,298	2,862
19–30 yrs	997	1,500	2,300	2,300	2,598	3,140
31–50 yrs	1,398	1,500	2,300	2,042	2,354	2,931
51–70 yrs	1,265	1,300	2,300	1,886	2,137	2,608
> 70 yrs	1,151	1,200	2,300	1,599	1,796	2,156
19+yrs (all adults)	4,811		2,300	1,911	2,189	2,714
All ages 2+ yrs	6,809			1,879	2,148	2,655
Non-Hispanic African American						
2–3 yrs	243	1,000	1,500	1,492	1,661	1,971
4–8 yrs	513	1,200	1,900	1,959	2,138	2,454
9–13 yrs	690	1,500	2,200	2,119	2,344	2,745
14–18 yrs	944	1,500	2,300	1,869	2,140	2,658
19–30 yrs	609	1,500	2,300	1,960	2,241	2,759
31–50 yrs	692	1,500	2,300	1,841	2,137	2,679
51–70 yrs	555	1,300	2,300	1,542	1,774	2,205
> 70 yrs	206	1,200	2,300	1,459	1,625	1,929
19+yrs (all adults)	2,062		2,300	1,692	1,964	2,472
All ages 2+ yrs	4,452			1,765	2,021	2,496
Mexican American						
2–3 yrs	303	1,000	1,500	1,202	1,350	1,624
4–8 yrs	524	1,200	1,900	1,725	1,892	2,203
9–13 yrs	670	1,500	2,200	2,052	2,276	2,684
14–18 yrs	819	1,500	2,300	2,021	2,284	2,766
19–30 yrs	664	1,500	2,300	1,769	2,098	2,709
31–50 yrs	612	1,500	2,300	2,074	2,350	2,857
51–70 yrs	489	1,300	2,300	1,341	1,586	2,049
> 70 yrs	185	1,200	2,300	1,155	1,336	1,690
19+yrs	1,950		2,300	1,704	1,999	2,555
All ages 2+ yrs	4,266			1,716	1,981	2,482

Median	Mean	SE	75th	90th	95th	Excessive Usual Intake (mg/d) % > UL	SE
2,144	2,201	19.3	2,557	2,977	3,251	90	2.2
2,736	2,796	16.0	3,199	3,664	3,966	93	1.8
3,212	3,280	16.9	3,739	4,282	4,644	94	1.7
3,531	3,693	23.6	4,371	5,288	5,929	90	1.4
3,699	3,816	23.7	4,514	5,360	5,931	92	1.3
3,582	3,734	22.9	4,446	5,366	5,995	90	1.2
3,122	3,234	20.4	3,825	4,563	5,062	83	1.5
2,574	2,651	19.0	3,100	3,648	4,016	65	1.8
3,346	3,493	12.1	4,163	5,037	5,635	86	0.7
3,268	3,409	8.7	4,044	4,879	5,454	88	0.6
2,132	2,193	36.9	2,554	2,987	3,271	89	3.8
2,743	2,811	30.8	3,217	3,702	4,021	93	3.0
3,234	3,307	34.3	3,770	4,326	4,702	94	2.8
3,605	3,806	49.8	4,522	5,557	6,301	90	2.4
3,822	3,943	36.2	4,610	5,438	6,000	95	1.7
3,675	3,830	34.0	4,559	5,504	6,148	91	1.7
3,213	3,316	27.8	3,912	4,627	5,096	86	2.1
2,612	2,692	22.4	3,138	3,688	4,058	67	2.2
3,401	3,549	16.9	4,221	5,097	5,694	87	1.0
3,324	3,478	14.1	4,130	5,002	5,603	88	0.8
2,355	2,404	39.1	2,784	3,209	3,482	95	3.9
2,834	2,874	26.6	3,250	3,661	3,926	96	3.1
3,228	3,282	29.2	3,759	4,287	4,628	93	3.7
3,341	3,479	37.2	4,149	4,996	5,562	86	2.8
3,423	3,550	45.1	4,204	5,023	5,570	89	3.7
3,365	3,499	44.4	4,168	5,024	5,612	86	3.0
2,757	2,862	39.4	3,402	4,082	4,542	71	3.3
2,310	2,362	42.4	2,738	3,166	3,443	51	5.1
3,131	3,271	24.9	3,915	4,756	5,331	81	1.8
3,107	3,231	15.6	3,829	4,595	5,116	85	1.3
1,969	2,018	31.7	2,359	2,749	3,003	83	4.4
2,607	2,672	28.5	3,073	3,542	3,844	90	3.3
3,175	3,230	30.2	3,708	4,248	4,608	92	3.2
3,377	3,486	35.6	4,084	4,823	5,320	90	3.0
3,478	3,581	47.4	4,338	5,191	5,744	86	2.6
3,503	3,620	43.5	4,256	5,040	5,564	91	2.8
2,662	2,831	50.6	3,420	4,280	4,899	65	3.0
2,152	2,236	55.9	2,683	3,234	3,607	42	4.4
3,291	3,425	27.4	4,149	5,018	5,597	83	1.6
3,135	3,264	16.8	3,903	4,708	5,249	86	1.2

continued

TABLE F-5 Continued

	Usual Intake Percentiles (mg/d)					
	n	AI	UL	5th	10th	25th
Other Race or Ethnicity						
2–3 yrs	63	1,000	1,500	1,550	1,676	1,903
4–8 yrs	106	1,200	1,900	1,745	1,914	2,229
9–13 yrs	109	1,500	2,200	2,073	2,262	2,610
14–18 yrs	105	1,500	2,300	1,381	1,735	2,429
19–30 yrs	106	1,500	2,300	2,598	2,853	3,316
31–50 yrs	143	1,500	2,300	1,710	2,000	2,562
51–70 yrs	94	1,300	2,300	2,108	2,331	2,744
> 70 yrs	33	1,200	2,300	—	—	—
≥19 yrs	376		2,300	1,941	2,212	2,717
All ages 2+ yrs	759			1,782	2,044	2,535

Median	Mean	SE	75th	90th	95th	Excessive Usual Intake (mg/d) % > UL	SE
2,189	2,260	65.7	2,535	2,927	3,211	96	9.8
2,624	2,670	59.5	3,062	3,486	3,750	91	8.1
3,057	3,158	75.2	3,591	4,177	4,589	92	9.2
3,309	3,462	143.3	4,286	5,329	6,084	78	6.7
3,887	3,974	90.3	4,543	5,215	5,650	98	3.9
3,344	3,580	118.7	4,350	5,477	6,252	83	6.0
3,269	3,353	88.1	3,871	4,485	4,888	91	8.8
2,366	2,419	130.3	—	—	—	54	11.0
3,382	3,542	60.0	4,197	5,084	5,690	88	3.9
3,190	3,371	43.2	4,009	4,928	5,576	87	2.8

NOTE: AI = Adequate Intake; d = day; mg = milligram; n = unweighted sample size; SE = standard error; UL = Tolerable Upper Intake Level.
SOURCE: NHANES 2003–2006.

TABLE F-6 Usual Sodium (mg/d) Intake Distributions from Foods by Income Level for Persons 2 or More Years of Age

	Usual Intake Percentiles					
	n	AI	UL	5th	10th	25th
Poverty: ≤ 130%						
2–3 yrs	457	1,000	1,500	1,363	1,534	1,841
4–8 yrs	737	1,200	1,900	1,854	2,027	2,349
9–13 yrs	775	1,500	2,200	1,924	2,165	2,600
14–18 yrs	1,025	1,500	2,300	1,984	2,261	2,776
19–30 yrs	903	1,500	2,300	2,008	2,324	2,908
31–50 yrs	719	1,500	2,300	1,667	1,949	2,485
51–70 yrs	544	1,300	2,300	1,467	1,711	2,168
> 70 yrs	441	1,200	2,300	1,412	1,602	1,951
All ages 2+ yrs	5,601			1,677	1,938	2,430
Poverty: 131%–185%						
2–3 yrs	108	1,000	1,500	1,402	1,555	1,834
4–8 yrs	217	1,200	1,900	1,797	1,963	2,280
9–13 yrs	278	1,500	2,200	2,192	2,400	2,778
14–18 yrs	313	1,500	2,300	1,901	2,185	2,736
19–30 yrs	324	1,500	2,300	2,010	2,277	2,770
31–50 yrs	325	1,500	2,300	1,763	2,085	2,686
51–70 yrs	247	1,300	2,300	1,811	2,062	2,513
> 70 yrs	277	1,200	2,300	1,558	1,726	2,042
All ages 2+ yrs	2,089			1,769	2,019	2,487
Poverty: >185%						
2–3 yrs	313	1,000	1,500	1,311	1,450	1,711
4–8 yrs	663	1,200	1,900	1,829	2,004	2,326
9–13 yrs	920	1,500	2,200	2,291	2,485	2,832
14–18 yrs	1,212	1,500	2,300	2,025	2,318	2,869
19–30 yrs	1,106	1,500	2,300	2,197	2,514	3,082
31–50 yrs	1,822	1,500	2,300	2,157	2,447	2,989
51–70 yrs	1,545	1,300	2,300	1,858	2,112	2,585
> 70 yrs	771	1,200	2,300	1,650	1,855	2,224
All ages 2+ yrs	8,352			1,933	2,202	2,707

						Excessive Usual Intake (mg/d)	
Median	Mean	SE	75th	90th	95th	% > UL	SE
2,219	2,285	29.8	2,655	3,114	3,428	91	3.0
2,756	2,807	23.5	3,211	3,655	3,934	94	2.7
3,143	3,239	32.7	3,772	4,433	4,880	89	2.9
3,450	3,610	36.9	4,271	5,164	5,779	89	2.4
3,657	3,814	42.7	4,547	5,509	6,168	90	2.4
3,201	3,393	48.1	4,083	5,072	5,776	81	2.9
2,764	2,896	44.1	3,476	4,245	4,776	70	3.1
2,397	2,474	35.3	2,908	3,434	3,793	56	3.0
3,079	3,244	15.5	3,873	4,755	5,376	84	1.1
2,181	2,225	53.0	2,568	2,953	3,200	92	6.4
2,689	2,733	42.3	3,136	3,555	3,820	92	6.0
3,247	3,317	46.1	3,774	4,319	4,687	95	4.8
3,477	3,651	72.0	4,376	5,341	5,997	87	5.7
3,387	3,469	54.4	4,078	4,767	5,209	89	4.9
3,476	3,649	74.6	4,434	5,450	6,124	85	4.0
3,074	3,186	61.8	3,731	4,444	4,943	83	5.3
2,453	2,532	41.1	2,935	3,438	3,775	59	4.7
3,098	3,231	22.9	3,832	4,616	5,147	85	1.9
2,048	2,109	31.5	2,440	2,847	3,117	88	4.0
2,733	2,796	25.7	3,197	3,669	3,979	93	2.7
3,254	3,297	21.8	3,715	4,162	4,447	97	2.2
3,588	3,761	36.5	4,454	5,408	6,083	90	1.9
3,781	3,895	35.1	4,579	5,415	5,983	94	1.6
3,692	3,832	27.9	4,520	5,393	5,984	93	1.4
3,191	3,302	25.7	3,897	4,633	5,126	85	1.9
2,676	2,746	26.9	3,190	3,722	4,080	71	2.7
3,362	3,498	12.2	4,135	4,963	5,532	90	0.7

NOTES: AI = Adequate Intake; d = day; mg = milligram; n = unweighted sample size; income level is defined as a percentage of the poverty line based on annual household income and household size; 130% is the income eligibility cutoff for the Supplemental Nutrition Assistance Program and 185% is the income eligibility cutoff for free- and reduced-price school meals and WIC; SE = standard error; UL = Tolerable Upper Intake Level; WIC = Special Supplemental Nutrition Program for Women, Infants, and Children.
SOURCE: NHANES 2003–2006.

TABLE F-7 Usual Sodium Intake Distributions from Foods Among Adults with Hypertension

	Usual Intake Percentiles (mg/d)					
	n	AI	UL	5th	10th	25th
All adults[a]						
19–30 yrs	78	1,500	2,300	3,641	3,869	4,272
31–50 yrs	569	1,500	2,300	2,015	2,303	2,849
51–70 yrs	1,386	1,300	2,300	1,790	2,034	2,486
> 70 yrs	1,127	1,200	2,300	1,479	1,679	2,049
All adults 19+ yrs	3,160		2,300	1,711	1,963	2,437
Males						
19–30 yrs	66	1,500	2,300	4,801	4,833	4,886
31–50 yrs	314	1,500	2,300	2,472	2,800	3,420
51–70 yrs	661	1,300	2,300	2,112	2,375	2,858
> 70 yrs	520	1,200	2,300	1,711	1,935	2,345
All males 19+ yrs	1,561		2,300	2,057	2,347	2,890
Females[a]						
19–30 yrs	11	1,500	2,300	3,059~	3,222~	3,498~
31–50 yrs	254	1,500	2,300	1,909	2,099	2,439
51–70 yrs	725	1,300	2,300	1,662	1,870	2,248
> 70 yrs	607	1,200	2,300	1,424	1,602	1,930
All females 19+ yrs	1,597		2,300	1,587	1,791	2,165

						Excessive Usual Intake (mg/d)	
Median	Mean	SE	75th	90th	95th	% > UL	SE
4,757	4,808	86.8	5,289	5,812	6,148	100	
3,581	3,734	51.4	4,459	5,375	5,980	90	3.0
3,064	3,179	26.4	3,746	4,469	4,961	82	2.1
2,519	2,589	22.5	3,053	3,591	3,941	62	2.0
3,064	3,215	19.5	3,827	4,661	5,237	80	1.3
4,947	4,947	11.1	5,007	5,063	5,096	100	
4,225	4,373	75.0	5,165	6,137	6,781	97	2.1
3,465	3,566	39.0	4,163	4,886	5,368	92	2.7
2,853	2,915	35.1	3,418	3,975	4,331	77	3.5
3,593	3,739	30.3	4,425	5,313	5,922	91	1.6
3,818~	3,845~	153.3	4,162~	4,501~	4,721~	100~	
2,860	2,917	42.4	3,337	3,813	4,118	82	8.4
2,744	2,838	30.8	3,328	3,928	4,329	73	2.8
2,340	2,395	26.5	2,800	3,259	3,554	52	2.6
2,642	2,731	20.0	3,199	3,783	4,177	68	1.9

NOTES: AI = Adequate Intake; d = day; mg = milligram; n = unweighted sample size; hypertension is defined as a measurement of systolic blood pressure ≥ 140 mm Hg or diastolic blood pressure ≥ 90 mm Hg or current treatment with a prescription medication; SE = standard error; UL = Tolerable Upper Intake Level.

[a] Excludes pregnant and lactating females.

~ Unreliable due to small sample size.

SOURCE: NHANES 2003–2006.

TABLE F-8 Top 20 Sources of Sodium Intake Within Food Categories for Persons 2 or More Years of Age

Food Category	Food Item	Percentage of Sodium Contributed Within the Food Category
Mixed dishes = 44% of total daily sodium	Sandwiches (excl. burgers)	35.3
	Pizza with meat	12.2
	Hamburgers, cheeseburgers	8.5
	Mexican entrées	6.9
	Pasta dishes, Italian style	6.5
	Meat mixtures with red meat	3.7
	Rice dishes	3.4
	Macaroni and cheese	3.2
	Pizza (no meat)	3.1
	Meat mixtures with chicken or turkey	3.0
	Grain soups	3.0
	Vegetable mixtures (incl. soup)	2.9
	Other grain mixtures	2.8
	Meat soup	2.2
	Chili con carne	1.7
	Bean soup	0.8
	Meat mixtures with fish	0.7
	Tomato sauce and meat (no pasta)	0.2
Meat and meat alternates = 15.5% of total daily sodium	Chicken	25.0
	Cheese	15.3
	Eggs	12.1
	Bacon or sausage	10.6
	Beef	7.7
	Fish	6.4
	Cold cuts	5.0
	Pork	4.4
	Hot dogs	3.3
	Ham	3.3
	Shellfish	3.2
	Ground beef	2.2
	Turkey	0.8
	Lamb and misc. meats	0.8
	Organ meats	0.2

TABLE F-8 Countinued

Food Category	Food Item	Percentage of Sodium Contributed Within the Food Category
Grains = 11.4% of total daily sodium	Bread	21.5
	Cold cereal	18.5
	Rice	10.9
	Pancakes, waffles, French toast	9.6
	Crackers	9.0
	Flour tortillas	6.3
	Biscuits, scones, croissants	5.8
	Hot cereal	4.2
	Bagels	4.2
	Cornbread	3.2
	Rolls	3.1
	Pasta	1.4
	Breakfast or granola bar	0.9
	English muffin	0.6
	Taco shells	0.5
	Corn tortillas	0.4
Vegetables = 9.3% of total daily sodium	Salad (greens)	30.0
	Cooked potatoes—not fried	16.7
	Cooked potatoes—fried	15.2
	Cooked tomatoes	9.2
	Cooked green beans	4.3
	Other cooked (low nutrients)	4.1
	Cooked corn	3.5
	Cooked mixed	2.8
	Vegetable juice	2.5
	Cooked broccoli	2.1
	Raw cabbage or coleslaw	2.1
	Other cooked (high nutrients)	1.5
	Other cooked dark green	1.4
	Other cooked deep yellow	1.0
	Cooked carrots	1.0
	Other fried	0.9
	Cooked peas	0.9
	Raw carrots	0.4
	Other raw (low nutrients)	0.3
	Other raw (high nutrients)	0.1

continued

TABLE F-8 Top 20 Sources of Sodium Intake Within Food Categories for Persons 2 or More Years of Age

Food Category	Food Item	Percentage of Sodium Contributed Within the Food Category
Sweets = 5.0% of total of total daily sodium	Cookies	22.0
	Cake or cupcakes	21.6
	Ice cream	10.5
	Pies or cobblers	9.3
	Doughnuts	7.8
	Candy	7.3
	Pastries	7.0
	Muffins	6.6
	Sweet rolls	3.8
	Pudding	3.3
	Jello	0.6
	Ices or popsicles	0.3
Condiments, oils, fats = 4.3% of total daily sodium	Catsup, mustard, relish, soy sauce	39.9
	Gravy	12.3
	Salad dressing	11.7
	Garnishes such as pickles or olives	10.6
	Margarine	7.4
	Butter	5.6
	Cream or sour cream	5.2
	Syrups or sweet toppings	2.7
	Cream cheese	2.0
	Other added fats or oil	1.3
	Mayonnaise	0.8
	Jelly	0.3
	Sugar	0.3
	Seasonings	0.1
	Other added oils	0.0
Salty snacks = 3.4% of total daily sodium	Corn-based salty snacks	32.1
	Popcorn	25.9
	Potato chips	23.0
	Pretzels or party mix	19.1
Milk = 2.9% of total daily sodium	Unflavored 2% milk	28.8
	Unflavored whole milk	19.2
	Unflavored skim milk	12.9
	Unflavored 1% milk	9.9
	Yogurt	5.8
	Flavored whole milk	5.4
	Flavored 2% milk	4.5
	Dry or evaporated milk	4.4
	Flavored milk− % not further specified	2.8
	Soymilk	2.1

TABLE F-8 Countinued

Food Category	Food Item	Percentage of Sodium Contributed Within the Food Category
	Flavored 1% milk	1.5
	Flavored skim milk	1.4
	Unflavored milk– % not further specified	1.3
Beverages = 2.2% of total daily sodium	Non-carbonated sweetened drink	28.0
	Regular soda	25.2
	Sugar-free soda	12.8
	Coffee	11.7
	Beer	7.3
	Tea	6.7
	Liquor	6.6
	Wine	1.0
	Low-calorie or sugar-free drink	0.8
Beans, nuts, and seeds = 2.1% of total daily sodium	Baked or refried beans	37.6
	Nuts	18.7
	Beans	16.8
	Protein or meal enhancement	12.4
	Peanut or almond butter	6.9
	Soy products	5.9
	Seeds	1.8
Fruit = 0.1% of total daily sodium	Citrus juice	25.8
	Non-citrus juice	24.5
	Avocado or guacamole	13.8
	Fresh melon	12.4
	Other fresh fruit	4.5
	Other canned or frozen	3.2
	Fresh banana	3.0
	Fresh apple	2.6
	Fresh grapes	2.2
	Canned or frozen peaches	1.9
	Dried fruit	1.5
	Applesauce, canned or frozen apples	1.3
	Fresh watermelon	1.2
	Fresh berries	0.9
	Fresh pear	0.6
	Fresh other citrus	0.3
	Canned or frozen pineapple	0.2
	Lemon or lime—any form	0.0

SOURCE: NHANES 2003–2006.

TABLE F-9 Top 10 Food Sources of Sodium Intake by Age or Gender for Persons 2 or More Years of Age

Age or Gender Group	Food Source	Percentage of Sodium Contributed
Ages 2–3 yrs (males and females)	Sandwiches (excl. burgers)	11.6
	Pasta dishes, Italian style	5.9
	Cheese	4.3
	Cold cereal	4.2
	Chicken	4.0
	Hot dogs	3.6
	Macaroni and cheese	3.2
	Pizza with meat	3.0
	Unflavored whole milk	2.9
	Unflavored 2% milk	2.5
	Sum	45.1
Ages 4–8 yrs (males and females)	Sandwiches (excl. burgers)	11.7
	Chicken	5.9
	Pizza with meat	5.7
	Cold cereal	4.7
	Pasta dishes, Italian style	3.9
	Macaroni and cheese	3.5
	Hamburgers, cheeseburgers	3.2
	Cheese	3.1
	Pizza (no meat)	2.5
	Pancakes, waffles, French toast	2.2
	Sum	46.3
Males 9–13 yrs	Sandwiches (excl. burgers)	16.3
	Pizza with meat	7.3
	Hamburgers/cheeseburgers	4.8
	Mexican entrées	4.5
	Chicken	4.1
	Pasta dishes, Italian style	3.9
	Cold cereal	3.2
	Cheese	2.5
	Pizza (no meat)	2.3
	Grain soups	2.1
	Sum	51.1
Females 9–13 yrs	Sandwiches (excl. burgers)	15.2
	Pizza with meat	5.9
	Chicken	4.7
	Pasta dishes, Italian style	4.5
	Hamburgers, cheeseburgers	3.2
	Mexican entrées	3.1
	Cold cereal	2.7
	Cheese	2.5
	Macaroni and cheese	2.3
	Grain soups	2.2
	Sum	46.3

TABLE F-9 Countinued

Age or Gender Group	Food Source	Percentage of Sodium Contributed
Males 14–18 yrs	Sandwiches (excl. burgers)	18.0
	Pizza with meat	10.9
	Hamburgers, cheeseburgers	7.0
	Chicken	4.9
	Mexican entrées	2.9
	Cold cereal	2.7
	Pizza (no meat)	2.5
	Pasta dishes, Italian style	2.5
	Catsup, mustard, relish, etc.	2.4
	Cooked potatoes– fried	1.9
	Sum	55.7
Females 14–18 yrs	Sandwiches (excl. burgers)	17.7
	Pizza with meat	8.0
	Chicken	4.5
	Hamburgers, cheeseburgers	4.4
	Mexican entrées	4.0
	Salad (greens)	3.4
	Cold cereal	2.7
	Pasta dishes, Italian style	2.6
	Cheese	2.5
	Macaroni and cheese	2.3
	Sum	52.2
Males 19–30 yrs	Sandwiches (excl. burgers)	17.3
	Pizza with meat	8.7
	Mexican entrées	5.7
	Hamburgers, cheeseburgers	4.9
	Chicken	3.7
	Pasta dishes, Italian style	2.9
	Catsup, mustard, relish, etc.	2.3
	Salad (greens)	2.1
	Cheese	2.0
	Rice dishes	1.9
	Sum	51.6
Females 19–30 yrs	Sandwiches (excl. burgers)	14.6
	Pizza with meat	4.7
	Mexican entrées	4.6
	Chicken	4.5
	Salad (greens)	3.9
	Hamburgers, cheeseburgers	3.8
	Pasta dishes, Italian style	3.1
	Cheese	2.9
	Bread	2.5
	Rice dishes	2.2
	Sum	46.6

continued

TABLE F-9 Top 10 Food Sources of Sodium Intake by Age or Gender for Persons 2 or More Years of Age

Age or Gender Group	Food Source	Percentage of Sodium Contributed
Males 31–50 yrs	Sandwiches (excl. burgers)	16.1
	Pizza with meat	6.1
	Hamburgers, cheeseburgers	4.2
	Chicken	3.7
	Mexican entrées	3.5
	Salad (greens)	2.7
	Pasta dishes, Italian style	2.7
	Bread	2.3
	Eggs	2.1
	Bacon or sausage	2.0
	Sum	45.3
Females 31–50 yrs	Sandwiches (excl. burgers)	14.7
	Salad (greens)	4.3
	Chicken	4.2
	Pizza with meat	4.0
	Hamburgers, cheeseburgers	3.2
	Mexican entrées	3.2
	Pasta dishes, Italian style	2.3
	Cheese	2.1
	Bread	2.0
	Vegetable mixtures (incl. soup)	2.0
	Sum	41.9
Males 51–70 yrs	Sandwiches (excl. burgers)	17.8
	Pizza with meat	3.6
	Hamburgers, cheeseburgers	3.2
	Bread	3.0
	Chicken	3.0
	Salad (greens)	2.9
	Bacon/sausage	2.5
	Eggs	2.4
	Pasta dishes, Italian style	2.4
	Cooked potatoes—not fried	2.3
	Sum	43.0
Females 51–70 yrs	Sandwiches (excl. burgers)	11.9
	Salad (greens)	4.5
	Bread	3.6
	Pasta dishes, Italian style	3.4
	Cheese	3.3
	Chicken	3.1
	Eggs	2.6
	Pizza with meat	2.5
	Vegetable mixtures (incl. soup)	2.4
	Hamburgers, cheeseburgers	2.4
	Sum	39.7

TABLE F-9 Countinued

Age or Gender Group	Food Source	Percentage of Sodium Contributed
Males > 70 yrs	Sandwiches (excl. burgers)	17.5
	Bread	4.2
	Vegetable mixtures (incl. soup)	3.3
	Cold cereal	3.2
	Cooked potatoes—not fried	2.9
	Eggs	2.8
	Chicken	2.6
	Pasta dishes, Italian style	2.4
	Bacon or sausage	2.3
	Salad (greens)	2.3
	Sum	43.7
Females > 70 yrs	Sandwiches (excl. burgers)	15.4
	Bread	4.3
	Salad (greens)	3.5
	Cooked potatoes—not fried	3.3
	Vegetable mixtures (incl. soup)	3.1
	Cold cereal	2.9
	Meat mixtures with red meat	2.7
	Meat soup	2.4
	Chicken	2.3
	Cheese	2.1
	Sum	41.8
Pregnant and lactating females	Sandwiches (excl. burgers)	12.6
	Pizza with meat	5.1
	Salad (greens)	3.7
	Cheese	3.7
	Hamburgers, cheeseburgers	3.6
	Chicken	3.6
	Mexican entrées	3.2
	Macaroni and cheese	2.9
	Cold cereal	2.8
	Eggs	2.6
	Sum	43.6

SOURCE: NHANES 2003–2006.

TABLE F-10 Sources of Sodium Intake by Home Versus Away for Persons 2 or More Years of Age

Location	Food Item	Percentage of Sodium Contributed
Store (home)	Sandwiches (excl. burgers)	16.0
	Pasta dishes, Italian style	3.8
	Cold cereal	3.3
	Bread	3.0
	Cheese	3.0
	Chicken	2.4
	Pizza with meat	2.3
	Salad (greens)	2.3
	Bacon or sausage	2.1
	Eggs	2.0
	Sum	40.2
Restaurant, cafeteria, dining facility	Sandwiches (excl. burgers)	15.3
	Pizza with meat	12.0
	Hamburgers, cheeseburgers	8.7
	Chicken	6.9
	Mexican entrées	6.7
	Salad (greens)	3.9
	Cooked potatoes—fried	3.2
	Pizza (no meat)	3.1
	Catsup, mustard, relish, etc.	2.9
	Rice dishes	2.3
	Sum	65.0
Other	Sandwiches (excl. burgers)	12.4
	Cake or cupcakes	4.3
	Chicken	2.8
	Fish	2.7
	Cooked potatoes—not fried	2.7
	Hamburgers/cheeseburgers	2.7
	Pasta dishes, Italian style	2.7
	Mexican entrées	2.6
	Other grain mixtures	2.5
	Cheese	2.5
	Sum	37.8

SOURCE: NHANES 2003–2006.

부록 G

뉴욕시 보건국이 조정한 "전국 소금 섭취 감소 정책"

2008년 미국 각 시정부, 주정부의 보건국과 공중보건 조직의 전국 협회는 식품의 나트륨 함량을 자발적으로 감소시키는 체제를 도입하기 위해 식품 산업 지도자와 모임을 가짐으로써 나트륨 섭취 감소라는 필요성에 대응하였다. 미국의학협회 American Medical Association, AMA 와 미국심장협회 American Heart Association, AHA, 미국공중보건협회 American Public Health Association, APHA 를 비롯한 전국적인 보건 조직 45개와 미국의 시정부와 주정부가 함께 구성한 "전국소금섭취감소정책 National Salt Reduction Initiative, NSRI "은 포장식품과 레스토랑 식품의 나트륨 함량을 점차적으로, 달성 가능하고, 실질적이며, 측정 가능한 방법으로 줄이려고 시도하였다. 전국소금섭취감소정책 NSRI 의 목표는 국민의 나트륨 섭취를 5년에 걸쳐 20% 줄이는 것이었다. 그러려면 포장식품이나 레스토랑 식품에서 나트륨 함량을 대략 25% 줄여야 한다. 뉴욕시 보건국은 이 활동을 시작하는 데 주도적으로 역할을 하여 전국소금섭취감소정책 NSRI 을 만들었다(부록 G는 미국 뉴욕시 보건정신위생국에서 투고하였음).

영국의 "소금줄이기캠페인 Salt Reduction Campaign " 모델(online: http://www.food.gov.uk/healthiereating/salt/)을 바탕으로 전국소금섭취감소정책에서는 각각의 식품 분야에 목표치를 정하였다. 이 프로그램에서 정한 목표는 자발적이고, 실질적이며, 달성 가능하고, 점진적이고, 측정 가능하게 목표를 정하였다. 주요 식품제조업자와 레스토랑 체인과 회의를 갖고 식품 분야 별로 제시한 목표치를 논의하고 진행 상황을 모니터링하기 위한 전략적 계획을 논의하며 진행 상황 평가를 논의하는 것이 이 계획의 기본 골격이다. 2009년 내내, 식품 분야별 회의 food category meetings 를 열어 목표치를 논의하고 식품제조업계의 의견을 들었다. 이러한 협의를 토대로, 목표치 제안서를 개발하고 공개하여 2010년 1월까지 최종적으로 전문가 논평을 받았다. 최종 목표치는 2010년 봄에 발표하였다.

접근방법

전국소금섭취감소정책 NSRI 은 포장식품과 레스토랑 식품에 대하여 나트륨 줄이기를 수행하고 있다. 이 두 가지 식품 군에 대한 수행 스케줄, 측정방법, 보고 방식, 모니터링 등은 거의 같다. 그러나 소비하는 방식과 자료 출처 부분이 다르기 때문에 식품 분야 분류와 목표 설정 방법을 다르게 할 필요가 있었다. 각 경우에서 식품 분야를 정의하고 설정하는 것, 목표량을 제안하고, 업계 의견을 검토하고, 2012년 및 2014년의 목표를 발표하고, 식품의 목표치를 향한 진행상황을 평가하고, 시간 경과에 따라 사람들의 나트륨 섭취량 변화를 측정하는 단계를 다르게 하였다. 이 정책을 잘 수행하게 하기 위해 특별히 데이터베이스 두 가지를 마련하였는데 그 중 하나는 포장식품에 사용하는 것이고 다른 하나는 레스토랑 식품에 맞춘 것이었다.

포장 식품

포장식품 데이터베이스

전국소금섭취감소정책을 시작할 때, 포장식품 판매와 통일 상품 코드 Universal Product Code, UPC 의 영양 정보를 연결시키는 포괄적 데이터베이스는 국가적으로 없었다. 이 연결 데이터베이스를 구축하기 위해 뉴욕시 보건국 NYC Health

Department 은 주요 미국 소매업자로부터 포장식품 매출액 자료를 수집하는 시장 조사 회사인 Nielsen Company Nielsen 에서 매출액 자료를 구입하였다. 기준이 되는 기초 매출액 자료는 2008년 12월 31일까지 52주일을 시한 time period 을 정하였고 Nielsen 분야로 240개 이상의 분야 자료를 구입하였다. Nielsen 매출액과 Guiding Stars Licensing Company 영양 자료 표를 통일 상품 코드 UPC 와 합쳤다. 영양정보를 보완하고 확인하기 위해 제조업이 공개하여 이용 가능한 영양 정보를 사용하였다. 판매회사 브랜드 식품의 매출액 정보는 Nielsen에 포함되어 있어서 판매회사 상표 식품의 시장 점유율을 결정할 수 있었다. 그러나 판매회사 상표 식품의 나트륨 정보는 식품 분야 평균치와 그 범위를 비교하기 위해 따로 수집하였다. 이 데이터베이스의 한계점은 Nielsen에 자료를 제출하지 않는 판매업자나 외식업의 자료는 포함할 수 없었다는 점이다.

포장식품 분야

영국의 정책 시행 과정에서 나타난 바와 같이 식품 분야로 분류한 각각의 식품이 식품의 기능적 필요성, 식품 안전성, 그리고 나트륨 함량 감소 가능성이라는 측면에서 모두 같은지 여부를 확실히 하기 위해 충분히 검토되어야만 한다. 또 각 식품 분야는 자료를 제공하여 함량 감소를 추적하고 모니터링 하도록 허용하여야 한다.

포장식품 분야를 정하기 위해 뉴욕시 보건국은 영국 소금 줄이기 캠페인 Salt Reduction Campaign 이 만든 것을 미국식품의약품안전청 FDA 이 일상소비참고치 Reference amount customarily consumed, RACC 를 정할 때 정한 식품 분야 분류(online: http://ecfr.gpoaccess.gov/cgi/text/text-idx?c=ecfr&sid=8c5344f04a8ae103e5b0ff5a17c7fa97&rgn=div8&view=text&node=21:2.0.1.1.2.1.1.8&idno=21), 미국농무부 USDA 의 식품 분야(표 G-1) 와 처음으로 비교하였고 그 다음에 Nielsen 식품분야와 정보자원 회사(Information Resources, Inc IRI,

표 G-1. Example of Aligning a Proposed Food Category

NSRI Proposed Food Category	FDA Product Category	UK Category
Vegetables	Vegetables	Canned vegetables
11.1 Frozen vegetables	All other vegetables with sauce: fresh, canned, or frozen	No corresponding UK category
11.2 Canned vegetables	All other vegetables without sauce: fresh, canned, or frozen (vacuum packed or canned in liquid)	24.1 Canned vegetables
11.3 Canned whole tomatoes	All other vegetables without sauce: fresh, canned, or frozen (vacuum packed or canned in liquid)	24.1 Canned vegetables
11.4 Diced, crushed, and stewed tomatoes	All other vegetables without sauce: fresh, canned, or frozen (vacuum packed or canned in liquid)	24.1 Canned vegetables
11.5 Vegetable Juice	Vegetable juice	No corresponding UK category

또 다른 시장 조사 회사)가 정한 식품 분야를 검토하였다.

전국소금섭취감소정책의 포장식품 데이터베이스 Packaged Food Database 는 각 식품 분야에서 나트륨 함량이 극단적으로 크거나 작은 식품을 확인하기 위해 사용하였다. 이러한 값을 보인 식품이 분류한 식품 분야에 맞는지 평가하였다. 처음에는 식품 분야를 모두 46종으로 하는 것을 제안하였다. 그 다음 이에 대한 업계 의견을 전화회의, 서면 의견요청, 식품 분야 회의 food category meetings 로 대인 의견 청취, 업계가 원하면 원격 화상회의 등으로 의견을 모았다. 업계 의견을 토대로, 식품 분야를 삭제하거나 추가하고 특정 식품의 분야 간 이동 등 변화가 있었다. 식품 분야에 대하여 결론에 가까워지면서 일부 제한된 범위 안에서 변화가 앞으로도 있겠지만 최근의 식품 분야 수는 60개 이상이다.

포장식품 목표치

식품 분야 별로 제안하는 목표치는 처음 전국소금섭취감소정책의 포장식품 데이터베이스를 분석하여 개발하였다. 업계 의견을 받고 이에 대응하여 식품의 나트륨 분석, 설정 목표치, 모니터링할 때에 사용할 단위는 "식품 100 g

당 측정되는 나트륨 mg"을 사용하기로 하였다. 이 계측치는 "1회 제공량 당 나트륨 mg"이라는 단위보다 더 합리적이라고 하였는데 그 이유는 미국식품의약품안전청이나 미국농무부 USDA 의 규정에서도 1회 제공량은 일정하지 않고 다양하다고 하였기 때문이다. 이로써 제품 간의 정확한 비교가 가능하게 되었다. 각 식품 분야별로 평가하기 위해서 또 매출액이 제품마다 다른 점을 고려하면서(전체 인구의 섭취량 기여하는 양이 다름) 목표치를 설정하기 위해서 매출액 가중 평균치 the sales-weighted mean 를 계산하였다. 매출액 가중 평균치는 평균치를 계산하기 전에 상대적 매출액으로 가중치를 곱하여 계산하였다. 매출액 가중 평균치는 각 식품 분야의 매출액 상위 80%의 제품의 영양 정보를 기초로 계산하였다.

나트륨 함량의 범위와 분포와 식품제조회사별 매출액 가중 평균치를 포함하는 요약 통계는 식품 분야별로 계산하였다(그림 G-1과 G-2). 이런 통계를 통하여 100 g당 나트륨이 매우 적거나 매우 많은 제품을 식품 분야별로 확인

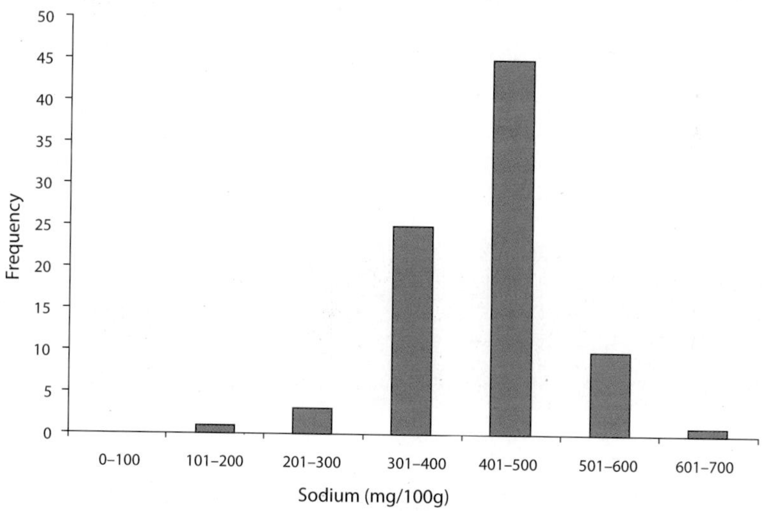

그림 G-1. 예: 한 식품 분야에서의 나트륨 분포와 제안 목표치(나트륨 mg/100 g).

주: 이 매출 정보에는 Nielsen에 자료를 제출하지 않은 판매업자 자료와 외식업체의 자료는 제외하였다. 판매회사 상표 상품의 영양 정보는 포함시키지 않았다. 이 자료는 미국 상위 업계 제품에 기초하여 작성하였음.
g=gram; mg=milligram.

할 수 있었다. 이들 제품은 각 식품 분야의 소금 함량 감소가 가능한지를 여부와 개개의 제조업회사가 만드는 제품의 특성을 신중히 관찰하는 대상이 되도록 고려하도록 하였다.

출발점에서는 나트륨의 매출액 가중 평균치(mg/100 g)를 사용하여 2014년 목표치는 이 평균치의 25% 감소로 목표치를 정하는데 계산하였다. 영국의 목표와 비교하여 다음 사항을 수정하였다. 영국과 미국에서 달성한 상당한 나트륨 함량 감소의 예; 표준 제품 범위의 분석(예: 토마토 수프 100 g당 나트륨 함량의 범위, 또는 주요 제조업자가 만든 콘 플레이크 cornflakes 100 g당 나트륨 함량 범위); 식품 안전과 기술적 요구사항을 포함하는 문제점의 기록 검토 등을 검토하여 수정하였다. 5개년 계획의 2014년도 목표치 개정안을 기초로, 중간 목표치로 2012년 목표치를 제안하였다. 한 제조회사가 식품 분야 목표치에 맞추게 하기 위해, 그 식품 분야 안에 있는 회사 제품 전체의 매출액 가중 평균치를 기초로 계산하였다.

계산을 끝내고 나서, 전국소금섭취감소정책은 식품 분야별 회의를 열고 분야별 분석 결과를 공유하고, 제안한 목표치를 논의하고, 식품 분야의 기술적 문제점에 대한 의견을 수렴하였다. 초청한 회의 참가자는 식품 분야별 제조업자, 판매회사 상표 상품 제조업자, 판매업자, 동업 조합과 외식업체 등이

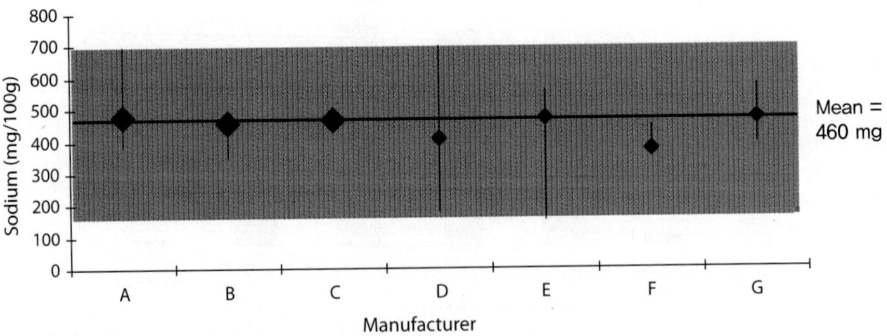

그림 G-2. 예: 제조회사별 1개 식품분야의 매출액 가중 나트륨 평균치와 범위(나트륨 mg/100 g)

주: 이 매출 정보에는 Nielsen에 자료를 제출하지 않은 판매업자 자료와 외식업체의 자료는 제외하였다. 판매회사 자사상표 상품의 영양 정보는 포함시키지 않았다. 이 자료는 미국 상위 업계 제품에 기초하여 작성하였음. 큰 다이아몬드 마크는 식품 분야에서 시장 점유율이 최소 10% 이상인 식품제조회사를 표시함. g=gram; mg=milligram.

었다. 회의에 직접 참가하기 어려운 사람의 의견을 듣기 위해서 회의는 인터넷을 기반으로 진행하였다. 식품 제조회사와 외식업체 50개 이상, 동업 조합 12개, 식품 판매업 2개가 회의에 참가하였다. 이 회의에서는 각 회사별 매출액 가중 평균치와 범위를 제시하는 자료 도표를 검토하였다(그림 G-1 및 G-2). 전체 회의 이후에도 요청을 받으면 전화, 인터넷 화상 회의, 이 메일을 통해 개별 제조회사와 논의를 계속하였다. 전체 회의에서 나온 예민한 자료에 대하여 일부 식품산업 참가자가 우려를 표명한 경우 서면으로 의견을 제출할 수 있는 기회를 주었다.

회의 이후 식품산업에서 제출한 의견과 뒷받침할 만한 자료와 함께 제출한 서면 의견서를 바탕으로 목표치를 조정하였다.

레스토랑 식품

전국소금섭취감소정책에서 레스토랑 부분은 2009년 2월 외식업체 회사, 레스토랑 체인, 동업 조합 14개의 대표가 비공식 회의를 갖은 뒤 시작하였다.

레스토랑 식품 데이터베이스

전국소금섭취감소정책NSRI의 레스토랑 식품 데이터베이스Restaurant Food Database는 기본적으로 2009년 QSR 50(2008년 매출액을 토대로 한 퀵서비스 레스토랑 순위) (online: http://www.qsrmagazine.com/reports/qsr50/2009/charts/09rank.phtml)과 2008년 NPD Crest 시장 점유율 정보에 있는 공개 영양 정보이다. QSR 50 체인점 중 47개에서는 몇 가지 영양과 1회 제공량 정보를 이용할 수 있었다. 기준이 되는 영양 자료는 2009년 초의 공개 정보를 사용하였다.

레스토랑/외식업 분야

레스토랑 분야를 정의하는 첫 번째 단계는 미국인 나트륨 섭취에 기여하는 주요 식품 분야를 찾는 것이었다. 뉴욕시 보건국의 "식품 구입 영수증 연구"와 표 G-2. Example of Restaurant Key Food Categories for Hamburgers

Main NSRI Restaurant Food Category	Restaurant Key Food Category	Restaurant Key Food Category Description
Hamburgers	Hamburgers	Plain ground beef burgers and ground beef burgers with toppings other than cheese. Excludes turkey burgers, veggie burgers, and any ground beef burger with cheese.
	Cheeseburgers	Ground beef cheeseburgers and ground beef cheeseburgers with toppings. Excludes turkey burgers, veggie burgers, and any ground beef burger without cheese.

미국국민건강영양조사 NHANES 중 24시간 식이 회상법의 자료 분석을 통하여 나트륨 섭취에 중요한 25개 메뉴 항목을 확인하였다(Bassett et al., 2007).

식품 분야는 메뉴 식품 분야 항목에 대응하도록 정의하고 메뉴 식품 분야 내 각 항목은 나트륨 수준이라는 측면에서 비교 평가할 수 있는지 검토하였다(표 G-2). 포장식품에서와 마찬가지로 전국소금섭취감소정책이 개발하고 제안한 주요 메뉴 식품 분야는 전화 회의 및 레스토랑, 외식업체, 레스토랑 협회와의 회의에서 논의하고 수정하였다.

레스토랑/외식업 목표치

식품 분야 별로 제안한 목표치는 먼저 전국소금섭취감소정책 레스토랑 식품 데이터베이스 Restaurant Food Database 를 분석하여 개발하였다. 시장점유율 가중치 Market share-weighted 평균 나트륨 함량(mg/100 g)을 각 식품 분야별로 계산하였다.

주요 식품 분야 별 목표치는 평균치에서 감소율 퍼센티지로 계산하여 정하였다. 처음 2012년과 2014년 목표치는 10% 감소, 그리고 기준 나트륨 함량에서 추가로 15% 감소시키는 것에 해당한다. 레스토랑과의 회의 때마다 각 주요 식품 분야의 제안 목표치와 제안 최대량 감소량을 논의하였다. 회의에서 논의한 다음에도 제안 목표치를 수정하였고 식품산업에서 지지 정보가 있는 서면 자료를 제출하면 또 다시 제안 목표치를 다시 수정하였다.

식품회사에게는 식품회사를 알아볼 수 없도록 조치한(눈가림한 blinded) 매출 정보를 제출하도록 장려하였고 그 결과 회사의 식품분야 평균이 매출액으로 가중치를 반영할 수 있게 하였다. 특정 식품 분야별 나트륨 목표치와 함께, 식품 제공량 당 전체적 최대 나트륨 함량을 2012년과 2014년 항목별로 제안하였다. 레스토랑으로서는 식품 분야별 목표치에 맞추기 위해서 평균 나트륨 함량 또는 그 레스토랑의 매출액 가중 나트륨 평균치는 목표치와 같거나 낮아야 한다. 최대량을 지키기 위해서 회사는 제공하는 각 항목의 나트륨 함량을 정한 역치 threshold 이하로 하여야 한다.

다음 단계, 모니터링과 평가

포장식품 분야와 레스토랑 분야 회의는 2009년 말까지 모두 완료되었다. 제안 목표치는 2010년 1월 공개하였다. 최종적으로 결정한 목표치는 2010년 봄에 공개하였다. 2012년과 2014년 최종 목표치와 식품산업 의무 사항은 뉴욕시 보건국 웹사이트에 있다(online: http://www.nyc.gov/ealth/salt).

전국소금섭취감소정책 진행 상황은 식품 분야 별 나트륨 함량 변화를 모니터링하고 국민의 나트륨 섭취량 변화를 조사하여 평가할 것이다. 2012년과 2014년의 전국소금섭취감소정책은 갱신한 전국소금섭취감소정책 포장식품과 레스토랑 식품 데이터베이스를 활용하여 목표를 향한 진행상황을 평가할 것이다. 신제형 제품에 대한 정보를 빠뜨리지 않기 위해, 식품산업에게 영양 자료와 제품별 판매액 자료를 제출하도록 하고 있으나 정보는 식품산업계가 제출한 자료로만 분석하지는 않을 것이다.

2010년 뉴욕시 보건국은 뉴욕 시민의 나트륨 섭취량을 평가하기 위해 뉴욕시 주민을 대표하는 표본에서 24시간 소변 배출 나트륨 양을 조사할 것이다. 이 조사 연구는 나트륨 섭취량 변화를 분석하기 위해 2014년에도 다시 시행할 예정이다.

참여 기구

2010년 2월 현재 아래에 나열한 정부 부처와 민간 기구가 전국소금섭취감소정책에 참여한다는 의사를 표명하고, 투명하고, 공개 과정을 통해 진전 상황을 모니터링하여 다음 5년 동안 소금 섭취량을 20% 줄이는 목표를 위해 일하겠다고 동의하였다.

Alaska Department of Health and Social Services
American College of Cardiology
American College of Epidemiology
American Heart Association
American Medical Association
American Public Health Association
American Society of Hypertension
Arizona Department of Health Services
Association of Black Cardiologists
Association of State and Territorial Health Officials
Baltimore City Health Department
Boston Public Health Commission
California Department of Public Health
Chicago Department of Public Health
Consumers Union
Council of State and Territorial Epidemiologists
Delaware Department of Health and Social Services, Division of Public Health
District of Columbia Department of Health
InterAmerican Heart Foundation
International Society of Hypertension in Blacks
Joint Policy Committee, Societies of Epidemiology
Los Angeles County Department of Public Health
Maine Center for Disease Control and Prevention
Maryland Department of Health and Mental Hygiene
Massachusetts Department of Public Health
Michigan Department of Community Health
National Association of Chronic Disease Directors

National Association of County and City Health Officials
National Hispanic Medical Association
National Kidney Foundation
New York City Department of Health and Mental Hygiene
New York State Chapter, American College of Cardiology
New York State Department of Agriculture and Markets
New York State Department of Health
North Carolina Department of Health and Human Services, Division of Public Health
Northern Illinois Public Health Consortium
Oregon Department of Health and Human Services, Division of Public Health
Pennsylvania Department of Health
Philadelphia Department of Public Health
Preventive Cardiovascular Nurses Association
Public Health, Seattle and King County
Society for the Analysis of African-American Public Health Issues
Tennessee Department of Health
Washington State Department of Health
West Virginia Department of Health and Human Services, Bureau of Public Health
World Hypertension League

참고문헌

Bassett, M. T., T. Dumanovsky, C. Huang, L. D. Silver, C. Young, C. Nonas, T. D. Matte, S. Chideya, and T. R. Frieden. 2008. Purchasing behavior and calorie information at fast-food chains in New York City, 2007. *American Journal of Public Health* 98(8): 1457-1459.

부록 H
연방정부의 규칙 제정 과정

서론

세금 부과나 지출과 같은 연방 규정은 공공 정책을 수행하기 위해 사용하는 정부의 기본 도구 중 하나이다. "정책 수립 과정에서 가장 중요한 행위"는 규칙 개발과 체계화라고 기술하고 있다(Driver, 1989). 또 규칙제정 과정을 "미국에서 공공 정책을 정의 define 하고 수행하는 데 있어 절대적으로 중심이 되는 일"이라고 하기도 하고, "규칙 제정 과정을 효과적으로 관리하지 못하면 공공 프로그램의 방향을 바꾸려는 시도는 결코 성공할 수 없는 것"이라고 말하기도 한다(Kerwin, 1999). 의회가 능동적으로 시작하여 제정한 법률을 규정이라는 일반적 수단으로 수행하고 특정 조건을 설정하게 된다. 연방정부 기관은 해마다 교량 개통 시기를 정하는 것에서부터 먹는 물의 비소 또는 기타 물질의 허용 수치에 이르는 다양한 주제에 대하여 매년 4,000종 이상의 최종 규칙을 발표한다. 모든 연방정부 규정과 관련된 비용과 혜택 benefit 은 큰 논란의 대상이 되었는데 비용은 수천억 달러로 추정되고, 혜택은 그보다 많다고 추정하고 있다. 정책 목표를 달성하기 위하여 연방정부 규정이 규제 사항에 사용하는 비용은 연방예산 과정에 반영되지 않는다. 이러한 예산외 규정 비용이 연방 정부가 재량으로 지출하는 비용보다 더 많다고 하기도 한다. 연방정부 규정에 따른 혜택의 추정치 규모는 이보다 더 크다.

"규칙 rule "이나 "규정 regulation "이라는 용어는 연방정부 규제를 논의하는 과정에서 서로 혼동하여 사용하는 경우가 있다. 1946년 행정절차법 Administrative Procedure Act, APA 에서는 규칙 rule 을 "전체적 또는 특별한 경우에 적용하거나 앞으로 유효할 정부기관 명령문의 전체 또는 일부이며 법률이나 정책을 집행하고, 해석하고 명령하는 의도로 만든 것"이라고 정의하였다(5 USC § 551[4]). 연방정부 기관이 규칙을 만들고, 수정하고, 폐지하는 과정을 "규칙 제정 과정 rulemaking "이라 하고 그 과정이 이 보고서에서 다루는 주제이다.

그림 H-1에서는 연방정부 기관 대부분이 의미 있는 규칙을 기안하거나 개정할 때에 요구되는 사항을 일반화하여 설명하였다. 그러나 표 H-1의 일부는 규칙 제정 전체에 적용되지 않는다는 것을 먼저 지적하여야 하겠다. 예를 들어, 이 보고서에서 뒤에 논의하는 바와 같이 어느 정부기관이, 어떤 상황에서, 제안하는 규칙을 공지하지 않고 그림에 표시한 몇 단계를 뛰어넘어 최종 규칙을 발표할 수도 있다. 반면에, 어느 규칙의 경우 한 번 이상 공개논평 public comment (제정 전에 국민의 논평을 듣는 과정)을 위해 발간할 수도 있다. 또한, 독립적 정부 규제 기관(이 보고서에서 사용한 바와 같이 "독립적 정부 규제기관 independent regulatory agencies" 이라는 용어는 문서업무 축소법 Paperwork Reduction Act (44 USC § 3502[5])에서 지정한, 연방방송위원회 the Federal Communication Commission, 연방에너지규제위원회 the Federal Energy Regulatory Commission, 핵물질규제위원회 the Nuclear Regulatory Commission, 증권교환위원회 Securities and Exchange Commission 등 법정 위원회 board, 또는 commission 를 지칭한다. "독립 기관 independent agencies "라는 용어는 미국대통령의 질문에 응답하는 기타 기관으로서 내각의 일부는 아닌 것을 칭한다)은 미국정부 관리예산처 the Office of Management and Budget's 의 정보규제국 Office of Information and Regulatory Affairs 에 그들의 규칙을 검토를 위해 제출할 필요는 없다. 이것이 "아주 중요한" 사항이 아닐 때에는 규칙을 제출할 필요가 없다.

그림 H-1의 제일 윗 부분을 주목하기 바란다. 의회를 통과한 법률에서 어느 기관에게 어느 형태의 규제를 요구하거나 권한위임을 한 경우 규칙제정 과정이 시작된다. 이를 시작하게 하는 사건, 외부 권고나 재해적 사건 등이 입법이나 규정(규제 행위의 권한이 이미 부여 되었던 경우)을 곧 시작하게 한다. 예를 들어, 인도 보팔 Bhopal 과 미국 웨스트버지니아주의 공장에서 치명적 화학물질이 누출되었을 때, 미국의회는 이에 대한 대응으로 1986년 "응급계획과 지역사회 알 권리법 Emergency Planning and Community Right-to-know Act 의 제313장 (42 USC §§ 11001-11050, 11023)을 법령화하였다. 이 법률에서는 특정한 시설의 소유자와 운영책임자는 그 시설에서 자연환경에 역치 threshold 를 넘어 방출되는 여러 가지 독극물의 양을 보고 하도록 하였고 환경보호국 Environmental Protection Agency, EPA 은 국민이 그 사실을 알게 하도록 하였다. 환경보호국은 그후 이 법적 요구사항을 실행하는 구체적 규정을 발표하고, 법률이 준 권한에 따라 법률에서 기술되어 있는 것 이외에 300개 이상의 독극물을 보고하도록 하였다.

이 사례가 설명하는 것처럼, 규제 권한은 의회에 있고 규제 권한을 법률로 정부기관에 위임한다. 규제에 대한 법률적 기반은 특이성이란 측면에서 매우 다양하다. (1) 법률에서는 제정 정신만을 기술하고 정부 기관에게 법률 정신을 실현할 규제 제정 권한을 폭넓게 부여하는 경우로부터 (2) 규제 기관이 무엇을 하고 어떻게 조치를 취하는지에 대해 정확히 기술한 특이 요구사항이 있는 경우 등 범위에 있다. 그림 H-1에서 의회와 법정이 규칙제정 과정의 마지막 부분에서 하는 역할을 주목하여 보면 규칙이 제정 초기로 되돌아가는 결과가 되거나 검토과정에서 규제 자체가 무효화될 수도 있다. 의회도 감독 과정을 통해서 또는 책임 배정하는 과정을 통해서 규제 제정에 역할을 할 수 있다.

그림 H-1에 그린 각 단계에는 미국 의회와 여러 대통령이 연방정부의 규칙 제정 과정을 지도하기 위해 지난 60-65년간 발전시킨 절차와 요구사항의 정교한 집합체가 내포되어 있다. 규칙 제정에서 요구하는 내용의 일부는 사실상 모든 연방정부 기관에 적용해야 하지만 다른 일부는 특정 정부 기관에게 적용하는 것이고 또 다른 일부는 특별한 몇몇 정부 기관에만 적용하는 것이다. 종합적으로, 규칙 제정 조항은 아주 방대하여 규칙 제정 기관은 매우 다양한 절차와 상담과 분석이 필요하다. 일부 관찰자는 그렇게 다양하게 요구함으로써 규칙 제정 과정은 "경직화 ossification " 되었고 정부기관이 최종 규칙을 만드는 데까지 심지어 수년이 걸리게 한다고 주장한다(McGarity, 1992; Pierce, Jr., 1995; Verkuil, 1995). 예를 들어, 국립직업안전보건자문위원회 National Advisory Committee on Occupational Safety and Health 는 미국노동부의 직업안전

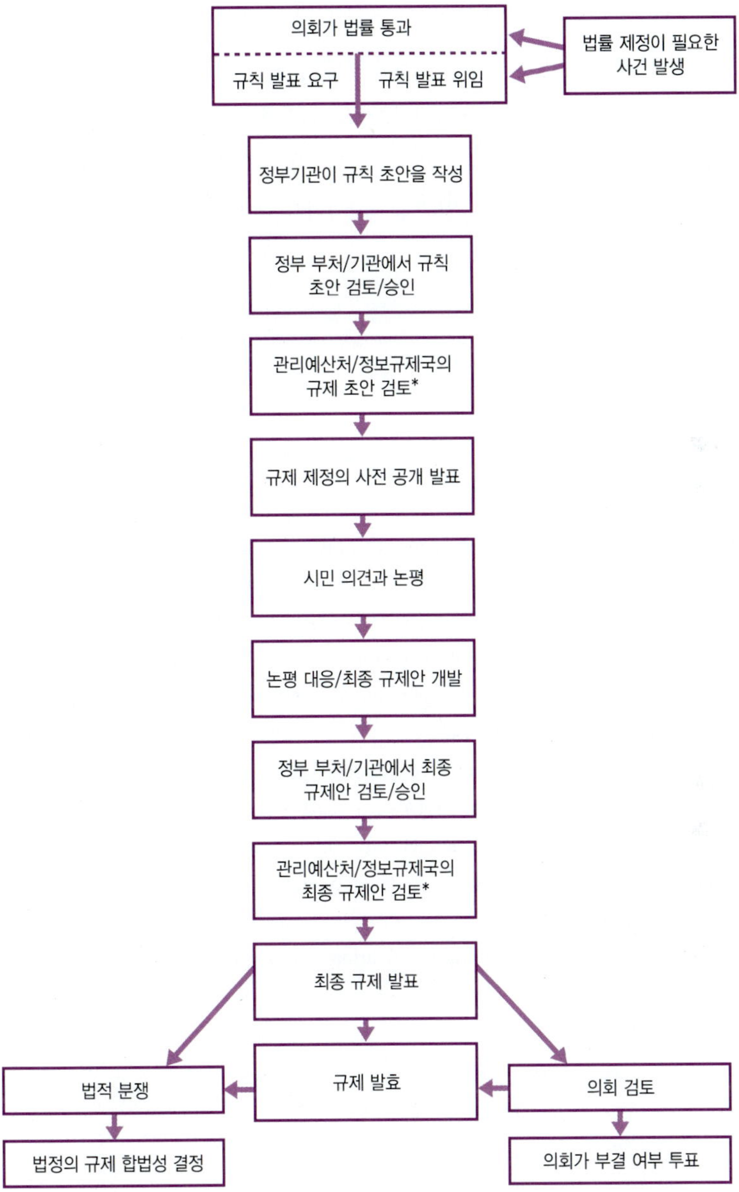

그림 H-1. 연방 정부의 규칙 제정 과정

* 관리예산처(the Office of Management and Budget's)의 정보규제국(Office of Information and Regulatory Affairs)은 중요 규칙만 검토하고 "독립규제기관"에서 제출한 어떤 규칙도 검토하지 않는다.

보건국 Occupational Safety and Health Administration 이 건강과 안전 표준을 개발하고 공포하는 데 평균 10년이 걸렸다는 점에 주목했다. 반면에, 의회와 대통령의 규칙 제정 요구사항이 많기는 하지만 규칙을 최종적으로 만들고 발표하는 데 시간이 길어지는 일차적 원인이 요구사항 때문인지 다른 요소(예를 들어, 자료 부족, 의회에서의 지연, 법원 문제 등)가 원인인지는 명확하지 않다.

참고문헌

Driver, C. 1989. Regulatory precision. In *Making regulatory policy*, edited by K. Hawkins and J. Thomas. Pittsburgh, PA: University of Pittsburgh Press. P. 199.

Kerwin, C. M. 1999. Rulemaking: How government agencies write law and make policy. 2nd ed. Washington, DC: CQ Press.

McGarity, T. O. 1992. Some thoughts on "deossifying" the rulemaking process. *Duke Law Journal* 41:1385-1462.

National Advisory Committee on Occupational Safety and Health. 2000. Report and recommendations related to OSHA's standards development process. Washington, DC: Occupational Safety and Health Administration.

Pierce Jr., R. J. 1995. Seven ways to deossify agency rulemaking. *Administrative Law Review* 47:59-93.

Verkuil, P. R. 1995. Rulemaking ossification— modest proposal. *Administrative Law Review* 47:453-459.

부록 I

영양정보표 Nutrition Facts Panel

Nutrition Facts

Ser ving Siz e 1 cup (228g)
Ser vings P er Container 2

Amount Per Serving

Calories 260	Calories from Fat 120
	% Daily Value*
Total Fat 13g	20 %
Saturated Fat 5g	25 %
Trans Fat 2g	
Cholesterol 30mg	10 %
Sodium 660mg	28 %
Total Carbohydrate 31g	10 %
Dietary Fiber 0g	0 %
Sugars 5g	
Protein 5g	

Vitamin A 4%	•	Vitamin C 2%
Calcium 15%	•	Iron 4%

* Percent Daily V alues are based on a 2,000 calorie diet. Your Daily Values may be higher or lower depending on your calorie needs:

	Calor ies:	2,000	2,500
Total Fat	Less than	65g	80g
Sat Fa t	Less than	20g	25g
Cholesterol	Less than	300mg	300m g
Sodium	Less than	2,400mg	2,400mg
Total Carbohydrate		300g	375g
Dietary Fiber		25g	30g

Calories per gram:
Fat 9 • Carbohydrate 4 • Protein 4

그림 I-1. Example of a Nutrition Facts panel.

부록 J

주정부와 지방정부의 나트륨 라벨 표시 정책

"연방식료품의약품화장품법 Federal Food, Drug, and Cosmetic Act"을 수정한 "환자보호와 지불가능 의료에 관한 법률 The Patient Protection and Affordable Care Act" (HR 3590, Title IV, Subtitle C, §4205; 111th Congress, 2nd Session, March 2010)이 2010년 3월 법률로 발효되면서 레스토랑 체인점은 표준 메뉴 항목에 영양 정보를 의무적으로 표시하여야 한다. 매장 20개 이상인 레스토랑은 메뉴, 메뉴 판(자동차 주문창구를 포함)과 식품 전시판 food display tags 에 칼로리 함량을 전시하도록 하였고 요청이 있으면 글로 볼 수 있는 추가 정보(지방, 포화지방, 탄수화물, 나트륨, 단백질, 섬유질)도 제시하도록 하였다. 이 법은 제공하는 정보를 전국적으로 통일하고 일관성을 갖도록 보장하였다. "환자보호와 지불가능 의료에 관한 법률 The Patient Protection and Affordable Care Act" 통과 이전에도 이미 일부 주정부와 지방정부는 구매 시점에서 나트륨 정보를 소비자에게 제공하는 법률 제정을 고려하거나 법률 제정안을 촉구하는 결의를 통과시키기도 하였다. 그러한 활동의 예를 여기에 요약하였다(부록 J는 시민단체, "공익과학단체 Center for Science in the Public Interest"가 발표한 2009-2010년 활동요약서 [online: http://cspinet.org/new/pdf/ml_bill_summaries_09.pdf]에서 전재한 것임).

이미 실행 중

워싱톤 주 킹 카운티(시애틀)

- 매장 15개 이상인 레스토랑 전국 체인망으로서 연 매출 백만 달러인 곳은 칼로리, 포화지방, 나트륨, 탄수화물 정보를 음식 메뉴, 음료수 메뉴(또는 주문 시점에 승인받은 방법으로)에 표시하도록 하였다. 만약 레스토랑이 메뉴판을 사용한다면, 메뉴판에는 칼로리를 게시하여야 하고, 다른 영양 정보(나트륨 포함)를 주문 시점에 쉽게 볼 수 있는 형식으로 제시하여야 한다.
- 예외를 인정하는 범위는 90일이 안된 메뉴 항목, 개봉하지 않거나 미리 포장한 식품, 샐러드 바, 뷔페 식당, 카페테리아 음식점, 기타 셀프서비스 음식점, 무게 단위로 제공하거나 고객 주문량으로 제공하는 곳 등이다. 야채가게나 편의점도 예외이다.
- 2008년 12월 31일자로 패스트푸드나 기타 체인 레스토랑에서는 영양 정보를 공개하도록 하였다. 자동차 주문 창구의 메뉴 판에 대한 라벨링 규정은 2009년 8월 1일 발효되었다.

필라델피아

- 전국의 매장이 15개 이상인 레스토랑은 메뉴에 칼로리, 포화지방, 트랜스 지방, 나트륨, 탄수화물을 표시하도록 하였고 메뉴판과 식품 전시판에는 칼로리를 표시하도록 하였다. 만약 레스토랑이 식품을 싸 주거나 박스에 담아서 포장판매할 경우에는 포장 용기나 박스에 영양 정보가 분명하고 뚜렷하게 보이도록 해야 한다.
- 법의 메뉴 판 조항은 2010년 2월 1일 발효되고, 메뉴 라벨링 의무사항은 2010년 4월 1일 발효된다.

법률 통과 단계

캘리포니아 주

- 캘리포니아 주 안에 매장이 20개 이상이 있는 레스토랑은 메뉴, 메뉴 판, 식품 전시판에 있는 표준메뉴 항목의 칼로리 함량을 고객에게 제공하여야 한다. 영양 정보는 판매대에 진열된 브로슈어(소책자)로 제공한다.
- 법 집행은 두 개 단계로 실행할 것이다.
  - 1 단계(2009년 7월부터 2010년 12월까지) : 레스토랑에서는 메뉴 항목마다 최소한 칼로리, 나트륨, 포화지방, 탄수화물 정보를 포함하는 소책자를 판매 시 제공하여야 한다. 좌정하고 식사하는 레스토랑에서는 식탁에 그 정보를 제공하여야 한다. 자동차 주문 창구에서는 요청 시 소책자를 제시하여야 하며 판매 시 영양정보 브로슈어가 있다는 것을 알려야 한다.
  - 2 단계(2011년 1월 1일 발효 예정) : 메뉴, 메뉴 판, 식품 전시판의 음식 이름 옆에 칼로리 함량을 모두 제시하여야 한다. 자동차 주문 창구에서는 요청시 가능한 소책자를 제시하여야 하며 판매 시 영양정보 브로슈어가 있다는 것을 알려야 한다.
- 주: San Mateo 군 County, San Francisco 시군 City and County 과 Santa Clara 군 County 에는 나트륨이 포함된 메뉴 라벨링 조례가 있었다. 그러나 이 조례는 주 전체에 적용되는 법령이 통과되면서 대체되었다.

메릴랜드 주 몽고메리 군

- 전국적으로 매장이 20개 이상인 레스토랑은 표준 메뉴 항목(일년에 최소 60일간 메뉴에 나오는)의 메뉴, 메뉴 판(자동차 주문 창구를 포함하여)에 칼로리 함량을 표시하도록 하였다. 추가 영양 정보(총 지방, 포화지방, 나트륨, 섬유질, 당분 포함)는 요청받으면 레스토랑 구내에서 서면으로

제공하도록 하였다.

- 메뉴 라벨링 의무사항은 2010년 7월 1일부터 발효할 예정이다.

오리건 주

- 전국적으로 매장 15개 이상이 있는 레스토랑은 구매시 모든 정식 메뉴 항목의 칼로리 정보를 보이게 게시하도록 하였다. 그 정책은 이들 레스토랑에서 메뉴, 메뉴판, 식품 전시판에 각 항목(연간 60일 이상 판매하는 메뉴)마다 칼로리 함량을 수치로 게시하도록 하고 있다. 또 레스토랑에서는 소비자가 요청할 경우 정식 메뉴 항목의 나트륨, 포화지방, 트랜스지방, 탄수화물 함량에 대한 정보를 제공해야 한다.
- 구입시점 칼로리 정보 법안은 2011년 1월 1일 발효할 계획이었다. 기타 영양 정보에 대한 조항은 2010년 1월 1일 발효되었다.
- 주註: Multnomah 군County 에는 나트륨 정보를 공개하는 조례가 있었고, Lane 군County 에서도 비슷하게 도입하려는 제안이 있었지만 모두 오리건 주 법이 통과되면서 대체되었다.

도입

델라웨어 주(2009년 4월 도입)

- 델라웨어 주나 전국에 10개 이상의 매장이 있는 외식업체는 메뉴(포장판매 때도 포함)에 칼로리, 포화지방, 탄수화물과 나트륨 함량을 게시하도록 할 것이다. 메뉴판(자동차 주문 창구)와 식품 전시판에는 칼로리만 게시하여도 되지만 다른 영양정보는 요청 시에 알려주어야 한다는 조건으로 허가할 것이다.
- 30일이 안된 메뉴 항목은 예외로 할 것이다.

- 이 법안은 공중보건국 Division of Public Health 이 교육 캠페인과 메뉴 라벨 평가를 시행하도록 할 것이다. 이 법은 제정 후 1년 후 발효할 것이다.

컬럼비아 특별구(워싱톤 DC) (2009년 7월 도입)

- 전국에 10개 이상의 매장이 있는 레스토랑은 표준 메뉴 항목에 영양 정보를 제공하도록 할 것이다. 인쇄된 메뉴에는 칼로리, 트랜스지방을 포함하여 포화지방, 탄수화물, 나트륨 정보를 포함하여야 할 것이다. 메뉴판(자동차 주문 창구 포함), 식품 전시판에는 영양 정보로 칼로리만을 알려줄 수 있지만, 고객 요청시 인쇄한 추가 정보를 제공할 수 있어야 한다.
- 30일이 안된 메뉴 항목은 예외로 할 것이다.
- 이 정책은 제정 후 9개월 후에 발효할 것이다.

플로리다 주(2009년 3월 도입)

- 플로리다 주에 19개 이상의 매장이 있는 레스토랑은 메뉴와 메뉴판, 식품 전시판에 영양 정보를 제공하여야 할 것이다.
- 매년 180일 이내로 판매하는 메뉴 항목과 알코올 주류, 뷔페, 샐러드 바는 예외로 할 것이다.
- 두 단계로 실행할 것이다:
  - 1단계(2010년 1월 1일부터 2010년 6월 30일까지) : 좌정한 손님에 서비스하는 레스토랑은 각 표준 메뉴에 대하여 메뉴, 메뉴카드 또는 소책자로 영양 정보를 제공하여야 할 것이다. 자동차 주문창구나 실내 메뉴 판을 사용하는 레스토랑은 판매 시 요청하면 제공할 수 있는 소책자에 영양 정보를 제공하여야 할 것이다. 제공하는 영양 정보에는 칼로리, 탄수화물, 포화지방, 나트륨을 포함할 것이다.
  - 2단계(2010년 6월 30일 이후) : 칼로리 정보를 게시하도록 할 것이다.

인디애나 주(2009년 1월 도입)

- 인디애나 주에 20개 이상의 매장이 있는 레스토랑은 메뉴와 메뉴 판에 칼로리와 탄수화물함량을 게시하여야 할 것이다. 칼로리, 총 지방, 포화 지방, 트랜스 지방, 콜레스테롤, 나트륨, 탄수화물, 섬유질, 당분, 단백질 등 다른 정보는 레스토랑의 고객이 알 수 있도록 해야 할 것이다.

켄터키 주(2009년 2월 도입)

- 켄터키 주에 10개 이상의 지역에 있는 체인 레스토랑은 메뉴 항목의 칼로리 정보를 자동차 주문 창구를 포함하여 메뉴나 메뉴판에 제공하여야 할 것이다. 칼로리, 탄수화물, 포화지방, 나트륨을 포함하는 추가 정보는 고객이 이용 가능하게 하여야 할 것이다.

메릴랜드 주(2009년 2월 도입)

- 전국에 15개 이상의 매장이 있는 레스토랑의 모든 표준 메뉴 항목에는 영양 정보를 게시하여야 할 것이다. 인쇄한 메뉴를 사용하는 레스토랑은 칼로리, 탄수화물, 트랜스 지방을 포함한 포화지방과 나트륨을 목록화하여야 할 것이다. 레스토랑에서는 주문할 때에 서면으로 된 영양정보를 제공한다면 자동차 주문 창구를 포함하여 식품 전시판, 샐러드 바, 뷔페, 기타 진열 식품을 포함한 메뉴판에 칼로리만 적어도 된다.
- 이 시행령 발효일은 2010년 10월 1일이다.

오클라호마 주(2009년 2월 도입)

- 오클라호마 주에 10개 이상의 매장을 갖고 있는 레스토랑은 표준 메뉴 항목에 대하여 영양 정보를 제공하고 메뉴, 메뉴판, 식품 전시판에 칼로리

함량 정보를 게시하여야 할 것이다.

- 두 단계로 실행한다.
  - 1단계(2010년 7월 1일부터 2011년 12월 31일까지) : 좌정한 손님에 서비스하는 레스토랑은 각 표준 메뉴 항목의 칼로리, 포화지방, 탄수화물, 나트륨 함량을 메뉴, 소책자나 각 테이블에 메뉴 텐트의 형태로 제공하여야 할 것이다. 자동차 주문창구나 실내 메뉴 판을 사용하는 레스토랑은 안내문에 알려서 판매 시 요청하면 소책자로 정보를 제공하여야 할 것이다.
  - 2단계(2012년 1월 1일부터 발효될 예정) : 레스토랑은 표준 메뉴 항목의 칼로리 함량을 메뉴, 실내 메뉴판, 식품 전시판에 게시하야야 한다.

펜실바니아 주(2009년 6월 도입)

- 지난 3년간 매출액 평균이 최소한 50만 달러인 레스토랑 체인은 표준 메뉴 항목의 영양 정보를 제공하고 칼로리 함량을 게시하여야 할 것이다.
- 두 단계로 실행한다.
  - 1단계(2011년 1월 1일부터 2012년 6월 30일까지) : 레스토랑은 각 표준 메뉴 항목의 칼로리, 포화지방, 탄수화물, 나트륨 함량을 적은 소택자를 판매 시 고객에게 소책자를 제공하여야 한다. 좌정한 고객을 서비스하는 레스토랑에서는 식탁에 이 정보를 제공하도록 했고 자동차 주문창구에서는 판매 시 소책자가 있음을 알리고 요청에 따라 보여주어 이용할 수 있도록 하여야 한다.
  - 2단계(2010년 7월 1일 부터) : 레스토랑은 각 표준 메뉴 항목의 메뉴와 실내 메뉴판, 식품 전시판에 칼로리 함량 정보를 게시하여야 할 것이다.
- 발효 후 60일 이내에, 팬실베니아 주에서 현행 또는 앞으로의 메뉴 라벨링 관련 조례법령을 대신하고 대체할 것이다.

테네시 주(2009년 2월 도입)

- 전국적으로 20개 이상의 매장이 있는 레스토랑 체인의 각 표준 메뉴 항목에는 제공량 당 칼로리를 밝혀야 할 것이다. 추가 영양 정보를 구내에서 볼 수 있게 하고 주문하기 전에 소비자가 요청하면 볼 수 있게 하여야 한다. 각 표준 메뉴 항목에는 칼로리, 지방에서 나오는 칼로리, 총 지방, 포화지방, 콜레스테롤, 나트륨, 총 탄수화물, 복합 탄수화물, 당분, 식이성 섬유와 단백질에 대한 정보를 포함하여야 할 것이다.
- 1년에 90일 이내로 판매하는 메뉴 항목은 예외로 할 것이다.

텍사스 주(2009년 2월 도입)

- 텍사스 주에 19개 이상 매장이 있는 레스토랑 체인은 메뉴와 메뉴 판에 영양 정보를 제공하여야 할 것이다.
- 두 단계로 실행한다.
  - 1단계(2010년 1월 1일부터 2010년 12월 31일까지) : 좌정한 고객에게 서비스하는 레스토랑은 각 표준 메뉴 항목의 영양정보를 메뉴, 메뉴 설명서, 각 테이블 놓는 소책자나 메뉴 텐트로 제공하여야 할 것이다. 자동차 주문창구나 실내 메뉴 판을 사용하는 레스토랑은 고객에게 미리 알려 판매 시 고객이 요청하면 소책자로 영양정보를 제공하여야 할 것이다. 제공하는 영양 정보에는 칼로리, 탄수화물, 포화지방과 나트륨을 포함하여야 할 것이다.
  - 2단계(2010년 12월 31일 이후) : 레스토랑은 메뉴, 실내 메뉴판, 식품 전시판에 각 메뉴 항목의 칼로리 정보를 알려야 할 것이다.

버몬트 주(2009년 2월 도입)

- 전국에 10개 이상의 매장이 있는 레스토랑은 제공하는 각 항목 옆에 영양 정보를 게시하여야 할 것이다. 레스토랑이 인쇄 메뉴를 사용하면, 각 메뉴 항목에 칼로리, 포화지방, 탄수화물, 단백질, 나트륨 정보가 포함하여야 할 것이다. 만약 레스토랑이 메뉴 판을 사용하면 각 항목 옆에 칼로리를 게시하도록 하고 추가 영양정보를 준비하여 요청 시 서면으로 제공할 수 있어야 할 것이다.
- 주 보건국은 발효일로부터 정책 실행까지 12개월을 유예할 것이다.

부록 K

통일상품코드 매출 정보와 영양정보표시를 연결시키려는 시도

공급하는 식품의 나트륨 함량을 추적하기 위해서는 연구가 더 필요하다. 상업적 회사는 통일상품코드 Universal Product Code, UPC 를 사용하는 각 식품의 특정 기간(예를 들어, 주간별, 분기별, 연간별) 동안의 총 매출량을 통일상품코드 수준 자료로 제공한다. 추가로, 회사는 가구 household 자료 패널을 구축하여 식품 구매 자료를 다시 스캔 rescanning 하고 옮겨 구매 정보를 실시간으로 유지하고 있다. 가구 자료 패널에서 얻은 구매 정보는 통계가중 절차 statistical weighting procedure 를 이용하여 미국 국민 전체에 대입하고 구매 양상을 추정한다. 가구 구매 자료 패널에 참여하는 각 가구의 특성에 대한 자세한 정보는 이용할 수 있어서 미국인의 각 계층별 나트륨 구매량 차이를 분석하는 데 이용할 수 있다. 한편, 상점스캐너자료 store scanner data 와 각 가구스캐너자료 household-based scanner data 는 영양정보표 Nutrition Facts Panel 의 영양소 정보와 외주업체 outside vendor 가 유지하는 자료를 사용하면 연결할 수 있다. 영양소 함량 자료는 통일상품코드 수준으로 제공하므로 스캔 자료에 연결이 가능하다. 이 통일상품코드 상품에 영양소 함량을 더하려면 추가 분석을 해야 하는데 영양소 데이터베이스에 나오는 통일상품코드는 특정 상표나 제품 크기 중 포장단위 전체가 아니라 하나만을 대표하기 때문이다. 상품 개발자는 목표 식품 분야를 선택할 필요가 있다고 생각하고 장기간 동안 주기적으로 업데이트하려면 많이 팔리는 제품에 초점을 맞춘다. 예를 들어, 추적 분석 tracking analysis 을 하면서 식품의 대표 분야에서 매출의 상당한 비중을 차지하는 최고 브랜드 제품에 초점을 맞춘다.

이 접근 방법의 가장 큰 이점은 식품 제조업자나 판매업자의 협조나 추가 보고 없이도 달성할 수 있다는 것이다. 게다가, 식품 공급 부분 나트륨 근원의 많은 부분을 감시하는 경제적 방법이고 분석하는 데 필요한 자원을 바탕으로 평가할 수 있다. 일단 주요 목표를 확인하고, 방법론을 정하면, 이 방법으로 각 식품 분야별 장기간 추세 정보를 얻을 수 있다. 그러나 이 분석에서는 다른 자료를 이용해야만 결론을 낼 수 있다는 제한점이 있다. 특히, 주요 판매업체 체인에 계약 제조하는 자기상표제품은 상점스캐너 자료 store scanner data 에 포함되기는 하지만 영양소 자료와 연결하기는 불가능할 때가 있다. 이것을 분석하기 위해서는 외주업체 outside vendor 가 제공하는 UPC 수준 영양소 자료에 기초하여 가장 잘 팔리는 제품에 초점을 맞출 필요가 있을 것이다. 판매업체 안에서 제조하고 포장하는 식품은 현재 영양정보표 Nutrition Facts Panel 를 부착하지 않아도 된다. 그래서 이러한 식품의 나트륨 함량은 수작업이 필요한 다른 자료와 연결하지 않고는 모니터하기가 어렵다. 모든 판매업 상점이 이 상점스캐너자료 store scanner data 보고에 참여하지는 않는다(예: 월마트). 그러나 상점스캐너자료 보고에 참여하지 않는 곳의 매출은 가구스캐너자료 household-based scanner 로 추적할 수 있으며 그 이유는 최소한 가구패널 구매 항목의 일부는 현재 상점스캐너자료에서 잡히지 않는 상점에서 물품을 구매하고 있기 때문이다.

부록 L
공공정보 수집 워크숍 일정

나트륨 섭취를 줄이는 전략

미국의학한림원
식품영양위원회

Venable Conference Center, Room E11200 (8층)
575 7th Street, N.W.
Washingto, DC 20004, U.S.A.

2009년 3월 30일

8:30 환영사, 위원회 임무의 개관
Jane Henny, M.D., 위원장

세션 1: 나트륨: 미각 지각과 기술 진보
의장: Gray Beauschamp, Ph.D., 위원회 위원

8:40 나트륨 미각 지각
Paul A.S. Breslin, Ph.D., Monell Chemical Senses Center and Rutgers University Department of Nutritonal Sciences

8:55 식품 나트륨 함량 감소의 기술 진보

Cindy Beeren, Ph.D., Sensory and Consumer Science, Leather head Food International

9:10 발표자와의 위원회 토론

세션 2: 소비자와의 접촉면: 과거 공중보건 정책과 현재의 소비자 전망

의장: Clorian Sorensen, Ph.D., M.P.H., 위원회 위원

9:30 나트륨 섭취와 고혈압을 줄이려는 미국 공중보건 정책의 개관

Ed Roccella, Ph.D., M.P.H., Program Coordinator, 미국심폐혈액연구소, 미국국립보건연구원(은퇴)

9:40 나트륨 섭취와 저염 식품에 대한 소비자 전망

Susan Borra, R.D., Executive Vice President, Managing Director for Nutrition, Food and Wellness, Edelman

9:50 발표자와의 위원회 토론

10:10 휴식

세션 3: 나트륨 섭취를 줄이는 규제 방안

의장: David Vladeck, J.D., LLM, 위원회 위원

10:25 규제 방안의 개관

Michael R. Taylor, J.D., Research Professor of Health Policy, School of Public Health, George Washington University

10:40 지정토론 패널

Fred Degnan, J.D., Partner, King and Spalding Philip Derfler, J.D., Assistant Administrator of the Office of Policy and Program Development, Food Safety and Inspection Service, U.S. Department of Agriculture Michael R. Taylor, J.D., Research Professor of Health Policy, School of Public Health, George Washington University

10:55 발표자와의 위원회 토론

세션 4 : 감시와 모니터링

의장: Ronette Briefel, Dr.P.H., R.D., 위원회 위원

11:20 생물학적 측정법과 조사 방법의 문제점

Cliff Johnson, M.S.P.H., Director of the Division of Health and Nutrition Examination Surveys, National Center for Health Statistics, Center for Disease Control and Prevention

11:30 식품의 나트륨 조성표 개발과 유지 문제

Alanna Moshfegh, M.S., R.D., Research Leader and Supervisory Nutritionist, Food Surveys Research Group, U.S. Department of Agriculture

11:40 현재 나트륨 섭취의 식품 분야별 기여도

Eric Hentges, Ph.D., Executive Director, International Life Science Institute

11:50 발표자와의 위원회 토론

12:00 각자 점심

세션 5 : 영국의 나트륨 섭취 감소 정책 경험

의장: Beth Yetley, Ph.D., 위원회 위원

1:00 소금 섭취를 줄이려는 영국식품표준국의 활동 개관

Corinne Vaughan, Deputy Head of Nutrition Division, Food Standard Agency

1:20 소금 캠페인에서 배운 것: 판매업의 입장

Vavessa Hattersley, Company Nutritionist, ASDA

1:30 소금 캠페인에서 배운 것: 식품 가공업의 입장

Ed Fern, Ph.D., Head of Corporate Nutrition, Nestle

1:40 발표자와의 위원회 토론

2:00 휴식

세션 6 : 식품산업과 외식업의 입장

의장: John Ruff, M.A., 위원회 위원

2:10 식품가공산업의 입장: Campbell Soup

Chor San Khoo, Ph.D., Vice President of Global Nutrition and Health, Campbell Soup Company

2:25 식품가공산업의 입장: Kraft Foods

Todd Abraham, Ph.D., Vice President of Global Nutrition, Kraft Foods

2:35 식품가공산업의 입장: Unilever

Douglas Balentine, Ph.D., Director of Nutrition Sciences for the Americans, Unilever

2:45 외식업의 입장: Compass Group

Deanne Brandstetter, M.B.A., R.D., Vice President of Nutrition and Wellness, Compass Group North America

2: 55 외식업의 입장: Burger King

Stephanie Rohm Quirantes, M.S., R.D., L.D./N., Nutrition Mananger, North America, Burger King

3:05 외식업의 입장: 미국전국레스토랑협회

Elizabeth Johnson, M.S., R.D., Executive Vice President for Public Affairs, National Restaurant Association

3:15 발표자와의 위원회 토론

3:45 휴식

세션 7 : 이해관계자의 3분 논평

의장: Jane Henney, M.D., 위원장

2009년 3월 10일부로 논평하겠다고 등록한 이해관계자는:

The Salt Institute (Morton Satin)

The Truthful Labeling Coalition (Charles Hansen III)

Center for Science in the Public Interest (Michael Jacobson)
Grocery Manufacturers Association (Frank Sacks)
Centers for Disease Control and Prevention (Darwin Labarthe)
Institute of Food Technologists (Sara Olhourst)

5:00 정회

미국국가아카데미

The National Academies

미국국가아카데미는 4개 기관으로 구성된다. 미국과학학술원 The National Academy of Sciences, 미국공학한림원 The National Academy of Engineering, 미국의학한림원 The Institute of Medicine, 미국국가연구위원회 The National Research Council 의 4개 기관이 그것이다.

미국과학학술원은 과학과 공학 연구에 종사하면서 과학 · 기술의 발전을 도모하여 공공복지에 이용하도록 헌신하는 저명한 과학자가 만들고 유지하는 비영리 민간단체이다. 1863년 미국 의회가 헌장을 승인하였고 연방정부에 과학 · 기술 문제에 조언할 수 있는 권한을 갖는다. 2010년 현재 Ralph J. Cicerone 박사가 원장을 맡고 있다.

미국공학한림원은 미국과학학술원 헌장에 따라 1964년 설립된, 저명한 공학자들로 이루어진 그와 유사한 기구이다. 경영과 회원 선출의 자율권을 가지며 연방 정부에 대한 조언의 책임을 미국과학학술원과 공유한다. 미국공학한림원은 또한 국가적 필요에 부응하는 공학 프로그램을 후원하며, 교육과 연구를 장려하고, 공학자들의 우수한 업적을 공인한다. 2010년 현재 Charles M. Vest 박사가 원장을 맡고 있다.

미국의학한림원은 공중 보건과 관계된 정책 문제를 검토함에 있어 적절한 직종에 해당하는 저명한 회원들의 도움을 얻을 목적으로 미국과학학술원이 1970년 설립하였다. 미국의학한림원은 연방정부에 조언하는 기구로서 미국과학학술원이 의회로부터 받은 헌장에 따라 그러면서도 미국의학한림원 고유의 주도권을 갖고 활동한다. 2010년 현재 Harvey V. Fineberg 박사가 원장을 맡고 있다.

미국국가연구위원회는 지식 발전과 연방 정부에 대한 조언이라는 미국 과학학술원의 목적을 따르는 과학 · 기술 분야의 광범위한 공동체를 결성하기 위해 1916년 미국과학학술원이 만든 조직이다. 미국과학학술원이 결정한 정책 전반에 따라 활동하는 미국국가연구위원회는 미국과학학술원과 미국 공학한림원이 정부와 국민, 과학 · 기술 단체에 서비스를 제공할 때 주요 책임 운영기관이 되었다. 미국국가연구위원회는 미국과학한림원, 미국공학한림원, 미국의학한림원 세 기관이 공동으로 운영한다. 2010년 현재 Ralph J. Cicerone 박사가 위원장을, Charles M. Vest 박사가 부위원장을 맡고 있다.

www.national-academies.org

나트륨 섭취 감소 전략 위원회

Jane E Henney(위원장) 신시내티대학교 의과대학(오하이오)
Cheryl A. M. Anderson 존스홉킨스대학교 블룸버그보건대학원(메릴랜드 볼티모어)
Sonia Y. Angell 뉴욕시청 보건정신위생과(뉴욕)
Lawrence J. Appel 존스홉킨스대학교 의과대학(메릴랜드 볼티모어)
Gary K. Beauchamp 몬넬 화학감각센터(펜실베이니아 필라델피아)
Ronette R. Briefel 매스메티카 정책연구(워싱턴 DC)
Marsha N. Cohen 캘리포니아대학교 샌프란시스코캠퍼스 해스팅스법과대학(샌프란시스코)
Christina A. Mireles Dewitt 오클라호마주립대학교(스틸워터)
Greg Drescher 미국요리연구소(캘리포니아 세인트헬레나)
Mary K. Muth RTI International(노스캐롤라이나 리서치트라이앵글)
Robert J. Rubin 조지타운대학교 의과대학(워싱턴 DC)
John Ruff 일리노이주 위넷카
Glorian Sorensen 하버드대학교 보건대학원(메사추세츠 보스턴)
Elizabeth A. Yetley Upper Marlboro(메릴랜드)

연구스태프

Christine L. Taylor 연구총괄책임자
Caitlin S. Boon 프로그램 담당
Heather B. Del Valle 부프로그램 담당
Emily Ann Miller 연구 보조 담당
Marianne J Datiles 프로그램 보조(2007년 12월-2009년 6월)
Saundra Lee 프로그램 보조(2009년 6월-)
Anton Bandy 재무 담당
Geraldine Kennedo 행정 담당
Linda D. Meyers 식품영양부 책임자

심사위원

이 보고서는 미국국가연구위원회 the National Research Council 의 "보고서심사위원회 Report Review Committee "가 승인한 절차에 따라, 다양한 관점과 전문성을 기초로 선정한 여러 개인이 원고 상태에서 심사하였다. 이와 같은 독립적 심사의 목적은 가능한 한 건실한 출판 보고서가 완성되도록 우리 기관을 돕고 솔직하고 비판적인 논평을 제시하도록 하여, 객관성, 증거, 투입한 연구비에 대한 가치라는 측면에서 본 보고서가 우리 기관의 기준에 맞도록 하기 위함이다. 심사 과정의 진실성을 보호하기 위해 검토 논평과 원고는 비밀로 한다. 본 보고서를 심사하여 주신 다음 분들에게 감사한다.

Armand V. Cardello, U.S. Army Natick Soldier Research, Development and Engineering Center, Natick, MA
Nancy M. Childs, St. Joseph's University, Philadelphia, PA
Robert Earl, Grocery Manufacturers Association, Washington, DC
John D. Floros, The Pennsylvania State University, State College
Karen Glanz, University of Pennsylvania, Philadelphia
Deanna M. Hoelscher, University of Texas Health Science Center at Houston
Daniel W. Jones, University of Mississippi, Oxford
Eileen T. Kennedy, Tufts University, Boston, MA
Barbara K. Rimer, The University of North Carolina at Chapel Hill
Dwight Riskey, PepsiCo (retired), Plano, TX
William B. Schultz, Zuckerman Spaeder, LLP, Washington DC
Frances H. Seligson, Nutrition Consultant, Hershey, PA
Walter Willet, Harvard School of Public Health, Boston, MA

위에 열거한 심사위원은 여러 가지 건설적인 논평과 제안을 하였지만, 우리는 심사위원에게 발표할 최종원고 내용을 보증하라고 요청하지 않았다. 심사의견서 내용은 컬럼비아대학교 Elaine L. Larson과 미국국립보건원 Johanna Dwyer가 검토하였다. 미국의학한림원이 위촉한 이 두 분은 이 보고서에 대한 독립적 심사가 우리 기관이 정한 절차에 맞게 수행되었는지, 또 심사 의견 내용이 면밀하게 고려한 후 작성한 것인지를 확인하는 책임을 맡았다. 이 보고서의 최종 내용에 대한 책임은 전적으로 본 연구진과 우리 기관에게 있다.

위원회의 회약력

JANE E. HENNEY, M.D. (Chair), is professor of medicine at the University of Cincinnati College of Medicine. Previously, she was senior vice president and provost of Health Affairs at the University of Cincinnati. Her experience and expertise lie in managing complex organizations that provide direct health services, regulate science-based products, educate the next generation of health professionals, and conduct biomedical research. She has served in a series of senior health policy leadership positions including commissioner of the U.S. Food and Drug Administration (1999–2001); deputy director of the National Cancer Institute; vice chancellor, Health Programs, of Kansas Medical Center; interim dean of the University of Kansas School of Medicine; and vice president for Health Sciences at the University of New Mexico. Dr. Henney currently serves on several not-for-profit boards including the Commonwealth Foundation, the China Medical Board, and her alma mater, Manchester College. She is also a member of the board of three for-profit companies: Amerisource-Bergen Corp., AstraZeneca Ltd., and Cigna Corp. She served on several Institute of Medicine (IOM) committees including the Planning Committee for The IOM Drug Safety Report: Resource Implications (A Workshop), the Committee on Improving Mammography Quality Standards, and the IOM Membership Committee, and she is currently serving as IOM Membership Section 12 chair. Dr. Henney received her undergraduate degree from Manchester College and her medical degree from Indiana University; she completed her subspecialty training in medical oncology at the M.D. Anderson Hospital and Tumor Institute and the National Cancer Institute. She is an IOM member.

CHERYL A. M. ANDERSON, Ph.D., M.P.H., is assistant professor of epidemiology at The Johns Hopkins Bloomberg School of Public Health in Baltimore, Maryland. Dr. Anderson's research centers on diet and the prevention of chronic diseases in minority and underserved populations. Her current research projects address the effects of sodium and potassium intake on clinical and subclinical cardiovascular disease, diet and the prevention of cardiovascular disease (CVD) in the context of chronic kidney disease, and the optimal macronutrient intake in CVD prevention. Dr. Anderson is a member of the American Heart Association Committee on Nutrition and Physical Activity. She is also a Dannon Institute Nutrition Leadership Institute (NLI) scholar and past president of the NLI Alumni Association. She has served on the National Institutes of Health (NIH) National Institute of Neurological Disorders and Stroke Writing Group on Primary Prevention of Stroke. Dr. Anderson recently completed committee service on the IOM-NAS (National Academy of Sciences) Committee on Use of Dietary Supplements by Military Personnel (2006–2008). Prior to her appointment at Johns Hopkins, Dr. Anderson was an instructor of epidemiology at the University of Pennsylvania School of Medicine, Center for Clinical Epidemiology and Biostatistics. She has a B.A. from Brown University, an M.P.H. from the University of North Carolina at Chapel Hill, an M.S. in epidemiology, and a Ph.D. in nutritional sciences from the University of Washington School of Public Health and Community Medicine.

SONIA Y. ANGELL, M.D., M.P.H., is director of the Cardiovascular Disease Prevention and Control Program at the New York City Department of Health and Mental Hygiene. She is responsible for overseeing the development of citywide and targeted initiatives and policies designed to prevent cardiovascular morbidity and mortality among New York City residents and to eliminate related health disparities. One such activity includes the regulation of trans fat in city restaurants; a new focus for her agency includes the reduction of population sodium intake. Dr. Angell received her M.D. from the University of California at San Francisco and completed a primary care internal medicine residency at Brigham and Women's Hospital in Boston. She is an Assistant Clinical Professor of Medicine at the College of Physicians and Surgeons of Columbia University and Assistant Attending Physician at New York Presbyterian Hospital. Dr. Angell has a diploma in tropical medicine and hygiene from the London School and an M.P.H. from the University of Michigan. She is a former Robert Wood Johnson clinical scholar.

LAWRENCE J. APPEL, M.D., M.P.H., is professor of medicine in the Welch Center for Prevention, Epidemiology and Clinical Research at The Johns Hopkins University School of Medicine, Baltimore, Maryland. Concurrently, he holds adjunct appointments in epidemiology and international health (human nutrition) at The Johns Hopkins University Bloomberg School of Public Health. The focus of Dr. Appel's career has been the conduct of clinical research pertaining to the prevention of hypertension, cardiovascular disease, and renal disease, through both pharmacologic and non-pharmacologic approaches, typically nutrition-based. He has served as an investigator in a number of hypertension clinical trials, including Trials of Hypertension Prevention, Trials of Non-pharmacologic Interventions in the Elderly, PREMIER, DASH (Dietary Approaches to Stop Hypertension), DASH-Sodium, and the African-American Study of Kidney Disease and Hypertension. Dr. Appel previously served as chair of the IOM-NAS Committee on Dietary Reference Intakes for Electrolytes and Water (2002–2004) as well as a member of the Committee on Examination of the Evolving Science for Dietary Supplements (2001–2002) and the Committee on Nutrition Services for Medicare Beneficiaries (1999–2000). He received his M.D. from the New York University School of Medicine and his M.P.H. from Johns Hopkins University.

GARY K. BEAUCHAMP, Ph.D., is director and president of the Monell Chemical Senses Center in Philadelphia. Monell was established in 1968 as the world's first scientific institute for multidisciplinary research on taste, smell, and chemosensory irritation, based at the University of Pennsylvania. The two institutions continue to maintain a close relationship. Dr. Beauchamp is an adjunct professor in the Department of Psychology and in the School of Veterinary Medicine at the University of Pennsylvania. He has served as Monell's director since 1990. His research relates to genetics of taste perception; development of human chemosensory perception and preference; genetics and behavior of individual olfactory identity; and adult human taste perception with a special interest in salt taste. Dr. Beauchamp has published more than 250 publications in peer-reviewed journals. He is a director of the Ambrose Monell Foundation and the G. Ungar Vetlesen Foundation. He has served on many NIH committees and served as a member of the National Institute on Deafness and Other Communication Disorders (NIDCD) Advisory Council of the NIH (2001–2005). He received his B.A. from Carleton College and his Ph.D. in biopsychology from the Pritzker School of Medicine, University of Chicago.

RONETTE R. BRIEFEL, Dr.P.H., R.D., is a senior fellow at Mathematica Policy Research in Washington, DC. Her expertise includes nutrition monitoring, dietary intake assessment, and the evaluation of nutrition programs and policies to promote health and prevent disease. She was senior research epidemiologist and nutrition policy adviser at the Centers for Disease Control and Prevention, National Center for Health Statistics. Through her work, Dr. Briefel has analyzed national data on food consumption and health including sodium intakes, obesity, and hypertension in the population and authored more than 100 publications in peer-reviewed journals. Her current research at Mathematica focuses on the dietary intakes of infants and preschoolers, and the relationship between the school food environment and children's diets and obesity. Dr. Briefel's

IOM-NAS committee service includes the Panel on Enhancing the Data Infrastructure in Support of Food and Nutrition Programs, Research, and Decision-Making (2004–2005), Committee on the Scientific Basis for Dietary Risk Eligibility Criteria for WIC Programs (2000–2002), and Committee on Food Additives Survey Data (1988–1990). Dr. Briefel received her B.S. in nutrition from Pennsylvania State University, and her M.P.H. in maternal and child health and Dr.P.H. in chronic disease epidemiology from the University of Pittsburgh.

MARSHA N. COHEN, J.D., is a professor of law at the University of California Hastings College of the Law in San Francisco, where she has also served twice as acting associate dean of admissions. Her primary teaching assignments have been food and drug law, torts, and administrative law, and for many years she supervised the college's large judicial externship program. Professor Cohen began to specialize in food and drug law as a staff attorney with the Washington Office of Consumers Union. Thereafter she served for two terms as a member of the California State Board of Pharmacy and was its first non-pharmacist president. She is the author (with the late William L. Marcus) of Pharmacy Law for California Pharmacists, now in its sixth edition. Professor Cohen has served on three National Research Council and Institute of Medicine committees: the Committee on Review of the Use of Scientific Criteria and Performance Standards for Safe Food (2002–2003), the Committee on Ensuring Safe Food from Production to Consumption (1998), and the Committee on State Food Labeling (1991–1992). She has also served on the Food and Drug Administration's (FDA's) Food Advisory and Device Good Manufacturing Practices Advisory Committees, the National Institute of Environmental Health Sciences Council, and the Department of Health, Education, and Welfare (HEW) Review Panel on New Drug Regulation. Professor Cohen is coauthor, with Professor Michael Asimow, of California Administrative Law (2002) and has written numerous law review articles and opinion pieces, most on issues pertaining to food and drugs. She earned her bachelor's degree from Smith College and her law degree from Harvard Law School.

CHRISTINA A. MIRELES DEWITT, Ph.D., is associate professor of food chemistry at Oklahoma State University. Her experience is broad-based in the area of food science, focusing on investigations into alternative processes that alter protein functionality in fresh and processed meat. Results from these studies suggest possible replacements for sodium-based salts in terms of their traditional role as a solubilizer for protein-based foods. Her earlier work focused on alternative processing methods to alter protein functionality and the chemistry related to replacing phosphate with solubilized proteins, as well as the application of alkaline enhancement solution on meat products. She has recently taken on research targeted to the task of reducing salt in foods through the use of protein-based flavor enhancers and functional proteins. Previous experience as food chemistry operations manager at Silliker Laboratories provided her extensive experience on the issues regarding nutrition labeling and the analysis of foods. Dr. DeWitt has a B.S. in food science from Texas A&M University and a Ph.D. in food science from Oregon State University.

GREG DRESCHER is executive director of Strategic Initiatives at the Culinary Institute of America (CIA). The only non-scientist in the group of seven experts who authored the keystone paper published in the peerreviewed American Journal of Clinical Nutrition that set out the principles of the traditional, healthful Mediterranean diet, Mr. Drescher has spent much of his career studying and investigating healthful "flavor strategies" of food cultures around the world and how they can be used to promote more healthful American diets. He is the creator of the CIA's influential conferences and leadership retreats, including the annual Worlds of Flavor International Conference and Festival (now in its 13th year), the Flavor

Summit, and Worlds of Healthy Flavors, a partnership between the CIA and Harvard School of Public Health that for many years has brought together America's leading nutrition researchers, corporate chefs of volume foodservice operations, and world cuisines experts to foster innovation around more healthful menu choices. Mr. Drescher has been honored with a Food Arts Silver Spoon Award and three James Beard awards, in large part for his leadership in researching and documenting the gold standards of cuisines from Europe and Asia to Latin America and making these flavors more accessible to American chefs. He studied western philosophy at the University of the Pacific in Stockton, California.

MARY K. MUTH, Ph.D., is director of the Food and Agricultural Policy Research Program at RTI International in North Carolina. She is also an adjunct associate professor in the Department of Agricultural and Resource Economics at North Carolina State University. Her expertise lies in economic impact analysis as well as applications of industrial organization, applied welfare analysis, and econometrics in evaluating food and agricultural policy and providing information for policy development. Dr. Muth also specializes in developing computer models and databases to support economic impact analyses of regulations, developing industry survey instruments, and analyzing industry survey data. Dr. Muth earned her B.S. degree in agricultural and managerial economics from the University of California at Davis, her M.S. in agricultural economics from Cornell University, and her Ph.D. in economics from North Carolina State University.

ROBERT J. RUBIN, M.D., F.A.C.P., is currently clinical professor of medicine in the Division of Nephrology and Hypertension at the Georgetown University School of Medicine and an independent health-care consultant. Previously, Dr. Rubin was president of the Lewin Group, an international health-care consultancy, for 17 years. During that time, Dr. Rubin served as medical director for a pharmaceutical benefit management company, as well as chair of the board of a biotech start-up. From 1981 to 1984, Dr. Rubin was the assistant secretary for planning and evaluation at the U.S. Department of Health and Human Services (HHS), as well as assistant surgeon general. In the former capacity he was chair of the task forces charged with the design, passage, and implementation of Medicare's Prospective Payment System as well as the primary policy adviser to the HHS Secretary. Currently, as a health-care consultant, he works extensively with pharmaceutical, medical device, and biotech companies to develop strategic and marketing plans for new devices and drugs. He also works with physician groups and providers of nephrologic services. In addition, he advises several government agencies on health-care policy. Dr. Rubin has served on the Robert Wood Johnson Health Policy Fellowships Board (1988–2002), the IOM-NAS Committee to Develop a National Research Agenda on Aging (1988–1991), and the Committee to Study the Future of Public Health (1987–1988). Dr. Rubin received his M.D. from Cornell University Medical College and his undergraduate degree from Williams College.

JOHN RUFF, M.A., retired in 2008 as senior vice president, Global Quality, Scientific Affairs and Nutrition, for Kraft Foods in the United States. Prior to joining Kraft, Mr. Ruff was a technical brand manager for Procter & Gamble in England. During his 36-year career with Kraft and the former General Foods, Mr. Ruff worked in six countries and gained experience in product and process development for beverages, coffee, confectionery, desserts, and meals. He has led major basic research programs in sugar and salt substitutes, food safety initiatives, and "greenfield" site start-ups. Mr. Ruff headed research and development groups for both Kraft International and North American businesses where he successfully integrated the technical operations of numerous acquisitions and established global centers of expertise to maximize research and development effectiveness. In his most recent role, he established and led a worldwide advisory council consisting of external experts who have helped guide Kraft's health and wellness initiatives. Mr. Ruff is just completing his term as president of the International Life Sciences Institute and sits on the boards of the Institute of Food Technologists (IFT) and the Joffrey Ballet. He is past chair of the Food Processors Association, past chair of the IFT Foundation, and a fellow of the Institute of Food Science and Technology in the United Kingdom. Mr. Ruff received his M.A. in biochemistry and B.A. in natural science from Cambridge University in the United Kingdom.

GLORIAN SORENSON, Ph.D., M.P.H., is professor in the Department of Society, Human Development, and Health at the Harvard School of Public Health in Boston and director of the Center for Community-Based Research at the Dana-Farber Cancer Institute. She also directs the Dana-Farber's Office for Faculty Development. Dr. Sorensen's research interests are in cancer prevention and control, worksite and community intervention research, and tobacco control and other health behaviors, in various multiethnic community settings. She has been principal investigator of multiple National Cancer Institute-funded projects focusing on cancer control in working class multiethnic populations. Her past IOM-NAS committee service includes the Committee to Assess Worksite Preventive Health Program Needs of NASA Employees (2004–2005), Committee on the Health and Safety Needs of Older Workers (2001–2005), Committee for Behavior Change in the 21st Century: Improving the Health of Diverse Populations (2000–2002), and Committee on Capitalizing on Social Science and Behavioral Research to Improve the Public's Health (1999–2000). She is the principal investigator for the Harvard School of Public Health Center for Work, Health, and Well-being and for the Massachusetts Cancer Prevention Community Research Network. Dr. Sorensen was recently awarded a research grant from the National Cancer Institute to study tobacco control among teachers in India, building on collaborations established through a Fulbright Award (2003–2004). She was a member of the

National Cancer Institute's (NCI's) National 5-A-Day for Better Health External Advisory Group and a member of the NIH study section on Community Prevention and Control; she recently chaired several study sections for the National Institute for Occupational Safety and Health. In addition, Dr. Sorensen is a member of the editorial board for the journal Cancer Epidemiology, Biomarkers, and Prevention, and she formerly served on the editorial boards of the American Journal of Health Promotion and the Journal of Health and Social Behavior. She received her Ph.D. degree from the University of Minnesota.

ELIZABETH A. YETLEY, Ph.D., is a retired government scientist. Her career spans more than 28 years of government service including 24 years at the Food and Drug Administration culminating with her appointment as lead scientist in nutrition. From 2004 until her retirement, she was a senior nutrition research scientist with the National Institutes of Health, Office of Dietary Supplements. Her leadership activities in the field of nutrition public health policy have been considerable and impactful. She has been responsible for national food fortification programs, use of national nutrition monitoring and surveillance systems to support nutrition and food safety health policies, nutrition labeling including health claims to reduce sodium intakes, infant formula and medical food reviews and regulatory oversight, dietary supplement regulation, and the use of nutrient-related reference values in public health policy formulation. She has received more than 75 honors, commendations, and letters of recognition for her service and has served as a scientific representative for the U.S. government on more than 50 associations, panels, and committees. She has authored or coauthored approximately 100 scientific and peer-reviewed publications. Dr. Yetley received her Ph.D. in nutrition with a minor in biochemistry and physiology from Iowa State University.

번역을 마치고

고혈압은 현재 세계 전체 인구 사망 원인의 13%를 차지하는 중요한 질병이다. 식사로 섭취하는 소금이 고혈압과 고혈압 합병증의 중요한 원인이다. 소금 섭취를 줄임으로써 혈압을 낮추고 이로 인해 심혈관 질환, 뇌혈관 질환 및 콩팥병을 줄일 수 있다는 것을 과학적으로 널리 알리고자 하는 것이 이 보고서를 번역하는 목적이다.

인구 전체의 1/3이 고혈압, 1/3이 전고혈압인 미국에서 생활습관병인 고혈압을 전 국민을 대상으로 관리하기 위하여 지난 수십 년간 콜레스테롤이나 칼로리 과다 섭취 등의 문제를 영양학적으로 해결하려고 엄청난 노력을 쏟아부었다. 그렇게 노력한 결과 심혈관 질환과 뇌혈관 질환의 발생 빈도와 사망률은 과거에 비하여 줄었으나 현재 수준에서 더 이상 줄어들지 않는 한계에 봉착하였다. 또 선행 요인인 고혈압의 유병률도 지금까지의 노력만으로는 줄어들 기미가 보이지 않을 뿐만 아니라 오히려 증가하는 추세이다. 이러한 상황에서 미국의 공중보건 전문가들은 미국인의 나트륨 섭취를 다시 주목하게 되었고 나트륨 섭취를 줄이려는 과거 40여 년의 노력에도 문제가 있음을 인식하였다. 미국의학한림원은 미국인의 나트륨 섭취를 줄이는 새로운 전략을 마련하여 달라는 미국 의회와 정부기관의 요청으로 이 보고서를 작성하였다.

이번에 번역한 미국의학한림원의 합의보고서는 2010년에 이 기관이 발간한 60여 종의 보고서 중에서도 높은 평가를 받은 우수한 보고서이다. 이 보고서를 읽어보면 미국이 왜 세계에서 강력한 힘을 발휘하는 나라인지를 알 수 있다. 미국의학한림원이 의견을 발표하도록 요청한 수많은 전문가들은 자신이 전문가로서 기여할 수 있는 기회를 얻은 것을 영광으로 생각하고 토론과 보고서 작성에 참여하고 협조하였다. 그리고 미국의학한림원은 미국국가연구위원회 the National Research Council 의 내규에 따라 각 전문가를 평가 후에 참여시켰다. 즉 참여 전문가가 이해관계의 충돌 conflict of interest 이 있는지를 묻는 사전

공고를 하고 가능성이 있는 전문가를 여과한 다음 참여 전문가로 선정하였다. 따라서 이 보고서는 미국의학한림원의 다른 보고서와 마찬가지로 자신의 이해관계 때문에 편향된 전문가 의견을 내놓을 가능성이 있는 전문가를 배제한 상태에서 작성한 것이다. 그러므로 이 보고서는 가치중립적인 보고서이며 신뢰할 수 있는 보고서이다.

이 보고서를 작성한 전문가들은 학술서적 작성 방법으로 이 보고서를 작성하였다. 따라서 이 보고서는 일반인이 읽기에는 너무 학술적이다. 보고서의 장^{章, chapter}, 단원, 단락, 문장, 사용한 단어, 참고문헌, 각주 등이 모두 학술도서의 형식을 따랐고 수준을 높게 유지하였으며 내용을 잘못 기술하거나 독자가 오해하지 않도록 하는 데 중점을 두어 작성한 것이다. 이 보고서의 번역도 원본의 정신을 그대로 살려 다소 딱딱한 느낌이 들더라도 원래의 의미를 그대로 전달하려고 노력하였다. 따라서 이 보고서 번역본은 일반인 독자를 대상으로 한 것은 아니지만 번역본을 읽음으로써 일반인이 소금 섭취를 줄여 각종 질병으로부터 자유로울 수 있는 계기가 되기를 바란다. 또 이 번역본의 원래 대상인 정부기관이나 국회의 정책결정자, 의학, 보건학, 영양학 전문가 또는 의학, 보건학과 영양학을 전공하는 대학생이나 대학원 학생의 생각이나 행동에 변화를 주기 바란다.

이 보고서에는 의학 용어뿐만 아니라 미국 정부기관의 명칭, 법률 용어, 상업 용어, 정보기술[IT] 용어, 화학물질 명칭, 음식, 요리와 식품의 명칭을 포함한 영양학 용어 등이 나오는데 최선을 다해 우리말 용어를 찾아 번역하였다. 특히 음식과 요리의 명칭에 음차 용어(音借 用語: 외국어를 한글로 그대로 옮겨 한국어로 한 용어. 예를 들면 샌드위치, 치즈 등)가 많다는 것에 놀랐다. 용어를 잘못 번역한 것을 발견하기 쉽게 하고 오해를 줄이기 위하여 오역 가능성이 있는 단어나 명칭에는 영문 윗첨자[superscript]를 달았다. 잘못된 용어를 알려 주시면 재판을 발간할 경우 수정하도록 하겠다. 화학물질 명칭은 우리말이 관용화하지 않은 물질의 경우 오해하지 않도록 하기 위하여 영문 그대로 서술한 경우가 많다. 인명의 경우에도 번역하지 않고 영문 명칭을 그대로 사용한 경우가 대부분이다. 특히 본문에 나타나는 인용문헌의 저자 명칭에서 그렇게 하였다. 각 장 chapter 의 참고문헌도 번역하지 않고 그대로 옮겨 게재하였다. 우리말 용어로 정착된 것이 없는 용어의 경우 적절히 번역하도록 노력하였다. 가장 대표적인 것은 GRAS generally accepted as safe 라는 법률 용어인데 이를 "안전인정물질"이라고 번역하여 사용하였다. 대학생이나 대학원 학생 이상을 이 번역본의 독자라고 정하였으므로 번역하여서 오히려 잘못 이해할 수 있는 부분은 영문을 그대로 게재한 부분이 있다. 예를 들어 부록 B (국가아카데미, 세계보건기구, 기타 보건 전문가 기관의 권고와 정부 정책), 부록 D (소금대체물질과 향상제), 부록 F (나트륨 섭취표), 부록 I (영양정보표) 등을 번역하지 않고 게재하였고 보고서 작성에 참여한 미국 전문가의 이력 소개도 번역하지 않았다.

이 보고서를 번역하는 데 많은 분이 참여하여 본 번역자를 도왔다. 서울대학교병원 신장내과 구성원, 서울대학교 의학원 신장연구소 연구원 및 사단법인 싱겁게먹기실천연구회 회원들, 특히 김기원, 김용철, 김효상, 박재윤, 박혜인조, 문미희, 이성우, 이하정, 한승석(가나다 순) 선생 등이 번역에 참여하여 번역자에게 힘을 보태 주었고, 대한민국의학한림원 조승열 회장은 번역본 원고를 세심하게 읽고 검토하여 일정한 수준 이상의 번역이 되도록 하는 일을 도와주셨다. 위에 나열한 여러분의 노력에 감사한다.

이 보고서를 번역함으로써 그동안 진행되었던 저염식 실천의 주체가 환자나 건강한 개인으로부터 사회와 국가로 확대되기를 바란다. 즉, 이 보고서에서 강조하는 바와 같이 환자나 건강한 개인이 저염식에 대하여 널리 인식할 뿐만 아니라 식품을 생산, 판매하는 회사나 외식업에 종사하는 여러분이 저염식에 대하여 공감대를 형성하여 국민 건강에 기여하기를 바라고, 이 보고서 번역본 발간이 그 계기의 하나가 되기를 바란다.

2012년 7월

서울대학교 의학원 신장연구소 소장, 사단법인 싱겁게먹기실천연구회

김 성 권

찾아보기